微电网群分层调控技术

吕天光　艾　芊　郝　然　著

上海科学技术出版社

内 容 提 要

本书介绍了目前能源互联网的几种架构和运行形态，探讨了能源互联网中多网络之间交互的物理模型，并提出了能源互联网信息和物理模型的研究方向。在此基础上提出细胞-组织(cell-tissue)视角下的能源互联网形态架构及其特征，并对微网群分布式调控进行了详细的研究。本书可供电气工程、能源等相关领域学生、工程师、教师和科研工作者参考。

图书在版编目（CIP）数据

微电网群分层调控技术 / 吕天光，艾芊，郝然著
. -- 上海 : 上海科学技术出版社，2022.9
ISBN 978-7-5478-5757-1

Ⅰ. ①微… Ⅱ. ①吕… ②艾… ③郝… Ⅲ. ①电力系统调度－研究 Ⅳ. ①TM73

中国版本图书馆CIP数据核字(2022)第129208号

微电网群分层调控技术

吕天光 艾 芊 郝 然 著

上海世纪出版(集团)有限公司
上 海 科 学 技 术 出 版 社 出版、发行
(上海市闵行区号景路159弄A座9F-10F)
邮政编码 201101 www.sstp.cn
上海展强印刷有限公司印刷
开本 787×1092 1/16 印张 30.75
字数 651千字
2022年9月第1版 2022年9月第1次印刷
ISBN 978-7-5478-5757-1/TM·77
定价：188.00元

前　言 | Preface

2020 年 9 月 22 日，习近平总书记在第七十五届联合国大会一般性辩论上郑重宣布："中国将提高国家自主贡献力度，采取更加有力的政策和措施，二氧化碳排放力争 2030 年前达到峰值，努力争取 2060 年前实现碳中和。"这一重要宣示为我国应对气候变化、绿色低碳发展提供了方向指引，擘画了宏伟蓝图。

中国要用不到 10 年时间实现碳达峰，再用 30 年左右时间实现碳中和，这是个非常艰巨的任务。想要达成这一任务，需要转变能源发展方式，实现能源体系的低碳、脱碳、清洁化。

在碳中和的大背景下，开发利用非化石能源，光伏将成为未来主力发电方式之一。2020 年光伏发电装机量累计达 253 GW，光伏发电 2 605 亿 kW · h，全年减少二氧化碳排放 1.64 亿 t。预计到 2050 年光伏总装机规模将达 50 亿 kW，为全社会提供 6 万亿 kW · h/年的发电量。即推进能源开发清洁替代和能源消费电能替代；实现能源生产清洁主导、能源使用电能主导；能源电力发展与碳脱钩、经济社会发展与碳排放脱钩。

由于我国资源禀赋和用能负荷不均衡，加之新能源的时空不匹配，风光大规模接入电网，其波动性和间歇性给电网带来的影响也被日趋放大。目前，我国电力系统灵活性较差，远不能满足波动性风光电并网规模快速增长的要求。我国灵活调节电源，包括燃油机组、燃气机组以及抽蓄机组占比远低于世界平均水平。特别是新能源富集的三北地区，灵活调节占比不到 4%。高比例可再生能源系统运行的可调节资源不足，调频调峰资源明显不足，安全稳定问题凸显。

作为大量清洁能源消纳和能源替代的综合性平台，微电网群综合运用先进的电力电子技术、信息技术和智能管理技术，将大量由分布式能量采集装置、分布式能量储存装置和各种类型负载构成的新型能源节点互联起来，以实现能量双向流动的能量对等交换与网络共享。微电网一般指在一定范围内，面向用户实现能源网架、信息支撑与价值创造的深度融合，促进分布式电源互联与储能、新能源汽车、电能替代负荷等聚合互动，电力生产、分配、消费、存储各环节协同发展的分布式电力系统。微电网群是微电网发展的高级阶段，与传统微电网相比，微电网群是智能电网与信息网高度耦合的网络。一方面，微电网群基于用户的多样化需求及多元主体整体数量多、单体容量小、地域范围大等特点，依托营销电商化、交易自由化、投资市场化等手段，降低系统运行风险与用户用能成本。另一方面，微电网群将实现从集中式能源生产到分布式能源生产消费的转变，通过各层、各区域的智能主体交互，从而达到最佳状态实现能源单元的即插即用、对等互联、协同自治，获取相对合理的最大收益。

微电网群由许多微网智能主体有机组成，其对等、互联、开放、共享等特性更加突出了智能主体的自治、协同等特质。分层调控是整合微电网群中多智能主体，协调运行状态，从而实现整体较优策略的有效手段。因此，各个体间的调度和控制必须有机配合，以此为目标研究微电网群的分层调控模型和策略，希望得到一些普适规律，从而指导微电网群的优化运行与精确控制，达到能量流与经济流的统一。

以价值驱动为导向的微电网群的分层调控技术是本书的主要研究内容，本书希望形成一套完整的揭示微电网群运行的理论体系与分析流程，完善对微电网群运行的认识，指导其优化运行。同时激发微电网群中智能主体参与互动的积极性，提高盈利水平。

需要说明的是，本书借鉴了国内外电力系统同行的大量经验与观点，参考了很多相关资料和文献，得到了很多启发，书后列出的参考文献仅仅是其中的一部分。

本书在全面总结微电网群在工程技术、商业运营领域国内外研究进展的基础上，也同时介绍了作者承担的国家自然科学基金项目（U1866206，U1766207）、国网总部科技项目（52060018000N）和国家重点研发计划（2021YFB2401200）等有关课题所取得的最新研究成果。本书所涉及的内容，包括山东大学吕天光教授，国家电网有限公司国调中心郝然，上海交通大学博士研究生周晓倩、姜子卿、殷爽睿、张宇帆、李昭昱、李佳媚、程浩源，硕士研究生黄开艺、张冲、朱天怡、孙子茹、陈旻昱等刻苦研究的成果，在此一并向他们表示感谢。

本书共 10 章：第 1 章对微电网系统的架构、形态特征、内部资源与主体、管理系统等进行了基本介绍；第 2 章讨论了微电网的信息采集和数据处理技术，包括物理信息模型、用电行为分析和云边计算；第 3 章聚焦微电网控制技术，探究了分布式一致性控制方法；第 4 章介绍了微电网分层控制技术的工程实践；第 5 章详细阐述了微电网日前分层优化技术；第 6 章研究了微电网实时优化技术，实现微电网自适应调节；第 7 章给出了多个微电网分布式协同调度技术；第 8 章研究了微电网群组合成为虚拟电厂的运行方法；第 9 章分析了微电网群参与市场交易的报价和竞争策略；第 10 章结合现有示范工程及高新技术，对区域综合能源系统未来的发展趋势进行了展望。

本书完稿后，虽经多番详细审阅，仍难免有不足之处，加之作者编写水平有限，只能抛砖引玉，恳请广大读者和同仁提出宝贵意见。

艾芊　谨识

2022 年 4 月于上海

目　录 | Contents

第1章　微电网概述　001

第7章 微电网群分布式协同调度 341

第8章 虚拟电厂的优化运行 388

第 1 章

微电网概述

新一代电力能源系统在“双碳”目标下将迎来大规模、高比例可再生能源并网以及广域多样化分布式发电和用电主体的协同交互，微电网作为分布式电源、负荷、储能和能量转换装置的集成手段，通过本地自治管控的手段，可充分挖掘分布式资源潜力、提高可再生能源消纳能力并降低用户成本。中国科学院院士周孝信曾指出：第三代电网将采用骨干电网和地方电网、微电网相结合的模式。

本章首先介绍微电网一次和二次相关要素的定义、功能和特性；其次对微电网的典型容量、电压等级和运行模式作了说明；然后结合现阶段微电网的发展特点，介绍了多能互补在微电网中的实现形式，并对其关键技术和研究现状进行梳理。本章作为本书说明对象的总体概述，是后续章节的基础。

1.1 微电网

由于传统化石能源日益枯竭，提高能源利用效率、开发新能源、加强可再生能源综合利用成为解决社会经济发展过程中的能源需求增长与能源紧缺之间矛盾的必然选择。同时随着社会多层次、多样化的发展，以化石燃料为主的传统电力系统逐渐难以满足用户负荷在电能质量、经济性、可靠性和灵活性等方面不断提高的用电要求，以及难以对偏远地区提供经济可靠的电力供应。2015 年国家发改委能源局在促进智能电网发展的指导意见中明确提出“加强能源互联，促进多种能源优化互补”。同时构建清洁低碳、安全高效的现代能源体系是能源革命、《能源发展“十三五”规划》的共同目标和要求。分布式能源发电是新能源利用的主要方式之一，具有绿色清洁发电、降低终端用户费用及提高供电可靠性等优点，但由于可再生能源通常分布位置比较分散，且受多种因素制约导致可再生能源通常有随机性和间歇性等特点，使其不能规模化接入电网发电调度。因此将分布式电源以微电网的形式接入配电网，被普遍认为是利用分布式电源有效的方式之一。

1.1.1 微电网定义

微电网是一种将分布式电源、负荷、能量转换装置以及监控保护装置有机整合在一起的小型发配用电系统(见图 1-1),是一个能够实现自我控制、保护和管理的自治系统[1,2]。微电网能作为完整的电力系统,依靠自身的控制及管理功能实现功率平衡控制、系统运行优化、故障检测与保护、电能质量治理等方面的功能,既可以与外部电网并网运行,也可以孤立运行[3,5]。因此微电网主要应用于解决高渗透率分布式可再生能源的接入和消纳问题,为与大电网联系薄弱的偏远地区提供安全可靠的电力,满足部分用户对电能质量和供电可靠性的特殊要求。

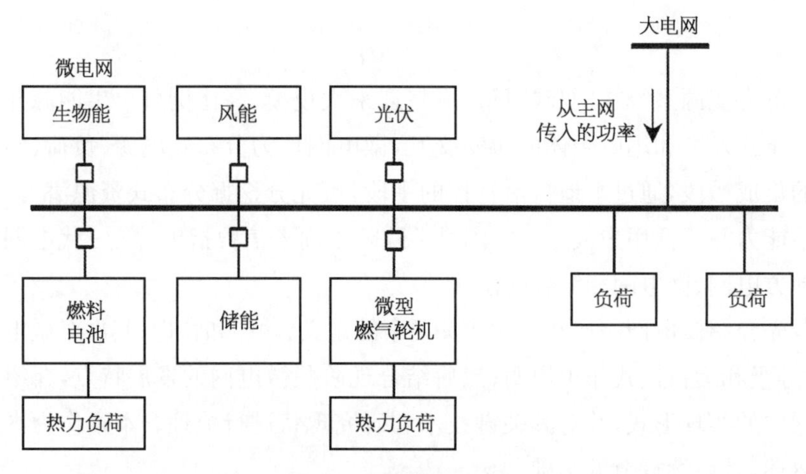

图 1-1　微电网示意图

微电网将大量分布式电源并网问题转化为一个可控微电网并网问题,削弱了随机性、波动性的间歇性电源对电网安全稳定运行和电能质量等方面的不利影响[6~8],对于大电网来说,微电网可被视为电网中的一个可控单元,它可以在数秒内动作以满足外部输配电网络的需求;对用户来说,微电网可以满足他们特定的需求,如增加本地可靠性、降低馈线损耗、保持本地电压稳定、通过利用余热提高能量利用的效率及提供不间断电源等。微电网和大电网通过公共耦合点(PCC)进行能量交换,双方互为备用,从而提高了供电的可靠性。

1.1.2　分布式电源

分布式电源(DG)装置是指功率为数千瓦至 50 MW 小型模块式的、与环境兼容的独立电源。这些电源由电力部门、电力用户或第 3 方所有,用以满足电力系统和用户特定的要求。可以将其理解为不直接与集中输电系统相连的 35 kV 及以下电压等级的电源,它是具有低污染排放、灵活方便、高可靠性和高效率等优点的新型能源生产系统。

由于可再生能源通常有随机性和间歇性等特点,导致其不能规模化接入电网发电调度,因此通常需要借助微电网网络结构,将分布式电源组成微电网的形式运行,可以提高配电系统对分布式电源的接纳能力,同时也提高间歇式可再生能源的利用效率。在满足冷/热/电等多种负荷需求时,凭借微电网的运行控制和能量管理等关键技术,可以降低间歇性分布式电源的随机性、波动性等不利元素给配电网安全稳定运行和电能质量等方面带来的不利影响[8,9]。相比于传统的发电厂，分布式电源主要有以下几个特点：

(1) 经济性。由于分布式发电位于用户侧，靠近负荷中心，因此大大减少了输配电网络的建设成本和损耗。同时，分布式发电规划和建设周期短、投资见效快，投资的风险较小。

(2) 环保性。分布式发电可广泛利用清洁可再生能源，减少化石能源的消耗和有害气体的排放。

(3) 灵活性。分布式发电系统多采用性能先进的中小型模块化设备，开停机快速、维修管理方便、调节灵活，且各电源相对独立，可满足削峰填谷、对重要用户供电等不同的需求。

(4) 安全性。分布式发电形式多样，能够减少对单一能源的依赖程度，在一定程度上缓解能源危机的扩大。同时，分布式发电位置分散，不易受意外灾害或突发事件的影响，具有抵御大规模停电的潜力。

除了分布式电源本身的技术和控制等发展问题，DG在接入电网后使各支路的潮流不再是单方向的流动，因此会给电网带来一些负面的影响：

(1) 对配电网潮流的影响。在传统型的电网中，潮流方向为电源侧流向用户端，而DG的接入会使电网中的潮流发生改变。例如常用的风力发电机多是异步电动机，因此需要在此类DG附近就近安装无功补偿装置，这对配电网产生的潮流影响不可忽视。

(2) 对电能质量的影响。第一，由于用户端接入的DG相当于电源，会改变原有配电网的稳态电压。第二，控制DG的电力电子元件有部分以逆变的方式接入电网，会造成电压的波动、闪变等电脑质量问题。

(3) 对继电保护的影响。在传统配电网中，其所配置的保护为无方向的三段式过电流保护或距离保护。而在有DG的系统中，其类型和接入的位置会影响短路电流的大小，有可能会造成原来的保护无法正确判断故障，导致误动作或者不动作。

(4) 对配电网调度和运行控制的影响。可再生能源尤其是风电和光伏发电具有不稳定性、波动性的特点，其接入电网后会带来很多潜在性的安全和稳定问题，这就需要对配电网进行良好的调度和控制，来保障整个系统的正常运行。

近年来，新型的电力电子装置被不断应用，新材料也在不断开发之中，分布式发电必然会被广泛用于全国各地。大规模地在配电网中加入DG，必会改变目前电网的运行模式，所以必须应用新型、方便、先进的控制策略才能保证电网的稳定性，更好地发挥分布式电网的作用。

与此同时，根据国家政策要求及未来趋势，我国分布式电源运营存在4种模式[10]：全部上网模式、优先自用余电上网模式、直售电模式、区域售电模式。全部上网模式是将分布式电源作为公共电源，所发电量全部送入公共电网，运用在早期的光伏发电项目中。优先自用余电上网要求项目和用户在同一地点，分布式电源发出的电量优先本地自用，多余电量上网，不足电量由电网提供，目前我国分布式光伏发电多采用这种模式。直售电模式是指优先本地用户自用,富余电量向邻近用户直售,与上一模式的主要区别在于项目和用户不在同一地点,国家电源局打算在分布式光伏发电应用示范区推广;区域售电需要在一定区域内有售电企业和分布式光伏发电业主,业主向区域售电企业售电,售电企业和电网企业存在结算关系,如果该业主和区域售电企业为同一主体,则为微电网运营模式,相对独立的工业园区和高新区容易在未来先出现运用。随着我国电力市场改革推进,配售分离、增量配网业务放开,多种资本介入到分布式新能源发电项目的建设和运营中,分布式新能源发电参与市场运行将是未来市场发展的必然趋势。

1.1.3 储能系统

由于分布式发电中的能源都具有很强的时间性和空间性,为了合理利用可再生能源并提高能源的利用率,需要使用一种装置,把一段时期内暂时不用的多余能量通过某种方式收集并储存起来,在使用高峰时再提取使用,这就是储能系统。减少由于分布式发电系统的接入引起微电网中的功率波动,从而解决新能源的消纳问题,在微电网中具有非常重要的作用。

能量储存系统的基本任务是克服在能量供应和需求之间的时间性或者局部性的差异。产生这种差异有两种情况:一种是由于能量需求量的突然变化引起的,即存在高峰负荷问题,采用储能方法可以在负荷变化率增高时起到调节或者缓冲的作用。由于一个储能系统的投资费用相对要比建设一座高峰负荷厂低,尽管储能装置会有储存损失,但由于储存的能量是来自工厂的多余能量或新能源,所以它还是能够降低燃料费用的。另一种是由于一次能源和能源转换装置之类的原因引起的,则储能系统(装置)的任务则是使能源产量均衡,即不但要削减能源输出量的高峰,还要填补输出量的低谷(即填谷)[13]。

对于不同应用目的有各自的储能要求,但归纳起来,一个良好的储能系统共有的特性如下:① 单位容积所储存的能量(容积储热密度)高,即系统尽可能储存多的能量。如高能电池,由于其能量密度比普通电池要大,使用寿命也较长,深受消费者欢迎。② 具有良好的负荷调节性能。能源储能系统在使用时,需要根据用能一方的要求调节其释放能量的大小,负荷调节性能的好坏决定着系统性能的优劣。③ 能源储存效率要高。能量储存时离不开能量传递和转换技术,所以储能系统应能不需过大的驱动力而以最大的速率接收和释放能量。同时尽可能降低能量存储过程中的泄漏、蒸发、摩擦等损耗,保持较高的能源储存效率。④ 系统成本低、长期运行可靠。如果能源储存装置在经济上不合理,就不可能得到推广应用。

储能主要包括热能、动能、电能、电磁能、化学能等能量的存储,储能技术的研究、开发与应用以储存热能、电能为主,广泛应用于太阳能利用、电力的“移峰填谷”、废热和余热的回收以及工业与民用建筑和空调的节能等领域。

1) 热能存储技术

热能存储就是把一个时期内暂时不需要的多余热量通过某种方法储存起来,等到需要时再提取使用。包括显热储能技术、潜热储能技术、化学反应热储能技术 3 种。

显热储能技术是通过加热储能介质提高其温度,而将热能储存其中。常用的显热储能材料有水、土壤和岩石等。在温度变化相同的条件下,如果不考虑热损失,那么单位体积的储热量水最大,土壤其次,岩石最小。世界上已有不少国家都对这些储热材料进行了试验和应用。就目前来说,这是一种技术比较成熟、效率比较高、成本又比较低的储能方法。

潜热储能技术是利用储能介质液相与固相之间的相变时产生的熔解热将热能储存起来的。实际应用的潜热储能介质,有十水硫酸钠($Na_2SO_4 \cdot 10H_2O$)、五水硫代硫酸钠($Na_2SO_4 \cdot 5H_2O$)和六水氯化钙($CaCl_2 \cdot 6H_2O$)等。该技术的特点是在低温下储能,具有较高的储能量密度,可在一定的相变温度下取出热量,但是储能媒介物价格昂贵,容易腐蚀,有的介质还可能产生分解反应,储存装置也较显热型复杂,技术难度较大。

化学能存储技术利用能量将化学物质分解后分别储存能量,分解后的物质再化合时,即可放出储存的热能。可以利用可逆分解反应、有机可逆反应和氢化物化学反应 3 种技术实现,其中氢化物化学反应技术是最有发展潜力的,国内外都正在进行深入的研究,如果能够取得突破性的成功,就将为解决能源短缺的问题提供良好的途径。

2) 电池储能系统

工业上已应用的电能存储技术主要有 3 种,分别为水力储能技术、压缩空气储能技术、飞轮储能技术。水力储能技术是最古老的、技术最成熟的、设备容量最大的商业化技术,全世界已有约 500 座水力储能电站,其中容量超过 1 000 MW 的有 35 座。水力储能系统一般有两个大的储水库,一个处于较低位置,另外一个则位于较高的提升位置。在用电低峰期,将水从位置较低的水库送到位置高的储水库中去储存起来。当需要电能时,可以借助高位水库水流的势能推动水能机发电。

压缩空气储能是在用电低峰期将空气加压输送到地下盐矿、废弃的石矿、地下储水层等。当用电负荷较大时,压缩空气就可与燃料燃烧,产生高温、高压燃气,驱动燃气轮机做功产生电能。应用的机组设备容量已达到几百兆瓦。如装机容量为 290 MW 的德国芬道尔夫电站 1980 年就已投入使用。

飞轮储能发电技术是一种新型技术,它与电力网连接实现电能的转换。系统主要由电机、飞轮、电力电子变换器等设备组成。飞轮储能的基本原理就是在电力富余条件下,将电力系统中的电能转换成飞轮运动的动能。而当电力系统电能不足时,再将飞轮运动的动能转换成电能,供电力用户使用。与其他储能技术相比,飞轮储能技术具有效率高(80%~90%)、成本低、无污染、储能迅速、技术可靠等优点,受到日本、美国、德国研究工作者的关注。

电池储能系统是一种采用并联式电压源换流器与交流系统相连的化学型储能系统[14,15]。其换流器可快速调节,向交流系统供电或自系统吸收电能量。直流微电网 BESS 串并联结构如图 1-2 所示,BESS 由双向 DC/DC 变换器与储能电池组成。采用多个 BESS 串联可以提高输出侧电压，满足接入直流微电网的要求。该结构利用双向 DC/DC 变换器对低电压等级电池单元进行控制，可以降低大容量电池中串并联电池的不一致性和“短板效应”。如图 1-2 所示，共有 j 组并联，每组由 k 个 BESS 串联而成。系统中所有 BESS 间都是分散自治控制，直流微电网运行可靠性高。

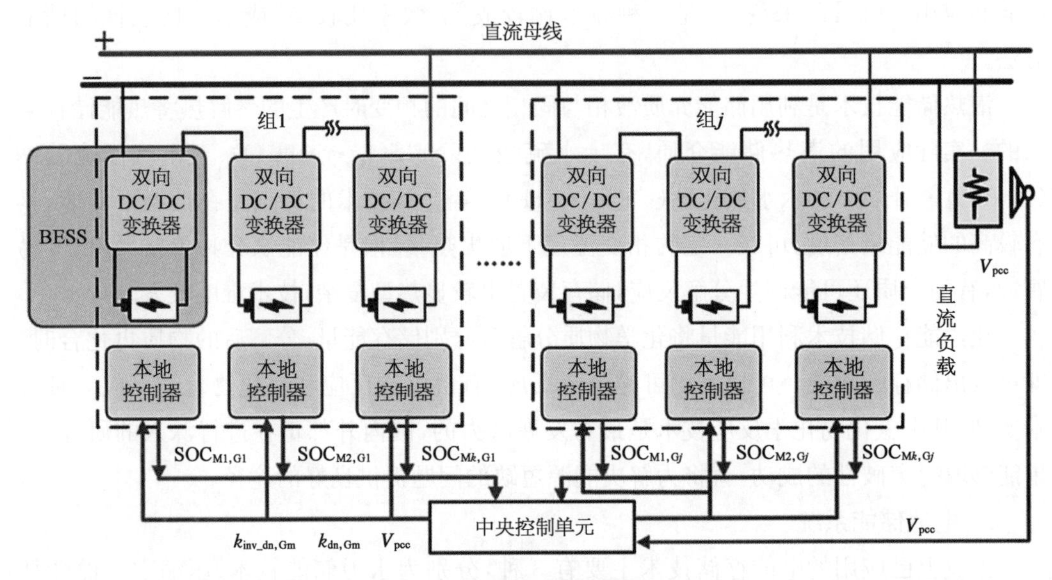

图 1-2　BESS 串并联结构

随着智能配电网的发展，对分布式电能存储技术的需求也会更加多样化。任何储能技术都很难完全兼顾安全可靠、高能量密度、高效率、长寿命、低成本等多个方面。因此，采用混合储能形式，将不同性能的储能系统进行组合，可充分发挥不同储能技术的优势，以满足功率和能量等多方面的需求，这将是未来分布式电能存储技术的发展和应用趋势。

1.1.4　微电网的保护系统

微电网的保护，是指当微电网发生故障时，能够快速识别及定位故障、切除故障并恢复微电网安全稳定运行的一种关键技术。分布式电源的应用改变了系统网络的拓扑结构，从单电源的辐射结构改变为多电源的复杂网络，改变了系统短路故障电流的大小和潮流的流向，某些线路甚至出现了潮流双向流动的现象，同时微电网在并网与孤岛两种模式下的短路电流差异明显。这些改变对继电保护带来了巨大的影响，因此微电网的保护和传统配电网的保护有很大的不同，传统的继电保护的三段式过流保护策略无法直接应用于微电网。目前，微电网的保护技术主要有基于自适应继电器的自适应保护系统、基于电压的保护方法、差动保护、过流保护、距离保护和基于智能算法的保护等[21~25]。

结合传统的差动保护方法设计微电网保护策略可以降低保护系统的实施难度。但是差动保护需要配合通信网络才能正确处理微电网中复杂的故障情况，但是考虑到微电网的容量小、线路短，通信网络以及差动继电器的构建成本较高；而且通信网络由于易受干扰，必须增加充分的后备保护。国内外对差动保护研究出几种方法，可以在微电网的各条线路两端设置差动保护元件，检测故障电流的方向和幅值，满足差动保护的动作阈值则线路两端的差动继电器动作；还可以将微电网分成不同区域进行保护，差动保护结合零序电流分量的检测实现单向接地故障的保护，检测负序电流实现相间故障的保护；使用一种改进型的S变换来提取线路两端电流的能量频谱，并将两者差值定义为差动能量。可由差动能量判断故障类型并根据不同的类型计算差动继电器的动作阈值；利用故障电流的方向与幅值大小构成信号差动保护，通过相邻保护单元之间互相交换带方向的故障信息确定故障范围，该保护策略以通信为基础，根据各点的故障电流信息进行综合判断。总的来说，差动保护是最具有实际应用前景的微电网保护方案。

自适应保护方法的核心在于当电网运行方式发生变化时，保护策略可自行更正与之不相适应的保护整定值。根据改变整定值的途径，自适应保护方法分成集中式与分散式两类。其中，集中式由保护系统的中央控制单元向数字继电器下发保护整定值，适合节点数较少的小型电网，ABB公司提出的集中式自适应保护方法中，中央控制单元借助IEC61850通信协议与各节点的数字继电器进行通信，根据采集到的电网状态变化，实时改变继电器动作门限值。分散式由数字继电器本身的控制单元计算保护整定值，国外学者研究出一种基于自适应保护继电器的分散式自适应保护方法，其中，保护继电器执行的保护策略为实时与非实时两个部分，实时部分与传统继电器实施的策略相同，监控所保护支路的运行状态，出现故障则向继电器的执行机构发送动作信号；非实时部分是一个分散式能量管理系统，能利用分布式电源以及电网的状态数据计算短路电流，根据系统的需要而更新保护继电器的动作门限值。由于自适应保护方法对于通信网络的数据传输速率以及抗干扰性的要求很高，同时微电网的节点数越多，在线计算保护整定值产生的计算量就越大，对中央控制单元的处理能力要求越高，因此分散式自适应保护方法更适用于未来复杂的微电网群组成的能源互联网。

随着多种先进高效的智能算法发展，越来越多智能算法满足微电网运行中保护策略的复杂要求，因此有研究人员借助先进智能控制算法构建保护策略。例如用图论对微电网拓扑进行抽象，把系统内各分布式电源或负载节点抽象为节点，用最短路径算法确定各个继电器对电网稳定的影响因数，一旦微电网发生故障或者结构变化，则重新计算影响因子并更新继电保护的选择性信息。智能算法的长处在于控制的鲁棒性较强，使保护策略能够灵活应对微电网的结构与状态变化，但是该类保护策略对于模拟量采集、通信速率和中央处理单元的要求较高，实时计算量较大，实施困难，目前还未有实际应用。

总的来说，微电网保护不仅要实现传统继电保护所要求的可靠性、选择性、速动性和灵敏性，还要满足适应性的要求，即同一套保护策略能够适应微电网的孤岛和并网运行两种模式，且当微电网的拓扑结构发生变化时，保护策略不会失效。因此对于微电网保护还有许多方面需要深入研究，还有很多问题(如对通信网络的过度依赖以及设备成本增加等)需要去解决。

1.1.5 微电网的能量管理系统

为了保证微电网高效稳定地运行,微电网通常由能量管理系统进行智能控制和自动调度决策。微电网能量管理系统是一套具有发电优化调度、负荷管理、实时监测并自动实现微电网同步等功能的能量管理软件,具有预测可再生能源机组出力、优化燃料机组发电、安排储能充放电、管理可控负荷、维持系统稳定等功能[11]。

从国内外的微电网能量管理研究情况可以看出,目前微电网的能量管理主要包括发电侧和需求侧的管理。发电侧管理包括分布式电源、储能系统、配网侧的管理,需求侧管理主要为分级负荷的管理。从管理的结构来看,北美微电网采用自治控制,为分散式控制,而亚洲的微电网倾向使用集中控制。欧洲主要有集中控制和基于代理的控制 2 种方式。目前集中控制在微电网工程中仍属于主流的能量管理方式,其在顶层决策中采用各种优化算法按机组出力,而底层控制器则按上层指令控制机组出力。能量管理系统中各种控制器均借助无线或有线通信进行信息的传输与交流。

微电网能量管理系统的主要管理对象就是分布式电源、储能系统和负荷系统,微电网负荷侧的管理是微电网能量管理中的重要部分。为了使微电网在紧急情况下仍能运行,微电网的负荷一般分级管理,主要分为关键负荷和可控负荷。关键负荷为需要重点保护电力供应的负荷;而可控负荷在紧急情况下可以适当切除,在正常情况下也可以通过需求侧管理或者需求侧响应达到优化负荷使用、节能省电的目的。随着电动汽车的普及,充电电动汽车(PEV)和混合充电电动汽车(PHEV)在微电网中得到了广泛的应用。PHEV 和 PEV 既可以随时随地从电网中充电,又可以通过汽车到电网(V2G)技术向电网输电,具有可控负荷和电源的双重身份,这类负荷的大规模接入将给微电网能量管理系统增加难度。总的来说,由于高渗透率可再生能源出力的波动性与间歇性,能量管理系统在生产计划制定阶段需要考虑方案的鲁棒性,以更好地保证系统的安全稳定运行;随着高级量测技术的普及和应用,具有量测功能的智能终端数量将会大大增加,必须具备基于大数据分析的多目标优化能力。

微电网的能量管理包含短期和长期的能量管理。短期的能量管理包括:为分布式电源提供功率设定值,使系统满足电能平衡、电压稳定;为微电网电压和频率的恢复和稳定提供快速的动态响应;满足用户的电能质量要求;为微电网的并网提供同步服务。长期的能量管理包括:以最小化系统网损、运行费用,最大化可再生能源利用等为目标安排分布式电源的出力;为系统提供需求侧管理,包括切负荷和负荷恢复策略;配置适当的备用容量,满足系统的供电可靠性要求。

1.1.6 微电网容量及电压等级

由于分布式电源通常在用户现场或靠近用电现场配置,因此一定程度上决定了微电网的容量大小及其电压等级水平。同时微电网的容量大小与电压等级还受到微电网所辖的负荷大小、环境条件、可再生能源的资源状况、分布式能源的制造水平等多种因素的影响。通常微电网的电压等级为低压或者中压两个等级，低压微电网使在低压电压等级上将用户的分布式电源及负荷适当集成后形成的大多由电力或能源用户拥有，规模相对较小；中压配电支线微电网是以中压配电支线为基础，将分布式电源和负荷进行有效集成的微电网，它适用于向容量中等、有较高供电可靠性要求、较为集中的用户区域供电[16,17]。

微电网的容量是指微电网中能够保证稳定供电的负荷的额定容量，但容量规模的划分相对复杂，主要是因不同国家的不同现实情况以及发展微电网技术的侧重点不同而导致。总的来说，微电网的容量范围从 30 kW～50 MW，主要集中在 20 MW 以下，我国目前适用建立的微电网也大部分在 10 kW～10 MW 之间。当微电网需要接入外部大电网进行并网运行时，微电网的容量就是并网容量，因此在设置微电网的容量时需要考虑如上级电网的负荷水平、大电网系统的运行计划、备用容量大小等更多的因素。

1.1.7 微电网的运行模式

微电网具有孤岛运行和并网运行两种不同的运行模式。孤岛运行模式是指微电网与大电网断开连接，只依靠自身内部的分布式电源来提供稳定可靠的电力供应来满足负荷需求。并网运行是指微电网通过公共连接点(PCC)的静态开关接入大电网并列运行。如何选择合适的运行方式，即在综合分析微电网结构、经济性、安全性、稳定性及对电能质量要求的前提下选择合适的运行方式，如有些微电网要求电压和频率保持在额定值，则适宜选择离网运行模式；如有些微电网要求有功功率和无功功率保证相对稳定性，则适宜选择并网运行模式。在一个复杂微电网中，可能存在两种或多种运行方式的情况。

1) 微电网孤岛运行

孤岛运行是相对于联网运行而言的，而孤岛指的是暂时脱离主网运行的局部独立系统[18]。目前，根据分布式电源的几种基本控制方法，应用较多的孤岛状态微电网控制策略主要有主从控制策略、对等控制策略和混合控制的微电网运行方式。

单个 V/f 电源的主从控制方式指在微电网孤岛运行模式下，选择一个分布式电源或储能装置作为主控电源，采用 V/f 控制为整个系统提供稳定的电压和频率，并协调其他采用恒功率(PQ)控制的从电源共同达到整个系统的功率平衡，在并网模式下使所有的微电源均采用 PQ 控制方式，输出恒定的功率。虽然该策略可以在一定程度上保证系统的电压、频率稳定，但是负荷的瞬时需求都由主控电源来满足，对主控电源的容量有很高的要求，而且对主控电源有很强的依赖性，一旦主控电源故障就会导致整个系统的崩溃。

为了弥补基于单个 V/f 电源的主从控制策略受主控电源容量限制的不足，最有效的方法就是令所有具备功率调节能力的微电源均可运行于 V/f 控制方式下。因此结合自适应主从控制方式，提出基于多个 V/f 电源的自适应主从控制方式。这种方式就是将基于单个 V/f 电源的主从控制策略中唯一的一个控制系统电压频率恒定的分布式电源替换为若干个具有一定的富裕调节容量，并且具有维持系统电压频率恒定功能的分布式电源。

与基于单个 V/f 电源的主从控制策略相比，该控制方式的优点在于整个调节过程中，系统内存在多个 DG 作为平衡节点，其功率的可调节范围增大，每个 DG 可根据其设置的参考频率及其可输出的有功功率的范围来投入或退出主控模式，也就是说各 DG 工作方式的切换不需要通信。另外，在该控制方式下，系统具有较好的容错性能。主要表现在负荷功率变化时，各 DG 依次切换为主控电源调节自身输出的功率，即使次序出现错误，仍会有一个 V/f 电源作为主控电源给系统提供稳定的电压和频率，系统仍能稳定运行。

基于 Droop 控制的微电网运行方式又称为对等控制策略，各分布式电源均采用 P－f 和 Q－V 下垂控制方式，按照各自的下垂特性曲线跟随负荷的变化参与功率的调节，在系统内有负荷变化时，不平衡的功率由所有的分布式电源一起来承担，以使系统的功率重新达到平衡。该控制策略虽然可以实现功率的共享，但是，一旦系统内有负荷需求，每个微电源都会调节控制器来达到新的稳态值，而系统内分布式电源位置的分散性及其下垂系数的不同都会使各 DG 达到的新稳态值不同，从而产生电压幅值差及频率差，不能保证系统稳定运行。同时由于下垂控制方式属于有差调节，因此在负荷需求变化很大时，稳态时电压频率可能超出其运行范围。

2）微电网并网运行

微电网中分布式电源并入大电网时会改变电网的稳定运行，因此微电网并网运行需要满足一些要求[19]：

(1) 有功功率。微电网并网运行时的最大负荷容量主要考虑电网的继电保护，同时计算容量时应该计入储能装置。对并网上网运行，微电网向电网输送的功率也应该根据电网的短路容量、负荷特性来给出确定的限值。一般要求微电网不主动参与电网的有功调节，但能根据负荷的变化不断调节微电源的有功输出，维持内部的频率在规定的范围内。同时要求微电网在电网的控制下为电网提供一些辅助的有功调节，在电网紧急情况下，微电网能够根据电网的指令来协调控制微电网内各微电源的有功输出，以防止输配电设备发生过载，确保电力系统稳定性。在电网频率高于 50.5 Hz 且常规调频电厂容量不足时，可以通过降低微电源的有功功率输出来保证电网频率恢复到正常值。

(2) 无功功率。微电网中的无功电源包括具有无功输出及调节能力的微电源和无功补偿装置。微电网应具备协调控制微电源和无功补偿装置的能力，能够自动快速调整无功总功率，从而提高用户的功率因数、减少电网的有功损耗以及提高电力系统的电压水平，改善电能质量，提高系统的抗干扰能力。首先应充分利用微电源的无功容量及其调节能力，仅依靠微电源的无功容量不能满足系统电压调节需要或功率因数要求的，应在微电网内加装无功补偿装置。

(3) 电压调节。微电网控制系统接受在恒定功率因数或恒定无功功率输出方式下运行，其本身允许采用自动电压调节器，但在进行电压调节时应遵照已有的相关标准和规程，不造成并网点的电能质量问题。一般而言不应由微电网承担并网点的电压调节，而应由电网运行管理部门来承担。微电网只有在电网管理部门允许的条件下主动参与电压调节。微电网的无功功率应该能够在其允许范围内进行自动调节，使并网点的电压或功率因数保持在一定范围内或为某一给定值。

(4) 电能质量。微电网接入电网时，在并网点处的电能质量指标主要有：谐波和波形畸变、电压波动和闪变、直流注入、电压不平衡度、电压偏差、频率。微电网的引入会带来大量的谐波，谐波的类型和严重程度取决于功率变换器技术、微电网内微电源的组成及特性、所连接的负荷设备。同时对于自然能发电系统，外界能源输入的变动(如风能和太阳能的不确定性和波动性)、微电源机组频繁的启停等都会引起PCC点处的电压闪变。此外，微电网中由于逆变器以及负荷电流中的直流分量会向电网中注入直流电流，将造成电压波形的直流偏置，对典型的配电变压器铁芯，10%～20%的偏置会导致磁通波形某个方向上的顶部出现深度饱和。当磁通峰值超过饱和点时，瞬时励磁电流将急剧增加，其结果将是励磁电流严重地畸变，产生励磁电流尖峰，这种励磁电流尖峰含有丰富的奇次和偶次谐波。必须防止微电网的这种间接地注入过量的谐波。

(5) 安全与保护。保护系统必须能够响应电网侧和微电网侧的所有类型的故障，并且快速切除提供短路电流的电源。如果故障在电网侧，要求微电网尽快从电网侧隔离以保护微电网中的负荷；如果故障在微电网内部，保护系统必须迅速隔离微电网中尽可能小的区段来消除故障，在高故障电流下，延时时间不得超过0.1 s。

3) 微电网运行模式转化

在多数情况下，并网型微电网运行于并网运行模式，在较少的时间里运行于孤岛运行模式。微电网总是实时监控大电网的电压和频率等电气量，在电网出现故障或电能质量超标等异常情况时，微电网将从正常的并网运行模式过渡到孤岛运行模式；当大电网恢复正常后，将自动或根据电网调度部门指令，从孤岛运行模式切换回并网运行模式。为实现微电网从孤岛模式向并网模式过渡，微电网配置的监控系统应能够获取并网点电网侧的电压和频率信息，在配电网电压和频率满足国标相关要求的范围时，微电网将调整自身电压和相位，使其满足同期条件后，将微电网从孤岛模式恢复至并网模式运行。

微电网中分布式电源大部分需通过电力电子装置(变流器)将产生的电能并入电网。微电网中的变流器主要分为3类：grid-feeding变流器、grid-forming变流器和grid-supporting变流器。grid-feeding变流器需要外部电源提供电压和频率支撑，不能单独运行；grid-forming变流器只能运行于孤岛状态，且只能单独运行；grid-supporting变流器采用模拟传统同步发电机的下垂控制方式，既可并网运行，也可孤岛运行。目前研究采用的大部分是grid-supporting变流器[20]。

微电网带电并网时，会存在并网点两侧的电压、幅值和相角不匹配的情况，例如微电网与电网之间的相角异相时并联会造成同步发电机电枢铁芯末端过热，并由于极高的扭矩而损坏微网中的发电设备；当微电网电压低于电网电压且超过一定幅值时，并网后微电网将立即遭受大量的流入发电设备的无功功率，使得电网出现低电压；反之，当微电网电压高于电网电压且超过一定幅值时，并联后微电网将立即遭受大量的流出发电设备的无功功率，使得电网出现过电压。因此，在微电网并网前，必须使并网点两侧的电压、频率和相角尽可能接近，以减小并网过程中对微电网和电网同时存在的暂态过程。

1.2 多能互补的微电网

多能互补并非一个全新的概念，在微电网区域能源系统中，能量供应呈现多样性，不同能源形式之间相互耦合，为用户提供冷、热、电、气等多种形式的能源。利用不同能源的特性差异和相互转换可以促进可再生能源的消纳，如电制氢、风电供热等。同时，多能源的优化互补，还可以提高用户用能的可靠性，为电网运行提供更多柔性资源。微电网群可实现多能源协调互补，融合天然气网、热力网等不同的能源网络，是分布式能源和电力系统之间的沟通纽带[26,30]。

1.2.1 典型分布式能源微电网

由于我国地理位置的原因，导致我国光能、风能、水能等可再生能源比较丰富，因此相应的分布式能源微电网被大力推广发展，接下来详细介绍光能微电网、风能微电网和小水电、抽水蓄能微电网，以及多种能源互补形成的微电网，如风光互补、风电互补微电网等。

1.2.1.1 光能发电微电网

丰富的太阳辐射能是重要的能源，是取之不尽、用之不竭的，无污染、廉价、人类能够自由利用的能源。太阳能每秒钟到达地面的能量高达 80 万 kW・h，假如把地球表面 0.1%的太阳能转为电能，转变率 5%，每年发电量可达 5.6×10^{12} kW・h，相当于世界上能耗的 40 倍。正是由于太阳能的这些独特优势，20 世纪 80 年代后，太阳能电池的种类不断增多、应用范围日益广阔、市场规模也逐步扩大。

1) 光伏发电

光伏发电是利用半导体界面的光生伏特效应而将光能直接转变为电能的一种技术。主要由太阳电池板(组件)、控制器和逆变器三大部分组成，主要部件由电子元器件构成。太阳能电池经过串联后进行封装保护可形成大面积的太阳电池组件，再配合上功率控制器等部件就形成了光伏发电装置。

光伏发电的主要原理是半导体的光电效应。光电效应就是光照使不均匀半导体或半导体与金属结合的不同部位之间产生电位差的现象。它首先是由光子(光波)转化为电子、光能量转化为电能量的过程；其次是形成电压过程。光子照射到金属上时，它的能量可以被金属中某个电子全部吸收，电子吸收的能量足够大，能克服金属内部引力做功，离开金属表面逃逸出来，成为光电子。硅原子有 4 个外层电子，如果在纯硅中掺入有 5 个外层电子的原子(如磷原子)，就成为 N 型半导体；若在纯硅中掺入有 3 个外层电子的原子(如硼原子)，就形成 P 型半导体。当 P 型和 N 型结合在一起时，接触面就会形成电势差，成为太阳能电池。当太阳光照射到P-N结后，电流便从P型一边流向N型一边，形成电流。

2）光伏发电系统结构组成

光伏发电系统是由太阳能电池方阵、蓄电池组、充放电控制器、逆变器、交流配电柜、太阳跟踪控制系统等设备组成。

太阳能电池方阵。在有光照（无论是太阳光，还是其他发光体产生的光照）情况下，电池吸收光能，电池两端出现异号电荷的积累，即产生"光生电压"，这就是"光生伏特效应"。在光生伏特效应的作用下，太阳能电池的两端产生电动势，将光能转换成电能，是能量转换的器件。

蓄电池组。其作用是贮存太阳能电池方阵受光照时发出的电能并可随时向负载供电。太阳能电池发电对所用蓄电池组的基本要求是：① 自放电率低；② 使用寿命长；③ 深放电能力强；④ 充电效率高；⑤ 少维护或免维护；⑥ 工作温度范围宽；⑦ 价格低廉。

控制器。能自动防止蓄电池过充电和过放电的设备。由于蓄电池的循环充放电次数及放电深度是决定蓄电池使用寿命的重要因素，因此能控制蓄电池组过充电或过放电的充放电控制器是必不可少的设备。

逆变器。将直流电转换成交流电的设备。由于太阳能电池和蓄电池是直流电源，当负载是交流负载时，逆变器是必不可少的。逆变器按运行方式可分为独立运行逆变器和并网逆变器。独立运行逆变器用于独立运行的太阳能电池发电系统，为独立负载供电；并网逆变器用于并网运行的太阳能电池发电系统。逆变器按输出波形可分为方波逆变器和正弦波逆变器。方波逆变器电路简单、造价低，但谐波分量大，一般用于几百瓦以下和对谐波要求不高的系统；正弦波逆变器成本高，但可以适用于各种负载。

跟踪系统。由于相对于某一个固定地点的太阳能光伏发电系统，一年春夏秋冬四季、每天日升日落，太阳的光照角度时时刻刻都在变化，如果太阳能电池板能够时刻正对太阳，发电效率才会达到最佳状态。世界上通用的太阳跟踪控制系统都需要根据安放点的经纬度等信息计算一年中的每一天的不同时刻太阳所在的角度，将一年中每个时刻的太阳位置存储到PLC、单片机或电脑软件中，也就是靠计算太阳位置以实现跟踪。

3）光伏发电微电网系统

分布式光伏发电系统，又称分散式发电或分布式供能，是指在用户现场或靠近用电现场配置较小的光伏发电供电系统，以满足特定用户的需求，支持现存配电网的经济运行，或者同时满足这两个方面的要求。分布式光伏发电系统的基本设备包括光伏电池组件、光伏方阵支架、直流汇流箱、直流配电柜、并网逆变器、交流配电柜等设备，另外还有供电系统监控装置和环境监测装置。其运行模式是在有太阳辐射的条件下，光伏发电系统的太阳能电池组件阵列将太阳能转换输出的电能，经过直流汇流箱集中送入直流配电柜，由并网逆变器逆变成交流电供给建筑自身负载，多余或不足的电力通过连接电网来调节。

独立光伏发电也叫离网光伏发电，主要由太阳能电池组件、控制器、蓄电池组成，若要为交流负载供电，还需要配置交流逆变器。独立光伏电站包括边远地区的村庄供电系统，太阳能户用电源系统，通信信号电源、阴极保护、太阳能路灯等各种带有蓄电池的可以独立运行的光伏发电系统。

并网光伏发电就是太阳能组件产生的直流电经过并网逆变器转换成符合市电电网要求的交流电之后直接接入公共电网。可以分为带蓄电池的和不带蓄电池的并网发电系统。带有蓄电池的并网发电系统具有可调度性，可以根据需要并入或退出电网，还具有备用电源的功能，当电网因故停电时可紧急供电。带有蓄电池的光伏并网发电系统常常安装在居民建筑上；不带蓄电池的并网发电系统不具备可调度性和备用电源的功能，一般安装在较大型的系统上。并网光伏发电有 2 种，集中式大型并网光伏电站一般都是国家级电站，主要特点是将所发电能直接输送到电网，由电网统一调配向用户供电。但这种电站投资大、建设周期长、占地面积大，还没有太大发展。而分散式小型并网光伏，特别是光伏建筑一体化光伏发电，由于投资小、建设快、占地面积小、政策支持力度大等优点，是并网光伏发电的主流。

1.2.1.2 风电微电网

风是没有公害的能源之一，而且它取之不尽，用之不竭。对于缺水、缺燃料和交通不便的沿海岛屿、草原牧区、山区和高原地带，因地制宜地利用风力发电，非常适合，大有可为。一般说来，三级风就有利用的价值。但从经济合理的角度出发，风速大于 4 m/s 才适宜发电。据测定，一台 55 kW 的风力发电机组，当风速为 9.5 m/s 时，机组的输出功率为 55 kW；当风速为 8 m/s 时，功率为 38 kW；风速为 6 m/s 时，只有 16 kW；而风速为 5 m/s 时，仅为 9.5 kW。可见风力愈大，经济效益也愈大。我国风能资源丰富，可开发利用的风能储量约 10 亿 kW，其中海上可开发和利用的风能储量约为 7.5 亿 kW，因此海上风电是可再生能源发展的重要领域，是推动风电技术进步和产业升级的重要力量，是促进能源结构调整的重要措施。加快海上风电项目建设，对于促进沿海地区治理大气雾霾、调整能源结构和转变经济发展方式具有重要意义。

1) 风力发电基本原理结构

把风的动能转变成机械动能，再把机械能转化为电力动能，这就是风力发电。风力发电的原理，是利用风力带动风车叶片旋转，再透过增速机将旋转的速度提升，来促使发电机发电。依据风车技术，大约是 3 m/s 的微风速度(微风的程度)，便可以开始发电。风力发电所需要的装置，称作风力发电机组。这种风力发电机组大体上可分风轮(包括尾舵)、发电机和塔筒 3 部分。大型风力发电站基本上没有尾舵，一般只有小型(包括家用型)才会拥有尾舵。

风轮是把风的动能转变为机械能的重要部件，它由若干只叶片组成。当风吹向桨叶时，桨叶上产生空气动力驱动风轮转动。桨叶的材料要求强度高、重量轻，多用玻璃钢或其他复合材料(如碳纤维)来制造。由于风轮的转速比较低，而且风力的大小和方向经常变化，这又使转速不稳定，所以，在带动发电机之前，必须附加一个把转速提高到发电机额定转速的齿轮变速箱，再加一个调速机构使转速保持稳定，然后再连接到发电机上。发电机的作用，是把由风轮得到的恒定转速，通过升速传递给发电机构均匀运转，因而把机械能转变为电能。

尽管风力发电机多种多样，但归纳起来可分为两类：① 水平轴风力发电机，风轮的旋转轴与风向平行；② 垂直轴风力发电机，风轮的旋转轴垂直于地面或者气流方向。

水平轴风力发电机可分为升力型和阻力型两类。升力型风力发电机旋转速度快，阻力型旋转速度慢。对于风力发电，多采用升力型水平轴风力发电机。大多数水平轴风力发电机具有对风装置，能随风向改变而转动。对于小型风力发电机，这种对风装置采用尾舵；而对于大型的风力发电机，则利用风向传感元件以及伺服电机组成的传动机构。水平轴风力发电机的式样很多，有的具有反转叶片的风轮；有的在一个塔架上安装多个风轮，以便在输出功率一定的条件下减少塔架的成本；还有的水平轴风力发电机在风轮周围产生漩涡，集中气流，增加气流速度。

垂直轴风力发电机在风向改变的时候无需对风，在这点上相对于水平轴风力发电机是一大优势，它不仅使结构设计简化，而且也减少了风轮对风时的陀螺力。利用阻力旋转的垂直轴风力发电机有几种类型，如利用平板和杯子做成的风轮，是一种纯阻力装置；S型风车，具有部分升力，但主要还是阻力装置。这些装置有较大的启动力矩，但尖速比低，在风轮尺寸、重量和成本一定的情况下，提供的功率输出低。

随着电力电子技术的发展，双馈型感应发电机在风能发电中的应用越来越广。这种技术不过分依赖于蓄电池的容量，而是从励磁系统入手，对励磁电流加以适当的控制，从而达到输出一个恒频电能的目的。双馈感应发电机在结构上类似于异步发电机，但在励磁上双馈发电机采用交流励磁。一个脉振磁势可以分解为两个方向相反的旋转磁势，而三相绕组的适当安排可以使其中一个磁势的效果消去，这样一来就得到一个在空间旋转的磁势，这就相当于同步发电机中带有直流励磁的转子。双馈发电机的优势就在于，交流励磁的频率是可调的，这就是说旋转励磁磁动势的频率可调。这样当原动机的转速不定时，适当调节励磁电流的频率，就可以达到输出恒频电能的目的。由于电力电子元器件的容量越来越大，所以双馈发电机组的励磁系统调节能力也越来越强，这使得双馈机的单机容量得以提高。

2）风电微电网并网技术问题

风电作为发展规模最大的可再生能源，其并网技术作为风能利用的核心技术，存在一系列难题。电力系统是一个实时平衡的系统，发、输、配、用同时完成，发电与用电要做到瞬时平衡，但由于风力发电受风速、风向、气压等影响，具有随机性、间歇性，并网后将对电力系统调峰造成影响，对此可通过建立风电仿真模型和模拟风电运行过程，分析风电与电网的影响。中国电力科学研究院建立了包含风电机组通用化模型和时序生产模拟方法的一体化风电并网仿真平台，实现了时空不确定性风电与电网之间相互影响的全过程分析，满足我国大规模风电并网仿真需要。

除此之外，精确的风电功率预测是电网安全稳定经济运行和最大化接纳风电的基础。根据预测的时间尺度分为超短期预测、短期预测和中长期预测。其中短期预测是目前应用最为广泛的预测技术，主要用于电力系统的功率平衡、经济调度、电力市场交易等。预测方法主要包含统计方法、物理方法、物理统计相结合的混合方法。目前我国掌握了风电功率预测算法研究、系统开发、现场安装、调试等技术环节；开发出的风电功率预测模型包括基于人工神经网络、支持向量机等统计方法的模型，基于线性化、计算流体力学的物理模型以及多种预测方法联合应用的混合预测模型。解决了无历史数据、地形复杂风电场的功率预测难题，并显著提高了少历史数据风电场功率预测的普适性和预测结果的准确性。

风电优化调度是在满足电力系统安全稳定运行约束下，根据风电预测结果预留风电运行空间，从而减少弃风现象。基于时序递进的风电运行不确定区间调度方法，中国电力科学研究院研发了我国首套风电优化调度计划系统，在周、日前和日内三个时间尺度逐级降低预测不确定性带来的运行风险，解决了不确定性风电的安全消纳难题。由此可见，随着技术的不断发展，风电的运用将更广泛，风力能源的利用率也会提升。

1.2.1.3　小水电以及抽水蓄能微电网

中国是世界上水能资源最丰富的国家之一，水能资源技术可开发装机容量为5.42亿kW，经济可开发装机容量为4.02亿kW。随着国家“节能减排”政策的实施，能源替代型减排成了中国的切实选择，水电成为可再生能源的首选。水力发电是利用河流、湖泊等位于高处具有势能的水流至低处，将其中所含势能转换成水轮机的动能，再借水轮机为原动力，推动发电机产生电能。

水轮机和水轮发电机是水力发电的基本设备。为保证安全经济运行，在厂房内还配置有相应的机械、电气设备，如水轮机调速器、油压装置、励磁设备、低压开关、自动化操作和保护系统等。在水电站升压开关站内主要设升压变压器、高压配电开关装置、互感器、避雷器等以接受和分配电能。通过输电线路及降压变电站将电能最终送至用户。这些设备要求安全可靠、经济适用、效率高。

水电站运行除自身条件（如水道参数、水库特性）外，与电网调度有密切联系，应尽量使水电站水库保持较高水位，减少弃水，使水电站的发电量最大或电力系统燃料消耗最少以求得电网经济效益最高为目标。对有防洪或其他用水任务的水电站水库，还应进行防洪调度及按时供水等，合理安排防洪和兴利库容，综合满足有关部门的基本要求，建立水库最优运行方式。当电网中有一群水库时，要充分考虑水库群的相互补偿效益。

但由于水能本身受自然环境影响，具有随机性和波动性，并网时不利于大电网的稳定运行，因此通常结合抽水蓄能设备一起组成微电网。抽水蓄能电站是利用电网负荷低谷时多余的电力，将低处下水库的水抽到高处上存蓄，待电网负荷高峰时放水发电，尾水收集于下水库。因此小水电以及抽水蓄能微电网研究被广泛应用于江流周围城市。

1.2.1.4　风光储联合微电网

风能和太阳能均为绿色可再生能源，资源丰富、分布广泛，利用其发电可以有效缓解能源供需矛盾、提高经济效益、减少环境污染。相较于独立光伏或独立风能微电网，利用风能、太阳能的互补性，可以获得比较稳定的输出，系统有较高的稳定性和可靠性，同时在保证同样供电的情况下，可大大减少储能蓄电池的容量，通过合理地设计与匹配，可以基本上由风光互补发电系统供电，很少或基本不用启动备用电源如柴油发电机组等，可获得较好的社会效益和经济效益。因此，将风能、光能、储能综合利用，建立风光储混合微电网成为新型发展方向。

风光储混合微电网由风、光、储3个发电单元及其控制单元、用电设备组成，既可接入配电网并网运行，也可孤岛独立运行。风光储混合微电网结构如图1-3所示，并网情况下，当微电网所发有功功率富余时，微电网可向配电网输出有功功率，配电网为风力发电机组提供励磁所需无功功率，同时，配电网也为微电网内部无功负荷提供所需无功功率；当微电网所发有功功率不足时，配电网可向微电网输入有功功率。当孤岛运行时，风力发电机组和光伏阵列所发有功功率大于负荷所需，此时可对储能系统进行充电，同时储能系统为风力发电机组提供励磁无功功率，也为微电网内部无功负荷提供所需无功功率；风力发电机组和光伏阵列所发有功功率小于负荷所需，此时储能系统进行放电，实现微电网内有功功率的平衡。

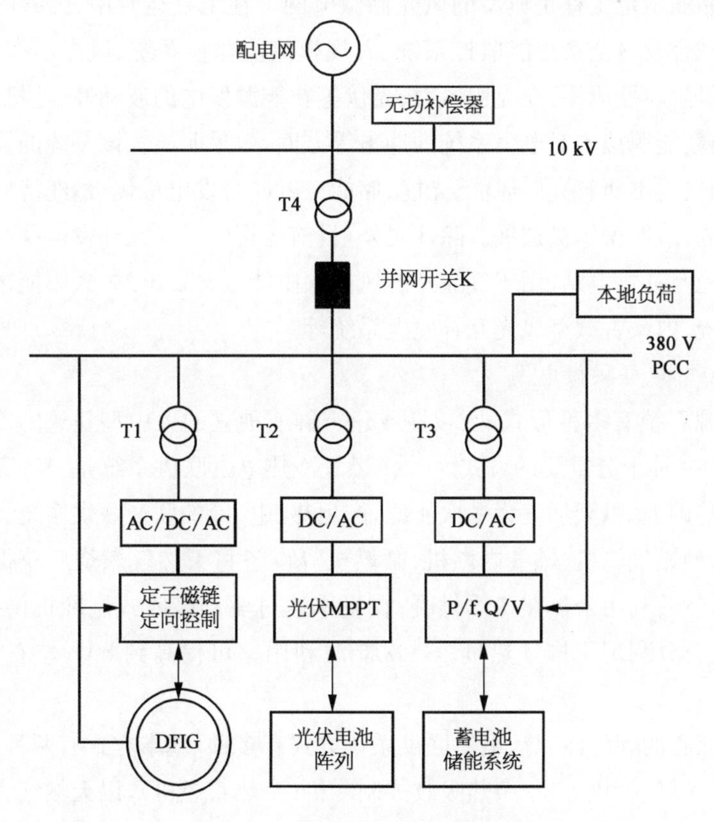

图1-3　风光储混合微电网结构

中国现有9亿人口生活在农村，其中5%左右目前还未能用上电。在中国无电乡村往往位于风能和太阳能蕴藏量丰富的地区。因此利用风光互补发电系统解决用电问题的潜力很大。采用已达到标准化的风光互补发电系统有利于加速这些地区的经济发展，提高其经济水平。风光互补发电微电网的应用前景非常广阔，已经有部分省市运用在室外道路的照明工程上，太阳能和风能以互补形式通过控制器向蓄电池智能化充电，到晚间根据光线强弱程度自动开启或关闭各类LED室外灯具。智能化控制器具有无线传感网络通信功能，可以和后台计算机实现三遥管理。目前已被开发的新能源新光源室外照明工程有风光互补LED智能化路灯、风光互补LED小区道路照明工程、风光互补LED景观照明工程、风光互补LED智能化隧道照明工程、智能化LED路灯等。

除此之外，还运用在通信基站上，目前国内许多海岛、山区等地远离电网，但由于当地旅游、渔业、航海等行业有通信需要，需要建立通信基站。这些基站用电负荷都不会很大，若采用市电供电，架杆铺线代价很大。海岛、山区由于独特的地理环境原因，拥有丰富的太阳能和风能，风光互补发电系统是可靠性、经济性较好的独立电源系统，适合用于通信基站供电。由于基站有基站维护人员，系统可配置柴油发电机，以备太阳能与风能发电不足时使用。这样可以减少系统中太阳电池方阵与风机的容量，从而降低系统成本，同时增加系统的可靠性。

国家风光储输示范工程是典型的风光储微电网。在工程运营中，国家电网公司自主研发的风光储联合发电全景智能监控系统、大规模储能监控系统、风光功率预测系统，已全面运用并取得阶段性成果，在克服风力、光伏等新能源发电的波动性、随机性、间歇性影响，减少大规模新能源接入对电力系统的冲击等方面，效果明显。该系统的设计功能得到完善提升，预测更为迅捷、精准；风能、光能、储能三者联合发电最优、最经济的容量配比研究已逐项深入展开，取得积极进展。除此之外，目前运行的风光互补发电系统还有西藏纳曲乡离格村风光互补发电站、用于气象站的风能太阳能混合发电站、太阳能风能无线电话离转台电源系统、内蒙古微型风光互补发电系统等。

1.2.1.5 冷热电联供微电网

分布式能源系统有多种形式，区域性或建筑群或独立的大中型建筑的冷热电三联供(CCHP)是其中一种十分重要的方式[31,32]。燃气冷热电三联供系统是一种建立在能量的梯级利用概念基础上，以天然气为一次能源，产生热、电、冷的联产联供系统。它以天然气为燃料，利用小型燃气轮机、燃气内燃机、微燃机等设备将天然气燃烧后获得的高温烟气首先用于发电，然后利用余热在冬季供暖；在夏季通过驱动吸收式制冷机供冷；同时还可提供生活热水，充分利用了排气热量。一次能源利用率可提高到80%左右，大量节省了一次能源。

以燃机为核心的燃气冷、热、电三联供系统方式有多种，基本方式有两种，一种是燃气机(包括内燃机、燃气轮机等)＋余热吸收式制冷机(余热直燃机)，以天然气为燃料送入燃气轮机燃烧发电后，高温排气进入余热吸收式制冷机(余热直燃机)，夏季供冷、冬季供热，根据冷负荷、热负荷的需要可补燃天然气。另外一种是燃气机(包括内燃机、燃气轮机)+余热锅炉+蒸汽吸收式制冷+电制冷机+燃气锅炉,天然气送入燃气轮机燃烧发电后,高温排气送入余热锅炉制取蒸汽,蒸汽经分汽缸至蒸汽溴化锂吸收式制冷机,冬季蒸汽经分汽缸至换热器制取热水供热。根据建筑群夏季的冷负荷需要,不足冷量由电动压缩制冷机提供;冬季不足热量由热泵和燃气锅炉提供。

天然气冷热电三联供系统按照供应范围,可以分为区域型和楼宇型两种。区域型系统主要是针对各种工业、商业或科技园区等较大的区域所建设的冷热电能源供应中心。设备一般采用容量较大的机组,往往需要建设独立的能源供应中心,还要考虑冷热电供应的外网设备。楼宇型系统则是针对具有特定功能的建筑物(如写字楼、商厦、医院及某些综合性建筑)所建设的冷热电供应系统,一般仅需容量较小的机组,机房往往布置在建筑物内部,不需要考虑外网建设。

传统的工业园区缺乏用能的统一优化,普遍存在能源浪费、电能紧缺等问题,极大地影响了系统的运行效率和经济环境效益。鉴于 CCHP 机组可以通过以热定电、以电定热、以冷定电这 3 种方式运行,具有较高的灵活性,因此可以运用在工业园区等复杂能源系统。基于多能互补的工业园区互动建立在用户对各类型能源的需求特性以及能源价格差异性的基础上,通过整合各类资源促进多能互补,降低互动成本。激励 CCHP 系统参与互动的主要方式是通过冷、热补偿的方式刺激用户对热的需求。管理中心根据用户对热和冷的需求特性,对用户在某时段多出原计划热负荷的用能成本给予部分或全部补偿,从而增大热、冷负荷;由于 CCHP 机组以热定电或以冷定电的方式工作,在增加热出力的同时也增加了发电量,若冷、热补偿费用低于电费,可中断补偿费用,则 CCHP 机组将被优先调度,同时总调度成本将减少。通过这种多能互补的广义需求响应互动优化模型,能够有效地激励用户、CCHP 机组参与涉及多能需求响应的互动,促进能源的综合利用,且与传统的需求响应调度机制相比,经济性有显著提高。

1.2.1.6　风水互补微电网

在我国较多地区同时存在着比较丰富的风能资源和水能资源,而风电和水电都具有一定的波动性,但在波动的规律上却有很大差异,这就形成了风电和水电之间存在很大的互补性。在部分地区,气候特征表现为干季和湿季交替。冬春季节水能处于枯水状态,水库的水位较低,水电站出力不足,这时风电场的风速较大,能够承担更多的负荷;夏秋季节风速小,风电场的出力较低,而这时正是雨量充沛的时候,处于丰水季节,水电站可承担相对较高的负荷,这说明风电和水电在季节上具有较强的互补性。其次,水电的短期波动性较小,在一昼夜里径流量基本是均匀的,但水电的季节波动性较大,在丰水年与枯水年、丰水季节与枯水季节的入库流量相差很大;而风电的短期波动性很大,但年际及季节波动性相对较小,这也体现出风电和水电的互补性。风水互补微电网的结构如图 1-4 所示。

在运行过程中,在风水互补微电网与大电网等一系列约束条件下,保证电网的安全稳定运行为前提,努力使互补微电网获得最优收益,最大化地体现风力与水力资源的价值,

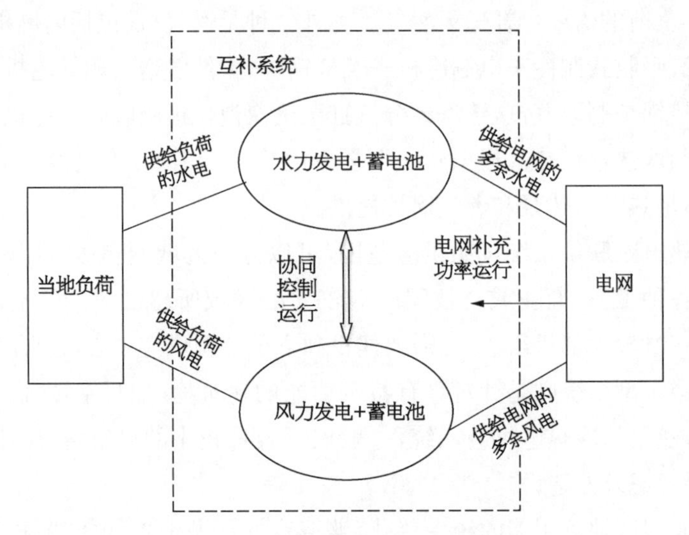

图 1-4 风水互补微电网的结构

提高风电的发电量,有效发挥水电的互补作用。在丰水期,优先水电供应当地负荷,抽水储能的蓄电池作为补充装置,调节水力发电的波动性和间歇性,风力发电优先存储蓄电池,在水电供应小于负荷需求时送电给负荷;在枯水期,水电和风电的位置颠倒。在互补系统里协同水电和风电控制运行,有多余电的时候输送稳定的功率进电网,在严重缺电的时候,电网通过互补系统给当地负荷配电,保证地区用户的用电稳定性和安全性。

1.2.2 多能互补微电网的关键技术

多能流混合建模作为不同能源系统的统一描述,是多能系统规划、调度、控制和互动的研究基础;多能源流综合评估依据多能流模型特性为规划和运行优化提供目标集;多能流交易、商业运营模式作为系统的上层规则设计,为运行优化提供多元驱动力;而多能融合信息系统为多元定制化能源交易提供支撑平台,信息系统的安全问题也是评估系统可靠性和安全性的重要依据。

1) 多能混合建模

多个能源系统混合建模描述了各个能源系统运行和互补转化特性。混合建模作为多能互补系统的统一描述是集成优化和其他关键技术的基础。通常存在多能互补静态建模和多能互补动态建模。

能源集线器模型反映了能量系统间的静态转换和存储环节,最早由瑞士苏黎世联邦理工学院的研究团队提出。该模型是综合能源系统通用建模的一次有益尝试,大量的相关研究已用于含有冷热电气系统的耦合关系描述,并被广泛应用于各类综合能源系统相关研究中(如综合能源系统的规划、分布式能源系统管理、需求管理控制、区域能源系统运行调度等)。该模型反映了能源在传输和转换环节的静态关系,而无法描述综合能源系统内复杂多样的动态行为。

多能互补动态模型一般包括动态能源集线器和动态能源连接器模型。动态能源集线器在传统集线器模型的基础上，考虑能量转换机组的动态特性。动态能源连接器描述了电能、液态工质或气态燃料输送环节的静态特征和动态变化规律，研究两端传递环节和协调反馈环节，对多个能源输送环节进行统一和协调控制。

2）多能系统规划

区域级多能流系统的规划是基于多种能流负荷长期预测的基础上，既需要考虑 CCHP 机组、电转气(P2G)装置等能量转化装置的选址、定容，也需要规划相应的电、气、热网。规划主问题是对区域综合能源系统进行拓扑结构的优化，子问题是根据规划区内部冷、热、电、气负荷预测值和已有的多能流供能网络，依据典型日优化调度策略对 CCHP 机组、P2G 装置和燃气锅炉等供能设备进行选址、定容，并适当配置储热、蓄冷、储气和储电等设备。子问题设备配置方法确定后，根据运行调度结果对配套的配电网、天然气管网进行混合潮流校验，如不满足则需适当扩建线路、管道。

综合政策、市场等重要信息，构建基于数据分析的规划场景，依据源荷互补特性划分互动集群，基于分解协调思想实现互动集群和互济网络的协同优化规划。在各场景中，通过冷、热、电负荷需求和不确定性分析用能需求的时空分布，考虑多能流潮流和系统及能量转换能力，优化规划多能源网和能量转化元件。

现阶段多能互补规划已经形成一套较为成熟的规划方法。然而，相关研究的规划对象多集中于源网荷，较少涉及多种储能的配置方法。并且，在不确定性分析、多时间常数系统建模、多能源系统可靠性分析及能源市场的影响还有待进一步研究。

3）多能系统智能调控

从系统的角度看，耦合不同的能量载体相对于常规的解耦能量供应系统显示出许多潜在的优点，冗余的能流路径提供一定程度的自由度为多能系统智能调控提供了空间。从调控主体分类，区域综合能源系统智能调控又可分为园区和用户内部智能调控。

园区调度中心通过能量系统互联互通，改善不同能源在不同供需背景下的时空不平衡，实现降低系统用能成本、提高用能效率及增强系统供能可靠性的目标。多能互补的协同优化调度是多能系统规划和市场互动博弈的基础。通过多个系统的协同合作，实现区域系统的经济和能效目标，并促进区域新能源的大规模消纳。相反的，系统的耦合在取得互补增益的同时，故障后发生的影响范围和影响程度也会扩大，特别是对于不同时间尺度的系统来说，很容易发生连锁故障，因而对园区系统安全调控提出了新要求，电力系统在线安全分析和控制比较成熟，而对供热、冷、天然气及多能流故障交互影响的研究相对薄弱。

用户侧的分布式电源、储能设备将在需求响应下得到更广泛的应用，冷、热、电、气多种能源形式在用能端的交叉耦合也将更为紧密，为用户参与区域综合能源系统智能调控提供物质基础。“以用户为中心”的概念被越来越多地应用于系统建设中，未来的综合能源系统能流传输不再是由供能服务商到用户的单向流动，能源用户也由单一的消费者转变为能源消费者和服务商，传统能源系统中供给者、消费者的概念被淡化，取而代之的是综合能源系统供需双侧的智能交互。

4）多能系统协同控制与互动

随着能源系统向着分布式的方向发展，多代理系统（MAS）的控制框架越来越多地应用于多能互补控制架构。结合“弱中心化”的思想，在 Web-of-Cell 体系中，未来的电网被划分为许多被定义为互联的源、荷、储的灵活组合的 Cell，每个 Cell 在一定的电气或地理边界范围内都具有自治性，通过和邻近个体的通信，一致性协调不同能源系统分布式个体，最终完成多能系统的稳定和精确控制。现阶段，电力系统源-网-荷-储纵向的协同控制的研究较为领先，但多能系统间的横向协同控制方法的研究还处于起步阶段，多种能源设备调节速度差异导致难以有机配合。需要根据多能流动态特性和相互作用，进而提出最佳时间尺度配合的调控方法。

多能互补系统用户参与需求响应，响应手段不仅限于传统电能的削减和在时间上的平移，在传统需求响应调度的基础上，将用户对冷、热、电等多种能源的需求纳入广义需求侧资源的范畴中。另外，用能替代正逐渐成为综合需求响应的一个重要方式，能量的替代使用可降低用户侧的用能成本，在满足用能需求的前提下响应各个能源系统的调度期望，可观的响应收益为用户相应行为提供充足的驱动力。

多能互补系统中能量转化设备运营商也可参与需求响应，考虑多种能源在价格、转化方法、需求特性上的异质性和能源转化设备[如热电冷联产（CCHP）系统、电制冷设备]的运行和调节特性，能源转化设备运营商可调整能量枢纽（EH）的调度参数，建立基于多能互补的广义需求响应互动优化模型，一方面可以提高多能需求响应能量并降低响应的随机性；另一方面运营商也可从中获得辅助服务收益。目前，基于能源服务运营商和能源转化设备的需求响应的研究还在起步阶段。

5）多能系统综合评估

作为系统规划与运行的基础，多能系统综合评估研究对多能系统智能化和实用化具有重要意义。建立不同能流的工作特性及各种能源间的耦合关联模型是多能集成系统综合评估的关键。多能系统综合评估体系须满足的条件为：① 适应高渗透新能源规模化利用的趋势，对新能源随机性建立概率模型并定量分析；② 准确描述高低能源品质的差异；③ 评估算法须与其运行模式有良好的适应性，做到准确模拟、快速评估。

6）多能系统信息安全

随着物理系统的融合，能源系统信息安全与通信逐渐抛弃了传统单点化、孤立式的构架，向着立体化、全局式的智能防护和分布式分层通信的体系发展，相应的国外信息安全研究人员曾提出“木桶理论”。另一方面，由于多能互补，集成优化系统覆盖面广，大数据、云平台逐渐显露出其在跨区域、跨平台能源互联系统的优势，然而也不可避免地引入了安全风险。基于虚拟化技术的信息安全通信与传统信息系统有所区别，数据云、主站和子站的通信结构均发生了改变，国外提出一种“云＋端＋边界”的安全体系，即是一种新的云计算架构方式。数据云可协调多个安全模块之间的互动，涌现群集智能并提高信息系统安全防护水平。

多能互补信息系统间的耦合，一方面提高了系统的量测冗余，另一方面，信息系统的耦合也使得能源系统信息安全关联性较强，需要考虑信息攻击引起多个能源系统连锁故障的情况。多能系统信息灵敏度分析中，其影响范围不仅局限于单一能源系统，特别需要重点考虑耦合信息节点受到攻击的情况。但是信息耦合也增加了量测冗余，通过多能流混合系统状态估计可辨识出错误信息来源，一定程度上提高了信息安全性。目前，对于电力系统物理信息系统安全评估和风险控制的研究较多，而对于其他能源信息系统特别是多种能源信息融合的研究较少，缺少多能信息互补的安全评估方法，尚没有形成成熟的多能流信息安全风险控制方法。

7）多能系统运行模式

在能源市场分析方面，越来越多的市场建模和定量分析方法被设计出来以描述能源交易行为和市场供需关系，分析模型可概括为两类：自底向上模型和自顶向下模型。自顶向下模型采用宏观经济学方法侧重于市场过程的总体表征而不是具体的技术指导，其主要缺点是该模型参照的历史参数有时效性且无法分析策略变化的灵敏度，只能提供整体经济政策指导；而自底向上模型是技术层面的基于政策的能源市场构成的分析，根据功能差异又可分为优化和仿真模型。

多能互补系统能源交易与商业运营的参与主体主要包括综合能量管理中心、综合能源服务商、各类用户、电动汽车、新能源系统、储能设备、CHP 机组等。各类主体在互动框架中扮演着不同的角色，新型的综合能源服务公司直接面向用户或增量能源市场，业务范围涵盖多种不同品位的能源销售。用户根据自身的用电特性、风险偏好和响应潜力，响应电价信息和管理中心发布的中断信息，调整自身负荷计划，从而达到柔性互动的目标。然而主体众多，不同的用户利益诉求不同，其参与互动的目标也有所差异，因此一个能够吸引用户参加的健全的交易运营机制，应在一定程度上满足各个主体的利益诉求。

多能互补、集成优化即是通过物理信息上的互联来涌现规模效应和群集智能，以实现系统级优化目标，其中心思想在于整合资源、协调优化。现阶段，能源系统呈现出智能化、去中心化、物联化、市场化和电商化等演变趋势，将注定要颠覆现有的能源系统和行业运营模式，能源横向和纵向上的互补协调是能源系统发展的必然趋势，因此多能互补研究具有前瞻性和巨大的工程应用价值。与此同时，多能互补集成优化技术依然在多个方面面临着诸多挑战，仍需在多能系统建模、规划、智能调控等领域，考虑多时间尺度、多不确定性等实际问题进行深入研究。

1.2.3　多能互补微电网的研究现状

多能互补、集成优化系统相关技术一直受到世界各国的重视，不同国家往往结合自身需求和特点，各自制定适合自身的综合能源发展战略。国内外专家学者也进行了大量研究。

1）多能互补微电网项目实例运用

多微网作为从微电网至智能电网的过渡，自2006年欧盟“More Microgrids”计划[34]率先提出其概念以来，因能有效提升电网分布式电源比例，受到了学者的广泛关注。美国在2001年提出了综合能源系统发展计划，目标是促进分布式能源（DER）和热电联供（CHP）技术的推广应用以及提高清洁能源使用比重。2007年美国颁布了能源独立和安全法，以立法形式要求社会主要供用能环节必须开展综合能源规划。而随着天然气使用比例的不断提升，如2011年后美国25%以上的能源消耗源于天然气，美国自然科学基金会、能源部等机构设立多项课题，研究天然气与电力系统之间的耦合关系。奥巴马推进的智能电网国家战略，其愿景是构建一个高效能、低投资、安全可靠、智能灵活的综合能源网络，而智能化的电力网络在其中起到核心枢纽作用。

瑞士联邦理工学院的Geidl和Andersson首次给出了能量枢纽的概念，其概念和模型应用到欧盟的EPIC-HUB项目中。作为多种能源和负荷需求的能源转换单元，可为不同场景下的能源输入输出提供接口，并量化表征系统能量转化关系，通过管理多种能源的消费与供应的转化关系，实现能源间的综合优化[35]。

加拿大将综合能源系统视为实现其2050年减排目标的重要支撑技术，而关注的重点是社区级综合能源系统（ICES）的研究与建设，为此加拿大政府在2009年后颁布了多项法案，以助推ICES研究、示范和建设。

欧洲同样很早就开展了综合能源系统相关研究，并最早付诸实施。欧盟资助的智能电网综合研究计划ELECTRA[36]致力于2030年未来高可再生能源系统的协同运行，利用自治网元实现分布式多能源互联。通过欧盟框架项目，欧洲各国在此领域开展了卓有成效的研究工作。除在欧盟整体框架下推进该领域研究外，欧洲各国还根据自身需求开展了一些特色研究。以英国为例，英国工程与物理科学研究会资助了大批该领域的研究项目，涉及可再生能源入网、不同能源间的协同、能源与交通系统和基础设施的交互影响以及建筑能效提升等诸多方面。

日本由于其能源严重依赖进口，因此成为最早开展综合能源系统研究的亚洲国家，并希望通过该领域的技术创新进步，缓解其能源供应压力。在政府大力推动下，日本各界从不同方面对综合能源系统开展了广泛研究。

我国已通过973计划、863计划、国家自然科学基金等研究计划，启动了众多与综合能源系统相关的科技研发项目，并与新加坡、德国、英国等国家共同开展了这一领域的很多国际合作，内容涉及基础理论、关键技术、核心设备和工程示范等多个方面。两大电网公司、天津大学、清华大学、华南理工大学、河海大学、中国科学院等研究单位已形成综合能源系统领域较为稳固的科研团队和研究方向。广州明珠工业区结合城市电网未来发展方向和技术需求，通过冷/热/电/气系统优化提高能源综合利用率，积极打造可再生能源大规模就地消纳智能工业示范园[37]。北京市延庆区“城市能源互联网”综合示范工程旨在建设支撑高渗透率新能源充分消纳的区域能源系统。

2）能源细胞-组织架构的区域能源网

由于单个区域能源网的容量较小、调节能力有限，当高渗透率的分布式设备分散接入区域能源网时，一旦发生大规模负荷突变或线路故障等情况，会大大降低区域能源网的可靠性。为了实现分布式设备友好可靠接入，同一区域的分布式发电机组、能源储蓄和可控负荷都可看成是不同的能源细胞，成百上千的能源细胞将会被物理连接成为一个类似于因特网的组织结构，构成区域能源网组织[39]。同时，每一个能源细胞都能够通过双向通信网络设施与其他细胞之间实时交换数据和信息。与相对静止的主干式电力网络拓扑结构不同，由差异性显著的能源细胞组成的区域能源网将会是一个高度动态性和复杂化的系统，包含大量空间及暂态的不确定性，传统的集中式信息处理框架将不再能够持续性满足数据量的爆发式增长。

区域能源网组织之间可通过分散协同的管理手段，基于分布式稀疏通信网络，实现广域互联和区域自治。国内外提出一个区域能源网的三级控制架构，把能量管理系统(EMS)当作能源互联微网的上级调度中心，以实现运行成本最优，但是所需的数据计算量较大，通信时间也较长，一旦EMS平台出现故障，则整个系统可能出现崩溃。随后改进提出了区域能源网组织的多智能体分层控制架构，基于智能体的协作和自治性特点，实现各区域能源网间的区域自治，但未对区域能源网间的协调优化机理以及多智能体系统的通信拓扑设计进行分析。另外，对等分散的控制策略仅局限于两个区域能源网之间的协调控制，很少涉及3个及3个以上区域能源网间的协调控制。

能源细胞是集多种能源的生产、输送和利用为一体的区域能源系统。在实际中，由于地域、天气、自然资源、用户类型等的不同，各能源细胞可能具备不同的产能、用能特性；如果利用这些特性进行优势互补，可以实现细胞集群的利益最大化，并且在一定程度上扩大集群中各细胞的利益。

3）能源互联网

随着多能互补微电网个体的逐步发展，区域的不断拓展，微电网集群形成区域综合能源系统，受信息互联网所取得的巨大成功的启示，一种由互联网与新能源技术整合形成的“能源互联网”(EIS)由美国学者杰里米·里夫金率先提出[40]。被认为是未来能源基础平台，分布式能源、生产-消费一体的能源主体将成为其主要组成部分，满足它们的接入和定制化需求面临诸多挑战，如间歇式能源的调节与接入、生产和存储的合理调配、定制化需求的响应等。

以可再生能源代替常规化石能源发电，以电动汽车为典型电负荷替代常规燃料负荷是当前能源危机和环境问题要求下的主要发展方向，给电网带来自主、柔性运行的优点时，同时对此背景下形成的新型电网提出了重要挑战。第二次工业革命发展及形成的信息互联网在成果和经验上为实现这“两个替代”提供了厚实的基础，其与大规模可再生能源的相互结合形成的能源互联网，里夫金也称之为“第三次工业革命”。EIS为电力系统从发电至用电的大规模可再生能源的高可靠性和效率利用提供了一条较好的解决途径。

作为大量清洁能源消纳和能源替代的综合性平台，能源互联网是多种能源、智能电网与信息网高度耦合的网络，也是以智能电网为主框架的多种能源的高效传输、利用、转换的平台。涉及通信、信息、分布式计算等领域，通过各层、各区域的智能主体交互，从而达到最佳状态，获取相对合理的最大收益[41]。能源互联网由许多智能主体有机组成，如DG、微电网(群)、主动配电网、VPP甚至输电网等，其对等、互联、开放、共享等特性更加突出了智能主体的自治、协同等特质。

能源互联网其实是以互联网理念构建的新型信息能源融合"广域网"，它以大电网为"主干网"，以微网为"局域网"，以开放对等的信息能源一体化架构，真正实现能源的双向按需传输和动态平衡使用，因此可以最大限度地适应新能源的接入。微网是能源互联网中的基本组成元素，通过新能源发电、微能源的采集、汇聚与分享以及微网内的储能或用电消纳形成"局域网"。大电网在传输效率等方面仍然具有无法比拟的优势，将来仍然是能源互联网中的"主干网"。

从政府管理者视角来看，能源互联网是兼容传统电网的，可以充分、广泛和有效地利用分布式可再生能源的，满足用户多样化电力需求的一种新型能源体系结构；从运营者视角来看，能源互联网是能够与消费者互动的、存在竞争的一个能源消费市场，只有提高能源服务质量，才能赢得市场竞争；从消费者视角来看，能源互联网不仅具备传统电网所具备的供电功能，还为各类消费者提供了一个公共的能源交换与共享平台。

能源互联网与其他形式的电力系统相比，具有4个关键技术特征[42]：① 可再生能源高渗透率，能源互联网中将接入大量各类分布式可再生能源发电系统，在可再生能源高渗透率的环境下，能源互联网的控制管理与传统电网之间存在很大不同。② 非线性随机特性，分布式可再生能源是未来能源互联网的主体，但可再生能源具有很大的不确定性和不可控性，同时考虑实时电价，运行模式变化，用户侧响应，负载变化等因素的随机特性，能源互联网将呈现复杂的随机特性，其控制、优化和调度将面临更大挑战。③ 多源大数据特性，能源互联网工作在高度信息化的环境中，随着分布式电源并网，储能及需求侧响应的实施，包括气象信息，用户用电特征，储能状态等多种来源的海量信息。而且，随着高级量测技术的普及和应用，能源互联网中具有量测功能的智能终端的数量将会大大增加，所产生的数据量也将急剧增大。④ 多尺度动态特性，能源互联网是一个物质、能量与信息深度耦合的系统，是物理空间、能量空间、信息空间乃至社会空间耦合的多域、多层次关联，包含连续动态行为、离散动态行为和混沌有意识行为的复杂系统。作为社会/信息/物理相互依存的超大规模复合网络，与传统电网相比，具有更广阔的开放性和更大的系统复杂性，呈现出复杂的、不同尺度的动态特性。

1.3 微电网的结构以及主要技术研究现状

微电网结构模式的确定是进行微电网规划设计的前提条件，结构模式的选择对微电网具体接入电网的电压等级和容量规划以及具体分布式电源的选择会产生较大影响。一般来说微电网结构模式指的是网络拓扑的设计，具体包括微电网内部的电气接线网络结构、供电制式（直流/交流供电和三相/单相供电）、相应负荷和分布式电源所在微电网的节点位置等。微电网系统中负荷特性、分布式电源的布局以及电能质量要求等各种因素决定了微电网的结构模式，也在一定程度上影响了微电网采用何种供电方式，因此，微电网按供电模式可以划分为交流微电网、直流微电网和交直流混合微电网 3 种不同类型的微电网结构模式[43]。

1.3.1　交流微电网

交流微电网在国内外所采用的微电网中仍为主流，交流微电网不改变原来的电网结构，适合运用在将原有电网改造为微电网网架结构中。参考美国电力可靠性技术解决方案协会（CERTS）提出的微电网结构得到一类典型低压微电网结构模式，如图 1－5 所示。该微电网有 3 类对供电质量有不同要求的负荷，即敏感负荷、可调节负荷、可中断负荷。馈线 C 上是一般负荷，正常情况下微电网与大电网并联运行，当主网出现故障时静态开关将断开成独立运行的系统，当电网恢复正常以后，微电网又可与主网重连，恢复并网运行。

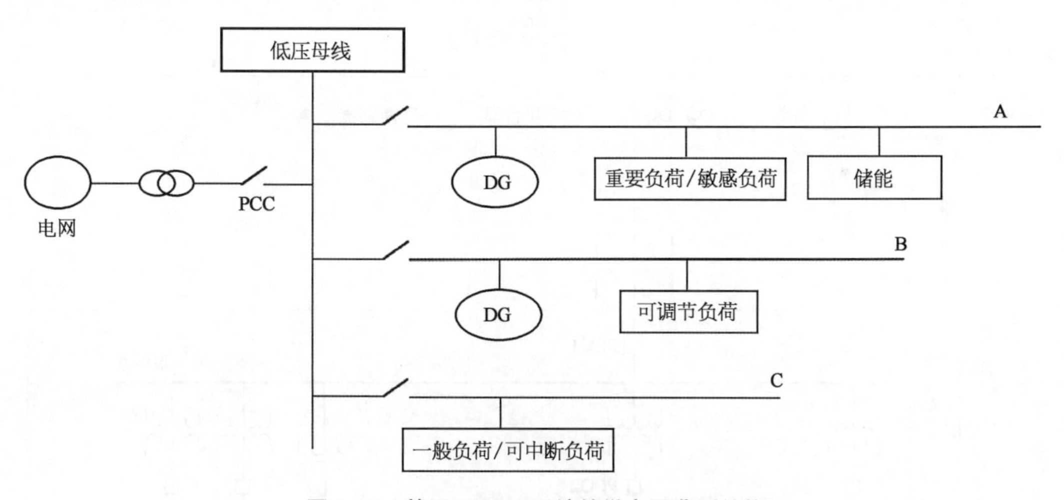

图 1－5　基于 CERTS 系统的微电网典型结构

但交流网架结构与微电源容量及负荷对电能质量要求也密切相关，通常可以根据容量大小将交流微网系统分为 3 类：系统级微网、工商业区级微网以及偏远乡村级微网[44]。

系统级微网结构由母线和多条馈线呈辐射状组成，每条馈线可分层接入大量分布式电源和就地负荷，网架可以经多个 PCC 接入电网（见图 1－6）。当电网或降压变压器故障时，PCC 开关跳开，微网进入孤岛运行；待电网侧恢复正常，闭合 PCC 开关，微网并网运行。能够有效利用大量的分布式电源和负荷，降低了单个分布式电源的不稳定对电网的影响，节能环保，而且能够在孤岛和并网两种模式下顺利切换，运行灵活，提高了附近区域的供电可靠性。系统级微网结构适合分布式能源种类较为丰富、负荷相对分散的地区，利用不同种类分布式能源间的相互补充，电源与负荷相互协调来提高微网的稳定性与可靠性。但是系统级微电网建设难度大、需要的设备多且保护措施复杂，在运行方面和投资方面的难度都是限制其应用的主要原因。

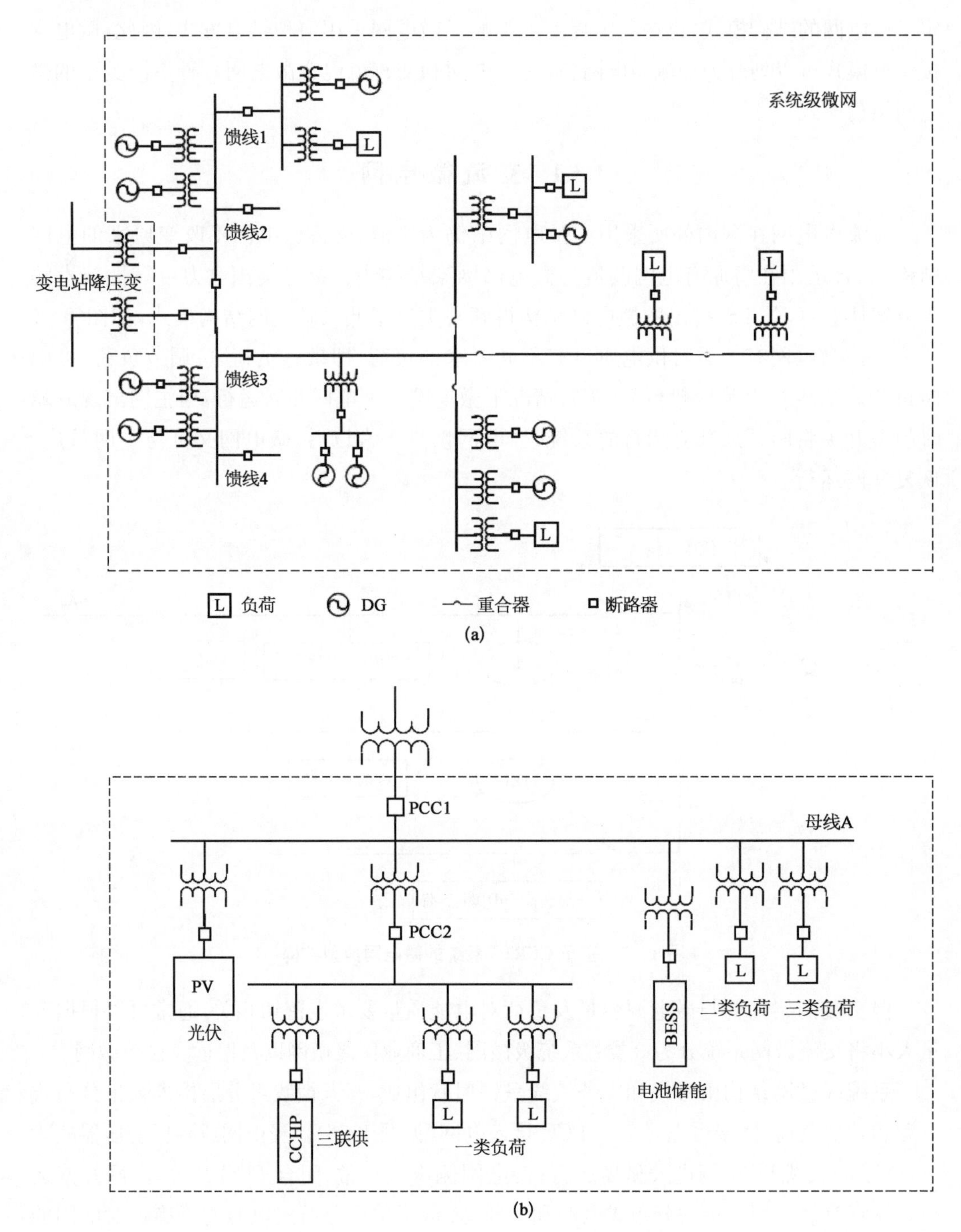

图 1-6　系统级微网(a)与工商业区级微网(b)

工商业区级微网结构有高度的冗余性，能够很好地保证负荷的供电。正常情况下，工商业区级微网与电网相连，处于并网模式；当电网故障或电能质量不满足时，PCC1 切断，整个微网进入孤岛模式，若微网自身的电能满足不了内部负荷的消耗时，则保留对一类负荷的供电，暂时切除二类和三类负荷。若在孤岛模式中，母线 A 发生故障，则 PCC2 会切断，由三联供系统和一类负荷组成的单元微网系统进入孤岛运行，仍可保证对一类负荷的可靠供电。因此工商业区级微网结构充分保证了重要负荷的供电可靠性。由于此类微网的特点，一般将其应用于学校、医院或大型商业中心，而且该微网的投资成本也比较高。

偏远乡村级微网通常运行在孤岛状态，网架结构为简单的串并联形式。偏远乡村级微网由于缺少电网的支撑容易受到分布式电源随机性和波动性影响，因此一般需要接入旋转设备，为微网提供电压、频率支撑的同时也作为热后备容量。此种微网简单的串并联模式通常接入的都是不重要负荷，而且也保证了微网的稳定运行与经济性，这些特点使得偏远乡村级微网适合在山区、荒漠、海岛等比较偏僻的地方，虽然电网电能质量不高，但可以满足孤岛内部的用电消耗。

从容量规划中可将中低压交流微电网(见图 1－7)分别设置为主微电网，一级、二级子微电网，分层分级进行结构模式规划。具体来看，主微电网通常可设置为一个 10 kV 的开闭所作为网架结构基础，鉴于我国微电网容量限制，一般情况下不宜采用 35 kV，110 kV 的变电站级别作为微电网供电系统的中心网架结构。以原有开闭所母线结构作为主微电网母线结构比如为单母线分段，两路 10 kV 进线分别接两段母线，母联开关平时处于分位分段运行。在开闭所处设置智能微电网调度中心，配置微电网监控系统、配电自动化系统、智能用电系统、电力需求侧管理等系统，连接大型风力发电、大容量能量型储能、柴油

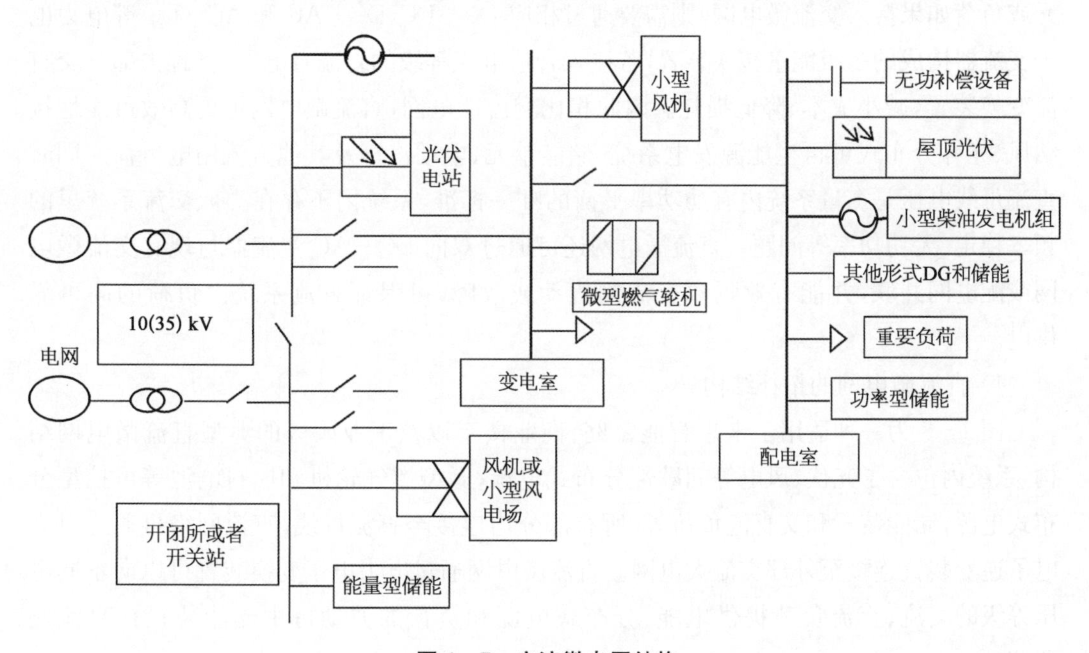

图 1－7　交流微电网结构

发电机等作为主微电网供电电源，一般情况下采用几百千瓦到兆瓦的分布式电源。

一级子微电网通常可以是 10 kV 开闭所下设的若干个变电室，以变电室为中心就近向负荷中心供电，每个变电室的进线分别来自上级开闭所的两段母线以增加可靠性。以每一段母线为一个一级子微电网的核心网架，将母线所连中小型风力发电、光伏发电、燃气轮机和储能作为一级子微电网供电单元，其中分布式电源的容量通常为几十千瓦至几百千瓦的级别为宜，具体容量配置和电源选择视各地负荷密度而异。

二级微电网通常由建筑物配电室构成，由上级开闭所或变电室的两段母线分别出线供电，将各建筑 400 V 配电系统及所连楼顶光伏、储能及其他分布式电源作为二级子微电网供电单元，分别就近接入建筑物的配电子系统，其中以几千瓦至几十千瓦级别的分布式电源和储能作为电源，并结合上级电网共同对负荷供电，这也就是通常意义上靠近负荷终端的低压微电网。

各级微电网可分别接入风力发电、光伏发电、储能、柴油发电机、冷热电三联供微型燃气轮机、负荷，组成风光储柴气互补微电网或者其他形式的微电网，主微电网及每个子微电网都可以实现并网、孤网运行，并可实现无缝切换、即插即用。

1.3.2 直流微电网

直流微电网是由直流构成的微电网，是未来智能配用电系统的重要组成部分，对推进节能减排和实现能源可持续发展具有重要意义。微电网内光伏、风机、燃料电池、电池储能单元等产生的电能大部分为直流电或非工频交流电。常用电气设备，如个人电脑、手机、LED 照明、变频空调和电动汽车等，皆通过相应适配器变成直流电驱动。上述发电单元或负荷如果接入交流微电网，则需要通过相应 DC-DC，DC-AC 和 AC-DC 等电力电子变流器构成的多级能量转换装置，若接入合适电压等级的直流微电网，将省去部分交直流变换装置，减小成本、降低损耗。因此相比交流微电网，直流微电网可更高效可靠地接纳风、光等分布式可再生能源发电系统、储能单元、电动汽车及其他直流用电负荷。同时直流母线电压是衡量系统内有功功率平衡的唯一标准，系统内不存在类似交流系统里的频率稳定、无功功率等问题。直流微电网还可通过双向 DC-AC 变流器与现有交流微电网或配电网并联，并能有效隔离交流侧扰动或故障，可保证直流系统内负荷的高可靠供电。

1）直流微电网的拓扑结构

图 1-8 为一种适用于未来智能家庭、商业楼宇以及工业园区的典型直流微电网结构，系统内包含了光伏、风电等间歇性分布式电源，微型燃气轮机和燃料电池等可控型分布式电源，储能装置和交直流负荷等，所有部分均连接至直流母线，直流网络再通过电力电子逆变装置连接至外部交流大电网。直流微电网通过电力电子变换装置可以向不同电压等级的交流、直流负荷提供电能，分布式电源和负荷的波动可由储能装置在直流侧调节。

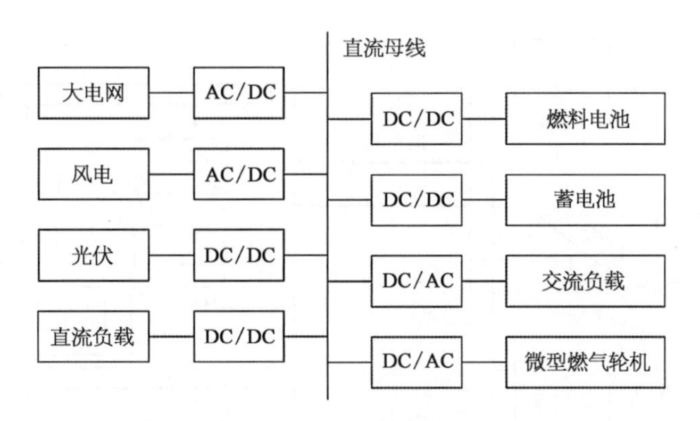

图1-8　直流微电网结构

多环状直流微网和辐射状直流微网是目前直流微网的两种主要架构(见图1-9)。多环直流微网采用环状结构,拥有多条回路,直流电源和负荷通过DC/DC变流器接入,交流源、负荷由AC/DC与DC/AC换流器接入网架。直流环1上接有间歇性特征比较明显的DG,用于向普通负荷供电,直流环2连接运行特性比较平稳的DG以及储能装置,向电能质量要求比较高的负荷供电。环形馈线分为两段,经混合式限流断路器连接构成,在出现故障时可解列运行,降低停电面积。有多条回路的特性决定了多环直流微网适用于工业区或者综合大楼等对拥有多种用户但对电能质量要求不高的区域。

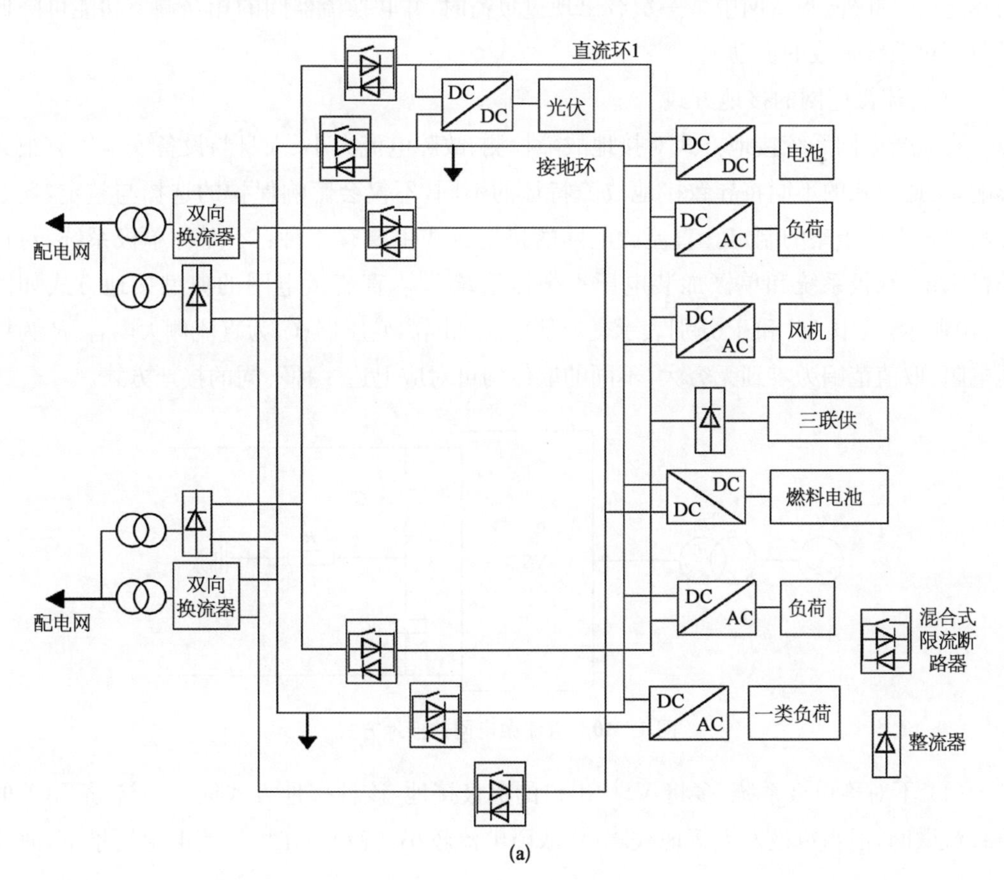

(a)

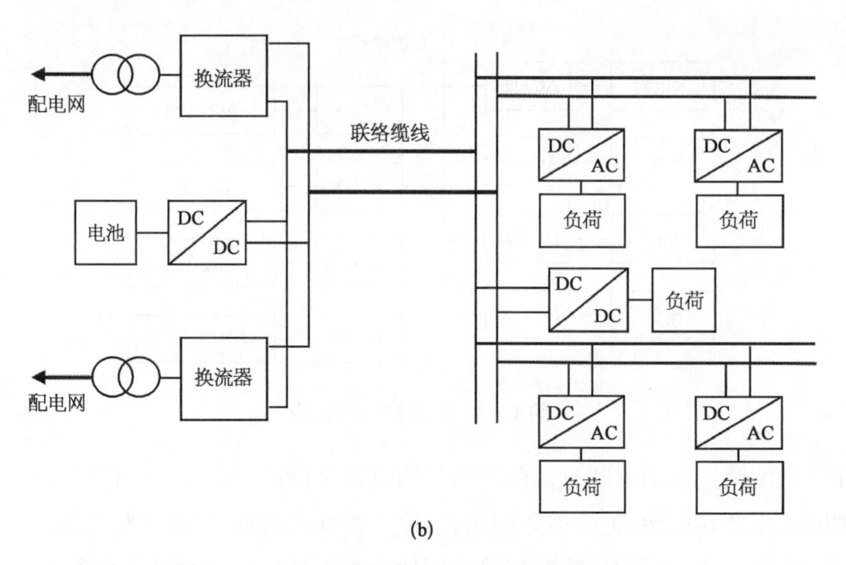

(b)

图 1-9 多环直流微网(a)与辐射状直流微网(b)

辐射状直流微网中，联络馈线将电池和负荷连接起来，负荷通过 DC/AC 或 AC/DC 装置获得电能，这样一来，直流微网的负荷无需变压器就能获得所需的电压等级，保证了提供的电能质量的稳定性。辐射状直流微网采用串并联的结构，通过换流器与外部配电网相连接。此外，当微网中某一负载出现过负荷时，并联换流器间的相互调节功能可降低过负荷对系统造成的振动。

2）直流微电网的接地方式

直流微电网系统接地方式对接地故障检测、故障电流大小、人身与设备安全等有很大影响，接地方式的不同将导致接地故障特征的不同，不仅会影响保护的选择与整定，还会影响故障定位策略的制定。直流微电网的接地方式主要有 4 种：不对称单极系统、对称单极系统、双极系统和单极加装电压平衡器系统[45]。直流微电网的典型接地方式如图 1-10所示，其中 AC 和 T 分别表示交流侧电源和隔离变压器；C 为直流侧大电容、R 为接地电阻，取值范围为零到无穷大，不同的取值均可对应上述 4 种不同的接地方式。

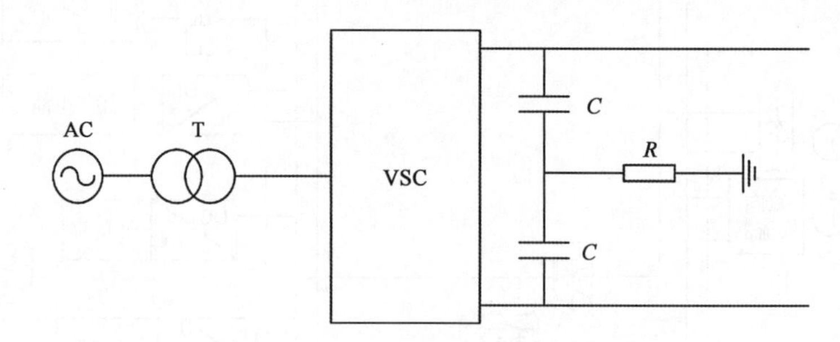

图 1-10 直流微电网的接地方式

（1）不对称单极系统，多将 VSC 出口的负极接地，该种接地方式简单经济，适用于低压直流微网，但当负极发生接地故障后，故障电流较小，特别是在大过渡电阻情景下，故障更加难以检测，因此，如何针对负极接地故障设计保护方案，是该接地方式的难点。

(2) 对称单极系统，将VSC出口的电容中性点接地。由于没有电压平衡器的控制，正负极对地电压的分压是由正负极所接负荷(电阻值)的比例决定的。因此，在正负极所接负荷不对称时，正负极对地电压也不再相等，故负荷不能接于正/负极与中线之间，只能接于正负极之间。另一方面，假设负极接地故障发生并清除后，VSC出口正负极电容上的电压不再平衡，VSC仅能调节输出的总电压，无法将电压在两电容之间均匀分配，从而导致单极对称系统演变为单极不对称接地，正极电容电压由0.5倍极间电压变成1倍极间电压，由于未装设电压平衡器，此时需要停机放电再充电，才能将电容电压恢复。因此，该种接地方式缺陷较大。

(3) 双极系统中，负荷可以接于正/负极和中线之间，在正负极所接负荷不对称时，亦不会出现电压不平衡的问题，但需使用双倍的VSC，增加了损耗和设备复杂性，直流微网的经济性的要求必然较高，故该种接地方式不适用于低压直流微网。

(4) 单极加装电压平衡器系统，是对称单极系统的改进，尽管该方式增加了损耗和设备复杂性，但这种增加是相对的。相较对称单极系统，该系统不存在正负极电压因负荷不对称而不平衡的问题，负荷可以接于单极和中线之间；相较于双极系统，该系统的损耗和设备复杂性较低，故该接地方式有一定的意义。

与直接接地方式相比，经小电阻或高阻接地对接地故障的故障电流具有一定限制作用。首先，延长了故障电流达到峰值的时间，为故障切除争取了时间；其次，削弱了故障电流峰值，降低了故障电流对电力电子器件的危害。但如果接地电阻较大，导致削弱作用太强、故障电流较小，将给故障检测带来困难。因此，选择合适的接地电阻十分重要。

3) 直流微电网的保护设备

熔断器和直流断路器是直流微电网中常见的两种保护设备。其中熔断器是过电流继电保护装置与开断装置合为一体的开关设备，根据电流超过规定值一段时间后，以其自身产生的热量使熔体熔化，从而断开电路。熔断器的选择主要依据负载的保护特性和短路电流的大小选择熔断器的类型。熔断器具有结构简单、使用方便、价格低廉等优点，在低压系统中广泛被应用[18]。

直流断路器根据电流开断方式不同，主要有机械式直流断路器、固态直流断路器和基于两者结合的混合式直流断路器。机械式直流断路器主要由交流断路器和RLC元件构成的辅助振荡回路组成，借助辅助振荡回路人为产生过零点。机械式直流断路器通态损耗低，但快速切断故障电流能力不强(目前最快仍需要数十毫秒)。近年来，完全由可控型半导体器件构成的直流固态断路器，以数毫秒级分断能力、无触点、分断不产生电弧等优点受到广泛关注。与机械式直流断路器相比，固态直流断路器切除故障电流速度更快，但通态损耗相对较大、成本较高。混合式直流断路器用快速机械开关导通正常运行电流，固态电力电子装置开断短路电流，有效地结合机械式断路器通态损耗小、固态断路器开断速度快等优点。未来，随着半导体器件的快速发展和成本的降低，固态直流断路器和混合式直流断路器将会在直流微电网和直流配用电系统中得到应用。

对于直流微电网，多分段或多端复杂直流微电网来说，具有快速开断直流故障电流和隔离故障功能的直流断路器对保证系统的安全可靠运行是至关重要的。因此如何提高直流断路器的开断速度和开断容量是研发直流断路器所面临的主要挑战。

直流微电网中直流母线处通常含有较大容量的母线电容。极间故障时，母线电容的瞬时放电造成的瞬态短路冲击电流可能会导致系统中直流断路器的误动作，从而导致保护系统的选择性丧失、过多分布式电源或负荷等设备的断电和保护设备相互协调能力的降低等后果。为避免出现过大的瞬时短路电流和减少直流断路器的误动作，可采用故障限流装置与直流断路器进行配合。

1.3.3　交直流微电网

相比较交流微电网，直流微电网具有以下优势：① 分布式电源接入的效率更高。交流微电网需要多级变换才能实现分布式电源和直流负荷的接入，而直流微电网无需额外的能量转换环节。② 供电容量更大。在电压等级、导体截面、电流密度和走廊宽度相当的情况下，直流输送的功率是交流的 1.5 倍。③ 利于电源并网。分布式电源接入直流微电网时，无需考虑同步问题，降低了并网难度。但在直流微电网中系统采用直流母线，且通过统一的 DC/AC 变流器接入交流微电网，因此直流母线扩容受限制；同时直流微电网设备配套采购困难且经济性能不高，市场上用于光伏系统的 DC/DC 模块和用于风力发电机的 AC/DC 模块单独采购困难。

交流微电网的优点是各分布式电源及蓄电池储能均通过各自的变流器并入统一交流母线，因此变流器容量相对较小。由于系统采用交流母线，负荷或分布式电源扩容都较直流微电网结构便利。但交流微电网也有局限性，交流微电网中各单元都需要独立的 DC/AC 变流器，因此成本相对于直流微电网系统要高；储能系统采用多套 DC/AC 并网装置，储能系统作为主电源独立运行时，多个储能装置的均流控制相比直流微电网困难。

交直流混合微电网运行方式相比于单一系统的微电网而言更加灵活，可以最大限度地满足就地消纳资源、响应负荷需求等微电网规划设计的个性化需要，同时混合交直流微电网在公共连接点的开断上更具多样性，既可以采用一般微电网系统并网运行和孤岛运行的方式，同时还可以实现交流部分并网运行、直流部分孤岛运行的模式。而当在交直流两侧均有电源点的情况下，还可以分别进入孤岛模式独立运行，更有利于微电网的控制运行操作。

1）交直流混合微电网的典型结构

中低压交直流混合微电网可分为以下几类：第一类是在交流母线侧接入分布式电源满足交流负载需求；第二类是在直流母线侧接入分布式电源满足直流负载需求，通过逆变器向直流负载供电；第三类是在交流侧采用较大容量的交流分布式电源供应交流负荷，同时在直流侧添加各类典型直流母线微电网为直流负荷供电，达到合理利用分布式电源并减少中间逆变过程的目的。

考虑传统交流与直流微电网的网架结构,交直流混合微电网可以设计为辐射型、双端供电型、分段联络型、环型等拓扑结构。辐射型微电网结构简单,对控制保护要求低,但供电可靠性较低。两端供电型与辐射型配电网相比,当一侧电源发生故障时,可以通过操作联络开关,由另一侧电源供电,实现负荷转供,提高整体可靠性。环型微电网相比于两端供电型,可实现故障快速定位、隔离,其余部分电网可像两端供电型运行,供电可靠性更高。构建交直流混合微电网网架时,根据供电可靠性与经济性的不同要求,选择最合适的网架结构。

图1-11为混合微电网的典型结构[46],交流系统和直流系统按各自的原则组成微电网,由四象限运行的换流器连接。直流系统结构为并联式结构,直流DG如光伏电源、燃料电池通过DC/DC升压电路接入直流系统,直流储能电池由双向DC/DC并联在直流母线上,直流负荷经过DC/DC降压电路并入微电网,而风机则经整流器向直流系统提供电能。交流系统的结构与直流系统结构相似,储能、旋转电源以及负荷并联接到交流母线上;混合电网由交流母线经馈线接入电网。从整体结构分析,混合微电网实际上仍可看作是交流微电网,直流微电网可看作是一个独特的电源通过电力电子逆变器接入交流母线。

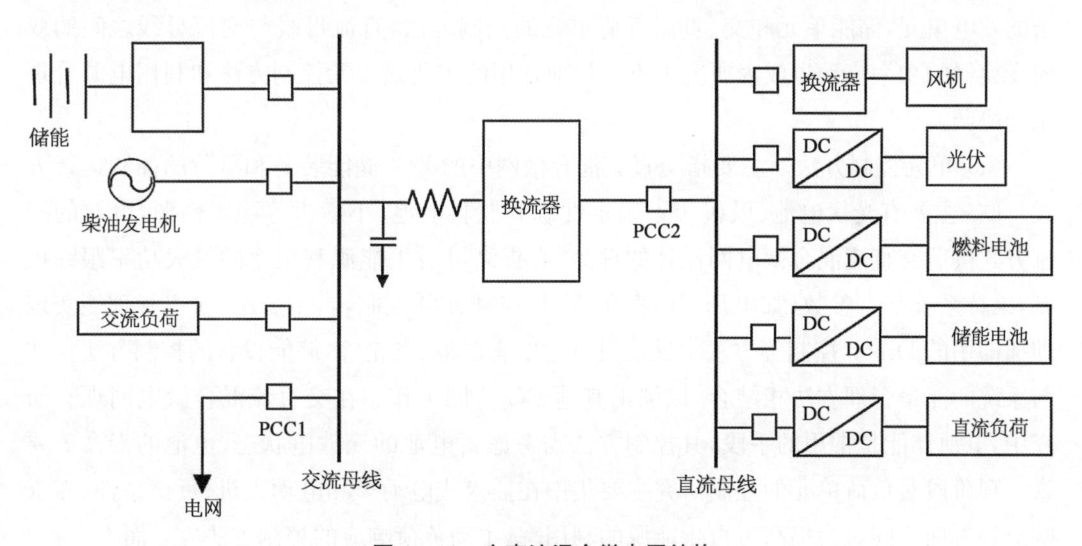

图1-11　交直流混合微电网结构

混合微电网与交、直流微电网相比具有更高的灵活性和效率。如图1-11所示,混合微电网结构支持4种运行方式:① 交、直流系统并网运行,PCC1与PCC2处开关均闭合。② 交流系统并网运行,直流系统孤岛运行,PCC1处开关闭合,PCC2开关断开。③ 交、直流系统并列孤岛运行,PCC1处开关断开,PCC2处开关闭合。④ 交、直流系统解列孤岛运行,此时PCC1和PCC2开关均断开。混合微电网在控制系统作用下,快捷地在4种运行方式中切换,可以应对大量复杂突发情况。由于避免了大量使用换流器,降低了电能在变换时的损耗,大大提高了网架运行的效率。混合网架结构适用于直流电源(负荷)和交流电源(负荷)比例相当、同时对供电可靠性及电能质量要求较高的地区。

2) 交直流混合微电网的容量

交直流混合微电网的拓扑结构是微电网设计之初考虑的问题,当微电网结构设计合理完备后,交直流混合微电网的容量配置问题急需解决。相比于传统大电网,交直流混合微电网由于DG与储能装置的存在,容量配置问题更加复杂: DG的随机性、波动性受地理环境影响较大;蓄电池的寿命增加了容量配置的约束条件。

交直流混合微电网的容量配置主要分为4部分: ① 资源、负荷、地理环境的调研与微电网网络结构的确定。② 设备型号与设备数量的选择。③ 容量配置最优化模型的建立。④ 优化求解。容量配置最优化模型的建立主要分为目标函数的选取与约束条件的确定,目标函数主要分为可靠性指标与经济性指标2类,约束条件主要考虑系统运行约束、备用容量、蓄电池充放电约束等。容量配置优化模型的求解主要分为解析法和智能算法,由于智能算法具有计算简单、鲁棒性强、约束限制较少等优点,主要采用智能优化算法进行求解,典型代表有遗传算法、粒子群优化算法和模拟退火算法。

3) 交直流混合微电网的运行控制

交直流混合微电网的运行控制相比于单一直流微电网或者交流微电网而言,除了复杂的发电单元,储能单元和交、直流负荷单元的控制方法,直流母线与交流母线之间的双向变换器的功率流动也成为研究重点。目前常用的主要是单元控制方法和利用电源管理系统协调。

(1) 单元控制方法。主要指交直流混合微网中的DG、储能装备和负荷的控制运行方式。DG主要有光伏电池、风机等不确定性源和燃料电池、小燃机等稳定性源,电源的控制方式按照交直流混合微电网设计的理念,有提高可再生能源利用率的最大功率跟踪控制,维持系统某一参数(如电压、频率)的V/F控制、PQ控制,自主分配、自主管理能实现即插即用的Droop控制等方法。储能设备主要有电池、飞轮等,储能设备的控制方法往往与系统的能量管理方法相结合,以辅助其他DG协同工作。在交直流混合微电网现有研究中,电池储能是常用的手段,其控制方法需考虑蓄电池的充放电状态、电池的寿命等要素。现阶段对负荷单元的控制研究主要集中在插入式电动车和电动飞机、负荷特性、需求响应等方面。同时为提高可再生能源的利用率,主动负荷响应的控制方法应运而生。

(2) 电源管理系统。DG间的协调控制策略是交直流混合微电网在并网模式与孤岛模式下良好运行的关键。在交直流混合微电网中,协调控制策略主要有能量管理和电源管理2种管理方式,在控制任务与时间长度上有所区别,前者是长期的电能输出以最优的方式满足需求;后者则是侧重短期的电源、储能与负荷之间的协调工作,实现电源之间的实时调度。

4) 交直流混合微电网的性能评估

(1) 稳定性。电力系统的稳定性是指特定运行条件下的电力系统,在受到扰动后,重新恢复运行平衡状态的能力,根据性质的不同主要分为功角稳定、电压稳定和频率稳定。

相比于传统电网，交直流混合微电网，增加了直流子微电网的稳定性问题，主要是电压稳定问题。同时大量DG的不确定性影响和大量电力电子装置导致的低惯量性都导致交直流混合微电网的抗干扰能力减弱，系统稳定性问题更加复杂。

交直流混合微电网的稳定性问题可对并网运行模式和孤岛运行模式分别进行分析：并网模式下，由于大电网的支撑作用，主要考虑直流子微电网母线电压稳定问题，通过对应控制方法实现电压稳定；孤岛模式下则既要考虑直流子微电网的电压稳定问题，又要考虑交流子微电网的电压、频率、功角稳定问题。目前对交直流微电网稳定性的综合研究主要涉及微电网的小信号干扰稳定、暂态稳定，主要保持电压和频率的稳定。

(2) 可靠性。电力系统的可靠性评估分为发电系统可靠性评估、输电系统可靠性评估和配电系统可靠性评估。与传统的电力系统相比，交直流混合微电网由于大量DG的接入，使其可靠性评估相比传统电力系统更加复杂，同时对于交直流混合微电网，交流子微电网和直流子微电网2个系统的互联也使可靠性的分析难度增大，目前对于可靠性的研究主要集中在发电系统可靠性评估、配电系统可靠性评估以及可靠性评估指标等方面。

国内外对交直流微电网可靠性研究还处于起步阶段，主要集中在DG可靠性模型的建立含DG微电网的可靠性评估、含DG的配电网可靠性评估以及新的可靠性指标的提出等。研究内容侧重于微网中的DG和负荷，缺少对微电网内部结构和大量复杂源、储、负荷的考虑。

(3) 安全性。电力系统的安全性是指电力系统突然发生扰动(例如突然短路或非计划失去电力系统元件)时不间断地向用户提供电力和电量的能力。与传统电网相比，交直流混合微电网因其环境的复杂性、DG出力的不确定性、负荷的随机性等，安全性评估在安全性影响因素的分析、评价指标(内部网架结构、容量、电压、频率、DG的出力等)的选择方面更加困难。目前对于交直流混合微电网安全性研究只有少数涉及综合评价体系与独立微电网的安全性分析。

(4) 经济性。交直流混合微电网除了要考虑其稳定性、可靠性和安全性外，还需要分析其经济性指标。经济性评估主要分为3个方面：微电网规划设计阶段的经济性评估、微电网运行时的最优化管理和微电网优化调度问题。微电网规划设计阶段的经济性评估分析主要通过投入产出法、全生命周期和区间分析法来考虑成本指标(等年值设备投资费用、等年值运行维护费用等)和效益指标(利润净现值、投资回收期等)。微电网运行最优化管理主要通过目标函数(利润、最低成本等)和约束函数的建立来管理系统的功率潮流；微电网的优化调度问题除了需要考虑发电成本问题，还需要结合大电网的实时电价、DG的出力不稳定性和机组组合的环境效益，增加了电网调度的难度。

目前对微电网规划设计阶段的经济评估研究主要采用全生命周期分析法分析其规划效益。对交直流混合微电网优化管理与优化调度的研究相对比较丰富。优化调度主要涉及交直流混合微电网孤岛运行模式的经济调度、多目标问题的处理和约束条件的线性化、负荷角度的优化等方面的研究。

1.3.4 微电网架构的设计

微电网结构的优劣直接决定了微电网性能的发挥，网架设计除了参考众多要素外，还需要合理的流程，微电网架构设计步骤如下：

（1）明确微电网架构设计的基本原则和要素，收集、分析影响微电网架构的因素。

（2）综合考虑地理特点，DG、负荷特性以及技术能力，在兼顾投资的情况下合理选择微电网架构类型。

（3）根据所选择的微电网架构类型、DG类型和数量、负荷位置分布，以网损为约束条件，合理选择微电网电压等级。

（4）由所选的微电网架构类型和电压等级，考虑负荷对电能质量及供电可靠性要求以及运行方式，确定架构的基本连接方式。

（5）根据DG发电特性及负荷对电能要求，确定微网中需要分布的单元微电网系统数目、架构及接入微电网位置。

（6）以单元微电网系统为基础，考虑孤岛运行及微网中一类负荷位置，设计计划孤岛架构。

（7）将小型微电架构、计划孤岛架构按照基本连接方式组成局部网架，同时考虑微网中的其他DG、二类负荷、三类负荷的地理位置、特性，严格遵守能量守恒原则将其接入局部网架。

（8）由微电网的运行方式，确定局部网架接入配电网PCC的位置及数目，形成组合微电网的基本架构。

（9）考虑微电网负荷增长速度及运行维护要求，在基本网架中预留DG接口，构成较完善的微电网架构。

1.4 微电网群的分层调控研究现状

随着多种分布式能源的微电网向着分布式和互补式的方向发展，小型微电网系统呈现出范围广、集群分布和个体自治的特点。每个在一定区域内具有一定自治特性的微电网均可与相邻的微电网交互，组成大的微电网群。

1.4.1 微电网的控制结构

从微电网能量管理系统的控制结构来看，微电网可以分为集中式控制和分散式控制[48]。

集中式控制一般由中央控制器和局部控制器构成，其中，中央控制器通过优化计算后向局部控制器发出调度指令，局部控制器执行该指令控制分布式电源的输出。集中式控制的优点是：有明确的分工，较容易执行和维护；具有较低的设备成本，能控制整个系统；目前使用得比较广泛，技术上更加成熟。但是随着分布式电源的增加，要求中央控制器有较强的计算处理能力，同时对其通信能力也有较高的要求；一旦中心单元故障，整个系统就面临瘫痪的风险；分布式电源不能即插即用，不容易拓展应用。

分散式控制是微电网能量管理系统的另一种控制方式。集中式和分散式控制方式都有中央控制器和局部控制器，只是分散式控制弱化了中央控制器的主导功能，通过强化周边通信，将控制权力分散到局部控制器。分散式控制方式下，微电网中的每个元件都由局部控制器控制，每一个局部控制器监测微源的运行状况，并通过通信网络与其他的局部控制器交流。局部控制器不需要接收中央控制器的控制指令，有自主决定所控微源运行状况的权力。由于局部控制器仅需要与邻近的设备通信交流，其信息传输量比集中式控制要少；其计算量也分担到各个局部控制器当中，降低了中央控制器的工作负担。中央控制器在分散式控制结构中主要负责传递上层系统的负荷和电价信息、在紧急事件或故障情况下从系统层面操控局部控制器。

分散式控制的优点是：中央控制器的计算量得到了大幅的削减；如果中央控制器故障，系统仍然能够运行；其分散式的控制模式保证了分布式电源即插即用的功能；适用于大规模、复杂的分布式系统。其缺点有：由于局部控制器有较大的自主权，其存在安全方面的隐患，较难及时检测和维修；分布式电源的平滑控制依赖于局部控制器之间的交流，需要设计一种有效的通信拓扑结构；其局部控制器之间的交流可能需要更长的时间达成协议；由于此种控制方式相比传统的主从式控制有较大的通信变革，在实际当中还面临较大的设备投资和复杂的通信要求。

由于互联电力系统规模越来越庞大，结构越来越复杂，并分散在地理范围比较大的区域，如果采取集中式控制，系统各部分与中央控制器之间需要交换大量的信息，中央控制器处理数据的能力跟不上发展的速度，在经济和技术上都是不可取的；而分散式控制不利于国家大电网的统一调控且对通信系统有更高更复杂的要求，目前技术也不能完全满足。因此综合了集中控制和分散控制的优点的分层控制解决了这种矛盾。分层控制的特点是其控制指令由上往下越来越详细，反馈信息由下往上传越来越精练，各层次的监控机构有隶属关系，它们职责分明，分工明确。

1.4.2 微电网的分层控制

分层控制的主要特点有：① 当系统中的某个部分发生故障时，分层系统可以有效地将故障限制在局部区域，不使其扩大发展，能够保证整个系统的可靠性。② 整个管理系统分为若干层次，上一层次的控制机构对下一层次各子系统的活动，进行指导性、导向性的间接控制。③ 各子系统都具有各自独立的控制能力和控制条件，从而有可能对子系统的管理实施独自的处理。

分层控制可以通过系统的物理结构来分层，也可以通过将系统看作是由各个功能组合起来的功能性来分层。功能上分层有别于物理上分层：① 当高层次控制发生故障时，各下层次控制能按照故障前的指令继续工作。② 层次相同的控制功能及其相应的软硬件在结构上是分离的，以此减小相互影响。③ 系统的主要控制功能尽可能地分散到较低的层次，以提高系统效率[49]。具体控制方法见第3章。

1.4.3 微电网的调控技术

微电网运行复杂并且需要灵活的控制模式，不管是并网状态还是孤岛状态，对于微电网来说，要根据实际的运行情况及时、迅速、准确地切换运行状态，还要考虑经济要求来组合不同的分布式电源和负荷。这些要求决定了微电网的操控比较繁琐，而且调控的正确性和熟练性也在很大程度上决定了微电网的维护周期。因为这些与普通电网的差异，导致了以前的调控方式并不适用于微电网，甚至有可能加大对微电网的调控难度，所以，对微电网来说，一套新的调控方式就显得尤为必要了。目前微电网的基本控制结构主要有3种，分别是主从控制结构、对等控制结构和多代理控制结构[50]。

1）主从控制结构

主从控制结构是指在微电网中众多的分布式电源里，选取其中一个容量大或者具有储能装置的分布式电源作为主控制单元，其他的分布式电源作为从控制单元的一种控制结构。当微电网并网运行时，大电网可以提供电压和频率支撑，因此主控制单元和从控制电源可以采用恒功率控制策略，从而提高可再生能源利用率。但是当微电网离网运行时，因为微电网和大电网不再有连接，大电网无法继续给微电网提供电压和频率的支撑，这时主控制分布式电源采用定电压和定频率控制方法来控制微网的电压和频率稳定，其他的分布式电源采用定功率的控制方法。

主从控制结构在并网和离网运行状态切换中，主要由主控制电源来承担，从控制电源起一定的辅助作用。切换过程中主控制电源在定电压频率控制和定功率控制之间来回切换，从控制电源一直保持定功率控制。因此，在离网运行状态中，主控制单元需转换控制策略来维持微电网的稳定。主从控制策略通常要求主控制单元要具有较大容量和较快的响应速度。因此，该控制策略对于主控制单元依赖性较强，一旦通信失败或者主控制单元出现故障容易导致系统不稳定。

2）对等控制结构

对等控制结构，顾名思义，就是微电网中的分布式电源均是对等的地位，和主从结构恰恰相反，如果各个分散单元之间不采用通信总线联系，则需要采用对等控制来实现各个分布式电源之间的功率平衡，根据外特性下降法，分别将频率和有功功率、电压和无功功率关联起来，通过相关的控制算法，模拟传统电网中的有功-频率曲线和无功-电压曲线，实现电压和频率的自动调节。所以采用对等控制策略，当负荷增加时，可以直接加入新的采用下垂控制方法的发电机组，控制方式和保护措施无需变化。

在并网和孤岛运行模式切换时，分布式电源的运行方式保持不变，由于没有主控制电源，在切换模式过程中产生的功率不平衡问题由各分布式电源通过本地测量信息和下垂曲线对各自的输出功率自主调节，从而将负荷合理分配。在分布式电源出力满足负荷电能需求的情况下，无需改变分布式电源的控制策略就可以随机地投入使用或退出运行，实现了分布式电源的随时取用。对等控制策略的控制相对简单，并且分布式电源间无需通信，具有较高的可靠性，因此受到广泛关注。

3）多代理控制结构

多代理系统是分布式人工智能研究的前沿领域，包含 2 个及以上的代理，每个代理都是典型的知识实体，具有自主性、社会能力、反应性、目标导向及主动性特点。每个代理都能够计划并制定适当的决策，通过 TCP/IP 协议与其他代理交换数据以及对环境作出反应，用于实现复杂系统的建模及仿真。

基于多代理策略借鉴了传统电力系统应用的多代理技术，采用大电网级代理、微电网级代理和元件级代理对微电网进行控制，来实现微电网的经济和高效运行。多代理体系是种智能化体系，可以及时觉察周围环境变化及满足工作条件需要，它的基本单位是代理。代理与代理间可以互相交流和合作。大电网级代理层根据电网的运行需要和各级电网的情况进行分析，然后将控制决策传达给微电网级代理。微电网级代理作为中间层，既要将大电网级代理的决策传给元件级代理，也要将元件级代理的信息和大电网级的决策相结合作出合理的判断，进而将判断后的决策传递下去。它起到一个承上启下的通信作用。元件级代理负责将自身信息通信给微电网级代理，然后根据接收到的控制决策按照元件约束进行调整。

这里面的核心代理是微电网总控制代理，它负责收集各局部控制代理的信息，并向它们发布控制命令。这种基于互联通信的多代理控制结构，比较适合微电网大范围分散分布的特点，但是系统的稳定依赖于安全可靠的数据通信，所以还需要进一步的研究。

基于 MAS 的微电网控制系统共分为 3 层，即元件 Agent、微电网 Agent、上级电网 Agent，其结构如图 1－12 所示。微电网中各底层元件（包括发电机、分布式能源、负荷等）都作为独立的 Agent 运行。每个元件 Agent 都应具有出力预测、数据处理和与上级代理之间通信的能力。同时设定微电网 Agent 对这些 Agent 进行管理，例如接受元件 Agent

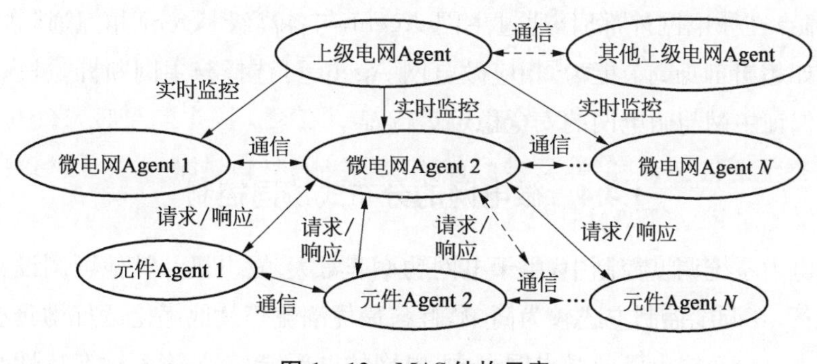

图 1－12　MAS 结构示意

信息、根据微电网运行状况及调整策略为其提供相应的控制策略等。微电网 Agent 之间可以相互通信互动，微电网 Agent 与上级电网 Agent 之间通过通信协调解决各 Agent 之间的任务划分和共享资源的分配。上级电网 Agent 负责电力市场以及各 Agent 间的协调调度，并综合微电网 Agent 信息作出重大决策[51]。

基于 MAS 的微电网控制系统通信方式为：① 直接信息传输，即点对点、点对面的联邦系统通信与广播通信的直接信息交换方式。② 间接的信息传输——"黑板"系统，即将所有必要的信息张贴在一个叫"黑板"的全局数据库上，供相同或相近层次的 Agent 检索的间接式信息交换方式。这种方法为 Agent 提供了足够的数据进行协同控制。

MAS 中，每个 Agent 都有数据处理和通信功能，可将处理后的数据（如运行参数、协调策略等）与对应的 Agent 相互通信，从而进行协调调度。同时，各 Agent 还具有各自不同的功能，具体如下：

(1) 微电网 Agent 具有数据综合处理、方案制订、命令发布及与主网并网功能。

(2) 光伏电池 Agent 拥有最大功率点跟踪（MPPT）功能、电池板监测和保护功能、逆变并网功能，以保证光伏电池能够可靠、安全地运行。

(3) 燃料电池 Agent 具有水处理、燃料处理及空气供给、氢氧含量监控及燃料注入控制、热量处理、功率调节及并网等功能。

(4) 蓄电池 Agent 具有对蓄电池电压、电流、储能的监控功能，还有充放电功能和启停限定功能。

并网后，各 Agent 的协调方案为：① 光伏发电一直保持 MPPT 模式。② 蓄电池 Agent 停止运行。③ 微电网 Agent 将增加与各级 Agent 之间的通信协调工作。

稳态运行时，上级电网 Agent 综合其下层 Agent 信息后，以多目标优化的思想对电网进行分析，进而对各 Agent 的出力进行协调。这些目标主要包括经济性指标、电能质量指标等。当最高级 Agent 给微电网 Agent 分配了定值后，微电网 Agent 就可通过对最底层 Agent 的调度形成对上级电网的有效支撑，如参与配电网的频率、电压控制和谐波治理等，而不需要主网对每个微型电源进行指令干预。

并网后发生故障时，由于 Agent 的分布式特性，可由相应 Agent 迅速定位故障点位置。当故障点在微电网内部时，由微电网 Agent 通过综合各元件 Agent 的信息给出相应调整；当故障点在微电网外部时，通过主网 Agent 与各高级 Agent 相互通信以确定故障严重程度。如超出自身调节能力，相应微电网 Agent 可选择与主网断开，进入孤岛运行，这样可同时保证主网与微电网的安全稳定运行。

1.4.4 微电网的分布式协同控制

在常规电力系统调度控制中，由于电网功率非常大，发电机及其他可调设备均被当作功率可调设备，其调度控制方式较为简单，且与最优潮流等其他优化运行均具有良好的接口。但在含大量分布式电源的微电网群中，电网的电压、频率等诸多动态特性受分布式电源运行的影响，尤其是当与大电网之间的功率接口较弱甚至脱离大电网时更需要对各分布式电源的协调运行。在此条件下，仅以恒功率运行的分布式电源已远不能满足现代微电网群的要求。受通信带宽及成本的限制，集中控制往往不能实现对分布式电源的快速响应调节及输出的精准控制。针对这一系列的问题，近年来，分布式协调控制在微电网群中的应用成为研究的热点，且已取得较好的成果，尤其是以多代理技术为基础的分布式协同控制[52,54]。

在现有的分布式协同控制中，无通信网络的下垂控制是研究的重点。各种文献表明，在常规的下垂控制中，下垂系数对微电网的小信号稳定性、功率的精确控制具有明显的影响[55,57]。针对这些问题，各种改进算法相应提出，包括虚拟阻抗技术，功角下垂控制，辅助下垂控制等。这些算法在一定程度上缓解了功率精确控制和系统稳定性的问题，但往往只能解决其中一部分问题，适应性方面有待进一步考察。正因为这些问题的存在，孤网运行的微电网仍处于示范阶段而不能大面积推广。

在电力系统中，由于“四遥”(遥信、遥测、遥控、遥调)、保护及能量管理系统等的要求，各分布式电源之间的互联通信网络是实际存在、不可或缺的。因此，有国内外学者提出基于分布式电源之间的互联通信系统实现对电网的就地、快速响应。如利用一阶的一致性协调控制实现对孤岛运行微电网的二次调节及基于系统线性模型的二次调节，基于分布式电源的协调优化，互联电网的 AGC 优化运行等[56]。通过对这些系统的稳定性分析，发现整个系统是渐进稳定的。因此，基于局部的通信方式的分布式协同控制不断成为研究的热点。

我国在分布式能源为主的微电网群分层调控方面已取得一定成果，如多时空尺度的互补协调机制，结合动态的多智能体系统，构建了适合多设备多能源接入的分层控制策略，提出了大量分布式能源渗透的新型配电系统的规划理论和方法。天津中新生态城实施智能电网创新示范区工程，阐述了分层分区的智能调控管理技术在多源协同优化控制中的应用。采用分层控制的方式设计，实现“就地控制-分层控制-全局控制”的多级控制模式。北京延庆能源互联网示范区建立了基于4层架构的模型，支持高比例分布式新能源发电的充分消纳和综合利用，实现了“区域自治，全局优化”。雄安新区多能互补工程的特点在于对地热能的梯级利用，以中深层地热为主，浅层地热、再生水余热、垃圾发电余热为辅，提出了考虑燃气等能源为补充的“地热＋”微电网互补方案。张家口张北风光热储输多能互补示范是国家电网公司建设坚强智能电网首批重点工程，综合运用多种储能和光热发电技术，开创了规模化新能源接入的先例。

除此之外，国内还研究出利用微电网的自治控制，通过能量路由器对接入的可控资源进行跨区的能量平衡和就地控制，进而通过分布式智能计算建立分布式控制模型。根据台区、馈线、配电网等不同层级的不同运行目标，采用分层控制的方法，中国电力科学研究院提出了一种基于不同时间尺度的微电网分层控制策略，在较短时间尺度内采用增大下垂系数法的一次控制，在较长时间尺度内采用二次控制调整下垂特性曲线的空载频率和电压，适用于各种拓扑结构的微电网。上海交通大学提出了一种交直流混合主动配电网的分层分布式框架体系：在局部调度层，联合优化可再生能源和储能单元；在区域调度层，利用分布式优化方法，在满足配电网整体运行约束的条件下，获得最优调度方案。

1.5 微电网国内外技术应用

近年来，世界各国为振兴经济积极探索新兴产业，新能源和科学技术得到迅猛发展，并且由于化石能源广泛利用所导致的气候变化等环境危机日益深化，石油等化石能源的储量逐年降低且价格高，能源行业的巨大变革呼之欲出。可再生能源如风能、光能等作为新能源的重要载体，承担了能源行业变革的重要使命。微电网可以通过能量存储和优化配置减弱分布式电源的波动性和实现生产与负荷的基本平衡，容纳较高比例的波动性可再生能源，因此得到了广泛的研究和应用。

1.5.1 国外微电网技术应用案例

国际电工委员会(IEC)在《2010—2030应对能源挑战白皮书》中明确将微电网技术列为未来能源链的关键技术之一。欧美日三地都在进行微电网的技术研究。日本立足于国内能源日益紧缺、负荷日益增长的现实背景，其发展目标主要定位于能源供给多样化、减少污染、满足用户的个性电力需求。日本学者还提出了灵活可靠性和智能能量供给系统(FRIENDS)其主要思想是在配电网中加入一些灵活交流输电系统装置，利用控制器快速、灵活的控制性能，实现对配电网能源结构的优化，并满足用户的多种电能质量需求。日本已将该系统作为其微电网的重要实现形式之一。

从全球来看，微电网主要处于实验和示范阶段，微电网的技术推广已经度过幼稚期，市场规模稳步成长。着眼于当下世界范围的能源和环境困局以及电力安全需求的长期高企，微电网技术应用前景看好。未来5～10年，微电网的市场规模、地区分布和应用场所分布都将会发生显著变化。

1) 美国发展情况

美国在世界微电网的研究和实践中居于领先地位，拥有全球最多的微电网示范工程，数量超过200个，占全球微电网数量的50%左右。美国电力可靠性技术解决方案协会(CERTS)由美国的电力集团、伯克利劳伦斯国家实验室等研究机构组成的，在美国能源部和加州能源委员会等资助下，对微电网技术开展了专门的研究。CERTS定义微电网为一种负荷和微电源的集合。该微电源在一个系统中同时提供电力和热力的方式运行，这些微电源中的大多数必须是电力电子型的，并提供所要求的灵活性，以确保能以一个集成系统运行，其控制的灵活性使微电网能作为大电力系统的一个受控单元，以适应当地负荷对可靠性和安全性的要求。

CERTS定义的微电网提出了一种与以前完全不同的分布式电源接入系统的新方法。传统的方法在考虑分布式电源接入系统时，侧重分布式电源对网络性能的影响。按传统方法当电网出现问题时，要确保联网的分布式电源自动停运，以免对电网产生不利的影响。而CERTS定义的微电网要设计成当主电网发生故障时微电网与主电网无缝解列或成孤岛运行，一旦故障去除后便可与主电网重新连接。这种微电网的优点是它在与之相连的配电系统中被视为一个自控型实体，保证重要用户电力供应的不间断，提高供电的可靠性，减少馈线损耗，对当地电压起支持和校正作用。因此，微电网不但避免了传统的分布式发电对配电网的一些负面影响，还能对微电网接入点的配电网起一定的支持作用。

图1-13的CERTS微电网有3条馈线及负载，网络呈辐射状结构。该微电网内的微电源可以为光伏发电、微型燃气轮机和燃料电池等微电源形式，靠近热力用户的微电源还可以为本地用户提供热源，从而保证了能量的充分利用。当负荷变化时，该微电网的本地微电源自行调节功率输出。微电网中还配备了能量管理器和潮流控制器，能实现对整个微电网的综合控制和优化。该微电网与大电网只有一个公共连接点，并且它是不向大电网输出能量的。所以，从系统的角度来看，该微电网也可以看成是一个单一的可控负荷。从图1-13可以看出，该微电网有3类对供电质量有不同要求的负荷，即敏感负荷、可调节负荷、可中断负荷。馈线C和主网有直接联系，当主网的供电质量出现诸如电压跌落等问题时，静态开关将跳开，线路A和线路B形成独立运行的系统，直到主网恢复到正常状态。

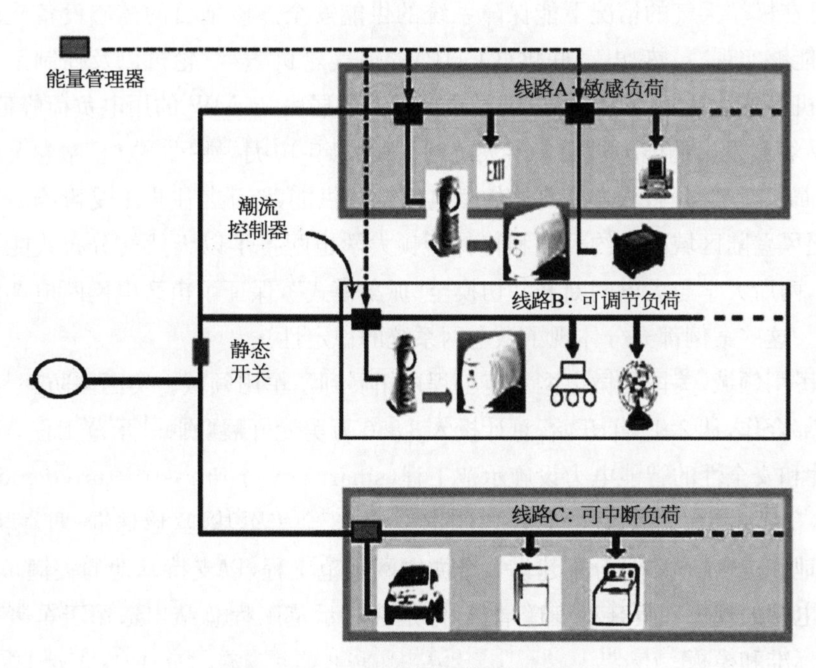

图1-13 CERTS提出的微电网结构

从美国电网现代化角度来看，提高重要负荷的供电可靠性、满足用户定制的多种电能质量要求、降低成本、实现智能化，将是美国微电网的发展重点。CERTS微电网中电力电子装置与众多新能源的使用与控制，为可再生能源潜能的充分发挥及稳定、控制等问题的解决提供了新的思路。未来的电力系统将会是由集中式与分布式发电系统有机结合的供能系统。其主要框架结构是由集中式发电和远距离输电骨干网、地区输配电网、以微型电网为核心的分布式发电系统相结合的统一体，能够节省投资，降低能耗，提高能效，提高电力系统可靠性、灵活性和供电质量，将成为21世纪电力工业的重要发展方向。

美国能源部还与通用电气共同资助了第2个“通用电气(GE)全球研究(Global Research)”计划，投资约400万美元。GE的目标是开发出一套微电网能量管理系统(MEM)，使它能向微电网中的器件提供统一的控制、保护和能量管理平台。MEM的设计旨在通过优化对微电网中互联元件的协调控制来满足用户的各种需求，如运行效率最高、运行成本最小等。这项微电网计划分两个阶段施行，第一个阶段主要对一些基础的控制技术和能量管理技术方面进行研究，并探索该计划的市场前景。第二阶段主要是将第一阶段的技术在具体的模型下进行仿真，并建造示范工程进行具体的实现。这项微电网计划对于目前该领域的其他微电网研究是一个很好的补充。CERTS微电网研究主要集中在对DER的设计和鲁棒控制，GE微电网则更多地关注外部监控回路的研发以及对能量利用和运行成本的优化。

并网型微电网满足了美国最大的居民住宅——纽约联合公寓城(Co-Op City)的能源需求，并且在极端天气的情况下能保障系统的供能安全。该项目的核心设备是西门子公司生产的能够实现冷、热、电三联供(CCHP)的燃气轮机、蒸汽轮机以及控制系统。该能源站总装机容量达到40 MW，可以满足全部6万名居民24 MW的用电负荷峰值需求，其余16 MW容量发出的电力被出售给大电网。2012年10月，飓风“桑迪”席卷美国东海岸并造成大面积断电期间，联合公寓城的微电网持续供能，6万名住户未受影响。除公寓城外，处于飓风登陆区域的纽约大学和普林斯顿大学也配备了以天然气分布式能源站为主的微电网，两所大学与大电网断开并切换至“孤岛模式”，保证了市政电网断电期间校园的能源供应。这些案例都充分体现了微电网系统的稳定性。

除了民用领域，美国的微电网示范工程还拓展到了军用领域。美国国防部与能源部、国土安全部合作，从2011年开始，总计投入3 850万美元开展“蜘蛛”示范工程——面向能源、可靠性和安全性的智能电力设施示范工程(smart power infrastructure demonstration for energy，reliability and security，SPIDERS)，在3个美军基地(珍珠港-西肯联合基地、卡森堡基地和史密斯基地)分别建设3个微电网示范工程，以支持基地的关键负荷。这3个基地微电网的规模和复杂程度递增，目标是通过示范工程总结出适用于军事基地应用的微电网标准和模板。

2) 欧洲发展情况

欧洲提出要充分利用分布式能源、智能技术、先进电力电子技术等实现集中供电与分布式发电的高效紧密结合，并积极鼓励社会各界广泛参与电力市场，共同推进电网发展。

微电网以其智能性、能量利用多元化等特点也成为欧洲未来电网的重要组成。目前，欧洲已初步形成了微电网的运行、控制、保护、安全及通信等理论，并在实验室微电网平台上对这些理论进行了验证，相继建设了一批微电网示范工程，例如希腊 NTUA 微电网、德国 Demotec 微电网、法国 ARMINES 微电网、西班牙 Labein 微电网等实验室微电网系统。

欧洲电力匹配城市项目基于多智能体技术以智能方式实现供能和热电需求的协调互联、微电网群与需求响应协调。英国公司 FENIX 项目将分布式电源整合成虚拟大型电厂进行分级管理，优化分布式电源在电网中灵活运行。SIEMENS，Honeywell 等公司也提出了分层控制的能效管理系统，其后续任务将集中于研究更加先进的控制策略、制定相应的标准、建立示范工程等，为分布式电源与可再生能源的大规模接入以及传统电网向智能电网的初步过渡做积极准备。针对多能源协调控制问题，瑞士苏黎世联邦理工学院提出能源集线器概念，通过综合管理实现多种能源综合优化控制。欧盟资助的智能电网综合研究计划 ELECTRA[59]针对未来(2030＋)可再生能源高度渗透的电力系统，提出了 Web of Cell (WoC)体系这一概念，ELECTRA 对其可观性和安全性进行了深入研究，并对该体系下微电网群提供辅助服务进行了探讨[59]。

英国苏格兰的埃格岛(Isle of Eigg)是海岛离网型微电网成功应用的典范。因地制宜的微电网充分利用了当地的自然资源，其中发电系统主要由分布式光伏、小型风力发电和水力发电设施组成，总装机容量为 184 kV。多余的可再生电力被储存到电池阵列中，天气条件不佳的情况下，电池组可以为全岛提供一整天的电力。微电网中还包括两台 70 kV 的柴油发电机，以备不时之需。整个系统的装机容量虽不算大，但足以满足近百名居民的电力需求，可以称得上是“小而美”的海岛微电网。

微电网中，各种能源在不同季节、不同时段中协同运行，多能互补也成为埃格岛电力系统的最佳配置。得益于较高的纬度，夏季的埃格岛可以享受较长时间的日照，再加上夏季雨水较少，光伏系统的利用率也随之提高。受天气影响，风电和水电在夏季的出力状况不甚理想，居民全天的电力消费都来自光伏和储能电池，只有在游客增多等少数情况下，备用的柴油发电机才开始供电。到了冬季，岛上降雨增多，三台小型水力发电机成为主要的电力来源。埃格岛微电网的控制系统可以监测发电设施的运行，优化电池的充放电循环，并且在电力短缺时自动启动柴油发电机。

微电网极大地提升了埃格岛的电力消费品质。微电网建成之前，居民靠自家的柴油发电机供电，在支付高昂成本的同时，还要忍受设备的噪声和空气污染。一方面，岛上的柴油依靠渡轮运输，储备有限的住户会面临断电的风险。如今，微电网保证了埃格岛的不间断供电，每年超过 90%的电力消费都来自可再生能源，二氧化碳的排放量也降低了接近一半。另一方面，岛上的微电网展示了出色的经济性，整个项目的设计和建设成本约为 166 万英镑，而跨海架设电网的成本则高达 400 多万元。目前，埃格岛的电力价格仍高于英国的平均水平，但已经比过去降低了 60%。风、光、水、储的有效整合使居民摆脱了化石能源的限制。埃格岛的经验也证明，离网型海岛微电网可以满足现代生活的电力需求。

3）日本发展情况

日本是亚洲研究和建设微电网较早的国家，日本政府十分希望可再生能源（如风能和光伏发电）能够在本国的能源结构中发挥越来越大的作用，但是这些可再生能源的功率波动性降低了电能质量和供电的可靠性。微电网能够通过控制原动机平衡负载的波动和可再生能源的输出来达到电网的能量平衡，例如配备有储能设备的微电网能够补偿可再生能源断续的能量供应。因此从大电网的角度看，该微电网相当于一个恒定的负荷。这些理念促进了微电网在日本的发展，使日本的微电网对于储能和控制十分重视。有日本学者提出了灵活可靠性和智能能量供给系统，利用 FACTS 元件快速灵活的控制性能实现对配电网能量结构的优化。

关于微电网的具体界定标准，东京大学认为，微电网是一种由分布式电源组成的独立系统，一般通过联络线与大系统相连，由于供电与需求的不平衡关系，微电网可选择与主网之间互供或者独立运行。而三菱公司认为，微电网是一种包含电源和热能设备以及负荷的小型可控系统，对外表现为一整体单元并可以接入主网运行；并且将以传统电源供电的独立电力系统也归入为微电网研究范畴，大大扩展了美国电力可靠性技术解决方案协会对微电网的定义范围。

自 2003 年开始，日本新能源与工业技术发展组织（NEDO）就协调高校、科研机构和企业先后在八户市、爱知县、京都市和仙台市等地区建设了微电网示范工程，研究、验证了一批微电网关键技术，为后续微电网发展和建设奠定了良好的基础。

日本拥有全球最多的海岛独立电网，因此发展集成可再生能源的海岛微电网，替代成本高昂、污染严重的内燃机发电是日本微电网发展的重要方向和特点。日本经济产业省资源能源厅于 2009 年启动了岛屿新能源独立电网实证项目，通过提供政府财政补贴，委托九州电力公司和冲绳电力公司在鹿儿岛县和冲绳县地区的 10 个海岛上完成了海岛独立电网示范工程的建设，包括由东芝集团负责建设的宫古岛大型海岛电网和由富士电机株式会社负责建设的 9 个中小型海岛微电网。

日本地震、台风、海啸等自然灾害频发，因此提升电力供应在自然灾害下的可靠性是日本微电网发展的另一个重要方向和特点。2011 年，东日本大地震及其诱发的海啸造成了福岛第一核电站 1～4 号机组发生核泄漏事故，并引发了严重的大范围停电。震灾期间，东京电力公司辖区损失电力供应 22 GW，约占其峰值负荷的 37%；东北电力公司辖区损失电力供应 7.5 GW，约占其峰值负荷的 50%。然而仙台市微电网经受住了灾害的考验，在大电网失电、独立运行的 60 余个小时内通过储能设备和燃气发电实现了关键负荷的不间断供电，有力保障了微电网内医疗护理设备、实验室服务器等关键设备的正常运行。灾害过后，日本更加重视微电网的研究和建设，以提高其电力供应的抗灾害能力及弥补核电关停造成的电力缺口。

4）其他国家发展情况

尽管具体情况各不相同，拉丁美洲、非洲及加拿大等地微电网发展的一大共同点是解决边远地区的供电问题。

(1) 印度微电网的应用。在印度,无电人口的数量达到2.4亿,约占印度人口总数的20%,其中绝大部分人生活在偏远的农村地区,这给印度政府的全国电气化计划带来不小的技术和经济性挑战。比哈尔邦(Bihar)是印度电力缺口最大的邦之一,全邦79%的农村家庭无电可用,其中超过一半的家庭没有接入电网;其他所谓的"通电"家庭则依赖于单一的柴油发电机,这使得该区域对柴油特别依赖,提高了用能成本并造成了空气污染。

以光伏为主、柴油发电机作为备用的分布式能源系统可以解决这些偏远地区的用电问题。研究人员为农村家庭开发了光伏微电网,包括一块125 W的太阳能电池板、1 kW·h的储能电池、控制箱和直流家电。不同于普通的交流用电,这套户用微网以直流电运行,避免了光伏、电池和家电之间交直流转换引起的能量损失。整套系统的成本比架设电网的方式更低,供电也更加可靠。已经接入市政电网的家庭也可以将其作为优质的备用电源,免除电网频繁断电带来的困扰。同时,研究人员也开发了覆盖多户家庭的500 W和7.5 kW的微电网。

目前,这套系统已经为超过4 000户的农村家庭提供了电力。在比哈尔邦的农村社区,分布式光伏、储能电池与已有的柴油发电机构成微电网系统,为用户提供可靠电力的同时也降低了用电成本,在柴油价格走高之时,光伏的替代作用使系统的经济性更加出众。目前,印度大多数的微电网和独立供电系统仍采用柴油发电机,但成本日趋下降的分布式光伏和因地制宜的小型水电、风电设施正逐渐凸显出经济和环境效益,这在农村地区显得尤为重要。离网型微电网将在印度的电气化进程中起关键作用,这项技术也值得向全球的其他无电地区推广。

(2) 拉丁美洲和非洲微电网的应用。拉丁美洲的一些国家电气化率不高(例如海地的电气化率低于40%),拥有大量缺电人口(例如海地的缺电人口近600万,巴西、哥伦比亚、墨西哥、尼加拉瓜和秘鲁的缺电人口均在200万以上),微电网是解决其缺电问题的重要技术方案。此外,巴西亚马孙流域、智利等地区现有大量独立供电系统,主要依靠柴油发电,未来集成可再生能源的微电网亦是重要的清洁能源替代方案。目前巴西、智利、墨西哥、哥伦比亚等拉丁美洲国家已有一些微电网示范工程正在建设或投入运行。

非洲缺电情况比拉丁美洲更为严重:非洲缺电人口超过5.5亿,超过总人口比例的60%;电气化率为37.8%,农村电气化率更低,仅为19%。非洲乡村人口密度低、负荷小、远离大电网,扩展输配电网络的成本很高,因此发展独立微电网、利用本地能源为缺电人口供电是很有潜力的解决方案。目前已有一些微电网工程如塞内加尔Diakha Madina微电网、摩洛哥Akkan微电网等。

(3) 加拿大微电网的应用。加拿大共有292个边远地区独立电网,其中175个地区使用柴油发电。在使用柴油发电的地区中,有138个地区完全依赖柴油发电。考虑到柴油发电的成本和环境问题,建设利用光伏发电、风力发电、生物质能等本地可再生分布式能源的微电网是加拿大边远地区电网发展的方向。目前加拿大已在Kasabonika、Bella

Coola 等许多地区开展了微电网示范工程建设，并取得了良好的效果。

1.5.2 国内微电网技术应用案例

我国微电网的发展尚处于起始阶段，但微电网的特点适应我国电力发展的需求和方向，发展路线明确。在微电网技术发展过程中已取得一定成果，国家电网公司是微电网技术研究的主要机构。

2011 年 8 月，国家电网电力科学研究院微电网技术体系研究项目通过验收。该项目首次提出了中国微电网技术体系，涵盖微电网核心技术框架、电网应对微电网的策略、技术标准和政策等，制定了我国微电网发展线路和技术路线图，对我国微电网不同发展阶段提出了积极的意见和建议。

2015 年 7 月 22 日，国家能源局发布了关于推进新能源微电网示范项目建设的指导意见，新能源微电网项目可依托已有配电网建设，也可结合新建配电网建设；可以是单个新能源微电网，也可以是某一区域内多个新能源微电网构成的微电网群。国家能源局鼓励在新能源微电网建设中，按照能源互联网的理念，采用先进的互联网及信息技术，实现能源生产和使用的智能化匹配及协同运行，以新业态方式参与电力市场，形成高效清洁的能源利用新载体。根据微电网使用示范项目数量和全球市场容量份额两种方法估算，中国“十三五”期间微电网增量市场为(200～300)亿元，其中还不包括原有的光伏、配网、电动汽车和储能需求[60]。

1）山东烟台长岛微电网

长岛作为山东省唯一的海岛县，由 32 座岛屿组成，地理位置特殊，其电网建设运行面临着造价高、建设难、易损坏等问题。目前，长岛与大陆、长岛各主要岛屿之间主要由海底电缆连接，但是海缆一旦出现故障，抢修作业难度很大，很难在短时间内维修完毕恢复供电。长岛有丰富的风力资源，但风力发电随风力变化具有间歇性和随机性，当海缆故障，海岛电网处于孤网运行时，风电机组难以控制出力，无法实现发电和供电平衡。

2015 年 8 月，山东烟台长岛分布式发电及微电网接入控制工程通过国家发改委验收，被授予“国家物联网重大应用示范工程”，正式竣工投运。这是我国北方第一个岛屿微电网工程，可以在外部大电网瓦解的情况下，实现孤网运行保证对重要用户的连续供电，极大地提高长岛电网的供电能力和供电可靠性。该微电网工程为未来微电网的规划设计、电价计费和商业运行提供了范例和借鉴，同时为分布式电源工程设计、运行维护、运营管理等问题的工程化进程提供了良好的科研基地。工程开发实现了海岛电网并网、孤岛双模式可靠运行及平稳切换、分布式电源及微电网智能设备状态实时在线监测、广域气象监测等功能，极大地增强了海岛电网供电的稳定性和可靠性，为海岛丰富的风电资源提供了坚强的电网送出通道，有效解决了海岛地区用电难的问题，具有广泛的经济效益和社会效益。

2）浙江温州鹿西岛微电网

鹿西岛坐落于温州洞头东北海域，是该市重点海洋捕捞基地，也是闻名遐迩的海上鸟岛。多年来，仅由一回 10 kV 线路通过海底电缆向其供电，海缆一旦遭到破坏，岛上用电就要受到影响。海缆的不经济性和渔民捕鱼易造成海缆破坏是众多海岛面临的现状。2012 年开始建设浙江温州洞头鹿西岛并网型微网示范工程和平阳南麂岛离网型微网示范工程。工程的实施是对含分布式电源、储能和负荷构成的新型电网运营模式的有益探索，对于推动新技术在海岛电网的应用具有积极意义，温州洞头鹿西岛和平阳南麂岛也将开启新能源供电的时代。

鹿西岛并网型微网示范工程位于该岛山坪村，占地面积为 11 062 m^2，项目投资约 4 309 万元。“麻雀虽小，五脏俱全”，岛上风力发电、光伏发电、储能 3 个系统组成了一个风光储并网型微网系统，可以实现并网和孤网两种运行模式的灵活切换。风力发电系统由岛上两台 780 kW 华仪风机主导；光伏发电系统主要是由 150 块光板、总容量 300 kW 太阳能光伏发电场及相应的并网逆变器和升压变压器组成；微网控制综合大楼内 2 MW×2 小时的铅酸电池组、500 kW×15 s 的超级电容和 5 台 500 kW 的双向变流器则组成了储能系统，储存容量与供电海缆故障修复时间相匹配。当分布式电源足够负荷岛上用电时，微网控制系统会把多余的电送入主网；当分布式电源不足的时候则由主网供电，形成双向调节平衡，为岛上用电提供保障。内部电源与储能之间的协调控制、内部独立运行与外部并网运行之间的协调控制正是 863 课题的核心研究内容。

此外，分布式电源单户模式是鹿西岛微网工程中的另一个亮点。工程为岛上 15 户居民安装了单户小型分布式电源，即小型风机、小型太阳能板和蓄电池，村民仅仅依靠阳光、风这些自然资源就可以获得日常生活用电。在近几年分布式电源发展中已经出现了这 3 种设备的不同组合模式，岛上不同单户模式的设立正是对不同分布式电源发电模式的实践，为小型分布式电源的推广提供经验。

3) 珠海东澳岛微电网

东澳岛的电力供应历来是困扰海岛经济发展和生态保护的瓶颈。由于岛上正在兴建旅游度假酒店和会所，每年来海岛旅游的人数增长约为 30%，海岛对电力的需求与日俱增。而之前岛上的柴油发电装机容量为 1 220 kW，2009 年柴油发电约为 100 万 kW · h，柴油发电不仅成本高昂，发电效率低，同时还将排放二氧化碳约 1 000 t，二氧化硫 30 t，粉尘 270 t。因此，珠海市和万山区政府一直强调，寻找一个基于可再生能源利用的海岛能源的供给方案是解决海岛深度开发、可持续发展、建设生态海岛的关键。珠海东澳岛微电网项目的建成，解决了岛上长期以来的缺电现象，最大限度地利用海岛上丰富的太阳光和风力资源，最低程度地利用柴油发电，提供绿色电力。随着整个微电网系统的运行，东澳岛可再生能源发电比例从 30%上升到 70%。

兴业太阳能公司根据海岛的自然条件和土地资源，建设 1 000 kWp 的光伏(太阳能)发电、50 kW 的风力发电和 2 000 kW · h 的蓄电池储能系统，组成了海岛全新的分布式供电系统，与海岛原有的柴油发电系统和电网输配系统集成为一个智能微电网系统。该微电网系统不仅包括太阳能光伏发电系统、风力发电系统、柴油发电系统组成的多种能源接入的发电单元，蓄电池组成的储能单元，还包括双向逆变器和控制器组成的控制单元，以及GPRS无线通信构成的监控单元。发电单元由东澳电厂与文化中心两级发电系统构成，未来还有多级多种能源接入。各级发电系统之间能够信息交换，并由控制系统控制。从结构来看，珠海东澳岛项目包括发电单元、储能单元和智能控制，多级电网的安全快速切入或切出，从功能上看，实现了微能源与负荷一体化，清洁能源的接入和运行，还拥有独立的能源控制系统。因此，此次兴业太阳能公司在珠海东澳岛研发建设的兆瓦级智能微电网项目是中国智能微电网技术应用的成功示范。

4）新疆吐鲁番新能源城市微电网

吐鲁番新能源城市微电网是我国首个微电网示范项目，于2013年底建成投产。项目在293栋居民楼顶建设屋顶光伏8.7 MW，同期建设1座10 kV开关站及监控中心、1座1 MW储能装置、1座公交充电站等，通过微电网系统向区域内5 700多户居民及机关事业单位、商业用户、地缘热泵等用户供电。

该项目实行“自发自用、余量上网、电网调剂”的运营机制，2017年该项目公司在微电网区域内具有经营权、管理权和售电权。电力业务许可证的取得，标志着负责该项目的龙源吐鲁番新能源有限公司顺利取得配售电业务资质，成为拥有配电网运营权的售电公司，也标志着吐鲁番新能源城市微电网示范项目成为我国首个获得电力业务许可证（供电类）的微电网。

5）浙江东福山岛微电网

在积极响应国家开发海洋岛屿的大背景下，东福山岛风光储微网项目不但成功解决了远离大陆电网的海岛供电问题，而且也成为一项重要的新能源示范工程。东福山岛风光储微网系统实际运行中以当前光伏、风机出力情况，蓄电池荷电状态（SOC）及负荷大小为依据，以有效使用新能源及合理使用蓄电池为原则，按照设定好的运行策略，在变流器控制模式或柴油发电机控制模式下工作，根据系统内运行状态的改变而对运行模式进行自动切换。通过储能变流器、后台监控系统的配合运行实现微网系统的自动运行。

整个系统运行模式分为变流器控制模式及柴油发电机控制模式两种。变流器控制模式是指系统中蓄电池做主电源，储能变流器GES-30独立逆变做V/F控制，为系统提供恒压、恒频的交流电源，同时实现对光伏电池组的最大功率点跟踪控制，系统负荷用电主要由光伏、风机及蓄电池提供。当光伏与风机出力小于负荷时，差额容量由蓄电池供给；当光伏与风机出力大于负荷时，多出能量对蓄电池进行充电。一般当蓄电池SOC值较高时系统运行于变流器控制模式。柴油发电机控制模式是指柴油发电机V/F运行，为系统提供恒压、恒频的交流电源，GES-30为P/O运行，对蓄电池进行四段式充电，同时对光伏进行最大功率点跟踪控制。一般当蓄电池SOC值较低时系统按柴油发电机控制模式运行。

在东福山岛300 kW微网系统中，后台监控系统负责整个微网系统的通信与控制。运行操作人员可通过后台实时监控系统各单元的各类数据，同时后台以画面的形式展现当前系统运行情况，运行人员根据实际运行情况对系统内设备进行远程控制。针对 300 kW 微网系统实际运行要求，后台监控系统中集成了微网系统运行的高级策略。后台在运行高级策略时可依据微网系统内新能源出力情况、负荷大小、电池 SOC、储能变流器 GES－300 及柴油发电机工况，无需人为干预自动决定当前各设备的工作状态，以达到新能源的有效利用及蓄电池的合理使用。在微网系统的具体运行中，为防止人为误操作引起故障，监控系统对系统的相关操作进行了闭锁保护，以确保整个系统运行的安全性及可靠性。

东福山岛 300 kW 风光储微网系统自 2011 年初试运行以来，系统工作稳定，全岛用电负荷基本由太阳能、风能供给，系统运行过程无需人工干预，可自行依据高级策略对系统进行优化管理以达到新能源的最大利用及蓄电池的合理使用。现场试验中储能变流器 GES－300 工作稳定可靠，动态性能良好，可快速平抑风能、太阳能的功率波动，当外部存在功率扰动、负荷突变时，能快速过渡至稳定状态，为微网系统提供可靠的恒压/恒频交流电源。东福山岛 300 kW 微网系统的稳定运行为全岛提供了绿色的电力服务，减小了之前柴发供电所产生的一次能源消耗，同时也成为海岛的看点之一，拉动了海岛的旅游经济。

除此之外，国内典型的微电网项目还有：① 青海玉树巴塘微电网，这是世界海拔最高、国内规模最大的水光互补微电网，是全球首例应用可调度、自同步电压源及双模式并网逆变器，解决了高海拔地区的供电需求难题；② 青海海北州门源县微电网，是我国首个运用于高原农牧区的集中式离网型光储路灯微电网系统，可扩容，未来也可并网运行，或者把若干个村落的微电网整体都纳入主电网使用，提高发电功率，降低灯柱成本和维护难度，延长了微电网系统寿命，解决了当地道路照明问题；③ 内蒙古陈巴尔虎旗微电网，首次提出新型供电技术、优化方案和多维度自平衡控制与保护策略，解决我国沙漠化最严重的牧民移民村的用电问题和线路造价高的难题；还有许多工业微电网、民用微电网和校园微电网。

参考文献

[1] Lasseter R H. Microgrids//Proc. of 2002 IEEE Power Engineering Society Winter Meeting. New York：IEEE，2002：305－308.

[2] 杨新法，苏剑，吕志鹏，等.微电网技术综述.中国电机工程学报，2014，34(1)：57－70.

[3] 王明扬，白迪.微电网研究综述.山东工业技术，2017(23)：196－197.

[4] 刘文，杨慧霞，祝斌.微电网关键技术研究综述.电力系统保护与控制，2012，40(14)：152－155.

[5] 鲁宗相，王彩霞，闵勇，等.微电网研究综述.电力系统自动化，2007(19)：100－107.

[6] Lasseter R. Microgrids//IEEE Power Engineering Society Winter Meeting，June 27－33，2002，New York，USA，305－308.

[7] Carrasco J M，Franquelo L G，Bialasiewicz J T，et al. Moreno-alfonso. power-electronic systems for the grid integration of renewable energy sources：A survey. IEEE Transactions on Power Electronics，2006，53(4)：1002－1016.

[8] 王成山，王守相.分布式发电供能系统若干问题研究.电力系统自动化，2008，32(20)：1－4.
[9] 梁才浩，段献忠.分布式发电及其对电力系统的影响.电力系统及其自动化，2001，25(12)：53－56.
[10] 王建，李兴源，邱晓燕.含有分布式发电装置的电力系统研究综述.电力系统自动化，2005，29(24)：90－97.
[11] 吴雄，王秀丽，刘世民，等.微电网能量管理系统研究综述.电力自动化设备，2014，34(10)：7－14.
[12] Su Wencong，Wang Jianhui. Energy management systems journal，in microgrid operations. The Electricity，2012，25(8)：45－60.
[13] 尤毅，刘东，钟清，等.主动配电网储能系统的多目标优化配置.电力系统自动化，2014，38(18)：46－52.
[14] 廖怀庆，刘东，黄玉辉，等.基于大规模储能系统的智能电网兼容性研究.电力系统自动化，2010，34(2)：15－19.
[15] 金一丁，宋强，刘文华.电池储能系统的非线性控制器.电力系统自动化，2009，33(7)：75－80.
[16] Lujano-Rojas J M，Dufo-López R，Bernal-Agustín J L. Optimal sizing of small wind/battery systems considering the DC bus voltage stability effect on energy capture，wind speed variability，and load uncertainty. Applied Energy，2012，93.
[17] Bose S，Liu Y，Bahei-Eldin K，et al. Tieline controls in microgrid applications. Bulk Power System Dynamics and Control－Ⅶ. Revitalizing Operational Reliability，2007 iREP Symposium，2007.
[18] 薛贵挺，张焰，祝达康.孤立直流微电网运行控制策略.电力自动化设备，2013，33(3)：112－117.
[19] 杨志淳，乐健，刘开培，等.微电网并网标准研究.电力系统保护与控制，2012，40(2)：66－71，76.
[20] 梁建钢.微电网变流器并网运行及并网和孤岛切换技术研究.北京：北京交通大学，2015.
[21] 周龙，齐智平.微电网保护研究综述.电力系统保护与控制，2015(13)：175－182.
[22] 贾清泉，孙玲玲，王美娟，等.基于节点搜索的微电网自适应保护方法.中国电机工程学报，2014，34(10)：1650－1657.
[23] 牟龙华，姜斌，童荣斌，等.微电网继电保护技术研究综述.电器与能效管理技术，2014(12)：1－7.
[24] 胡骏.微电网保护方案研究与实现.北京：北京交通大学，2016.
[25] 韩海娟，牟龙华，郭文明.基于故障分量的微电网保护适用性.电力系统自动化，2016，40(3)：90－96.
[26] 吕天光，艾芊，孙树敏，等.含多微网的主动配电系统综合优化运行行为分析与建模.中国电机工程学报，2016，36(1)：122－132.
[27] 周双喜，鲁宗相.风力发电与电力系统.北京：中国电力出版社，2011.
[28] 熊文，刘育权，苏万煌，等.考虑多能互补的区域综合能源系统多种储能优化配置.电力自动化设备，2019，39(1)：118－126.
[29] 叶琪超，楼可炜，张宝，等.多能互补综合能源系统设计及优化.浙江电力，2018，37(7)：5－12.
[30] 钟迪，李启明，周贤，等.多能互补能源综合利用关键技术研究现状及发展趋势.热力发电，2018，47(2)：1－5.
[31] 姜子卿，郝然，艾芊.基于冷热电多能互补的工业园区互动机制研究.电力自动化设备，2017，37(6)：260－267.
[32] 胡蘭丹，刘东，闫丽霞，等.考虑需求响应的 CCHP 多能互补优化策略.南方电网技术，2016，10(12)：

75 - 81.

[33] 艾芊，郝然.多能互补、集成优化能源系统关键技术及挑战.电力系统自动化，2018，42(4)：2 - 10，46.

[34] Ng E J，El-Shatshat R A. Multi-microgrid control systems (MMCS)// Power and Energy Society General Meeting. IEEE，2010：1 - 6.

[35] 张毅威，丁超杰，闵勇，等.欧洲智能电网项目的发展与经验.电网技术，2014，38 (7)：1717 - 1723.

[36] Martini L. Tends of smart grids development as fostered by European research coordination：the contribution by the EERAJP on smart grids and the ELECTRA IRP//Proceedings of International Conference on Power Engineering，Energy and Electrical Drives，Milan：IEEE，2015：23 - 30.

[37] 黄仁乐，蒲天骄，刘克文，等.城市能源互联网功能体系及应用方案设计.电力系统自动化，2015，39(9)：26 - 33，40.

[38] 庞忠和，孔彦龙，庞菊梅，等.雄安新区地热资源与开发利用研究.中国科学院院刊，2017，11：1224 - 1230.

[39] 宋蕙慧，于国星，曲延滨，等.Web of Cell 体系——适应未来智能电网发展的新理念.电力系统自动化，2017，41(15)：1 - 9.

[40] Rifkin J. The third industrial revolution：how lateral power is transforming energy，the economy，and the world. Macmillan，2011.

[41] 曹军威，杨明博，张德华，等.能源互联网——信息与能源的基础设施一体化.南方电网技术，2014(4).

[42] Cao J，Yang M. Energy internet — towards smart grid 2. 0//Networking and Distributed Computing (ICNDC)，2013 Fourth International Conference on. IEEE，2013：105 - 110.

[43] 黄文焘，邰能灵，范春菊，等.微电网结构特性分析与设计.电力系统保护与控制，2012，40(18)：149 - 155.

[44] 王成山，杨占刚，王守相，等.微网实验系统结构特征及控制模式分析.电力系统自动化，2010，34(1)：99 - 105.

[45] 薛士敏，齐金龙，刘冲，等.直流微网接地方式及新型保护原理.电网技术，2018，42(1)：48 - 55.

[46] Liu Xiong，Wang Peng，Loh Poh Chiang. A hybrid AC/DC microgrid and its coordination control. IEEE Transactions on Smart Grid，2011，2 (2)：278 - 286.

[47] 齐琛，汪可友，李国杰，等.交直流混合主动配电网的分层分布式优化调度.中国电机工程学报，2017，37(7)：1909 - 1918.

[48] 黎金英，艾欣，邓玉辉.微电网的分层控制研究.现代电力，2014，31(5)：1 - 6.

[49] 刘廷建，唐世虎.微电网结构与控制模式分析.变频器世界，2014(4)：61 - 64.

[50] 艾芊，刘思源，吴任博，等.能源互联网中多代理系统研究现状与前景分析.高电压技术，2016，42(9)：2697 - 2706.

[51] 马艺玮，杨苹，王月武，等.微电网典型特征及关键技术.电力系统自动化，2015(8)：168 - 175.

[52] 李烨，董雷，陈乃仕，等.基于多代理系统的主动配电网自治协同控制及其仿真.中国电机工程学报，2015，35(8)：1864 - 1874.

[53] 鲍薇，胡学浩，李光辉，等.提高负荷功率均分和电能质量的微电网分层控制.中国电机工程学报，

2013,33(34)：106 - 115.

[54] 杨俊虎，韩肖清，曹增杰，等.基于逆变器下垂控制微电网动态性能分析.南方电网技术，2012,6(4)：48 - 52.

[55] Majumder R, Chaudhuri B, Ghosh A, et al. Improvement of stability and load sharing in an autonomous microgrid using supplementary droop control loop. IEEE Trans. Power Syst, 2010, 25(2)：796 - 808.

[56] Li C, Savaghebi M, Guerrero J M, et al. Operation cost minimization of droop-controlled AC microgrids using multiagent-based distributed control. Energies, 2016, 9(9)：717.

[57] 王成山，周越.微电网示范工程综述.供用电，2015(1)：16 - 21.

[58] 李建林，郭斌琪，薛宇石，等.国内微电网示范工程及运行控制能效管理技术综述.电器与能效管理技术，2017(18)：1 - 7,16.

[59] 杨秀，杨菲，王瑞霄.微电网实验与示范工程发展概述.华东电力，2011,39(10)：1599 - 1603.

第 2 章

微电网信息采集和数据处理技术

微电网为新能源、储能系统和电动汽车等新型负荷的并网提供了一个优化调度与控制且具有自愈性的控制平台，并使需求侧更广泛地参与到定价机制中来，在功能上实现了信息的实时、双向流通。微电网的运行控制、能量管理依赖于先进的信息采集和数据处理技术，提高对微电网的感知能力，优化信息流配置，对于微电网分层调控尤为关键。

本章聚焦于微电网信息采集和数据处理技术，利用先进的人工智能、云边计算等技术，对微电网物理信息建模、用能行为分析、多时间尺度预测等技术展开详细论述，实现了微电网的运行态势感知，为后续章节运行控制、优化配置奠定基础。

2.1 微电网物理信息建模

2.1.1 物理信息融合系统概述

物理信息融合系统(CPS)作为一种将智能计算与物理资源紧密联合的新型系统，最早由美国国家科学基金会(NSF)在 2006 年提出。对于 CPS 的定义，国内外尚无统一定论，美国 NSF 定义为“物理资源与信息资源间的紧密联合与深度集成”[1]。CUM 的 Rajkumar 教授和 Lee 教授等定义为“应用计算和通信内核的嵌入式设备实现状态监测下协调运行的物理和工程系统”[2]。Sastry 教授定义为“集成了计算通信和存储能力，并对物理实体进行可靠、高效、安全控制的系统”[3]。

CPS 的提出促进实际物理系统与信息计算系统的深度融合，运用更新信息完成状态感知以更好地实现运行控制，从而赋予整体系统以新能力[3]，达到智能化与自动化的目标。CPS 的构成包括物理网络、控制系统、大规模传感器网络、大规模通信网络和计算系统。尽管物联网与 CPS 都强调物理实体之间的互联互通，物联网关注于物理元件的整合，而 CPS 是在物理世界的基础上突破时空限制的整体优化实时控制[3]。

根据文献[4,5]以及 CPS 的定义，其特点可以概括为以下几点：

(1) 传感器嵌入在每个物理实体中，采集信息并对状态进行感知。

(2) 覆盖全网的通信网络实现信息在系统内的流动和共享。

(3) 通信网络可以依照物理实体的特性和需求传递有用的信息，实现信息筛选，节省通信带宽。

(4) CPS 在物理实体中加入嵌入式装置，运用大规模分布式计算、并行计算技术和多代理技术，对大量信息进行处理或预处理。

(5) 物理和信息系统在全网范围内协同控制，由嵌入在物理实体的控制器决定整个系统的功能和运行特性。

(6) CPS 具有自组织和自适应能力。自组织能力即自动识别并搜索区域内的 DER，立即获得其信息并加以控制；自适应能力即快速反应区内物理和信息系统故障并快速处理，保证系统安全运行。

(7) CPS 可实现系统模块化和系统模块的动态重组，软件可以实现在线更新。

传统的电力系统分析方法关注于功率流，随着大量传感设备嵌入电网，信息的筛选汇总和控制优化高度依赖于信息通信网络，因此对信息流的研究尤为重要。并且，物理系统的特性为信息的提取、分析和传送容量提供依据，信息系统为物理系统提供多元化的信息优化了物理系统的调度控制，所以，物理信息系统作为一个电力系统的整体，不应该将它们割裂开来。电力物理信息融合系统有机地整合了物理和信息系统，为最终实现电网智能化提供了一种新思路。

CPS 作为物理系统和信息系统的深度融合，能够实时获取电网各层节点资源和设备的运行状态，进行分层控制优化和能量调配，实现全局协调的优化控制，为电网提供了良好的可控性和可观性。提高电力系统运行的可靠性，在相同设备配置的情况下可以发挥更好的效果，节能减排，提升可再生能源的发电效率，最终实现全网的智能化[6]。

对于智能电网技术体系标准的制定，国际电工委员会智能电网工作组提出了主要应用于电力工程、信息技术和通信协议等方面的标准和原则，作为智能电网的核心标准。IEC 标准对于智能电网的重要影响有以下几点：

1) 智能元件的拓展[7]

在发电环节引入光伏、风电等分布式电源，配电环节引入高级测量体系(AMI)、分布式自动装置(DA)，在用电侧加入智能电器和储能设备等。

2) 实时测量技术

监视控制与数据采集系统(SCADA)是电网调度和自动化控制的基础和核心，传统 SCADA 系统数据断面误差大(3～5 s)，适合于电网运行在较小波动时的状态估计，系统波动时 SCADA 的时间同步误差对状态估计有显著影响。同步测量技术同步性好，在保持时间同步的情况下，最大相角误差仅为 0.018°，基于同步相量测量技术的电网数据采集系统称为广域测量系统(WANS)。

3) IEC 61970：控制系统能量管理程序接口集成标准[17]

IEC 61970 系列标准采用公共信息模型(CIM)描述电力系统公共资源的信息(见图 2-1)。标准制订了应用程序编译接口(API)并制订了能量管理系统(EMS)的接口规范

(CIS)访问 CIM[9]。这些接口使得程序设计无需了解封装在程序中的具体方法就可以访问内部数据,实现不同 SCADA、AGC 自动发电控制、EDC 经济调度控制和 SA 安全分析与电力系统信息的互联互通,应用于控制中心与各智能体之间的实时信息交换,使能量管理系统具有了"即插即用"的功能。

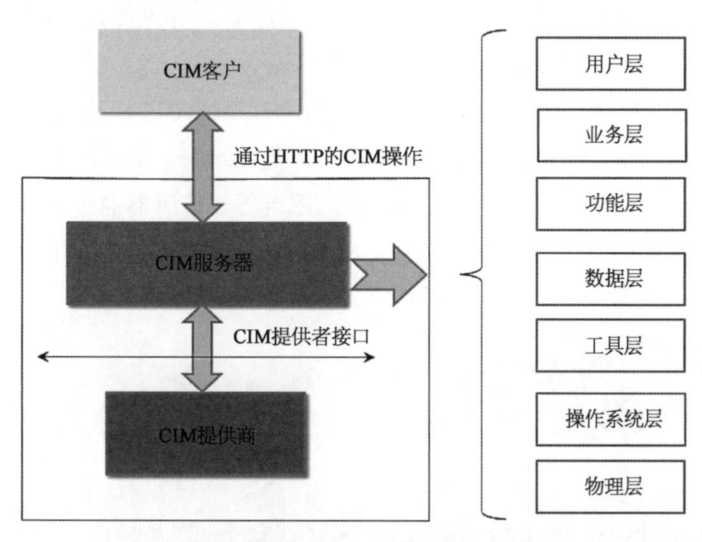

图 2-1 公共信息模型 CIM 分层

4) IEC 61968:配电网管理系统集成标准

为适应配电网点多面广、信息传输量大等特点,工作组扩展了 IEC 61970 标准的应用领域,创建了 IEC 61968 标准。率先提出的企业集成软总线(UIB),使各元件只需通过标准的接口组件就可以完成标准信息的共享,实现"即插即用"的构想。配网管理系统(DMS)中的运行维护管理是通过计算机及信息通信技术,对自动化、安全生产管理、地理信息系统(GIS)的深度融合和数据信息的可视化表现,规范了配网中的协同调度优化、负荷控制、资产管理、需求侧管理等信息交互模式。标准倾向于促进支持管理电网的多种分布式应用系统的操作与信息的集成[10]。

IEC 标准的 CIM 采用面向对象的建模方式,采用统一建模语言 UML 描述。随着大量 DER,AMI 以及更强大的传感装置和传输量更大的通信网络进入电力系统,如何建立与其物理特征相对应的信息模型,如何综合考虑传输容量和采样速率以减少成本,如何更有效地设计消息机制和分布式处理器,如何实现全局协同控制是建立模型的几个着力点,也是 CPS 概念的应用点。

2.1.2 微电网物理信息融合建模方法

电力物理信息系统的融合,即电网一次与二次功能的高度融合,为了将物理模型、通信和计算控制有机地融合在 CPS 模型中,降低物理系统与信息系统的异构性,CPS 整体应遵循以下几点要求:

(1) 受制于电网规模以及海量信息采集、处理的复杂度的影响,CPS 应按照先分模块建模再整体建模的方式。

(2) 物理与信息系统的联系需要建立映射的对应关系。

(3) 信息与物理部分的接口可以定义实现,信息信号传输规则统一[13]。

(4) 由于通信系统是离散系统而物理过程是连续的微分方程,CPS 模型一定是离散与连续混合系统。

电力系统作为 CPS 的一个重要运用,电力信息物理系统(CPES)研究领域在国内外受到了很大重视,包括 AGC、EMS、配网综合调度自动化系统(SCADA)、电力计量管理系统(TMR)、地理信息系统(GIS)和继电保护信息管理系统等。传感器通过通信网络连接,数据在各个分布式数据采集和控制元件中汇总,得出全局优化策略后最终作用于分布式控制器。

典型电力信息物理系统结构[11]如图 2-2 所示。

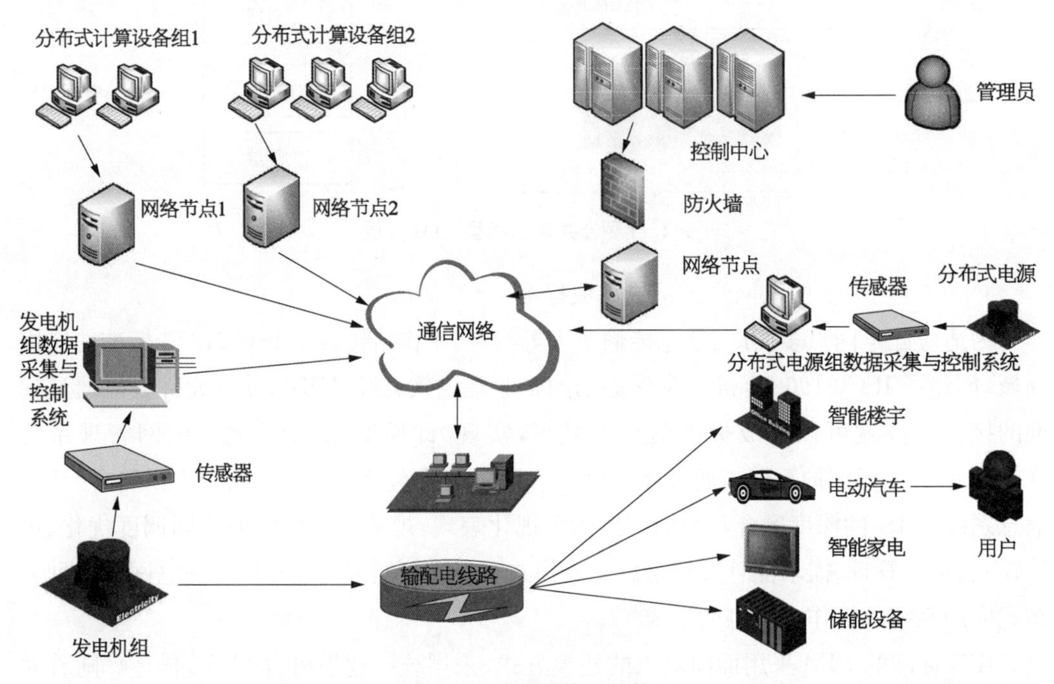

图 2-2 CPES 体系结构

传统电网在配置高级测量体系与监测设备后,其高可靠、高速度的通信系统以及先进的能量管理系统,将使电网的计算分析、大数据处理以及分布式智能与全局优化协调运作的能力有显著提高。CPES 对决策变量数量大、复杂运行场景环境下的问题往往可以取得更好的优化方案[15]。由于 CPES 利用大数据分析技术可以提升电网状态感知与预测的精确度,因而在电网可靠性分析方面,可以较准确灵活地监测异常状态,进行安全校验及计算电网安全运行裕度(见图 2-3)。

不难发现,区别于传统电网,CPES 的特点有:① 大量的分布式存储计算设备;② 有线与无线网络相结合;③ 多样的智能用户终端;④ 大规模网络地址需求;⑤ 用电设备必

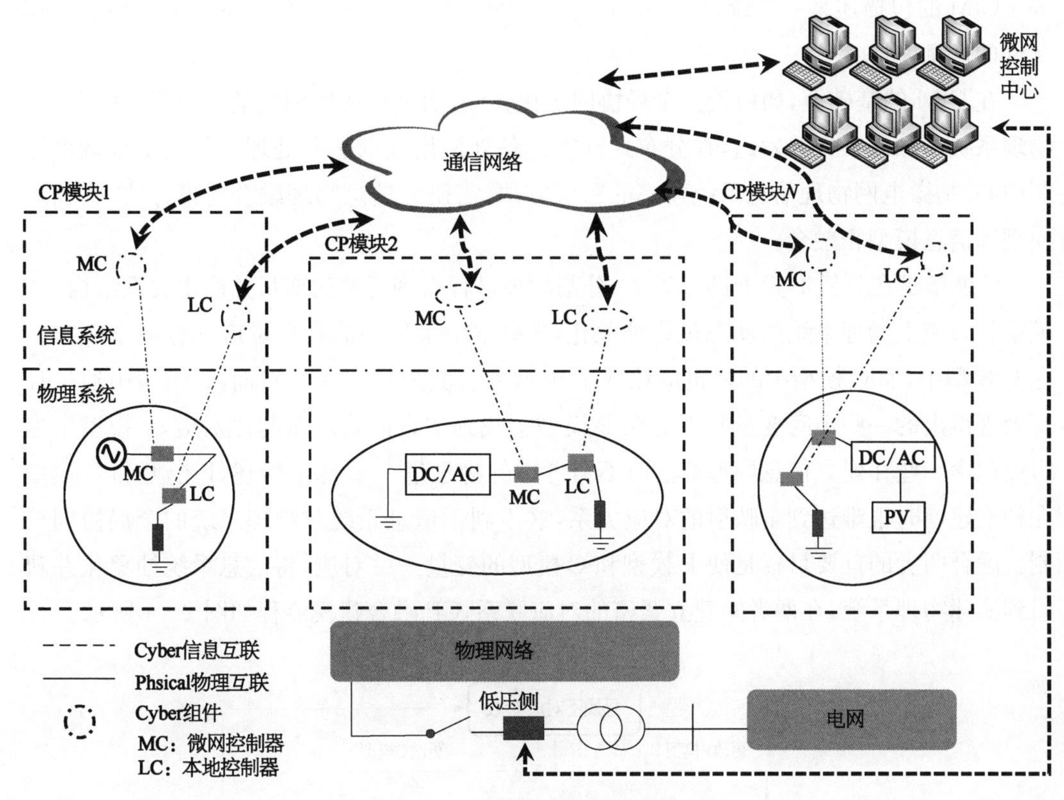

图2-3　微电网CPES系统

要时可由控制中心直接控制。

文献[14]提出了针对微电网的信息物理融合结构。融合系统结构[12]如图2-3所示。

对微电网进行信息物理融合建模，应首先按照功能划分为特定CP模块，分析内部的动态特性，建立模型设计具体算法并由此决定信息的输入和输出量，最后在公共信息模型中加入相应的传感量、传输量以及接收量。

2.1.2.1　物理信息融合方法

电力系统物理模型由物理模块及其相互关系构成。公共信息模型(CIM)采用面向对象的建模方法，将物理实体进行抽象概括，形成实体类的属性集和实体间的关系从属，使不同的物理元件都将其特性映射到CIM平台上。在CIM平台上，明确了各种物理系统的属性和元件之间的相互关系，各个物理类的信息流的采集、流动和获取都反映在模型中，信息交互更加清晰。物理系统物理量不再存在于系统内部，只有通过各种远端的非直接的外部物理信息去辨识内部物理量，而是在广域测量系统采集后通过信息网络传送至分布式计算中心。

美国电科院(EPRI)首先提出针对CIM模型的控制中心应用编程接口(CCAPI)，提供了一种通用能量管理系统(EMS)使不同的硬件和软件系统的操作在同一平台上交互共享。

CIM定义了EMS等电力控制和计算机应用系统实体对类继承、关联、聚合、从属以及各类的属性。对象包括发电设备、负荷模型、继电保护、SCADA、电力线路和测量设备等。CIM的包描述某一系统,每个包由类及类的关系组成,每个类描述系统中某一具体部件的信息属性。

在CIM的基础上,如何设计全局协同优化算法,明确算法所用到的信息量,在相应的物理系统中加以采集并发送,在分布式计算设备处使用或筛选并处理上传至上级调度控制中心,是微电网物理信息系统建模的一般方法,需研究信息物理融合建模方法,将物理模型和信息模型相融合。

C模型是在分析P模型的基础上,分割物理过程得到可造访变量并确定关系结构。P模型将时域上物理系统的动态过程抽象化,P模型中采集到的物理量应部分或全部对应在C模型中,而C模型中的量也应该在P模型中有其属性对应。然而,C模型中通过计算处理得出的一些中间变量并不能在P模型中找到实在的物理量与之对应,P模型中也可能包含一些在建立信息模型算法时不需考虑的物理量[14]。综上所述,P模型和C模型在初次建模时很难达到全映射的对应关系,这不利于信息系统对物理系统的全局协同控制。融合两者的首要目标是使P模型和C模型的变量一一对应,将信息系统抽象化并映射到实际物理系统,在两者间建立紧密的对应联系,CP融合建模流程如图2-4所示。

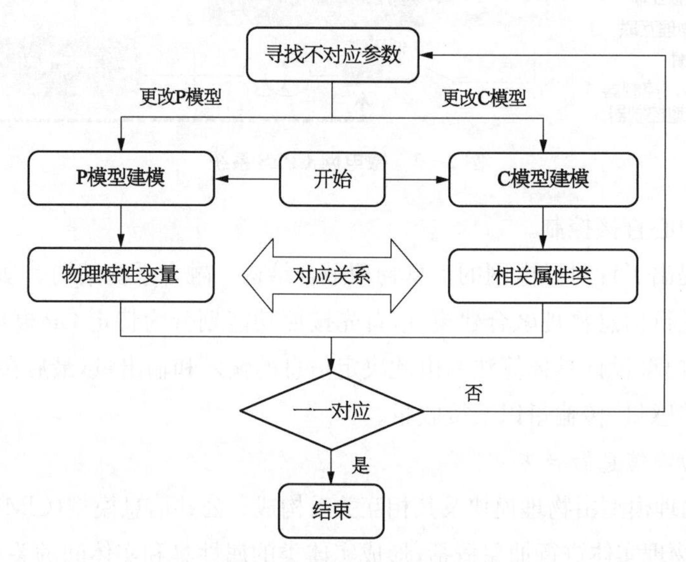

图2-4 CP融合建模流程

完成P模型和C模型建模之后,如果发现P模型内部物理量和C模型相关属性没有一一对应,则考虑修改模型。如果是在P模型中没有C模型相对应的物理量,则细化P模型使相关类属性得以表征,或者简化C模型,建立新的不包含P模型中没有对应的属性的算法。如果是在C模型中没有P模型相对应的属性,就细化C模型或者简化P模型,最终使得C,P模型全映射。

2.1.2.2 单个信息物理模块融合方法

CPES是十分复杂的系统,想要一蹴而就实现系统建模是不实际的。前面已经给出了 CPS 模块划分的思想，建模首先要从单个模块开始，由其动态特性将其划分为多个组件，建立与之对应的模块信息层，每一个过程的输出都是下一个过程的输入或整个模块的输入，动态特性依次连接，这样做的目的是将组件的输入输出量变为可以提取的信息量，可由信息系统造访。

随着优化控制算法的发展，很多内部制动量也在算法中得以体现，参与到决策计算中，这就需要分解部件的内部动态过程，将内部量变为组件分解后的输出、输入量，使得信息系统可以造访并使用。图 2-5 就是一般单个 CP 融合建模方法和需要取用内部量时组件的分割策略。

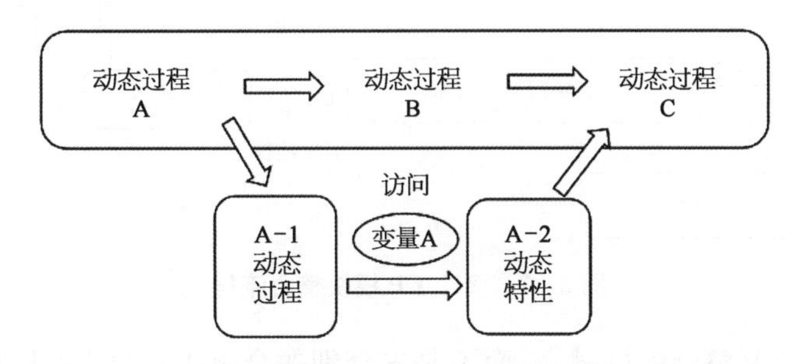

图 2-5 单个 CP 融合建模方法取用内部量时组件的分割策略

2.1.2.3 物理信息系统融合方法

研究物理信息系统融合的方法，首先要明确物理和信息系统哪一部分在什么层面上融合。传统系统的传感器采集物理元件的信息并通过光缆或电力线载波的方式上传至控制中心，由调度中心统一控制。

然而，由于大量分布式发电和多样的智能元件投入使用，大量的信息受制于传输和计算的限制，需要大量的嵌入式设备实现信息采集、通信与控制的作用，而这些嵌入式设备和与其配套的有线无线通信设备既属于物理系统也属于信息系统，因此，物理信息系统的融合在于物理参数、信息量和通信量的映射(见图 2-6)。

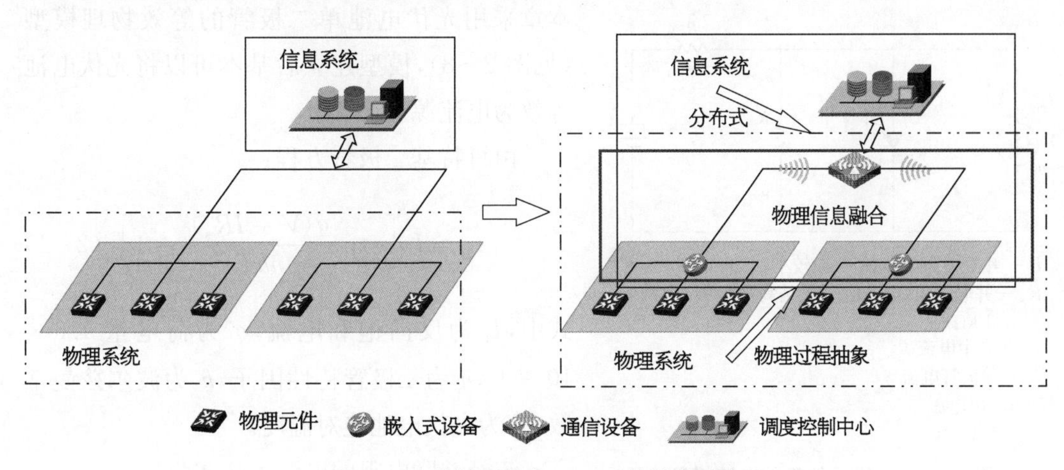

图 2-6 传统系统与 CPS 系统结构对比

对已经建立好的CP模块进行整合。先将所有物理系统抽象为逻辑节点，所有信息系统形成功能块。横向上各个逻辑节点与功能块对应联系，纵向上先将逻辑节点统一建模，再将功能块对应整合，实现信息和物理的集成，最后再将两个对应的整合模块整合[14]。具体步骤如图2-7所示。

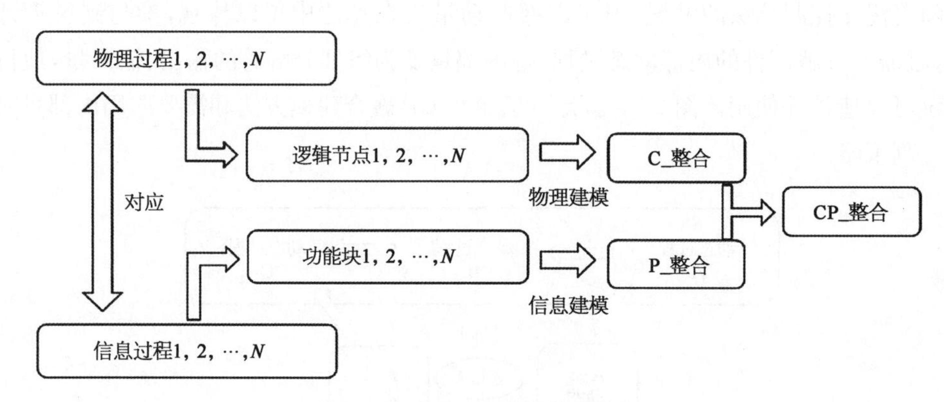

图2-7　多个CP模块整合流程

之所以先将C,P整合后再融合，而不是先分别融合再去整合，是为了实现整体信息传输和控制的优化，系统直接从统一的数据库中就可以访问某个信息，使得信息以及对应的物理结构变得清晰。同样，这种做法也支持模块内部的物理信息融合，系统和模块相对独立，模块的局部控制减少了全局的计算量，也避免了多个控制器对统一元件控制产生冲突的情况。

2.1.3　分布式发电模块CPS建模

2.1.3.1　光伏组件的CPS建模

1）光伏组件物理数学模型

光伏电池发电的基本理论是光生伏打效应，将光伏电池串并联后形成光伏电池组件。本章采用光伏电池单二极管的等效物理模型（见图2-8），模型建立后基本可以将光伏电池等效为电流源。

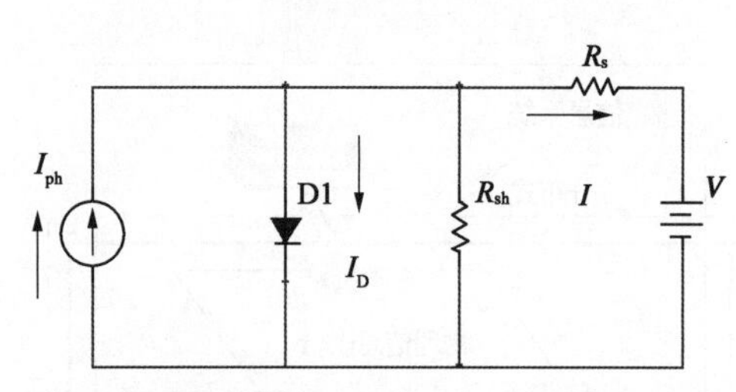

R_s—串联电阻（电阻值一般较小，小于1 Ω）
R_{sh}—并联电阻（电阻值一般是高数量级，大约为1 kΩ）
I_{ph}—光生电流
I_D—二极管电流
V—输出电压
I—输出电流

图2-8　光伏元件等效电路模型

由肖特基二极管方程：

$$I_D = I_0\left[\exp\frac{q(V+IR_s)}{nkT} - 1\right] \quad (2-1)$$

式中，I_0为反向饱和电流，q为荷电量1.6×10^{-19} C，n为二极管特性因子，k为波尔兹曼常数，T为光伏电池绝对温度。

流经并联电阻的电流表达式为

$$I_{sh}=\frac{V+IR_s}{R_{sh}} \tag{2-2}$$

将式(2-2)代入式(2-1)，有

$$I=I_{ph}-I_0\left[\exp\frac{q(V+IR_s)}{nkT}-1\right]-\frac{V+IR_s}{R_{sh}} \tag{2-3}$$

由光伏电池原理基本表达式(2-3)知，光伏电池的输出电流不仅与温度和光照强度有关，也与内部等效电路的几种电阻参数有关。本章采用光伏组件的一种典型技术参数，一般会提供在标准测试条件（光谱 $AM=1.5$、光照强度 $S_b=1\,000\ \mathrm{W/m^2}$、环境温度 $T_b=25\ ℃$）下的 4 个主要技术参数：

V_{oc}/A—开路电压

V_m/V—最大功率点电压

I_{sc}/V—短路电流

I_m/A—最大功率点电流

厂家给出的技术参数可以简化光伏基本表达式，并且技术参数便于得到，便于建立工程用数学模型。这里因为 R_{sh} 充分大，式(2-3)可简化为

$$I=I_{ph}-I_0\left[\exp\frac{q(V+IR_s)}{nkT}-1\right] \tag{2-4}$$

又因为二极管正向导通电阻远大于 R_s，式(2-3)又可以近似有：$I_{sc}=I_{ph}$。当模块输入温度为 T 时，设标准情况下的温度为 T_1，根据文献[15]，可以写成如下形式：

$$I_{ph}=I_{ph(T_1)}[1+K_0(T-T_1)] \tag{2-5}$$

设 $I_{sc(T_1,\ norm)}$ 为标准测试参数下给出的短路电流，$S_{b(norm)}$ 为标况下的光照强度，$I_{ph(T_1)}$ 还可以表示为

$$I_{ph(T_1)}=\frac{S\times I_{sc(T_1,\ norm)}}{S_b} \tag{2-6}$$

式(2-5)中，

$$K_0=\frac{I_{sc(T_2)}-I_{sc(T_1)}}{T_2-T_1} \tag{2-7}$$

式(2-4)中的 I_0 也可表示为

$$I_0=I_{0(T_1)}\times\frac{T^{\frac{3}{n}}}{T_1}\times e^{-\frac{qV\left(\frac{1}{T}-\frac{1}{T_1}\right)}{nk}} \tag{2-8}$$

式中，各参数分别为

$$I_{0(T_1)}=\frac{I_{sc(T_1)}}{e^{\frac{qV_{oc(T_1)}}{nkT_1}}-1} \tag{2-9}$$

$$R_s=-\frac{dV}{dI_{V_{oc}}}-\frac{1}{X_V} \tag{2-10}$$

$$X_V=I_{o(T_1)}\times\frac{q}{nkT_1}\times e^{\frac{qV_{oc}T_1}{nkT_1}} \tag{2-11}$$

上式给出了4个主要技术参数与光伏电池组 R_s 之间的关系，在给定温度、光照强度和光伏电池电压输入后，就能得出光伏电池输出电流。

考虑更实际的情况，光伏输出电压不引入闭环控制，得出以下数学模型[16]。在开路情况下：$I=0$，$V=V_{oc}$，以及最大功率点工作：$I=I_m$，$V=V_m$ 分别带入式(2-4)得

$$I=I_{sc}-K_1I_{sc}\left\{\exp\left[\frac{V_m}{K_2V_{oc}}\right]-1\right\} \tag{2-12}$$

式中，

$$K_1=\left(1-\frac{I_m}{I_{sc}}\right)\exp\left(\frac{-V_m}{K_2V_{oc}}\right) \tag{2-13}$$

$$K_2=\left(\frac{V_m}{V_{oc}}-1\right)\frac{1}{\ln\left(1-\frac{I_m}{I_{oc}}\right)} \tag{2-14}$$

厂家给出的光伏电池参数 I_{sc}，I_m，V_{oc}，V_m 是在标准实验环境下得到的，实际情况中应该加入对其参数的修正，对于不同的光照强度和环境温度，可以根据标准情况重新估算 I'_{sc}，I'_m，V'_{oc}，V'_m。定义光照和温度偏差为

$$\Delta T=T-T_b \tag{2-15}$$

$$\Delta S=S-S_b \tag{2-16}$$

各个参数修正表达式为

$$I'_{sc}=I_{sc}\left(\frac{S}{S_b}\right)(1+a\Delta T) \tag{2-17}$$

$$I'_m=I_m\left(\frac{S}{S_b}\right)(1+a\Delta T) \tag{2-18}$$

$$V'_{oc}=V_{oc}[(1-c\Delta T)\ln(e+b\Delta S)] \tag{2-19}$$

$$V'_m=V_m[(1-c\Delta T)\ln(e+b\Delta S)] \tag{2-20}$$

式中常量为：$a=0.002\,5/℃$，$b=0.000\,5$，$c=0.002\,88/℃$，$e\geqslant 2.718$。

将 I'_{sc}，I'_m，V'_{oc}，V'_m 代入式(2－12)～式(2－14)中，可以得到

$$I = I_{sc}\left(\frac{S}{S_b}\right)[1 + a(T - T_b)] \times \left[1 - \left(1 - \frac{I_m}{I_{sc}}\right)\left(1 - e^{-\frac{\ln\left(1 - \frac{I_m}{I_{sc}}\right)}{1 - \frac{V_{oc}}{V_m}}}\right)\right] \quad (2-21)$$

光伏组件的输入量为光照强度 S 和环境温度 T，输出量为光伏电池的输出电流。由此可以得到光伏电池的伏安特性，代入式(2－10)、式(2－11)中可以得到相应的内阻值，而内阻值和重新估算的 4 个技术参数对于以后的建模没有用处，故封装在光伏的物理动态特性的模块中，一般不对其进行具体计算和数据传输通信，这样，在硬件特性不变的情况下，仅仅采集传输光强和温度就可以在本地或异地获得光伏组件实时的运行状态。

表 2－1 光伏组件的给定参数下研究光伏 V－I 和 P－V 曲线分别随光照强度和温度的变化曲线如图 2－9～图 2－12 所示。光照强度近似与输出电流、最大功率成正比。P－V 图中最大功率点右移。电压低于最大功率点，温度越高输出电流稍变大，电压高于最大功率点，温度越高输出电流稍变小。从 P－V 图中可以看出，温度越高，最大功率点左移。

表 2－1　光伏组件 TSM－200PC05 在标准测试条件下的参数

单体电池类型	多　晶　硅
峰值电流/A	7.36
峰值电压/V	27.2
短路电流/A	8.00
开路电压/V	36.0
峰值功率/W	200
最大系统电压/V	1 000

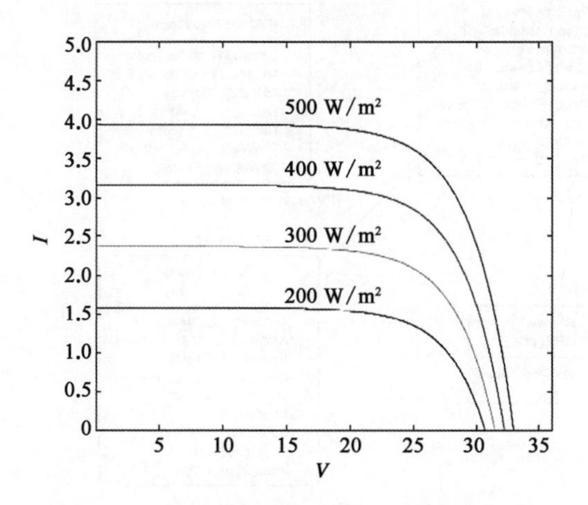

图 2－9　不同光照强度下的 V－I 特性(20 ℃)

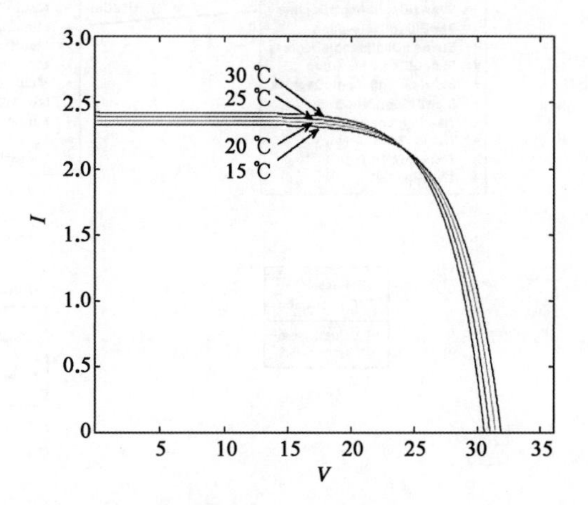

图 2－10　不同温度下的 V－I 特性(300 W/m²)

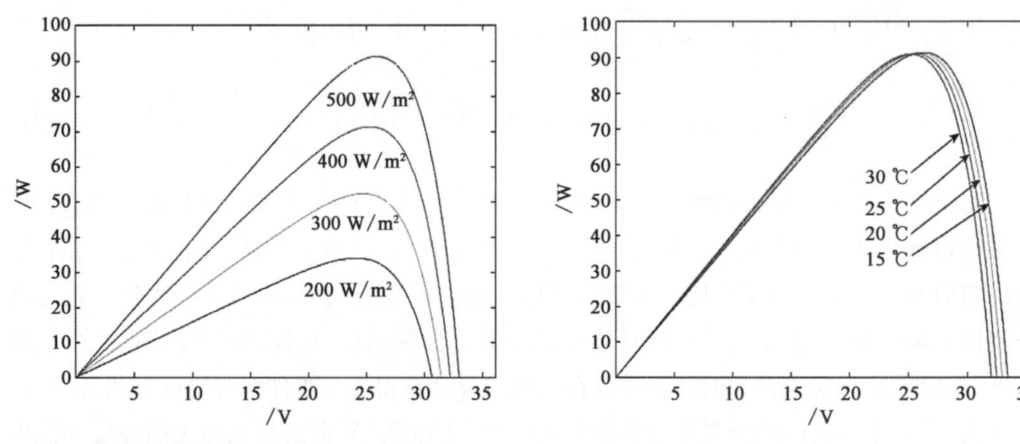

图 2-11　不同光照强度下的 P-V 特性(20 ℃)　　**图 2-12　不同温度下的 P-V 特性(500 W/m²)**

2）光伏组件的信息模型

包括光伏电池的微网信息模型以 IEC61970 为基础扩展而成。主要用到了包括 Core，Wire，Meas 等的公共信息模型。光伏组件作为微网的一种分布式能源，可以将其划分为光伏电池(PV cell)、光伏阳光追踪控制器(Sun track controller)、光伏控制器(controller)、光伏阵列(PV array)、光伏阵列控制器(PV array controller)、储能(battery)和光伏曲线(PV curve)几类。根据物理模型确定各类的关系，依据信息模型设计的算法确定类的属性及类型，基于原有标准，在新能源扩展包的 battery 包中加入光伏组件(PVC)类，如图 2-13 所示。

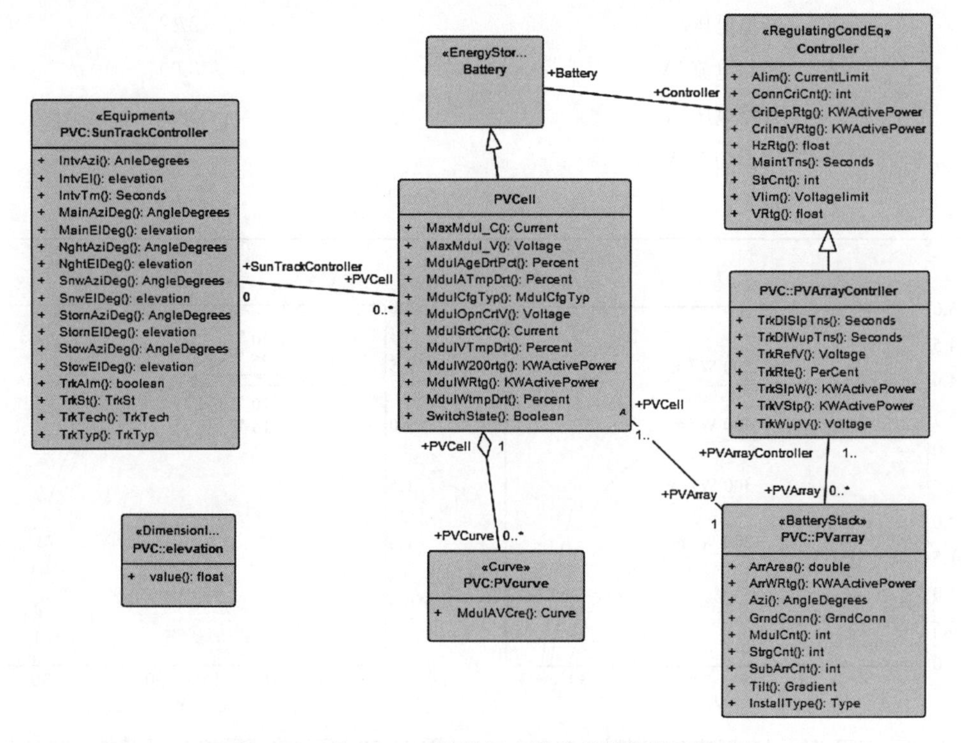

图 2-13　基于 UML 建模语言的光伏信息模型描述

PV cell 类用于描述单一光伏电池的内部物理属性(见表 2 - 2)。

表 2 - 2　PV cell 类属性表

属性名称	属性类型	中 文 描 述
MaxMdulC	Current	标况下 I_m
MaxMdulV	Voltage	标况下 V_m
MduAgeDrtPct	Percent	损耗随时间百分比
MdulATmpDrt	Percent	输出电流随温度的变化率
MdulCfgTyp	MdulCfgTyp	光伏模块类型参数
MudlOpnCrtV	Voltage	标况下光伏开路电压
MudlSrtCrtC	Current	标况下光伏短路电流
MdulVTmpDrt	Percent	输出电压随温度的变化率
MdulW200Rtg	Active Power	光伏模块额定功率(光照峰值为 200 W/m^2)
MdulWRtg	Active Power	标况下额定输出功率
MdulWTmpDrt	Percent	输出功率随温度变化而变化百分比
SwitchState	Boolean	滑膜控制状态

PV array 类用于储存由光伏组件组装成光伏阵列的属性方法(见表 2 - 3)。

表 2 - 3　PV array 光伏阵列类属性表

属性名称	属性类型	中 文 描 述
ArrArea	Double	阵列面积
ArrWRtg	Active Power	光伏阵列额定输出功率
Azi	Angle Degrees	装配方位
GrndConn	GrndConn	接地类型
MdulCnt	Int	每列个数
StrgCnt	Int	分段中并联支路数
SubArrCnt	Int	每阵列中并联分段数
Tilt	Gradient	组装装置修正后倾斜角度
InstallType	Type	组装装置类型

3) 光伏组件 CPS 模型

P 模型以光照和温度作为输入量,电流为输出量,为控制光伏模块的工作点维持在最大功率点,必须结合模块信息层中的信息加以控制。这里设计了基于光伏温度和光照强度预测的 MPPT 控制,基于 DC - DC 升压电路,建立光伏电池模块物理信息融合模型。

MPPT 控制采用实时的增量电导法(见图 2 - 14),保存一定长度的光强和温度数据,应用时间序列对下一时刻的光强和温度进行实时预测作为信息输入，计算预测值的最大功率点并预先调整参考电压。

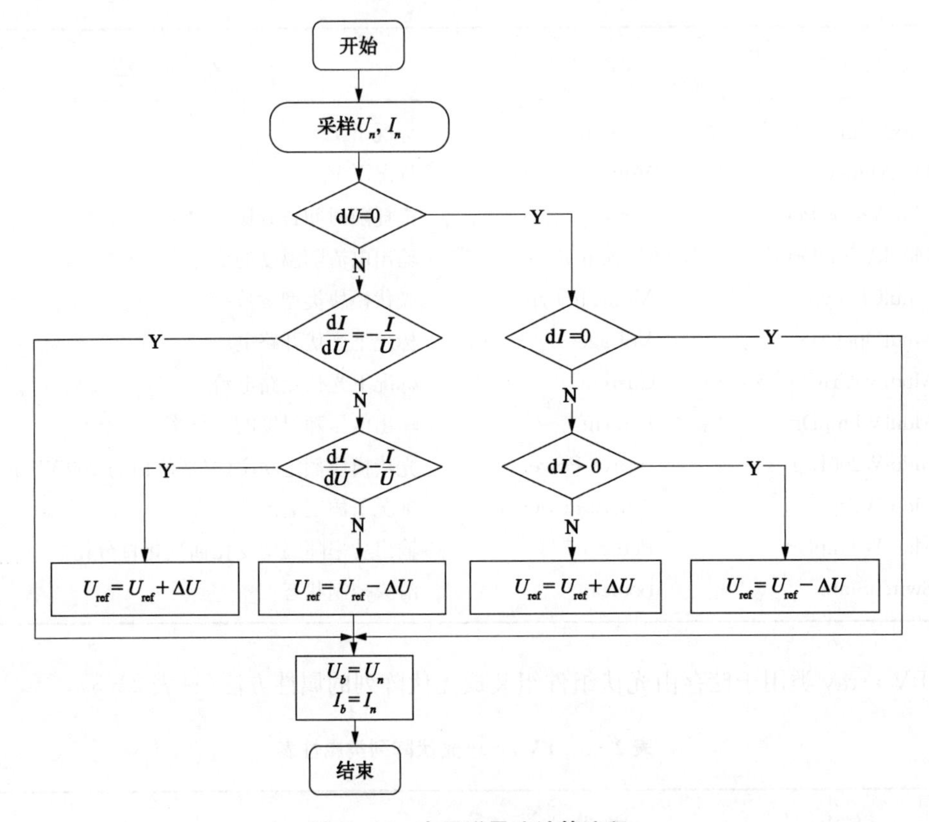

图 2-14　电导增量法计算流程

根据光伏 P-V 曲线的特点，对 $P=UI$ 求 P 的导数，得：$\mathrm{d}P=I\mathrm{d}U+U\mathrm{d}I$

在两边同除以 $\mathrm{d}U$，可得

$$\mathrm{d}P/\mathrm{d}U=I+U\mathrm{d}I/\mathrm{d}U \tag{2-22}$$

在最大功率点时有 $\mathrm{d}P/\mathrm{d}U=0$，代入到式(2-22)，有

$$\mathrm{d}I/\mathrm{d}U=-I/U \tag{2-23}$$

光伏阵列工作在最大功率点时即有等式(2-23)。增量电导法通过比较工作电导与电导增量来决定参考电压的增减变化，最终实现阻抗匹配，满足最大功率点的条件。下面就几种情况加以分析：

(1) 如果当前的光伏元件在 P-V 图中工作于最大功率点的左侧，根据曲线变化趋势，此时有 $\mathrm{d}P/\mathrm{d}U>0$，$\mathrm{d}I/\mathrm{d}U>-I/U$，说明应增大参考电压。

(2) 如果当前的光伏元件在 P-V 图中工作于最大功率点的右侧，同理，此时有 $\mathrm{d}P/\mathrm{d}U<0$，$\mathrm{d}I/\mathrm{d}U<-I/U$，说明应减小参考电压。

(3) 如果当前光伏元件在 P-V 图中工作于最大功率点附近，此时工作点位于曲线的拐点，将有 $dP/dU=0$，即光伏阵列正工作于最大功率点上，其参考电压应当保持不变。

DC-DC电路可以调整输入阻抗和光伏组件的输出电压，使输出电压跟踪最大功率点。升压电路可以工作在电流连续的情况下。使用Boost电路建立MPPT装置的物理模型。在最大功率点处，光伏电池的等效阻抗与负载和DC-DC电路的等效电阻相匹配，因此，DC-DC电路实际上进行了负载的阻抗变换。Boost输入阻抗可以表示为

$$R'=R_L(1-D)^2 \tag{2-24}$$

式中，R' 为等效阻抗，R_L 为负载阻抗，D 为开关占空比。输出Boost电路的特性：

$$\frac{U_{out}}{U}=\frac{1}{1-D} \tag{2-25}$$

由此可求出占空比 D。

由于这一层面的信息仅仅是本模块的历史数据的汇总，并不需要占用远距离通信通道，这一控制也完全可以实现局部控制，无需占用控制中心的处理量。光伏组件内部的信息存储以及处理可以很好地简化全局协同控制。但本地信息的交互同样需要信息的采集、提取、储存、处理，为了结合实际物理系统动态特性，实现控制目标，明确物理量和信息量，建立本地的、模块内部的物理信息模型是十分基础也是十分必要的。因此，在光伏组件CIM框图中加入了Meas::Accumulator，用来存储光伏组件光照和温度的历史信息。而实时信息由Meas::Measurement实时传输。

信息模型中，PV cell标况下 I_m，V_m 开路电压和短路电流均为光伏的设计参数，需要提前设定；在PV array controller的模型中，提取历史光照强度和温度进行预测的同时提取实时的光照强度和温度，采集汇总后将其代入MPPT控制算法中进行优化控制，由此完成物理和信息的融合（见图2-15）。

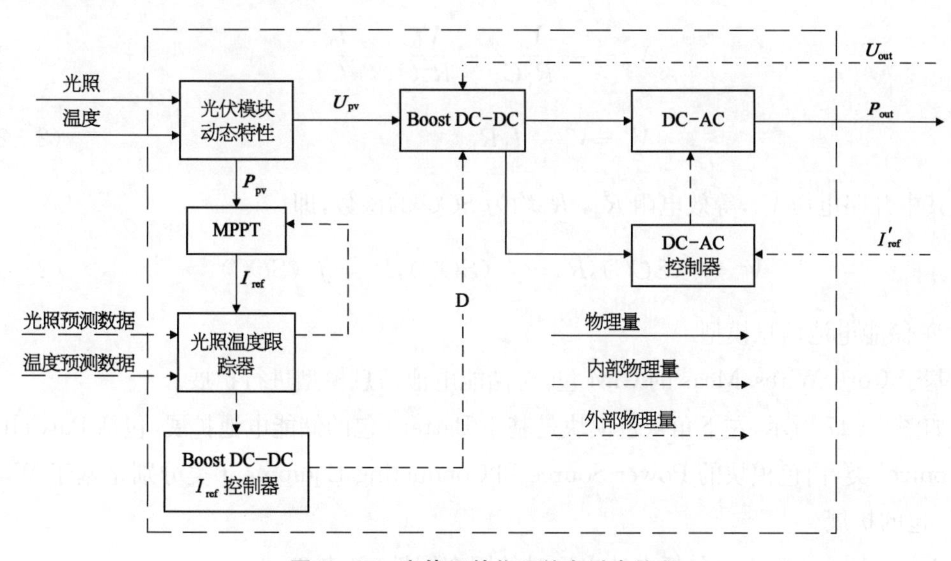

图2-15 光伏组件物理信息融合流程

2.1.3.2 储能电池的 CPS 建模

1）储能电池物理模型

储能电池一般分为化学模型和电路模型。在电路模型中，包括了极化电阻和欧姆内阻。欧姆内阻依然遵守欧姆定律，但是随着荷电状态的改变而非线性变化；极化电阻也随电流呈非线性变化。不同型号不同类型的储能电池材料、性能参数不同，充放电特性也不尽相同。同一电池随着使用时间的增加，特性也有所不同。因此本章仅给出最基础的储能电池的数学模型，各个具体参数仅能通过抽样实验得到的大量实验数据作线性拟合得出。储能电池等效电路如图 2－16 所示。

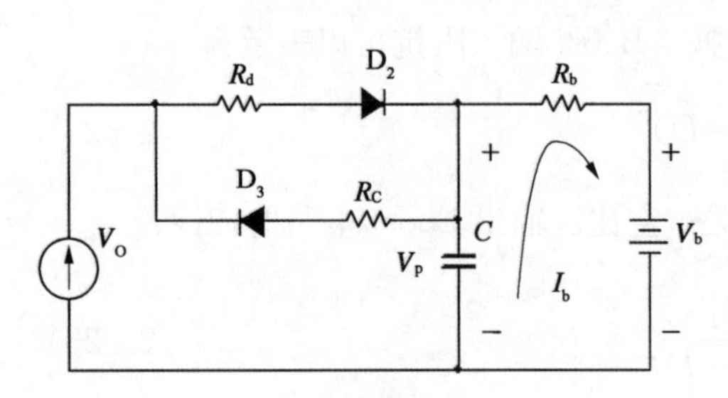

R_c—充电极化电阻
R_d—放电极化电阻
R_b—欧姆内阻
C—极化电容

图 2－16 储能一般等效电路模型

荷电状态 SOC，表示电池剩余电量与其完全充电状态后容量的百分数，也是储能设备的一个重要参数。放电时有

$$SOC(t)=\frac{Q_c-\int_0^t I_d(\tau)\mathrm{d}\tau}{Q_c} \tag{2-26}$$

充电时有

$$SOC(t)=\frac{Q_c+\int_0^t I_d(\tau)\mathrm{d}\tau}{Q_c} \tag{2-27}$$

$$V_p=-\frac{V_p}{R_d C}+\frac{V_0}{R_d C}-\frac{I_b}{C} \tag{2-28}$$

$$V_b=V_p-I_b R_b \tag{2-29}$$

其中开路电压 V_0，等效电阻 R_d，R_c 均为 SOC 的函数，即

$$V_0=f(SOC),R_d=f_b(SOC),R_c=f_c(SOC) \tag{2-30}$$

2）储能电池信息模型

基于 Core，Wires，Meas 的 CIM 包，对储能电池信息模型进行扩展。

如图 2－17 所示，左下角灰色模块是基于 Battery 包的储能电池扩展，包括 BatCell 和 BatControl 类，白色模块的 Power Source 和 Conducting Equipment 类分别是基于 Wire，Cores 包的扩展。

PowerSource 类主要包括电池出厂时的固有属性（见表 2－4）。

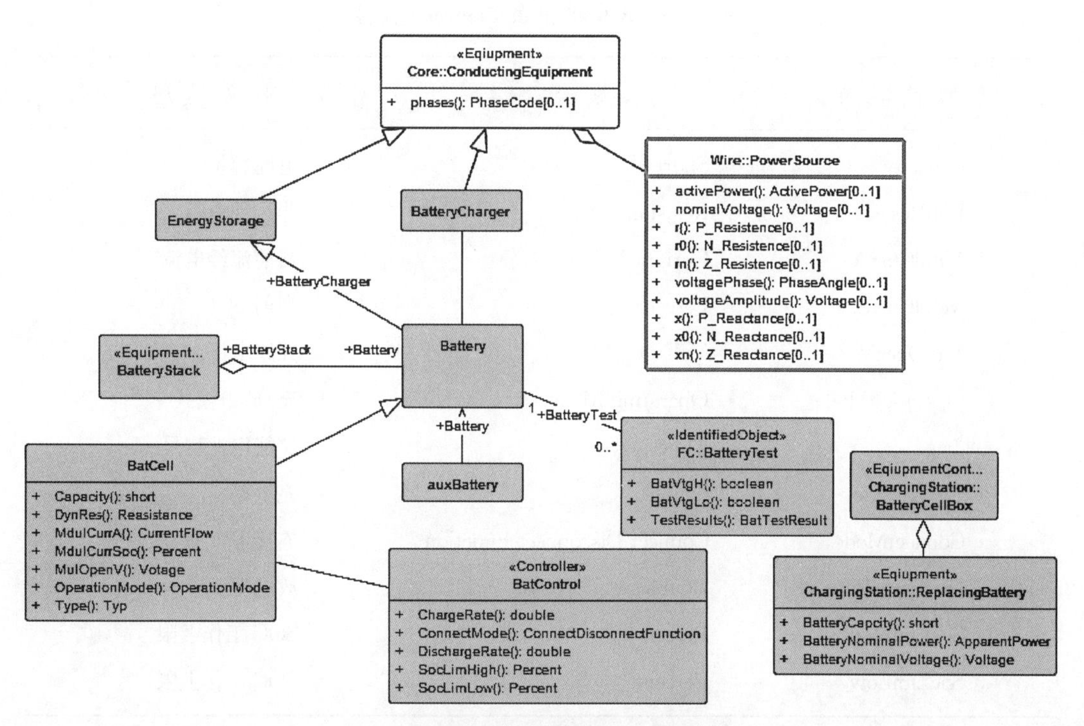

图 2-17　储能信息模型 UML 语言描述

表 2-4　PowerSource 电池类属性

属 性 名 称	属 性 类 型	中 文 描 述
activePower	Active Power	输出功率
nominalVoltage	Voltage	额定电压
r	P_Resistance	正序电阻
r_0	N_Resistance	负序电阻
r_n	Z_Resistance	零序电阻
voltagePhase	Phase Angle	开路电压相角
voltageAmplitude	Voltage	开路电压相间幅值
x	P_Reactance	正序电抗
x_0	N_Reactance	负序电抗
x_n	Z_Reactance	零序电抗

BatCell 和 BatControl 类分别作为电池在运行时状态量和控制量的实时数据库(见表 2-5)。在仿真和控制在信息模型中一一得以体现,这种对分布式能源的扩展使得系统可以更清晰地获取 DER 状态,确定信息层传输的控制量,为分布式计算设备提供计算目标,并根据具体算法增添或删减采集的状态量,提高信息层的效率。

表 2-5　BatCell 和 BatControl 类属性

属性名称	属性类型	中文描述
Capacity	Short	电池容量
DynRes	Resistance	非线性电阻
MdulCurrA	Current Flow	当前流经电流
MdulCurrSoc	Percent	当前 SOC
MulOpenV	Voltage	开路电压
OperationMode	Operating Mode	充/放电模式
Type	Type	储能电池型号
ChargeRate	double	充电率
ConnectMode	Connect Disconnect Function	连接 PV/独立运行
DischargeRate	Double	放电率
SocLimHigh	Percent	SOC 工作上限
SocLimLow	Percent	SOC 工作上限

3) 储能电池 CPS 模型

针对储能电池平衡功率、维持 SOC 在允许范围内和减少充放电次数的控制目标，设计了基于 SOC 预测的储能物理信息融合模块(见图 2-18)。针对光伏电池的输出电压电流，对功率误差、SOC 预测值是否越界和充放电罚函数分配合适的权重进行了多目标优化，得出充放电电流。

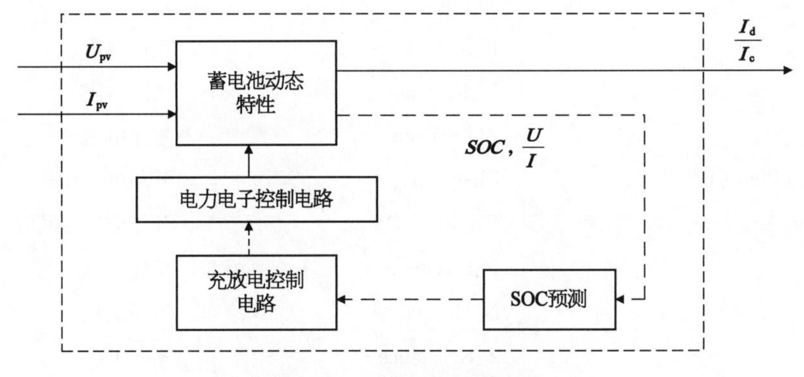

图 2-18　储能物理信息融合

从 BatControl 的信息模型中提取充放电率、是否独立运行以及 SOC 工作的上下限，从 BatCell 的信息模型中选取当前 SOC、充放电模式以及当前流经电流等信息，用于储能控制算法的 SOC 预测，当前充电模式以及当前的 SOC 可以作为蓄电池过充或过放电的判别依据，为后面讨论的储能控制算法提供具体参数。

2.1.3.3　光伏储能协调控制CPS模型

相应的信息通道容量约束为

$$\text{s.t.}\quad \sum_{i=1}^{i\in C} sig(i,\ j)\times fs(i,\ j)\leqslant BIT_{\max}(j)$$

式中，C 为模型中所有传感器采集的信息的集合，$sig(i,\ j)$ 为信息 i 占用信号通路 j 的判别矩阵，$fs(i,\ j)$ 为占用通道 j 的信息 i 的采样率，$BIT_{\max}(j)$ 为通道 j 的比特率。

分别建立光伏和储能两个模块的CP模型后，将两个模块物理量和信息量整合在一起参与分析与调节，协同优化两个本地模块。由于光伏和储能一般是在本地配置的，不需要远距离通信，这一层面上的信息层依然属于本地信息层。

综合光伏组件与储能的信息模型，组合其物理动态过程，在此基础上设计算法协调两个组件的工作方式。具体思路是：光伏的发电功率与目标输出功率叠加在一起作为储能的输出功率，用储能去补偿光伏出力来跟踪控制目标，使两者协调控制之后的目标输出功率可调，完成不同组件的融合。

光伏储能协调CPS模型如图2-19所示。

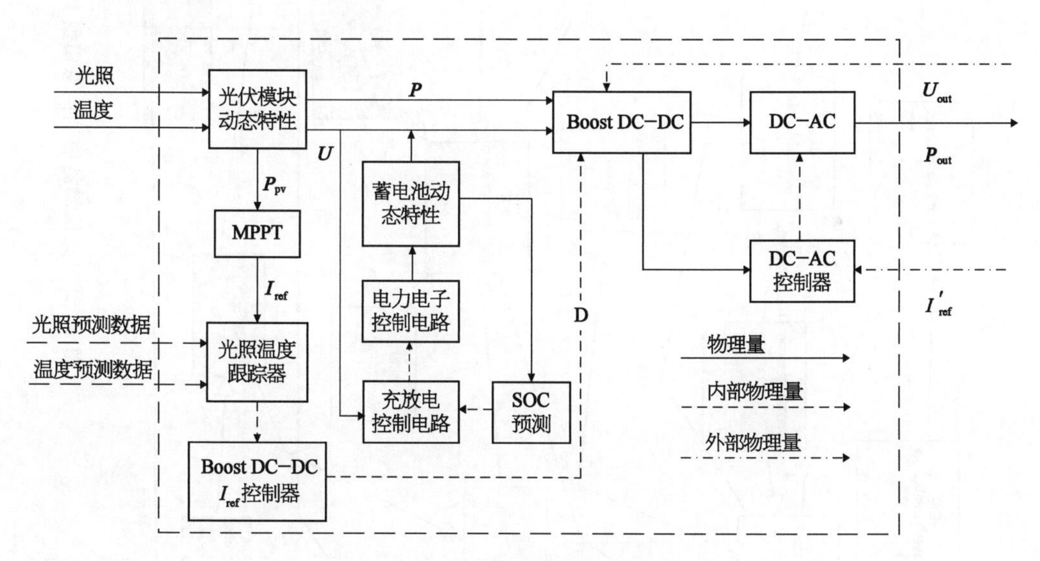

图2-19　光伏储能协调物理信息融合模型

微网运行中一般要使光伏优先发电，工作状态如上，但在需求侧疲软或储能较满时也需要对光伏出力加以限制，由此在图2-20的PVcell类的信息模型中加入SwitchState属性，这应用CPS混合建模的方法，设计状态转换超平面实现滑模控制。光伏运行状态在功率整定与最大功率点之间转换，超平面为输出功率和储能SOC组成的二维平面。

当光伏运行在功率整定状态时，整定功率为

$$P_{\text{ref}}=ui_{\text{o}} \tag{2-31}$$

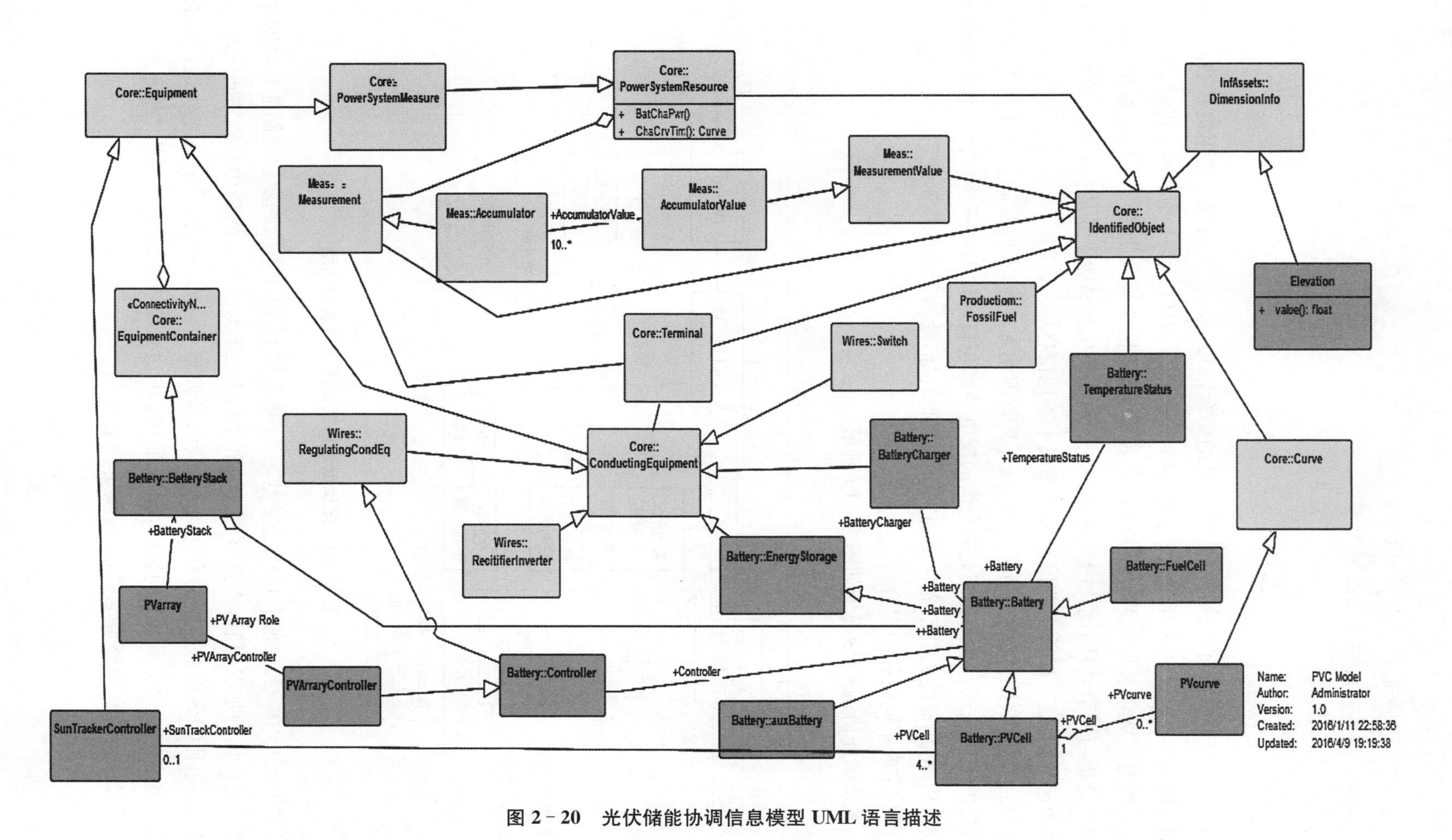

图 2－20　光伏储能协调信息模型 UML 语言描述

最大功率点运行时导纳与瞬时导纳互为相反数，若其工作在最大功率点，其虚拟功率为 $P_f=-\frac{\partial I}{\partial U_{pv}}U_{pv}^2$。通过对比虚拟功率、整定功率与 SOC 的状态确定运行在何种状态。

$$w=\begin{cases}0 & P_f \geqslant P_{ref} \quad SOC \in (0,\ 0.9) \\ 1 & P_f \leqslant P_{ref} \quad SOC \in (0.9,\ 1)\end{cases} \tag{2-32}$$

w 为 1 时工作在按整定值发电状态，w 为 0 时工作在最大功率点发电状态。

2.1.4　微电网 CPS 建模

2.1.4.1　微电网 CPS 架构设计

为明确区分局部控制与全局控制的信息流向，本章将微电网物理信息系统分为物理层、模块信息层和系统信息层 3 个层次(见图 2-21)。

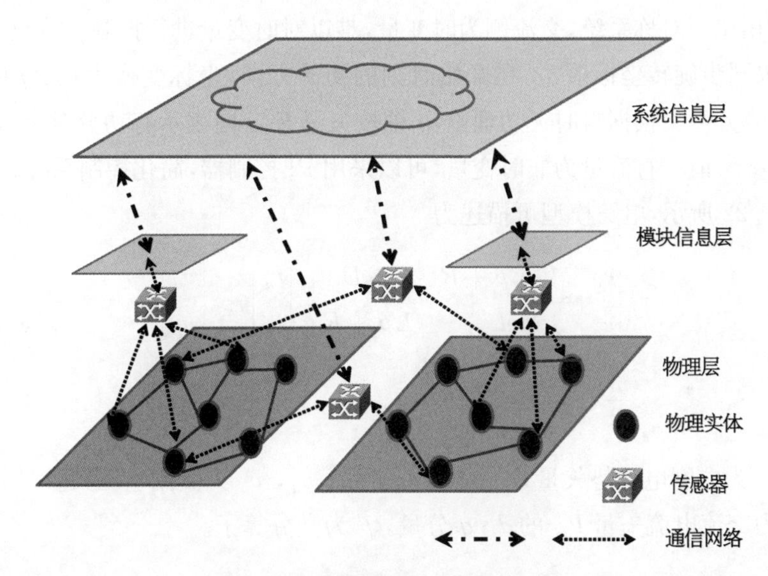

图 2-21　微网 CPS 研究架构设计

物理层包括光伏、储能、燃气轮机、负荷和相应的控制器等具体的物理元件。

模块信息层将不同物理元件通过互补性、相关性以及地理位置等因素为实现某一具体功能聚类而成，嵌入式设备从传感器采集为实现模块算法需要的信息，并加以相应的处理与计算，实现局部功能模块的控制。模块信息层汇总了光伏储能等元件，采用最大功率点跟踪的光伏阵列只能通过功率泄放和改变阵列结构的方法调整功率输出，调节范围小、经济性差且调节不便，功率调节能力差。模块信息层通过分析物理层实体的物理特性，设计局部控制算法并依据设计的算法确定信息采集量和接收量，分配通信通道，最终在保证优先光伏发电的基础上实现局部协调控制。

系统信息层从模块信息层中筛选经嵌入式设备处理后的信息或直接从物理元件的传感器处采集信息，对信息处理后为系统信息层设计全局控制算法，检查是否满足通信通道传输容量约束，并确定模块上传信息和全局控制器接收信息，实时感知区域内新能源输出功率变动和负荷的工作状态，并进行能量管理和系统状态调整，实现微电网全局的优化与控制。结合模块信息层的局部控制，从而实现全局优化与局部优化的协同控制。

2.1.4.2 微电网物理模型

微电网元件由一个模块组成，由于新能源模块的物理模型前面已经分析过，并且一般的线路、开关和燃气轮机的模型都比较成熟，这里重点分析微电网中逆变器的物理模型。

三相电压型 PWM 整流器（VSR）模型是根据电路拓扑结构，在三相静止坐标系中，利用基本电路定律对 VSR 建立通用描述。将三相 VSR 功率开关损耗电阻 R_s 和滤波等效电阻 R_1 合并为 $R=R_s+R_1$。利用基尔霍夫定律建立单相回路方程：

$$L\frac{di_a}{dt}+Ri_a=e_a-(v_{aN}+v_{N0}) \tag{2-33}$$

对于三相交流对称系统，交流侧为时变量，难以对时变量进行控制。若只考虑正弦基波分量，选取同步旋转坐标系 dq 在开始时刻的初始方向，坐标变换为在 dq 同步旋转坐标系下的直流分量。根据瞬时无功理论，q 轴按矢量 $\boldsymbol{E}$ 定向表示有功分量参考值，d 轴表示无功分量参考值。直流量为非时变量，可以采用 PI 控制器，简化控制系统。

如图 2-22 所示，电路模型可描述为

$$\begin{bmatrix} e_d \\ e_q \end{bmatrix}=\begin{bmatrix} Lp+R & -wL \\ wL & Lp+R \end{bmatrix}\begin{bmatrix} i_d \\ i_q \end{bmatrix}+\begin{bmatrix} v_d \\ v_q \end{bmatrix} \tag{2-34}$$

$$\frac{3}{2}(u_d i_d+v_q i_q)=v_{dc} i_{dc} \tag{2-35}$$

式中，e_d，e_q 为电网电动势矢量 $\boldsymbol{E}_{dq}$ 的 d，q 分量；v_d，v_q 为交流电压矢量 V_{dq} 的 d，q 分量，i_d，i_q 为交流电流矢量 I_{dq} 的 d，q 分量，p 为微分算子。

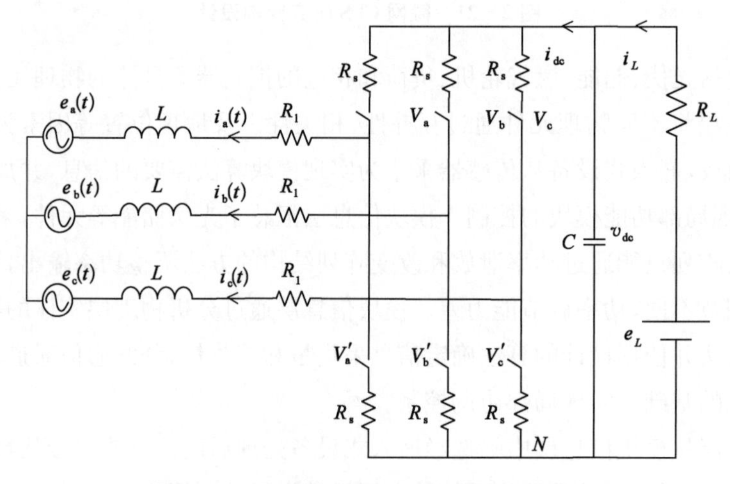

图 2-22 三相电压型 PWM 逆变电路模型

从式(2-34)可知，d，q 轴变量耦合。采用电压前馈补偿解耦策略实现对有功、无功的解耦。且当电流控制采用比例微分控制时，v_d，v_q 的控制方程如下

$$v_d = -\left(K_{iP} + \frac{K_{iI}}{s}\right)(i_d^* - i_d) + wLi_q + e_d \tag{2-36}$$

$$v_q = -\left(K_{iP} + \frac{K_{iI}}{s}\right)(i_q^* - i_q) - wLi_d + e_q \tag{2-37}$$

式中，K_{iP}，K_{iI} 分别为内环电流比例调节增益和积分调节增益。

基于上述模型，本章采用电网电压前馈补偿的双环控制，即电压外环和电流内环。外环主要用于直流侧电压的控制，而内环的作用是跟踪电压外环输出的电流指令来控制输出电流。电网电压是扰动信号，在逆变器输入前加入电网电压前馈补偿有利于抵抗电网信号波动的干扰。

2.1.4.3　微电网信息模型

微电网信息模型不仅对 Core，Wires，Meas 的 CIM 包进行了扩展，如地理信息系统 Meas::GeographicInfoSys，并网连接点 Meas::pcc 和负荷开关状态 Wires::Switch 等类。还添加了微网控制器 MicrogridController、直接负荷控制器 DirectLoadControl、分布式换流器 DGInverter 和分布式换流控制器 DGInverterController 等新类，用于描述微网中采集的信息及其关系，如图 2-23 所示。

继承 Meas 包的 GIS 信息系统信息模型属性如图 2-6 所示。

表 2-6　GeographicInfoSys 类属性

属性名称	属性类型	中文描述
Latitude	Degree	节点纬度
Longtitude	Degree	节点精度
Linkwith i Node	Boolean	节点是否与 i 节点连接
Link Num	Int	连接线路回数
iDisWire	Double	与 i 节点连接线长

DGInverter 类与 Meas::wires 类如表 2-7 所示。

表 2-7　DGInverter 类与 Meas::wires 类属性

属性名称	属性类型	中文描述
CurrDV	Voltage	当前直流电压
CurrDC	Current	当前直流电流

续 表

属性名称	属性类型	中文描述
CurrAV	Voltage	当前交流电压
CurrAC	Current	当前交流电流
CurrPhase	Double	当前电压相角
NominalPowerFactor	PowerFactor	额定功率因数
NominalCapacity	Double	额定容量
NominalDCVoltage	Voltage	额定直流电压
NominalDCVoltage	Voltage	额定交流电压
DVoltageLimHigh	Voltage	直流电压上限
DVoltageLimLow	Voltage	直流电压下限
PowerLimHigh	Double	逆变功率上限
CurrPower	ActivePower	传输功率
CurrVoltage	Voltage	线路电压
Work	Int	工作线路回数

新建类 Meas::pcc，其属性如表 2-8 所示。

表 2-8　Meas::pcc 类属性

属性名称	属性类型	中文描述
Frequency	Herz	pcc 节点频率
Islet	Boolean	是否孤岛运行
VoltageAmplitude	Voltage	pcc 电压幅值
VoltagePhase	Degree	电压相角

新建类 Meas::DGcapcity，其属性如表 2-9 所示。

表 2-9　Meas::DGcapcity 类属性

属性名称	属性类型	中文描述
NewEnergyResidue	KW	新能源剩余可调度容量
CombustionResidue	KW	燃气轮机剩余可调度容量
StorageResidue	KW	储能剩余可调度容量

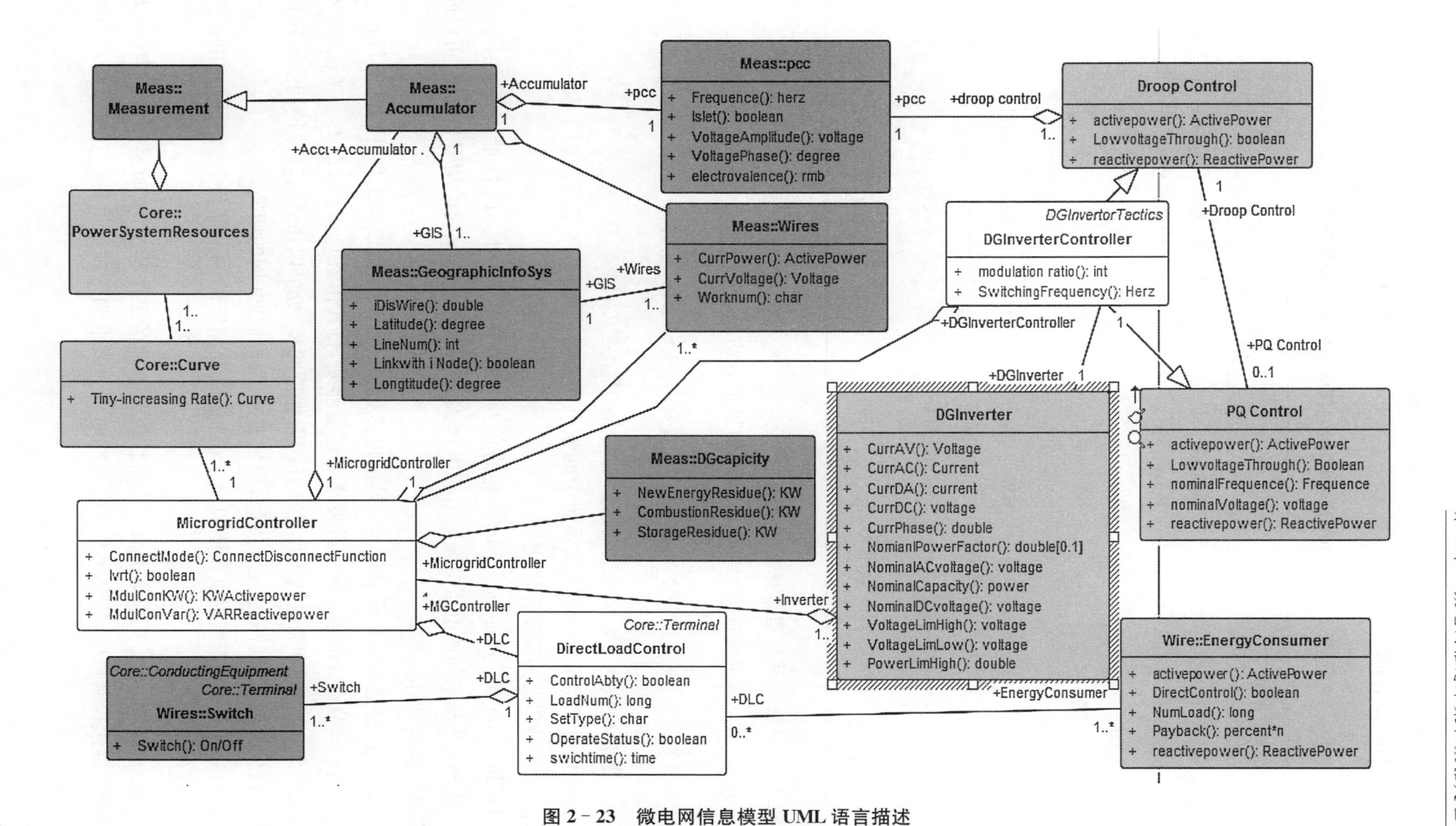

图 2－23　微电网信息模型 UML 语言描述

新建 DirectLoadControl 类以及 EnergyConsumer 类，其属性如表 2-10 所示。

表 2-10 DirectLoadControl，EnergyConsumer 类属性

属性名称	属性类型	中文描述
ControlAbly	Boolean	是否参与 DLC
LoadNum	Long	负荷数量
SetType	Type	设定挡位类型
OperateStatus	Boolean	工作状态
Switchtime	Time	开关时间
Target	KW	减负荷控制目标
activepower	Activepower	取用有功
Reactivepower	Reactivepower	取用无功
Numload	Long	负荷编号
Payback	Percent * n	补偿系数

2.1.4.4 微电网物理信息系统融合

物理的信息通道特性会对实时传输的信息量有约束：

$$\text{s.t.}\quad \sum_{i}^{i\in U} sig(i,\ j)\times fs(i,\ j)\leqslant BIT_{\max}(j) \tag{2-38}$$

式中，U 为所有嵌入式元件采集的信息的集合，其余定义同上。

GIS 信息模型可以对嵌入式系统中的整个网架结构更新，网架信息用于发电网损和潮流的计算并以此为基础作优化。

DGInverter 类与 Meas::wires 类的信息模型在提供相应的性能参数的同时，DGInverter 传输实时的电压电流输出功率，线路也可以传输其实时的功率和电压，可以简化实时的潮流计算。

pcc 信息模型采集并网节点 pcc 处的电压幅值、频率、相角以及孤岛并网的运行状态信号。将 pcc 节点处的信息采集并发送至逆变器处，将其作为 Droop 控制的参考幅值、频率以及相角，使电网和微电网不仅是在并网时保持同步，也可以在孤岛时保持同步。这样一来不仅使微网离网后的稳定性提高，而且方便了孤岛与并网的切换。

DGcapcity 信息模型提供新能源、燃气轮机以及储能的剩余储量为微电网发电调度提供容量约束。

EnergyConsumer 类采集负荷反弹特性以及负荷的工作状况，实时感知负荷启停，为全网调度提供控制目标，其有功无功容量同时也为需求侧管理提供每一开关量所对应的调节尺度。

DirectLoadControl 信息模型为直接负荷控制提供实时的信息，包括是否参与直接负荷控制，设定档位为 DLC 控制提供约束条件，减负荷功率提供优化控制目标，实时的工作状态为优化提供初始负荷状态。

2.1.5　微电网 CPS 模型仿真

2.1.5.1　物理信息融合仿真方法

UML 统一建模语言是描述公共信息模型 CIM 的通用描述方法，本章采用 Enterprise Architect(EA)这一 UML 建模工具，直观地反映各物理元件的公共信息关系，通过 EA 的 Source Code Engineering 可以将模型框架用不同语言搭建，并且可以导入类的具体函数，使 EA 与各种编程语言都有良好的接口。

电力系统物理仿真有电磁暂态仿真软件 PSCAD、来自德国的 Digsilent、中国电力研究院开发的 PSASP 以及最常用的 simulink，本章选用 simulink 平台仿真，实现 EA/VS 与 matlab 物理仿真的融合。

在模块信息层中，因为局部协同控制元件较少，根据物理元件特性和控制算法采用基本元件和定制的专用元件仿真，在 VS 中编写控制算法，连接方式为编写接口函数并用 MEX 语句编译 Cpp 文件，实现物理与信息系统的连接。在 Simulink 已有的基本模块的基础上，根据光伏阵列、储能等新能源的物理特性，在 matlab function 和 S-Function 元件中直接添加或者结合 VS 中的编译优化算法。S-Function 善于描述连续、离散和复合系统等动态系统，在 S-Finction 中定制控制算法。在仿真过程中要使物理元件与仿真元件一一对应，其信息属性与在仿真中的信息变量一一对应。如果在 EA 中的物理元件在仿真软件中没有现成的元件，需要自己根据物理特性搭建，信息量也必须与变量相对应(见图 2 - 24)。

图 2 - 24　接口函数实现软件交互

在系统层面上，因为物理元件较多且有很多重复，物理元件的仿真运用 simpowersystem 库搭建 MG 的物理模型，与 UML 中描述的物理系统相对应。在 matlab 应用 cplex 优化插件编写全局优化算法和控制算法，全网的信息在 matlab 控制优化算法和 UML 各物理元件类的属性相对应。

2.1.5.2　分布式发电模块仿真

1) 光伏电池 CPS 仿真

根据 2.1.3.1 节光伏电池模型，如果仅仅将一天内每 10 分钟的温度和光照强度作为信息输入，没有信息的采集、传输与处理，将输出电压稳定在额定情况下的峰值电压，由此作为物理系统的输入形成 P 模型。除了上述第一组输入，将温度和光照的预测值作为第二组信息输入，不断更新的预测值可以满足 CPS 对实时性的要求，并为图 2 - 25 中 S-Function 最大功率点跟踪(MPPT)提供信息依据。根据多次实验,采用误差最小的二次指数平滑时间序列算法预测实时温度,应用三次指数平滑法预测光照强度,由此构成光伏电池的 CP 模型。

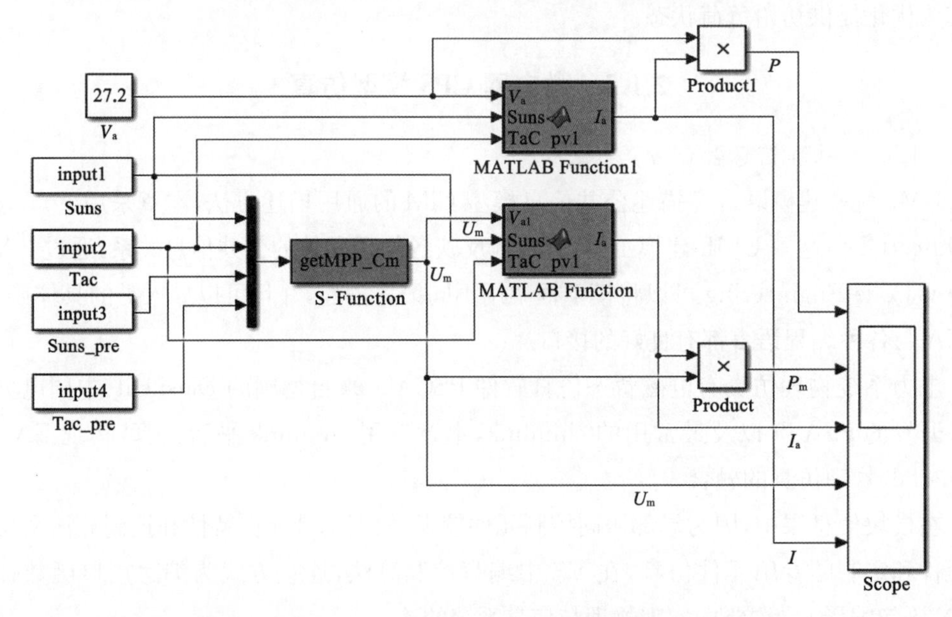

图 2-25 基于 simulink 的光伏电池物理信息融合仿真

其中控制算法用 C++编写,将算法嵌入到 getMPP_Cm 模块中,4 个输入 1 个输出的接口函数可以通过以下语句设置:

```
// MEX 文件接口函数
void mexFunction(
int nlhs,
mxArray *plhs[],
int nrhs,
const mxArray *prhs[]) {
double *a;
double b,c,d,e;
plhs[0] = mxCreateDoubleMatrix(1, 1, mxREAL);
a = mxGetPr(plhs[0]);
b = *(mxGetPr(prhs[0]));
c = *(mxGetPr(prhs[1]));
d = *(mxGetPr(prhs[2]));
e = *(mxGetPr(prhs[3]));
*a = InterfaceForMatlab(b,c,d,e);}
```

进行编译后即可在 Matlab 中调用,编译成功后会在命令框中显示:

```
>> mex('InterfaceForMatlab.cpp')
Building with 'Microsoft Visual C++ 2008'.
MEX completed successfully.
```

图 2-26 为由 Boost 电路实现的 MPPT 物理模型仿真示意图。

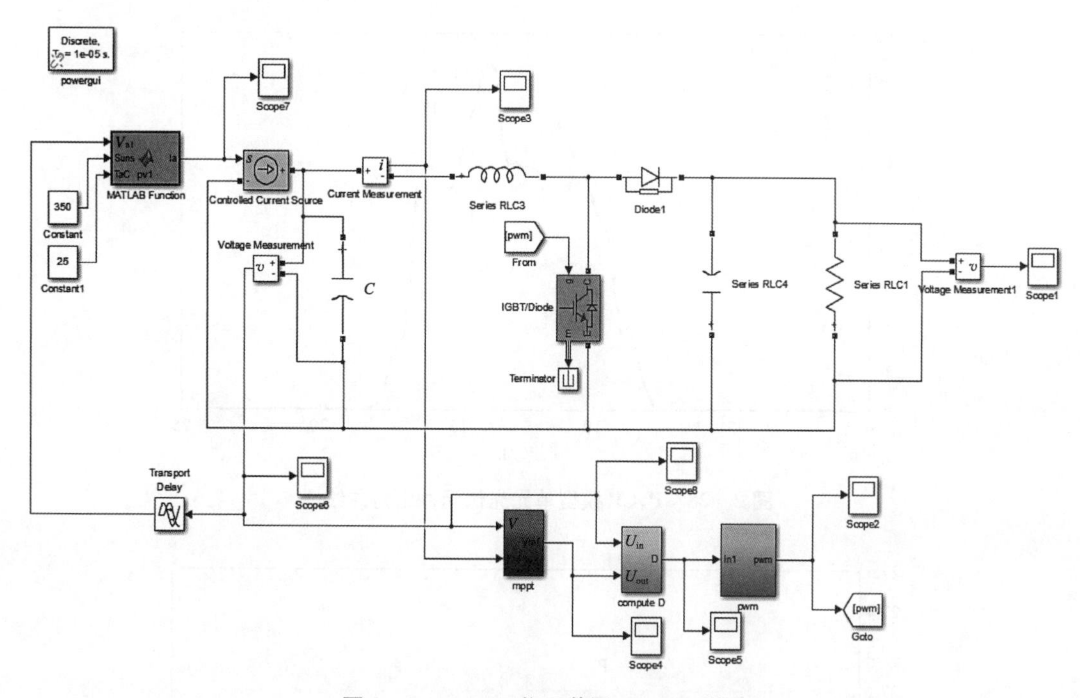

图 2-26　MPPT 物理装置 simulink 仿真

开始时输入光照强度 350 W/m²、输入温度 25 ℃后，输出的直流电压稳定在 20 V 左右，在 0.6 s 时增大光照强度的输入到 500 W/m²，MPPT 输出电压增加到 22.5 V 左右(见图 2-27)。

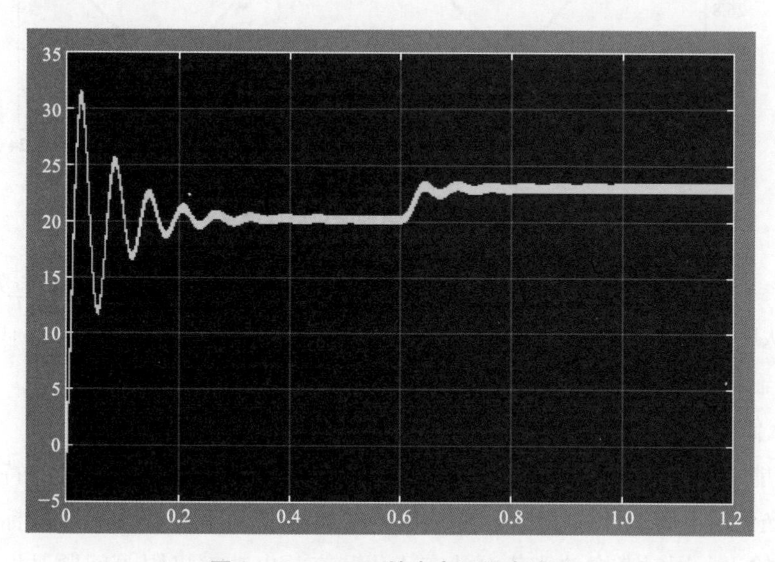

图 2-27　MPPT 输出电压仿真波形

而标准情况下最大功率电压为 27.2 V(1 000 W/m^2)，且光照强度越大，输出电压越大，此例验证了物理模型的正确性。

加入 MPPT 装置的 CP 模型与不加入 MPPT 因而没有信息流的 P 模型一天的功率输出如图 2-28 所示，CP 模型与 P 模型一天直流电压曲线如图 2-29 所示。

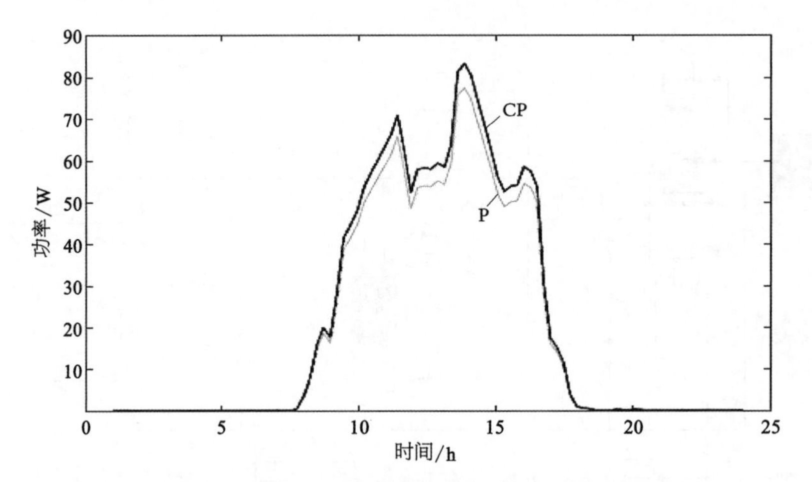

图 2-28　P,CP 模型单元光伏元件出力曲线

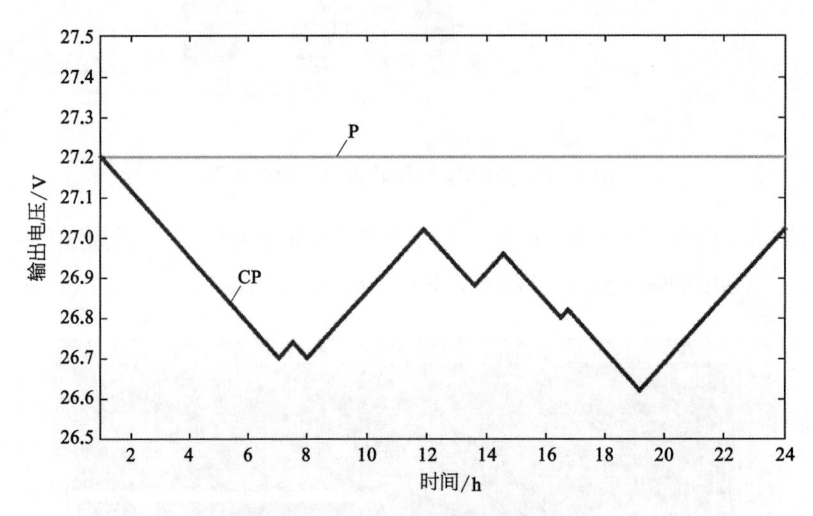

图 2-29　P,CP 模型输出电压波形

由图 2-28 可知，加入实时预测光照强度和温度的 CP 模型可以实时响应外界环境的变化，使光伏电池动态跟踪最大功率点，使光伏输出功率更大，在 10:00—15:00 时，一个光伏电池的输出功率可以提高大约 5 W，总体发电效率提高了 7.61%。

2）光伏储能协同 CPS 仿真

光伏储能协调控制器的目标是，针对光伏出力随外界环境变化波动大的特点，配合储能装置，在光伏输出低于目标输出时，储能放电增加输出；在光伏输出大于目标输出时，储能充电减小输出。同时考虑储能荷电状态优化和充放电功率极限等问题，尽量延长储能寿命降低成本。由此设计了多目标的光伏储能协调控制，在仿真中，单个光伏元件和单个储能的目标输出稳定在 30 W，单个储能配置容量 15 000 mAh，设置 15 min 为采样间隔。分别设计了基于 P 模型和基于 CP 模型的仿真，搭建平台如图 2 - 30 所示。

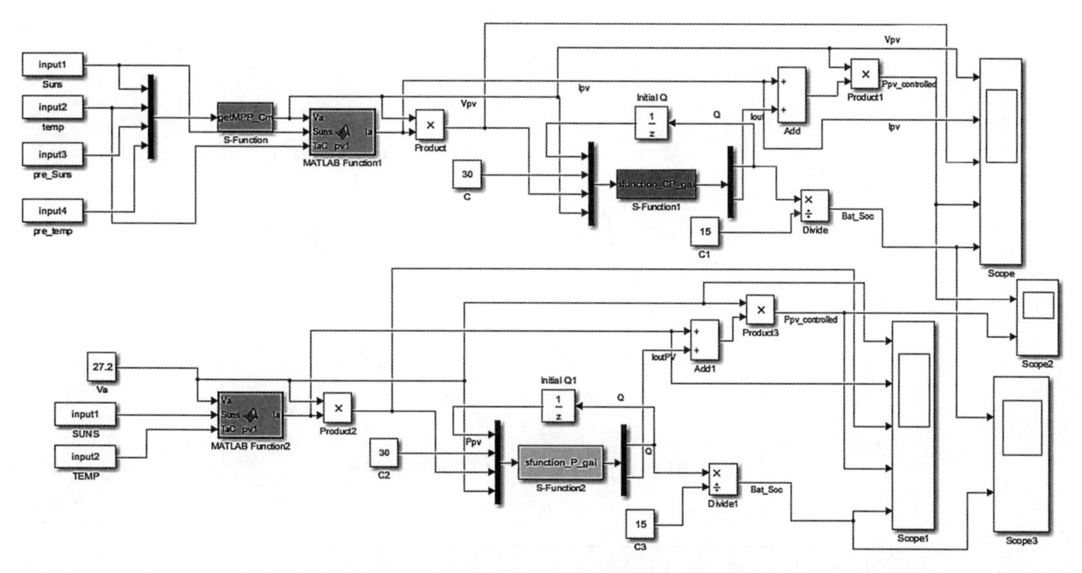

图 2 - 30　光伏储能 P，CP 模型 simulink 实现

图 2 - 29 中，上方为 CP 模型，相应的 S_Function_CP(深色模块)为加入信息模型，具备 SOC 预测和荷电状态动态优化粒子群优化算法，根据 $N+1$ 时刻预测的荷电状态，相应调整$(N, N+1)$时刻的放电速率；下方为光伏储能物理模型，相应的 S_Function_P(浅色模块)不包含信息模型的控制算法。计及 SOC 状态的储能电池多目标控制算法目标函数为

$$\text{obj:}\quad \min w_1\left|\frac{P_{\text{tgt}}-P_v}{U_{pv}}-I\right|+w_2 I_{\text{overload}}+w_3\left|SOC-0.5\right| \tag{2-39}$$

式中，w_1，w_2 和 w_3 分别为削峰填谷、过冲过放罚函数和 SOC 状态调整的权重。定义过冲过放罚函数，荷电状态在[0.2, 0.8]的范围内属于正常工作状态：

$$I_{\text{overload}}=\begin{cases} I & SOC>0.8,\ I>0 \\ -I & SOC<0.2,\ I<0 \\ 0 & \text{其他} \end{cases} \tag{2-40}$$

产生新解并迭代：

$$CP: I=r_1\left|\frac{P_{\text{tgt}}-P_v}{U_{pv}}\right|+r_2(SOC_{\text{pre}}-0.5)P_{\max}/U_{pv} \tag{2-41}$$

$$P: I=r_1\times\left|\frac{P_{\text{tgt}}-P_v}{U_{pv}}\right| \tag{2-42}$$

$$r=(r_{\max}-r_{\min})\times rand+r_{\min} \tag{2-43}$$

最后更新状态函数 $SOC = SOC' - 1/T \times I$，存储荷电状态并为下一时刻求解做准备。同时，CP 模型较 P 模型添加了具有实时预测功能的 MPPT 控制，结果如图 2-31 和图 2-32 所示。

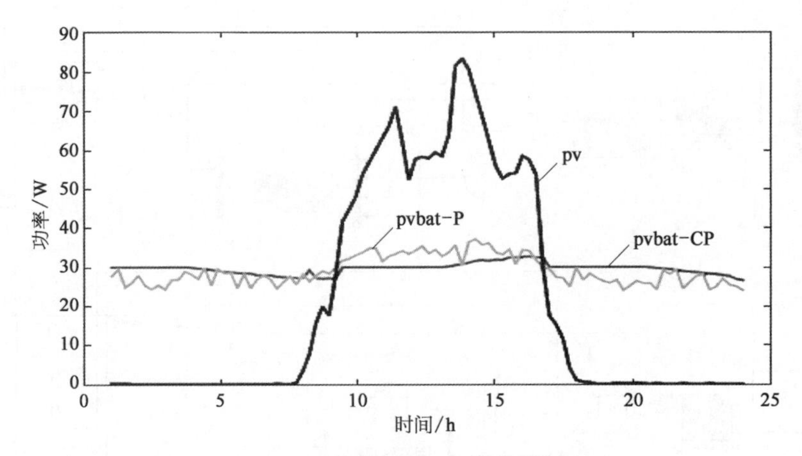

图 2-31　光伏储能 P,CP 输出功率波形

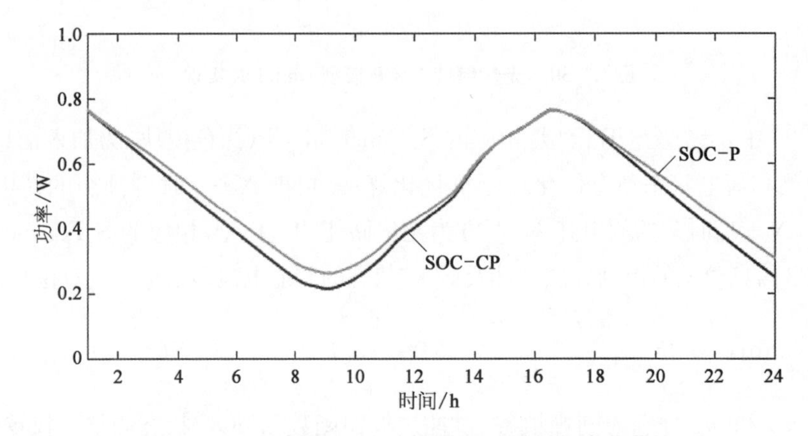

图 2-32　光伏储能 P,CP 模型 SOC 随时间变化曲线

对比 CP 和 P 模型的仿真结果，在相同的迭代次数后，控制标准误差从 0.091 7 下降到 0.001 8(W)，CP 模型可以较好地跟踪控制目标。CP 模型控制算法对荷电状态有预测功能，储能充放电策略提前适应，为粒子群提供迁徙方向，使协同模块功率输出更好地稳定在要求的输出功率附近，综合协调荷电状态和功率输出目标，在 8 点时荷电状态过低，输出功率略有下降，在 17 点时荷电状态过高，输出功率略有上升，可见，CP 模型可以动态协调输出功率与储能状态。另外，CP 模型可以收集到储能电池的状态和性能参数，添加单位时间充放电次数、速率限制和 SOC 工作范围控制，延长储能工作寿命，降低储能配置成本。

2.1.5.3　分布式发电系统仿真

简单的 P 模型在微电网系统中无法实现系统优化与调度控制的功能，因此物理信息融合在信息系统的层面上是不可避免的，尤其是要实现高渗透率的新能源接入，系统波动随机性大大增加，必须建立较为完善的 CP 模型，实现协同控制。

1）逆变器控制模型仿真

由于在仿真软件中没有现成的逆变器模块，需要自己搭建，而且需要在以硬件为基础的平台上完成不同的控制策略，一方面需要与控制策略配合的逆变器物理模型；另一方面需要控制器达到相应的控制目标。

(1) PQ 控制模型。

微电网中的分布式发电的运行方式有 3 类：有功＋电压可调模式、有功＋无功可调模式和恒功率模式[18]。最理想的方式是在并网运行并且电网正常运行时不停地向电网输送新能源的最大有功功率。同时，DG 也可以作为备用电源仅在故障时给电网以支撑。

风电、光伏等 DG，其输出功率受外界环境的影响很大，电能输出随时空分布极为不均衡。为保证恒功率输出，在微网设计时就需配置足够容量的储能设备，大大增加了微网的投资。因此这种类型的 DG 应尽可能保证可再生能源的最大利用率。PV 等中小型容量的 DG 对系统冲击不大，可考虑采用恒功率方式并网运行，DG 不考虑调压调频，直接采用电网频率和电压作为逆变器参考信号，输出恒定有功和无功。避免其发电随机性对电力系统造成的不利影响，如图 2 - 33 所示。

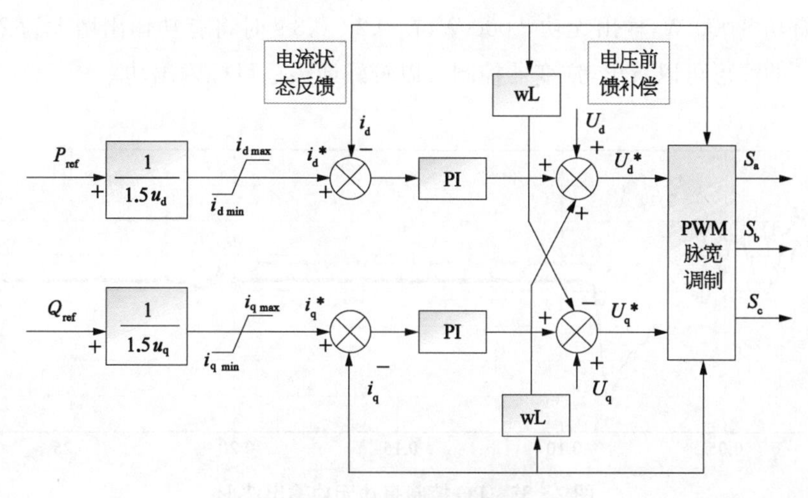

图 2 - 33　PQ 双环控制

PQ 控制的外环控制器根据有功和无功功率的参考值，计算内环电流参考值。为避免负序电流使元件突破热稳定极限，一般保持负序电流参考值为零。最后根据有功和无功参考值解出正序 dq 轴电流参考值分别为

$$i_d^{-*} = P^*/(1.5u_d) \tag{2-44}$$

$$i_q^{+*} = -Q^*/(1.5u_d) \tag{2-45}$$

以 PQ 值作为外环电压控制参考，应用前馈解耦策略的双环控制且在控制器中采用输出恒定有功的控制方法作为低电压控制策略[18]后，在 simulink 平台下建立 PQ 控制模

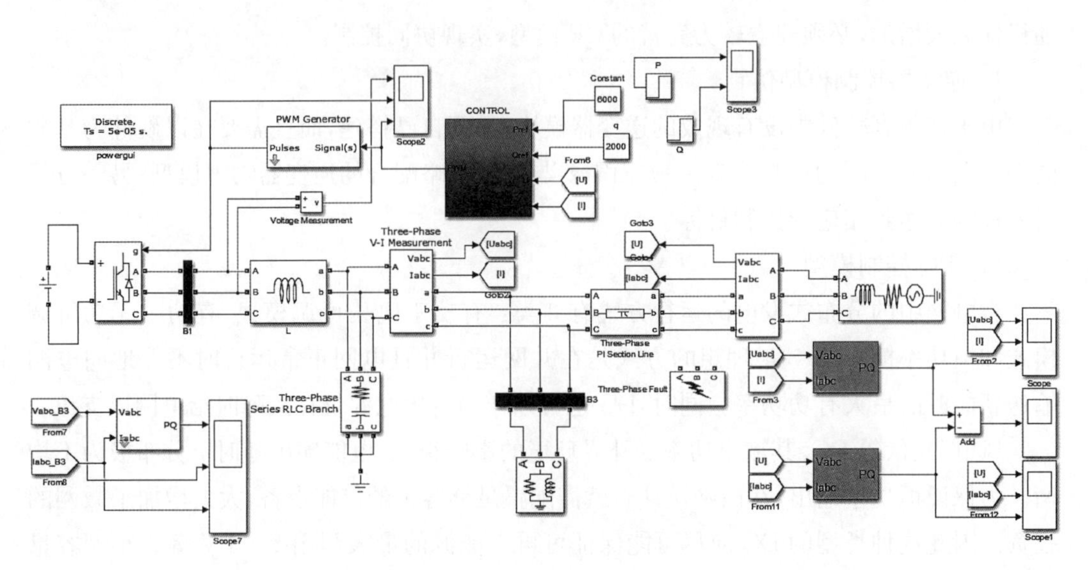

图 2－34　PQ 控制 simulink 仿真

型，如图 2－34 所示。

运行 PQ 控制，图 2－35 中浅灰色曲线对应有功，黑色曲线对应无功。在 0～0.2 s 时设置输出有功 8 000 W，输出无功 3 000 W，在 0.2～0.3 s 时将有功输出增大为 20 000 W。从图 2－36 的波形可以看出，逆变器控制可以较好地跟踪目标输出功率。

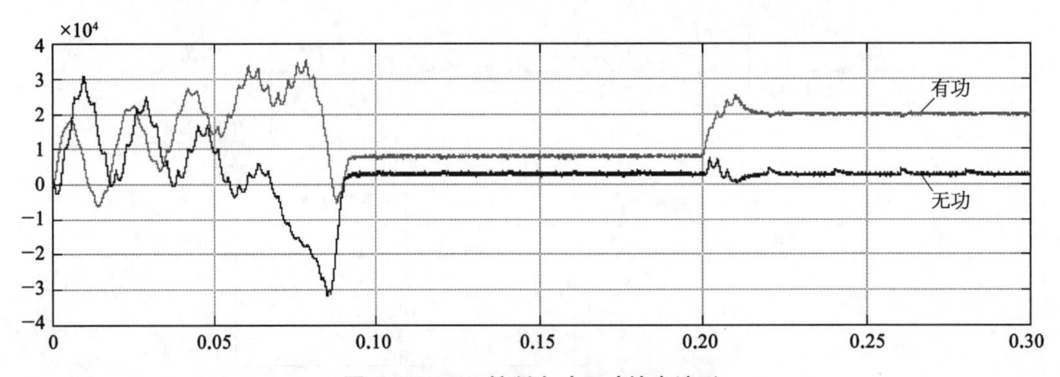

图 2－35　PQ 控制有功无功输出波形

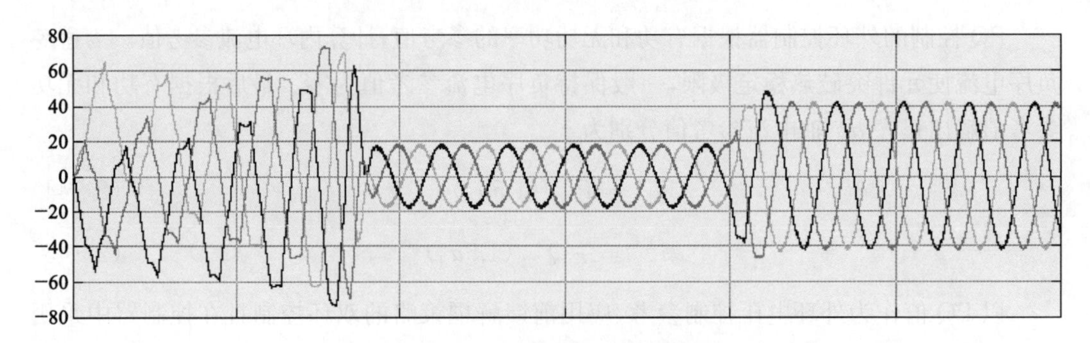

图 2－36　PQ 控制输出电流波形

(2) Droop 控制模型

将各个逆变器视为并联系统等效电路，近似等效电路如图 2-37 所示，每个逆变单元输出的有功与无功功率分别为[17]

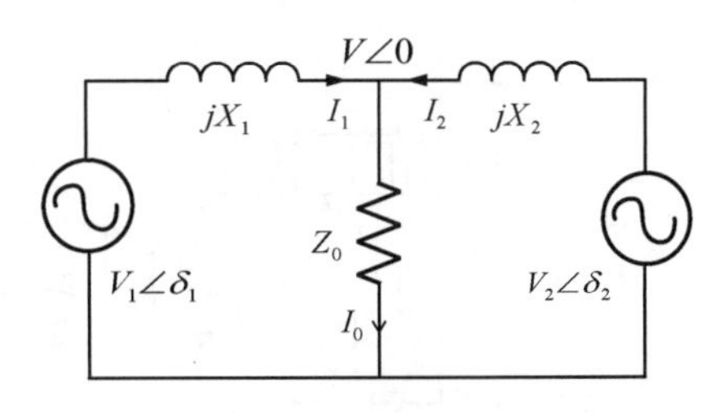

图 2-37　Droop 控制各逆变器等效电路

$$\begin{cases} P_n = \dfrac{VV_n}{X_n}\delta_n \\ Q_n = \dfrac{VV_n - V^2}{X_n} \end{cases} \tag{2-46}$$

有功与无功输出近似解耦并分别与电压相位、幅值近似呈线性关系。逆变器输出电压幅值可以直接调整，而相位只能通过在一定时间改变频率实现，即

$$f_n = \frac{w_n}{2\pi} = \frac{\mathrm{d}\delta_t}{\mathrm{d}t} \tag{2-47}$$

并联有功-频率与无功-电压特性曲线表达式为

$$f_n = f_{n0} - m_n P_n \tag{2-48}$$

$$V_n = V_{n0} - n_n Q_n \tag{2-49}$$

各个逆变器通过牺牲电压幅值和频率的稳态指标，在小范围内实现功率输出的合理分配，调节曲线斜率越大则承担的份额越大。Droop 控制策略的实质可以概括为：各并联逆变单元可以采集本单元的输出功率和电压值，通过下垂曲线对应得到电压频率及幅值的参考，各 DG 微调使输出电压幅值和频率达额定值附近，补偿负荷波动以及电压频率扰动，合理分配系统中的有功和无功功率，不同 DG 依据自身的硬件特性共同承担功率波动。

下垂控制策略结构框图如图 2-38 所示，U_n，I_L 分别采集于逆变器输出端和滤波电感处，V_0，f_n 分别为额定电压幅值和频率。采用上述下垂控制的控制理论，在控制器中加入输出恒定有功功率的控制方法，仿真平台搭建如图 2-39 所示。相关曲线或波形如图 2-40～图 2-42 所示。

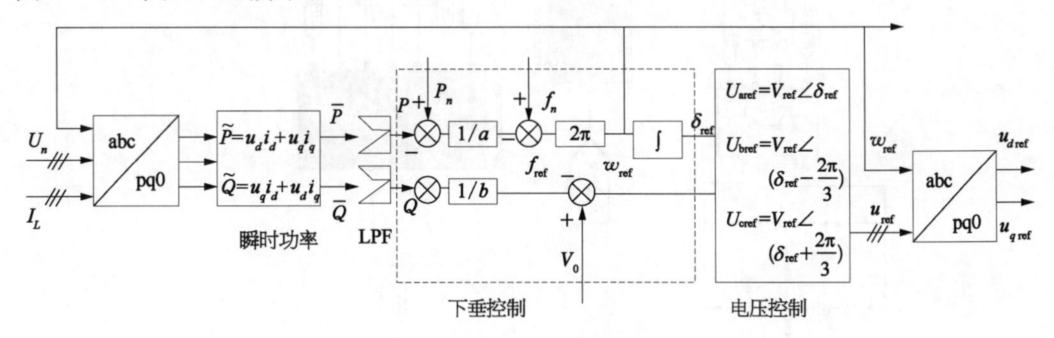

图 2-38　下垂控制策略结构

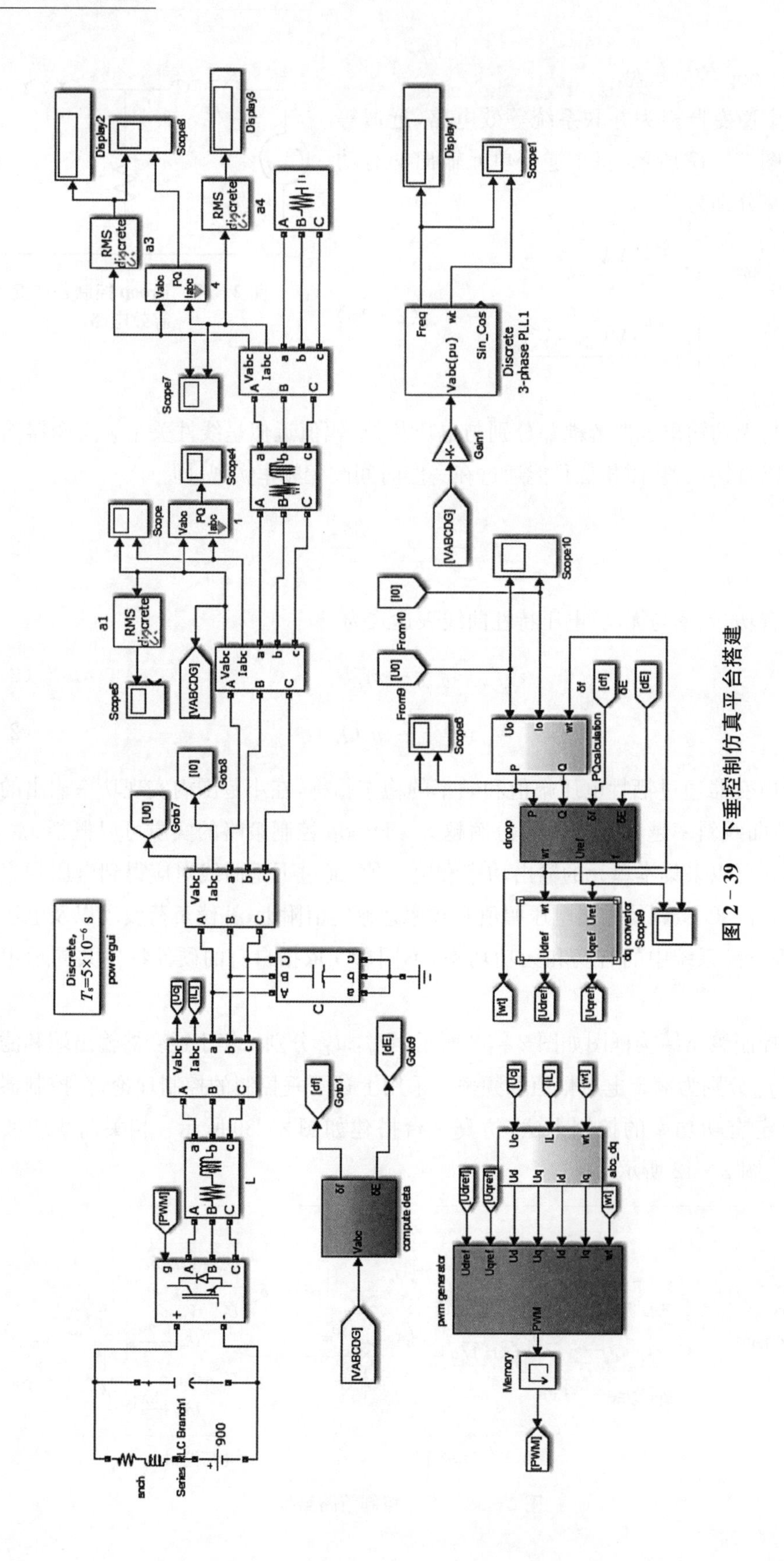

图 2-39　下垂控制仿真平台搭建

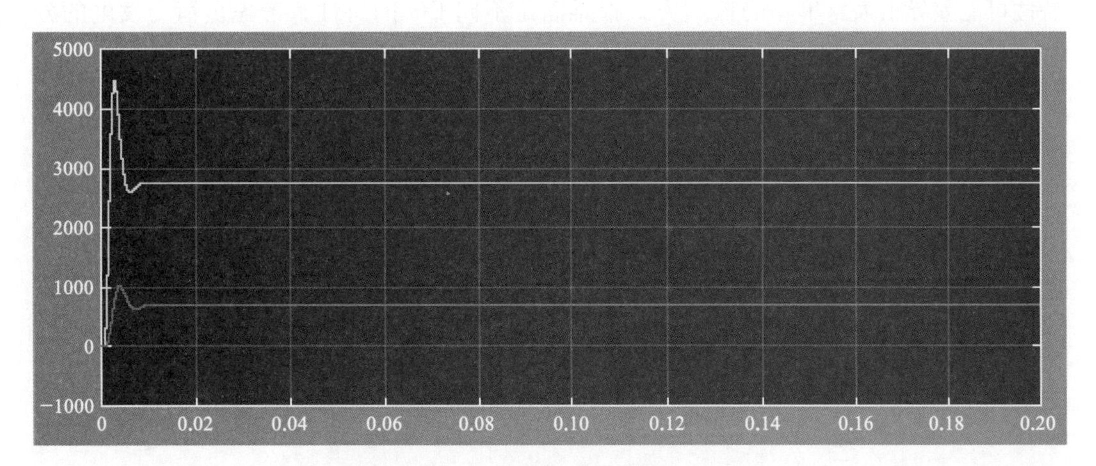

图 2－40　Droop 控制输出有功无功曲线

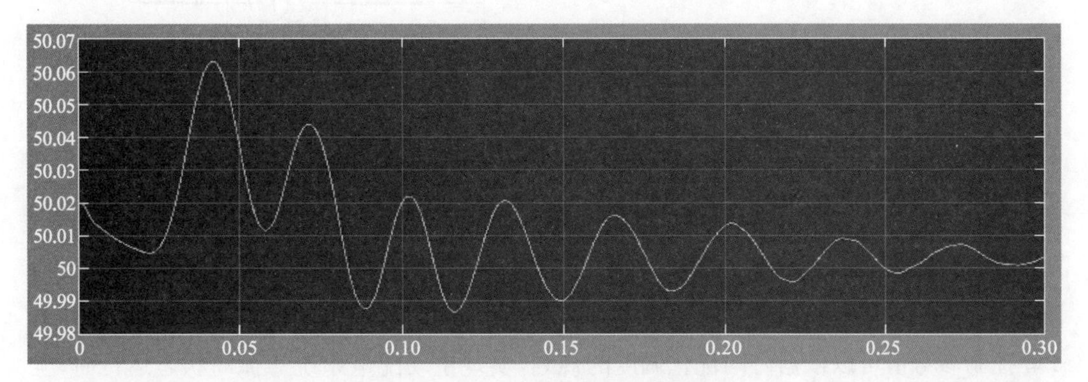

图 2－41　Droop 控制输出电流波形

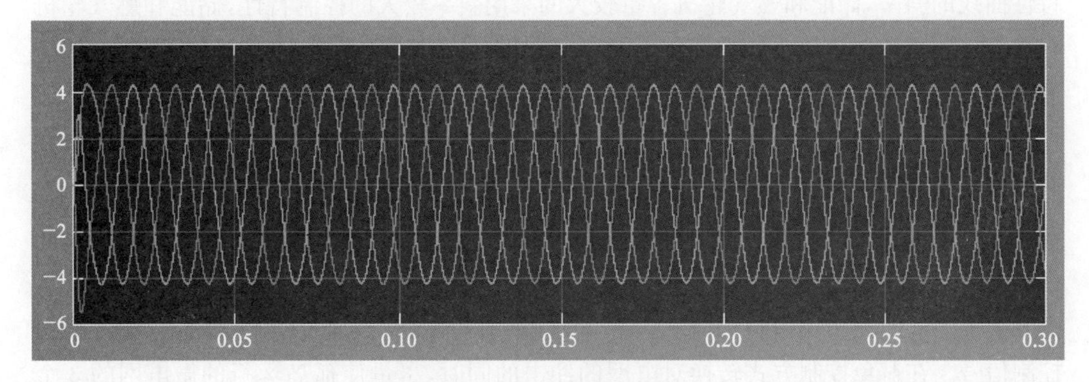

图 2－42　Droop 控制频率波形

2）微电网物理信息融合仿真

传统的主从控制并网情况下采用单一的 PQ 控制，对等控制并网时全网采用 V－F 的策略各有其优劣。考虑到实际微网系统中包含多种 DG，既有像光伏、风电这样出力随时空环境波动较大的 DG，又有像储能、燃气轮机这样随时可控的 DG，不同类型的 DG 控制特性可能差异很大。单一的控制方式很难满足不同 DG 的特性。考虑负荷与发电的分布,根据不同运行方式和 DG 类型采用不同的控制策略,本章采用综合控制方式。

本模型算例在 IEEE10 节点的网架结构的基础上,将电压等级更改为 10 kV 和 380 V,添加分布式电源和并网连接点,设计线路长度并选取标准阻抗(见图 2-43)。

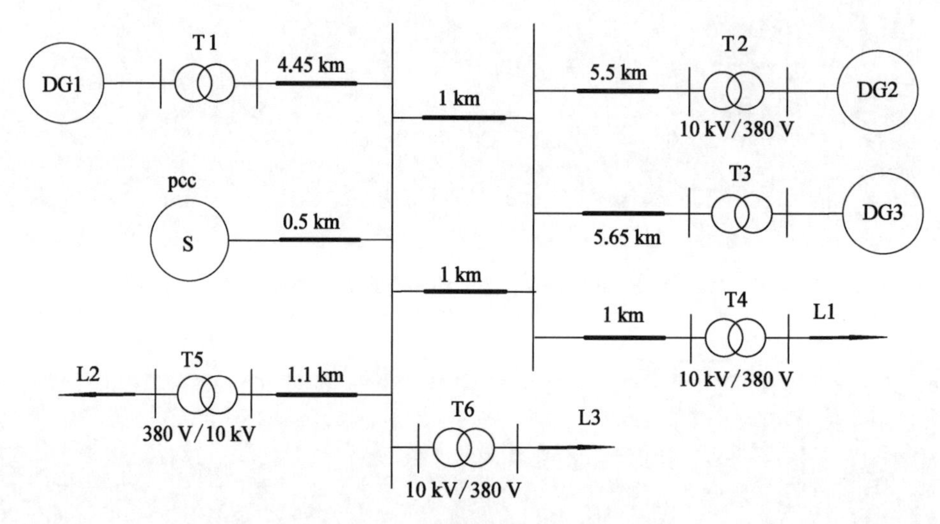

图 2-43　14 节点算例网架设计图

并网时,DG1 配置容量较大的储能和燃气轮机,运行时均采用 Droop 控制,提供电压频率支撑;DG2,DG3 的储能和燃气轮机的容量配置较少,逆变器运用 PQ 控制策略,且 PQ 控制参考值可以依据协同优化调度的规划,实现主动配电系统。孤岛状态运行时,全网采用 Droop 控制,不同的是,根据不同 DG 的储能和燃气轮机的容量配置 $P-f$,$Q-U$ 特性曲线的斜率,储能和燃气轮机容量较大的采用斜率较大的控制特性,储能和燃气轮机容量较小的采用斜率较小的控制特性,所有 DG 同时参与电压和频率的稳定,配置的储能和燃气轮机全部参与电压和频率调整。仿真如图 2-44 所示。

并网和孤岛相互转换时,需要实时通信发出控制指令使 DG2,DG3 切换控制策略,并网时同步是必要条件,因此,孤岛运行时需要公共连接点两端电压、频率和相位完全一致,这需要通信实现[19]。因此本章的模型实时采集 pcc 连接点处的电压、频率和相位信息并将其发送至各个逆变器处,使其基准电压、基准频率保持一致,在并网运行转孤岛运行时,实时采集 pcc 处的相位,并将其作为 Droop 控制的初始相位,通过仿真得出 SPWM 初始控制信号。在避免控制方式转换对电网的冲击的同时,尽量使孤岛运行的微电网的 3 个要素始终与连接处电网一致,实时保持同步,方便随时孤岛向并网转换,过渡过程短且冲击小。所以,信息模型除了传输运行方式转换信号外,还需要实时采集、传输并接收 pcc 处电压幅值、频率与相位。

设定开始时微网启动并且并网运行,0.1 s 时微网变为孤岛运行,0.2 s 时微网变回并网运行,仿真得到的负荷处的电压、电流波形如图 2-45 和图 2-46 所示。

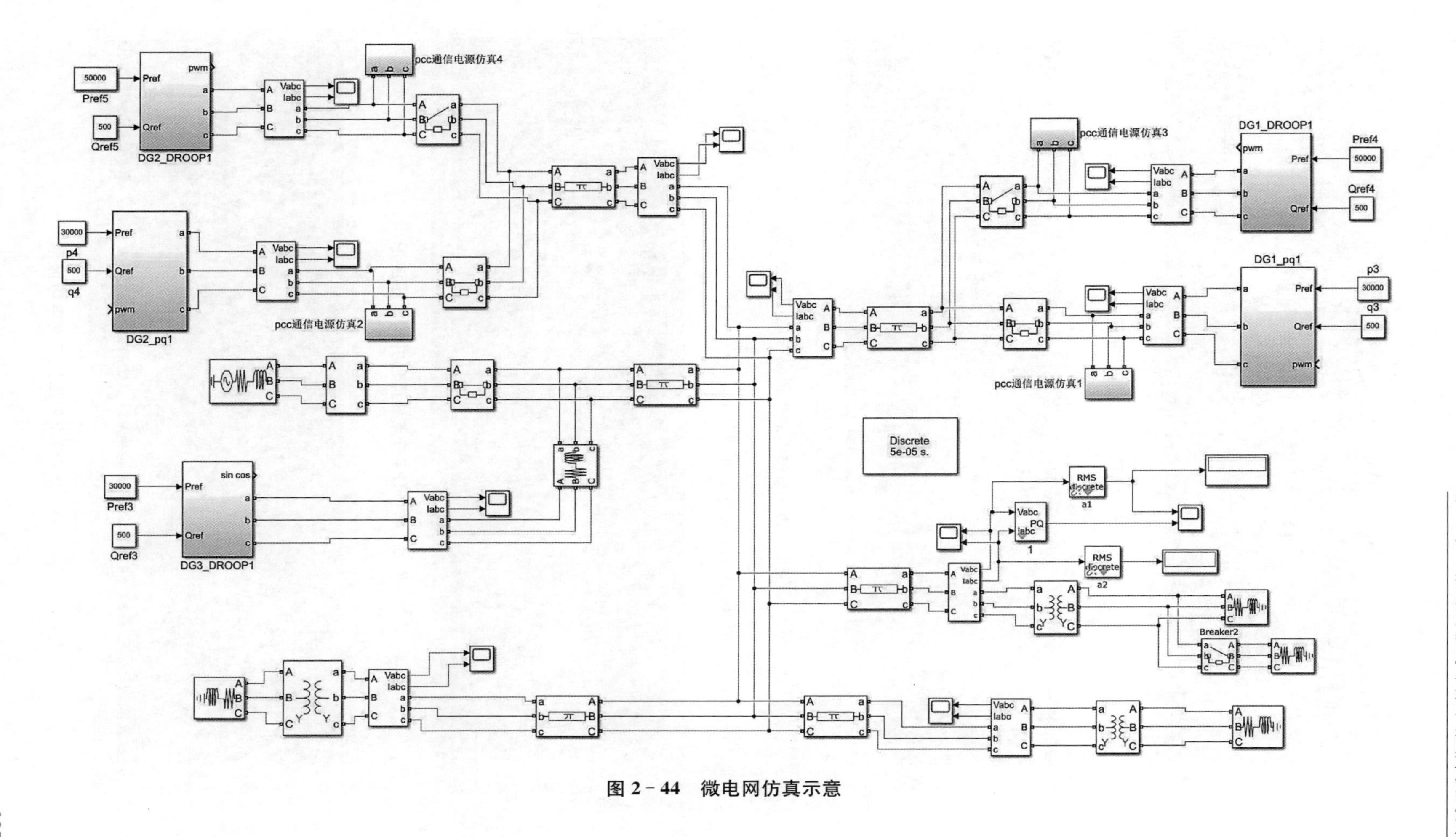

图 2－44　微电网仿真示意

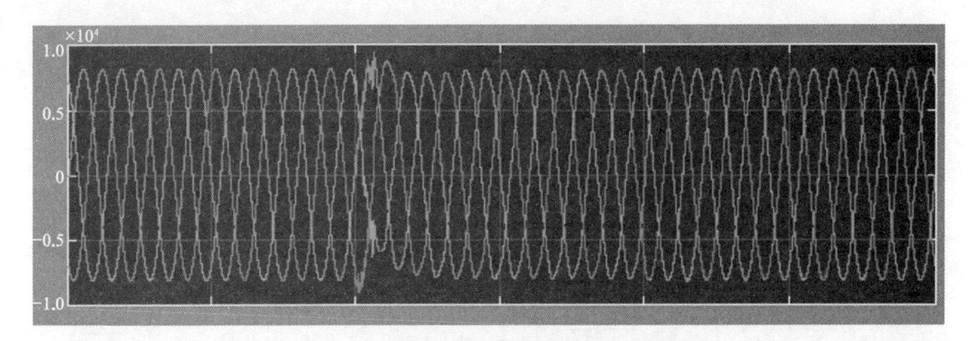

图 2-45　负荷节点处孤岛并网电压波形

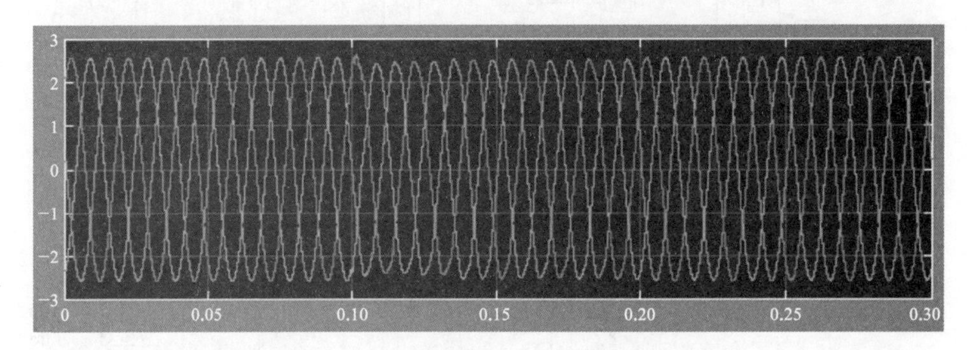

图 2-46　负荷节点处孤岛并网电流波形

仿真得到的负荷处的电压、电流波形如图 2-47 和图 2-48 所示。

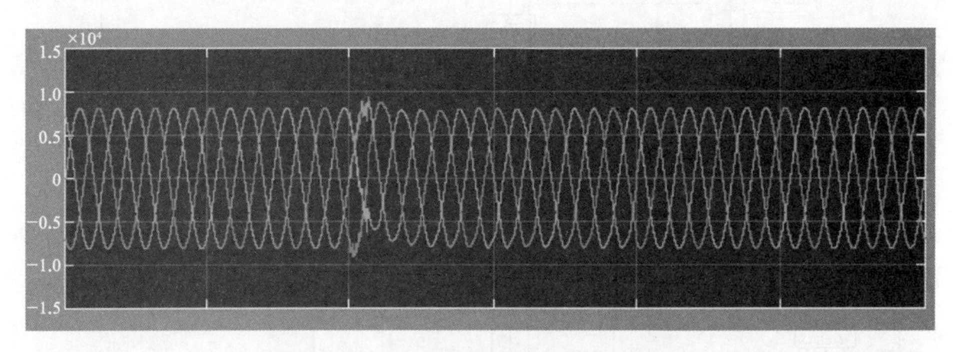

图 2-47　DG 节点处孤岛并网电压波形

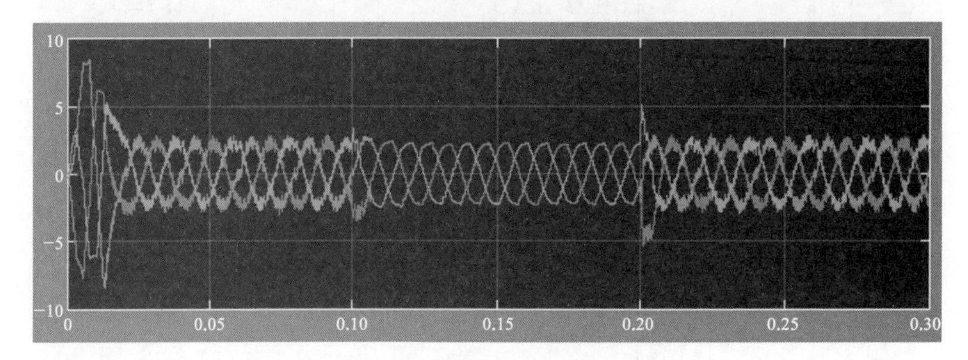

图 2-48　DG 节点处孤岛并网电流波形

2.2　微电网用能行为分析技术

微电网用能行为分析包括数据采集与聚合、用能行为特征提取、用户群体分类、关联因素辨识等关键环节。首先,借助智能电表、同步相量测量装置、配网SCADA系统等采集终端以及大数据管理系统对用户属性数据、用电数据、能源交易数据等配用电大数据以及天气、社会经济、能价政策等环境数据进行数据采集;再通过一定数据挖掘技术挖掘其中有效信息,提取用户用能行为特征;分析不同用户的能源消费诉求和行为特征,建立用户分类模型,实现电力用户精细化分类;进而,分析用户用能行为的潜在关联因子并计算关联性,对环境因素进行灵敏度分析;在用能行为分析的基础上,可利用态势感知技术对微电网进行实时运行态势评估、异常检测、定位以及未来运行态势预测。微电网用能行为分析的研究技术框图如图 2-49 所示。

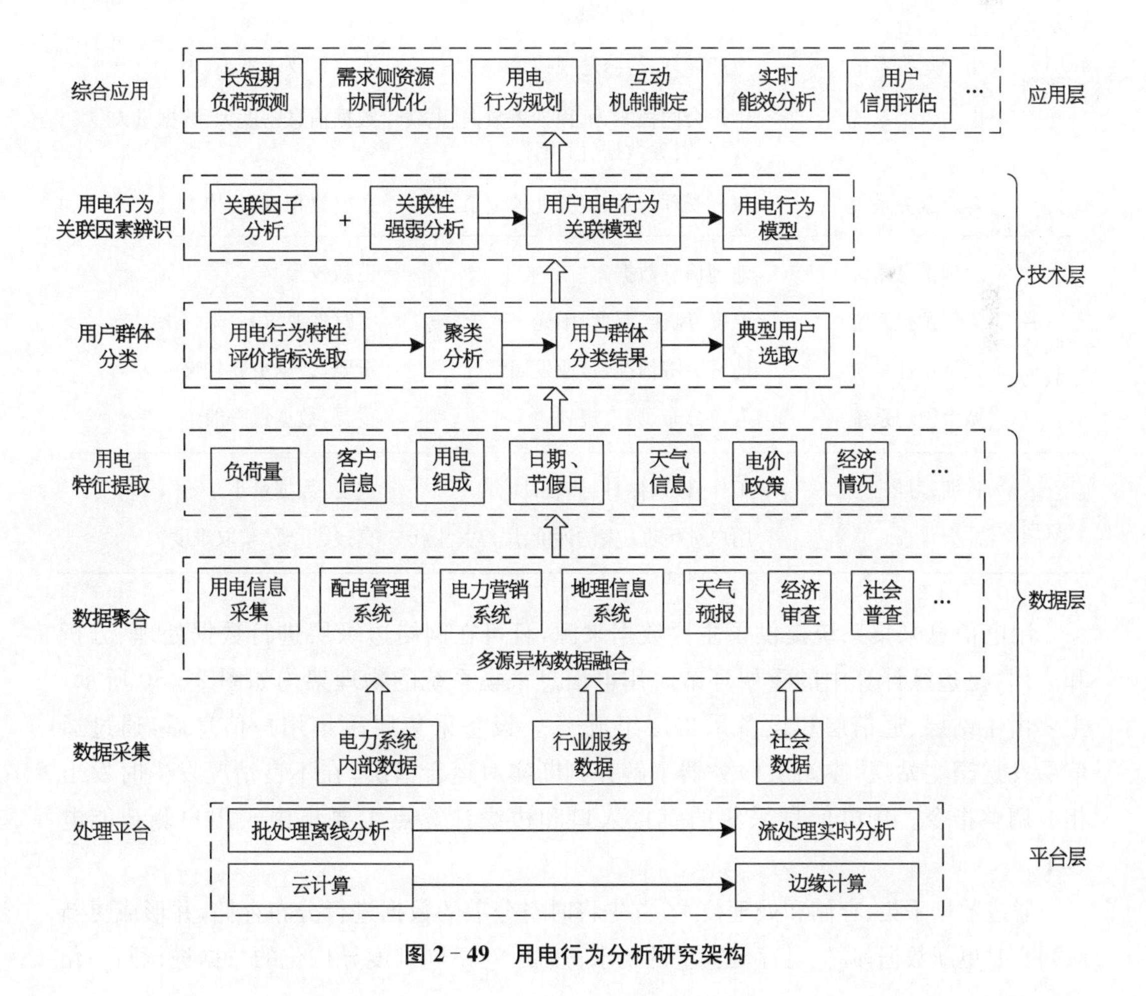

图 2-49　用电行为分析研究架构

2.2.1 用电信息采集、聚合与特征提取

随着智能传感器设备及系统的应用，国家电网在26个省的试点项目累计实现了超过1.55亿户信息采集，建立了较大规模的高级量测系统（AMI）。智能量测终端设备数据灵活实时接入，数据之间互联互通，为用户用能行为数据采集提供了设备基础和技术支持。多样的传感器对应多元的数据结构，不同数据源的配用电信息数据分类与特点如表2-11所示。

表2-11 用户用电信息数据分类与特点统计表

	数据源	数据信息	数据特性
电力系统内部数据	用户信息采集系统	用电器类型、电量、电压、电流等实时和历史数据	数据量在TB，PB级别，数据量大
	配用电管理系统	配电网拓扑信息、变压器运行信息、用户空间分布信息	数据量大，信息密度小
	生产运行系统	生产计划、检修巡视记录	实时性要求不高
	电力营销系统	用户合同档案、远程抄表数据、电费数据、财务数据、信用评价	数据信息密度大，数据量大
	客户服务系统	服务受理记录、服务处理记录	数据累积，增长快
行业服务数据	地理信息系统	地理信息数据	更新较慢
	天气预报系统	温度、风速、湿度、阳光	实时性要求高
	经济审计系统	地区经济情况、行业发展情况	重要，数据更新较慢
	城市管理系统	人口分布、城市规划	重要，数据量一般
社会数据	日期、习俗	工作日、双休日、节假日	重要，数据量小
	社会普查	用户对互动方案的评价、用户关注点	直接、重要、获取难度大

用电信息采集系统提供了主要数据来源，且可在网络边缘层进行数据处理、分析和应用，是边缘计算中的重要环节。用电信息采集系统的物理架构如图2-50所示，主要由主站层、通信层和设备采集层组成[20]。设备采集层采集用户信息后，通过通信层发送至主站层，主站层服务器了解并判断实时运行情况，在不良情况发生时发出相应调整指令。用电信息采集的直接入口和边缘计算点主要集中于用户侧智能电表上。

通过数据采集、存储和处理技术，首先将时空分散的数据进行分布存储，并形成更新队列实时更新数据，降低对存储容量的要求；然后，对不同维度异构化的数据进行归一化

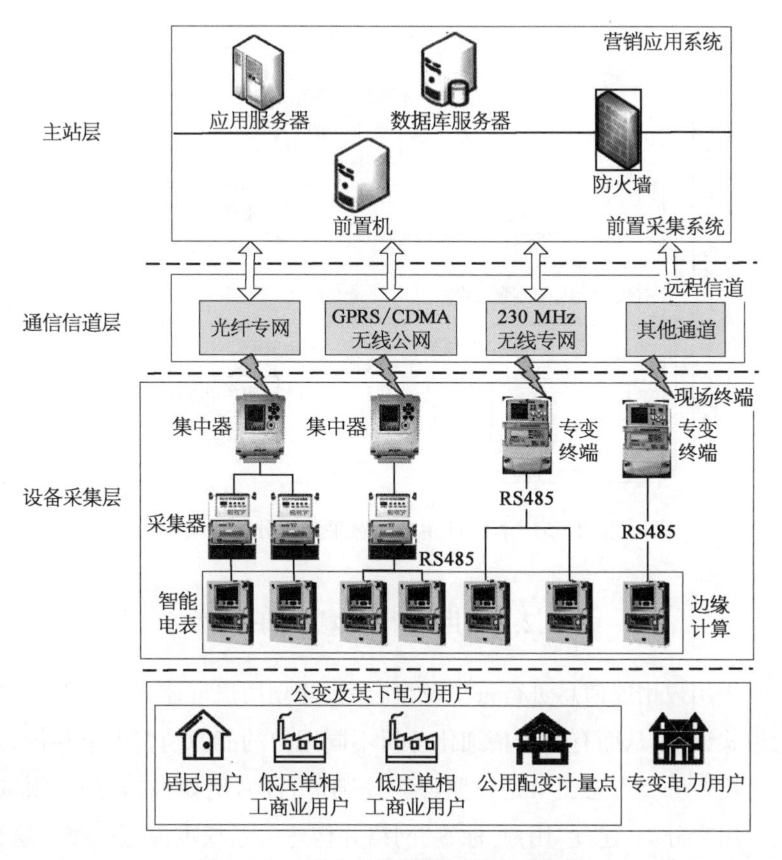

图2-50 用电信息采集系统物理架构

处理，建立不同的数据库；最后将多元大数据平台的相关数据进行融合。

在多源配用电数据进行采集和聚合后，用电信息的特征提取依托负荷用电细节监测技术实现。不同于智能电表仅量测总功率，负荷用电细节监测可监测具体到户内用电设备的用电信息。负荷用电细节监测可分为侵入式和非侵入式两种[21]。侵入式监测(ILM)为总负荷内部每一电器配备具备数字通信功能的传感器，再经局域网收集和发送用电信息，成本较高；而非侵入式监测(NILM)相当于配置一个具有附加功能的智能电表，它仅在入户端安装一个总传感器，采集并分析其端电压、电流等电气量，实现对用户总负荷的分解，以监测单个用电设备能耗信息[22,23]。基于NILM的用电信息采集和分析架构如图2-51所示[24]。NILM技术对分项用能信息进行在线反馈，将单纯的用电曲线细化为实时的分项用电量，给用户制定节点策略和合理的避峰计划提供了量化的参考依据。相比ILM，NILM采用了分解算法，对分项用电信息在线反馈，具有简单、经济、可靠、数据完整性好和易于大规模推广等优点。另外，基于NILM技术提供的用电信息的可用性和价值密度优于传统采集方法，为用电行为分析、能效分析、需求侧管理等高级功能的智能用电服务提供量化支持，具有发展为下一代AMI核心技术的潜能。

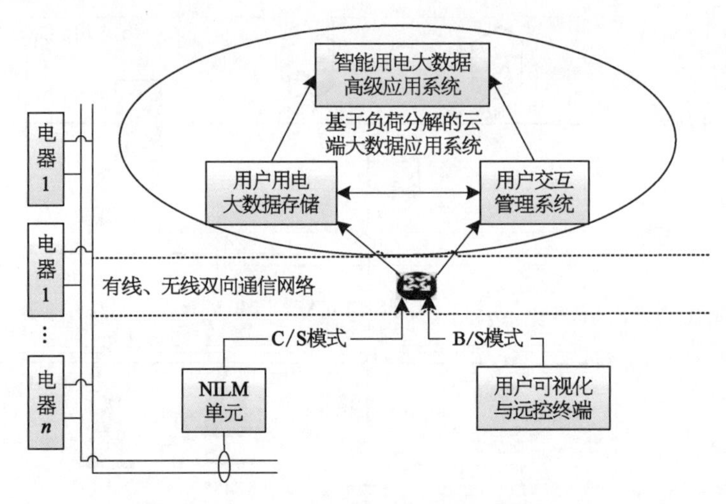

图 2-51　NILM 用电信息采集与分析云架构

2.2.2　用电行为模式识别

对微电网中用户用能信息进行采集及聚合后，建立用户群体分类模型，实现微电网用户用电行为模式识别，从而有助于精细化分析不同用户的能源消费诉求和行为特征。

传统电力用户分类方法通常是按照经验规则进行的，例如根据行业、领域、家庭人口等用户属性对用户分类，建立“用户-标签”网络并构建关系权重模型分类。这种传统分类方法简便快速，但受经验规则影响较大，分类结果不够精确。因此，近年来越来越多研究聚焦于利用数据挖掘技术中的聚类方法实现更精细的电力用户分类。

聚类是在选取特征和权值的基础上对样本进行相似性搜索，对样本按照特征进行分类，可以依据用电信息进行精细分类。用户用电行为的模式认知一般是根据负荷曲线或负荷特性指标计算相似度，通过聚类算法实现。常见的用电行为模式聚类方法包括 k-means，K-Medoids 等基于划分的聚类方法，COBWEB、自组织神经网络等基于模型的方法，DBSCAN 等基于密度的方法，模糊聚类以及层次聚类法等其他聚类方法。

然而，传统聚类算法在针对高维海量、类簇形状差异大的负荷曲线时易表现出聚类结果不稳定、速度慢、效果差和内存消耗过大等问题，研究者们常结合降维算法改进聚类方法：文献[27]针对高维输入采用基于无监督极限学习机的负荷曲线聚类方法，相较于 k-means 算法在高维数据聚类上表现出更合理结果；文献[26]提出了基于改进快速密度峰值算法的负荷曲线聚类方法，改进了原始聚类算法的样本局部密度和距离计算准则，提高了聚类结果稳定性并有效减少了算法执行时间与内存消耗；文献[28]基于信息熵分段聚合近似对负荷数据进行可变时间分辨率重表达，并基于谱聚类方法实现负荷分类，在数据降维、聚类有效性、稳定性及降低运算量方面具有优势。此外，文献[25]不关注负荷曲线形态，而提出了一种新的用电行为动力学聚类方法，采用马尔可夫模型对耗电量建模，将负荷曲线数据集转化为多个状态转换矩阵，通过快速搜索和密度峰的方法，将用户分类为多个集群。

实际应用中，聚类结果受提取过程中多环节多因素影响，需加以考虑，并结合具体数据类型，确定合适的用电行为模式分类方法。在恰当分类的基础上，可以对用户群体进行进一步用能行为分析。

2.2.3　基于用能行为理解的关联因素分析

微电网用户的能源禀赋与需求决定了其用能行为偏好，使得用户用电需求与行为受到多种环境因素的影响，主要包括气象、季节、地理等自然因素和电价、需求侧管理政策、经济结构及经济发展水平、居民消费水平、人口等社会因素，这些因素在空间或长短期时间维度影响着主体用能行为，进行关联分析以辨识强关联因素并去除冗余因素，对于理解用户用电行为模式、提高负荷预测与需求响应建模精度等方面具有积极意义。环境影响因素的关联分析方法主要基于因果分析和数据驱动两种模式[29]。

基于因果分析的关联分析方法通常是根据某些明确的物理概念进行机理分析。从最早期的实验验证法，到后来对定律和定理这些准则的研究如专家经验法，本质上都是对因果关系的影响机理进行分析，挖掘影响因素与用能行为之间的关系。

近年来，随着泛在物联网终端层建设、先进计量技术的发展，能源互联网中数据体量日益增长，采用数据驱动的关联因素辨识方法能够切实有效地挖掘用电行为关联因素。另一方面，可适时辅以因果分析提高数据驱动的关联分析方法的可解释性。

基于数据驱动的关联分析方法则更多针对统计关系型数据集，但这些数据可能无法掌握感知的内在机理，从而进行严格推导和精确分析，例如人的用电行为是非完全理性的，故可采用数理方法分析影响因素的关联性。典型的基于数据驱动的感知方法如关联规则挖掘、主元分析法、互信息法、灰色关联分析、神经网络、支持向量机、混沌理论法等。面对大数据背景下关联因素辨识问题的高维性、复杂性，有研究者提出了基于随机矩阵理论[30,31,33,34]的新型数据驱动方法，通过对复杂系统的能谱和本征态进行统计，揭示数据中整体关联的行为特征。

考虑海量用电数据和影响因素的高维度、复杂性，一般数据驱动的相关性分析方法需准确地提取数据矩阵对应的特征因素、用户数和采样点等信息，将矩阵按照信息分解为多个因素向量后再进行多次分析，执行效率低。本章针对这一问题，提出适用于多元大数据分析的随机矩阵法，该方法根据随机矩阵的统计特性分析相关性，无需将原始数据矩阵分解为多个向量重复计算，在高维大数据处理方面具有优势。

基于随机矩阵分析多元数据相关性的方法简要介绍如下。

首先介绍随机矩阵基本理论中的单环定理：设 $\boldsymbol{X}=\{x_{i,j}\}_{N\times T}$ 为一个非 Hermitian 特征的随机矩阵，每一个元素为符合独立同分布的随机变量，其期望和方差满足 $E(x_{i,j})=0$，$E(|x_{i,j}|^2)=1$。对于多个非 Hermitian 特征的随机矩阵 $\boldsymbol{X}_i(i=1,2,\cdots,L)$，定义矩

阵积为

$$\boldsymbol{Z}=\prod_{i=1}^{L}\boldsymbol{X}_{u,i} \tag{2-50}$$

式中，$\boldsymbol{X}_{u,i}\in\mathbb{C}^{N\times N}$ 为 $\boldsymbol{X}_i$ 的奇异值等价矩阵，$\mathbb{C}$ 代表复数集。将矩阵积 $\boldsymbol{Z}$ 进行变换得到标准矩阵积 $\boldsymbol{Z}=\{z_{i,j}\}_{N\times N}$，其每一个元素满足 $E(z_{i,j})=0$，$E(|z_{i,j}|^2)=1/N$。当 N 和 T 趋近于无穷，且保持 $c=N/T$ 不变时，$\boldsymbol{Z}$ 的特征值的经验谱分布几乎一定收敛到单环定理，其概率密度函数为

$$f(\lambda)=\begin{cases}\dfrac{1}{\pi cL}|\lambda|^{\frac{2}{L}-2}, & (1-c)^{\frac{2}{L}}\leqslant|\lambda|\leqslant 1\\ 0, & \text{其他}\end{cases} \tag{2-51}$$

式中，$c\in(0,1]$。根据单环定理，在复平面上，$\boldsymbol{Z}$ 的特征值大致分布于 2 个环之间，内环半径为 $(1-c)^{\frac{L}{2}}$，外环半径为 1。

线性特征值统计量(LES)指标反映了一个随机矩阵的特征值分布情况，对于随机矩阵 $\boldsymbol{X}$，其线性特征值统计量 LES 定义为

$$N_n(\varphi)=\sum_{i=1}^{n}\varphi(\lambda_i) \tag{2-52}$$

式中，$\lambda_i(i=1,2,\cdots,n)$ 为 $\boldsymbol{X}$ 的特征值；$\varphi(\cdot)$ 是一个测试函数。选择不同的测试函数 $\varphi(\cdot)$，即可得到不同的线性特征值统计量。

平均谱半径(MSR)是 LES 的一种，它定义为矩阵的所有特征在复平面上分布半径的平均值，计算简便，是系统在某高维视角下的统计特征，平均谱半径公式为

$$K_{\mathrm{MSR}}=\frac{1}{N}\sum_{i=1}^{N}|\lambda_i| \tag{2-53}$$

式中，$\lambda_i(i=1,2,\cdots,N)$ 为矩阵的特征值；$|\lambda_i|$ 为 λ_i 在复平面上的分布半径；课题采用平均谱半径描述标准矩阵积 $\boldsymbol{Z}\in\mathbb{C}^{N\times N}$ 的特征值分布，即

$$K_{\mathrm{MSR}}=\frac{1}{N}\sum_{i=1}^{N}|\lambda_{\boldsymbol{Z},i}| \tag{2-54}$$

由于 $\boldsymbol{Z}$ 的每一个特征值都是随机矩阵 $\boldsymbol{X}_i(i=1,\cdots,L)$ 的复杂函数，同时特征值之间是高度相关的随机变量，因此 K_{MSR} 是一个随机变量。

线性特征值统计量 LES 描述了随机矩阵的迹。大数定律和中心极限定理(CLT)表明，对于一个随机矩阵而言，矩阵的迹能够反映矩阵元素的统计特性，而矩阵的单个特征值由于具有随机性无法反映该特性，故可采用平均谱半径作为关联性分析的指标。平均谱半径与单环定理的理论预测值差值越大，说明相关性越大。

本章依据上述理论，结合小波分解的去噪功能，提出基于随机理论对用户用电行为进行相关性分析，分析流程如下：

(1) 小波去噪。用户用电行为有着较大的随机性,本章希望通过滤波的方法去除用电曲线的随机部分。将正交小波变换等效为一组镜像滤波过程,即令用电数据通过 1 个高通滤波器和 1 个低通滤波器,通过 Mallet 方法去除输入数据的高频分量,降低 Gaussian 随机信号能量。另外,由于不同数据类型的采样频率不同,可以认为采样频率较低的数据类型在采样间隔内的取值相等。

(2) 规范化处理。不同数据源的特征因素的量纲往往是不同的,为使不同数据平台异构的数据具有同等的表现力,需进行规范化处理。

(3) 奇异矩阵处理。从数据源中获取数据矩阵,通过矩阵平铺得到标准非 Hermitian 矩阵 $\boldsymbol{X}$,再将奇异矩阵 $\boldsymbol{X}$ 变换为奇异等价阵 $\boldsymbol{X}_u$。

$$\boldsymbol{X}_u = \sqrt{\boldsymbol{X}\boldsymbol{X}^{\mathrm{T}}\boldsymbol{U}} \tag{2-55}$$

式中,酉矩阵 $\boldsymbol{U} = \boldsymbol{X}\sqrt{(\boldsymbol{X}^{\mathrm{T}}\boldsymbol{X})^{-1}}$。

(4) 构造增广矩阵。假设某微电网的用户用能行为状态是一个 N 维参数的变量,有 M 个潜在的影响因素,通过对某一时间段 $t_i(i=1, \cdots, T)$ 的测量,电网状态相关的 N 维向量可自然组成基本状态矩阵 $\boldsymbol{B} \in \mathbb{C}^{N\times T}$,而各个影响因素亦可得到该时间断面的值——因素向量 $\boldsymbol{C}_j \in \mathbb{C}^{1\times T}(j=1, 2, \cdots, M)$。

具有相同长度的两个矩阵(向量)可通过拼接操作形成一个新的矩阵。基于这个常识,可以将基本状态矩阵 $\boldsymbol{B}$ 和因素向量 $\boldsymbol{C}_j$ 采用某种方式拼接成合成矩阵 $\boldsymbol{A}_j$。

为了便于分析其影响因子对基本状态的影响力,需放大影响因子的影响力。选定因素向量 $\boldsymbol{C}_j$,通过一定的方式复制该因素向量 K 次 $(0.4\times N)$ 以形成一个与状态矩阵规模匹配的矩阵 $\boldsymbol{D}_j$。

$$\boldsymbol{D}_j = [\boldsymbol{C}_j^H \boldsymbol{C}_j^H \cdots \boldsymbol{C}_j^H]^H \in \mathbb{C}^{K\times T} \tag{2-56}$$

下一步,在 $\boldsymbol{D}_j$ 中引入白噪声以消除内部的相关性:

$$\boldsymbol{C}_j = \boldsymbol{D}_j + m_{e,j}\boldsymbol{R} \ (j=1, 2, \cdots, m) \tag{2-57}$$

式中,$\boldsymbol{R}$ 为标准高斯随机矩阵,$m_{e,j}$ 与信噪比(SNR) ρ 相关:

$$\rho_j = \frac{\mathrm{Tr}(\boldsymbol{D}_j\boldsymbol{D}_j^H)}{\mathrm{Tr}(\boldsymbol{R}\boldsymbol{R}^H)\times m_{e,j}{}^2} (j=1, 2, \cdots, m) \tag{2-58}$$

这样,就可以并行地对每个因素向量 $\boldsymbol{C}_j$ 通过矩阵拼接形成合成矩阵 $\boldsymbol{A}_j$:

$$\boldsymbol{A}_j = \begin{bmatrix} \boldsymbol{B} \\ \boldsymbol{C}_j \end{bmatrix} (j=1, 2, \cdots, m) \tag{2-59}$$

(5) 计算平均谱半径,进行相关性度量。计算各 $\boldsymbol{A}_j$ 的特征值 λ 和平均谱半径 $K_{\mathrm{MSR}} = \frac{1}{N}\sum_{i=1}^{N} |\lambda_i|$,对平均谱半径求积分并比较,平均谱半径越大,则因素矩阵相对于状态

矩阵的规律性较大，即状态量与因素量的相关性程度越大，选取相关性程度较大的因素为影响状态的敏感因素。

上述随机矩阵相关性分析过程可以归纳为图 2－52 所示的流程示意图。

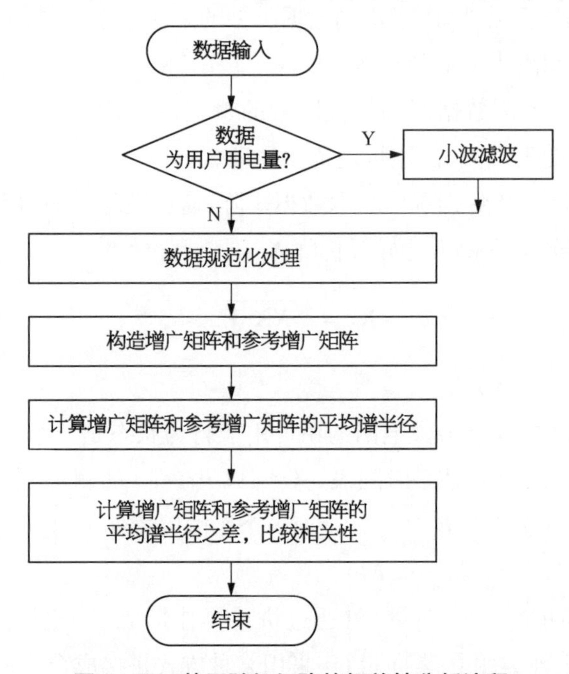

图 2－52　基于随机矩阵的相关性分析流程

以广州某工业示范园区不同类别用户用电响应能力相关性为例，选取电价调整前后负荷转移电量作为状态量，以经济水平、响应意愿、节假日、温度、用户理想电价偏差 5 个数据源作为特征因素，得到的数据矩阵是一个 3 维的高维矩阵，即特征因素数×同类用户数×采样点数。分析这 5 个特征因素对共 4 类用户响应能力的相关性，每类用户选取 20 个典型用户，每个典型用户采样 8 760 个数据点，分析该工业示范园区用户用电行为相关性，结果如表 2－12 所示。

表 2－12　基于随机矩阵的广州某工业园区用电相关性分析结果

特 征 因 素	K_{MSR}			
	用户类型 1	用户类型 2	用户类型 3	用户类型 4
经济水平	0.198 6	0.245 7	0.277 6	0.307 5
响应意愿	0.204 6	0.145 9	0.233 6	0.264 1
节假日	0.061 2	0.094 9	0.186 4	0.205 3
温度	0.027 6	0.041 3	0.021 2	0.039 4
理想电价	0.070 5	0.101 0	0.163 2	0.134 8

由表 2-12 可知，用户经济水平和响应意愿对用户响应能力影响较大，温度和用户理想电价对于大部分工业用户响应能力的影响较小，不同类型的用户对于节假日因素的敏感程度差别较大，其中类型 3 和类型 4 的用户对于节假日的敏感程度明显大于类型 1 和类型 2 的用户。

2.3　基于云边计算的数据处理技术

微电网作为一种主动式配电网的有效方式，可实现分布式电源的灵活、高效应用。微电网中设置了大量电力电子设备并采用先进的控制技术，将分布式电源、可控负荷、储能装置连接在一起，通过单个公共连接点与主电网相连，并在联网模式、孤岛模式之间灵活切换运行。微电网实现了太阳能、风能等具有不可预测性的新型能源在电网中的应用，是大电网的有力补充，其发展也进一步促进了传统电网向智能电网的过渡转型。微电网中电力流、信息流和业务流高度融合，需要在电网中大面积设置信息采集装置，应用先进的传感和测量技术、控制技术以及决策支持系统技术以实现电网灵活可靠运行、系统自愈，提供满足各种类型负荷要求的高质量电能。

随着电力系统自动化的推进，大部分电网公司已经或正在建设符合公司需求的自动化系统，电网能量管理系统(EMS)、电能量计量系统(TMR)、配电管理系统(DMS)等电力信息监控系统可实现对电网频率、电网电压、设备运行状态和电能质量数据等信息的在线采集和监测。在现代电力系统中，监测数据包括遥信、遥测等结构化数据以及录波数据等非结构化数据，上述电网状态数据通过监视控制与数据采集(SCADA)系统，辅助电网运行的监测、预测和控制[38]。电网监测数据主要特点有：

(1) 数据量巨大、维度多。庞大的电网结构中发电/输电/配电/负荷环节产生海量数据，精确分析结果同时对数据的采集率要求很高，同时采样精度也有巨大的上升潜力，由此会引起数据量的成倍增长。

(2) 复杂的关联性。电网监测数据来自分散布置的数据源和不同数据管理采集系统，且相互之间具有关联性。首先应该对时空分散且异构的数据进行聚合，然后选取特征信息，运用相关性分析和主成分分析探求电网行为与特征量的具体关系。

(3) 价值密度低。电网监测数据量大，数据价值密度低，存在社会和技术等因素造成的干扰，需要通过数据挖掘的手段进一步提取电网各种行为信息。

大数据是指“无法用现有的软件工具存储、搜索、提取、共享、分析和处理的海量复杂数据集合”。电网监测系统产生连续的数据流具有数量巨大、类型多样且实时性强等特点，属于典型的大数据。

目前电力数据采集与监测系统主要面临三大问题：① 随着电网智能化发展，监测装置产生的数据量剧增，传统方法在海量数据的采集、存储、查询等方面存在瓶颈；② 电力系统中主电网与微电网的控制调度、协调优化需要各部分数据进行实时共享交互,目前电力调度中心各系统难以实现大型数据资源的广泛和安全共享;③ 海量的电力系统检测数据的实时计算复杂度很高,传统方法难以实现高性能分析[37]。传统的电力数据分析处理平台已经不再符合电力系统存储和处理海量监测数据的应用需求,亟须建立一种能够实现电力系统监测数据的安全高效采集、存储、计算的监测大数据处理平台,高性能的大数据处理平台对提升电网运行的控制决策、管理策略、电力市场规划能力具有重要研究意义。

2.3.1 云计算

云计算是一种通过网络统一组织和灵活调用各种信息通信技术(ICT)信息资源,实现大规模计算的信息处理方式,它能利用软件、存储器、网络、服务器等各类资源通过虚拟化技术,形成抽象的服务模式。云计算的目标是以低成本的方式提供高可靠、高可用、规模可伸缩的个性化服务。为了达到这个目标,需要数据中心管理、虚拟化、海量数据处理、资源管理与调度等若干关键技术加以支持[39]。

云计算能够将电网信息监测分析系统所有待处理的海量监测数据与计算资源进行有效的整合,形成一个多用途的数据处理与信息共享平台,从而有效地解决电力大数据时代智能电网发展遇到的问题[38]。随着未来智能电网的发展,电力大数据的存储分析平台需求将更加突出,而云计算凭借优越的数据处理能力解决了一些电力数据分析存在的突出难题。云计算技术主要优势有:

(1) 可整合异构数据资源。采用主从备份机制分布式文件系统 HDFS 为异构数据信息处理提供了可靠的访问载体和存储载体,云计算下基于本体的异构数据集成模型的构建,可以为云计算环境下各业务应用提供统一的数据管理和处理方法,方便快捷地实现异构数据统一的检索与查询以及业务应用所处理的各种异构数据之间实质性关联与映射[40]。

(2) 系统动态扩展。与传统电力平台通过升级硬件、更换核心部件的纵向扩展模式相比,云计算采用的是横向扩展,系统规模的扩展降低了对单机能力升级的需求,当数据处理任务需求增长时,通过向资源池中加入新计算、存储节点的方式来提高系统性能,而不是升级系统硬件,降低了硬件性能升级的需求[41]。这种动态扩展的形式节省了硬件成本且操作快捷简便,提升了对大数据的存储与计算能力。

(3) 高效的存储和计算能力。电网监测系统产生的数据种类多、数量大、分布广,对数据处理平台要求较高。云计算采用分布式储存技术、并行计算模式,满足这种复杂的计算分析需要。云计算利用虚拟化技术如主机虚拟化、存储虚拟化等技术,可以把各类资源组成抽象的服务形式,根据客户数据处理需求提供个性化服务。

云计算主要提供 3 类服务:基础设施即服务(IaaS)、平台即服务(PaaS)、软件即服务(SaaS),Hadoop 是目前发展最为成熟的一种分布式系统框架,作为平台即服务(PaaS)构建在基础设施之上，利用该框架可以快速实现服务器群组的分布式数据处理。Hadoop 由许多部分组成，其中核心内容包括用数据储存的分布式文件系统 HDFS 以及数据并行计算的分布式计算框架 MapReduce，图 2-53 为 Hadoop 生态圈。

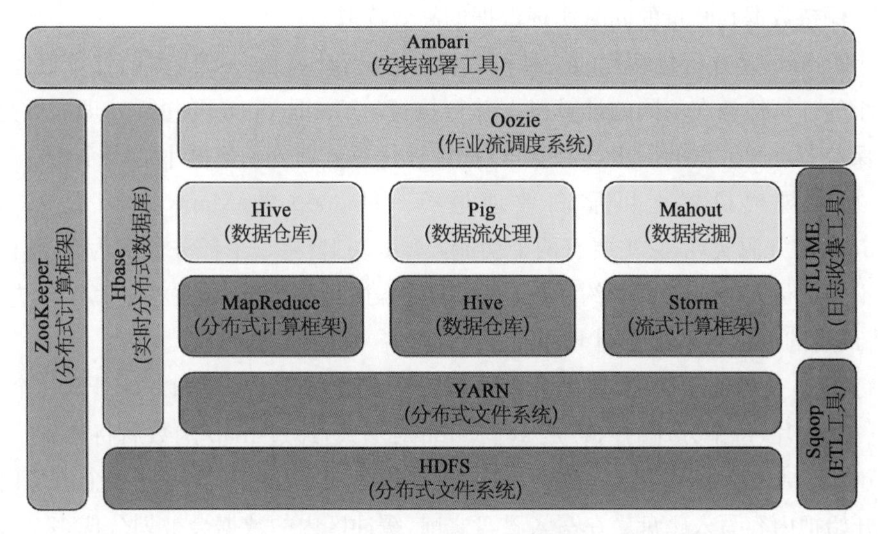

图 2-53　Hadoop 生态圈

HDFS 是一个分布式文件系统，可处理 PB 级超大数据集。在 HDFS 中，数据集被复制后分发到不同的存储节点上，进而响应不同的数据处理请求，通过 TCP 流式数据访问接口，大幅提高了目标数据的吞吐量。由于数据文件被分割存储在集群的各个服务器节点上，多节点存储的副本集数据提供了故障发生时的容错和恢复机制[38]，实现了较高的稳定性。

HDFS 包含 3 个核心部分：名称节点(NameNode)，第二名称节点(SecondNameNode)以及数据节点(DataNode)。HDFS 采用主从式(master/slave)的架构运行，即一个 NameNode 和若干个 DataNode 构成。NameNode 是分布式文件系统中的管理者，作为系统的主控服务器主要负责管理文件系统的命名空间、集群配置信息和存储块的复制等。NameNode 上保存着 HDFS 的名字空间，使用 Editlog 的事务日志对文件系统元数据的修改操作进行详细记录。同时，修改文件的副本数也将往 Editlog 插入一条新的记录并以文件形式存放在 NameNode 节点本地。此外，此文件中还会存储一个名为 FsImage 的文件，文件里含有一些映射、属性等信息[2]。DataNode 是文件存储的基本单元，将 HDFS 的部分元数据以块(Block)形式保存在本地的文件系统中，每个块存储在一个单独文件中。在创建文件过程中，DataNode 可计算出每个目录的最适宜文件数目，防止出现因单个目录中文件数量过大而运行效率低下的情况。DataNode 周期性地以块状态报告的形式发送给 NameNode，这个报告是 DataNode 扫描本地文件系统后产生的与之相对应的 HDFS 数据块的列表[38]。

Hbase 是一种典型的 NoSql 数据库，适用于记录很稀疏的半结构化或非结构化数据，可以很好地解决电力数据结构多样性问题。Hbase 中列可以动态增加，并且列为空就不存储数据，节省存储空间。Hbase 还会对数据进行透明的切分，这样就使得存储本身具有了水平伸缩性。Hbase 还可以实现高性能的并发读写操作，在 HDFS 上结合 Hbase 数据库就可在保持数据吞吐量的同时实现数据的高效读取。

MapRedude 是并行化编程的一种范式，利用并行计算将一个庞大的计算任务分解为若干个小的计算任务在不同的计算机上并行执行。MapReduce 可并行处理大数据，并且不需要保持节点间数据的同步，因此可以把计算任务流划分到集群中的多个机器上去，使得系统在大规模机器上可靠高效地运行。Hadoop 的 MapReduce 是 Google 的 MapReduce 的开源实现，它主要有两个功能，Map(映射)将一个任务分解为多个任务到集合中的不同成员上，Reduce(归约)将分解后多任务进行并行运算，并将运算结果进行整理汇总，将最后的分析结果输出到 HDFS。

执行 Map 任务的过程中，首先将块数据切分成输入分片，一般以 HDFS 一个块的大小作为一个分片，每个分片的内容是 key-value 对形式，经过 map 函数后将得到一组新的 key-value 对，结果会被保存到一个环形内存缓冲区。当缓存内容超过某个阈值时，后台线程便开始把内容写入磁盘。在写入磁盘之前，缓冲区内的数据会被划分成多个分区，然后对每个分区中的数据进行排序、合并，以节省磁盘的存储空间。分区的结果是由 partition 接口方法决定。系统也需要对 Map 的输出记录进行排序和合并以减少写入磁盘的数据量、降低网络传输负担。当 Map 阶段任务完成后，可用的 Reduce 任务通过 HTTP 获取 map 端的数据，如果接收到的数据很小，会直接被存储在内存中；如果数据量较大则经合并后写入磁盘。Reduce 任务将这些混合存储在内存和磁盘上的数据进行归并排序，将 key 值相同的数据聚集到一起并调用自定义函数对相同的 key-value 对进行合并处理，形成一个更大的有序文件。合并过程会循环执行，最终结果会被写入磁盘中，数据形式是 key-value list。最后 Reduce 将相同 key 的各个 value 进行规约操作，并将得到的输出写到 HDFS 上。

以用户用电模式分析为例说明云计算在电网上的运用情况。MapReduce 搭建了用于并行计算的软件处理模型，基于此结构上的程序可以对大规模的分布式智能元件分割而治，批量处理数据，然而其欠缺实时处理数据的能力，仅适合价值不随时间减小的数据的分析。由于智能数据采集设备分布广泛且数据较多，选取广州某工业园区用户信息和负荷曲线等信息，采用简化并行计算的 MapReduce 分布式程序模型设计大数据云构架。图 2-54 为基于 MapReduce 架构的用户用电行为模式大数据聚类方案。

在 Hadoop 平台上，分布式文件系统(HDFS)中多个管理节点和数据节点均为智能测量终端或计算设备。系统数据库由 Hbase 数据库和 HDFS 组成，Hive 将结构化数据映射为数据表，可将结构化查询语(SQL)数据库转化为 MapReduce 任务。每个阶段都以<key，value>的数据结构传输，其中，key 为样本编号，value 为用电数据的各个维度的坐标值。

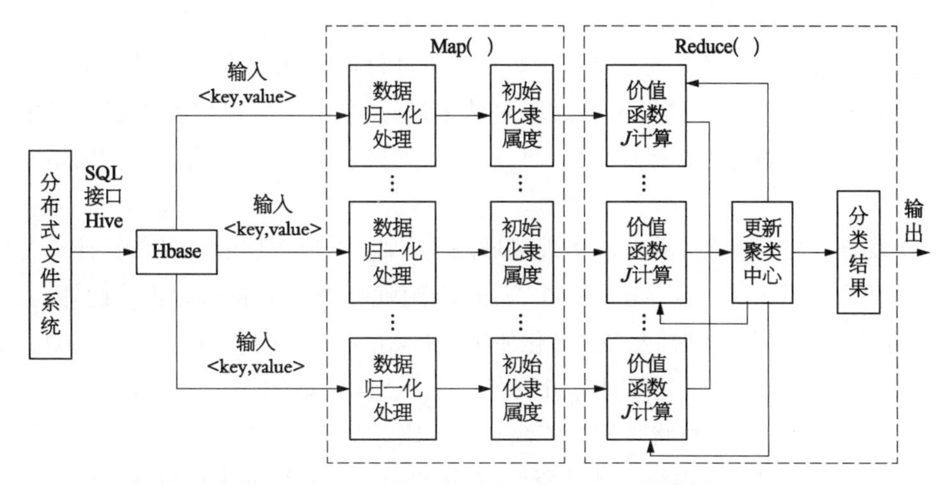

图 2 - 54　基于 MapReduce 架构的用户用电模式分析聚类方案流程

设置 4 个聚类中心和 4 个 MapReduce 并行节点，比较传统的串行聚类算法与基于 MapReduce 架构的聚类算法在 Java 环境下的计算效率，结果如表 2 - 13 所示，基于 MapReduce 架构的聚类算法计算效率较高，且数据量越大，算法优势越明显[24]。

表 2 - 13　MapReduce 与传统串行计算效率对比

实验次数	记录数	计算时间/s	
		本章方法	传统方法
1	7 300	0.890	1.87
2	14 600	1.065	2.45
3	29 200	2.791	4.62
4	58 400	3.259	8.84
5	175 200	3.729	11.5

2.3.2　边缘计算

边缘计算是指在靠近物或数据源头的一侧，通过智能处理，融合网络、计算、存储及信息化技术，在网络边缘提供服务，可以产生更快的网络服务响应，适用于具有海量数据实时传输、计算及存储、边缘化安全隐私防护等技术需求的多种场景。边缘计算通过部署在用户侧的设备收集、存储和计算数据，能够实时标记和处理数据，将缩减后的数据或结果传输到云计算中心，与远端云计算中心相辅相成、互为补充。边缘计算主要有以下几项突出优势：

(1) 响应速度快。边缘计算是云计算的补充和延伸，在云平台中，绝大部分任务都是通过中心化的集中运算，即将大量数据资源进行整合处理后并行运算得到结果，但在海量数据中进行比较复杂的计算分析需要较长的响应时间,无法满足数据实时处理的需求。因此把原有云中心中的部分任务迁移到数据源头进行,其分布式的计算架构有效降低了云端的计算压力。边缘计算在网络边缘对数据进行实时处理,可以提供超低时延响应(<10 ms),这一特性使得边缘计算可以广泛应用到自动驾驶、虚拟现实等对网络时延有苛刻要求的场景中[42]。

(2) 安全性好。边缘计算能够实现区域隔离,保护本地数据的隐私。云计算架构使得攻击者可以利用边缘节点存在的安全漏洞对云中心管理平台进行攻击。此外,云端服务器目前直接存储密文数据,大多匿名化使用资源,在密文上进行操作并映射到明文中需要较高的同态加密技术[43],边缘计算可以有效解决云计算安全隐私方面的痛点。

(3) 能耗低。边缘计算将强计算资源和高效服务下沉到网络边缘端,可以充分利用本地现有的空闲存储以及网络和计算资源,在边缘节点处对数据进行过滤、计算和分析,依据安全策略动态调整设备到云端的数据流量,减少数据传输量和网络带宽占用,从而降低数据处理成本和设备能耗[44]。

(4) 智能化。深度学习应用的移动设备将部分模型推理任务卸载到邻近的边缘计算节点进行运算,从而协同终端设备与边缘服务器,整合两者的计算本地性与强计算能力的互补性优势,移动设备自身的资源与能源消耗以及时延都能被显著降低。针对边缘计算服务的动态迁移与放置问题,人工智能技术可以基于高维历史数据自动抽取最优迁移决策与高维输入间的映射关系,从而当给定新的用户位置时,对应的机器学习模型即可迅速将其映射到最优迁移决策[45]。

(5) 可靠性。边缘计算的分布式架构有效降低了单点故障对云中心计算平台造成的影响,合理的任务负载均衡系统和异常环境下的资源调度机制保障了数据处理任务的顺利高效进行。同样,云计算服务出现网络故障对边缘设备数据处理的影响也得到了有效减小,保证了网络边缘用户的正常使用[46]。

随着智能电网业务快速发展,需求侧终端/系统数量日益增多,对电网中心化数据处理平台提出了更高的需求。边缘计算设备贴近用户端边缘,增强了用户与配网的信息交互能力。在检测到异常后,边缘计算的低延时特性使其可以迅速对故障作出响应,对故障区进行孤岛控制并运用调节机制消除异常[47],增强了电网的稳定性。此外,微电网中有大量采用风力、太阳能等新型能源的分布式发电机,新型能源具有不稳定性,边缘计算的实时响应机制实现了新型能源的高效接入以及资源的有效调度,为微电网并网/孤岛运行模式的切换提供了依据。

2.3.3 基于云边计算的数据处理技术

云计算与边缘计算形成一种互补、协同的关系,云计算与边缘计算紧密协同可以更好地满足各种大数据处理需求。边缘计算主要负责本地实时、短周期数据的处理,为云端提供高价值的数据;云计算负责边缘节点难以胜任的计算任务,负责非实时、长周期数据的处理，优化输出的业务规则或模型并下放到边缘侧，使边缘计算更加满足本地的需求[48]。云边协同为电网大数据处理提供了平台和基础。下面介绍几种目前应用在智能电网分析方面的数据处理技术。

2.3.3.1　大数据存储及处理

智能电网产生数据量巨大、且有结构化和非结构化之分，海量数据的传输和存储问题是电网大数据实现高效处理的前提和难点。先对数据进行压缩，到达监控中心后再对数据进行解压缩，这样可以有效减少网络数据传输量。文献[49]探讨了基于提升格式的故障暂态过程信号实时数据的压缩和重构算法，利用线性整数变换小波双正交滤波器组合哈夫曼编码方法对电力系统的实时数据进行压缩和解压缩。文献[50]研究了电力系统稳态数据参数化压缩算法。受限于无线传输的网络带宽，采样频率高、数据量大的输电线路状态监测数据需要进行数据压缩。文献[51]提出自适应多级树集合分裂(SPIHT)算法，该算法可以根据小波系数集合的显著性自适应地进行集合划分，尤其适合压缩泄漏电流这类高噪声信号[52]。

在大数据存储处理方面，主要有流处理和批处理两种存储处理技术。流处理的一种典型应用是流计算技术，数据集以流的形式连续到达，可在毫秒级别快速进行数据处理。它适用于配电网中对实时性要求较高的业务，如多源异构数据在线评估、电源与负荷联合调度以及设备在线监测等[53]，目前流式处理大数据的 3 种框架为 Storm，Spark 和 Samza。批处理将数据暂存然后进行计算处理，适用于对实时性要求不高数据量庞大繁杂的任务，例如批处理模型 MapReduce。云计算融合了分布式文件系统、分布式数据处理系统以及分布式数据库等，可以作为大数据存储和处理的基础平台和技术支撑[54]。

2.3.3.2　数据可视化

数据可视化技术的基本思想是将数据库中每个数据项作为单个图元表示并以此构成数据图像，从不同的维度观察数据，利用图形图像等形式描述复杂的数据信息，使人们对数据信息有更加直观和立体的感受，从而帮助研究人员对数据精准把握和精细化分析[55]。通过将数据可视化技术与其他数据解析技术相配合，可为智能配电网提供如下服务：

(1) 能够整体、全方位地表现电力系统生产、运行、经营等方面的数据状态，呈现电网系统发展的全景，从而呈现用电侧数据和经济发展的变化规律方向。例如给出电网数据集的全景，高维的、动态的数据价值以及未来的发展变化趋势，体现出相关系统间的关联[56]。

(2) 把用户的相关兴趣点放大并过滤掉不必要的信息，例如选择用户更为关注的浮动电价、不同居民用户电能消费特征、用户能耗等级以及楼栋能源效率等内容进行细节化展示。

(3) 对不断发展的具有不确定性的变化点进行态势预估与宏观展现，如空间负荷增长趋势预测、网架扩展态势展现以及预警或者故障状态信息的可视化等。

总之,数据可视化既是一种数据分析工具,又是一种结果展示方法,能够最为直观地体现智能电网大数据的应用方式与应用价值[53]。

2.3.3.3 异构多数据源处理

智能电网异构多数据源处理技术主要表现为对多源头异构数据信息的整合性,实现信息高效查询、传输、处理,这对电力系统的发展十分重要,是目前我国智能电网大数据处理技术所面临的难题[59]。针对电网业务中海量规模的非结构化、半结构化数据存储,传统的集中式、阵列式存储模式存在扩容性不强、可靠性以及可用性不佳等问题。采用云计算 Hadoop 技术体系中分布式存储技术,可有效解决海量数据的存储难题,利用 Hadoop 提供 MapReduce 统一的并行计算框架对非结构化、半结构化数据进行综合分析[56],文献[41]提出了一种在云计算下基于本体的异构数据的集成框架,采用云计算环境下面向用户透明并统一的数据获取、分析、应用接口和异构数据集成、访问接口;在传统的 SQL 语言和云存储访问操作的基础上,对在云计算环境中对异构数据源进行管理和访问的语言 CHDI - SQL 进行解析和执行;在云计算、协同处理和本体论的基础上提出了异构多数据源并发控制与协同获取分析的基本模型构建方法,并系统地分析和设计了异构数据语义映射和异构数据集成的方法。

对发电、输电、配电、用电、调度等多个环节实现信息的高效采集和处理是实现电网高度智能化的必要条件。实现大规模多源异构信息的整合,为智能电网提供资源集约化配置的数据中心。针对海量异构数据,如何构建一个模型来对其进行规范表达,如何基于该模型来实现数据融合及对其进行有效的存储和高效查询是亟须解决的问题[58]。

2.3.3.4 数据挖掘

数据挖掘是从大量的、有噪声的、模糊的、随机的实际应用数据中,提取隐含在其中的、人们事先不知道的,但又是潜在有用的信息和知识的过程,发现数据的规律,找出数据的共同本性,并汇总数据特性,数据挖掘业务模型主要的建立过程为:业务分析、数据收集与整理、数据分析与处理、指标展示、数据挖掘建模、数据挖掘结果的解释和展示、系统建设并尝试应用[62]。在处理海量分布、动态异构的大数据时,传统数据挖掘体系先存储后处理的集中批处理模式存在明显的不足:① 对异构数据整合计算能力较差;② 分析工具和挖掘算法对多维、复杂的大数据不具可移植性和可伸缩性[61];③ 在数据预处理阶段大量手动整理工作繁琐以及对用户需求且非智能的认知过程被动等[60]。云计算、边缘计算、物联网、移动智能终端等技术产生与发展促进了数据挖掘方式的优化与转变,大数据挖掘在海量数据的挖掘处理上有效地弥补了传统数据挖掘存储及计算的不足,其基于云边计算融合了多种计算、存储模式,适合于对多结构混杂的海量大数据进行实时快速的批处理或流处理,并具有较高的可扩展性、可伸缩性及容错能力[60]。文献[63]对移动互联终端的海量云数据挖掘服务架构进行了研究,提出了云数据挖掘技术建模流程以及云数据挖掘模型体系结构。文献[60]设计构建了包含数据源、大数据挖掘平台、用户层的多功能 Hadoop 大数据挖掘平台,其中数据源是由结构、半结构、非结构数据所形成的复杂处理对象;大数据挖掘平台基于Hadoop融合多种计算模式和分析、挖掘等功能并结合实时数据的特征进行相应的处理;用户层以交互的方式进行系统认知与接受服务。

大数据挖掘提升了海量数据的处理速度,但在数据精确度、算法复杂度方面仍有欠缺。在处理小量数据时传统数据挖掘方法比大数据挖掘更加灵活高效。此外,基于云计算的大数据挖掘仍存在数据共享、隐私安全等问题,同时就实现智能分析挖掘、可视化与自动挖掘融合等方面仍面临挑战[60]。

2.4　微电网多时间尺度预测技术

微电网包含负荷、光伏、风电等多种类型的主体,对这些主体的产、用能行为进行多时间尺度预测是微电网管理的重要环节,对于保障微电网安全稳定、经济高效运行等方面具有重要支持作用,是微网内可控发电设备启停机计划、调度计划安排、柔性负荷需求响应的重要依据。本节将从微电网中的负荷预测、可再生能源发电预测两方面展开,详细介绍多时间尺度下基于人工智能算法的预测技术,致力于提高预测精度、效率及可靠性,为能源管理和节能减排带来积极意义。

2.4.1　负荷预测

负荷预测是电力工业中的重要环节,是促进光伏、风能消纳的核心技术之一,特别是对于可再生能源丰富的微电网,负荷预测精度低不仅会致使光伏基地、风场经济利益受损,更会影响整个微电网的电能质量乃至可靠性问题。

负荷预测方法主要可归纳为统计学习方法和机器学习方法两大类。其中,统计学习方法主要包括时间序列模型、多元线性回归模型以及卡尔曼滤波器模型等;机器学习方法则主要以人工神经网络、支持向量机(SVR)、决策树模型为代表。其中,决策树模型可以视作一个基于if-then规则和图形表示的模型,通过递归分割将数据分为不同的子集,其常应用于电力负荷预测的算法有随机森林算法及梯度提升算法等。基于机器学习的负荷预测方法可以较好地把握负荷与温度、电价、星期等外界环境因素之间的非线性关系。

近年来,以深度学习为代表的人工智能方法在计算机视觉、机器翻译、医疗诊断等领域均取得了不错的效果。深度学习模型通过多层非线性映射,可以逐层学习到大量数据中蕴含的抽象特征[35],并有效地解决分类、预测、决策等问题。电力系统是一种高维非线性的复杂系统,其中包含电力流、天气流、信息流、故障流等多种数据流向[36]。因此将电力系统中丰富的大数据资源结合深度学习算法,有望达到更准确的负荷预测效果。在电力负荷预测领域,深度置信网络(DBN)、长短期记忆网络(LSTM)、卷积神经网络(CNN)等深度学习模型成为电力负荷预测领域的热点模型。这些深度学习方法通过多层网络逐层学习到海量数据中的抽象特征,结合负荷与天气、经济等环境影响因素之间的非线性相关关系,能够达到更高精度的负荷预测效果。

本节应用先进的深度学习算法,提出了一种基于 LSTM 的负荷预测方法,在超短期、短期和中长期这 3 个时间尺度上实现负荷预测,旨在利用深度学习模型的特征提取能力以及 LSTM 时序相关性学习能力,以获得与前沿机器学习方法相比更高的预测精度。

2.4.1.1 LSTM 网络结构

LSTM 是循环神经网络(RNN)中的一种典型结构[64],它将序列隐含层神经元相互连接,形成一个序列的反馈,可以充分利用历史信息,在动态时序数据分析中表现出良好的适应性,例如,LSTM 在语音识别、文本预测、机器翻译等众多序列识别预测场景具有广泛应用。与传统 RNN 相比,LSTM 将记忆参数限制于[0, 1]区间内,从而有效防止较远时刻的记忆对输出产生指数爆炸的影响;LSTM 独特的记忆单元的设计又使得梯度沿时间步反向传播过程中,在梯度传播到激活的遗忘门之前,关于记忆单元的梯度可以经过较长的时间步而不消失,有效解决了 RNN 无法处理的梯度消亡问题,可以学习到较长时间的相关性特征。由于负荷在一定时间尺度内呈现较为明显的周期性规律,在预测时应当充分考虑其时序相关性,因此,具有记忆功能的 LSTM 模型能够有效学习负荷序列及相关影响因素数据组成的历史信息中的规律性,近年来在负荷预测领域得到了广泛应用[65,66]。

LSTM 单元的基本结构如图 2-55 所示[67]。图中,x_t 和 h_t 分别为 t 时刻的输入向量和隐含层状态量,i, f, c, o 分别为对应的输入门、遗忘门、备选更新门和输出门,W, U 和 b 分别为对应门的权重系数矩阵和偏置向量,也可取 $W=U$,门的激活函数 σ 和 tanh 分别为 sigmoid 激活函数和双曲正切激活函数,即 $\sigma(x)=\dfrac{1}{1+\mathrm{e}^{-x}}$ 和 $\tanh(x)=\dfrac{1-\mathrm{e}^{-2x}}{1+\mathrm{e}^{-2x}}$,两种激活函数使得函数值可以分别在(−1, 1)和(0, 1)区间内充分光滑。综上,LSTM 基本单元的计算公式可表示为

$$f_t=\sigma(W_f x_t+U_f h_{t-1}+b_f) \tag{2-60}$$

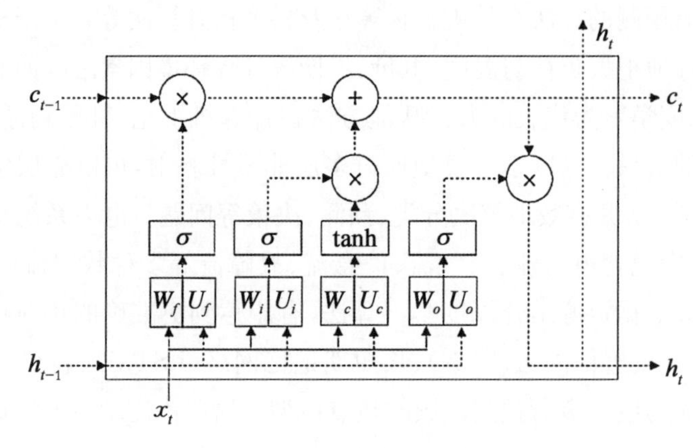

图 2-55 LSTM 单元基本结构

$$i_t = \sigma(W_i x_t + U_i h_{t-1} + b_i) \tag{2-61}$$

$$o_t = \sigma(W_o x_t + U_o h_{t-1} + b_o) \tag{2-62}$$

$$\hat{c}_t = \tanh(W_c x_t + U_c h_{t-1} + b_c) \tag{2-63}$$

$$c_t = f_t \odot c_{t-1} + i_t \odot \hat{c}_t \tag{2-64}$$

$$h_t = o_t \odot \tanh(c_t) \tag{2-65}$$

将 LSTM 基本单元串接可得到单层 LSTM，再将 LSTM 层与层间堆栈可建立深度 LSTM 网络。深度 LSTM 网络的构建流程如算法 1 所示。

算法 1：深度 LSTM 模型构建

输入：输入向量 x
输出：输出向量 y
参数设置：LSTM 隐含层数 d，输入序列长度 L，连接权值 W 及阈值 b
for $t = 1, \cdots, L$ **do**
　for $k = 1, \cdots, d$ **do**
　　if $k \neq 1$ **then**
　　　$x_{k,t} \leftarrow h_{k-1,t-1}$
　　end if
　　$f_t = \sigma(W_{k,f}[x_{k,t}; h_{k,t-1}] + b_{k,f})$
　　$i_t = \sigma(W_{k,i}[x_{k,t}; h_{k,t-1}] + b_{k,i})$
　　$o_t = \sigma(W_{k,o}[x_{k,t}; h_{k,t-1}] + b_{k,o})$
　　$\hat{c}_t = \tanh(W_{k,c}[x_{k,t}; h_{k,t-1}] + b_{k,c})$
　　$c_t = f_t \odot c_{t-1} + i_t \odot \hat{c}_t$
　　$h_t = o_t \odot \tanh(c_t)$
end for

深度 LSTM 网络的训练过程可以视作一个有监督的特征学习过程，根据一定的网络结构设计可将原始数据投影到高维空间，由于深度 LSTM 网络具有记忆单元，通过 LSTM 独特的门结构进行判断，从而决定输入数据各个时间步之间的相关关系是否需要被存储，因此负荷数据结构信息将被编码在 LSTM 网络参数中。并且，在网络进行有监督训练的过程中，隐含层提取时间序列中的高维结构信息，并在最后一个 LSTM 单元隐含层中输出预测值或提炼为与被预测时刻负荷具有线性回归关系的多变量，使得具有强非线性特征的负荷预测问题简化为线性回归问题，即在高维空间中找到一个超平面，使得待预测负荷数据落在这个超平面上。

2.4.1.2　负荷预测流程与数据预处理

将深度 LSTM 网络应用于负荷预测时，其关键问题在于输入输出变量的选取、负荷数据及环境影响因素数据的预处理、超参数的确定以及解决由于网络深、参数多带来的训练困难的问题。针对本章提出的采用深度 LSTM 进行的负荷预测建模问题，设计流程如图 2-56 所示，具体过程如下：

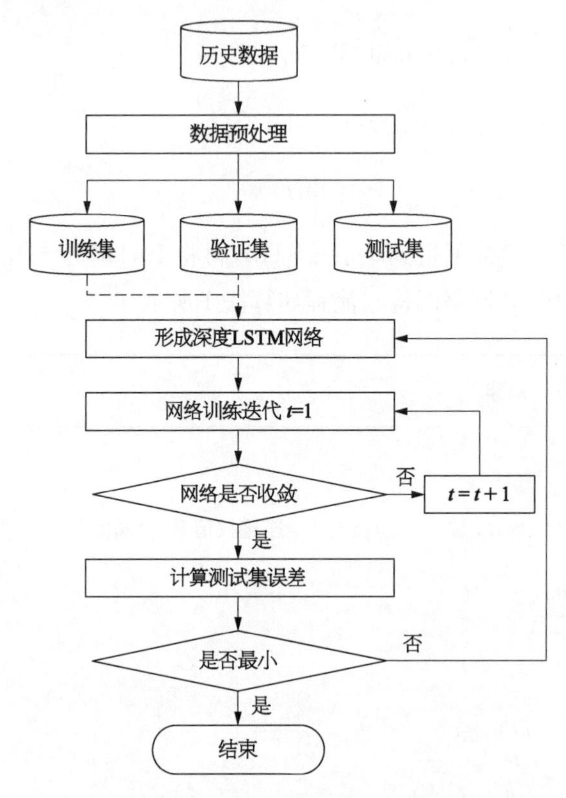

图 2-56　基于深度 LSTM 网络的负荷预测流程

(1) 确定模型的输入输出变量，本章采用 2.2.3 节关联因素分析中提出的算法，选取不同时间尺度下的强关联环境因素，再以非时序数据(如配变编号等)作为负荷标签，时序相关影响因素数据通过周期延拓、下采样等方法与负荷数据组成同时间步长的序列数据。

(2) 对输入输出数据集分别进行预处理，并将预处理后的数据集划分为训练集、验证集以及测试集 3 个部分。

(3) 构造深度 LSTM 负荷预测模型，利用训练集对模型进行训练，验证集判断模型在训练过程中的泛化能力，测试集判断模型对于未知数据的预测性能。寻找合适的超参数直至测试集预测误差达到最小。

其中，输入输出数据集的确定是决定模型表现的关键，在确定输入属性之前，往往需要知道负荷的大致组成及需求侧管理等信息，例如是否采用峰谷分时电价等。下面从超短期、短期和中长期 3 个时间尺度展开，结合具体案例描述输入输出变量的选取。

确定输入输出变量后，将输入数据 x 与输出标记数据 y 组成训练样本集 $\{x, y\}$。由于模型的输入变量通常包含历史负荷及多种环境影响因素，这些输入量具有不同的物理量纲，为消除不同物理量纲带来的影响，提升模型预测精度和收敛速度，需要对输入数据进行适当的预处理，以适应网络的结构和激活函数的选择。假设历史负荷和环境影响因素构成的输入数据集为 $m \times n$ 的矩阵 $\boldsymbol{X}$：

$$\boldsymbol{X}=\begin{bmatrix} x_{11} & x_{12} & \cdots & x_{1n} \\ x_{21} & x_{22} & \cdots & x_{2n} \\ \vdots & \vdots & & \vdots \\ x_{m1} & x_{m2} & \cdots & x_{mn} \end{bmatrix} \tag{2-66}$$

式中，m 为总训练样本数；n 为输入特征个数；x_{ij} 代表第 i 个样本输入数据的第 j 个特征。

对其中模拟量输入数据分别进行归一化预处理，使其限制在[0，1]范围内。对于节假日信息，则以哑变量进行标注，其中 0 表示非节假日，0.5 表示周六，1 表示周日。

$$x_{ij}^{\mathrm{R}}=\frac{x_{ij}-x_{\min}}{x_{\max}-x_{\min}},\ 1 \leqslant j \leqslant n \tag{2-67}$$

式中，x_{ij}^{R} 为原始数据 x_{ij} 归一化后的数据值，$x_{\max}$，$x_{\min}$ 分别为 x_{ij} 的最大值和最小值，$x_{\max}-x_{\min}$ 为每一列数据的级差。对原始输入数据集矩阵的每一列数据分别进行归一化处理后，得到归一化矩阵 $\boldsymbol{X}^{\mathrm{R}}$：

$$\boldsymbol{X}^{\mathrm{R}}=\begin{bmatrix} x_{11}^{\mathrm{R}} & x_{12}^{\mathrm{R}} & \cdots & x_{1n}^{\mathrm{R}} \\ x_{21}^{\mathrm{R}} & x_{22}^{\mathrm{R}} & \cdots & x_{2n}^{\mathrm{R}} \\ \vdots & \vdots & & \vdots \\ x_{m1}^{\mathrm{R}} & x_{m2}^{\mathrm{R}} & \cdots & x_{mn}^{\mathrm{R}} \end{bmatrix} \tag{2-68}$$

模型得到的输出标记数据同样落在[0，1]区间内，此时，需将输出数据进行反归一化操作进行恢复。

2.4.1.3　基于深度 LSTM 的超短期负荷预测建模

对于微电网中的超短期负荷预测，一般采用逐点方式进行，预测的时间间隔可以是 15 min，30 min 或 1 h，这里以 15 min 为例进行超短期负荷预测建模。由于待预测时刻负荷数据与前 1 天负荷具有很大的相关性，因此，本节提出的超短期负荷预测网络输入数据 x 是预测时刻前 1 天每 15 min 的负荷数据以及相应的温湿度、节假日信息、时刻值等信息，$x=(x_1，x_2，\cdots，x_{96})$，输出标记数据 y 为待预测时刻负荷值。

用于超短期负荷预测的深度 LSTM 模型如图 2-57 所示，由 1 个输入层、多个隐含层和 1 个输出层构成，上一个隐含层的输出作为下一个隐含层的输入，输入层和隐含层共同实现输入负荷数据特征的提取，最后一个隐含层的输出为一维列向量，经过全连接层(FC)线性回归得到处理后的负荷预测值为

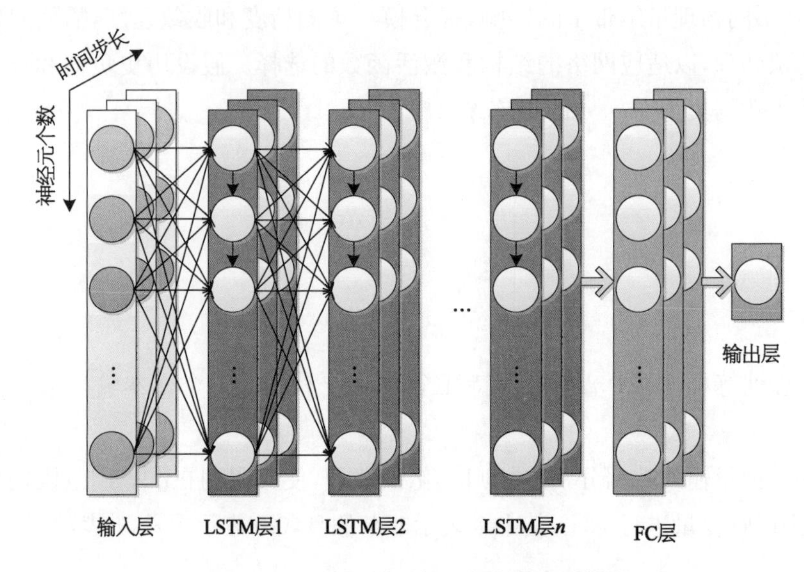

图 2-57　深度 LSTM 超短期负荷预测模型

$$y=\sigma(W_{\text{dense}} \cdot x_t + b) \tag{2-69}$$

式中，W_{dense} 为网络权重，σ 为输出权重，b 为偏置量。

建立网络并对数据集进行预处理后，对网络参数进行随机初始化，使所有连接权值和阈值为均值是 0、方差为 1 的高斯分布，此后，通过循环迭代更新网络参数。其中，训练优化算法采用 Adam 优化器，学习速率设置为指数下降的形式，即 $lr=lr_0 e^{-kt}$，其初始学习速率 lr_0 和衰减系数 k 为可调节的超参数，t 为迭代次数(epoch)，该设置的目的为训练后期减缓训练速度以期找到最优解。在训练过程中，采用验证集监视模型的泛化性能，当验证集损失函数基本不再下降时停止迭代训练，并记录训练结束时模型权重系数以及在训练过程中验证集上误差最小的模型权重，选取其中泛化性能最好的一组作为最终训练完成的模型。

为了评价超短期负荷预测的预测效果，采用平均绝对百分比误差(MAPE)和均方根误差(RMSE)作为预测性能评价指标，且 RMSE 同时为损失函数。

$$\delta_{\text{MAPE}}=\frac{1}{n}\sum_{i=1}^{n}\frac{|y_i-d_i|}{y_i}\times 100\% \tag{2-70}$$

$$\delta_{\text{RMSE}}=\sqrt{\frac{1}{n}\sum_{i=1}^{n}(y_i-d_i)^2} \tag{2-71}$$

式中，n 为预测点数量，y_i，d_i 分别为预测点 i 负荷真实值和预测值。对建立的神经网络训练过程即为求解一个无约束优化问题，使得损失函数最小，即

$$\arg\min_{w} \delta_{\text{RMSE}}(y, \langle x, \theta \rangle) \tag{2-72}$$

综上，本深度 LSTM 负荷预测模型的完整训练流程如算法 2 所示。

算法 2：深度 LSTM 模型训练流程

输入： 历史负荷、天气、日期类型、时刻值组成的输入向量 x
输出： 单点负荷预测值 y
参数设置： 子训练样本集 B，迭代次数 $epoch$，学习率初始值 lr_0、学习率衰减系数 k
function VSTLF (x) :
　　输入数据预处理
　　通过相关性分析选取输入特征向量
　　构造输入输出对应的数据集
　　划分数据集为训练集、验证集和测试集
　　建立网络并以均值为 0、方差为 1 的高斯函数随机初始化所有连接权值和阈值
　　初始化学习率 $lr = lr_0$
　　for $j = 1, \cdots, epoch$ **do**
　　　　随机采样 1 个子训练样本集 $\{x_j, y_j\}$
　　　　计算当前样本输出 $\hat{y}_j = f(x_j, \theta)$
　　　　计算训练样本损失函数 $\delta_{\mathrm{RMSE}} = \sqrt{\frac{1}{n}\sum_{i=1}^{n}(y_i - \hat{y}_j)^2}$
　　　　以梯度下降法更新网络参数 θ 使得损失函数最小 $\theta \leftarrow \theta - lr * \nabla(\delta_{\mathrm{RMSE}})$
　　　　更新学习速率 $lr = lr_0 \mathrm{e}^{-kt}$
　　　　计算验证集损失函数 $\delta_{\mathrm{RMSE}}(j)$ 及其该次迭代变化量 $\Delta\delta_{\mathrm{RMSE}}(j)$
　　　　if $\max(\Delta\delta_{\mathrm{RMSE}}(j-50: j)) <$ episilong **then**
　　　　　　break
　　　　end if
　　end for
　　计算测试集输出 $y = f(x, \theta)$
　　反归一化输出 y
return y

2.4.1.4　基于深度 LSTM 的短期负荷预测模型建立

典型的短期负荷预测为日前负荷预测，即指提前 1 日对待预测日期 24 h 负荷进行预测。可以应用深度 LSTM 建模，模型基本结构如图 2 - 58 所示，与超短期负荷预测相似，该部分模型略去了全连接层。

短期负荷预测的评价指标选取及训练流程与超短期负荷预测相同，故不赘述。

2.4.1.5　基于深度 LSTM 的中长期负荷预测模型建立

中长期负荷预测常以周、月、年为时间尺度，进行单点或序列负荷预测，其网络结构与图 2 - 57 或图 2 - 58 相似，网络训练流程也与上述相同。不同的是，在较长时间尺度下，经济指标不再是固定值，负荷不仅与日期、天气等因素有关，也可能与地区经济发展情况、政策条件等因素有关，且天气的描述形式也将发生变化，确定值组成的单点描述量将被最高值、最低值、平均值、比例等统计量取代，因此，需结合微电网实际情况及可获取的数据信息选取适当的输入值。

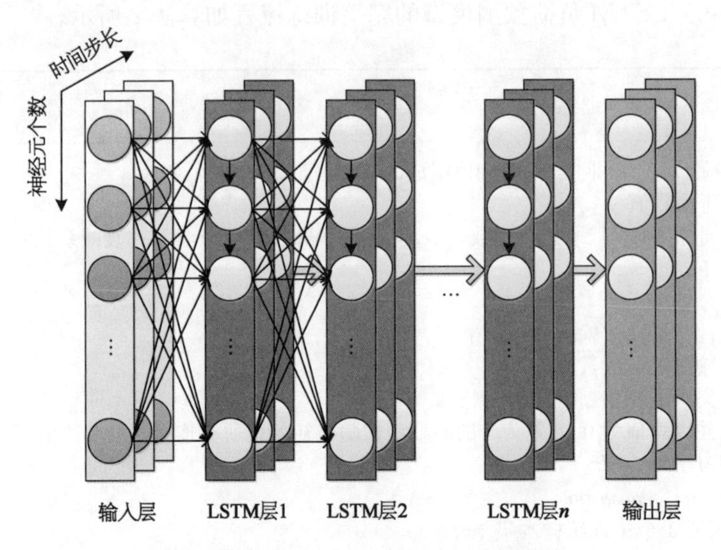

图 2-58 深度 LSTM 短期负荷预测模型

为进一步描述负荷波动的不确定性，在中长期负荷预测中，可不采用确定性预测时常用的 MAPE，RMSE 等指标作为损失函数，而采用分位点预测法获取负荷概率分布对应的分位点信息，例如 pinball 损失函数[68]，其定义为

$$L_{\text{pinball}}^{p}=\frac{1}{N}\sum_{i=1}^{N}\left[(1-p)(\hat{y}_i^p-y_i)s_{\{\hat{y}_i^p-y_i\geqslant 0\}}+p(y_i-\hat{y}_i^p)s_{\{\hat{y}_i^p-y_i<0\}}\right]$$

(2-73)

式中，N 为样本个数，s 为符号函数，当且仅当满足条件时为 1，其余时刻为 0；p 为分位点对应概率，$\hat{y}_i^p$ 即为所求分位点。特别的，当 $p=\frac{1}{2}$ 时，所求 $\hat{y}_i^{0.5}$ 即为中位数，$L_{\text{pinball}}^{0.5}$ 等价于平均绝对误差(MAE)。此时，神经网络训练过程的优化项为

$$\arg\min_{w} L_{\text{pinball}}^{p}(y,\langle x,\ \theta\rangle) \tag{2-74}$$

2.4.2 可再生能源发电区间预测

风力发电、光伏发电等可再生能源是微电网中的重要组成部分，然而，复杂多变的天气状态、云层移动、环境温度等因素使得这些可再生能源发电具有随机性、间歇性和波动性的特点。随着可再生能源发电在微电网中装机容量比重的不断增加，给传统电网的安全稳定运行带来了挑战。可靠与有效地预测可再生能源发电功率对于优化微电网配置、降低微电网运行成本与确保微电网安全稳定运行具有十分重要的意义。

可再生能源发电预测的传统方法通常是基于物理模型实现的，存在准确性低、通用性差、参数选取复杂等缺点。近年来，基于深度学习、统计学习等方法为典型的数据驱动方法成为研究热点，此类方法相较于物理模型有较好的通用性与移植能力，同时也有良好的

非线性逼近能力。在现有的基于数据驱动的预测模型中,通常采用确定性估计方法。然而,单纯的确定性估计方法预测未来输出功率时不可避免地存在误差,无法对预测结果的可靠性进行评估,也无法给电网调度提供可靠的参考信息。因此,本节从概率预测的角度入手,对量化可再生能源发电输出功率不确定性展开研究,提出一种考虑多目标优化的深度学习区间预测模型:首先,采用深度置信网络构建双输出神经网络预测发电功率输出区间的上下界,进而提出不确定性因素的衡量指标,考虑全局最优性,采用适当多目标优化算法对网络参数进行优化求解。

2.4.2.1　基于深度置信网络的发电功率区间预测模型

深度置信网络[70]是 Hinton 等首次提出的一种深度学习算法,可以实现高维、大规模数据的高效学习,常被用于协同过滤、图像及语音特征提取、时间序列预测等方面,近年来也引发了电力领域的广泛关注。通过 DBN 的特征提取特性可以有效解决电力负荷预测复杂、高维度、非线性的难题,从而提高预测精度与可靠性。本节将从受限玻尔兹曼机(RBM)[71]和 DBN 的原理、预测模型的构建与处理几方面展开论述。

1) RBM 网络结构

RBM 是深度置信网络的基本组成单元,它是一个对称连接而无自反馈的随机神经网络模型,其模型结构如图 2-59 所示。RBM 由可见层 V 和隐含层 H 两层网络结构组成,层内无连接,两层间全连接,连接权重为 W。RBM 网络神经元可以服从高斯分布、泊松分布、指数分布等,为了简化推导,假设所有神经元只有激活和未激活两种状态,即服从 0-1 分布。

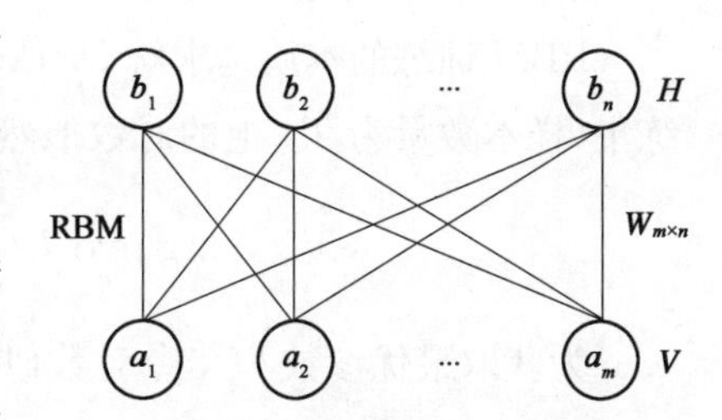

图 2-59　RBM 模型结构

对于一个有 m 个可见层神经元、n 个隐含层神经元组成的 RBM,设 v_i, h_j 分别为可见层神经元 i 和隐含层神经元 j 的状态,对应偏置值分别为 a_i, b_j,两个神经元之间的连接权重为 W_{ij}。当给定状态 (v, h) 时,RBM 系统具备的能量为

$$E(v, h \mid \theta) = -\sum_{i=1}^{m} a_i v_i - \sum_{j=1}^{n} b_j h_j - \sum_{i=1}^{m}\sum_{j=1}^{n} v_i W_{ij} h_j \quad (2-75)$$

式中,$\theta = \{W_{ij}, a_i, b_j\}$ 为 RBM 参数。对于确定的参数,根据能量函数可推出 (v, h) 的联合概率分布为

$$\begin{cases} P(v, h \mid \theta) = \dfrac{e^{-E(v, h \mid \theta)}}{Z(\theta)} \\ Z(\theta) = \sum_{v, h} e^{-E(v, h \mid \theta)} \end{cases} \quad (2-76)$$

式中,$Z(\theta)$ 为配分函数,用作归一化因子。$Z(\theta)$ 难以有效计算,故一般采用 Gibbs 采样法等近似计算。

求上述联合概率分布 $P(v, h \mid \theta)$ 的边际分布,可以得到 RBM 关于观测数据 v 的分布，即似然函数 $P(v \mid \theta)$：

$$P(v \mid \theta)=\frac{\sum_{h} \mathrm{e}^{-E(v,\, h \mid \theta)}}{Z(\theta)} \tag{2-77}$$

由 RBM 层内无连接、层间全连接的属性，RBM 呈对称结构，故式(2-77)中似然函数 $P(v \mid \theta)$ 满足相同分布。当给定可见层状态时，隐含层单元的激活状态条件独立，其中，隐含层神经元 j 的激活概率为

$$P(h_j \mid v,\, \theta)=\sigma(b_j+\sum_{i} v_i W_{ij}) \tag{2-78}$$

由对称性可知，给定隐含层状态时，可见层神经元的激活概率满足相同分布。

$$P(v_i \mid h,\, \theta)=\sigma(a_i+\sum_{j} h_j W_{ij}) \tag{2-79}$$

式中，$\sigma(x)=\dfrac{1}{1+\exp(-x)}$ 为 sigmoid 激活函数。

2) RBM 训练过程

RBM 训练的本质是求解 Markov 最大似然估计问题，即学习目标是求参数 θ 使得训练集(样本数量为 T)上的对数似然函数最大，即

$$\theta^{*}=\arg \max_{\theta} L(\theta)=\arg \max_{\theta} \sum_{t=1}^{T} \log P(v^{(t)} \mid \theta) \tag{2-80}$$

为获取最优参数 θ^{*}，令对数似然函数 $L(\theta)$ 对 θ 求偏导数：

$$\begin{aligned}
\frac{\partial L}{\partial \theta} &=\sum_{t=1}^{T} \frac{\partial}{\partial \theta} \log P(v^{(t)} \mid \theta)=\sum_{t=1}^{T} \frac{\partial}{\partial \theta} \log \sum_{h} P(v^{(t)},\, h \mid \theta) \\
&=\sum_{t=1}^{T} \frac{\partial}{\partial \theta} \log \frac{\sum_{h} \exp[-E(v^{(t)},\, h \mid \theta)]}{\sum_{v} \sum_{h} \exp[-E(v,\, h \mid \theta)]} \\
&=\sum_{t=1}^{T}\left\{\sum_{h} \frac{\exp[-E(v^{(t)},\, h \mid \theta)]}{\sum_{h} \exp[-E(v^{(t)},\, h \mid \theta)]} \times \frac{\partial[-E(v^{(t)},\, h \mid \theta)]}{\partial \theta}-\right. \\
&\qquad \left.\sum_{h} \sum_{v} \frac{\exp[-E(v,\, h \mid \theta)]}{\sum_{h} \sum_{v} \exp[-E(v,\, h \mid \theta)]} \times \frac{\partial[-E(v,\, h \mid \theta)]}{\partial \theta}\right\} \\
&=\sum_{t=1}^{T}\left\{\left\langle\frac{\partial[-E(v^{(t)},\, h \mid \theta)]}{\partial \theta}\right\rangle_{P(h \mid v^{(t)},\, \theta)}-\left\langle\frac{\partial[-E(v,\, h \mid \theta)]}{\partial \theta}\right\rangle_{P(v,\, h \mid \theta)}\right\}
\end{aligned} \tag{2-81}$$

式中，$\langle\cdot\rangle_{P}$ 为关于分布 P 的数学期望，$P(h \mid v^{(t)},\, \theta)$ 为可见层固定为已知训练样本 $v^{(t)}$ 时隐含层的条件概率分布，log 为信息熵，$P(v,\, h \mid \theta)$ 为可见层和隐含层单元的联合概率分布。显然，条件概率项较容易获取，而联合概率项由于 $Z(\theta)$ 的存在难以计算，可以采

用 Gibbs 采样等方法获取。Hinton 曾提出一种对比散度算法(CD)的快速学习方法，它克服了 Gibbs 采样步数大、训练效率低的缺点，仅需几步 Gibbs 采样便可达到近似要求，甚至仅一步迭代就能取得良好效果。

采用 CD 算法训练 RBM 网络时，以梯度上升法更新各参数，其计算准则为

$$\begin{cases}\Delta w_{ij}=\epsilon(\langle v_i h_j\rangle_{\text{data}}-\langle v_i h_j\rangle_{\text{recon}})\\ \Delta a_i=\epsilon(\langle v_i\rangle_{\text{data}}-\langle v_i\rangle_{\text{recon}})\\ \Delta b_j=\epsilon(\langle h_j\rangle_{\text{data}}-\langle h_j\rangle_{\text{recon}})\end{cases}\tag{2-82}$$

式中，ϵ 为学习率，$\langle\cdot\rangle_{\text{data}}$ 为原始观测数据概率分布，$\langle\cdot\rangle_{\text{recon}}$ 为重构后模型新定义的分布，对比式(2-81)，相当于以 data 替换 $P(h\mid v^{(t)},\theta)$，以 recon 替换 $P(v,h\mid\theta)$。

CD 算法的训练过程可以总结为如图 2-60 所示流程，它先将可见层视为一个训练样本，计算隐含层神经元状态，再通过隐含层神经元推出可见层神经元状态，由重建后的可见层神经元状态再次计算出新的隐含层神经元状态。

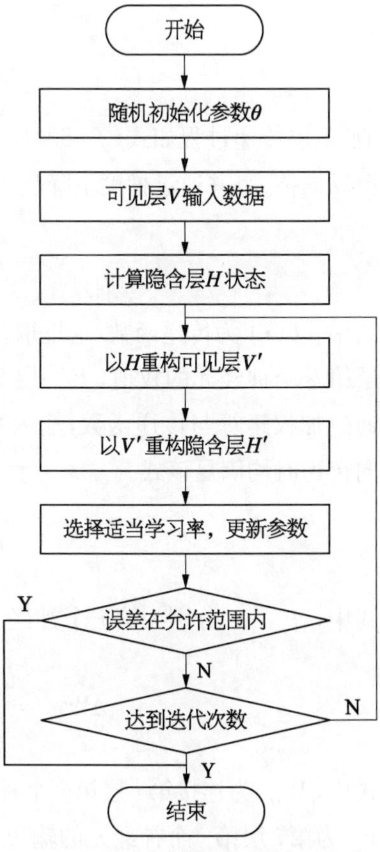

图 2-60　对比散度算法流程

3) DBN 网络结构

DBN 网络由多层 RBM 网络堆叠而成，是一种无监督学习的神经网络模型。当应用于可再生能源发电预测这种有监督学习模型时，常见的一种实现方式是与一个顶层输出单元串接，这里采用全连接层作为顶层输出单元，采用双输出神经网络直接输出发电功率预测区间的上下界，网络的基本结构如图 2-61 所示。图中，V1 层为 RBM1 网络的可见层，接收输入样本数据，此后堆叠的 RBM 中，下一级 RBM 网络将上级网络的隐含层作为可见层，实现网络的多层嵌套。最后一层 RBM 网络将隐含层神经元输出作为 BP 神经网络的输入向量，经过单层神经网络后得到发电功率预测的上下界。通过多层堆叠的 RBM 网络，DBN 模型可以有效实现多维特征提取。

4) DBN 训练过程

对于上述建立的发电功率区间预测模型，合理选取网络权值与阈值，可以得到预测的最优区间。DBN 网络的训练过程由预训练(pre-training)和反向微调(fine-tune)两个阶段组成。预训练过程为自底而上的无监督学习，从第一层 RBM 依次训练至最后一层 RBM，RBM 训练过程前文已具体描述。进而，通过反向微调进一步优化网络性能，反向微调步骤为自上而下的有监督学习过程。首先，输入样本数据后逐层正向传递得到输出

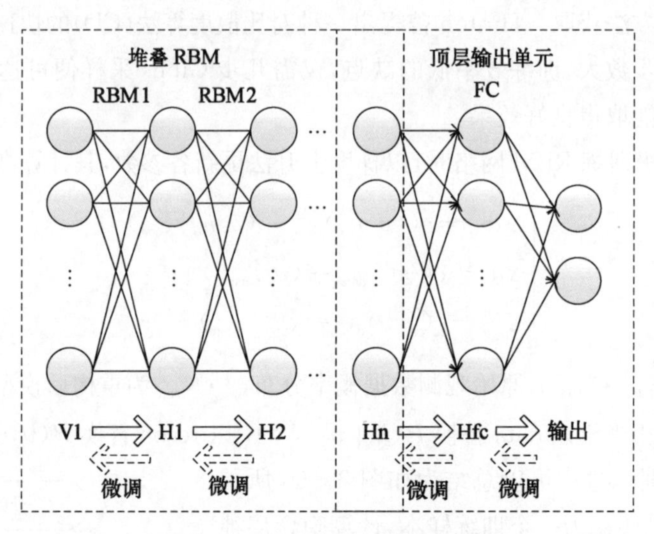

图 2-61　DBN 网络基本结构

值,每层传递过程如式(2-83)所示;其次计算输出层误差,如式(2-84)所示;再将误差函数反向传递,并通过梯度下降法对参数进行微调,微调规则如式(2-85)所示。

$$y_k = f(e) = f\left(\sum_{j=1}^{n} W_{jk} x_j + b\right) \tag{2-83}$$

式中,$f(\cdot)$ 为传递函数,这里取作 sigmoid 函数。W_{jk} 为连接上一层第 j 个神经元和下一层第 k 个神经元的权值,上一层第 j 个神经元的输出为 x_j,神经元个数为 n,b 为阈值。通过加权运算与传递函数,输入数据逐层传递,最终得到输出。RBM 与 BP 神经网络正向传递时均满足该式。

$$E = 1/2 \sum_j (d_j - y_j)^2 \tag{2-84}$$

式中,d_j,y_j 分别为第 j 个神经元的实际输出与期望输出。

$$\Delta W_{ijk} = -\in \frac{\partial E}{\partial W_{ijk}} = \in \frac{\mathrm{d} f_{ik}(e)}{\mathrm{d}e} \delta_{ik} x_{ij} \tag{2-85}$$

式中,W_{ijk} 为连接第 i 层第 j 个神经元与 $i+1$ 层第 k 个神经元之间的权值,$\in$ 为学习率,x_{ij} 为第 i 层第 j 个神经元的输出,$f_{ik}(e)$ 表示 $i+1$ 层第 k 个神经元的传递函数,δ_{ik} 表示 $i+1$ 层第 k 个神经元反向传递得到的误差,满足

$$\delta_{ik} = \begin{cases} d_k - y_k & i+1 = M \\ (d_k - y_k) \sum_{h=1}^{n_{i+2}} \delta_{(i+1)h} W_{(i+1)kh} & i+1 < M \end{cases} \tag{2-86}$$

式中,M 为网络层数,n_{i+2} 为第 $i+2$ 层神经元个数。

综上,DBN 网络的训练流程如图 2-62 所示。

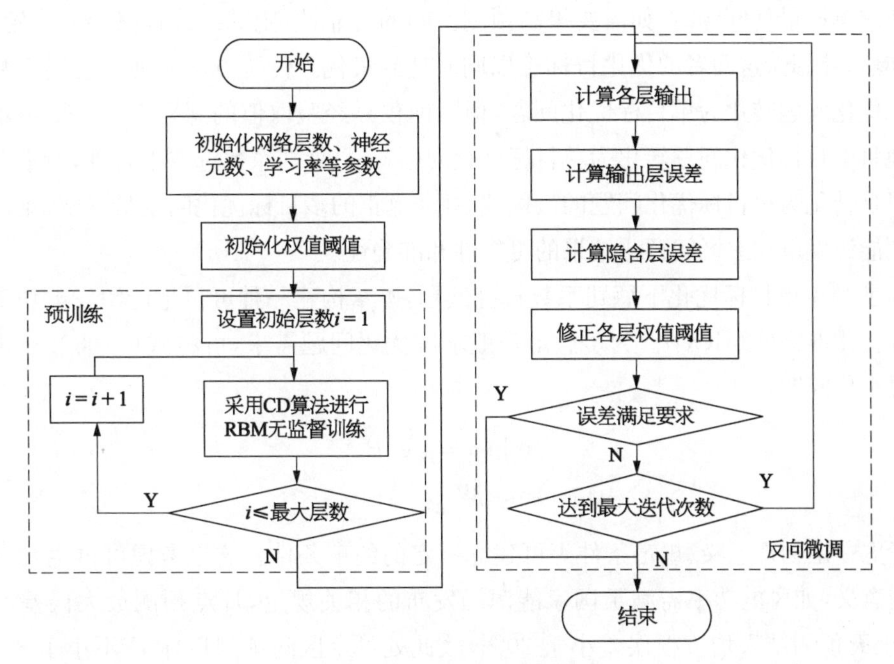

图 2-62　DBN 网络训练流程

2.4.2.2　多目标优化区间预测

为保证计及不确定性因素的区间预测结果的全局最优性，需要选取适当的评价指标衡量区间预测的不确定性。本章发电预测区间评价指标考虑可靠性和准确性两个指标。为衡量预测区间的可靠性程度，引入预测区间置信度(PICP)：

$$P=\frac{1}{N_P}\sum_{i=1}^{N_P}\rho_i \tag{2-87}$$

式中，N_P 为样本总数；如预测目标值落在预测区间内，$\rho_i=1$，否则 $\rho_i=0$。由上式可知，可靠性指标 P 的范围为 0～1，当所有目标值点都落在预测区间内时，$P=1$，此时可靠性最好。但如果仅追求高可靠性，预测带宽将被放大到预测边界值，此时毫无实际意义。因此，需引入预测区间平均带宽指标(PINAW)衡量预测区间的准确度。

$$W=\frac{1}{N_P R}\sum_{i=1}^{N_P}(U_i-L_i) \tag{2-88}$$

式中，U_i，L_i 分别为预测区间的上、下界；R 为检测样本的目标值范围，其值为样本最大值与最小值之差。

实际预测中，希望预测结果的可靠性和准确性越高越好，该问题为一个多目标优化问题，即

$$\begin{cases}\max P\\ \min W\end{cases} \tag{2-89}$$

在求解该最优问题时，如需要提高预测区间的可靠性，则其准确性必会有一定下降；反之亦然。因此，这两者的优化目标难以同时达到最优。传统方法是通过惩罚系数将该多目标优化问题转化为单目标优化问题，但目前仅靠经验取值的惩罚系数选取很难真实有效地将多目标优化问题转化为单目标优化问题，一旦惩罚系数选取不合理，所求全局最优解只是转化为单目标优化问题的最优解，并非真正的多目标优化问题最优解，难以保证可再生能源发电功率区间预测结果的可靠性和准确性。

为了避免单目标优化下惩罚系数选择问题，本章构建一种可再生能源发电功率区间多目标优化准则(PIMOC)。为了满足一般求解优化问题需求，可将式(2-89)转化为多目标最小化问题：

$$\begin{cases}\min \alpha = 1 - P \\ \min W\end{cases} \tag{2-90}$$

考虑一定物理意义、规定条件等可建立一定的约束条件。这里考虑可再生发电功率的物理意义，如风电功率需满足国家能源局发布的相关规定，日点预测最大误差不超过25%，全天预测结果均方根误差小于20%，故此处可令区间预测指标 P 不小于80%，W 不超过25%，建立约束条件：

$$\begin{cases}80\% \leqslant P \leqslant 100\% \\ 0 \leqslant W \leqslant 25\%\end{cases} \tag{2-91}$$

考虑到可再生能源发电功率时间序列的强随机性和不确定性，可采用适当多目标优化算法进行优化求解，以期提高预测结果的精度和可靠性。

2.4.2.3　基于NSGA2多目标优化算法的求解流程

针对所建立的多目标多约束模型，可以采用改进型非劣排序遗传算法(NSGA-Ⅱ)进行求解。NSGA-Ⅱ是K-Deb教授在2002年提出的适用于复杂多目标多约束优化问题求解的算法，具有快速、准确的搜索性能[69]。

采用NSGA-Ⅱ算法求解该多目标优化模型的流程如图2-63所示。其中，求解过程的主要步骤包括：

(1) 初始化参数。主要包括DBN网络的连接权值、阈值，训练、验证和测试样本数据的归一化，设置NSGA-Ⅱ的种群个数、种群最大迭代次数以及每个决策变量范围。

(2) 初始解产生。设种群代数 $gen=1$，随机生成 N 个个体的初始种群pop，计算初始解的目标函数适应度。

(3) Pareto非支配排序选择。按照秩小、拥挤距离小的原则对初始化种群进行非支配排序，选取最好的 N 个个体形成新的pop。

(4) 种群更新。按照二元锦标赛选择、交叉和变异得到新种群newpop，合并父代与子代种群。

(5) 判断是否满足误差或迭代次数的终止条件，达到则结束，否则转步骤(3)。

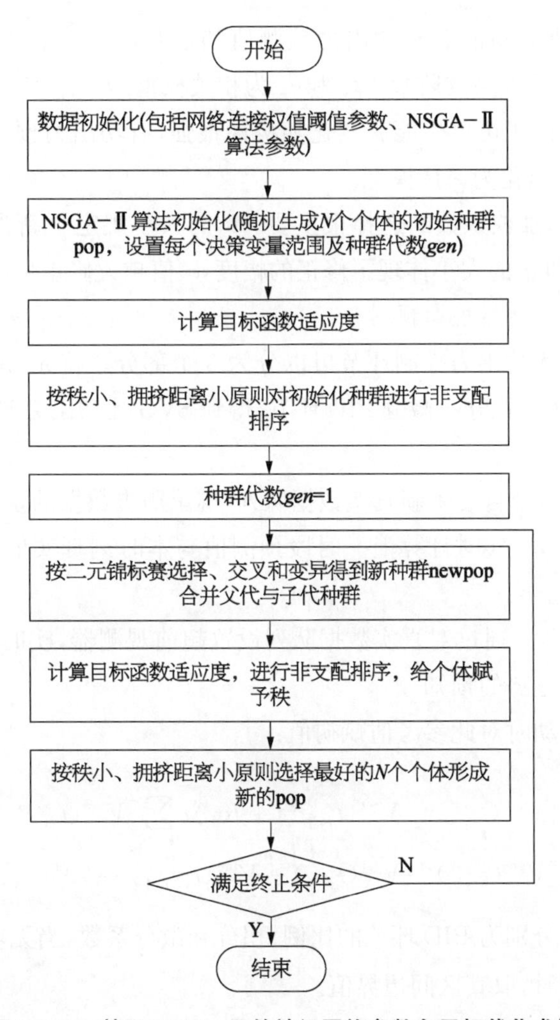

图 2-63　基于 NSGA-Ⅱ的神经网络参数多目标优化求解

2.4.3　可再生能源出力超短期预测

2.4.2 节研究了可再生能源发电区间预测方法，通常适用于较长时间尺度的场景，如日前发电功率预测等。本小节基于经典控制理论建立数据模型，提出一种数据驱动的可再生能源出力的超短期预测方法，对微电网系统中的可再生能源的有功功率和无功功率进行超短期预测，实时跟踪随机性较大的功率量，提前预知网络状态，为系统运行管理人员制定运行策略和防御措施提供依据，以期事前防范。

2.4.3.1　可再生能源有功超短期预测

对于一般波动较小的可再生能源有功出力，利用历史有功出力数据，通过自回归滑动平均(ARMA)预测方法获取：

$$P_{\mathrm{RE}}^{\mathrm{pre}}(t_{i,\,j})=\sum_{k=1}^{N_a}\varphi_k P_{\mathrm{RE}}^{\mathrm{pre}}(t_{i,\,j-k})+\varepsilon_{\mathrm{RE}}^{\mathrm{pre}}(t_{i,\,j})-\sum_{k=1}^{N_m}\theta_k\varepsilon_{\mathrm{RE}}^{\mathrm{pre}}(t_{i,\,j-k}) \tag{2-92}$$

式中，$P_{\mathrm{RE}}^{\mathrm{pre}}$ 和 $\varepsilon_{\mathrm{RE}}^{\mathrm{pre}}$ 分别为新能源有功出力预测值和预测误差，N_a 和 N_m 分别为自回归(AR)和滑动平均(MA)模型的阶数，φ_k 和 θ_k 为相关权重。$t_{i,\,j-k}\leqslant 0$ 时，预测值变量应取对应时刻的历史值。由于可再生能源变化随机性很强，有功出力预测误差通常相关性较低，因此 ARMA 模型退化为 AR 模型。

进行指数平滑时，加权系数的选择很重要。a 的大小规定了新预测值中新数据和原预测值所占的比重，即 a 的大小体现了修正的幅度，a 值越大修正幅度越大，反之亦然。

2.4.3.2　新能源无功超短期预测

对于可再生能源无功出力控制环节可以分为 3 个部分。首先，由预测值 V^{pre} 与设定值 V^{set} 之差，经由比例—积分—微分 PID 环节，得到 SVG 无功出力参考值 Q^{ref}，由 3 个部分组成：

(1) 数据惯性环节。自动更新真实数据队列，继承历史数据的基本特性。

(2) 数据跟踪环节。实时计算上一时段预测值与本时刻真实值的偏差，加速预测值对真实值的偏差能力。

(3) 超前观测环节。通过对真实数据队列设置超前观测器，实时感知功率变化趋势，实现对下一时刻变化趋势的预知。

一般在无功源启动时对此参考值赋初值：

$$Q_{\mathrm{RE}}^{\mathrm{ref}}(t_{i,\,j})=K_{\mathrm{P}}[V^{\mathrm{pre}}(t_{i,\,j})-V^{\mathrm{set}}(t_{i,\,j})]+K_{\mathrm{I}}\Delta t\sum_{k=0}^{\infty}[V^{\mathrm{pre}}(t_{i,\,j})-V^{\mathrm{set}}(t_{i,\,j})]+ K_{\mathrm{d}}[V^{\mathrm{pre}}(t_{i,\,j})-V^{\mathrm{set}}(t_{i,\,j})-V^{\mathrm{pre}}(t_{i,\,j-1})+V^{\mathrm{set}}(t_{i,\,j-1})] \tag{2-93}$$

式中，K_{P}，K_{I} 和 K_{d} 分别为 PID 环节的比例、积分和微分系数，当无功出力参考值 Q^{ref} 超出 $[Q^{\mathrm{min}},\,Q^{\mathrm{max}}]$ 范围时，取其区间边界值。

其次，经过惯性环节得到可再生能源无功出力，其中时间常数 T_{d} 反映了电力电子装置的动作延迟时间。当相邻 2 个预测周期间隔很小时，无功出力设定值保持稳定，可得可再生能源无功出力预测值为

$$Q_{\mathrm{RE}}^{\mathrm{pre}}(t_{i,\,j})=Q_{\mathrm{RE}}^{\mathrm{pre}}(t_{i,\,j-1})+[Q_{\mathrm{RE}}^{\mathrm{pre}}(t_{i,\,j-1})-Q_{\mathrm{RE}}^{\mathrm{pre}}(t_{i,\,j-1})]\mathrm{e}^{-\frac{t_{i,\,j}-t_{i,\,j-1}}{T_{\mathrm{d}}}} \tag{2-94}$$

母线及设备电压预测值可通过潮流计算获得，但潮流约束具有非凸形式，不利于优化求解，在控制模型中常利用潮流方程线性化所得灵敏度矩阵计算电压预测值，可在保证一定精度的同时大大简化模型预测的优化求解过程。此外，灵敏度方法求解电压预测值在选取电压和无功出力初值时，使用实时量测取代前次控制预测所得量，在模型预测优化中起到了反馈校正的作用，避免控制系统出现累积误差。

$$V^{\mathrm{pre}}(t_{i,\,j})-V^{\mathrm{pre}}(t_{0,\,0})=\boldsymbol{S}\begin{bmatrix}P_{\mathrm{RE}}^{\mathrm{pre}}(t_{i,\,j})-P_{\mathrm{RE}}^{\mathrm{pre}}(t_{0,\,0})\\ Q_{\mathrm{RE}}^{\mathrm{pre}}(t_{i,\,j})-Q_{\mathrm{RE}}^{\mathrm{pre}}(t_{0,\,0})\\ Q_{\mathrm{VSG}}^{\mathrm{pre}}(t_{i,\,j})-Q_{\mathrm{VSG}}^{\mathrm{pre}}(t_{0,\,0})\end{bmatrix} \tag{2-95}$$

式中，$\boldsymbol{V}^{pre}$ 为由可再生能源并网点电压预测值 V_{PCC}^{pre}、可再生能源电压预测值 V_{RE}^{pre} 和 SVG 电压预测值 V_{VSG}^{pre} 组成的向量，$\boldsymbol{S}$ 为灵敏度矩阵，$t_{0,0}$ 时刻预测值应取当前系统中对应量的实测值。

参考文献

[1] CPS Steering Group. Cyber-physical system executive summary. 2008.

[2] Rajkumar R, Lee I, Sha L, et al. Cyber physical systems: The next computing revolution. Proc of DAC. New York: ACM, 2010: 731 - 736.

[3] NSF cyber-physical system program solicitation. 2011. http://www.nsf.gov/.

[4] NSF workshop on cyber-physical systems. Austin, Texas: Carnegie Mellon University, 2006. http://varma.eee.cmu.edu/CPS/.

[5] McGrangahan M, Goodman F. Technical and system requirements of advanced distribution automation In 18th international conference and exhibition on electricity distribution, CIRED, Turin, Italy, 2005.

[6] Liu, et al. Cyber physical systems: a new frontier. IEEE International Conf. on Sensor Networks, Ubiquitous and Trustworthy Computing, June, 2008.

[7] 赵俊华，等.电力系统物理融合系统的建模分析与控制研究框架.电力系统自动化，2011，35(16)：1 - 8.

[8] Draft IEC 61970: Energy management system application program interface(EMS - API) - Part 301: Common information model(CIM). Draft 6.

[9] 曹阳，等.智能电网核心标准 IEC 61970 最新进展.电力系统自动化，2011，35(17)：1 - 2.

[10] IEC61968: System interfaces for distribution management. 2009.

[11] Janet Revoda, Susan Lysecky, et al. Interface model based on cyber-physical energy system designed for smart grid. IEEE 19th conference on VLSI and system-on-chip. 2011: 368 - 373.

[12] Pu,W, Lemmom M D. Optimal power flow in microgrids using event-triggered optimization. American Control Conference(ACC), 2010.

[13] Tang Junjie, Zhao Jianjun, et al. Cyber-physical system modeling future cyber-physical method based on Modelica. IEEE 6th International Conference on Software Security and Reliability Companion, 2012.

[14] 曾倬颖，刘东.光伏储能协调控制的信息物理融合建模研究.电网技术，2013，37(6)：1 - 3.

[15] 刘东，盛万兴，等.电网信息物理系统的关键技术及其进展.中国电机工程学报，2015，35(14)：3522 - 3526.

[16] DeSoto W. Improvement and Validation of a Model for Photovoltaic array performance. University of Wisconsin, Madison, WI, 2004.

[17] 杨文杰.光伏发电并网与运行控制仿真研究.成都：西南交通大学，2010：16 - 64.

[18] 陈波.基于光伏系统低电压穿越的无功控制策略.低压电器，2010，19：22 - 23.

[19] 王成山.低压微网控制策略研究.中国电机工程学报，2012，32(25)：3 - 5.

[20] 陆俊，李子，朱炎平，等.智能配用电信息采集业务通信带宽预测.电网技术，2016(4)：1277－1282.

[21] Henriet Simon, Simsekli Umut, Fuentes Benoit, et al. A generative model for non-intrusive load monitoring in commercial buildings. Energy and Buildings, 2018.07.060.

[22] Lu T, Xu Zhengguang, Huang Benxiong. An event-based nonintrusive load monitoring approach: Using the simplified viterbi algorithm. IEEE Pervasive Computing, 2017, 16(4): 54－61.

[23] Nalmpantis C, Vrakas D. Machine learning approaches for non-intrusive load monitoring: from qualitative to quantitative comparation. Artificial Intelligence Review, 2019, 52(1): 217－243.

[24] 郝然，艾芊，肖斐. 基于多元大数据平台的用电行为分析构架研究. 电力自动化设备，2017(8).

[25] Wang Y, Chen Q, Kang C, et al. Clustering of electricity consumption behavior dynamics toward big data applications. IEEE Transactions on Smart Grid, 2017, 7(5): 2437－2447.

[26] 陈俊艺，丁坚勇，田世明，等.基于改进快速密度峰值算法的电力负荷曲线聚类分析.电力系统保护与控制，2018，46(20)：91－99.

[27] 王德文，周昉昉.基于无监督极限学习机的用电负荷模式提取.电网技术，2018，42(10).

[28] 孙毅，冯云，崔灿，等.基于动态自适应K均值聚类的电力用户负荷编码与行为分析.电力科学与技术学报，2017(3).

[29] 薛禹胜，赖业宁.大能源思维与大数据思维的融合(二)应用及探索.电力系统自动化，2016，40(8)：1－13.

[30] He X, Ai Q, Qiu C, et al. A Big Data Architecture Design for Smart Grids Based on Random Matrix Theory. IEEE Transactions on Smart Grid, 2015, 8(2): 674－686.

[31] Qiu R, Chu L, He X, et al. Spatio-Temporal Big Data Analysis for Smart Grids Based on Random Matrix Theory: A Comprehensive Study. 2017.

[32] 徐心怡，贺兴，艾芊，等.基于随机矩阵理论的配电网运行状态相关性分析方法.电网技术，2016(3)：781－790.

[33] Xu X, He X, Ai Q, et al. A correlation analysis method for power systems based on random matrix theory. IEEE Transactions on Smart Grid, 2015, 8(4): 1－10.

[34] He X, Chu L, Qiu R C, et al. A novel data-driven situation awareness approach for future grids—using large random matrices for big data modeling. IEEE Access, 2018, 6: 13855－13865.

[35] Lecun Y, Bengio Y, Hinton G. Deep learning. Nature, 2015, 521(7553): 436－444.

[36] 殷爽睿，艾芊，曾顺奇，等.能源互联网多能分布式优化研究挑战与展望.电网技术，2018，42(5).

[37] 朱迪.云计算在电力系统中的应用研究.北京：华北电力大学，2015.

[38] 毛羽丰.基于云计算的海量电力数据分析系统设计与实现.北京：北京交通大学，2015.

[39] 罗军舟，金嘉晖，宋爱波，等.云计算：体系架构与关键技术.通信学报学术论坛暨2011云计算学术会议，2012.

[40] 耿玉水，寇纪淞.云计算下异构数据集成模型的构建.济南大学学报(自然科学版)，2012(4)：57－62.

[41] 工业和信息化部电信研究院.云计算白皮书.(2012)[2020－2－11]. https://wenku.baidu.com/view/d4c4cdd228ea81c758f57842.html.

[42] 张聪，樊小毅，刘晓腾，等.边缘计算使能智慧电网.大数据，2019，5(2)：67－81.

[43] 李彬,贾滨诚,曹望璋,等.边缘计算在电力需求响应业务中的应用展望.电网技术,2018,42(1):86-94.

[44] Shi W, Dustdar S. The promise of edge computing. Computer, 2016, 49(5): 78-81.

[45] 周知,于帅,陈旭.边缘智能:边缘计算与人工智能融合的新范式.大数据,2019,5(2):56-66.

[46] Satyanarayanan Mahadev. The emergence of edge computing. Computer, 2017, 50(1): 30-39.

[47] Saputro N, Akkaya K. Investigation of smart meter data reporting strategies for optimized performance in smart grid AMI networks. IEEE Internet of Things Journal, 2017: 1-1.

[48] 徐恩庆,董恩然.云计算与边缘计算协同发展的探索与实践.通信世界,2019,801(9):48-49.

[49] 闫常友,杨奇逊,刘万顺.基于提升格式的实时数据压缩和重构算法.中国电机工程学报,2005,25(9):6-10.

[50] 张斌,张东来.电力系统稳态数据参数化压缩算法.中国电机工程学报,2011,31(1):72-79.

[51] 朱永利,翟学明,姜小磊.绝缘子泄漏电流的自适应 SPIHT 数据压缩.电工技术学报,2011,26(12):190-196.

[52] 宋亚奇,周国亮,朱永利.智能电网大数据处理技术现状与挑战.电网技术,2013(4):55-63.

[53] 赵腾,张焰,张东霞.智能配电网大数据应用技术与前景分析.电网技术,2014,38(12):3305-3312.

[54] 王秀磊,刘鹏.大数据关键技术.中兴通讯技术,2013,19(4):17-21.

[55] 吴猛.基于 Web 的数据可视化技术初探.福建电脑,2007(12):58-59.

[56] 苑立民,郝成亮,刘昶,等.基于 Hadoop 生态环境的大数据平台在电网公司海量数据准实时处理中的应用.大众用电,2017,305(S1):40-43.

[57] 孙宝贵,王欣红,王振世.智能电网中大数据处理技术分析.通讯世界,2016(23).

[58] 邓炜瑛.智能电网大数据处理技术现状与挑战.中外企业家,2015(6):137.

[59] 田野,袁博,李廷力.物联网海量异构数据存储与共享策略研究.电子学报,2016,44(2):247-257.

[60] 邓仲华,刘伟伟,陆颖隽.基于云计算的大数据挖掘内涵及解决方案研究.情报理论与实践,2015,38(7):103-108.

[61] Han R, Nie L, Ghanem M M, et al. Elastic algorithms for guaranteeing quality monotonicity in big data mining. IEEE International Conference on Big Data- Silicon Valley, CA, USA (2013.10.6-2013.10.9). IEEE, 2013: 45-50.

[62] 关于电网企业中数据挖掘的应用分析.https://www.a5idc.net/newsview_88.html.

[63] 王曙霞,焦家林,黄志武.移动互联终端的海量云数据挖掘技术研究.电脑与电信,2017(10):30-32.

[64] Hochreiter S, Schmidhuber J. Long short-term memory. Neural Computation, 1997, 9(8): 1735-1780.

[65] 李昭昱,艾芊,张宇帆,等.基于 attention 机制的 LSTM 神经网络超短期负荷预测方法.供用电,2019,36(1):23-28.

[66] 张宇帆,艾芊,林琳,等.基于深度长短时记忆网络的区域级超短期负荷预测方法.电网技术,2019,43(6).

[67] Sung W, Park J. Single stream parallelization of recurrent neural networks for low power and fast inference. arXiv preprint arXiv, 2018, 1803.11389.

[68] 王玥,张宇帆,李昭昱,等.即插即用能量组织日前负荷概率预测方法.电网技术,2019,43(9):3055-3060.

[69] Deb K, Agrawal S, Pratap A, et al. A fast elitist non-dominated sorting genetic algorithm for multi-objective optimization: NSGA-II// Parallel Problem Solving from Nature PPSN VI, 2000.

[70] Hinton G E, Osindero S, Teh Yee-Whye. A fast learning algorithm for deep belief nets. Neural Computation, 2014, 18(7): 1527-1554.

[71] 张春霞,姬楠楠,王冠伟.受限波尔兹曼机.工程数学学报,2015(2):159-173.

第3章
微电网控制技术

广义的微电网控制包含两个方面：一个是微电网整体控制策略，即协调微电网内各微电源、储能和负荷的配合；另一个是微电源的控制策略，即分布式电源的输出特性。本章从微电网系统的角度，重点介绍微电网整体控制策略。

微电网自治和并网运行的特性决定了其运行模式一般应具备两种常态运行模式，即独立运行模式和联网运行模式，传统的控制方式一般包括主从控制模式、对等控制模式和分层控制模式。本章从交流、直流和交直流微电网典型的控制架构和控制方法出发，分析微电网控制器的控制策略，引出基于分布式多代理技术的微电网分层控制及架构，并对适用微电网分层控制的协同一致性技术进行介绍。

3.1　微电网经典控制架构

微电网是将分布式电源、负荷、储能元件以及控制和保护装置等集合，形成一个单一可控的单元，同时向用户提供冷、热、电能。微网灵活的运行方式和高质量的供电服务需要有完善与稳定的控制系统。微网中当网络结构发生变化或者出现故障时，如何协调微电源之间的关系，以保证在任何情况下都可以优质供电，是微网控制的难点。良好运行控制是实现微电网诸多技术经济优势的前提，也是微电网研究领域的关键问题之一。微电网灵活的运行方式带来了潮流和信息的双向互动，使其控制与传统控制有显著不同，其控制必须保证[1]：

(1) 在并网和孤岛运行方式下，都能控制局部电压和频率，使系统安全稳定运行。

(2) 提供或者吸收电源和负荷之间的暂时功率差额以减少联络线功率波动。

(3) 根据故障情况或系统需要，平滑自主地实现与主网分离、并列或两者的过渡转化。

下面就微电网经典控制架构和控制方法对微电网控制作综述。

目前国内积极开展微网的试验示范和研究，以研究微网关键技术和运行控制策略。现有微电网试点工程可以大致分为两类：并网型和孤岛型。举例来说，并网型微电网试点工程有北京延庆新能源微电网示范项目、太原西山生态产业区新能源示范园区、中德生态园启动区泛能微电网、温州经济技术开发区微电网示范项目等。孤岛型微电网试点工程有舟山摘箬山岛新能源微电网项目、瑞安市北龙岛光储柴互补微电网示范项目、福鼎台山岛风光柴储一体化项目、珠海万山岛智能微电网示范项目等。目前很多在试运行的微网示范项目只有两层控制结构：本地层和控制监控层；也有很多复杂的微电网示范工程采用 3 层控制结构：设备层、协调层和优化层。

3.1.1 直流微电网控制架构

直流微电网一般采用双层结构，因其以直流电为主要输电形式，系统中直流微源、储能单元、直流负荷等均通过直流母线相连接。直流微电网的运行模式分为两种：并网运行及孤岛运行。并网运行时，大电网与直流微电网系统间通过并网逆变器进行能量交换，此时可由大电网维持系统稳定运行；孤岛运行时，并网逆变器侧的断路器断开，大电网与直流微电网系统间无能量交换，由储能平衡系统的功率维持直流母线的电压[2]。直流微电网和交流微电网的不同如表 3-1 所示[3]。相比于交流微电网，直流微电网有如下特征：

表 3-1 交流微电网和直流微电网比较

比较项目	交　流	直　流
技术层次	1. DC/DC 转换器 2. 电能平衡 3. 交流型不断电供电 4. 功率因数校正	1. DC/DC 转换器 2. 电能平衡 3. 直流型不断电供电 4. 功率因数校正
零件成本	需要外加一级功因校正器	可节省功因校正器的零件成本的 25%
效率评估	由于多输入电源的直流准位元不同，故需要两级处理	1. 仅需要单级处理，故效率可以提升 10% 2. 在传输相同功率时，直流传输效率较高
电压调变	可用低频变压器调频，但体积大且笨重	需用 DC/DC 转换器调变，但体积小、重量轻，很适用于轻薄短小的电器产品
电力品质	有功率因数、谐波及振幅变动等问题	仅有振幅变动问题
配电需求	简便	简便
电源搭配	需要 DC/DC 转换器及 DC/AC 转换器	仅需要 DC/DC 转换器
负载搭配	对于现有的电器负载，不需换流器就可直接搭配使用	对于传统的电感性电器负载，需加换流器才可搭配使用；然而为了提高电能转换效率，传统的电感性电器负载都会搭配变频器使用，因此，仍可直接以直流供电，不需额外加装换流器
安全考虑	漏电侦测、过流保护及触电防护皆容易达成	漏电侦测、过流保护及触电防护皆容易达成
容量扩充	采用多模块 DC/AC 换流器并联操作来扩充容量，其技术困难度较高，易产生环流问题	采用多模块 DC/DC 换流器并联操作来扩充容量，其技术困难度较低，不易产生环流问题

(1) 直流微电网内直流性质的微电源及负荷可以通过 DC/DC 变换器直接连接到直流母线，不需要再经过 AC/DC 或 DC/AC 的变换，使系统中变换器大大减少，效率有所提

高，经济性得到改善。

(2) 由于直流微电网中不存在频率、相角及无功等问题，电压就成了判断系统中功率是否平衡的一个很重要的判断指标。只要检测直流母线的电压，就能对系统中功率的盈缺作出判断，进而控制并网逆变器或者储能系统的运行方式，大大简化了系统的控制策略。

(3) 对于直流性质的微电源及负荷，都能直接接入直流母线，不再经交直或者直交的变换，也就减少了谐波及干扰的产生。同时，与大电网相连的断路器可以有效地隔离电网侧的扰动，在大电网发生故障时可以断开断路器，直接运行于孤岛模式，继续向系统中的负荷供电，保证其正常运行，这样就提高了供电的可靠性。

1) 直流微电网物理结构

高压直流输电的主要优点是减少线路损耗和将两个异步电网互连，用直流电流能更好地利用输电线路消除和远距离交流输电有关的不稳定问题。

直流微电网采用直流的配电方式，按其母线的结构可分为单母线结构、双母线结构、分层母线结构以及冗余式结构[4]。直流微电网的结构如图 3－1 和图 3－2 所示。

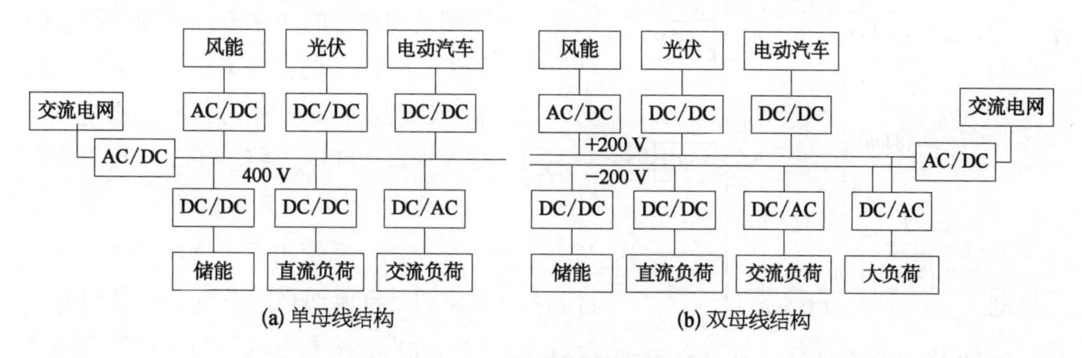

图 3－1　直流微电网结构 1

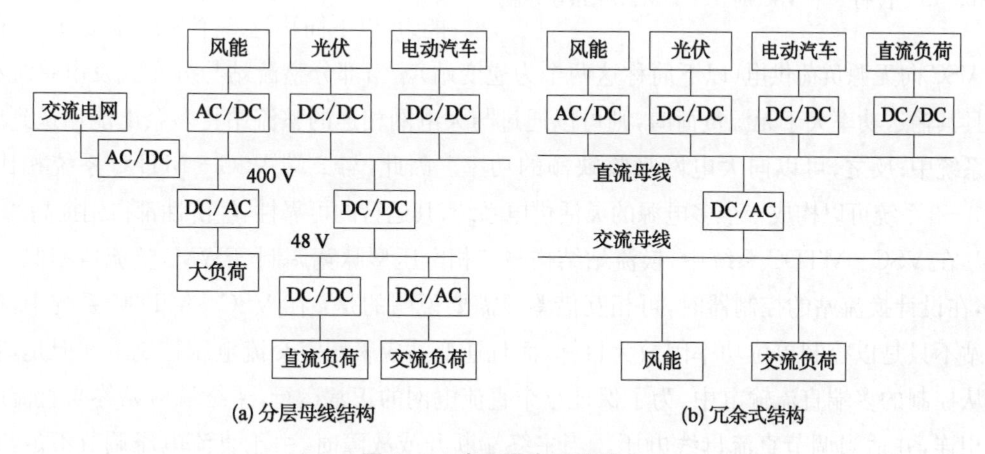

图 3－2　直流微电网结构 2

图 3－1(a)的直流微电网母线电压设计为 400 V，微源、负荷等均通过变换器接入直流母线，系统通过并网逆变器接入大电网；图 3－1(b)设计母线电压为±200 V，可以满足

不同负荷对电压的要求。除此之外，图 3－2(a)对母线结构进行了优化，设计母线电压为 400 V 和 48 V，设计了低压母线，可直接对低压用电设备供电；图 3－2(b)结构的优点在于，当其中一条母线出现故障时，另一条母线可保证系统负荷的正常运行。随着直流性质负荷的不断发展，直流负荷对于电压等级的需求也呈现出多样化，为了减少系统中变换器的使用，提高系统运行效率，要求未来的直流微电网结构能够提供多种不同的电压等级，因此，母线分层结构直流微电网将会有光明的发展前景。

2) 直流微电网的传统控制方式

基于 VSC 的直流微电网控制，是通过采用全控电子 IGBT、调制技术和矢量控制，灵活地实现有功功率、无功功率以及直流、交流电压的解耦的控制[5]。目前，直流微电网的控制方式主要有主从控制和直流电压下垂控制两种。

(1) 主从控制。工业驱动领域的多端系统，通常用一个换流器作为整流站，与有源交流系统连接，而其他换流器都作为逆变站，向无源负荷供电，也即：一个 VSC－MTDC 终端控制直流电压，而其他每个 VSC－MTDC 终端控制自己的功率流。这种多终端的 VSC－MTDC 的控制方法被称为主从控制，其控制方法与向无源网络供电的 2 端 VSC－MTDC 系统相似。为了不失一般性，以图 3－3 所示的 VSC－MTDC 系统为例。系统由 5 个 VSC 构成，其直流侧通过直流网络并联连接。其中 3 个 VSC 分别经换流电抗器与各自独立的有源交流系统相连，它具有功率的双向传输能力(以下简称这 3 个为整流站)；另外 2 个 VSC 向无源负荷供电(以下简称这两个为逆变站)。当部分整流站与分布式发电系统相连且其输送功率大于无源负荷时，则可以通过与大电网相连的整流站将多余电能输送到交流系统中；反之，可以向大电网吸收缺额的功率。因此，与 2 端 VSG－MTDC 系统相比，图 3－3 系统可以构成一个多电源的灵活供电系统，其运行的可靠性、经济性都得到提高。

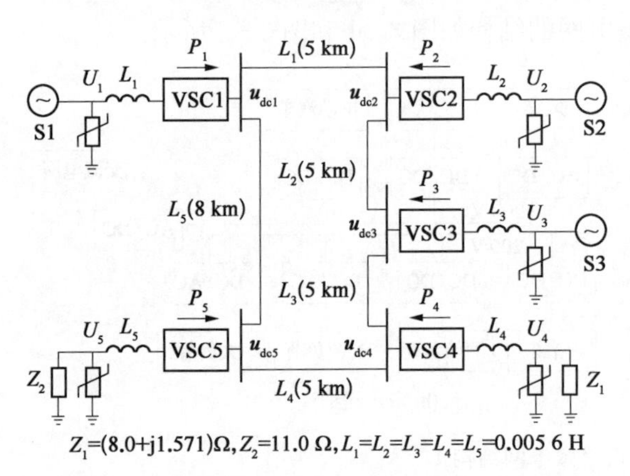

图 3－3　含有 5 个 VSC 的 VSC－MTDC 系统示例

在 VSC－MTDC 系统中，换流站结构与三相电压型脉宽调制(PWM)整流器相似，因此，在设计换流站的控制器时，可相互借鉴。需要说明的是：在 VSC－MTDC 系统中，整流站不只是以控制单位功率因数为目标，而且逆变站应采用定交流电压控制[6]。但是，在主从控制的多端直流输电中，为了保证整个直流电网的正常运行，主终端应始终与直流电网相连，并适当调节直流母线电压。当主终端断开或故障时，由于直流电压调节不足，直流电网会出现过压或欠压的情况。为了解决这个问题，电压裕度控制应运而生。尽管该方法在控制上存在冗余，但其缺点是每个终端的参考设定值过多。因此，对于采用电压裕度控制的大型多终端 VSC－MTDC 系统，直流电压下垂控制可以保持控制结构相对简单。

(2) 直流电压下垂控制。多终端 VSC - HVDC 控制的另一种方法是使所有 VSC 站都采取直流电压下垂控制。利用直流电压下垂控制，两个或两个以上的 VSC 端子皆可以参与直流电压控制，从而共同分担直流电网的功率平衡任务。在多终端 VSC - MTDC 系统中，下垂控制相比于主从控制的最大优点是：在 VSC - HVDC 系统发生故障时或因大扰动而断开连接时系统运行的可靠性更高。

直流电压下垂控制的核心思想是，直流电网中的直流电压可以用与处理交流电网中的频率相同的方法来处理，所以直流电压信号能反映功率流的性质，并可作为下垂控制器的输入信号。VSC 下垂控制器通常由一个电流内环控制(使有功和无功控制有效解耦)和一个外环控制器(为电流内环控制器提供参考)组成。完整的 VSC 控制器原理如图 3 - 4 所示[7]。其中，参考直流电流源用于控制有功功率或直流母线电压。

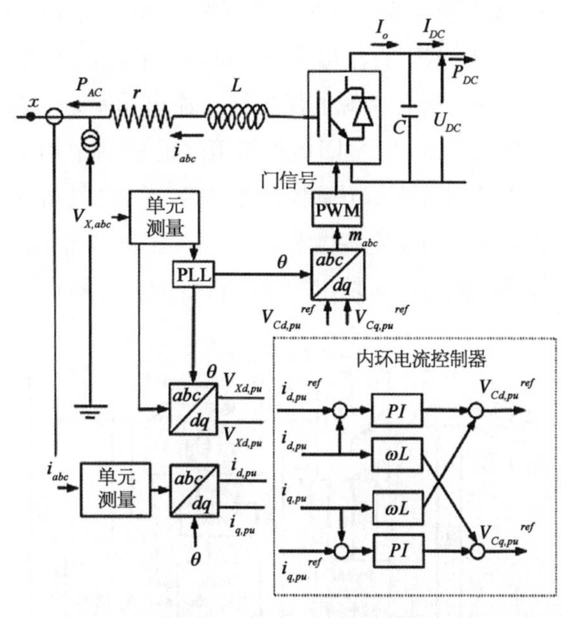

图 3 - 4　VSC 的下垂控制

3) 直流微电网控制架构分类

(1) 基于双层母线的直流微电网控制策略。

直流负荷的种类不断增多，其额定工作电压也不尽相同。对于为方便不同电压等级的直流负荷直接接入直流微网，一种架构如图 3 - 5 所示。本结构中双层母线直流微电网由两电压等级不同的独立直流微电网通过 Buck/Boost 双向变换器连接构成。将锂电池超级电容组成的混合储能系统应用于直流子网中，并设计了其协调控制策略，保证系统优化运行的同时延长了锂电池的使用寿命。根据双向变换器两侧子网的电压-功率下垂特

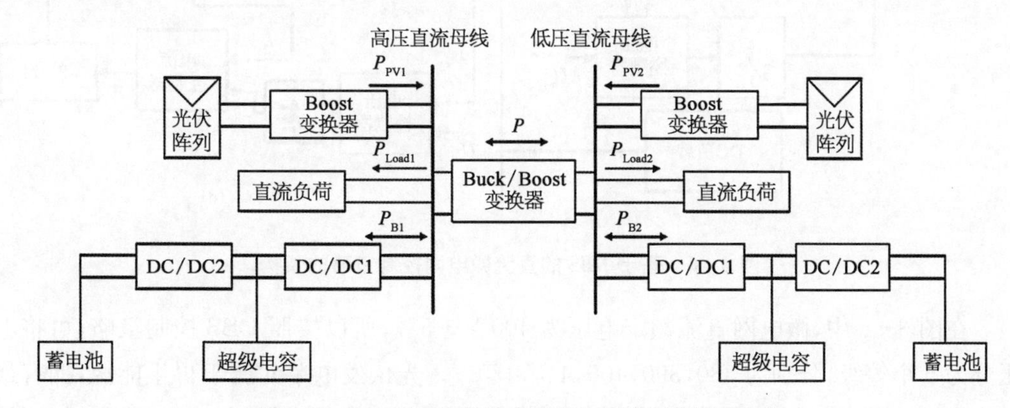

图 3 - 5　基于双层母线的直流微电网控制策略的架构

性，对两侧电压进行了归一化处理，可利用适用于连接两直流子网 Buck/Boost 双向变换器的下垂控制策略，此控制策略可以根据两直流子网电压高低有效控制子网间的功率传输，实现整个系统功率平衡，提高系统运行可靠性。

(2) 基于直流母线信号(DBS)的控制策略。

为了对各微源的优先级及输出功率进行协调控制，并分别弥补集中式和分布式控制方法的不足，基于 DBS 控制策略的控制架构如图 3－6 所示。DBS 控制策略将母线电压等级控制策略与下垂控制相结合，首先根据各微源属性对其优先级进行划分，依照电压等级控制策略确定各微源的工作阈值；其次根据下垂控制设计不同的下垂系数，对同一电压等级下的各微源输出功率进行分配，确保直流微电网的稳定运行。

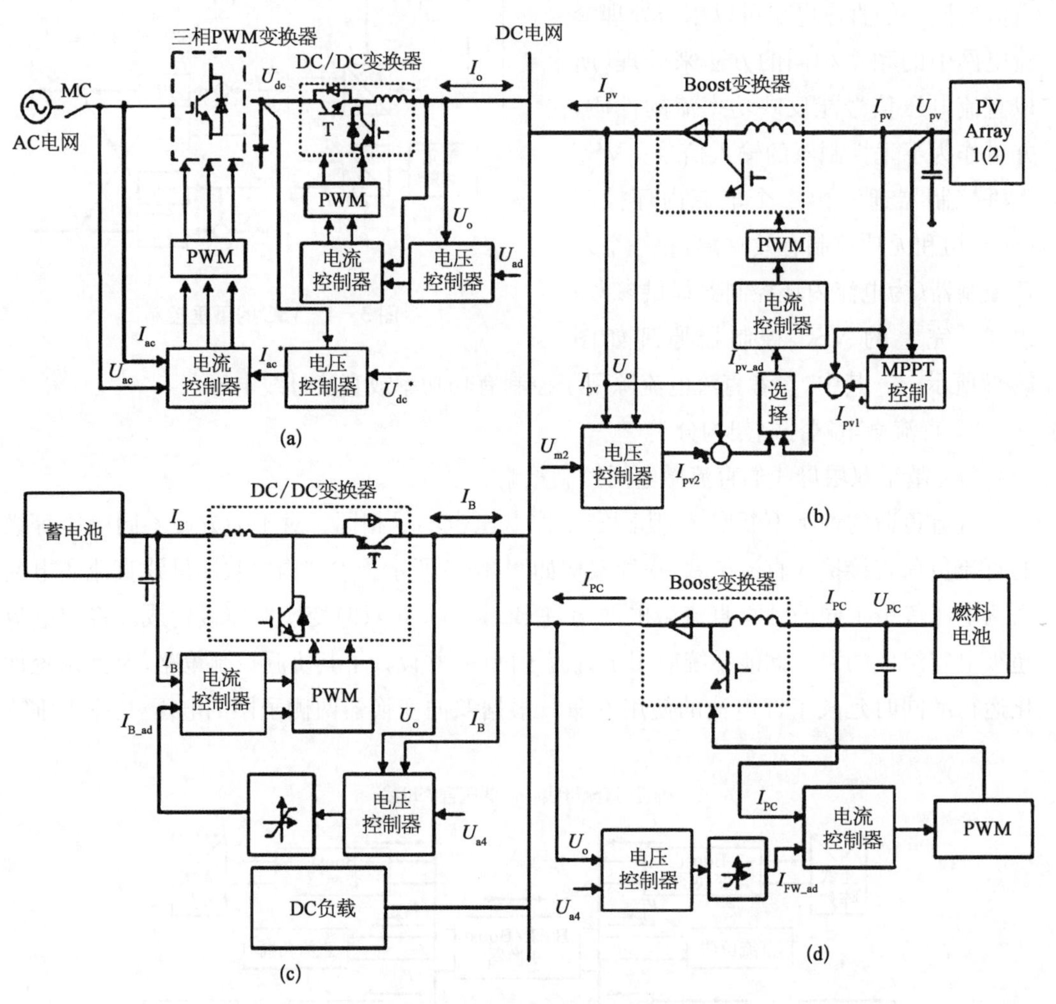

图 3－6　基于 DBS 的直流微电网控制策略的架构

在图 3－6 中，微电网直流额定电压为 400 V±5%，所以按照 DBS 控制策略，可将电压分为 5 个等级，分别为 380，390，400，410，420 V。光伏发电单元属于再生能源，拥有最高优先级；蓄电池拥有次优先级；燃料电池成本较高，属于备用电源，优先级最低。恒压控制两级变换器将直流母线电压稳定在额定电压，如图3-6(a)所示。孤岛运行模式时，依照划分的5个电压等级，当各微源的工作电压阈值为$U_{dc}\geqslant 410$ V时，光伏发电单元采用下垂控制，光伏1下垂率为0.72，光伏2下垂率为0.4；当$U_{dc}<410$ V时，光伏发电单元采用最大功率跟踪(MPPT)控制，如图3-6(b)所示；当$U_{dc}\geqslant 400$ V时，蓄电池进行充电控制；当$U_{dc}\leqslant 390$ V时，蓄电池进行放电控制，蓄电池充放电控制均采用恒压控制，如图3-6(c)所示；当$U_{dc}\leqslant 380$ V时，燃料电池启动，进行恒压控制，并将直流母线电压稳定到380 V，如图3-6(d)所示；若燃料电池仍不能满足负载需求，则须将部分负载切除，以满足直流微电网的最低电压运行要求。

3.1.2 交流微电网控制架构

1) 交流微电网物理结构

交流微电网的物理结构较为灵活，以图3-7为例，其特点为：系统中的储能装置等均通过电力电子装置连接至交流母线，通过对公共联结点(端口)处开关的控制，可实现微网并网运行与孤岛运行模式的切换。

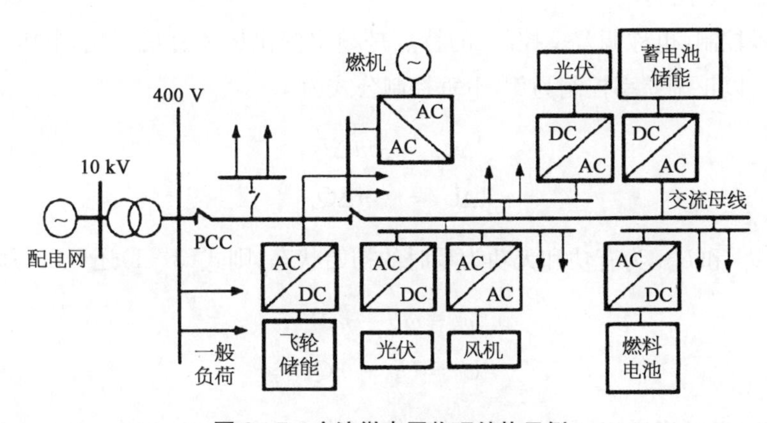

图3-7 交流微电网物理结构示例

2) 交流微电网的传统控制方式

目前，学者们提出的交流微电网传统控制策略主要有2种：主从控制和下垂控制。还有一种方式是混成控制[8]，在电力系统中尚未大规模应用。

(1) 主从控制。

主从控制策略主要用于微电网的孤岛运行方式下，和直流微电网不同，该策略的对象是微电源而不是VSC。该策略是指从所有微电源中选取一个或多个作为参考电源(即主控单元)，为孤岛运行的微电网提供电压和频率支撑，平衡负荷波动所引起的功率变化；而其他的微电源则作为从属单元进行控制，输出恒定的有功、无功功率。通常，主控单元采用V/f控制，从属单元采用PQ控制。主从控制的微电网结构如图3-8所示，当微电网并网运行时，所有微电源均采用PQ控制，按照设定的功率参考值输出有功、无功，系统电压与频率由大电网支持和调节；当微电网孤岛运行时，主控单元需切换为V/f控制，承担

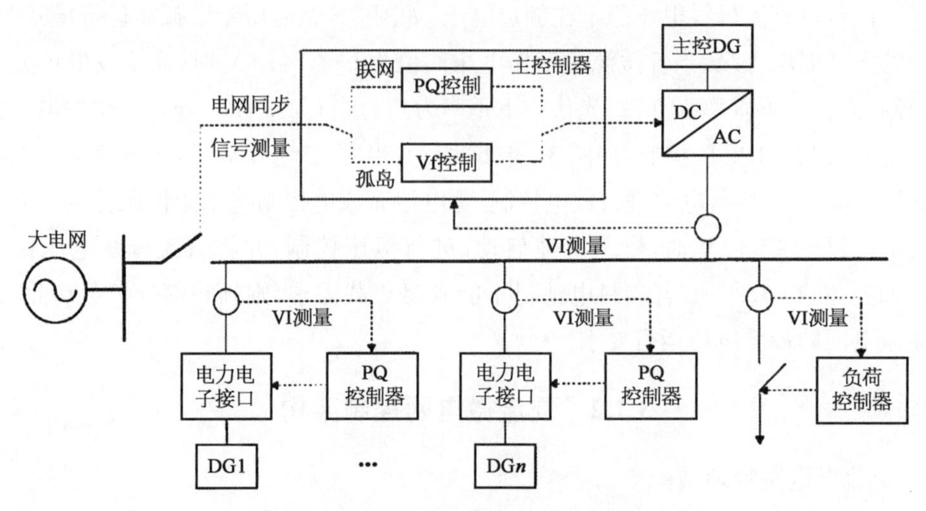

图 3-8　主从控制下的交流微电网结构

起维持微电网电压和频率的任务，保证微电网正常运行。

(2) 交流下垂控制。

传统下垂控制(也称调差率控制)的特点是频率变化量和有功变化、电压变化和无功变化成反比。以正调差率控制为例，下垂控制公式为

$$\begin{cases}\Delta\omega_i = -m\Delta P_i \\ \Delta U_i = -n\Delta Q_i\end{cases} \tag{3-1}$$

如果记 ω_{i0} 和 U_{i0} 为有功和无功为零时的初始状态，则式(3-1)还可以写为

$$\begin{cases}\omega_i = \omega_{i0} - mP_i \\ U_i = U_{i0} - nQ_i\end{cases} \tag{3-2}$$

根据上式可知，当逆变器输出有功功率较大时，利用 $P-f$(也即 $P-\omega$)下垂特性增加其输出频率，从而可减小其输出的有功功率，恢复初始平衡；当逆变器输出的有功功率较小时，则可以减小其输出频率，增大输出的有功功率，恢复初始平衡。同理，当逆变器输出的无功功率较大时，用 $Q-U$ 下垂特性将逆变器输出端口的电压幅值升高，从而减少无功功率输出；当逆变器输出的无功功率较小时，降低其电压幅值，可增加其无功功率输出。通过如此反复调节，使系统达到最优状态。

微电源相对主网来说，作为一个可控、可模块化的单元，对内部可以满足用户的电能需求，而要实现这些功能，必然要具有良好的管理和调控机制，使微电网在异常时能及时反馈或者能够自行调整至正常值。下垂模型如图 3-9 所示。

首先，实际微网中，利用测量元件采集逆变器经滤波后的电流和电压；直流电源经过逆变桥后输出三相电压和三相电流，经 LC 滤波器滤波后，便形成了输入负荷的电流和电压。电流和电压经 dq 变换后，在功率计算环节(见图 3-9)内得出逆变器和滤波器输出的

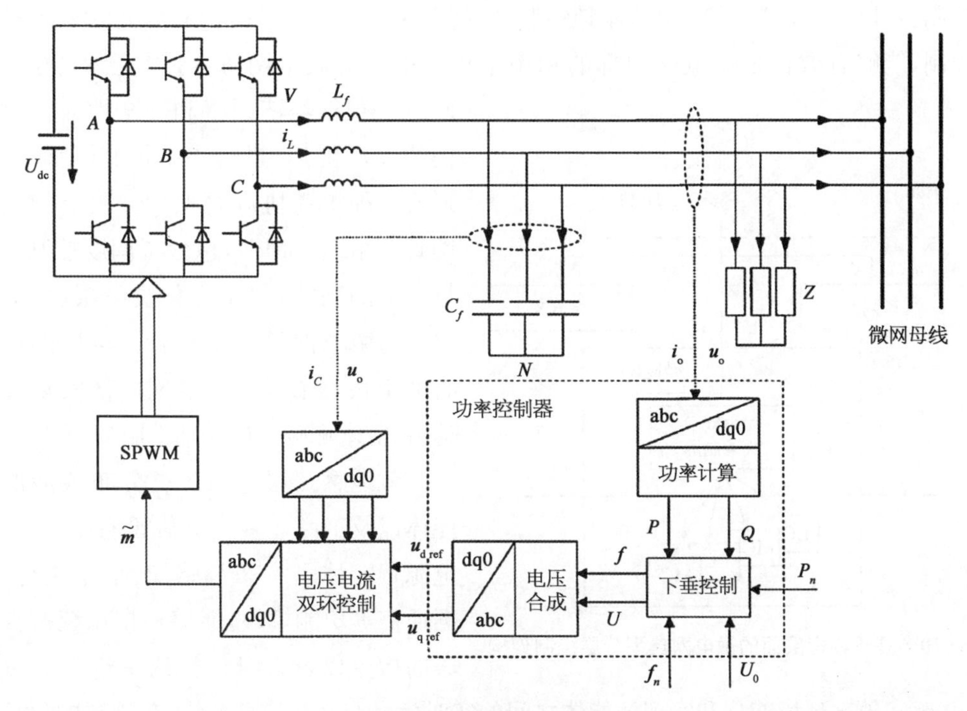

图 3-9　交流配网下垂控制

有功和无功功率，然后与预设定的参考有功、无功功率进行比较，通过 $P-f$ 和 $Q-U$ 的 Droop 控制环节得到相应的电压幅值和频率的指令值，该指令值携带下垂控制形成的差值。然后指令值经电压合成后获得参考电压的 dq 轴分量，最后此电压 dq 分量通过电压电流双环控制器和 PWM 生成器，进行 PI 调节并产生用来控制逆变器的正弦调制信号。

(3) 混成控制。

混成控制的主导思想为：将一切不满足要求和不满意的状态都分类地定义为事件，通过控制使得系统回归至无事件运行状态，则系统的各项指标将是令人满意的。该方法在其他一些领域的应用已经比较成熟，用在电力系统中可以通过使用连续和离散控制器的组合来实现基本微电网的目标，解决大电网的多重目标趋优控制问题。

3.2　微电网控制器控制方法

3.2.1　微电网控制策略

1) 微电网分层控制

微电网技术具有许多优点，然而微电网中分布式电源自身的不稳定性将导致微电网的运行控制困难。一种经典的物理层面的分层控制架构包含就地感知层、协调控制层、优化决策层，结构如图 3-10 所示，其中：底层为感知层，主要包含微电源控制器(MC)和负荷控制器(LC)。MC对DG进行本地控制,维持DG的正常运行;而LC对可中断负荷进行控制,能够有效保证微电网内部的功率平衡。中层为微电网协调控制层,主控单元MGCC根据经济因素和安全性对微电网内的MC和LC进行集中控制,使微电网形成一种源荷协调的架构。顶层的配电网管理系统(DMS),包含了调度控制和市场交易的功能,属于优化决策层,负责配电网与微电网的互动运行。该层的设置有助于在一个复杂配电网内部实现经济运行、需求侧响应以及辅助服务等。

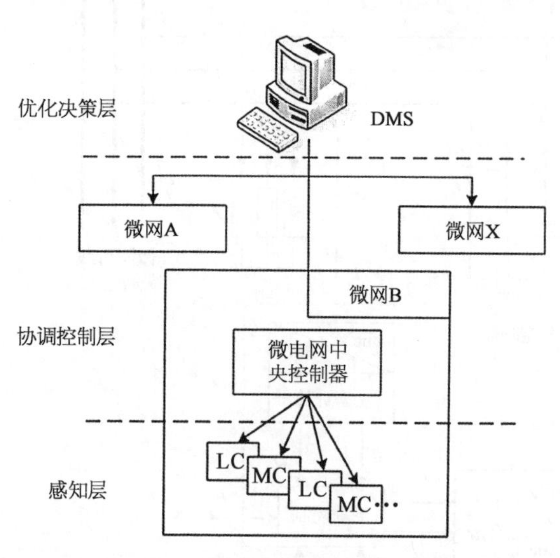

图3-10　基于物理层面的微电网典型分层控制架构

就地感知层包括各类分布式能源智能体以及工商业多元负荷智能体,分布式电源智能体具有态势感知、指令执行、数据通信等功能模块,能够根据系统调控中心的指令以及自身运行约束进行能量交互,并感知外部环境变化和实现智能体之间的实时信息交互和信息上传;在该层的负荷智能体具备判断、预测和通信功能,能够实时上传负荷信息和反馈负荷状态[9],各负荷智能体能够通过本地的电力电子设备(比如LC滤波器、补偿电容器等)以及对本地逆变器的控制(比如PQ下垂控制、电流内环和电压外环控制)来完成对小干扰的修正。

协调控制层包括各区域分布式能源系统智能体,具有电压频率控制、区域协同调控及实时通信等功能模块,能够接受上级的优化调度和智能控制指令,并按照负荷和分布式能源的优先级进行指令的下发;基于多智能体一致性控制算法,通过区域分布式能源系统智能体对区域内各就地感知层智能体进行"集中管理,分布控制",保证系统各区域的电压、频率稳定;同时,考虑系统运行的能效评估约束,对分布式能源系统各个区域之间进行协同调控,满足分布式能源系统实时动态调整的要求[10]。举例来说,根据感知层所发送出的控制信号,利用诸如双环控制器的方法来调控逆变器的输出频率和电压幅值,实现功率的平衡和主电网系统的稳定,确保微电网和主电网之间的同步,最大限度地减少影响微电网系统稳定性的因素;这一层中,各个逆变器之间是有联系的,相互之间可以用低频信号交流,并且在孤岛模式下,协调层还可以计算参考有功和参考无功值,传给感知层的下垂控制作参考。

优化决策层包含一个分布式能源系统调控中心智能体,包括调度决策功能模块,能调控微电网和主电网的功率流动方向,并利用控制补偿器等设备,以确保微电网运行的稳定性和经济性。举例来说,该层可通过整合各下层智能体的运行信息和多主体的运行状态,进行各层级多能源类型、多元用户的互补协调和优化调度,并可以将分布式能源系统的分层优化调度分解为日前计划、日内滚动、实时校正3个时间尺度,协调不同控制响应速率的可调控资源，逐级消除预测误差和扰动的影响，实现示范园区和多元用户的优化互动。

在实际应用中，若将每层之间的通信通道考虑进去，则可以将通信层加入，形成 4 层控制结构，详见第 4 章。

除了以上物理层面的分层外，更为普遍的分层方法是一种基于功能的分层控制方法：第一层为分布式电源和负荷控制也即初级控制，初级控制所采集的信号为控制器的本地信号，一般指的是换流器的功率、电流、电压控制；由于其性质为本地控制，一般采用下垂控制方法针对分布式电源和负荷控制，可以使得实际值迅速跟踪上参考值的变化，具有快速性，同时实现分配分布式电源的功率与负荷均衡并达到功率分配最优化。第二层是在第一层控制信号基础上的频率和电压幅值控制（第二级控制），这一层的作用是消除第一层输出的电压频率的误差，从而保证电压频率满足要求；与此同时，第二层控制能够确保微电网和主电网之间的同步，最大限度地减少影响微电网系统稳定性的因素。第三层为微电网功率和主网功率控制（第三级控制），一般能够通过监控、计算和决策等手段控制微电网与外部大电网 PCC 连接点上的功率流，保证功率平衡。图 3-11 为某个微电网内三层控制的电气连接和通信连接[11]。

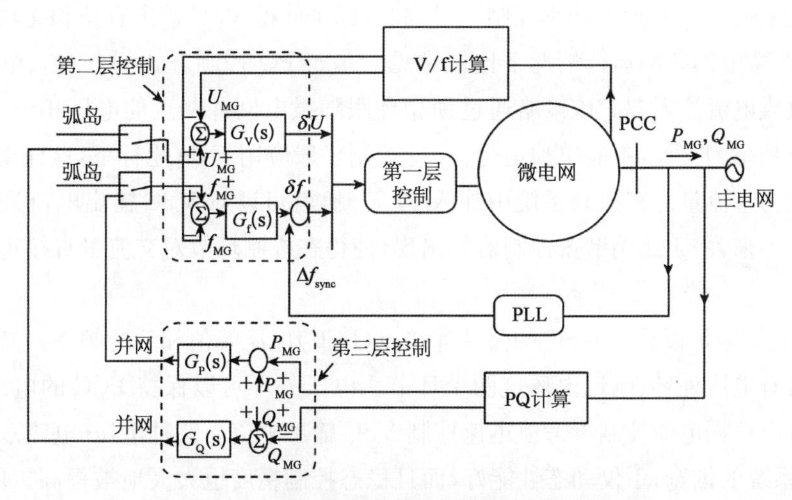

图 3-11　基于功能层面的微电网分层控制结构

在微电网分层控制结构中，一般需要底层控制包括分布式电源、负荷控制，和上层之间建立通信联系，而上层的中心控制器仅根据微电网内负荷变化和优化运行需要进行辅助性调整。一方面，如果各分布式电源和上层控制器通信失败，微电网将无法正常工作。另一方面，上层控制产生的命令可以通过通信的手段传入到下层控制中去。但通信一般仅在上下层（底层分布式电源）之间建立一种采用弱通信联系的分控制方案，因此，这一控制策略为每一层独立完成自己的控制任务并通过通信向下层传达命令，并且在向下层传达命令时不影响系统运行的稳定性。

（1）微电网的初级控制。

除了往复式柴油发电机、小水电、异步风机等外，大部分储能装置都需要通过电力电子装置才能实现并网。电力电子变流器的控制策略在很大程度上决定了微网的控制性能,可视为微网的初级控制。主流的初级控制方法包括下垂控制、PQ 控制以及 VF 控制等。

近些年来,一些学者提出基于 P－f,Q－V 的下垂控制策略,这是为了使具有 VSC 接口的电源具有稳定电压和电网频率的能力。这种控制策略最早应用于不间断供电设备的并联控制,通过模拟发电机一次调频中的下垂特性来调节发电机的出力大小,进而根据下垂增益对分布式能源进行调节,从而共同承担系统负荷。在燃气轮机和储能设备中,这种控制比较适用。下垂控制不需要通信系统,控制系统简明,是目前一个比较重要的研究方向。由于微电网的输电线路有高阻性,因此需要在传统下垂控制方案上进行改进。消除线路阻抗对下垂控制的影响,通常有两种改进方法:① 通过分析和补偿线路阻抗对有功和无功功率的影响实现电压和频率下垂控制的解耦;② 通过逆变器合理控制输出虚拟阻抗。为了减小下垂系数的影响,改进的自适应调节下垂系数控制方法被提出,提高了系统稳定性和可靠性。另外,通过二次调压调频维持系统电压和频率的稳定也是改进下垂控制的方向之一。

PQ 控制为定有功、无功功率控制,其控制目标是使得 VSC 输出有功和无功功率和参考值相同,在微电网联网运行情况下比较常见。基于 PQ 控制方式的分布式电源在模型中可以等效成电流注入源。该策略通过锁相环跟随微电网并网点的电压相位,通常不能作为电压或频率的支撑,不能单独运行。PQ 控制一般应用于 dq 坐标下,这样稳态时电气量可以表示为直流量。在控制系统中加入 PI 控制,就可以对 VSC 输出电流进行有效控制。然而近年来,由于比例谐振控制器的出现,使得在控制环节对交流量直接进行跟踪成为现实。

VF 控制策略可以稳定 VSC 的公共连接点(PCC)电压幅值和系统频率。其控制系统结构一般具有电压外环、电流内环这两个环节。电压外环可以保持 PCC 的电压稳定性,电流内环可以根据电流控制参考值迅速控制 VSC 输出电流。这种电压-电流双环控制增大了 VSC 系统的带宽,不仅动态性能好,而且稳态控制精度也大大地被提高。同时,由于电流内环增大带宽的作用,VSC 的动态响应加快,对非线性负荷的适应能力增强,输出电压中含有的谐波量较小。

此外,第一层控制还包括电压和电流的控制,电压外环和电流内环组成的双闭环控制系统组成了内部控制环。电压外环控制一般采用双闭环比例积分(PI)控制器,其数学模型为

$$\begin{cases} i_{Ld}^{*}=i_{od}-\omega C u_{oq}+(u_{od}^{*}-u_{od})(k_{vp}+k_{vi}/s) \\ i_{Lq}^{*}=i_{oq}-\omega C u_{od}+(u_{oq}^{*}-u_{oq})(k_{vp}+k_{vi}/s) \end{cases} \tag{3-3}$$

式中,i_{Ld}^{*},i_{Lq}^{*} 分别为电感电流 d 轴方向和 q 轴方向的参考值,ω 是微电网的转折频率,C 为电路滤波电容,u_{od}^{*},u_{oq}^{*} 为电压参考值,k_{vp} 是 PI 调节器的比例参数,k_{vi} 是 PI 调节器的积分参数。

电流内环控制也采用PI控制器，数学模型为

$$\begin{cases} u_{id}^{*}=u_{od}-\omega L i_{Lq}+(i_{Ld}^{*}-i_{Ld})(k_{ip}+k_{ii}/s) \\ u_{iq}^{*}=u_{oq}-\omega L i_{Ld}+(i_{Lq}^{*}-i_{Lq})(k_{ip}+k_{ii}/s) \end{cases} \tag{3-4}$$

式中，u_{id}^{*}，u_{iq}^{*} 为逆变桥调制电压信号在 d 轴方向和 q 轴方向上的分量，L 表示滤波电感，k_{ip} 是电流环PI调节器的比例参数，k_{ii} 是电流环PI调节器的积分参数。电压和电流组成的双闭环控制系统如图3-12所示。

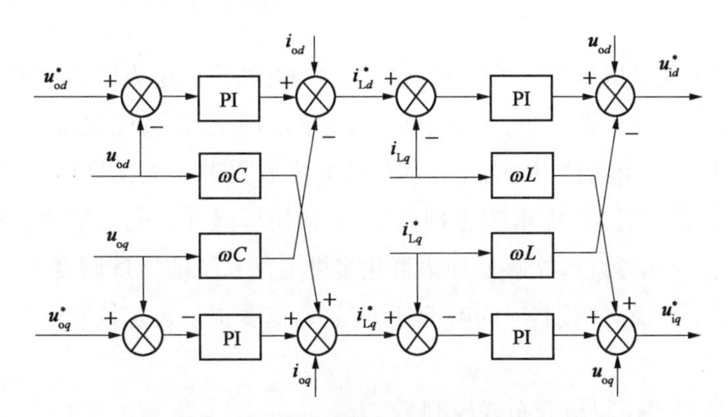

图3-12　电压电流双闭环控制系统

(2) 微电网的第二级控制。

初级控制通过调节逆变器输出的功率来控制频率和电压，但这会导致频率和电压的波动。第二级控制可弥补频率和电压的波动造成的影响。在此层控制中，微电网的分布式电源输出频率和电压幅值，与其参考值进行比较，得到频率偏差和电压偏差。将这些偏差值反馈到初级层，来控制分布式电源的控制器，进而使分布式电源的频率和电压幅值达到一个稳定值。

频率偏差和电压偏差为

$$\begin{cases} \delta f=(f_{MG}^{*}-f_{MG})(k_{fp}+k_{fi}/s)+\Delta f_{sync} \\ \delta U=(U_{MG}^{*}-U_{MG})(k_{vcp}+k_{vci}/s) \end{cases} \tag{3-5}$$

式中，k_{fp}，k_{fi}，k_{vcp} 和 k_{vci} 均是第二级控制系统的控制参数。Δf_{sync} 是微电网与电力系统的同步频率。

在微电网的并网运行过程中，第二级控制不仅要调节、监控微电网的频率和电压幅值，而且要将参考值与已测量到的微电网和主电网的各相的值进行比较，从而实现电网同步化。同步过程完成之后，微电网可通过静态开关并入主电网。此前，微电网与主电网之间不能交换任何能量。

(3) 微电网的第三级控制。

第三级控制是微电网安全稳定、经济高效运行的关键，是微电网系统充分发挥其优势

和特点的保证。三级控制作为最顶层的控制，也是时间尺度最大的控制策略。在并网时，可通过频率和电压幅值来控制微电网的输出功率。

$$\begin{cases} f_{MG}^{*} = (P_{MG}^{*} - P_{MG})(k_{pP} + k_{iP}/s) \\ U_{MG}^{*} = (Q_{MG}^{*} - Q_{MG})(k_{pQ} + k_{iQ}/s) \end{cases} \tag{3-6}$$

式中，P_{MG} 和 Q_{MG} 分别为微电网输出的有功功率和无功功率，其对应的 P_{MG}^{*}，G_{MG}^{*} 分别为有功功率和无功功率的参考值；k_{pP}，k_{iP}，k_{pQ} 和 k_{iQ} 均是第三层控制系统中的控制补偿器的参数。

第三级控制为配电网管理层的控制，以安全可靠、经济稳定为原则实现微电网间及微电网与配电网间的协调运营。第三级控制是微电网的上层能量优化及调度环节，根据分布式电源的出力预测、市场信息、经济运行及环境排放要求等优化目标和约束条件，微电网得到运行模式、调度计划、需求侧管理命令，从而统筹最佳运营的措施。第三级控制还可以协调多个微电网的运行，能够处理集群化多微电网系统的能量调度。因此，第三级控制作为分层控制中的最高级别，时间响应速度最慢，需要提前设定控制目标并进行适当的信息预测。

2）微电网集中式控制与分布式控制

微电网中存在着多个微源，如何实现发电单元、储能装置及负载之间的协调控制，保证直流微电网母线电压的稳定，是直流微电网研究的一个重点。传统的直流微电网协调控制方法有集中式控制和分布式控制 2 种[12]，集中式控制类似于传统电力系统或大规模分布式发电系统的集中控制，设立中央控制单元，所有的信息都流入该单元，实时处理后下达控制指令，控制信号通过高速通信网络传送至微电网内各单元。类似的，给微电网中增加一个数据中心来监控数据并协调各微源间的出力，其优点是能够实时掌握各微源的工作状态，易于实现各微源等设备的优先控制；缺点是一旦数据中心或通信线路出现故障，整个直流微电网将瘫痪，可靠性较低。

微电网分布式控制策略与集中控制相反，一般不设中央控制单元，不同的信息流入不同的控制中心，不同的控制指令由不同的控制中心发出，全部控制功能分散在各个子模块完成，各模块的输出、输入信号及系统信号相互关联，对于通信依赖较弱。因此，该控制策略能通过对各微源的独立控制来实现微电网功率平衡，其优点是能够保持微源模块化，实现微源的即插即用，可靠性较高，响应速度快，但过度分散化便不能够协调各微源的出力，各个独立微源往往会出现“害人利己”的情况。需要注意的是，上述集中式与分布式控制策略的尺度在某些文献中是在整个微电网的层面上（比如包含微网经济调度等方面的研究），而在另一些文献中是仅在微源群层面上（比如在电力电子和控制理论层面）。因后者在前述传统控制方式中已有详细介绍，本节重点讨论前者。

由于集中式和分布式控制策略各有优劣，理论上来讲分布式控制策略是目前较为合理的方式，不仅能够保证在数据流量高峰期通信线路不会阻塞、系统可靠性较高，同时也能保证用户隐私不泄露、决策更加独立化，但是现有已落地的结构多为集中式结构。随着智能电网的发展和多能流生态园区的增多，采取集中分布式（也即混合式）是目前最好的发展方向。微电网混合控制通常也设置中央控制单元，但其功能是根据微源的输出功率和微电网内的负荷变化来调节微源的稳态设置点和投切负荷的，并不参与微电网终端微源的动态调节，微源动态调节仅需通过本地机端信息即可作出合理响应，部分情况下对微源与中央控制单元间通信联系的依赖较弱。这种情况下，中央控制单元和分布式电源采用弱通信联系的控制方案，微电网的暂态平衡依靠底层微源自我的控制器通过下垂控制或主从控制等方式来实现，上层中心控制器根据微源输出功率和微电网内的负荷变化调节底层微源的稳态设置点并同时管理负荷。即使短时通信失败，微电网在小干扰下仍能正常运行。

3.2.2　微电网元件控制器设计

随着新能源在国内的大规模开发和利用，分布式发电及其微电网技术已经成为解决偏远海岛地区、偏远地区供电问题的重要技术手段，越来越多地受到国内外电力工作者的重视。特别是海岛电网，它们和主网一般通过海底电缆以弱连接方式联网，建设微电网可以有效地提高海岛供电可靠性。正常情况下，微电网与主网并网运行，称为并网模式；当检测到电网故障或接收到调度下发的离网控制指令时微网与配网断开运行，称为离网模式。并网到离网的切换控制为微电网控制的核心问题之一。由调度下发的离网控制指令触发的离网控制称为主动离网控制，由于检测到主网故障，微电网自行离网的控制过程称为被动离网控制。在不同系统状态下确定光伏、储能等微源的状态是控制器设计的主要目的。

1）直流微电网的控制器原理

直流微电网一般由分布式电源（风机、光伏阵列等）、储能系统、直流负荷以及相应的直流变换器构成。直流微电网可以通过并网逆变器与公共大电网相连，运行于并网模式，此时由并网逆变器平衡直流微电网系统内功率；也可不与公共大电网相连而工作于孤岛模式，此时由系统内部单元平衡直流微电网系统内功率。

（1）直流系统光伏控制器。

光伏系统的输出功率是时刻随外界环境的变化而变化的，在光伏作为系统的功率终端时，为了最大限度地利用太阳能，需要实现对光伏的最大功率追踪，则控制模式应选择 MPPT 模式。MPPT 在较多文献中有详细描述，在此不再赘述。

然而当直流系统中功率盈余时，为了稳定系统功率平衡以及电压，光伏阵列不能一直工作于最大功率追踪模式，此时光伏阵列将作为系统的平衡节点维持直流母线电压稳定。恒压控制是以光伏阵列为平衡节点，维持系统功率平衡，并保证直流母线电压的稳定，其控制的框图如图 3－13 所示。恒压控制同样采取双闭环的控制方式：采集直流母线的直流电压信号 U_{dc}，与直流母线的参考额定电压 U_{ref} 比较，差值经 PI 控制器的比例积分环节

产生电流的参考值 I_{ref}，然后将采集的电感电流 I_L 与 I_{ref} 比较，差值再经 PI 调节后作为 PWM 的调制波产生控制信号，控制开关管的通断，最终实现光伏系统的恒压控制。

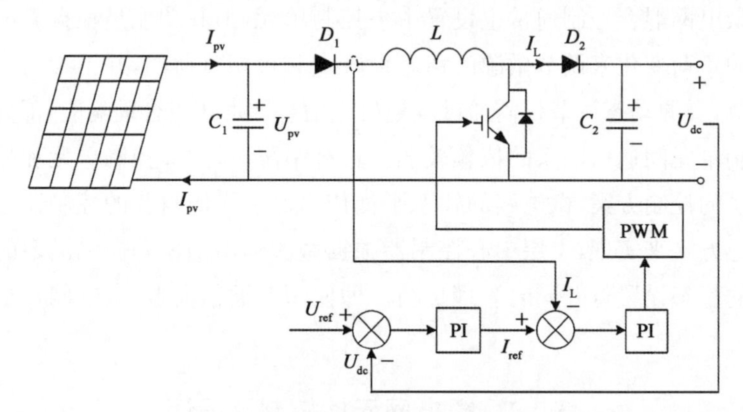

图 3－13　直流系统光伏元件恒压控制

综上所述，应设计一个光伏控制模块，以满足恒压模式和 MPPT 模式的运行与切换。光伏控制模块设计图如图 3－14 所示[4]。当光伏模块作为系统功率终端并向系统提供功率支持时，控制模式选择为 MPPT 模式，光伏阵列输出的电压电流 U_{pv} 和 I_{pv} 经过变步长电导增量法[13]的 MPPT 控制策略输出占空比，再经过 PWM 发生器产生 PWM 控制信号来控制图 3－13 中开关的通断；当光伏模块作为系统的平衡节点时，控制模式选择为恒压控制模式，恒压控制采用电流内环、电压外环双环控制，最终同样产生 PWM 信号控制图 3－13 中开关的通断。

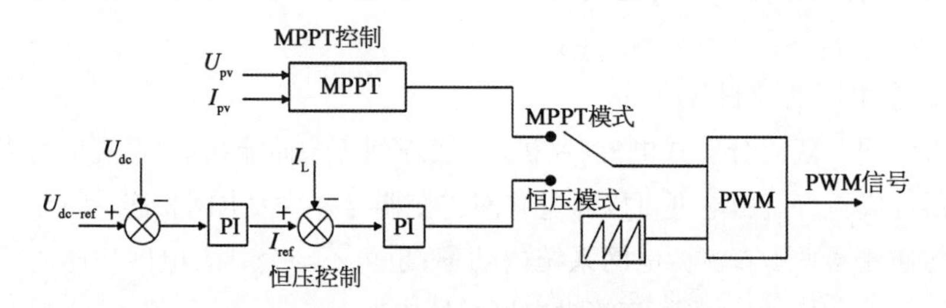

图 3－14　直流系统光伏控制模块设计

(2) 直流系统储能控制器。

在实际微电网系统中，由于可再生能源输出功率的间歇性和随机性，储能系统已经成为直流微电网的重要环节，具有重要的研究意义。因此，需增加储能单元，以提升系统在储能单元工作过程中供电的稳定性和可靠性，其自身的剩余容量或荷电状态(SOC)反映了储能单元的电能输出能力。由于微电网中的储能单元通常分布式接入公共母线，因此，储能单元输出功率的分配同样需要满足分布式结构的要求。近年来，微电网多以交流为主，但直流微电网系统结构简单、能量转换少、供电质量高，相比交流微电网在一定程度上更有优势。蓄电池能量密度大，在储能设备中得到了广泛应用。为了维持微电网内部瞬时功率的平衡，稳定直流母线电压，储能系统往往需要频繁地吸收或发出较大功率，频繁的大功率充放电会严重影响蓄电池的使用寿命。为了弥补缺点，超级电容器因具有功率密度高、循环寿命长等优点，能够和蓄电池相互合作，共同发挥储能作用。因此，研究蓄电池超级电容混合储能的控制方法，稳定直流母线电压，引发了许多热点研究。为了体现储能的作用，下面以孤岛状态下的下垂控制为例，设计基于下垂控制的蓄电池超级电容混合储能的控制器原理。

为了简化分析，假定分布式能量仅来自光伏电池，系统简化结构如图3-15所示。蓄电池经过DC/DC2变换器与超级电容相连，构成混合储能系统，再经DC/DC1变换器与直流母线相连，光伏电池经过DC/DC3变换器与直流母线相连；同时把分布式发电系统中的直流负载、独立运行逆变器统称为直流母线的负荷。

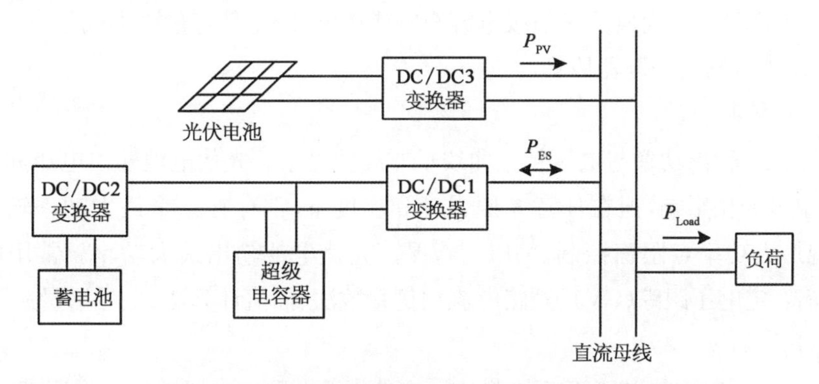

图3-15　含有蓄电池和超级电容器的直流微电网

图3-15中，P_{PV}为光伏电池的输出功率，P_{ES}为混合储能系统的输出功率，P_{Load}为负荷功率，则直流母线的功率平衡方程为

$$P_{ES}=P_{Load}-P_{PV} \tag{3-7}$$

也即光伏发电单元与负荷之间的功率差额由混合储能系统来平衡。鉴于超级电容是功率型储能元件，能够在短时间内快速提供功率，所以将超级电容器经直流变换器与直流母线相连，通过超级电容的充放电平衡直流母线功率波动的高频部分，稳定母线电压。但由于超级电容器容量有限，对低频功率波动的响应会导致超级电容容量匮竭或盈余，从而无法补偿母线功率波动。因而加入蓄电池储能，根据超级电容的电压信息对蓄电池进行充放电控制，使超级电容的电压维持在正常工作范围内，间接地补偿直流母线功率波动的低频部分。图3-16为混合储能系统控制原理图。图中，I_{bat}为蓄电池电流，SOC_{bat}为蓄电池荷电状态，U_{sc}为超级电容端电压，U_{dc}为直流母线电压，I_{ES}为混合储能系统注入直流母线的电流。

控制系统1的作用是当直流母线电压稳定在给定范围时，根据蓄电池荷电状态(SOC_{bat})控制DC/DC1变换器停止工作或对超级电容限流充放电，系统储能维持在一个中间水平；当直流母线电压超出给定范围时，控制DC/DC1变换器运行在单端稳压工作模

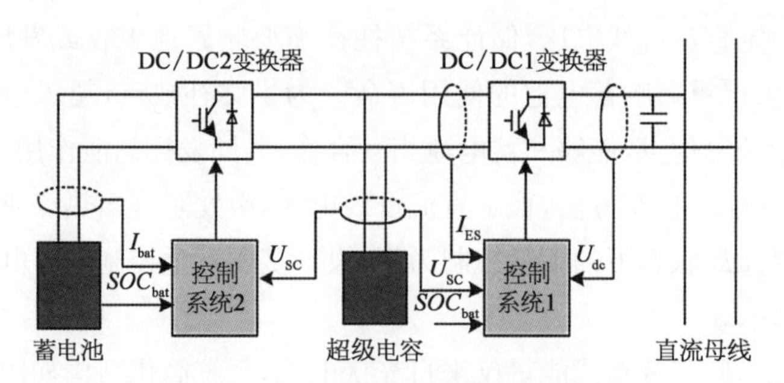

图 3-16　混合储能系统控制流程示意

式，采用电压下垂控制稳定直流母线电压。控制系统 2 的作用：当超级电容电压稳定在给定范围时，DC/DC2 变换器停止工作，防止蓄电池频繁动作；当超级电容电压超出给定范围时，控制 DC/DC2 变换器对超级电容充电或放电，防止其容量匮竭或盈余。

2）交流微电网的控制器原理

（1）光伏控制器。

光伏电池的输出功率与电压特性曲线呈非线性关系。光伏电池输出电压和电流受光照强度和温度变化影响，但在任意光照强度和温度下，都存在一个最大功率输出点。因此，需实现最大功率点跟踪控制（MPPT），保证光伏电池输出最大功率。常用的 MPPT 控制方法有：定电压跟踪（CV）、短路电流比例系数法、插值计算法、电导增量法（INC）、扰动观察法（P&O）等。

为了保证一般性，对基于下垂控制的交流光伏微电网控制器进行工作原理设计，该微电网的控制原理如图 3-17 所示。

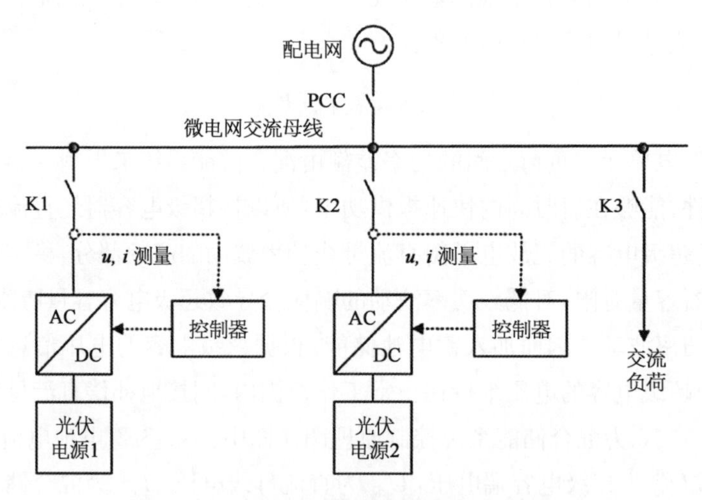

图 3-17　下垂控制下的光伏微电网控制原理

选取两级式三相光伏发电系统为研究对象，其结构如图 3-18 所示。微电网中光伏发电系统选用两级式控制结构，前级主要包括光伏阵列、DC/DC 变换部分；后级为 DC/AC 变换部分，并经过 LC 滤波接入微电网交流母线及电网等部分组成。光伏阵列输出为直流电压和电流，其不能够直接接入微电网，需通过逆变器将直流电转换为符合微电网要求的交流电再接入，故逆变器的控制技术是决定光伏发电并入微电网系统稳定运行的关键环节。

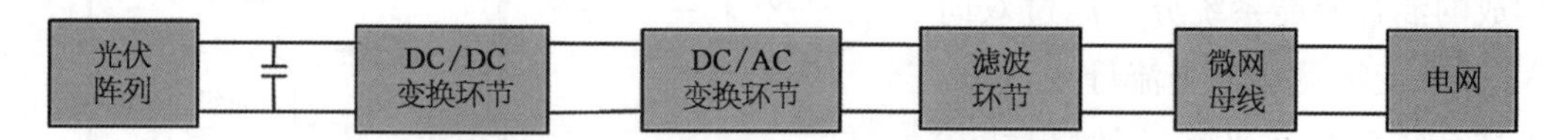

图 3－18　微电网中光伏发电系统结构框图

对于图 3－18 中的 DC/AC 换流器，若使用单相逆变器，由于受到功率器件容量、中性线电流、电网负载平衡要求和用电负载性质的限制，其容量一般在 100 kVA 以下，所以应采用三相形式的大功率逆变器。从直流电源的性质来分，三相逆变器分为三相电压源型逆变器和三相电流源型逆变器，电压源逆变器直流侧并联大电容，能够很好地抵御由电网干扰带来的直流电压波动，因而受电网干扰的影响较小，能够适应波动较大的弱电网工况；而电流源逆变器抵御电网波动的能力较低，当电网电压的波动超过±10%时，逆变器应停止工作，故不能应用于电网电压波动较大的场合。对于光伏发电系统来说，要求其逆变器输出电压稳定，故通常都采用电压源型逆变器，如图 3－19 所示。

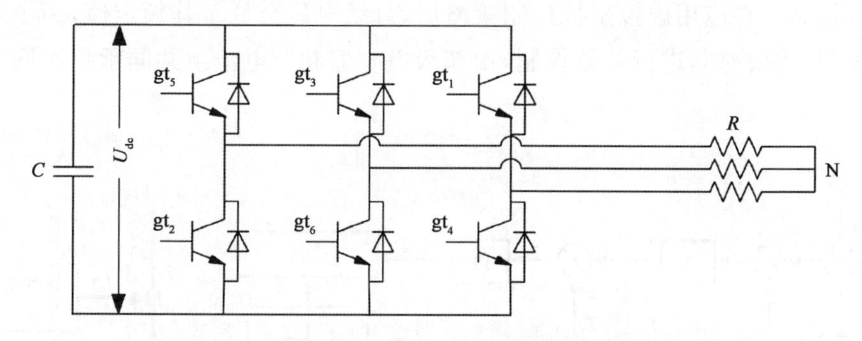

图 3－19　光伏发电系统中三相电压型逆变器基本电路

光伏电压型逆变电路特点为：① 直流侧为电压源或并联大电容，故直流电压环基本无变化，且直流回路呈低阻抗；② 直流电压环源具有钳位作用，则逆变侧输出电压为矩形波，与负载阻抗无关，而负载阻抗影响逆变侧输出电流；③ 若逆变侧为阻感负载时需提供无功功率，而直流侧电容能够对其无功起缓冲作用。为了实现从逆变侧能够向直流侧反馈无功能量，通过逆变电路各开关反并联二极管为其提供通道。

设光伏逆变器的输入直流电压线电流有效值为 U_{dc}，输出功率为 P，则对于电阻性负载，可得负载上线电流的有效值为

$$I_o = \frac{P}{\sqrt{3}U_{dc}} \tag{3-8}$$

(2) 储能控制器。

图 3－20 为典型的孤岛交流微电网结构。系统分布式电源包括风力发电机和光伏电

池阵列，分别通过 AC/AC 和 DC/AC 变换器接入交流母线，实现对负载的供电；由蓄电池和超级电容器构成的混合储能系统分别通过双向 AC/DC 变换器接入交流母线，负责维持系统的功率平衡，同时保持交流母线电压的稳定。

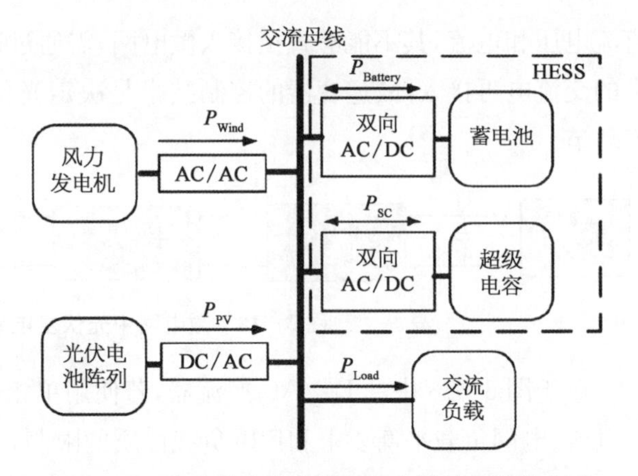

图 3-20　含有蓄电池和超级电容器的交流微电网

对交流微电网内混合储能的控制策略，可以引入虚拟阻抗[14]的概念。虚拟阻抗是通过控制变换器输出电压，使其呈现一定的阻抗串联后的电压变化特性，从而对外呈现出一定的阻抗特性。如图 3-21 所示，超级电容器和蓄电池组分别通过 DC/AC 变换器接入交流母线，变换器采用电压外环、电流内环的双闭环控制结构，通过应用虚拟阻抗控制，在电压控制环给定电压生成时，分别将蓄电池组和超级电容器额定电压减去虚拟电容和虚拟电阻所产生的电压实现虚拟阻抗控制。在应用虚拟阻抗控制策略后，母线电压会低于其额定值，为了维持母线电压恒定，需要对其进行补偿控制，由超级电容器和蓄电池组共同承担相同的补偿电压值。

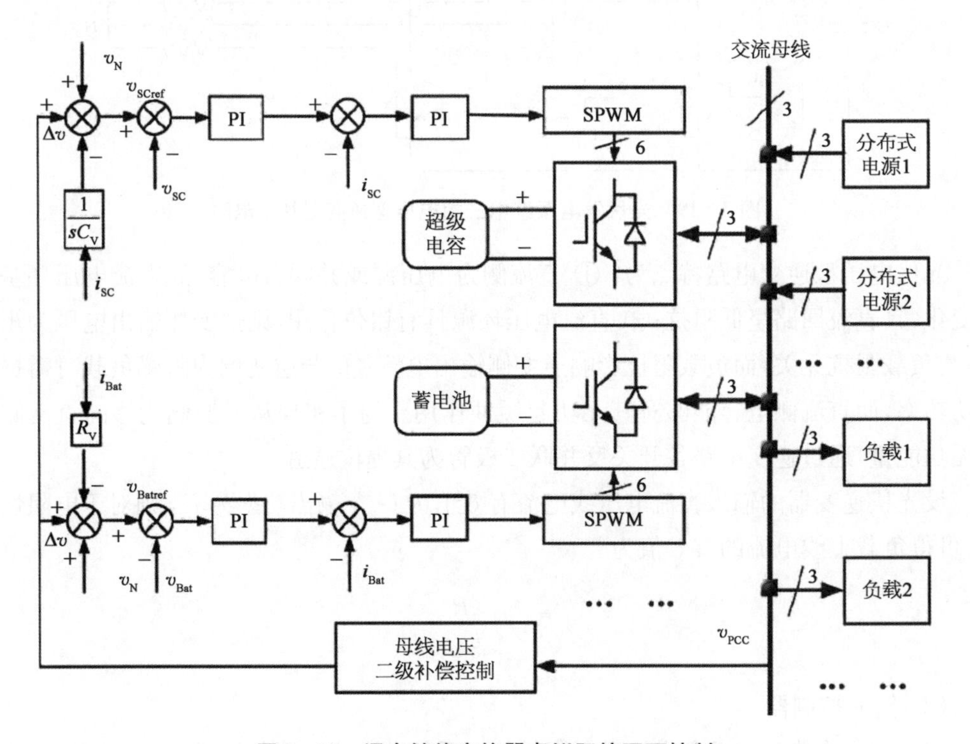

图 3-21　混合储能变换器虚拟阻抗双环控制

3.3　基于分布式人工智能(多代理系统)的控制框架

随着多种能源网络与信息互联网在物理和信息层面高度耦合,能源消费结构和能源利用方式都经历着广泛与深刻的变革。全球能源消费与资源禀赋之间存在空间的异质性,如何克服能源分布的不平衡和种类差异,使其更有效率地服务于整个人类社会,形成覆盖全球的能源供需平衡与调节体系,是未来世界可持续发展面临的巨大挑战。由于微电网:① 包含光伏、燃料电池等分布式电源;② 配备能量管理系统,通过对大量电力电子器件的控制,解决潮流、保护等问题;③ 既可与大电网联网运行,又可在电网故障或需要时与主网断开单独运行,同时对各种分布式电源进行有效控制;④ 分布式特性、海量的控制数据以及灵活多变的控制方式使得采用以往由调度中心统一判断、调度的集中式控制方式难以实现灵活、有效的调度。因此,通过将控制权分散到各微电网元件的代理,由各元件根据微电网的调度自行改变运行状态的分布式协调控制方式将有效解决这些问题。为此,可基于多智能体系统(或多代理系统,MAS)构建了微电网控制系统。

3.3.1　多智能体的概念

多智能体系统是当今人工智能中的前沿学科,是分布式人工智能研究的一个重要分支,其目标是将大的复杂系统(软硬件系统)建造成小的、彼此相互通信及协调的、易于管理的系统。多智能体的研究涉及智能体的知识、目标、技能、规划以及如何使智能体协调行动解决问题等。MAS的应用研究开始于20世纪80年代中期,近几年呈明显增长的趋势。MAS技术已成为当今人工智能研究的热点之一[15]。智能体Agent一般特性有:① 自治性。智能体运行时不直接由人或其他部门控制,它对自己的行为和内部状态有一定的控制权。② 社会能力或称可通信性。智能体能够通过某种主体通信语言(ACL)与其他主体进行信息交换。③ 反应能力。智能体应该能够感知它们所处的环境,可以通过行为改变环境,并适时响应环境所发生的变化。④ 自发行为。传统的应用程序是被动地由用户来运行的,而且机械地完成用户的命令,而主体的行为应该是主动的,或者说是自发的,主体感知周围环境的变化,并做出基于目标的行为。

MAS是由多个可计算的Agent组成的集合,其中每个Agent是一个物理的或抽象的实体,能作用于自身和环境,并与其他Agent通信。多智能体技术是人工智能技术的一次质的飞跃:首先,通过Agent之间的通信,可以开发新的规划或求解方法,用以处理不完全、不确定的知识;其次,通过Agent之间的协作,不仅改善了每个Agent的基本能力,而且可从Agent的交互中进一步理解社会行为;最后,可以用模块化风格来组织系统。如果说模拟人是单 Agent 的目标，那么模拟人类社会则是 MAS 的最终目标。多智能体技术具有自主性、分布性、协调性，并具有自组织能力、学习能力和推理能力。采用 MAS 解决实际应用问题，具有很强的鲁棒性和可靠性，并具有较高的问题求解效率。多智能体技术打破了目前知识工程领域的一个限制，即仅使用一个专家就可完成大的复杂系统的作业任务。多智能体技术在表达实际系统时，通过各 Agent 间的通信、合作、互解、协调、调度、管理及控制来表达系统的结构、功能及行为特性。由于在同一个 MAS 中各 Agent 可以异构，因此多智能体技术对于复杂系统具有无可比拟的表达力，它为各种实际系统提供了一种统一的模型，从而为各种实际系统的研究提供了一种统一的框架，其应用领域十分广阔，具有潜在的巨大市场。

3.3.2 多智能体概念图与 BDI 模型

在基于 MAS 电力系统中，每个 Agent 都有数据处理和通信功能，可将处理后的数据(如运行参数、协调策略等)与对应的 Agent 相互通信，从而进行协调调度。同时，各 Agent 还具有各自不同的功能，举例来说，① 微电网中心控制 Agent 具有数据综合处理、方案制定、命令发布及与主网并网功能；② 光伏电池 Agent 拥有最大功率点跟踪功能、电池板监测和保护功能、逆变并网功能，以保证光伏电池能够可靠、安全地运行；③ 燃料电池 Agent 具有水处理、燃料处理及空气供给、氢氧含量监控及燃料注入控制、热量处理、功率调节及并网等功能；④ 蓄电池 Agent 具有对蓄电池电压、电流、储能的监控功能，还有充放电功能和启停限定功能。由此可见，为了满足多能流系统多尺度化、多因素的特点，各个 Agent 都有自己独特的功能，而且能够自我处理其他 Agent 所“不能理解、无法处理”的“事情”，并且可靠地参与电力市场运行与功率调度。

智能体是一个高度开放的智能系统，其结构如何直接影响系统的智能和性能，而人工智能的任务就是设计智能体程序。所以，智能体和程序以及结构之间的关系可以这样表示：智能体＝体系结构＋程序。一般来说，通常把智能体看作从感知到实体动作的映射。根据人类思维的不同层次，可以把智能体分为如下几类：

(1) 反应式智能体。只是简单地对外部刺激产生影响，没有任何内部状态。每个智能体既是客户，又是服务器，根据程序提出请求或作出回答。智能体通过条件-作用规则将感知和动作连接起来。如图 3－22 所示，可以把这种连接称为条件-作用规则。

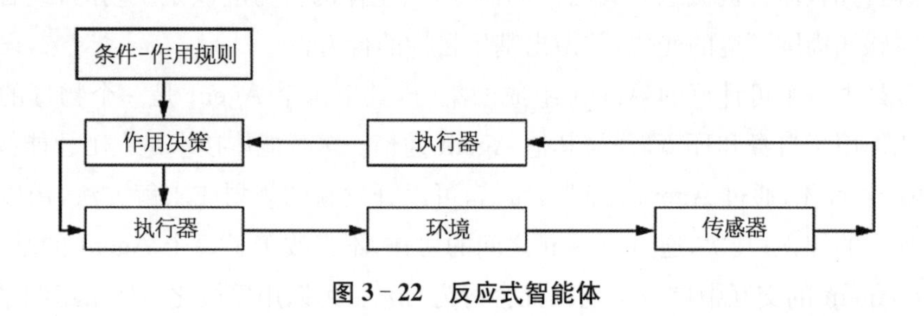

图 3－22 反应式智能体

(2) 慎思式智能体,又称为认知式智能体。它是一个具有显式符号模型的、基于知识的系统。其环境模型一般是预先知道的,因而对动态环境存在一定的局限性,不适用于未知环境。由于缺乏必要的知识资源,在智能体执行时需要向模型提供有关环境的新信息,而这往往是难以实现的。在慎思式智能体的结构中,智能体接收到外部环境信息,依据内部状态进行信息融合,以产生修改当前状态的描述。然后在知识库支持下制定规划,再在目标指引下,形成动作序列,对环境发生作用,如图 3-23 所示。

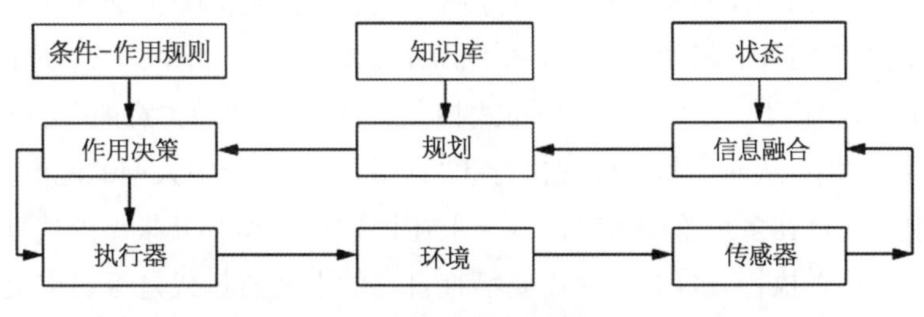

图 3-23 慎思式智能体

(3) 复合式智能体。它是在一个智能体体内组合多种相对独立和并行执行的智能形态,其结构包括感知、动作、反应、建模、规划、通信和决策等模型。它通过感知模块来反映现实世界,并对环境信息进行抽象建模,再送到不同的处理模块。若感知到简单或紧急情况,信息就输入反射模块,作出决定,并把动作命令送到行动模块,产生相应的动作。以上的几种分类是几种最基本的分类模式,同时在这几种分类的基础上,又发展出具有内部状态的智能体结构、具有显式目标的智能体结构、基于效果的智能体结构,如图 3-24 所示。

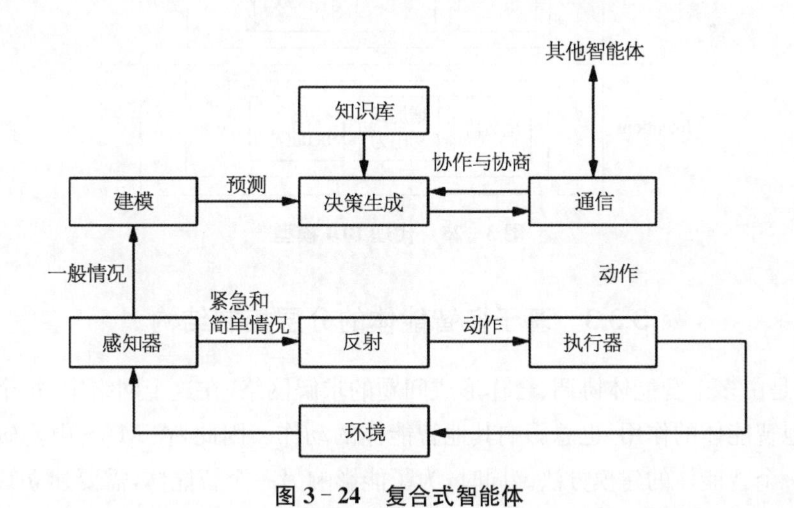

图 3-24 复合式智能体

为了实现上述内容,每个代理都要储存一些满足自身认知的信息,比如本地静态拓扑信息(例如机器编号等)和在不同运行方式下所对应的不同动态拓扑信息(例如实时邻接信息等)。相应的,为了实时更新代理所储存的信息,在 MAS 系统中,应建立一种代理的“社会模型”。代理可被看作是具有信念(beliefs)、欲望(desires)和意图(intentions)的模型(即 BDI 模型[16]),所以代理可以被分解为知识库、目标库和代理行为库,以此来明确划分代理的行为。在 MAS 系统中,每个代理只通过很少的端口来了解外部信息。代理内部的这些为数不多的且可能过时的信息和本地静态拓扑信息一并看作这个代理的"信念";在外部环境变化(例如接收到拓扑结构变化或无功支持命令信号)时,从上面所提及的方法可以得出,一个代理并不一定要坚决执行上层代理传来的命令,而是要经过自我判断来确定应不应该执行命令,以防止超出自己的边界约束条件而损害自身,这种功能对应了代理的"欲望";在判断结束后,代理想要做的一系列行为(例如增发有功无功、甩负荷等)则对应为代理的"意图"模块。综上,基于 BDI 模型的代理如图 3-25 所示。要指出的一点是,代理的"意图"不一定执行;在分布式控制方式下,代理的"意图"可以通过一定方法转移到其他代理中,从而让其他代理执行此"意图"。在一个中大型的配电系统中,在故障自愈过程中往往存在多个重构策略。基于上述评估指标和 BDI 模型的代理将有能力判断自我的"意图"是否执行,也即,是否需要牺牲自己的电能质量或是否切出负荷来保证系统的整体稳定。

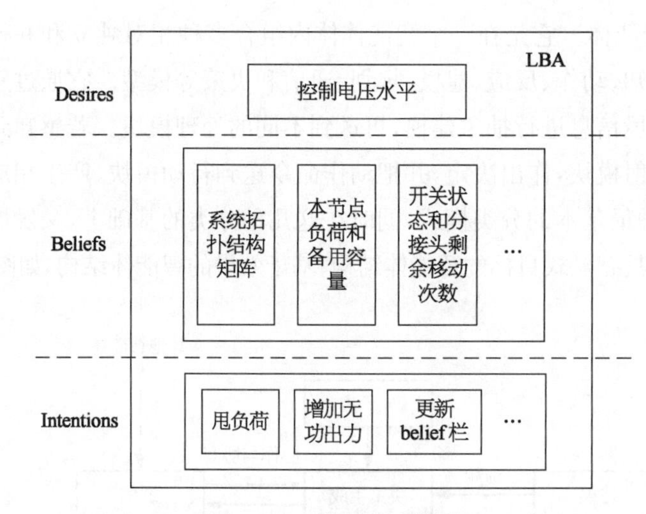

图 3-25 代理 BDI 模型

3.3.3 基于多智能体的分层控制结构

MAS 是由多个智能体协调、合作形成问题的求解网络,在这个网络中,每个智能体能够预测其他智能体的作用,也总影响其他智能体的动作。因此,在 MAS 中要研究一个智能体对另一个智能体的建模方法。同时,为了能影响另一个智能体,需要建立智能体间的通信方法。也就是说多个智能体组成的一个松散耦合又协作共事的系统,就是一个 MAS。为了使智能体之间能够合理高效地进行协作,智能体之间的通信和协调机制成为 MAS 的重点问题。同时值得强调的是,前面讨论的智能体的特性大多也是 MAS 所具有的特点,如交互性、社会性、协作性、适应性和分布性等。此外,MAS 还具有数据分布性或分散性,计算过程异步、并发或并行,每个智能体都具有不完全的信息和问题求解能力,不存在全局控制等特点。

举例来说，基于 MAS 的微电网控制系统结构如图 3－26 所示。

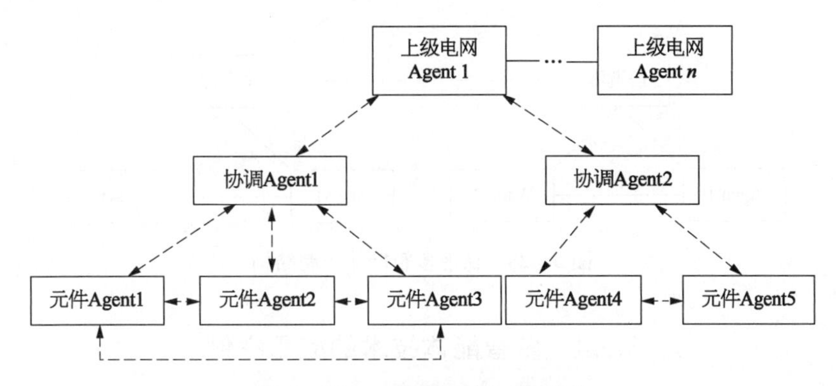

图 3－26　一种典型的 MAS 结构

多智能体系统的混合式控制和前述混合式控制概念类似，既包括集中式控制结构[见图 3－27(a)]，也包括分布式控制结构[见图 3－27(b)]。在集中式控制下，多个智能体由一个上级智能体(协调者)统一管控，下级智能体之间的交流均需要通过上级智能体来进行，这种方式适合在某地区有多个相同元件(例如对蓄电池组、小区智能电表等的管理)的情况；而分布式控制下，多个同一层级的智能体之间能够互相直接联系，并且形成多种多样的信息网络拓扑结构，这种方式适用于对多能流工业园区(特点是同级元件有不同控制尺度和时间尺度)的管理中。

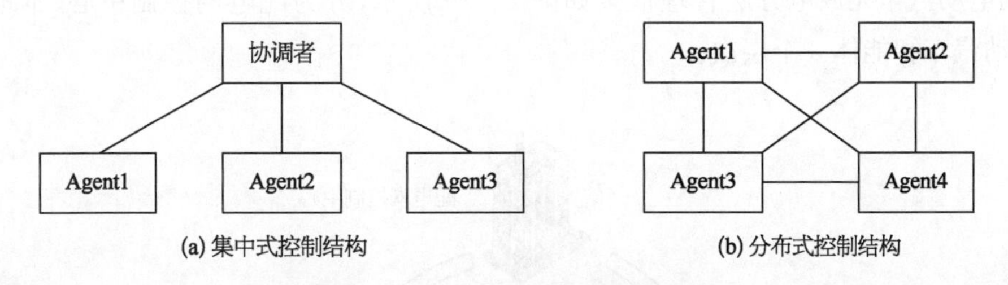

(a) 集中式控制结构　　(b) 分布式控制结构

图 3－27　基于 MAS 控制结构示例

除此之外，由于在一般的大型 MAS 中，各个协调者之间的通信方式还是采用与图 3－27 所类似的系统并采用网状结构。但是由于电力系统是一个超大的系统，如果还是采用图 3－27 所示的模式，由于协调者较多，所构成的网状结构比较复杂，程序的编制和系统的协调都难以实现，同时更难以体现电力系统分散控制的优点。为此，需要用到一种如图 3－28 所示的体系结构。

这种梯形多智能体控制结构结合了集中式、分布式和混合式几种结构的优点。在底层多智能体结构中，分别根据处理问题的不同，采用不同的放射型或者是网状和放射型相结合的体系结构。整体系统可以根据不同的要求采用不同的层次。系统最终通过一个最高协调者进行综合协调控制。

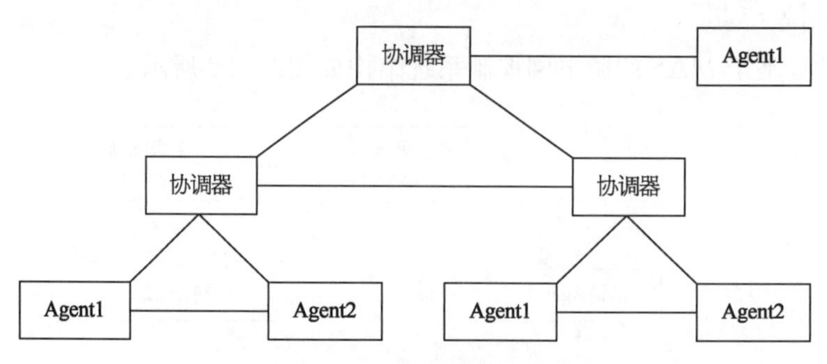

图 3-28　梯形多智能体控制结构

3.3.4　多智能体技术的应用举例

1）MAS 在协调优化中的应用

电动汽车由于清洁环保、高效节能而备受关注。近年来，国内电动汽车行业发展迅猛，产销两旺。预计到 2020 年，国内纯电动汽车和插电式混合动力汽车生产能力达 200 万辆，累计产销量超过 500 万辆。然而，电动汽车大规模接入电网，会带来负荷高峰、电压下降、线路损耗增大、谐波污染以及三相不平衡等问题。因此，有必要对电动汽车充电负荷进行有序协调优化。随着电动汽车规模的增大，控制中心每次优化计算需要存储的信息和计算量也相应增大，导致优化时间过长，甚至会出现“维数灾”问题。因此，基于 MAS 理论结合分层控制和分布式控制方法，可有效解决大规模 V2G 的协调优化问题。本节所采用的电动汽车充放电分层管理框架如图 3-29 所示，分为配电网控制中心、本地运营商、电动汽车智能体 3 个层次。

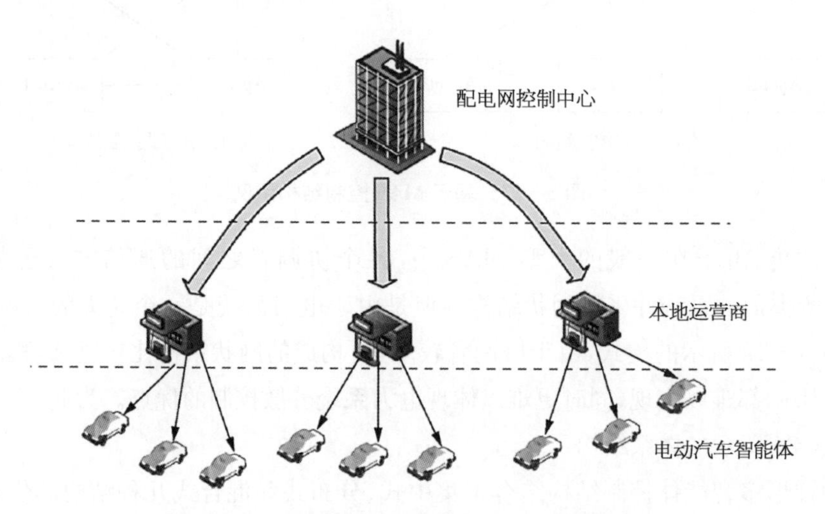

图 3-29　基于 MAS 的电动汽车充放电管理框架

电动汽车作为具有适应性的智能体，在接入电网时，可以从本地运营商获取停留时段的电价等信息，根据自身的电池状态及充电需求进行优化计算，并将优化后的可接受充电计划提交给本地运营商。本地运营商根据当地负荷预测的情况，对电动汽车提交的充电计划进行审核，选取最小化峰谷差的充电计划并下达给各个电动汽车智能体，电动汽车智能体照此计划进行充放电。实际充电计划与最优计划的成本差，将由本地运营商对用户进行补贴。配电网控制中心接收本地运营商聚合了各个电动汽车智能体充电负荷的负荷数据后，针对节点电压、线路传输功率等安全约束，对各个本地运营商提交的购电计划进行管理控制。如果本地运营商提交的充电负荷使得配电网安全约束越限，则对越限时段的充电电价进行调控，实现电动汽车智能体充电负荷的转移，以保证配电网的正常与安全运行。

2）MAS 在电力市场运营中的应用

由于虚拟电厂含微型燃气轮机、燃料电池、光伏发电等分布式电源，其具有利用可再生能源、相对较小的网损、少量的环境污染、灵活高效的能源调度等优点，这使得虚拟电厂成为一种极具优势的电网形式。同时，由于微型电源的冷热电联供，让虚拟电厂不仅具备了极高的能源转换效率，也使得其发电成本大大下降。并且，随着分布式发电装机容量的增加，虚拟电厂所发出的功率将逐渐大于本地负荷的消耗，此时，为充分利用虚拟电厂中剩余的电量，虚拟电厂将参与并网输电。因此，随着技术的进步、成本的下降、容量的增大，虚拟电厂在保证自身消耗的同时，将参与电力市场的竞价体系。

当虚拟电厂加入电力市场后，由于虚拟电厂的特殊性，其对于上级电力市场来说可以看成单一的元件进行竞价，对于自身来说又可以对各个分布式元件进行协调调度。因此，在并网时，如能优化虚拟电厂在上级电力市场的竞价策略，以使其获得高额利润；同时协调虚拟发电厂中各发电元件电量输出，以获得最小的发电成本，这样虚拟电厂可以在增大利润的同时降低成本，从而获得最大的利润。然而，随着虚拟电厂的加入，电力市场也产生了一些新的变化。如竞价的实时化、分布化、分层化等。这使得传统的竞价机制难以适应市场新的变化。在这种环境下，MAS 将凭借其分布、快速处理复杂问题的能力逐渐取代传统的电力市场预测体系。MAS 是由多个智能体组成的系统，各智能体成员之间相互协同，相互服务，共同完成各自的任务。其自主性、交互性、高效性的优点将更好地适应电力市场向分布化和层次化发展的需求。基于 MAS 的虚拟电厂市场竞价结构如图 3－30 所示。

（1）上级电力市场智能体。根据各高级智能体申报的竞价数据以及系统安全水平，编制交易计划、确定市场价格、实现实时市场交易。同时反馈给各高级智能体市场最终定价及各发电公司输出电量，使其成员能够根据提供的信息，进行下一步交易决策。

（2）虚拟电厂及发电公司智能体。根据自身状况向上级智能体进行竞价申请，并对上级智能体所提供的数据进行学习并调整竞价策略。若是虚拟电厂智能体，则还要对发电元件智能体所提供的数据进行虚拟电厂发电余额、输电成本的预测处理，并综合上级智能体提供的数据进行上网竞价。在竞价成功后，虚拟电厂智能体以成本最小化竞价策略对发电元件智能体进行调度。

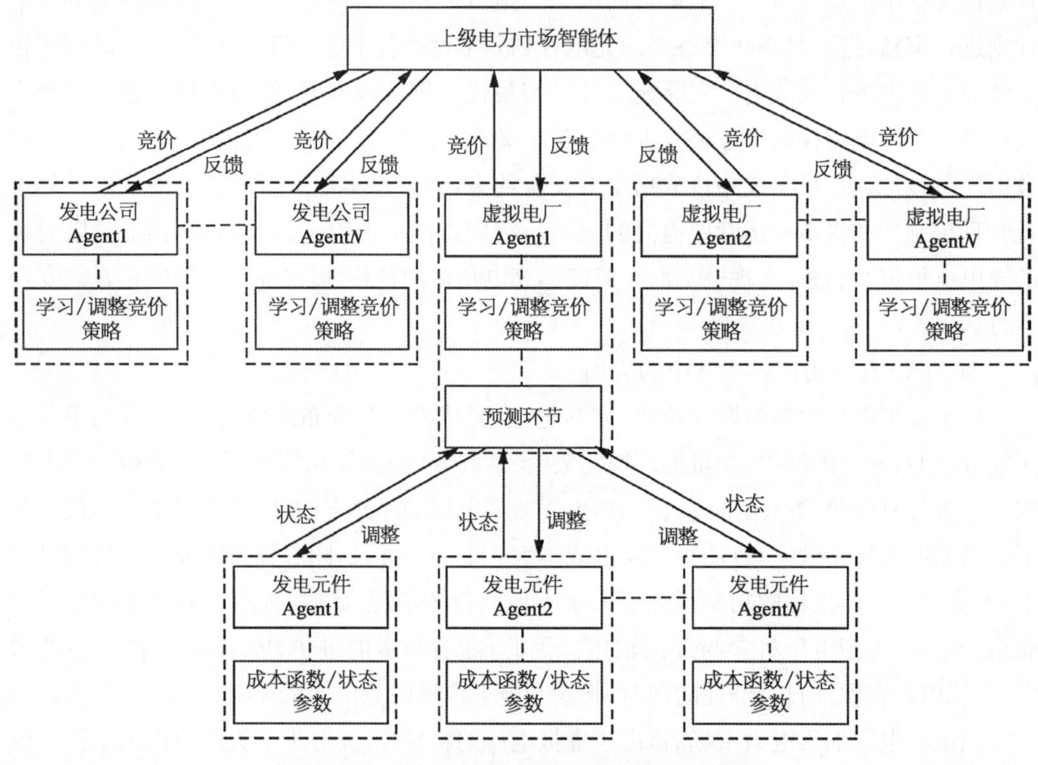

图 3-30　基于 MAS 的虚拟电厂市场竞价结构

(3) 发电元件智能体。其负责向虚拟电厂智能体提供输电损失、容量上限、输电量、发电元件运行状态等相关数据。并根据自身状态和虚拟电厂智能体提供的数据进行竞价,在竞价完成时进行具体的输电。

3) MAS 在配电系统自愈控制中的应用

随着分布式可再生能源正急剧涌现与快速增长,伴随电动汽车为代表的新型负荷的大规模接入,电源结构不断变化、电源种类持续增加、负荷特性日益多样,已对配电网造成广泛而深远的影响。主要表现为: 功率流向日趋复杂,负载波动加剧;短路电流增大,设备选型困难且寿命缩短;电压越限等电能质量问题日益突出、供电可靠性降低;配电网继电保护灵敏度变化,造成保护的误动和拒动等,已严重影响系统的稳定性以及运行的安全性。为保证电能质量以及供电可靠性,配电系统的架构及模式正在发生重大变化。

自愈系统具有自身状态与外部环境监测、自身健康状态维持和从非健康状态恢复到健康状态的功能。自愈流程包括“信息采集”、“状态诊断”、“方案决策”和“控制执行”4 个步骤。电网自愈主要是对电网的运行状态进行实时评估,采取预防性控制手段,及时发现、快速诊断故障和消除故障隐患,变被动的事故处理为主动的抑制事故发生。自愈能力是自我预防和自我恢复(自我愈合)的能力,具有两个显著特征: ① 预防控制为主要控制手段,及时发现、诊断和消除故障隐患;② 具有故障情况下维持系统连续运行的能力,不造成系统的运行损失,并通过自治修复功能从故障中恢复。

自愈的智能配电网能够在配电网的不同层次和区域内实施充分协调且技术经济优化的控制手段与策略，具有自我感知、自我诊断、自我决策、自我恢复的能力，这4个“自我”形成闭环，实现配电网在不同状态下的安全、可靠与经济运行。自愈的配电网可以做到在正常情况下预防事故发生，实现运行状态优化；在故障情况下可以快速切除故障，同时实现自动负荷转供；在外部停运情况下，可以实现与外部电网解列，孤岛运行，并进行黑启动。

配电网自愈控制功能的实现依赖于配电系统快速仿真与模拟、保护装置的协调与自适应整定、与分布式电源的协调控制、智能分析与决策、分布式计算等一系列技术的发展与应用，很大程度上决定着自愈控制功能的实现方式、效率与可靠性。其中，含DG的配电系统快速仿真与模拟是自愈控制功能实现的基础，它为配电网的网络重构提供计算方法和依据。所以，可以建立基于无线公网的配电网故障自动隔离和恢复控制模型，结合不同故障类型和网络结构，研究含分布式电源的配电网智能自愈控制技术，构建主站与终端联动、适应多种网络环境和多重故障的配网自愈控制架构，并研制配电网故障智能诊断与自愈控制系统，该示例如图3-31所示。

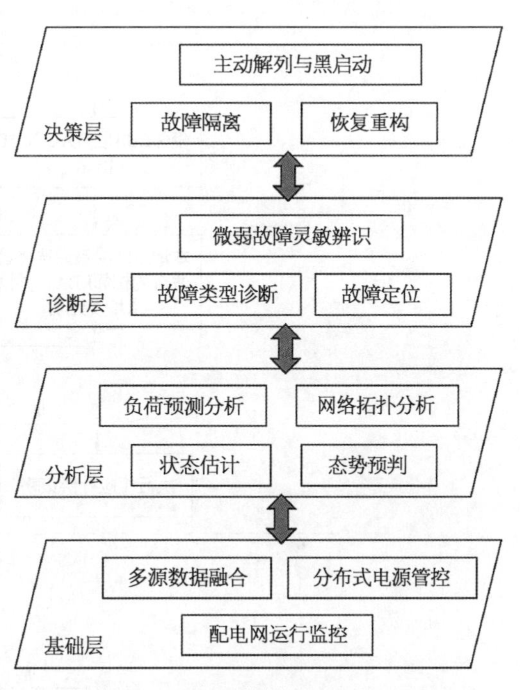

图3-31　配电网故障智能诊断与自愈控制系统架构

从图3-31可以得知，基于MAS结构，该故障智能诊断与自愈控制系统分为4个控制层，每一层都可由智能体所管控。常规运行时，系统级别的智能体可以多维度检测评估配电网的运行方式，终端智能体监视馈线分段开关与联络开关的状态和馈线电流、电压情况，并实现线路开关的远程控制以优化配网运行方式。故障时系统拟提供自动模式和手动模式两种运行模式，当检测到故障信号时，系统会自动启动故障定位。在自动模式下，故障被定位后，会依次自动分析和执行隔离方案、恢复方案。在手动模式下，系统会自动分析给出隔离方案和恢复方案，但不会自动执行，允许调度员查看、编辑隔离、恢复方案。

下面以决策层为例，分析MAS结构下配网发生短路故障时，自愈控制中的校正控制、紧急控制和恢复控制的流程。其中，定义LBA，FA和RA分别为负荷智能体、馈线智能体和管理智能体，分层结构如图3-32所示，LBA为最低级，RA为最高级。

电动汽车、分布式电源的大规模接入使电力系统的功率流和电压水平更不可预测，同时光伏电池板和风机的使用也使得传统故障整定策略和传统日负荷预测不再适用。以对

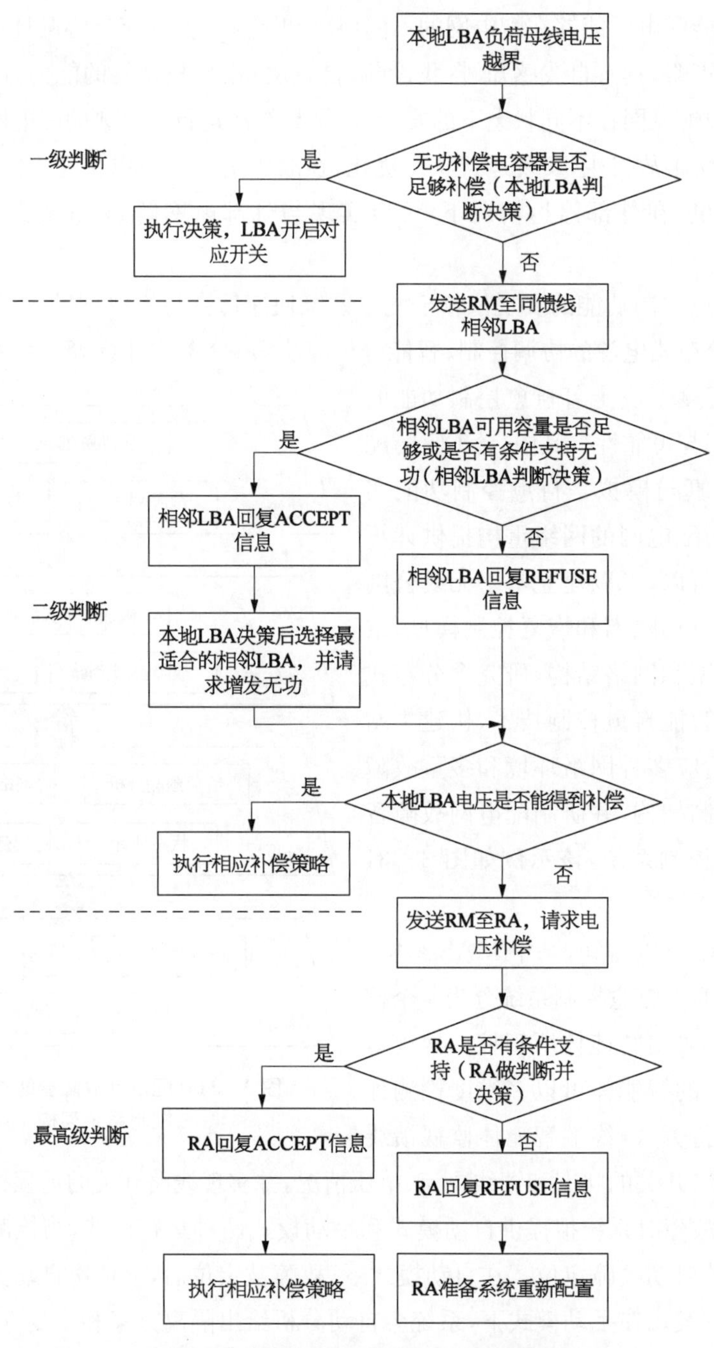

图 3-32　校正控制中代理交流过程示意

电压的校正为例，在电压变动下（例如因负荷的切入切出而导致的电压波动以及因开关动作而导致某些负荷失电等），校正控制流程如图 3-32 所示。需要说明的一点是，近年来国内外学者对下垂控制的研究已经相当成熟，但是下垂控制更倾向于在非主动配电网进行应用，而且控制精度并不高。所以将本节所提的校正控制逻辑与下垂控制相结合，将对日新月异的主动配电网系统的自愈过程有很大帮助。

电网在不得不进行系统重构时(比如三相短路故障导致某地负荷失电),为了将损失降到最小,电网应立刻进行紧急控制。下述逻辑将针对馈线三相接地短路或负荷母线上三相接地短路故障进行分析,并介绍多代理的通信和决策机制。紧急控制流程如图 3-33 所示,可以看出,对故障的定位工作是紧急控制的根本保证。

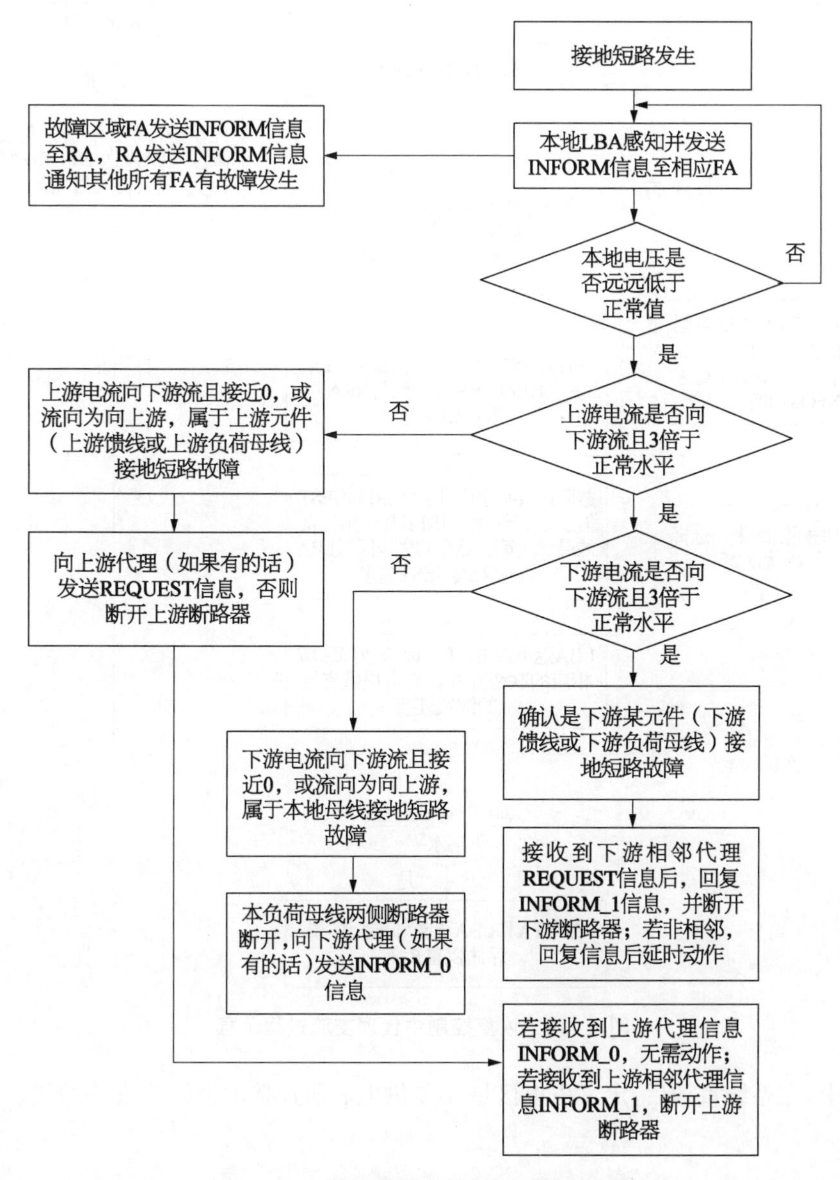

图 3-33　紧急控制中代理交流过程示意

恢复控制的目的在于通过各种手段(如系统重构)快速恢复故障区域负荷供电,并且不影响其他正常区域负荷供电。在失电区域所对应的 FA 接收到故障区域 LBA 恢复电压的请求后,若发现不能够通过普通的无功调节来恢复电压后,则向下属 LBA 返回 REFUSE 信息,并请求上级 RA 进行系统重构,进而启动恢复控制。恢复控制如图 3-34

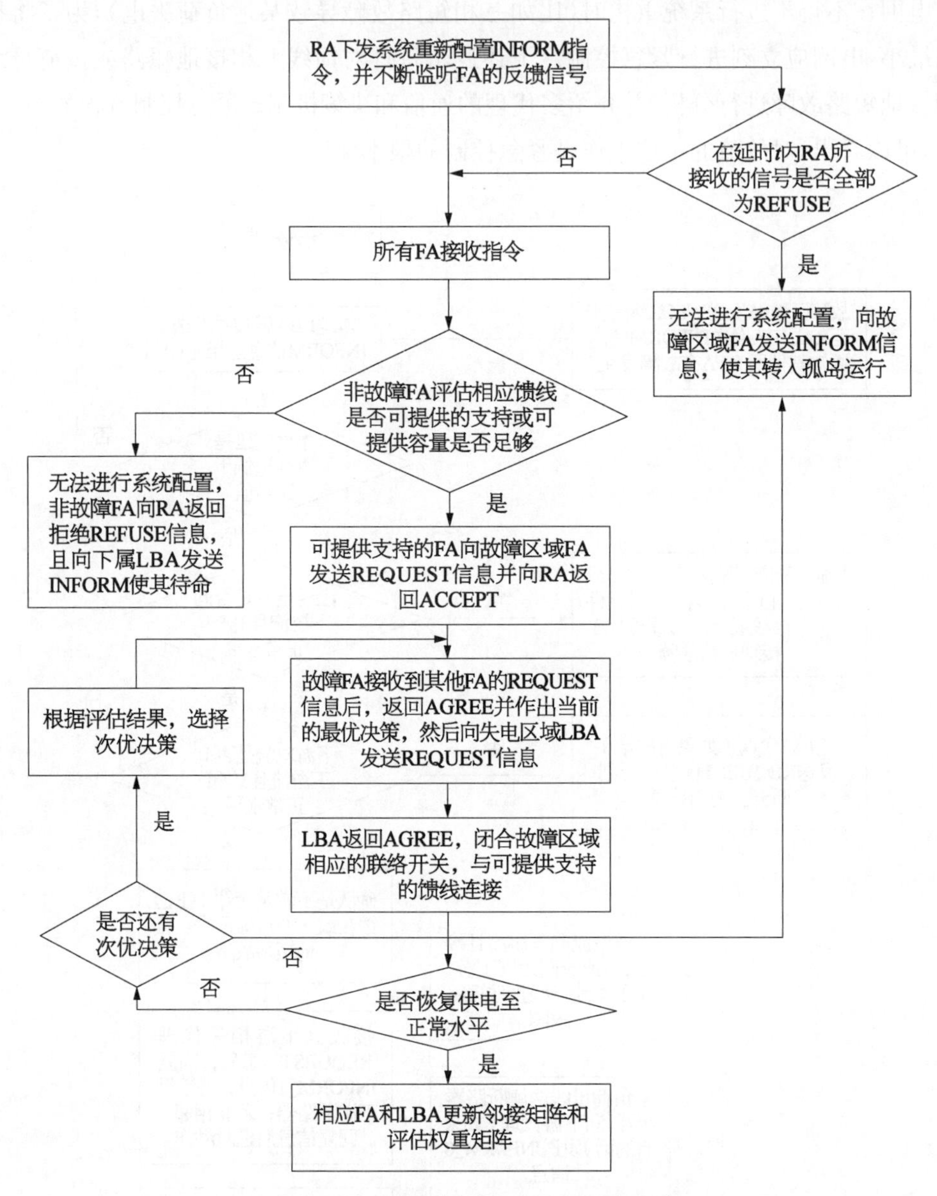

图 3-34 恢复控制中代理交流过程示意

所示，其中，在系统重构后，定义失电区域恢复供电后所连接的馈线为支持馈线。

3.4 基于协同论的一致性控制技术

3.4.1 自动发电控制 AGC 概要

电力系统的频率控制可分为一次调频、二次调频和三次调频。一次调频是通过发电机组调速器跟踪本地频率信号完成闭环控制。二次调频则是通过调度段 AGC 实时控制器跟踪全网频率和联络线功率偏差后，将调度指令下发给电厂 PLC 完成一个“大”闭环控制。三次调频是对电网的有功发电功率进行经济调度，实际上与电网频率并不严格相关。AGC 是实现电力系统频率无差调节的关键，其模型通常是以负荷频率控制(LFC)为基础的频域线性模型，电力系统 LFC 问题作为控制理论界的一个经典研究问题，成为大量新兴控制方法的试验田。

AGC 系统是 EMS 能量管理系统中的核心子系统，自诞生至今依然保持着集中式控制结构。集中式框架适用于确定型的电源结构和单向的负荷波动的传统电力系统。在半个多世纪的发展中，由于集中式 AGC 具体结构简单、处理信息量小、工程实现代价小的特点，其集中式的形态并未发生重大改变。但 21 世纪以来，大规模风、光、电动汽车不断从配电网接入电网，以大功率电力电子器件为基础的交直流输电系统成为输配电网的主干支架，电源结构和电网形态都在经历根本性的变化，全世界将迎来智能电网时代，在这样的大背景下，传统的 AGC 集控模式越发暴露出其不足：① 电网故障解列后集控式 AGC 系统将闭锁失效。② 集中式 AGC 不考虑电网拓扑结构，无法实现 AGC 控制为基础的二次调频和以最优潮流为基础的三次调频之间的最优协调配合。③ 无法在智能电网复杂的电源结构下有效实施 AGC 总指令动态优化分配。与此同时，为了解决数据海量、通信瓶颈和协调互动问题，智能电网能量管理系统(EMS)的发展趋势是“分散自治”，集中式的 EMS 将会被分散、灵活、开放的分布式 EMS 取代，逐步形成一种分布-集中式的混合控制结构，而 AGC 作为 EMS 的核心组成部分，也必须顺应趋势进行相应的策略和结构改革。

3.4.2　多智能体一致性算法研究现状

所谓一致性，是指在多智能体网络中，每个智能体按照一定的控制规则进行某种特定信息的交互、相互作用后，最终网络中所有智能体的某些关键信息或状态达成一致。1986 年，Renolds 首次在模拟多智能体集体行为中发现了 3 个著名的启发式规则：群体集中、防止碰撞、速度匹配。Viseck 等对此 3 个规则进行了数学建模，模型主要关心群体运动方向的一致性，Olfati-Saber 等利用图论和稳定性理论，建立了多智能体网络一致性的完整理论框架，Ren 研究了在动态作用拓扑结构下的多智能体一致性。通过十余年的共同努力，多智能体一致性理论在编队、蜂群、聚集和同步等自然问题的研究上获得重要突破，结构相同的“同构”多智能体一致性收敛性及其线性控制策略的研究日趋完善。近来包含引导群体趋于最终目标的领导者和跟随者的多智能体主从一致性也受到广泛关注：J.P.Hu 在考虑时变时延的基础上，研究了固定网络和切换网络拓扑的主从网络一致性问题；N.E. Leonard 将协作图和“势能函数”结合起来分析主从多智能体网络的一致收敛性；关治洪、孙凤兰等研究了领导者对多智能体网络有限时间一致性的影响，Consolini 研究了非完整性移动机器人的主从编队控制。

鲁棒性是多智能体网络的一个重要性能指标[17]，多智能体一致性算法的鲁棒性能研究主要集中在通信时延、噪声、数据包丢失等方面。通信时延是影响多智能体稳定性的一个关键因素，在多智能体网络中，自然会产生时延，如智能体通信通道阻塞、相互作用不对称等，在信息传输速度有限的媒介中都会出现时延。集值 Lyapunov 方法和频域方法被用于研究时滞相依的无向通信网络一致性问题，Olfatidui 证明了多智能体网络所能承受的最大时延与网络拓扑的关系。智能体在运行的过程中，白噪声和外部干扰使得通信网络存在噪声，可运用凸优化算法实现含通信噪声多智能体系统的鲁棒收敛至初态均值，常采用时变衰减因子来处理。通信网络中数据包丢失会引起智能体之间连接拓扑发生变化，其过程可以马尔科夫模型刻画，对于一阶一致性多智能体系统，只要保证其拓扑结构连通则可以确保该系统达到渐进一致。

3.4.3 基于等微增率的一致性算法

1）图论基础

一个图 G 是指一个二元组 (V_G, E_G)，其中，非空有限集 $V_G=\{v_1, v_2, \cdots, v_n\}$ 为顶点集；顶点集 V_G 中无序或有序的元素偶对 $e_k=(v_i, v_j)$ 组成的集合 E_G 为边集。若 e_k 为无序元素偶对，则图 G 称为无向图；若 e_k 为有序元素偶对，则图 G 称为有向图。显然，无向图可以看作是特殊的有向图。一个不包含自环和多重边的图称为简单图。

设 $G=(V, E)$ 是含有 n 个顶点的图，矩阵 $\boldsymbol{A}$ 为 G 的邻接矩阵，其中 a_{ij} 为邻接矩阵 $\boldsymbol{A}$ 中的第 i 行，第 j 列元素。对于无权重的无向简单图，矩阵 $\boldsymbol{A}$ 是对称的，且对角元素中 a_{ij} 为 0。此外，拉普拉斯矩阵 $\boldsymbol{L}=[l_{ij}]$。

$$l_{ij}=\begin{cases}-a_{ij}, & j\neq i\\ \sum\limits_{j=1,\ j\neq i}^{n} a_{ij}, & i=j\end{cases} \tag{3-9}$$

2）离散系统一阶一致性

设 $x_i(k)$ 为智能体 i 在 k 时刻的某一状态，如电压、频率、发电成本等物理特性。通常认为，在离散系统中，当且仅当对任意 i，j 都有 $x_i[k]=x_j[k]$ 时，多智能体系统达到了一致性状态。考虑实际系统中通信传输数据通常具有一定时间间隔，故采用离散时间一阶一致性算法进行研究。对于无领导者的通信系统，可由图 3-35 表示，其离散时间一致性算法可描述为

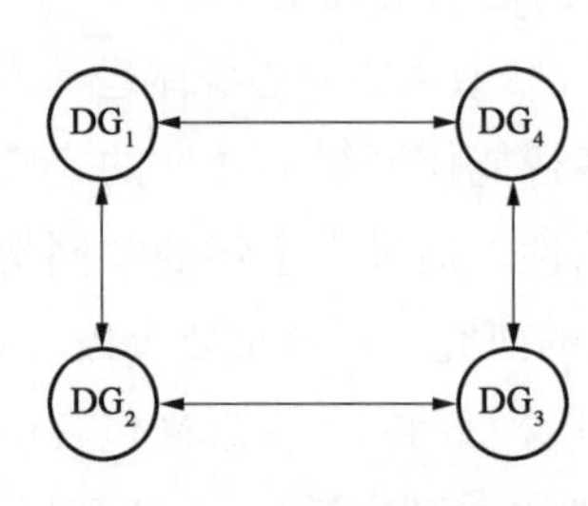

图 3-35　无领导的通信系统

$$x_i[k+1]=\sum_{j=1}^{n} d_{ij}x_j[k] \quad i=1, 2, \cdots, n \tag{3-10}$$

式中，d_{ij} 为行随机矩阵 $\boldsymbol{D}$ 中的元素。对于有虚拟领导的通信系统，可由图 3-36 表示，其离散时间一致性算法的更新公式为

$$x_i[k+1]=\sum_{j=1}^{n}d_{ij}x_j[k]+\varepsilon g(x[k]) \tag{3-11}$$

式中，ε 为一个正实数，它反映一致性算法的收敛性能，称为收敛系数；$\varepsilon g(x[k])$ 称为一致性网络的输入偏差，为其他智能体达成一致性提供参考方向。其他智能体的更新规则与无领导者一致性算法相同。

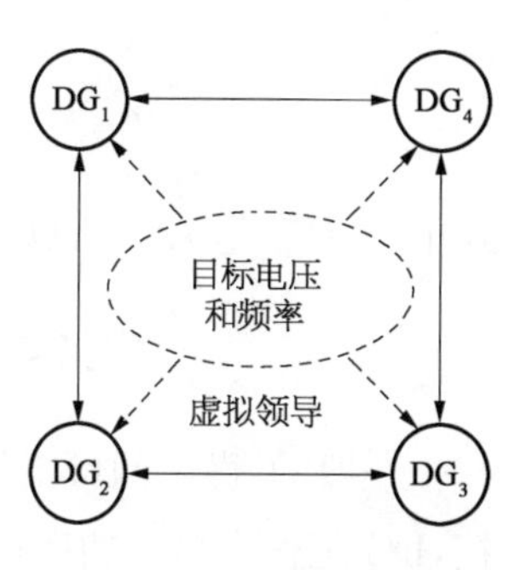

图 3-36　含虚拟领导的通信系统

3）智能配电网等微增率一致性算法

经济调度常用的发电成本可近似地用一个二次函数来表示：

$$C_i(P_{Gi})=a_iP_{Gi}^2+b_iP_{Gi}+c_i \tag{3-12}$$

式中，P_{Gi} 表示第 i 台机组的出力，C_i 表示第 i 台机组的发电成本；a_i，b_i，c_i 分别表示第 i 台机组发电成本的各次系数。

因此，AGC功率分配后各台机组的发电成本将发生改变：

$$C_i(P_{Gi,\,\mathrm{ac}})=C_i(P_{Gi,\,\mathrm{plan}}+\Delta P_{Gi})=\alpha_iP_{Gi}^2+\beta_iP_{Gi}+\gamma_i \tag{3-13}$$

式中，$P_{Gi,\,\mathrm{ac}}$ 为第 i 台机组的实际发电功率；$P_{Gi,\,\mathrm{plan}}$ 为第 i 台机组的计划发电功率；ΔP_{Gi} 为第 i 台机组的AGC调节功率；α_i，β_i，γ_i 分别为考虑发生功率扰动后第 i 台机组发电成本的各次动态系数，其中，$\alpha_i=a_i$，$\beta_i=2a_iP_{Gi,\,\mathrm{plan}}+b_i$，$\gamma_i=a_iP_{Gi,\,\mathrm{plan}}^2+b_iP_{Gi,\,\mathrm{plan}}+c_i$。

对于含有 n 台AGC机组的系统而言，AGC的调节目标可以描述为

$$\begin{aligned}&\min C_{\mathrm{total}}=\sum_{i=1}^{n}(\alpha_iP_{Gi}^2+\beta_iP_{Gi}+\gamma_i)\\&\text{s.t.}\quad \Delta P_{\Sigma}-\sum_{i=1}^{n}\Delta P_{Gi}=0\\&\qquad\quad \Delta P_{Gi}^{\min}\leqslant\Delta P_{Gi}\leqslant\Delta P_{Gi}^{\max}\end{aligned} \tag{3-14}$$

式中，C_{total} 为发电实际总成本，本章把 C_{total} 取为AGC功率分配的总功率指令；ΔP_{Σ} 为AGC跟踪的总功率指令；$\Delta P_{Gi}^{\min}$ 和 $\Delta P_{Gi}^{\max}$ 是机组 i 的最小和最大可调容量。

根据等微增率准则，当每个机组的发电成本对其AGC调节功率的偏微分导数相等时，C_{total} 可达到最小值，即

$$\frac{\mathrm{d}C_1(P_{G1,\,\mathrm{ac}})}{\mathrm{d}\Delta P_{G1}}=\frac{\mathrm{d}C_2(P_{G2,\,\mathrm{ac}})}{\mathrm{d}\Delta P_{G2}}=\cdots=\frac{\mathrm{d}C_n(P_{Gn,\,\mathrm{ac}})}{\mathrm{d}\Delta P_{Gn}}=\lambda \tag{3-15}$$

式中，λ 为发电成本微增率。因此，本章选取 λ 为多智能体网络的一致性变量。

$$\lambda_i=2\alpha_i\Delta P_{Gi}+\beta_i \tag{3-16}$$

式中，λ 为第 i 台机组的发电成本微增率。所以，根据式(3-16)，可以将有领导者的等微增率一致性算法表述为

$$\lambda_i[k+1]=\sum_{j=1}^{n} d_{ij}\lambda_j[k]+\varepsilon\Delta P_{err}\quad i=1,\ 2,\ \cdots,\ n \tag{3-17}$$

式中，ΔP_{err} 是 AGC 总功率指令与所有机组的总调节功率的差值。

3.4.4 基于多智能体一致性的下垂控制策略

一般的，微电网可工作在并网和离网 2 种模式下。正常运行时，微电网与大电网连接，DG 工作在最大功率点跟踪状态。由于 DG 容量较小，系统动态特性由大电网主导。当主网发生故障而使得微电网从主网断开时，工作在离网模式。此时，DG 需改变运行模式并向重要负荷提供持续的电能；DG 和储能需协调运行实现微电网中有功和无功功率平衡，维持系统频率和电压稳定。因此，对 DG 的一致性协调控制在微电网的运行控制中具有非常重要的意义。

在传统下垂控制中，虽然 DG 仅需要采集端口电压和频率，不需要进行相互通信，但不能与其他 DG 协调完成系统级的目标。在电力系统中，由于能量管理系统的需要，通信网络是必然存在的。针对这一特点，可以 DG 间的局部通信为基础，应用一致性控制使得 DG 协调合作来完成系统级目标，并以传统下垂控制中有功分配和电压/频率的调节特性为基础，使得 DG 在满足下垂控制特性要求的同时，保持系统频率和电压稳定在目标值。

传统下垂控制为

$$\begin{cases}\omega_i=\omega_{0i}-m_iP_i\\ U_{di}=U_{0i}-n_{ai}Q_i\\ U_{qi}=0\end{cases}$$

相应的控制框图如图 3-37 所示。

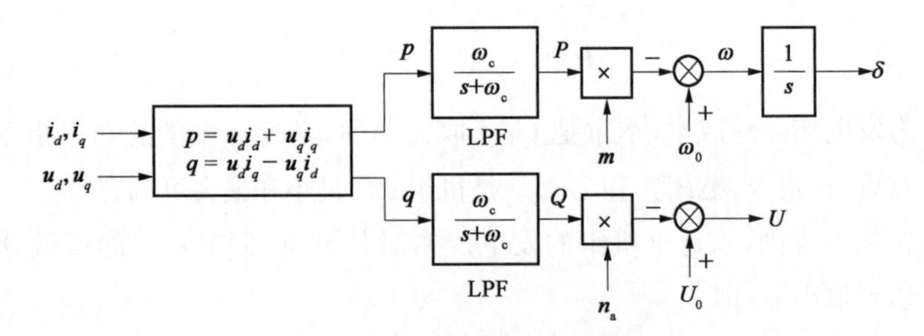

图 3-37 传统下垂控制框图

式中 ω_i 和 U_i 分别为控制频率和电压的初值，在传统下垂控制中为常量，在小信号稳定性分析中常被忽略。而改进下垂策略主要通过控制其他电气量或增加辅助控制量来改善系统性能。对上式求导可得

$$\begin{cases}\dot{\omega}_i=\dot{\omega}_{i0}-m\dot{P}_i=x_{\omega i}\\ \dot{U}_i=\dot{U}_{i0}-n\dot{Q}_i=x_{Ui}\end{cases} \tag{3-18}$$

式中，$x_{\omega i}$ 和 x_{Ui} 分别为频率和电压的一阶微分，再次求导可得

$$\begin{cases}\dot{x}_{\omega i}=u_{c\omega i}\\ \dot{x}_{Ui}=u_{cUi}\end{cases} \tag{3-19}$$

式(3-18)和式(3-19)共同构成了微电网的二阶动态调节模型。对于式(3-3)所示的下垂控制，DG间的有功功率分配需满足分配特性：

$$m_1P_1=m_2P_2=\cdots=m_nP_n \tag{3-20}$$

式中，n 为智能体的个数。类似于频率和电压的模型，对该式连续2次求导得有功功率的控制模型为

$$\begin{cases}m_i\dot{P}_i=x_{Pi}\\ \dot{x}_{Pi}=u_{cPi}\end{cases} \tag{3-21}$$

由上述模型可知，合理调整 $u_{c\omega i}$，u_{cUi} 和 u_{cPi}，并控制 $x_{\omega i}$，x_{Ui} 和 x_{Pi} 为0，修正 ω_i 和 U_i 可使得系统的频率和电压运行在额定值。

在基于多智能体的系统中，由于不同地区、不同设备对下垂控制的方式并没有统一的要求和控制方法(例如在高压电网和低压电网中各有着不同的下垂控制标准)，所以引入多智能体对下垂控制进行分布式控制很有必要。结合3.4.3节对通信系统拓扑的描述，本节对有功功率控制、有功-频率下垂控制和无功-电压下垂控制进行一致性控制策略描述。

1) 有功功率控制

由于DG的有功功率随负荷的变化而改变，因而不存在固定的目标值。假设 t_d 为通信系统中的延时，采用无领导者的一致性实现对DG有功功率的一致性控制，通信拓扑如图3-36所示，控制函数为

$$u_{cPi}=u_{cP\alpha i}+u_{cP\beta i} \tag{3-22}$$

式中，$u_{cP\alpha i}$ 和 $u_{cP\beta i}$ 表示两个相互独立的部分，前者的主要作用是控制所有的DG的有功下垂系数的成绩 mP 相等，后者主要作用是控制其微分量相等，k_{P1} 和 k_{P2} 是一致性协议中的控制参数，且 $k_{P1}>0$，具体展开为

$$\begin{cases}u_{cP\alpha i}=-k_{P1}\sum\limits_{j=1,\ j\neq i}^{n}(a_{ij}\Delta mP_{ij})\\ u_{cP\beta i}=\sum\limits_{i=1,\ i\neq j}^{n}(a_{ij}\operatorname{sign}(x_{Pji})\mid x_{Pji}\mid^{k_{P2}})\\ \Delta mP_{ij}=mP_i(t)-mP_j(t-t_d)\\ x_{Pji}=x_{Pj}(t-t_d)-x_{Pi}(t)\end{cases} \tag{3-23}$$

结合式(3-21)的有功调节模型，可获得有功功率调节的平衡点：

$$\begin{cases} m_i P_i(t) = m_j P_j(t - t_d) \\ m_i \dot{P}_i(t) = m_j \dot{P}_j(t - t_d) \end{cases} \tag{3-24}$$

当系统稳定运行时，有功的一阶和二阶导数均为 0，即 DG 的输出功率为常数。根据 Lyapunov 直接法原理可分析系统的渐进稳定性，若存在能量函数 $V(x)$ 满足以下 4 个方面要求则系统渐进稳定：

(1) $V(0)=0$

(2) 当 $x \neq 0$ 时，存在 $V(x) > 0$

(3) 当 $\| x \| \to \infty$ 时，存在 $V(x) \to \infty$

(4) 对于所有的 $x \neq 0$，$\dot{V}(x) < 0$

针对式(3-21)和式(3-22)构成的系统，可选用下式所示能量函数：

$$V(x) = \frac{1}{2}\sum_{i=1}^{n} x_{Pi}^2 + \frac{1}{2}\sum_{i=1}^{n}\sum_{j=1,\ j\neq i}^{n} [k_{P1} a_{ij} (\Delta m P_{ij})^2] \tag{3-25}$$

进一步分析其导数：

$$\dot{V}(x) = \sum_{i=1}^{n} x_{Pi} u_{cPi} + \sum_{i=1}^{n}\sum_{j=1,\ j\neq i}^{n} [k_{P1} a_{ij} \Delta m P_{ij} m \dot{P}_{ij}] \tag{3-26}$$

将式(3-22)的控制函数代入上式得

$$\dot{V}(x) = \sum_{i=1}^{n} x_{Pi} \sum_{j=1,\ j\neq i}^{n} [-k_{P1} a_{ij} \Delta m P_{ij} + a_{ij} \operatorname{sign}(x_{Pji}) \mid x_{Pji} \mid^{k_{P2}}] + \sum_{i=1}^{n}\sum_{j=1,\ j\neq i}^{n} (k_{P1} a_{ij} \Delta m P_{ij} x_{Pij}) \tag{3-27}$$

式中，

$$\sum_{i=1}^{n} x_{Pi} \sum_{j=1,\ j\neq i}^{n} [k_{P1} a_{ij} \Delta m P_{ij}] = \sum_{i=1}^{n}\sum_{j=1,\ j\neq i}^{n} (k_{P1} a_{ij} \Delta m P_{ij} x_{Pij}) \tag{3-28}$$

因此，$\dot{V}(x)$ 可简化为

$$\dot{V}(x) = \sum_{i=1}^{n}\sum_{j=1,\ j\neq i}^{n} [a_{ij} x_{Pji} \operatorname{sign}(x_{Pji}) \mid x_{Pji} \mid^{k_{P2}}] \tag{3-29}$$

故对所有的 $x \neq 0$，$\dot{V}(x) < 0$ 恒成立，即在式(3-24)所示的一致性协议作用下，系统是渐进稳定的。

2) 有功-频率下垂控制

本节主要分析通过 ω_i 的自适应调节修正系统频率偏差。在电力系统中，系统频率的控制目标为预先设定的额定值，即在稳定运行状态下，所有 DG 保持额定频率运行。本节应用含虚拟领导的一致性实现频率的自适应控制。含虚拟领导的通信拓扑如图 3-36 所示，控制方程如式(3-25)所示。

$$u_{c\omega i}=u_{c\omega\alpha i}+u_{c\omega\beta i}+u_{c\omega\gamma i} \tag{3-30}$$

式中，$u_{c\omega\alpha i}$，$u_{c\omega\beta i}$ 和 $u_{c\omega\gamma i}$ 表示一致性控制中的 3 个子控制分量，其中前两控制部分的作用与式(3-22)类似，第三项 $u_{c\omega ri}$ 主要用于控制 DG 的频率，和虚拟领导相同 $k_{\omega1}$，$k_{\omega2}$ 和 $k_{\omega3}$ 为一致性协议中的控制参数，且 $k_{\omega1}>0$，$k_{\omega3}>0$。在频率控制中，由于虚拟领导中的额定频率是提前设定的，因而可忽略虚拟领导与 DG 间的通信延时。具体展开式为

$$\begin{cases}u_{c\omega\alpha i}=-k_{\omega1}\sum\limits_{j=1,\ j\neq i}^{n}(a_{ij}\omega_{ij})\\ u_{c\omega\beta i}=\sum\limits_{i=1,\ i\neq j}^{n}(a_{ij}\,\mathrm{sign}(x_{\omega ji})\mid x_{\omega ji}\mid^{k_{\omega2}})\\ u_{c\omega\gamma i}=k_{\omega3}[-k_{\omega1}\omega_{iL}+\mathrm{sign}(x_{\omega ji})\mid x_{\omega ji}\mid^{k_{\omega2}}]\\ \omega_{ij}=\omega_i(t)-\omega_j(t-t_d)\\ \omega_{iL}=\omega_i-\omega_L\\ x_{\omega ji}=x_{\omega j}(t-t_d)-x_{\omega i}(t)\\ x_{\omega Li}=x_{\omega L}-x_{\omega i}\end{cases} \tag{3-31}$$

式中，下标 L 表示含控制目标的虚拟领导，可以是中央控制器。类似于有功功率的分析，一致性协议作用下的平衡点为

$$\begin{cases}\omega_i(t)=\omega_j(t-t_d)=\omega_N\\ \dot{\omega}_i(t)=\dot{\omega}_j(t-t_d)=0\end{cases} \tag{3-32}$$

式(3-32)表明，稳定状态下，各 DG 输出电压的频率为系统的额定频率 ω_N，即系统频率控制的目标。

同样，选定下式能量函数分析系统的稳定性：

$$V(x)=\frac{1}{2}\sum_{i=1}^{n}x_{\omega iL}^2+\frac{1}{2}\sum_{i=1}^{n}\sum_{j=1,\ j\neq i}^{n}[k_{\omega1}a_{ij}(\omega_{ij})^2]+\sum_{i=1}^{n}[k_{\omega1}k_{\omega3}(\omega_{iL})^2] \tag{3-33}$$

同理，经过求导和化简的分析后，可得

$$\dot{V}(x)=\sum_{i=1}^{n}\hat{x}_{\omega i}\sum_{j=1,\ j\neq i}^{n}[a_{ij}\,\mathrm{sign}(\hat{x}_{\omega ji})\mid\hat{x}_{\omega ji}\mid^{k_{\omega2}}]+k_{\omega3}\sum_{i=1}^{n}[\hat{x}_{\omega i}\,\mathrm{sign}(-\hat{x}_{\omega i})\mid-\hat{x}_{\omega i}\mid^{k_{\omega2}}] \tag{3-34}$$

式中，$\hat{x}_{\omega i}=x_{\omega i}-x_{\omega L}$。综上可知，式(3-34)所示的能量函数满足用 Lyapunov 直接法分析系统渐进稳定性的所有要求，因而在式(3-30)所示的一致性协议作用下，系统是渐进稳定的。

因此，频率的自适应下垂控制框图如图 3-38 所示。

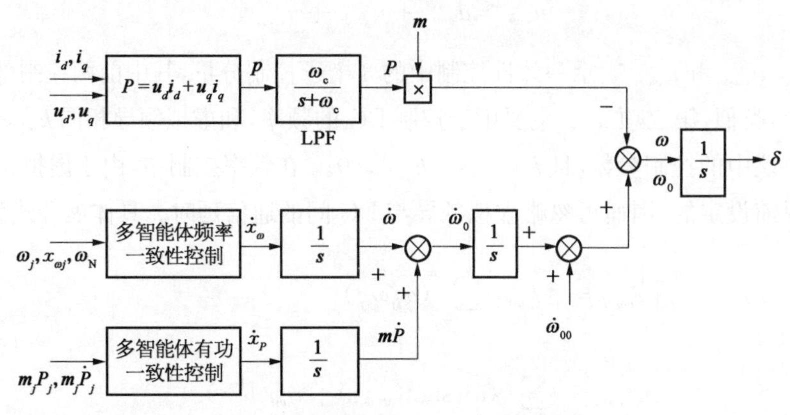

图 3-38　频率自适应下垂控制框图

3）无功-电压下垂控制

在传统下垂控制中，由于线路电阻和各节点电压的不同，DG 的无功功率不满足特定的关系。通过自适应下垂控制使得 DG 的节点电压维持在额定值，以保证负荷的电能质量；在额定电压已知的情况下，电压的自适应下垂控制类似于频率，u_{cU} 可用式(3-30)、式(3-31)所示的一致性协议获得，式(3-30)、式(3-31)中的频率 (ω) 由电压 (U) 替换即可。

类似于频率控制，可得无功-电压的自适应下垂控制，其控制框图如图 3-39 所示。

$$U_{0i}=\int\left(\int u_{cUi}\,\mathrm{d}t\right)\mathrm{d}t+U_{0i0} \tag{3-35}$$

式中，U_{0i0} 为 U_{0i} 的初始值，为加快稳定速度，可设置为额定电压。

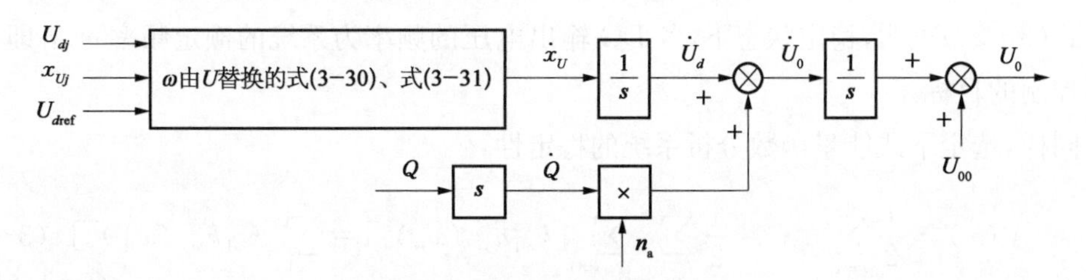

图 3-39　电压自适应下垂控制框图

4）扰动下的控制特性

在实际微电网中，控制器中的采集、传输数据精度和通信失误等扰动可能影响 DG 的控制精度，甚至稳定性。以频率调节为例，分析考虑扰动的控制特性。

设 $\delta_{\omega j}$ 和 $\delta_{x\omega j}$ 分别表示智能体 i 受到智能体 j 的频率及其导数中的扰动，则式(3-30)的一致性方程需要进行修正，即

$$\begin{cases}\hat{\omega}_{ij}=\omega_i(t)-[\omega_j(t-t_\mathrm{d})+\delta_{\omega j}]\\ \hat{x}_{\omega ji}=x_{\omega j}(t-t_\mathrm{d})+\delta_{x\omega j}-x_{\omega i}(t)\end{cases} \tag{3-36}$$

系统平衡点为

$$\begin{cases}\omega_i(t)=\omega_j(t-t_{\mathrm{d}})+\delta_{\omega j}=\omega_{\mathrm{N}}\\ \omega_{\omega i}(t)=x_{\omega j}(t-t_{\mathrm{d}})+\delta_{x\omega j}=0\end{cases} \tag{3-37}$$

由式(3-37)可知，稳定状态下，DG_i 以虚拟领导的频率运行，即智能体 i 的控制目标基本不受传输信息中扰动的影响，具有较强的鲁棒性。在稳定性分析中，用含扰动量的 $\hat{\omega}_{ij}$ 和 $\hat{x}_{\omega ji}$ 代替 ω_{ij} 和 $x_{\omega ji}$ 同样可得式(3-29)所示的结果，即在通信扰动的情况下，系统仍然是渐进稳定的。

3.4.5 基于多智能体的电压频率一致性多级协同控制策略

除了单级下垂控制外，本节探讨的情景是基于在用户需求发生变化时，仅通过邻接智能体通信以对微电网群内各分布式设备实现就地分布式控制的协同控制策略。本策略优点在于对交直流混合微电网的控制结构进行分级，节省了通信时间，减少了计算复杂性，并且满足“即插即用”的要求，能够快速平抑并网联络线功率波动。

图3-40是一典型的交直流混合微电网结构[18]。其中，直流微电网可以看成独特的直流电源，交流微网通过一个交直流能源转换接口和其连接。在每个采用下垂控制的分布式设备、储能系统、负荷、中央自治能量管理中心、交直流微网联络线上的中央控制器以及外部电网上都安装上智能体(Agent)。在各分布式电源上安装的智能体可称为一个分布式节点，则多级控制策略为：如果两个相邻的节点之间可以相互交换如电压角频率等状态信息，则表示有通信连接，称为边。然后，通过一致性算法迭代，分布式节点可以获知整个系统的电压、频率及角频率的状态信息，再通过下垂控制器对分布式电源进行多级控制。

1) 二级控制

根据稀疏通信网络拓扑，采用基于离散时间的一致性算法，由 k 时刻各分布式电源的角频率 $\omega_{\mathrm{s}i}(k)$ 和电压 $u_{\mathrm{s}i}(k)$ 信号，迭代获得第 $k+1$ 时刻的角频率和电压的状态值分别为

$$\begin{cases}\omega_{\mathrm{s}i}(k+1)=\mu_i\sum\limits_{j=1}^{N}\{a_{ij}[\omega_{\mathrm{s}j}(k)-\omega_{\mathrm{s}i}(k)]+a_{i0}[\omega_{\mathrm{s}}(k)-\omega_{\mathrm{s}i}(k)]\}\\ u_{\mathrm{s}i}(k+1)=\mu_i\sum\limits_{j=1}^{N}\{a_{ij}[u_{\mathrm{s}j}(k)-u_{\mathrm{s}i}(k)]+a_{i0}[u_{\mathrm{s}}(k)-u_{\mathrm{s}i}(k)]\}\end{cases} \tag{3-38}$$

式中，$\mu_i>0$ 是控制增益，a_{ij} 是通信网络拓扑中加权邻接矩阵 $\mathbf{A}=[a_{ij}]\in\mathbf{R}^{n\times n}$ 的元素，n 是分布式电源的个数，i 和 j 是通信网络图中的任意两个分布式节点，0节点是假定的网络中平衡机节点，若 i 节点和平衡机节点之间存在信息交换，则 $a_{i0}>0$，否则 $a_{i0}=0$。系统的状态信息最终会一致性趋近于角频率及电压的状态量 ω_{s} 和 u_{s} 为恒定值。

2) 初级控制

并网时，连接到同一公共母线上输电线路阻抗的不同往往会造成每个分布式电源上

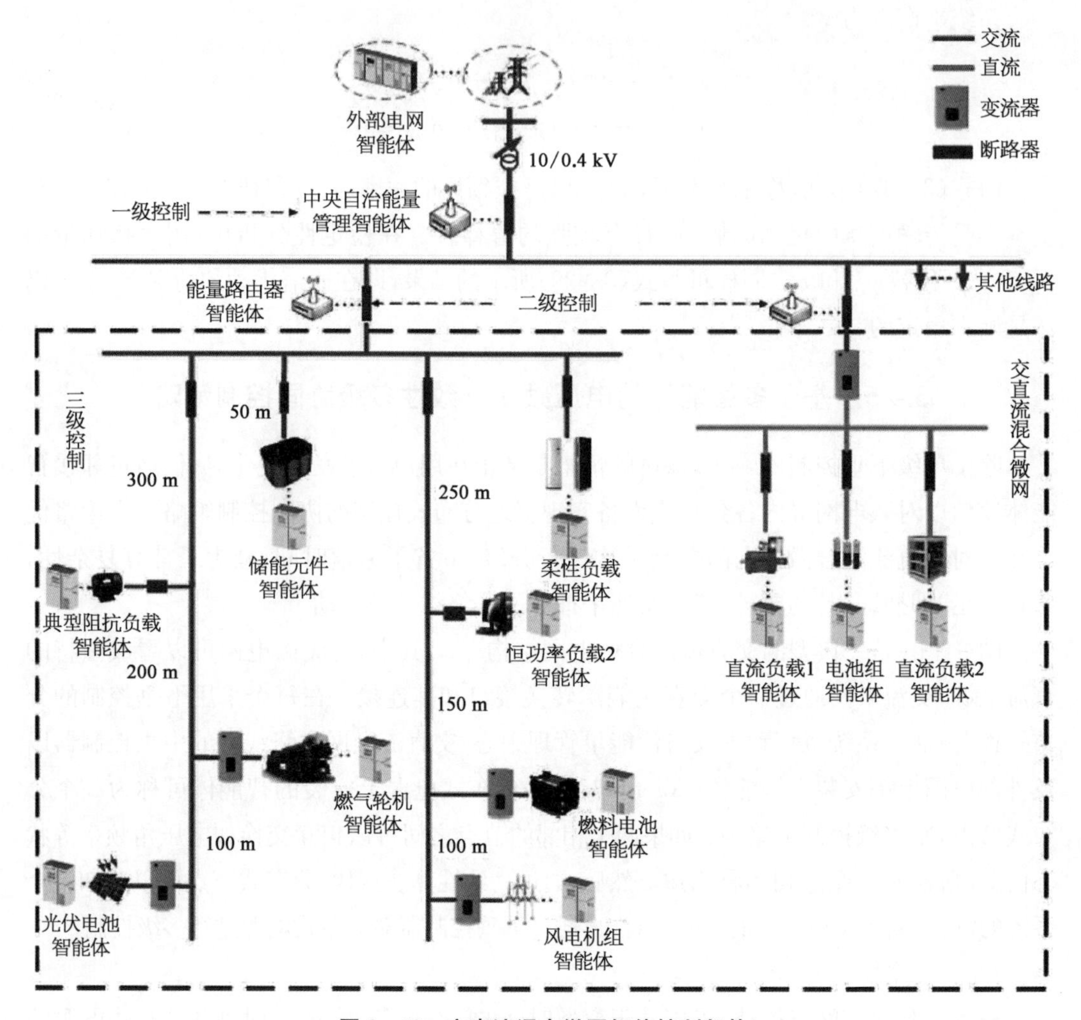

图 3-40　交直流混合微网智能控制架构

联络线功率不会受到上层调度指令的精确控制，故通过一致性算法最终迭代收敛的状态量对外环功率控制器中的下垂关系进行改进：

$$\begin{cases} \omega_{ri}^{*} = \omega_{si}(k+1) - m_{Pi} P_i \\ u_{ri}^{*} = u_{si}(k+1) - n_{Pi} Q_i \end{cases} \tag{3-39}$$

式中，ω_{ri}^{*} 和 u_{ri}^{*} 分别是下垂控制的参考角频率和电压，m_{Pi} 和 n_{Pi} 为下垂控制系数，P_i 和 Q_i 分别是第 i 个分布式电源通过低通滤波器后的有功、无功输出值。

参考文献

[1] 苏玲，周翔，季良，等.微电网控制策略综述.华东电力，2014，42(11).
[2] 张华.微型电网孤岛检测方法的研究.沈阳：东北大学，2012.
[3] 刘廷建，唐世虎.微电网结构与控制模式分析.变频器世界，2014(4)：61-64.

[4] 赵耀民.双层母线直流微电网协调控制策略研究.太原：太原理工大学，2016.
[5] Chai R，Zhang B，Dou J. Improved DC voltage margin control method for DC grid based on VSCs，2015 IEEE 15th International Conference on Environment and Electrical Engineering（EEEIC），Rome，2015：1683 - 1687.
[6] 陈海荣，徐政.适用于 VSC - MTDC 系统的直流电压控制策略.电力系统自动化，2006(19)：32 - 37.
[7] Haileselassie T M，Uhlen K. Precise control of power flow in multiterminal VSC - HVDCs using DC voltage droop control// Power and Energy Society General Meeting，2012 IEEE. IEEE，2012.
[8] Takatsuji Y，Susuki Y，Hikihara T. Hybrid controller for safe microgrid operation. Nonlinear Theory and Its Applications，IEICE，2011，2(3)：347 - 362.
[9] 丁广乾.含分布式电源的微电网电能质量控制技术研究.济南：山东大学，2016.
[10] 张颖媛.微网系统的运行优化与能量管理研究.合肥：合肥工业大学，2011.
[11] 黎金英，艾欣，邓玉辉.微电网的分层控制研究.现代电力，2014，31(5)：1 - 6.
[12] 邢小文，张辉，支娜，等.基于 DBS 的直流微电网控制策略仿真.电力系统及其自动化学报，2014，26(11).
[13] Liu F，Duan S，Liu F，et al. A variable step size INC MPPT method for PV system. IEEE Transactions on Industrial Electronics，2008，55(7)：2622 - 2628.
[14] 刘瑞明，王生铁，刘广忱，等.基于虚拟阻抗的孤岛交流微电网混合储能控制策略研究.电测与仪表，2019，56(14).
[15] 刘金琨，尔联洁.多智能体技术应用综述.控制与决策，2001(2)：133 - 140.
[16] Rao A S. Modeling rational agents within a BDI-architecture// International Conference on Principles of Knowledge Representation & Reasoning. Morgan Kaufmann Publishers Inc. 1991.
[17] 张泽宇.基于多智能体一致性协同理论的智能配电网自动发电控制方法.广州：华南理工大学，2016.
[18] 高扬，艾芊，郝然，等.交直流混合电网的多智能体自律分散控制.电网技术，2017，41(4)：1158 - 1164.

第4章

微电网分层控制实践

微电网的分层调控一般分为3个层级,第一层级主要通过下垂控制实现分布式发电单元间的功率分配(负荷分配);第二层级是无差控制,对下垂控制之后的微小偏差进行消除,实现无差调频调压;第三层级即优化调度,从系统优化的层面对微电网潮流进行规划、分配。微电网分层控制一般指分层调控的前两个控制层级,一般由本地控制器通过少量局部交互进行快速决策。

基于第3章微电网控制技术,本章重点介绍微电网分层控制的实践方法。首先介绍基于JADE平台的多代理控制技术,其次介绍多能互补协调控制方案和协调控制器,最后给出一个协调控制器通信功能的研发示例。

4.1 基于JADE平台的多代理控制技术

4.1.1 JADE简介

JADE(Java Agent Development Framework)是一套软件开发框架,目的在于开发多智能体系统以及遵循FIPA标准的智能体应用程序。

从JADE角度看,智能体Agent本质上是一类特殊的软件构件,这种构件是自主的,它提供与任意系统的接口,类似人类行为,按照自己的规划为一些客户端提供应用服务。区别于其他事物,Agent的特征主要包括自主性、主动性和通信能力。基于自主性,它们能独立执行复杂的、长期的任务;基于主动性,它们可以主动执行赋予的任务;基于通信能力,Agent可以与其他实体进行交互,协作实现自身和其他实体的目标。科学界已经对Agent技术进行了多年的讨论和研究,但最近它才在商业领域得到一些具有标志意义的作用。多智能体系统应用日益广泛,从较小的个人辅助系统,到大型开放的、复杂的、工业应用的关键业务。多智能体系统得到成功应用的工业领域包括过程控制、系统诊断、控制、运输物流和网络管理等。

JADE是基于Java语言的智能体开发框架,是由TILAB(Technical Informatics Labor)开发的开放源代码的自由软件。JADE是多智能体开发框架,遵循FIPA规范,它提供了基本的命名服务，黄业服务，通信机制等，可以有效地与其他Java开发平台和技术集成。JADE架构适应性很强，不仅可以在受限资源环境中运行，而且可与其他复杂架构集成到一起，如Net和Java EE。它包括一个Agent赖以生存的运行环境，开发Agent应用的类库和用来调试和配置的一套图形化的工具，简化了一个多Agent系统的开发过程。

JADE主要由3部分组成：

(1) Agent赖以生存的一个运行环境。

(2) 程序员用来开发智能体应用的一个运行库。

(3) 一系列图形工具，可以帮助用户管理和监控运行时智能体的状态。

JADE的核心功能有：

(1) 提供了在固定和移动环境中实施分布式点对点应用的基本服务。

(2) 允许Agent动态地发现其他Agent以及与其他Agent通信。为了适应复杂对话，JADE提供了一系列执行特定人物的交互性行为的典型框架，比如协商、拍卖、任务代理等(用Java抽象类来实现)。消息内容可以在xml和rdf格式间互相转换。

(3) 通过认证和为Agents分配权限实现安全机制。

(4) 简单有效的Agent生命管理周期。

(5) 灵活性强，用Java线程实现多任务。

(6) 提供命名服务和黄页服务。

(7) 支持图形化调试和管理/监控工具。

(8) 整合各种基于Web的技术，包括JSP，servlets，applets和Web服务技术等。

4.1.2 FIPA标准简介

智能物理代理基金会(FIPA)是1996年建立的，作为一个国际性非营利组织，它主要负责制定和软件Agent技术相关的一系列标准。FIPA标准定义的代理通信语言的语法支持诸如INFORM，REQUEST，AGREE，PROPOSE等语句，不同代理间可通过互传这些语句与相关信息内容以进行判断和决策。FIPA标准提出的核心观念是Agent通信、Agent管理和Agent体系结构。

(1) Agent通信。Agent之间是使用Agent通信语言ACL进行交互的。FIPA-ACL是基于言语行为理论的，强调消息代表了一种行为或者说通信行为，同时，根据消息的目的、表达方式等不同，定义消息行为有通知、请求、同意、拒绝(即INFORM，REQUEST，AGREE，PROPOSE)等，其涵盖了基本通信中最常用的行为方式。

(2) Agent管理。Agent管理框架中，兼容FIPA的Agent是可以存在、进行操作和有效管理的，其为Agent的创建、注册、定位、通信、迁移和操作建立了逻辑参考模型。

(3) 抽象体系结构。抽象体系结构允许建立具体实现，同时提供它们之间的互操作机制，包括传输和解码的网关转换。这种结构详细定义了ACL消息结构、消息传输、Agent目录服务，并将目录服务指定为强制性的服务。

4.1.3 JADE 结构

由 FIPA 定义的标准 Agent 模型,如图 4-1 所示。

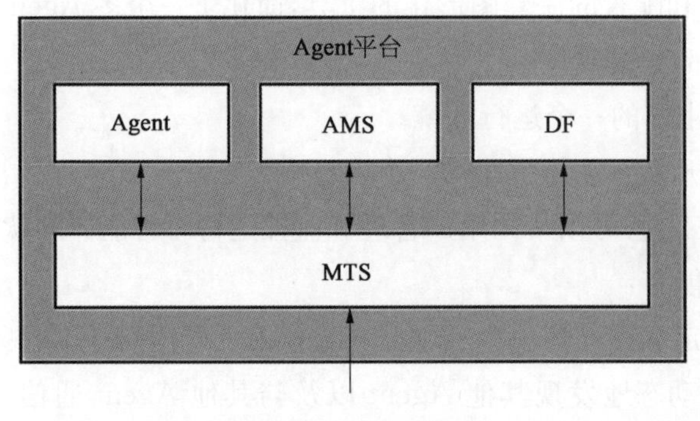

图 4-1 Agent 模型

Agent 管理系统(AMS),负责控制平台内 Agent 的活动、生存周期及外部应用程序与平台的交互,Agent 的身份标识包含在 Agent 标识符 AID 中。

目录服务器(DF),负责对平台内的 Agent 提供黄页服务,注册服务类型以供查找。

消息传输服务(MTS),是 Agent 平台提供的一种服务,主要是用来在指定的不同 Agent 平台上的 Agent 之间传递 FIPA-ACL 消息。

JADE 体系结构如图 4-2 所示,开发人员一般在 JAVA VM(Java 虚拟机)层设计平台功能,在该层中有若干个容器(container)分布在网络上,图 4-2 所示的 Agent 的生存环境就是容器,容器能提供 JADE 运行支撑和管理执行 Agent 所需服务的 Java 进程,而且能管理代理和执行代理。容器中有一个是主容器,它是平台的切入点,且必须是第一个启动的容器,其他所有容器必须通过注册加入主容器中才能被实例化。设计完容器之后,JADE 平台便能使代理实例化,从而向分布式应用程序提供服务。当主容器启动时,由

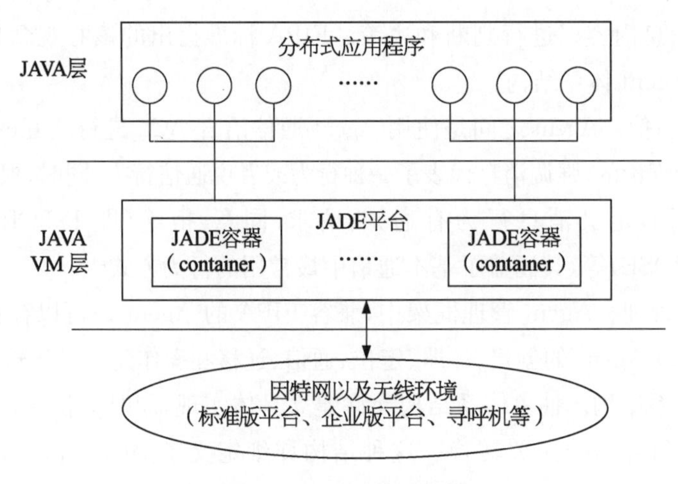

图 4-2 JADE 体系结构

JADE 同时启动两个特殊 Agent 自动实例化。一个是 Agent 管理系统 AMS,监督整个平台运行的 Agent。另一个是目录服务器 DF,用于实现黄页服务。

4.1.4　JADE 配置与主要的包

JADE 属于开源 JAVA 包,可以在诸如 Eclipse 等平台上编写并使用。下面以 Eclipse 为例介绍 JADE 的安装与配置(见图 4 - 3)。

(1) 首先在 Eclipse 界面的 JAVA 项目下创建一个文件夹,保存 JADE 的 jar 包。也即:在项目名上右击,依次点击"New"→"Folder",打开新建文件夹窗口。

(2) 输入文件夹名称(例如"lib",下同),点击"OK",便可以在 lib 文件夹中存放从外部引入的 JADE 包。

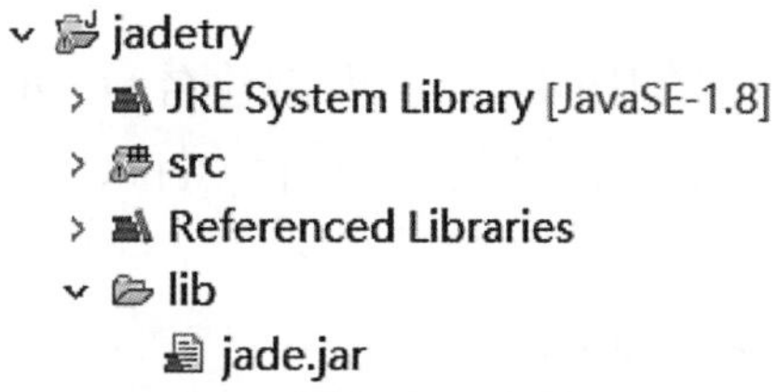

jadetry
JRE System Library [JavaSE-1.8]
src
Referenced Libraries
lib
jade.jar

图 4 - 3　成功配置 JADE

(3) 鼠标选中 JADE 的 jar 包,然后按住鼠标左键不放,把 jar 包拖到"lib"文件夹中。或先复制 jar 包,然后在 lib 文件夹上右击,选择复制。此时,打开对话框,选择默认的"copy files",点击"OK"关闭。然后就可以在 lib 文件夹下看到复制成功的 jar 包了。

(4) 在项目名上右击,依次选择"Build Path"→"Configure Build Path...",在打开的窗口中,先选中"Libraries"页,再从右边的按钮中点击"Add JARs..."。

(5) 在打开的窗口中,依次展开本 JAVA 项目的"lib"文件夹,然后选中刚才复制到项目中的 Jade.jar 包,然后点击"OK"关闭窗口。此时,在刚才打开的"Libraries"页中可以看到引入的 Jade.jar 包的名称。点击"OK"确认。

(6) 在 JAVA 文件窗口就可以通过输入"import jade.core.Agent"指令来调用包内的内容并创建 Agent 了。

JADE 平台源代码以一个 JAVA 包和若干子包的层次结构组成,原则上,每个包都包含实现某一特定功能的类和接口。主要的包有:

(1) jade.core 实现了系统的核心。它包括必须由应用程序员继承的 Agent 类;除此之外,Behaviour 类是包含在 jade.core.behaviours 子包里。行为实现了一个 agent 的任务或者意图。它们是逻辑上的活动单元,能够以各种方式组成来完成复杂执行模式,并且可以并行执行。应用程序员通过编写行为和使它们相互连接的 agent 执行路径来定义 agent 操作。

(2) jade.lang.acl 子包可以根据 FIPA 标准规范来处理 Agent 通信语言,若要使用 ACL 语言,则必须引用这个包。

(3) jade.content 包含了一些类来支持用户定义的本体和内容语言。

(4) jade.domain 包含了由 FIPA 标准定义的描述 Agent 管理实体的所有 JAVA 类,

尤其是 AMS 和 DF agents，它们提供生命周期、白页服务、黄页服务等。

(5) jade.gui 包含了一套通用的创建图形用户界面(GUIs)以显示和编辑 AgentID、Agent 描述、ACL 消息(ACLMessages)的类。

(6) jade.proto 包含了一些用来构造标准交互协议的类以及一些帮助应用程序员创建他们自己协议的类。

4.1.5 Agent 的创建和启动

以图 4-4 为例，创建名为 jadetry 的项目，并在该项目下创建名为 jadetry 的包和 HelloClass.java 的类，在 HelloClass 类里输入如图 4-5 所示的命令。

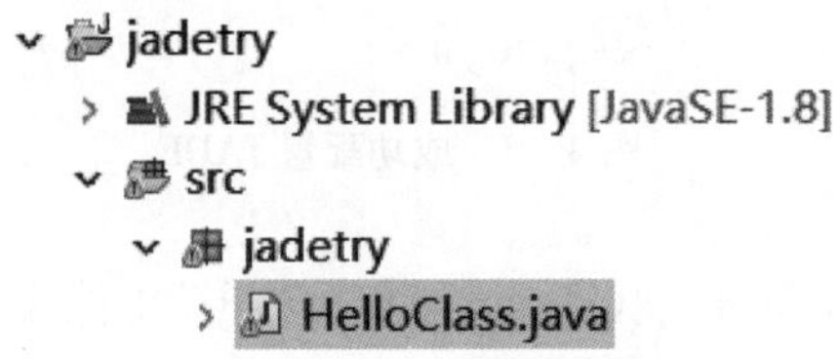

```
∨ jadetry
  > JRE System Library [JavaSE-1.8]
  ∨ src
    ∨ jadetry
      > HelloClass.java
```

图 4-4 创建 Agent 示例

```
package jadetry;
import jade.core.Agent;
public class HelloClass extends Agent{
    public void setup() {
        System.out.println("HelloWorld");
    }
}
```

图 4-5 创建一个简单的 Agent

可以看到，该类必须继承“Agent”父类才能够用来创建 Agent，并且创建 Agent 的时候，需要用“setup()”方法对 Agent 进行初始化。本案例的目的是创建一个 Agent 并使其初始化，让其输出字符串“HelloWorld!”。

运行时，选中 HelloTest.java，右击→“Run as”→“Run Configurations ...”，选择“Java Application”，右击后点击“New Configuration”，名称起名为“runfirstjade”(可任意)，Project 中输入项目名“jadetry”，Main class 起名为“jade.Boot”(固定，不可改变)；Arguments 中 Program arguments 起名为“-gui firstagent：jadetry.HelloClass”(如果只想打开 GUI 管理器而不运行程序，则只要“-gui”即可)，其中，“firstagent”为任意自定义的智能体 Agent 的名字，“jadetry”为包名，“HelloClass”为类名。其他默认即可，配置完成，点击“Run”即可运行。

这时会在 Eclipse 控制台里出现“HelloWorld!”字样、Agent 创建时间和 Agent 地址等信息，并且会弹出一个 JADE Remote Agent Management GUI 窗口，如图 4-6 所示，窗口的具体内容后面会描述。需要注意的是，当该 Agent 运行完毕后，点击 Eclipse 控制台的红色停止键，便可以关闭代理，否则该 Agent 在被有效修改和重新创建的同时会在控制台中报错。

除了在 Eclipse 中创建 Agent 外，还可以在弹出的 GUI 界面中创建。选择“Main-Container”后右击选择“Start New Agent”，即可添加 Agent。其中，Agent Name 为用户自定义的所要添加在该主容器的 Agent 名称，Class Name 为初始化该 Agent 的 JAVA 程序所在类的名称，格式为“包名.类名”，至此便可以初始化一个 Agent。

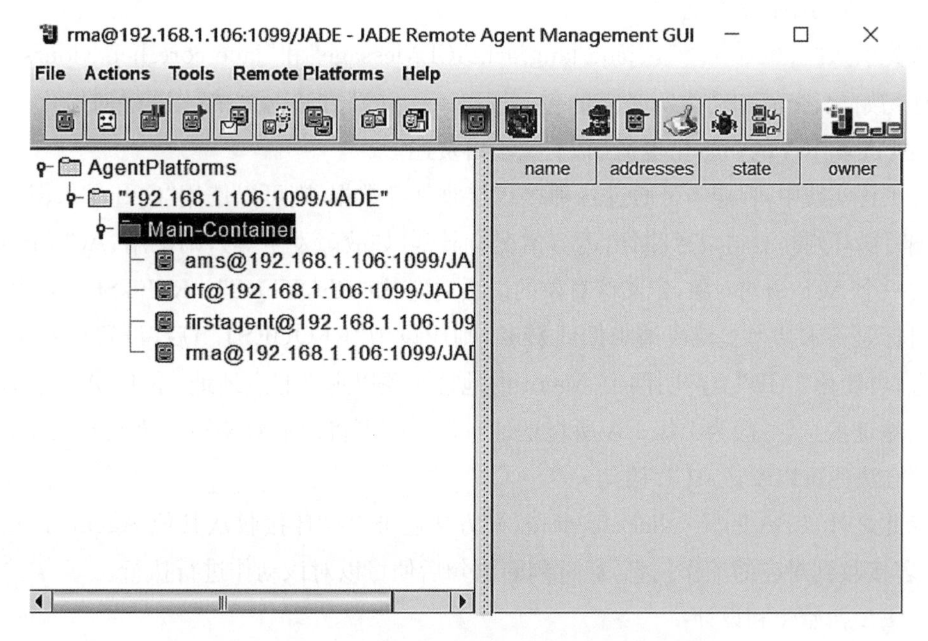

图 4-6　JADE Remote Agent Management GUI 窗口

4.1.6　Agent 通信语言 ACL 的应用

ACL 作为 FIPA 定义下的 Agent 通信语言，有大量已经集成的语法供用户使用，下面以 MAS 自愈控制为例。该 MAS 系统最高级智能体为 RA，中级为配网管理智能体 FA，底层智能体为负荷智能体 LBA。控制过程可简单描述为：让 LBA 上传故障信息给馈线智能体 FA，FA 再请求 RA 进行功率调度和拓扑结构转换，最后 RA 通过 FA 将信息下发给 LBA，控制底层设备的行为。由此来展现 Agent 是如何进行通信的，通信结果如图 4-7 所示，其中智能体名称“* U”中的“ * ”代表智能体种类，“U”代表 Utility，意为在该自愈过程中活跃的智能体。

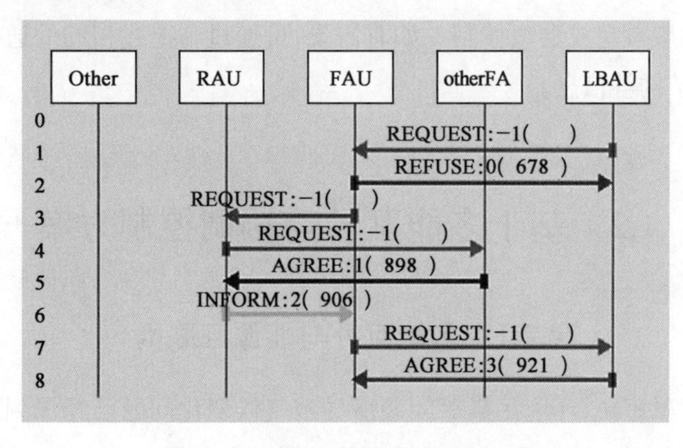

图 4-7　自愈控制信号的通信过程

1）LBA 初始化和设计

首先引入“jade.core.*”,“jade.lang.acl.ACLMessage”和“jade.core.behaviours.*”等智能体初始化、交流和动作所必需的包；使用“setup()”方法对智能体进行初始化。上述步骤对 FA 和 RA 的初始化也适用，下文不再赘述。

在工程实践中，智能体可通过各种接口接收外部数据，则可以使用“CyclicBehaviour()”方法编写循环判断语句，若判断出运行情况有异常（如故障发生等），则使用“ACLMessage”类声明一个 ACL 语句对象，定义该对象的语法类型（如“REQUEST”、“REFUSE”等，由于该案例目标是请求功率支持或请求馈线转移，则应设为“REQUEST”）后，设置该对象的内容信息；再使用“AID”类声明两个 Agent 的地址对象以定义起点地址（本 LBA 所在地址）与终点地址信息（一般为上级 FA 所在地址）；最后则可将地址对象写入语句对象中，使用 send()方法便可以发送 ACL 语句。

除此之外，LBA 的“CyclicBehaviour()”方法还可以循环接收从其他 Agent 发送来的信息，若接收到对应的动作信息，通过判断语句后便可以对该动作进行执行。

2）FA 初始化和设计

与 LBA 不同的是，在本案例下，FA 无需主动发起信息通信，所以只需编写循环接收来自 LBA 或 RA 的信息的语句以及回复语句即可。在编写回复语句的时候，也是需要使用“ACLMessage”类和“AID”类的。此外，若在控制过程中有需要，FA 应储存本馈线所管辖的负荷母线智能体相关的电气信息与拓扑信息等，使得能够在系统异常的时候，FA 优先考虑临近 LBA 的作用，从而将故障影响范围最小化。

3）RA 初始化和设计

若 FA 内不能自主解决问题，FA 经过判断语句判断之后，将向 RA 发送信息，发送信息原理同 LBA 和 FA。由于 RA 需要向其所管辖的 FA 申请信息，则应使用“REQUEST”信息类型来请求下属 FA 以提供相关功率支持。若能够获得某 FA 的支持，则相关 FA 会返回“AGREE”信息类型，RA 接收到后会向该 FA 发送“IMFORM”信息类型以通知该 FA 做好功率支持的准备。最后，该 FA 和故障区域 LBA 相联系（使用“REQUEST”和“AGREE”数据类型），完成自愈控制。如有需要，可通过与上述相同的通信原理请求各个智能体更新拓扑结构等信息。

4.2 基于多能互补的协调控制方案

4.2.1 多能互补与能源互联网

近百年来，资源短缺、环境污染等问题所导致气候变化问题已经深刻地影响了人类日常生活的各个方面，可持续发展也因此受到了严峻挑战，对能源的转型迫在眉睫，如何提高能源利用效率，同时减少温室气体排放已成为整个能源产业日益重要的问题。目前，柔性输电技术和“源-网-荷-储”互动技术等智能电网技术在全世界范围内已有领先优势，且新能源装机容量在全国范围内发展极其迅速——预计在 2035—2050 年间，新能源装机比例将从 23%发展至 50%。可见，未来电力系统将十分依赖新能源技术和泛在电力物联网的发展。一种前瞻性的方法是将冷能、热能、电能与可再生能源相结合，它可以同时提供冷能、热能和电能。多能互补（CCHP）微电网，也称冷热电联产或三联产系统，已广泛应用于各种建筑。目前研究重点关注的是 CCHP 微网而不是互联的 CCHP 微网集群（MGC），实际上，每个配备有相应 CCHP 系统的微电网可能属于不同的组织。为了充分利用互补发电，CCHP 微电网相互连接形成集群，为了保护各自的隐私并实现调度独立性，现有的集中优化可能不再适用。

目前，电力系统仍然存在新能源如何消纳、源荷不平衡和互动效能低等问题与挑战。举例来说，截至 2014 年底，我国风能、太阳能发电并网装机容量虽已达到 1.2 亿 kW，但发电量仅占总量的 3.2%，即使忽略严重的弃风、弃光问题，也仍然不能满足庞大的电力需要。美国学者里夫金在其著作《第三次工业革命》一书中提出，“能源互联网”作为能源与信息高度融合的、兼容跨行业技术的新一代能源体系，将成为上述问题和挑战很好的解决方案和能源利用转型的关键，也是未来电力-能源行业的发展方向，目前已经引起学术界、商业界和工业界的广泛讨论。能源互联网强调的是能源网络和其他相关网络（信息网络、交通网络等）的互联互通和资源共享，目前国内外许多学者就能源互联网架构的讨论和研究已有了一定的进展；举例来说，在能源互联网中的信息网络的架构研究中，美国国家科学基金会将能源互联网系统定义为 Future Renewable Electric Energy Delivery and Management（FREEDM）System[1]，目的是更新目前的电力系统，并为下一代支持“即插即用”的电力系统提供原型，实现信息双向传输、实时响应、智能控制等行为。所以，能源互联网将是未来实现多能互补的主要物理形式。

4.2.2　能源互联网的特点

目前，在电力新能源中，主要的能源种类有太阳能、风能、水能、核能和生物质能等，但多种能源本身的多样性、广分布性和不可预测性等众多非常规特性也对电力系统提出了极高的技术要求。近年来所发展的新能源电力系统与过去百年来所广泛使用的常规电力系统相比较，在能源利用率、环保清洁等方面展现出了巨大的优势，同时也贴合了可持续发展战略的要求。自能源互联网概念提出后，在能源网络中配置和耦合各种能源设备和负荷设备以进行单体控制或集群控制，最终达到分布式智能交互、能量双向流动和经济最优的目标，成为研究重点。同时，能源互联网的形态及演化规律也是关注的热点。

对能源互联网关键技术的研究和分类是构建能源互联网的重要步骤。能源互联网的设想取自于 20 世纪八九十年代计算机行业采用的信息互联网设想[1]，在计算机行业的信息互联网中，有 3 项关键技术是至关重要的：信息路由器、“即插即用”接口（例如 RJ45 以太网接口)和特定的开放标准(例如 TCP/IP 和 HTML)。所以在类比之下(见表 4-1),能源互联网可以围绕“能源路由器”、“即插即用”功能和“基于开放标准的操作系统”这 3 个关键技术来开发。这表明,能源互联网本质是向信息网络渗透的多能源系统,其目标是为了追求资源的高利用率和能源供需平衡、且能够更简单地扩展和缩小网络。从表 4-1 中可以看出,能源互联网和信息互联网最大的差别在于前者复杂的物理规律难以掌控,从而导致网络整体的互联程度远低于后者;但实际上,后者可以作为前者的一部分,信息互联网中成熟的互联网理念能够为能源互联网的建设和完善起到指导作用,从而能极大推动能源的市场化、商业化。

表 4-1 能源互联网和信息互联网对比

特 点	能源互联网	信息互联网
互联性	广泛互联	广泛互联
主体与互动性	多种能源流与信息流	信息流
双向性	双向流通	双向流通
协议与接口	可定义标准协议和接口,支持即插即用	可定义标准协议和接口,支持即插即用
协同性	多能互补,高度耦合	信息流较为单一
市场性	破除价格和行业垄断壁垒,发挥市场的资源配置作用	潜在市场性,需要挖掘
服务性	服务领域极广,和信息互联网高度融合,和用户有广泛互动	服务领域极广,和能源互联网高度融合,和用户有广泛互动
物理特性	能源网中,在节点处需满足类似基尔霍夫电流定律的物理约束	无需考虑节点平衡
设备特性	需要路由器和集线器等,损耗大	需要路由器和集线器等,损耗低
发展速度	较为保守,活力不足,多能源的低综合能效阻碍协调发展	新兴商业模式发展极快,十分开放

4.2.3 能源路由器、转换器和集线器

能源路由器(ER)作为能源转化设备之一,若要实现上述能源互联网关键技术,其本身除了可以看作一个多级变换器系统外,还应和信息网络紧密耦合。能源路由器可以在输电网络内提供灵活的交直流端口,从而以此为基础,实现交直流电网互联,开发便于分布式电源、储能装置、电动汽车和汽车充电桩等设备“即插即用”的终端接口。同时,由于能源路由器和信息网络有紧密联系,所以其还可以实时监测、采集和控制各端口的电气量,为整个系统提供完善的运行依据,以满足多种网络的管理与调度需求。

不同于能源路由器,能源转换器(ESW)和能源集线器(EH)属于配电侧(或微网侧)

的核心部件。能源转换器(或者能源开关)是基于信息技术的电力电子器件,它不仅可以改变电网电压水平,而且可以转换电力的存在形式,从而实现电力隔离、输电、电能质量控制等。在结构上,能源转换器和能源路由器近似,皆可以进行交直流转换。能量集线器单元实际上是不同能源基础设施和/或负荷之间的接口,在能源集线器内,能量可以通过热电联产设备、气压缩机、变压器、电力电子设备等一系列设备进行转换,每个网络可利用其他能源网络来满足本能源系统的部分负荷。由此可知能源集线器有利于解决网络拥塞问题,从而降低拥塞发生的概率,提高生产效率和能源利用率。能源集线器的另一大优点是,配电网中 DISCOs(Distribution Companies)可以只管理能源集线器所在配电网络的输入量,而不需管理集线器的输出,而配电网的需求侧管理可以由能源集线器代理来支持,因此,管理程序将更加简化。可以看出,能源路由器、转换器和集线器将是实现多能互补的核心设备。

4.3　多能互补微电网协调控制器

多能互补一般由 4 种分布式自治系统耦合而成,分别是电力系统、交通系统、天然气系统和信息互联网,如图 4 - 8 所示。电力系统承担着转换各种能源的任务,而且和天然

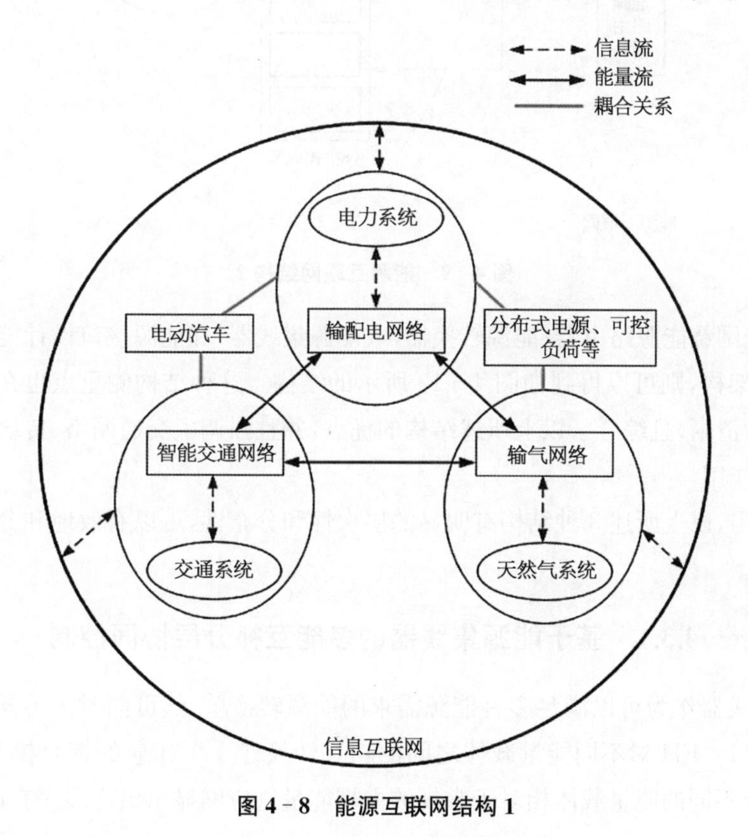

图 4 - 8　能源互联网结构 1

气网络及交通网络有硬软件上的耦合[2]，可以在 CCHP 系统中，受电力系统和天然气系统用户的需求影响来实施“热定电”或者“电定热”策略；再比如，交通网络中电动汽车充电桩的布局会对电动汽车行驶行为造成影响，反之亦然。但在此网络中，没有体现出能源路由器的作用。

图 4－9 所示结构为第一种结构，该结构重点体现了能源路由器的作用和能源路由器的宏观拓扑结构。从图中可知，电力系统、气网和热网在能源路由器中进行能量转换。这里能源路由器的概念和上述能源集线器的概念有所重复。该结构以能量路由器为核心，体现了不同能量形态的转换，但没有讨论交通网络对此结构的影响。

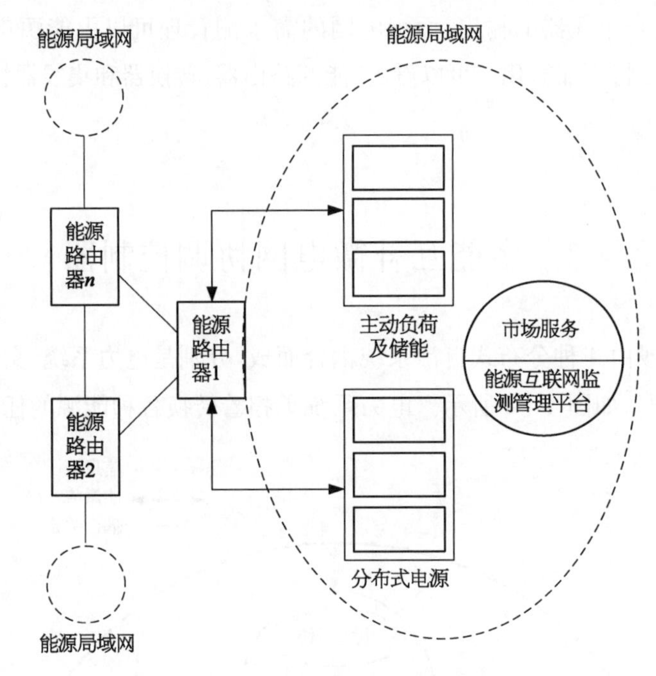

图 4－9　能源互联网结构 2

此外，若围绕能源路由器、能源转换器（或能源集线器）和能源接口设计能源互联网的广义与狭义架构，则可以得到如图 4－10 所示的结构。这种结构侧重点也在于能源路由器，层次较为清晰，且综合了以上所述结构的优点，并且强调了交通网络、传统电网和传统一次能源的作用。

可以看出，以上所述 3 种结构有明显的层次性和分布性，可以有效地和分层协同控制结合来研究。

4.3.1　基于能源集线器的多能互补分层协同控制

能源集线器作为可以满足多种能源需求的能源转换单元，可同时为不同能源的输入输出提供接口。EH 对不同能量载体之间的功率转换建立了相应的耦合模型，从系统的角度看，耦合不同的能量载体相对于常规的去耦能量供应网显示出许多潜在的优点，冗余

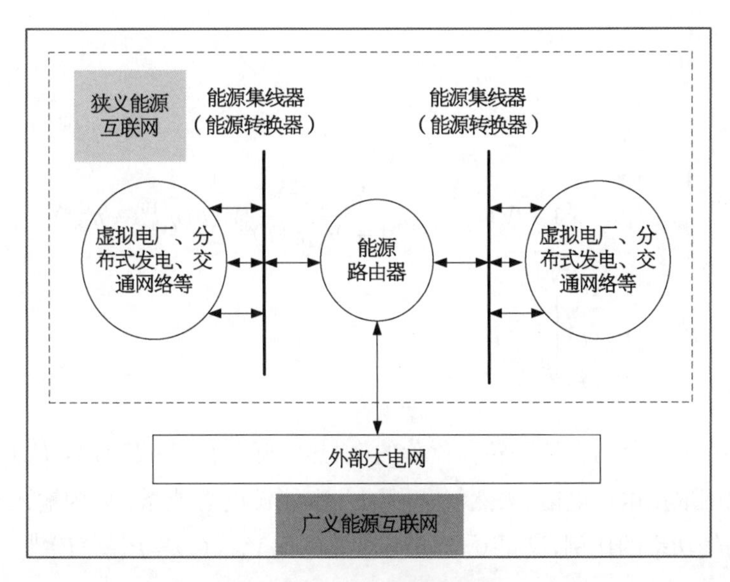

图 4-10　能源互联网结构 3

能流路径提供的一定程度的自由度为多能协同优化提供了空间。

如图 4-11 所示，图中间的虚线框内便是一个 EH，它的输入和输出为不同的能源形式，而且能够参与到系统的反馈与前馈调节中。图中，VP_g 为输入 CHP 中的天然气功率，$(1-V)P_g$ 为输入燃气锅炉(GB)的天然气功率，$G_{DR}(t)$，$T_{DR}(t)$ 分别为用能替代和电能转移 2 种需求响应。

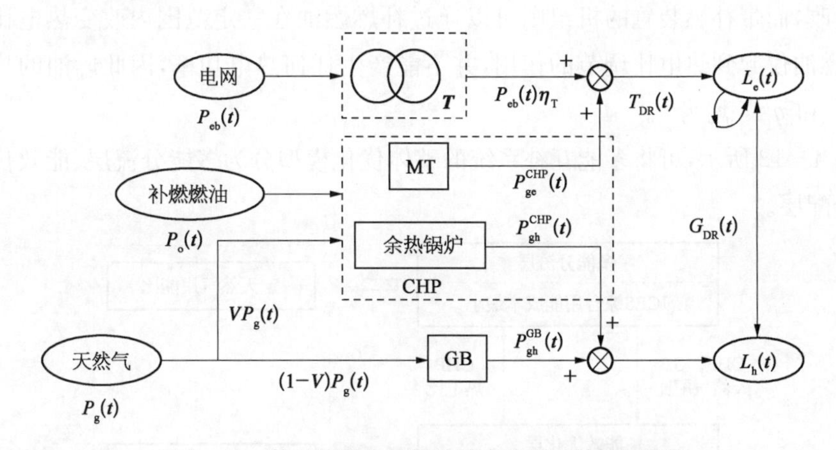

图 4-11　基于能量集线器的综合能源系统框架结构

EH 包含 2 个基本要素：直接连接和经转换器连接。EH 通过转换矩阵 $\boldsymbol{T}$ 将输入矩阵 $\boldsymbol{P}$ 与混合输出能源 $\boldsymbol{L}$ 连接：$\boldsymbol{L}=\boldsymbol{TP}$。$\boldsymbol{T}$ 为所有输入能源与输出能源间的转换效率，$\boldsymbol{T}$ 中 0 代表对应 2 种能源间不存在转换关系。基于 EH 调度综合能源系统运行要解决的根本问题就是在一定约束条件下寻找最优的转换矩阵 $\boldsymbol{T}$。

热电解耦矩阵为

$$
\begin{bmatrix} L_e(t) \\ L_h(t) \end{bmatrix} = \boldsymbol{AB}
$$

$$
\boldsymbol{A} = \begin{bmatrix} \eta^{\mathrm{T}} & & \dfrac{1}{1+V_{\mathrm{CHP}}(t)} V(t)\eta_{\mathrm{ge}}^{\mathrm{CHP}} & \eta_{\mathrm{oe}}^{\mathrm{CHP}} \\ 0 & [1-V(t)]\eta_{\mathrm{gh}}^{\mathrm{GB}} & \dfrac{V_{\mathrm{CHP}}(t)}{1+V_{\mathrm{CHP}}(t)} V(t)\eta_{\mathrm{gh}}^{\mathrm{CHP}} & \eta_{\mathrm{oh}}^{\mathrm{CHP}} \end{bmatrix} \tag{4-1}
$$

$$
\boldsymbol{B} = \begin{bmatrix} P_e(t) \\ P_g(t) \\ P_o(t) \end{bmatrix}
$$

式中，$L_e(t)$，$L_h(t)$ 分别为计及转移负荷的电、热实际负荷量；$P_e(t)$，$P_g(t)$，$P_o(t)$ 分别为区域能源网取用电厂电能、天然气和燃油一次能源的总能量；V 为输入 CHP 的天然气功率占总购气功率的比例，满足 $0 \leqslant V \leqslant 1$；热电比 $V_{\mathrm{CHP}}(t)=P_{\mathrm{gh}}^{\mathrm{CHP}}/P_{\mathrm{ge}}^{\mathrm{CHP}}$，为 CHP 输出热功率与电功率的比值；$\eta_{\mathrm{gh}}^{\mathrm{GB}}$ 为燃气锅炉(GB)供热效率；η^{T} 为变压器效率；$\eta_{\mathrm{ge}}^{\mathrm{CHP}}$，$\eta_{\mathrm{gh}}^{\mathrm{CHP}}$ 分别为天然气经过 CHP 转换成电和热的效率；$\eta_{\mathrm{oe}}^{\mathrm{CHP}}$，$\eta_{\mathrm{oh}}^{\mathrm{CHP}}$ 为燃油的热电转换效率。

由于一般的冷热电三联产系统(CCHP)广泛采用吸收式制冷机，冷负荷可等效为热电负荷的叠加，因此这里仅讨论热电的解耦与优化调度。CHP 与一般发电机组的区别在于其可以通过余热锅炉收集发电多余热量，从而提高燃料利用率。余热锅炉可按有没有附加补燃设备分为无补燃余热锅炉和带补燃余热锅炉，无补燃余热锅炉的热电比一般认为无法更改，而带补燃装置的机组则可以通过补燃燃油在一定范围内改变热电比。一般情况下，燃油仅起到热电比调节的作用，并不能产生任何热电功率，因此燃油的热电转换效率 $\eta_{\mathrm{oe}}^{\mathrm{CHP}}$ 和 $\eta_{\mathrm{oh}}^{\mathrm{CHP}}$ 均为 0。

如图 4－12 所示，可将多能互补系统的整体优化模型分为多能分流层、能效优化层以及机组分配层。

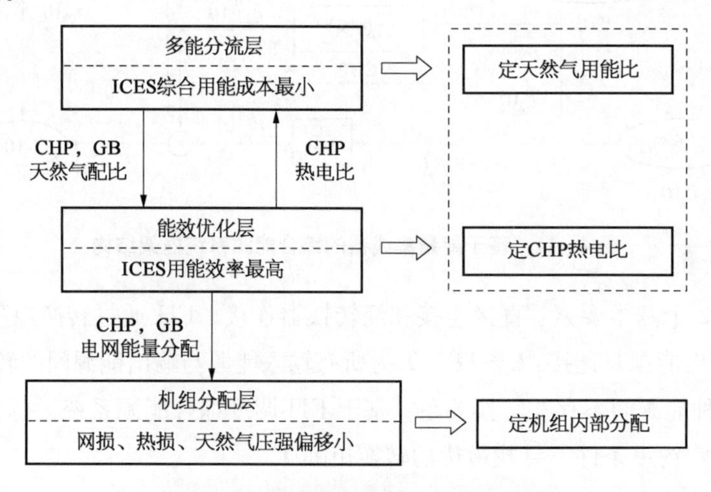

图 4－12　综合能源系统分层优化模型

多能分流层以综合能源系统综合用能成本最小为计算目标，将下层优化得到的 CHP 热电比代入优化计算。CHP 机组是电热耦合元件，在热电价格不同时，系统综合用能成本对 CHP 和 GB 的实时天然气用能比的敏感程度最高，设置 CHP 和 GB 的实时天然气用能比为本层优化输出量，并将优化结果作为已知量代入下层优化模型。

能效优化层在上层优化给出 CHP 和 GB 的天然气用能比的基础上，最大化综合能源系统用能效率。变压器、余热收集以及 GB 的能量转化效率较高(在 90%左右)，CHP 机组发电能量转化效率较低(在 36%左右)，系统用能效率对 CHP 机组的实时热电比敏感度较高，设定 CHP 热电比作为本层优化输出量，并将优化结果作为已知量代入上层优化模型。

机组分配层根据前 2 层的优化计算结果，建立动态能量连接器模型，以同类机组功率分配为优化量，选取多能网运行评价指标(如线路损耗、热损和天然气网节点压强偏移等)，实时优化综合能源网的运行状态。

4.3.1.1　多能分流层优化

1) 目标函数

上层优化以用能成本最小为目标，用能成本包括综合运行成本 $C(t)$ 和污染物排放成本 $P(t)$。本层优化的决策变量为输入 CHP 的天然气功率占总购气功率的比值 $V(t)$。

$$\min F(V(t))=\sum_t C(t)+\sum_t P(t) \tag{4-2}$$

综合运行成本考虑购能成本 C_1、设备折旧成本 C_2 以及需求侧响应收益 C_{DR}，即 $C=C_1+C_2+C_{DR}$。

$$C_1(t)=\frac{P_g(t)}{Q_{gas}}\lambda_t^g+P_{eb}(t)\lambda_t^{eb}+\frac{P_o(t)}{Q_o}\lambda_t^o \tag{4-3}$$

式中，等号右侧 3 项分别为购气成本、电价成本和补燃燃油成本；λ_t^g，λ_t^{eb}，λ_t^o 分别为天然气价格、电网实时电价和补燃燃油价格；Q_{gas} 为天然气的低热值，取 9.97 kW·h/m^3；Q_o 为燃油低热值，取 11.917 kW·h/kg；$P_o(t)$ 为响应油耗。

$$C_2(t)=\frac{C_{CHPIns}\delta_{FRCHP}}{8\,760P_{N,\,CHP}}[P_{ge}^{CHP}(t)+P_{gh}^{CHP}(t)]+\frac{C_{GBIns}\delta_{FRGB}}{8\,760P_{N,\,GB}}P_{gh}^{GB}(t) \tag{4-4}$$

式中，$C_2(t)$ 为 CHP 和 GB 的设备折旧成本；C_{CHPIns} 和 C_{GBIns} 分别为 CHP 和 GB 单位容量安装成本；$P_{N,\,CHP}$ 和 $P_{N,\,GB}$ 分别为 CHP 和 GB 的最大输出功率；δ_{FRCHP} 和 δ_{FRGB} 分别为 CHP 和 GB 的资本回收系数，可由式得到：

$$\delta_{FRi}=\frac{d_i(1+d_i)^{L_i}}{(1+d_i)^{L_i}-1} \tag{4-5}$$

式中，d_i(i=CHP, GB) 为相应发电类型 i 的年折旧率，CHP 和 GB 的年折旧率均可取为

0.1；L_i 为发电类型 i 的折旧年限。

$$C_{\mathrm{DR}}(t)=P_{\mathrm{ge}}^{\mathrm{CHP}}(t)\lambda^{\mathrm{IDR}}+G_{\mathrm{DR}}(t)\left(\lambda_t^{\mathrm{eb}}-\frac{\lambda_t^{\mathrm{g}}}{Q_{\mathrm{gas}}}\right)+T_{\mathrm{DR}}(t)\lambda_t^{\mathrm{eb}} \tag{4-6}$$

式中，$C_{\mathrm{DR}}(t)$ 为需求侧响应收益，包括 CHP 发电收益、用能替代收益和电能错峰收益；λ^{IDR} 为 CHP 发电上网电价高于普通电价的部分。

$$\begin{aligned}P_{\mathrm{p}}(t)&=P_{\mathrm{gh}}^{\mathrm{GB}}(t)\sum\lambda_i^{\mathrm{GB}}G_i^{\mathrm{GB}}+P_{\mathrm{o}}(t)\sum\lambda_i^{\mathrm{oil}}G_i^{\mathrm{oil}}+P_{\mathrm{ge}}^{\mathrm{CHP}}(t)\lambda_i^{\mathrm{CHP}}G_i^{\mathrm{CHP}}+P_{\mathrm{eb}}(t)\sum\lambda_i^{\mathrm{eb}}G_i^{\mathrm{eb}}\\&=P_{\mathrm{gh}}^{\mathrm{GB}}(t)C_{\mathrm{GB}}+P_{\mathrm{o}}(t)C_{\mathrm{o}}+P_{\mathrm{ge}}^{\mathrm{CHP}}(t)C_{\mathrm{CHP}}+P_{\mathrm{eb}}(t)C_{\mathrm{eb}}\end{aligned} \tag{4-7}$$

式中，$P_{\mathrm{p}}(t)$ 为污染物处理成本；λ_i^{GB}，λ_i^{oil}，λ_i^{CHP}，λ_i^{eb} 和 G_i^{GB}，G_i^{oil}，G_i^{CHP}，G_i^{eb} 分别为 GB、补燃装置、CHP 以及电网电能污染物环境成本和生产单位能量的污染物排放强度[单位为 kg/(kW・h)]，i 表示污染物种类，包括 CO，SO_2 和 NO_x。根据文献[3]可得，GB、补燃装置、CHP 以及电网单位功率的发电污染物治理成本分别为 C_{GB}，C_{o}，C_{CHP} 和 C_{eb}。

2）约束条件

（1）综合需求侧响应约束。

针对区域 ICES，用户参与需求侧响应不再仅限于传统的需求侧响应。对于传统电能弹性负荷，用户响应行为具体表现在：在用电高峰时削减部分不必要负荷；将部分负荷从用电高峰转移至用电低谷时段。传统电能弹性负荷表现为用户对电负荷在时间尺度上的响应，这是区域综合能源用户需求侧响应的一种方式；另一种方式是用户在电价较高时将一些电负荷改用热或者在电价较低时将部分热负荷改用电，这时的弹性负荷不仅是电负荷，本章将这类需求侧响应称为广义需求侧响应，如图 4－13 所示。

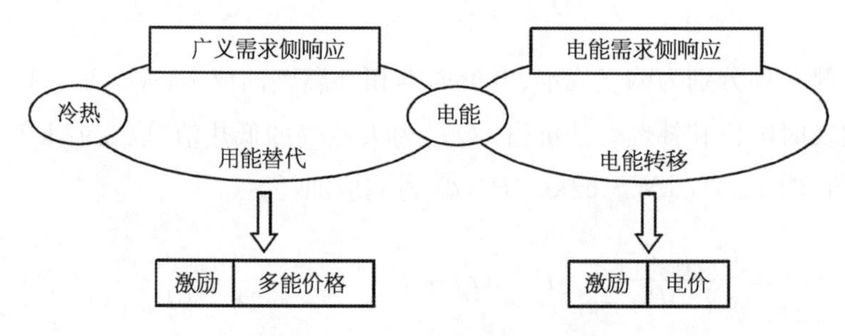

图 4－13　综合需求侧响应示意

根据综合需求侧响应的特性建立综合能源系统需求侧响应模型。设 $P_{\mathrm{GDR}}(t)$ 为 t 时刻电能替代热能的功率，$P_{\mathrm{TDR}}(t)$ 为 t 时刻用户用电减少的功率。具体响应模型为

$$\begin{cases}L_{\mathrm{e}}(t)=\bar{L}_{\mathrm{e}}(t)-G_{\mathrm{DR}}(t)+T_{\mathrm{DR}}(t)\\L_{\mathrm{h}}(t)=\bar{L}_{\mathrm{h}}(t)+G_{\mathrm{DR}}(t)\end{cases} \tag{4-8}$$

式中，$\bar{L}_{\mathrm{e}}(t)$，$\bar{L}_{\mathrm{h}}(t)$ 分别为电、热负荷的预测值。

(2) 系统约束。

为了降低区域能源系统对于地区电网的影响，电力市场规定区域购电量在一定范围内，设定区域购电量浮动极限。

$$0 \leqslant P_{eb}(t) < P_{eb,\max} \tag{4-9}$$

根据机组特性，CHP 和燃气轮机电能出力上、下限约束分别为

$$\begin{aligned} &0 \leqslant P_{ge}^{CHP}(t) < P_{ge,\max}^{CHP} \\ &0 \leqslant P_{gh}^{GB}(t) < P_{GB,\max} \end{aligned} \tag{4-10}$$

(3) 机组约束。

用线性模型对 CHP 补燃机组的补燃率 $A(\%)$、热电比 V_{CHP}、响应油耗量 $P_o(t)$ 进行拟合得

$$\begin{cases} V_{CHP}(t) = K_{a1}A(t) + K_{a2} \\ A(t) = K_{p1}P_o(t) + K_{p2} \end{cases} \tag{4-11}$$

式中，K_{a1}，K_{a2}，K_{p1}，K_{p2} 为补燃机组特性拟合后的模型参数。将上式代入热电解耦矩阵中，并由热电比定义可得

$$\eta_{gh}^{CHP} = \eta_{ge}^{CHP} V_{CHP} = \eta_{ge}^{CHP}\{K_{a1}[K_{a1}P_o(t) + K_{p2}] + K_{a2}\} \tag{4-12}$$

最大补燃率约束：

$$0 \leqslant A \leqslant A_{\max} \tag{4-13}$$

式中，$A_{\max}$ 为内置补燃装置的最大补燃率，单位为%。

4.3.1.2　能效优化层

CHP 的热效率 η_{gh}^{CHP} 和发电效率 η_{ge}^{CHP} 差别较大，综合能源网能效对 CHP 热电比的敏感度最大[4]，能效优化层的优化目标为能源利用率最高，决策变量为 CHP 热电比。定义目标函数：

$$\max F(V_{CHP}) = \frac{\sum L}{\sum P_{in}} = \frac{\sum[L_e(t) + L_h(t) + L_c(t)]}{\sum[P_e(t) + P_g(t) + P_o(t)]} \tag{4-14}$$

式中，F 为总的能量输出与能量输入之比。多能分流层和能效优化层的决策变量互为对方的已知量，多能分流层和能效优化层的求解是一个典型的 NBLP 问题。NBLP 是一个 NP(non-deterministic polynomial)问题，由于下层模型具有连续、非线性和凸函数的特征，并且下层模型在可行域可导，根据 KKT 最优化条件可知下层模型极点处导数为 0，可利用 KKT 模型对下层目标函数和约束建立拉格朗日函数，设下层有 N 个约束，具体优化模型为

$$
\begin{aligned}
&\max F(V, V_{\mathrm{CHP}}) \\
&\text{s.t.} \quad \boldsymbol{g}_i(V, V_{\mathrm{CHP}})=0 \quad i=1, 2, \cdots, N
\end{aligned} \tag{4-15}
$$

设 $(\bar{V}, \bar{V}_{\mathrm{CHP}})$ 为多能分流层优化的可行解，λ^{T} 为拉格朗日乘数向量。对于固定的 $\bar{V}$，由最优性条件可知，能效优化层的问题等价于求解如下K-T点问题，将K-T条件等价为

$$
\begin{aligned}
&\min L=\| \nabla_{V_{\mathrm{CHP}}} F(V, V_{\mathrm{CHP}})+\lambda^{\mathrm{T}} \nabla_{V_{\mathrm{CHP}}} g_i(V, V_{\mathrm{CHP}}) \|^2+\| \lambda^{\mathrm{T}} \nabla_{V_{\mathrm{CHP}}} g_i(V, V_{\mathrm{CHP}}) \|^2 \\
&\text{s.t.} \quad \lambda_i \geqslant 0
\end{aligned} \tag{4-16}
$$

对下层决策变量 V_{CHP} 求偏导的具体表达式为

$$
\frac{\partial L(V, V_{\mathrm{CHP}})}{\partial V_{\mathrm{CHP}}}=\frac{-[L_{\mathrm{e}}(t)+L_{\mathrm{h}}(t)]K_1}{(K_1 V_{\mathrm{CHP}}+K_2)^2}+(a_2-a_1)=0 \tag{4-17}
$$

式中，

$$
\begin{cases}
K_1=1/(K_{\mathrm{a1}} K_{\mathrm{p1}}) \\
K_2=(L_{\mathrm{c}}(t)-P_{\mathrm{ge}}^{\mathrm{CHP}}(t))/\eta_{\mathrm{T}}+P_{\mathrm{ge}}^{\mathrm{CHP}}(t)/\eta_{\mathrm{ge}}^{\mathrm{CHP}}-(K_{\mathrm{a2}}/K_{\mathrm{a1}}-K_{\mathrm{p2}})/K_{\mathrm{p1}} \\
a_1(V_{\mathrm{CHP}}-K_{\mathrm{a2}}-K_{\mathrm{a1}} A_{\max})=0 \\
a_2(-V_{\mathrm{CHP}}+K_{\mathrm{a2}})=0 \\
a_1, a_1 \geqslant 0
\end{cases} \tag{4-18}
$$

将拉格朗日函数作为上层多能分流的可行性度量，可行域为满足 $L=0$ 的所有未知量集合。

4.3.1.3 机组优化分配层

在新的综合能源系统的框架下，各类能源转换设备紧密耦合给最优潮流和运行方式的决策带来了一些难题。电力网络直接将电能传输至负荷侧，其中一部分发电节点CHP与热力系统耦合，热力系统又包括热源、热负荷、供热回路和回热回路，热源均视为天然气网络的负荷节点，天然气网络又由气源、管道、压缩机和天然气负荷组成。传统的潮流分析方法仅适用于纯电力系统，在综合能源系统中的应用有很大的局限性。电热耦合系统的稳态混合潮流分析(MCPF)模型为IECS调度决策提供了新的思路。

考虑动态能源连接器传输环节的静态特征，分析不同能源网能量传输过程的动态变化规律，在稳态混合潮流分析的基础上，针对不同能源网传输过程中的能量损失，以CHP和GB机组实时出力量为自变量建立多目标优化模型。

4.3.2 协调控制器结构

以综合考虑冷热电等多种能源的运行状态，构建涵盖配电网、多种分布式能源、柔性

负荷等运行数据的多维信息模型，在保证配电网供电质量和可靠性的基础上，以提高多种能源与柔性负荷的资源利用率和联络线功率精准控制为目标，实现能量管理、运行控制与优化调度等功能。因此，面向未来泛在物联网，设计了基于动态多代理技术的智能分层调控框架，构建包含感知层、网络层、平台层和应用层的分布式能源系统分层调控架构。平台设计架构如图 4-14 所示。

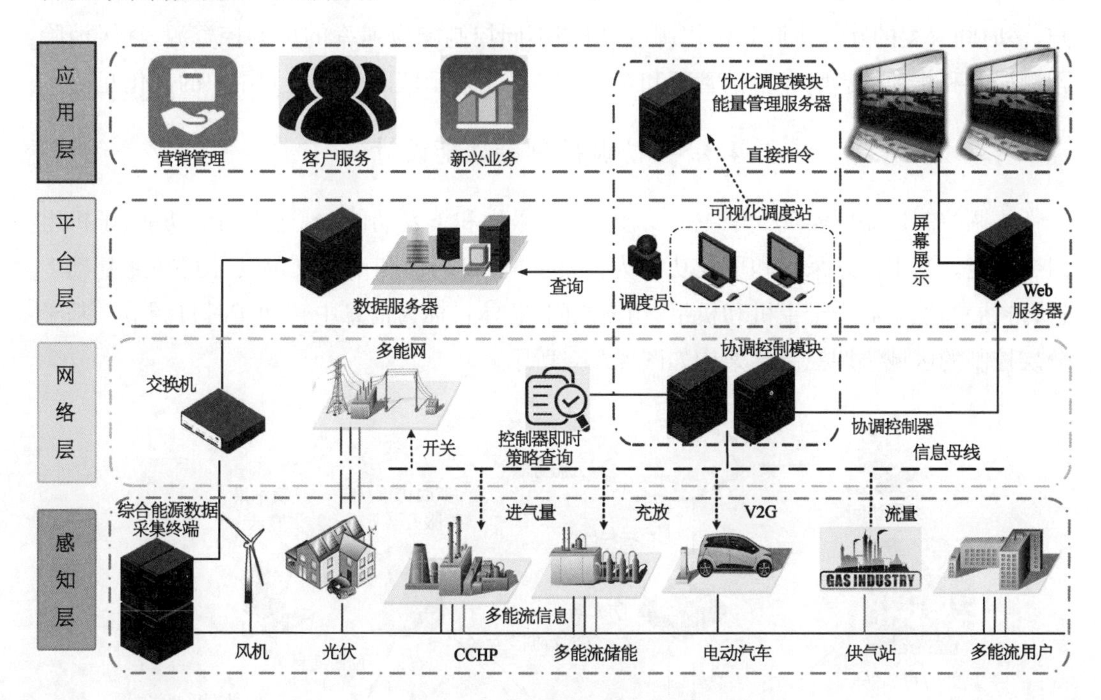

图 4-14　分层调控框架设计

感知层包括各类分布式能源以及工商业多元负荷的信息采集与检测，分布式电源智能体具有态势感知、指令执行、数据通信等功能模块，能够根据系统调控中心的指令以及自身运行约束进行能量交互，并实现智能体之间的实时信息交互和信息上传；协调控制器具备预测、通信、负荷控制、需求响应等功能，能够实时上传负荷信息、进行负荷控制和反馈负荷状态。

网络层包括各多能流物理网络和信息网络，物理网络接受区域分布式能源协调控制器的控制信号，信息网络负责控制信号的传输。协调控制器具有区域协同调控及实时通信等功能模块，能够接受上级的调控指令，并考虑系统运行的能效约束，对分布式能源系统各个区域之间进行协同调控，满足分布式能源系统实时动态调整的要求，并按照负荷和分布式能源的优先级进行指令的下发；基于多代理边际一致性控制算法，通过区域分布式能源调控系统对区域内各感知层进行“集中管理，分布控制”，保证系统各区域的电压、频率稳定。

平台层包含分布式能源系统数据中心的能量管理系统的可视化展示与人工操作。平台层一般要求具有通用性，可采集不同系统运行数据并按照统一格式存储，平台具有对相同数据结构的数据进行深入分析的能力，可视化展示可将运行数据以图形和图表的形式展示出来，可直观地展示平台运行实时状态并分析长期运行结果。

应用层是多种高级应用和功能的集合，可根据用户需求定制和扩展。一般包括优化调度、营销管理和客户服务等功能。优化调度主要任务是进行优化调度与优化决策，能够通过整合各下层智能体的运行信息和多主体的运行状态，进行各层级多能源类型、多元用户、多时间尺度的互补协调和优化调度，协调不同控制响应速率的可调控资源，逐级消除预测误差和扰动的影响。营销管理和客户服务可实现示范园区和多元用户的优化互动。

4.3.3 协调控制器功能设计

协调控制器需要实现 3 个主要功能：信息采集和下发功能、自适应调节功能，子机组组合功能。其中信息采集和下发功能为首要功能，自趋优和市场交易功能可在此基础上进行拓展。控制器介于主机和机组、用户之间，总体目标为信息中转和实时自调节。基于分层控制的区域协调控制器架构如图 4－15 所示。

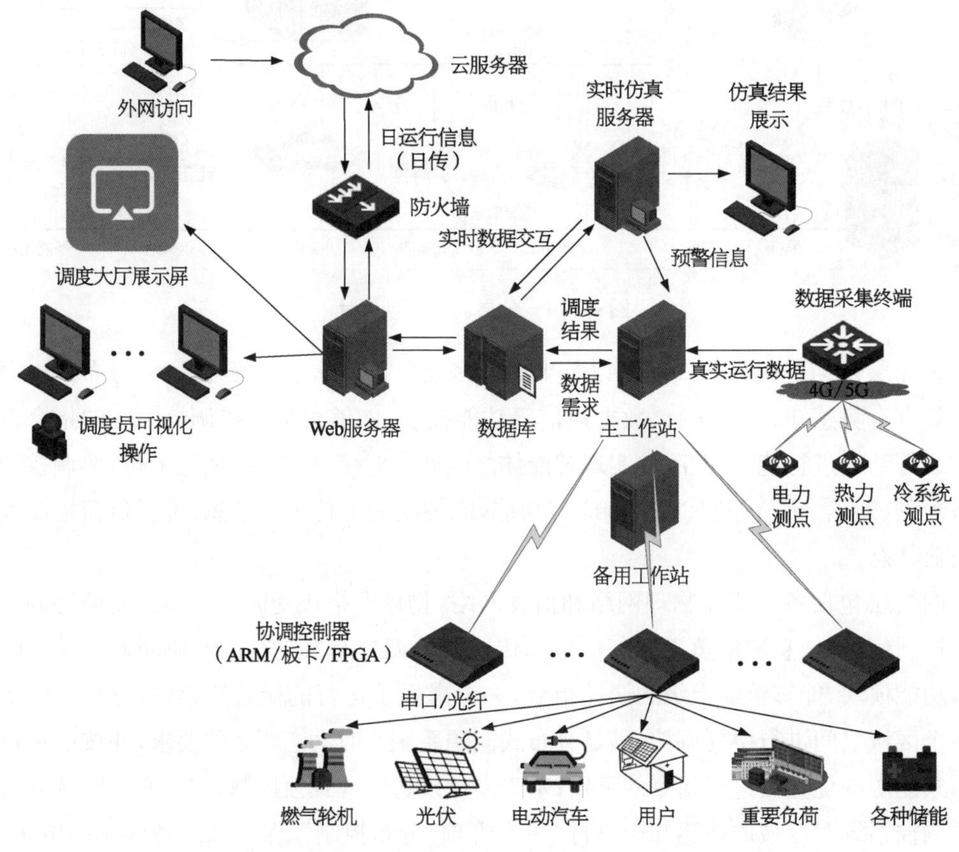

图 4－15　基于区域协调控制器的微网控制架构

4.3.3.1　信息采集和下发功能

控制器完成信息的采集和下发，控制器的信息流采集和下发内容的关系如图 4－16 所示。

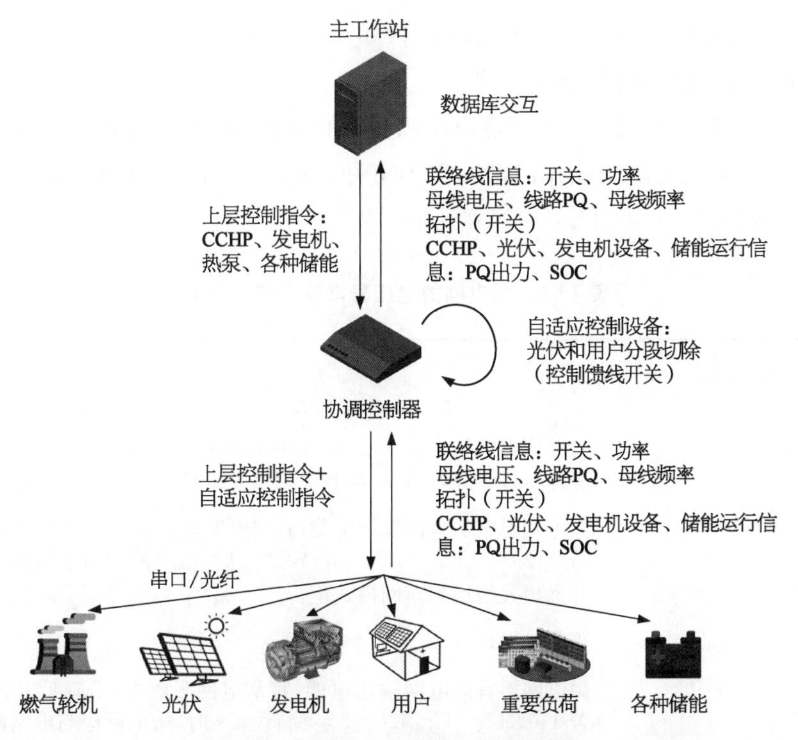

图 4－16　控制过程中的信息流示意

与上层通过数据库交互，采集设备信息并上传至主站数据库，同样以 5 min 访问主站数据库中的日内调度结果库。采集完成后，结合本地自适应控制指令下发至各个机组。

4.3.3.2　自适应调节功能

当底层设备出现异常情况需要及时处理时，若来不及向上级智能体汇报，则应触发协调控制器的自适应调节功能。一般来说，在以下 3 个情况下将触发自适应调节功能：

(a) 并离网转换。

(b) 电能质量越限(不满足微网运行标准)。

(c) 联络线偏差大于 4%。

举例说明，3 种情况下的调整方法可以是：

(1) 对于情况(a)，若是并网转离网，储能控制模式转变 PQ 模式→VF 模式；若是离网转并网，储能控制模式转变 VF 模式→PQ 模式。

(2) 对于情况(b)，若频率或电压越上限，分级切除光伏，中间间隔 10 s，如仍然越线则再切一级；若频率或电压越下限，则分级切除负荷，中间间隔 10 s，如仍然越线则再切一级。

(3) 对于情况(c)，联络线功率与参考值偏差较大时，则可以实时采集真实联络线有功，从上层读取实时联络线有功参考值(可设步长 5 min)并计算两者偏差。若电网注入进微网系统的功率过多，联络线功率偏差大于 4%时，计算功率偏差，计算切除几级负荷可将偏差控制在 3%以内(如没有可行解则不动作)；分级切除负荷，中间间隔 10 s，如仍然越限则再切一级。若微网系统输出到电网的功率过多，且偏差大于 4%时，计算功率偏差，计算切除几级光伏可将偏差控制在3%以内(如没有可行解则不动作)。分级切除光伏,中间间隔10 s,如仍然越限则再切一级。

根据GB/T 34930—2017,并网点电压和频率的异常响应特性如表4-2和表4-3所示,可据此设计电能质量的动作门限。由表可知,自主调节的参考电压和频率范围为:$U < 90\%U_N$ 或 $U > 110\%U_N$;$f < 49.5$ Hz 或 $f > 50.2$ Hz。

表4-2 微电网的电压异常响应特性要求

并网点电压	动作要求
$U<50\%U_N$	若并网点电压小于50% U_N,且持续时间为0.2 s,微电网应与电网断开连接,由并网模式切换到离网模式运行
$50\%U_N \leqslant U<90\%U_N$	微电网不宜从电网获取电能,宜向电网输送电能来支撑并网点电压;若 $50\%U_N \leqslant U<90\%U_N$ 并持续2 s时,微电网应与电网断开连接,由并网模式切换到离网模式运行
$90\%U_N \leqslant U<110\%U_N$	正常并网运行
$110\%U_N<U \leqslant 120\%U_N$	微电网不宜向电网输送电能,宜从电网吸收电能,降低并网点电压;若 $110\%U_N<U \leqslant 120\%U_N$ 并持续2 s时,微电网应与电网断开连接,由并网模式切换到离网模式运行
$120\%U_N<U$	若并网点电压高于120% U_N,且持续0.2 s,微电网应与电网断开连接,由并网模式切换到离网模式运行

注:U 为微电网并网点电压,U_N 为微电网并网点处的电网额定电压。

表4-3 接入10 kV及以上电压等级配电网的微电网的频率响应特性要求

频率范围/Hz	要求
$f<48.0$	微电网宜立即从并网模式切换到离网模式
$48.0<f<49.5$	每次低于49.5 Hz时,要求至少能运行10 min,微电网应停止从电网吸收有功功率,并尽可能发出有功功率
$49.5<f<50.2$	连续运行
$50.2<f<50.5$	频率高于50.2 Hz时,微电网应停止向电网发送有功功率,并尽可能吸收有功功率
$f>50.5$	微电网宜立即从并网模式切换到离网模式

4.3.3.3 子机组功率分配功能

在包含多台可控机组的出力单元内,由于上层优化中得到的是整体最优的出力策略,传递的是每个调度周期的总功率输出指令,故协调控制器还需要判断子机组的启停状态,并实现子机组的功率分配。具体流程如图4-17所示。

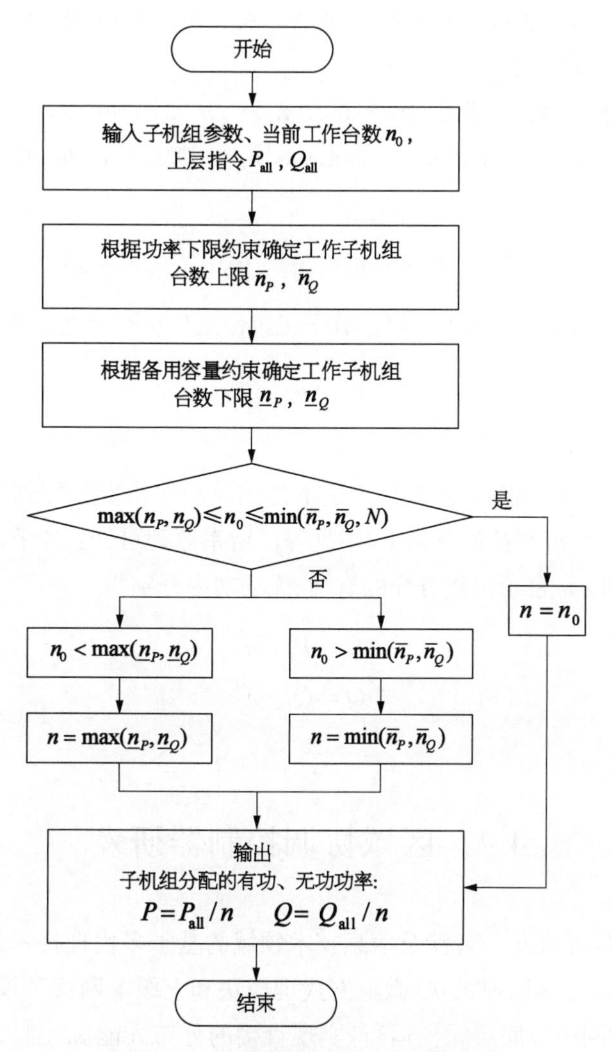

图 4-17　子机组的功率分配计算流程

步骤一：确定调度时段子机组的工作台数

假定该可控机组出力单元共有 N 台型号相同的子机组，每台机组的有功、无功功率上下限分别为 $P_{\max}$，$P_{\min}$ 和 $Q_{\max}$，$Q_{\min}$。上层下发的总功率指令分别为 P_{all}，Q_{all}。

(1) 受功率下限约束，最大工作台数指标为

$$\begin{cases}\bar{n}_P = \text{fix}(P_{\text{all}}/P_{\min}) \\ \bar{n}_Q = \text{fix}(Q_{\text{all}}/Q_{\min})\end{cases} \tag{4-19}$$

式中，fix(•) 为向下取整函数。

(2) 受备用容量约束，最小工作台数指标为

$$\begin{cases}\underline{n}_P = \text{ceil}((P_{\text{all}} + r_P)/P_{\max}) \\ \underline{n}_Q = \text{ceil}((Q_{\text{all}} + r_Q)/Q_{\max})\end{cases} \tag{4-20}$$

式中，ceil(•) 为向上取整函数；r_P，r_Q 分别为系统要求的有功、无功备用容量。

(3) 具体工作台数确定。

若目前工作机组台数 n_0 满足：$\max(\underline{n}_P,\ \underline{n}_Q) \leqslant n_0 \leqslant \min(\bar{n}_P,\ \bar{n}_Q,\ N)$，则不改变现有机组的启停状态，即 $n = n_0$；若 $n_0 < \max(\underline{n}_P,\ \underline{n}_Q)$，则需要启动新的子机组使工作机组台数达到：

$$n = \max(\underline{n}_P,\ \underline{n}_Q) \tag{4-21}$$

若 $n_0 > \min(\bar{n}_P,\ \bar{n}_Q)$，则需关停部分子机组使工作机组台数达到：

$$n = \min(\bar{n}_P,\ \bar{n}_Q) \tag{4-22}$$

步骤二：子机组功率分配

在确定子机组工作台数后，需要将上层下达的总功率指令分配到各个子机组。由于子机组型号相同，在经济利益的驱动下，根据等微增率原理可知：各子机组出力相同的情况下经济性最优。故 n 台子机组分配的有功、无功功率分别为

$$\begin{cases} P = P_{\text{all}}/n \\ Q = Q_{\text{all}}/n \end{cases} \tag{4-23}$$

4.4 区域协调控制器研发

根据上述内容，可研发一套涉及信息技术领域的基于多代理技术的微电网协调控制系统，从低到高分为元件代理模块、微电网代理模块和上级电网代理模块。其中，元件代理模块独立控制微网中各底层元件运行，实现直接的分布式能源控制、发电控制、储能元件控制和一些可控负荷的控制；微电网代理模块针对微电网内部的调度运行，对代理进行管理，该模块与上级电网代理模块之间通过通信协调解决各代理之间的任务划分和共享资源的分配；上级电网代理模块负责电力市场以及各代理间的协调调度，并综合微电网代理信息作出重大决策。各代理模块之间还保持一定量的数据通信以更好地保证各自决策合理性，如图 4-18 所示。此种结构与通信方式适应了微电网分布、复杂、灵活的特性。

控制过程为：元件代理模块控制微电网中各个元件，并把所控制元件的运行状况提供给微电网代理模块，微电网代理模块接收到元件代理模块的信息后，对元件代理模块提供控制策略，元件代理模块接受控制信息后自行改变对应控制元件的运行状态，微电网代理模块将各自微电网的运行状况提供给上级电网代理模块，由上级电网代理模块进行初步的数据处理后通过信息处理系统统一格式后传给预估环节；与此同时，各微电网代理模块也把各自电网的运行状态直接提交给预估环节，预估环节通过模型预测后把每个微电网的控制策略提交给相对应的微电网代理模块，在微电网代理模块改变微电网运行状态后，上级电网代理

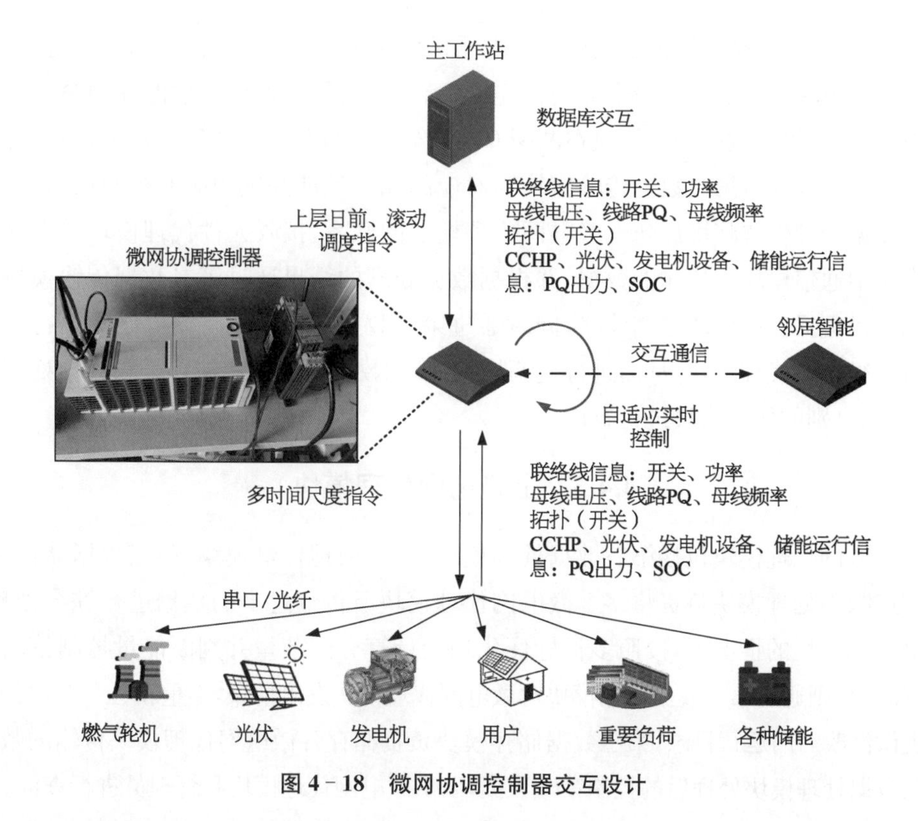

图4－18　微网协调控制器交互设计

模块与微电网代理模块再一次把运行状态提交给预估环节以进行进一步的调整。

4.4.1　元件代理模块

元件代理模块包括第一并网代理模块、第一数据处理模块、第一数据传输模块、第一数据存储模块、内部控制模块。其中，第一并网代理模块负责控制元件对微电网的并网和断网功能，接收第一数据传输模块或者微电网代理模块所提供的并网和断网信息，并以微电网模块传输的并网命令为高优先级、第一数据传输模块传输的并网命令为低优先级进行并网；第一数据处理模块和第一数据储存模块负责对所代理的元件进行数据的处理、储存，从而将元件的运行状态进行及时的处理和更新；第一数据传输模块负责将元件运行状态信息传输给微电网代理模块并接受微电网代理模块的命令；内部控制模块是具体的元件控制程序，输入相应的控制程序从而控制不同的元件运行，保证单个元件代理所控制的元件安全稳定运行，其只接受第一数据处理模块所传递的命令。

该元件代理模块对外界有抗干扰能力，能对外界微小的变化作出相应的调整，并且这一过程不需要微电网代理模块的干涉。

4.4.2　微电网代理模块

微电网代理模块包括第二并网代理模块、第二数据处理模块、第二数据传输模块、第二数据储存模块。其中，第二并网代理模块负责所控制微电网对上级电网的并网和断网功能，其接收第二数据传输模块或者上级电网代理模块所提供的并网和断网信息，并以上级电网代理模块传输的并网命令为高优先级、第二数据传输模块传输的并网命令为低优先级进行并网；第二数据处理模块在断网时负责处理元件代理模块所提供的信息，并根据数据处理的结果通过第二数据传输模块为对应的元件代理提供相应的控制策略；在并网时第二数据处理模块将增加与上级电网代理模块的联系，接收元件代理模块与上级电网代理模块中通信模块所传输的数据，并根据数据处理的结果通过第二数据传输模块为对应的元件代理提供相应的控制策略，同时通过第二数据传输模块将微电网的运行状态再次通给上级电网代理模块，从而进行进调控制；第二数据储存模块储存第二数据处理模块的结果，以供别的代理模块进行查询。

4.4.3 上级电网代理模块

上级电网代理模块包括第三数据处理模块、第三数据传输模块、第三数据储存模块。其中第三数据处理模块负责将多个微电网代理模块所传输过来的数据进行综合处理，在保证电网稳定性的情况下，按照多目标优化理论计算分配节量并判断能量控制策略是否可行，如可行则通过第三数据传输模块对微电网代理模块发出指令，不重新让各微电网代理模块提供修改后的运行目录；第三数据储存模块负责储存各微电网代理模块传输的数据以及第三数据处理模块处理后的控制策略数据，以供微电网代理模块和管理员进行查询。

4.4.4 不同代理模块的通信方式

第一种，联邦系统通信与广播通信相结合。首先，各代理模块动态地加入联邦体，接受联邦体提供的服务，这些服务包括接受代理模块加入，记录加入代理模块的能力、任务和级别，提供通信服务，对代理提出的请求提供响应；其次，利用广播机制把消息发给每个代理模块或一个组，通常发送者要指定唯一的地址，唯有符合该条件的代理才能够读取这个消息。

第二种，黑板系统。黑板是一个代理写入消息、公布结果并获取信息的全局数据库，它按照所研究的代理问题划分为几个层次，工作于相同层次的代理能够访问相应的黑板层以及邻近的层次，所有必要的信息都能张贴在黑板上供所有的代理检索。

4.4.5 代理模块的研发与应用

上述实例系统包括元件代理模块、微电网代理模块、上级电网代理模块。元件代理模块可以根据实地情况和实际需求分为光伏代理、蓄电池代理、风电场代理等元件代理。它们通过元件模块中的数据传输功能以请求/响应的方式与微电网代理保持通信。微电网代理模块包含了微电网所有的微电网代理，各微电网代理之间通过通信方式进行少量的数据交换，微电网代理模块与上级电网代理模块通过通信以策略协商的方式进行控制策略的协商，并通过响应方式将控制策略传输给元件代理模块，并由元件代理模块自行控制相应的代理。

下面对元件代理模块的应用进行举例：

(1) 发电代理。① 抗干扰功能：风力发电中由于风速的不稳定造成了风力发电产生的谐波很多，在风力发电代理中应该有滤波以及对电能质量控制的部分，以保证电能质量的优质输出。② 风速相关的风轮叶片控制功能：风力发电中，风速与叶片控制的环节属于重要的一环，故此代理需要能够根据风速的大小调节叶片的角度，并设置极限风速调节。例如：当 $V_{off} < V_{max}$ (即风速超过极限速度)时，风轮叶片应该调节其角度以保证风机的安全稳定运行。③ 无功功能：风力迅速变动产生电力传输的不稳定，需要通过发电的无功设施的监控与控制，达到风力发电稳定的要求。

(2) 光伏代理。① 太阳能电池输出特性为非线性，并且随光照强度和温度的变化而变化。为了能够让其充分发挥光电转换能力，光伏代理必须拥有最大功率点跟踪功能。② 电池板参数检测、保护功能：对太阳能电池板的基本参数进行监控，当以上参数超出安全的限定范围时，此代理启动保护措施[如低压限制模式(LV)]以保证太阳能电池的安全运行。

(3) 燃气轮机代理。① 燃气轮机冷热电联供能：此功能为燃气轮机代理的重要部分，由燃烧天然气所产生的能量经过能量变换供给微型燃气轮机。燃气轮机一部分为微电网提供电能，同时所产生的余热分别提供给供热和制冷系统，当供热和制冷系统需要更大的能量时，系统直接通过燃烧天然气来为冷热系统提供能量。② 功率变化限制功能：由于在热电联供的情况下，微型燃气轮机的各种输出必须满足热量的需要，并且它的功率变化有一定的限制，功率变化限制代理将保证燃气轮机冷热电联供保持在限定范围内。③ 整流/逆变控制功能：由于燃气轮机的转速问题，燃气轮机的输出电流不能直接被利用在微电网中，此代理将负责对燃气轮机并网环节中的 AC/DC 整流器和 DC/AC 逆变器装置的有效控制，将高频电力输入到微电网中。

(4) 燃料电池代理。① 氢氧含量监控及输入控制功能：负责监控电池系氧含量情况，并根据氢氧含量及电池发电情况调节氢氧输入，从而达到调节电能的目的。如减少燃料输入、进行低位运行模式等。② 电流密度监控调节功能：在输入气体(如氢气和氧气)保持不变的情况下，燃料电池电压和电流密度两者之间具有很好的线性关系。通过对燃料电池电流密度的有效监控、控制，可以使燃料电池的发电情况保持在可控的范围内。

(5) 蓄电池代理。① 监控功能：蓄电池状态的有效监控可以让蓄电池的能量在超出限定范围之前得到有效的控制。包括对蓄电池电压、电流、储能的监控。② 启停/限定功能：当蓄电池达到限定值时，即停止或开启蓄电池的输入/输出(如极限充放电)模式，以保持其可靠运行。

(6) 负荷代理。对用电负荷进行分类、监控负荷数据、切除/并网负荷，同时保持与微电网代理的相互通信。初始化这些功能后，通过相应的控制模块就可以对各自所代理的元件进行控制，同时可以通过通信模块将代理元件的基本信息传输给微电网代理模块，并通过数据储存功能供用户查询此元件的信息。最后用并网模块来进行与微电网的并网/断网控制。

4.4.6 协调控制器的研发实例

微网协调控制器包含通信功能和自适应实时调节功能。通信功能包括两部分：一是与微网分布式设备进行数据读取并将其写入远程服务器的数据库中；二是与其他微网协调控制器通信，协调多个微网校正功率偏差。

系统设备通过485总线/Modbus RTU协议上传至放置在园区内的协调控制器，而协调控制器也可以通过此途径下发相关命令。一般情况下，若多微网系统面积较大或部分微电网分布较分散，为了保证通信效率，可以使用多个协调控制器进行分布式控制。

最后，将上述通信功能和自适应规则写入图4-19所示的倍福协调控制器样机中。

本书在此重点展示协调控制器的通信模拟过程。

某园区控制结构如图4-19所示，最左侧分布式设备可以包括风机、光伏、储能、分布式智能负荷、CHP发电机等，这些设备皆分布在园区内，分别由各自的传感器感知设备数据值或状态量，并通过485总线/Modbus RTU协议上传至放置在园区内的协调控制器，而协调控制器也可以通过此途径下发相关命令。一般情况下，若园区面积较大或者关键设备分布较分散，为了保证通信效率，可以使用多个协调控制器进行分布式控制。从模拟角度讲，在实验室环境中，由于没有合适的现场模拟环境，可以使用电脑软件进行协调控制器的模拟，本书选择使用Modsim32模拟这些分布式设备。

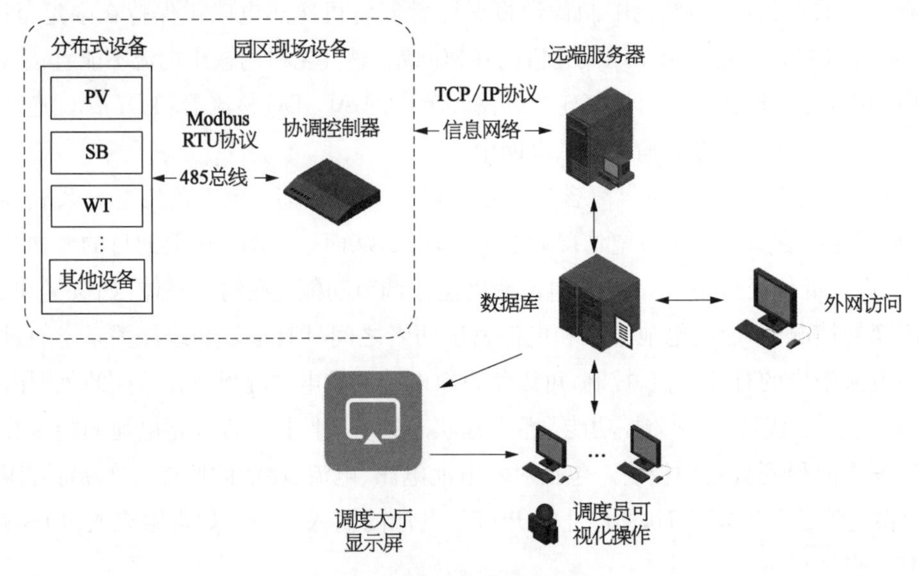

图4-19 某园区协调控制结构

(1) Modsim32。

Modsim32采用主从式通信，使用较多的是Modbus RTU协议和Modbus TCP/IP协议，从图4-19可以看到，由于协调控制器在园区内，离分布式设备较近，故可以使用标准的Modbus RTU协议。在本书中，拟使用协调控制器为主机，分布式设备为从机，所以分布式设备可以用模拟从设备的 Modsim32 来模拟，而不是使用可模拟主设备的 Modscan32。

Modsim32 主要用在人机交互界面(HMI)组态开发中，通过一些方法改变寄存器状态的值，便可以模拟智能终端的状态变化，同时能观察到 HMI 画面的变化。改变寄存器内的值有多种方法，比如手动更新、通过 COM 端口接收更新指令后进行改变。

Modsim32 启动后，在菜单栏中选择文件—新建后，出现一个 Modsim 子窗口，如图 4-20 所示，该窗口内左上角地址 Address 框内为 HMI 内显示出的寄存器起始地址，而 HMI 内地址开头的数字 4 为 HOLDING REGISTER 的默认地址，也即 HOLDING REGISTER 的地址默认为 40000～49999。Length 框内表示所使用的地址长度，若设定为 100 长度，则 HMI 内显示的地址便是 100 个，在图中这 100 个地址分别为 40100～40199。Device id 框表示分布式设备(或 Modsim32 所模拟设备)的编号，该编号的作用是使协调控制器识别到该设备，这里默认为 1。

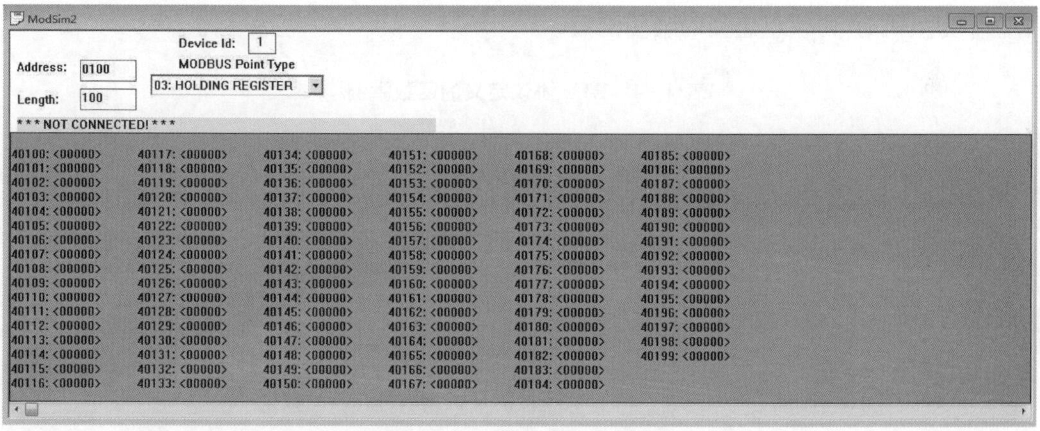

图 4-20　Modsim32 子窗口

灰色 HMI 框上方的 NOT CONNECTED 表明 Modsim32 没有连接到协调控制器，这时应在 Modsim32 主窗口菜单栏点击连接设置—连接—端口 x，x 代表分布式设备与倍福连接的端口号，由于分布式设备由 Modsim32 代替，则 x 值为装有 Modsim32 的电脑的 485 线端口号，这个端口号可在装有 Modsim32 的电脑内设备管理器处查询到。点击正确的端口号后，在弹出的新页面内完成协议、波特率、延迟和数据位等信息的设置后，点击确认即可完成连接。这时 NOT CONNECTED 消失。

MODBUS Point Type 框中有 4 个选择，分别是 01 线圈状态，02 输入线圈，03 保持寄存器，04 输入寄存器。其中线圈可以理解为 0-1 状态量，寄存器可以理解为十进制值，最大为 2 的 16 次方。这里以 03 保持寄存器举例。

(2) Modbus RTU 协议。

该协议可以使用 TwinCAT 平台进行开发并实现。本书使用内嵌在 Visual Studio 的 TwinCAT 平台进行协调控制器的功能实现。

Modbus RTU 设备通过串行接口连接到协调控制器。TwinCAT PLC 使用 Modbus RTU 库的从功能块与主机 Modbus 通信(即从模式)。同理,主功能块可用于对从机 Modbus 进行寻址(即主模式)。Modbus 协议定义了准确的字符完整传输形式,传输的数据形式应严格按照规定的格式来编写。该数据的格式如图 4-21 所示,其中地址码为一字节,功能码为一字节,不同功能码定义了该数据的不同功能,比如读取寄存器数据、写线圈输出值等,注意这里的功能码和 Modsim32 里的 MODBUS Point Type 不通用。数据可以为多个字节,包含了要传递的信息,例如电流、电压等信息。

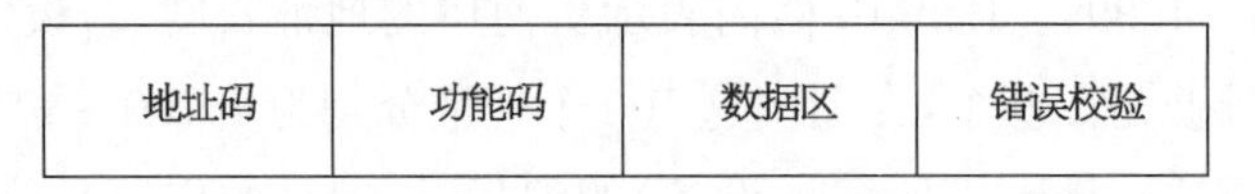

图 4-21 RTU 规定的数据格式

在 TwinCAT 平台中,Modbus RTU 协议定义了许多函数,表 4-4 列举了当协调控制器作为主机时,协议里定义的某些函数。

表 4-4 RTU 协议定义的函数举例

函 数 名	备 注
ModbusMaster.ReadCoils	从连接的从机读取线圈输出。数据从指定的地址 pMemoryAddr 以压缩形式(字节)存储
ModbusMaster.ReadInputStatus	从连接的从机读取线圈输入。数据从指定的地址 pMemoryAddr 以压缩形式(字节)存储
ModbusMaster.ReadRegs	从连接的从机读取寄存器的数据
ModbusMaster.WriteSingleCoil	向一个连接的从机发送一个线圈输出。数据从指定的地址 pMemoryAddr 以压缩形式(字节)发送
ModbusMaster.WriteSingleRegister	向一个连接的从机发送一个单一的数据字
ModbusMaster.WriteRegs	向一个连接的从机发送数据

(3) 分布式设备与服务器的通信。

从图 4-19 可知,在园区,分布式设备离服务器与调度中心距离较远,无法保证控制效率,所以需要借助协调控制器作为平台,在满足园区内设备快速自适应控制的前提下,调度中心能够有条件进行数据展示与命令下发。因此,设备与协调控制器之间的连接是距离较短的 485 传输线,而协调控制器和调度中心/数据库的连接是依托于互联网的。

由于设备-服务器以及服务器-设备有不同的运行规则,所以应定义不同的变量。以 ReadRegs 和 WriteRegs 函数的应用为例,定义设备-服务器用于传输数据的寄存器数组为"arrDataregs: ARRAY[1..4] OF WORD",用于协调控制器从服务器端读取数据,其中"arrDataregs"数组名,"[1..4]"表示该寄存器数组有 4 个单位,每个单位均可是最大为 2 的 16

次方的十进制数,“WORD”表示字符串。同样定义服务器-设备用于传输数据的寄存器数组为“arrDataWriteregs：ARRAY[1..4] OF WORD”,用于协调控制器向服务器端写入数据。

首先,在 Modsim32 中创建连接,并根据服务器的要求调整至正确的地址(例如服务器想对 40001～40004 的数据进行读写,则应该在 40001～40004 创建“设备”的地址)。其次,明确谁是主机,这里规定协调控制器为主机,所以在 RTU 协议中 ReadRegs 和 WriteRegs 函数皆应从协调控制器的角度来编写。假设在协调控制器 ReadRegs 函数中定义从 4 开始写入 4 个地址,设在 WriteRegs 函数中定义从地址 0 开始写入 4 个地址,则结合上一段所述,可知地址 40001～40004 是为数组 arrDataregs 准备的,而 40005～40008 是为数组 arrDataWriteregs 准备的。由此可以得到,理想结果应是设备端的 40005～40008 地址数据变动会反映到服务器,而服务器在对地址 40001～40004 的命令可以被设备接收。对函数的定义如图 4-22 所示(ST 语言)。

```
master.ReadRegs(
    UnitID:= 1,
    Quantity:=4,
    MBAddr:= 4,
    cbLength:= SIZEOF(arrDataWriteRegs),
    pMemoryAddr:= ADR(arrDataWriteRegs),
    Execute:= TRUE,
    Timeout:= T#200MS,
    );
    IF NOT master.BUSY THEN
        master.ReadRegs(Execute:= FALSE, );
    END_IF
```

```
master.WriteRegs(
    UnitID:= 1,
    Quantity:=4,
    MBAddr:= 0,
    cbLength:= SIZEOF(arrDataregs),
    pMemoryAddr:= ADR(arrDataregs),
    Execute:= TRUE,
    Timeout:= T#200MS,
    BUSY=> ,
    Error=> ,
    ErrorId=> ,
    cbRead=> );
    IF NOT master.BUSY THEN
        master.WriteRegs(Execute:= FALSE, );
    END_IF
```

图 4-22　主机的读写函数定义

将服务器登录并将代码下载到协调控制器中后,尝试在服务器端改变 arrDataregs 的数值,结果如图 4-23 所示(初始状态皆为 0)。其中图的上半部分为 Modsim32,下半部分为服务器的数据展示。

同理,尝试在设备端改变 arrDataWriteregs 的数值,结果如图 4-24 所示(初始状态皆为 0)。

(4) 分布式设备与服务器侧数据库的通信。

定义的寄存器数组同上,地址定义同上,但是将服务器侧的寄存器数据展示变为记录在数据库中。与 RTU 相关的代码无需改动,但是与 TCP 协议相关的代码需进行相应改变,这些改变包括：① import 新库,即 pymysql 库(本书使用 python 编写并实现 TCP 协议侧内容)。② 划分寄存器地址区块后,应添加连接数据库代码[即使用函数 pymysql.connect()]。

数据库使用 MySQL Workbench 进行可视化,效果如图 4-25 和图 4-26 所示。

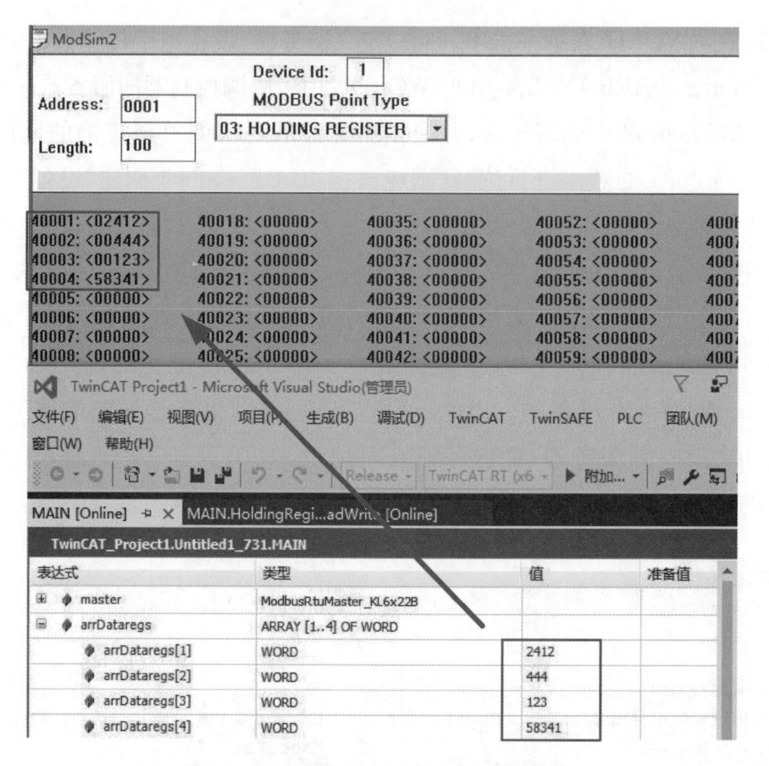

图 4-23　服务器向设备发送数据示例

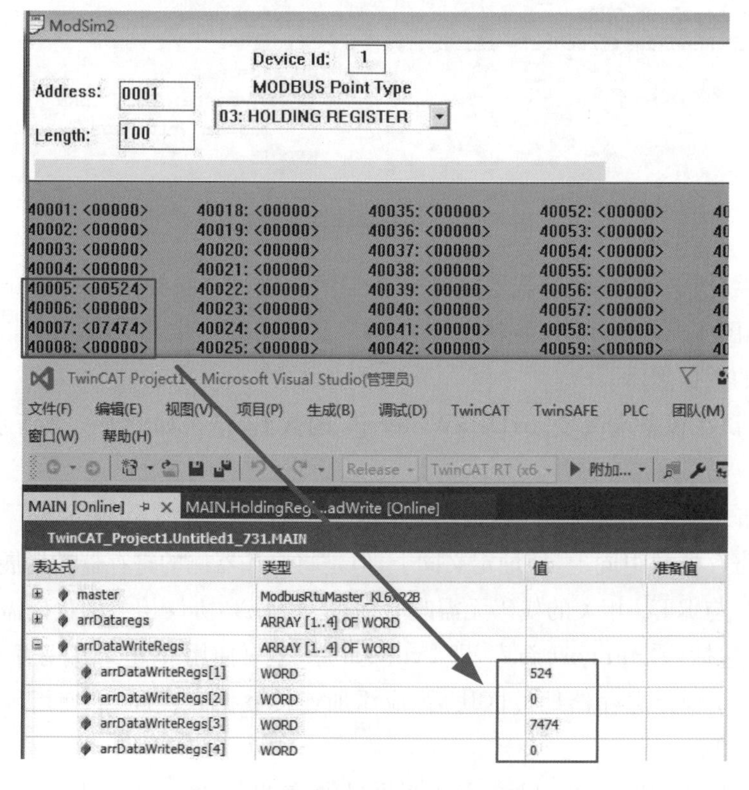

图 4-24　设备向服务器发送数据示例

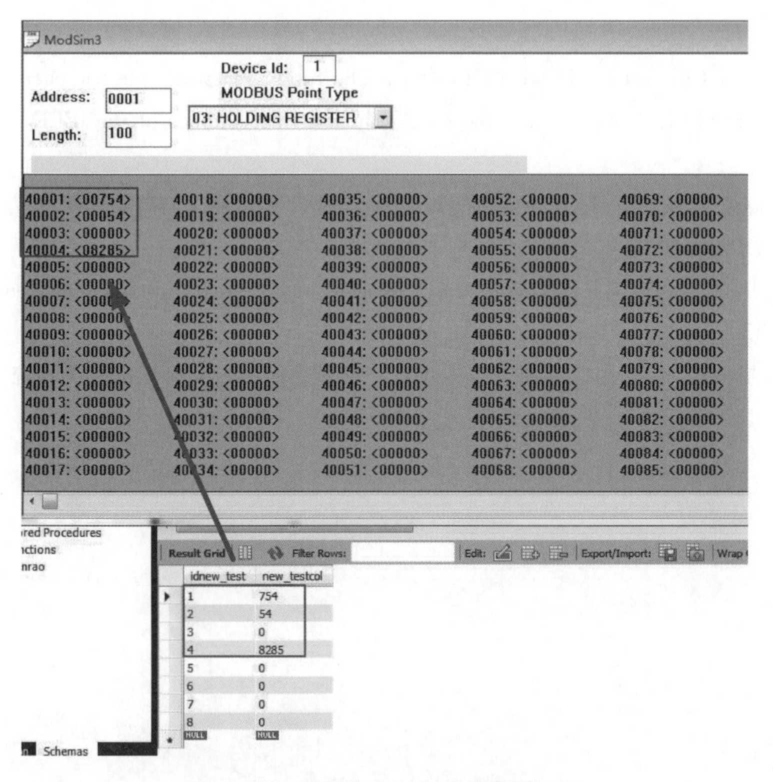

图 4-25　数据库向设备发送数据示例

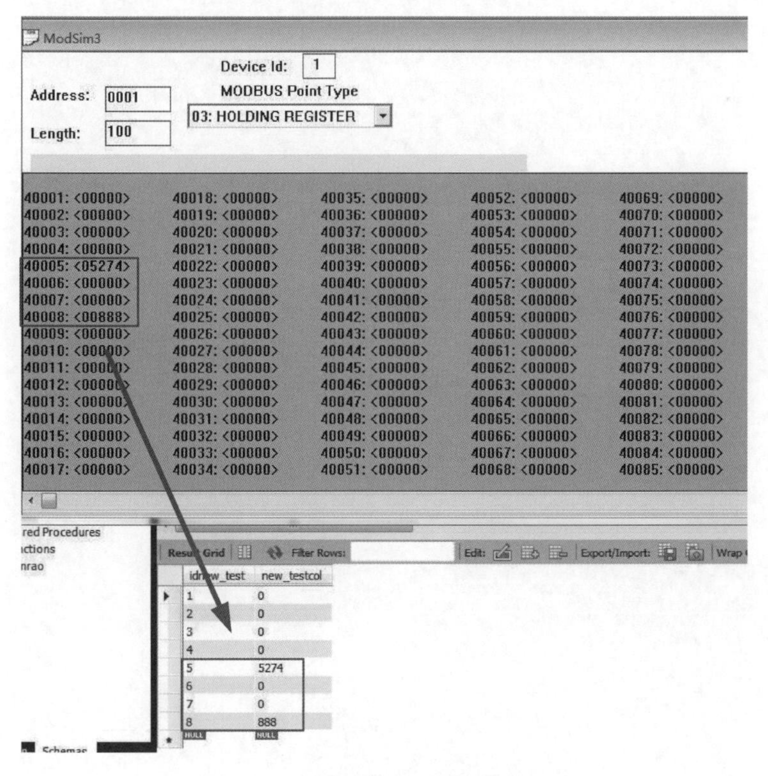

图 4-26　设备向数据库发送数据示例

参考文献

[1] Huang A Q, Crow M L, Heydt G T, et al. The future renewable electric energy delivery and management (FREEDM) system: the energy internet. Proceedings of the IEEE, 2011, 99(1): 133 - 148.

[2] 董朝阳,赵俊华,文福拴,等.从智能电网到能源互联网：基本概念与研究框架.电力系统自动化,2014,38(15)：1 - 11.

[3] XU X, JIN X, JIA H, et al. Hierarchical management for integrated community energy systems. Applied Energy, 2015, 160: 231 - 243.

[4] 顾伟,吴志,王锐.考虑污染气体排放的热电联供型微电网多目标运行优化.电力系统自动化,2012,36(14)：177 - 185.

第5章

微电网日前分层调控技术

微电网控制的主要目的是通过充分地利用微电网内的信息，对分布式资源进行协调优化调节，以实现分布式可再生能源的高效利用。目前对微电网的调控策略的研究重点关注含分布式电源的微电网的频率、电压、功率控制和稳定性等问题，以实现系统内的功率平衡。随着可再生能源分布式发电的渗透率的不断提高，微电网内的可调节的分布式资源不断提升。为解决可再生能源的随机性和间歇性，需要在微电网中使用更多的分布式储能设备。同时，随着分布式电源应用过程中开放、互联、即插即用等影响不断深入，在电力市场逐步放开的需求下，更多的柔性负荷参与微电网的调节。众多分布式资源丰富了微电网控制的手段，同时也为微电网的安全、可靠和稳定运行提出了巨大的技术挑战，与传统智能电网相比，微电网的调度控制具有显著的区别和特点，主要面临着以下几方面的问题：

(1) 控制对象多且角色多变。微电网为不同类型、不同规模的分布式电源、储能系统、负荷等分布式资源的集合，控制对象繁多，且具有很强的不确定性；在角色上，传统的能源生产者和消费者的界限不复存在，各类分布式资源的运行方式变化十分频繁。

(2) 控制规模较大。接入微电网的分布式资源较多，且分布式资源的任意改动均需做相应调整，传统集中建模和优化很难满足实时控制需求；此外，分布式电源运行特性复杂，响应速度快，实际通信系统中的时延问题也将使得大规模优化调控问题更加复杂。

(3) 网络不确定性较强。微电网广泛应用分布式发电技术，传统的能源消费者通过信息共享和平等互联更深入地参与微电网的能量和信息互动；微电网内部分布式可再生能源发电的渗透率高，功率交换灵活复杂。

(4) 多时间尺度的协调配合要求高。分布式资源的调节特性各异，微电网控制中需同时兼顾分布式资源在毫秒级超短期响应、秒级快速响应、分钟甚至小时级能量优化管理等不同时间尺度上的配合。

(5) 控制要求高。微电网运行调控需要在保证系统稳定性的条件下解决分布式资源单体接入导致的间歇性和波动性等问题，保证用户的供电质量；同时需对外部网络呈现友好的并网特性和调控能力；其次，微电网的控制需满足不同运行模式的要求。

分析微电网的控制特点可知，集成大规模分布式电源、储能系统与柔性负荷的微电网在运行中需要满足分布式资源的快速调控能力，保证系统具有灵活可靠的特点。针对参与资源多样、运行模式多变的问题，微电网控制需满足以下几方面的要求：

(1) 安全可靠。需考虑不同投资主体的信息安全问题；同时需为快速波动的分布式电源留有足够的备用容量，保证微电网系统的安全；能够平抑系统内的频率和电压波动，对突发的变化和故障有一定的应对能力。

(2) 灵活稳定。能够适应分布式资源在运行中的角色切换，对分布式资源运行状态的切换具有较好的兼容性，同时能较好地应对微电网运行模式的切换，保证系统在不同时间尺度、不同运行模式中的稳定运行；并对二次系统中的通信带宽限制、时延和扰动等问题具有较好的鲁棒性。

(3) 可扩展性强。控制策略可适应分布式电源、储能系统和负荷在微电网中的接入或退出，即分布式资源的“即插即用”。

(4) 经济性好。能够有效降低微电网的运行成本、功率损耗和一次能源的消耗。因此，传统的集中控制无法满足要求，需要采取分层控制的方法。根据时间尺度的不同，把微电网的控制方式按照不同时间尺度进行分类(见图5-1)，本章主要分析微电网控制策略中的日前尺度。模式间的切换需具有较好的兼容性，因此对调控效果提出了较高的要求。

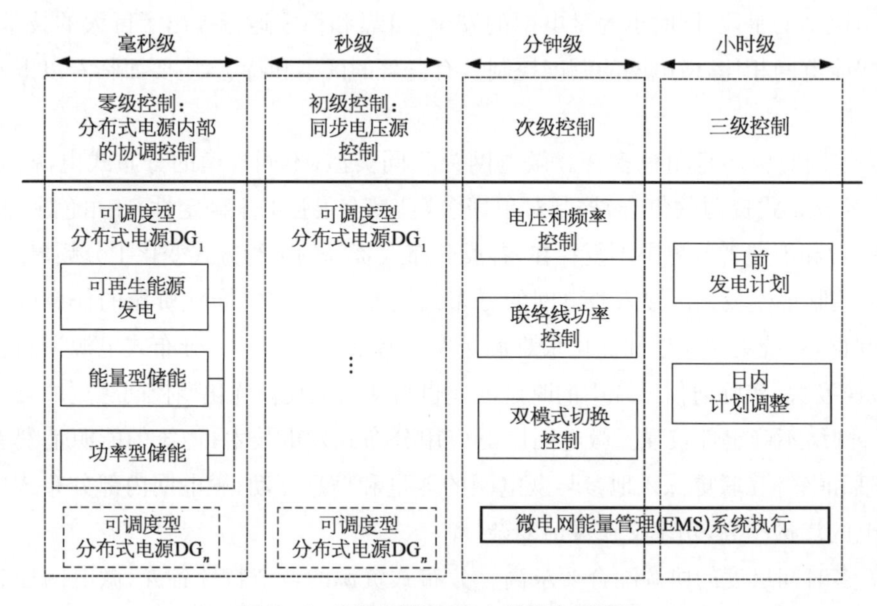

图5-1 不同时间尺度上的微电网控制

5.1 微电网分层调控架构与特性

针对集中控制中的微电网中央协调控制器处理复杂、计算量大等问题，分层控制提出用于实现调度和控制在不同时间尺度上的配合。在传统电力系统中，分层控制方法是对复杂系统进行完善的管理和控制的有效手段。在分层控制中,下层系统通过内部的协调调控,满足内部优化目标的同时,对上层系统呈现出整体的调控特性,因而上层系统只需将其作为特性相对稳定的“黑箱”进行考虑,从而简化微电网中央协调控制器的协调任务。分层控制可加快控制速度,在局部系统出现变更和扩大时具有更强的灵活性。

目前,分层控制在智能电网中获得广泛的应用。分层控制包括功能分层和物理分层控制两部分。功能分层主要针对电网中不同时间尺度上功能的协调配合,如图 5-2 所示,包括智能电网中频率的一次、二次和三次调节。基于功能分层,文献[1]提出了微电网电压/频率的二次调节方法;文献[2]分析了微电网参数的分层优化。物理分层主要指不同层次管理设备的协调配合。在一定程度上,功能分层和物理分层在一定程度上是相辅相成的。在微电网中,分布式资源位于物理分层的底层,在功能上主实现对系统调节的快速响应(毫秒级);微电网中央协调控制器处于协调层,主要用于处理秒级的响应。在物理分层中,多智能体系统(也称多代理系统)以其灵活性和高效性成为了一个研究热点。基于多智能体系统的微电网控制策略引起了众多研究者的兴趣。文献[3]分析了多智能体控制的特点,并设计了微电网控制、优化的控制框图。同时还建立了 3 层多代理控制系统,讨论了各代理的具体功能及其协调策略;文献[4]详细分析了多智能体系统的分层协调方法;文献[5]应用 JADE 仿真了多智能体的行为;多智能体在微电网中的应用获得了较好的发展。在多智能体系统中,智能体按照其自身的目标进行控制,在物理上是相互联系的,处于同一层的智能体会出现协作或竞争的问题,需协调智能体的控制行为。现阶段,智能体间的协调控制主要通过上层智能体实现,从局部角度分析仍属于集中控制的范畴,不能完全解决集中控制中的问题。利用智能体间的局部信息共享,分布式控制为协调分布式资源的协作提供了较好的解决途径。

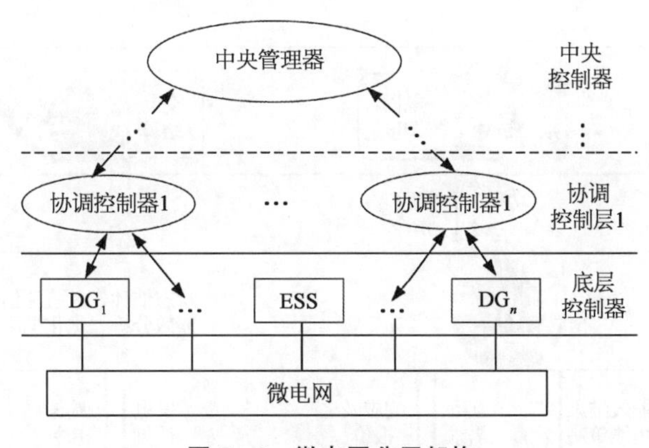

图 5-2　微电网分层架构

5.1.1　基于多代理系统的分层架构

多智能体系统(MAS),又称多代理系统,是由一群具备一定的传感、计算、执行和通信能力的智能体通过通信等方式关联成为一个网络系统。智能体的概念产生于早期的黑板结构、合同网和动作体的研究中,目标是要代替人类来处理复杂或危险事物的“代理体”。多智能体系统的广泛应用前景引起了计算机科学、人工智能、生物学、通信、系统与控制科学等。从配电网的角度分析,以多智能体系统控制的微电网可以被当作电网内的一个控制单元,并遵守传统智能电网正常的调度和控制。

从分布式资源的角度分析,微电网系统有利于就地满足其对冷/热/电等多种能源形式的供应需求,改善供能可靠性、降低能量传输损耗、提高用户侧的供能质量。从环境的角度分析,微电网多智能体控制通过利用可再生能源发电和低碳技术,降低了发电过程中的污染气体排放,提升了能量利用效率,对降低环境污染和减缓全球气候变暖有着重要意义。在电力系统的许多问题中,多智能体系统都体现了它的优势,并获得了很多的应用,例如分布式优化、能量管理等。文献[6]提出了动态多代理协调体系框架,给出了考虑安全域的调度算法;文献[7]~[11]重点研究了基于下垂控制的一致性协调控制策略。

微电网的多智能体系统在空间尺度上由 3 个功能层组成:中央管理层、中间协调层和底部执行层,如图 5-3 所示。中央管理层主要是获得目标定义以及相关约束条件,包括执行计划、功能评估和学习;协调层的任务是根据来自管理和组织层的基本过程定义和动作步骤激活动作的执行,可以对动作进行扩展,从而进行事件响应;执行层完成一系列动作执行,并跟随着对动作结果的检查。在多智能体系统中,自上而下将信息和指令层层发布,自下而上将执行情况层层反馈,实现分布式资源的协调互动,提高综合能源利用率。与一般的网络控制系统相比,多智能体系统具有诸多优点:① 拥有广泛的任务领域;② 高效率;③ 良好的系统性能;④ 容错性强;⑤ 鲁棒性强;⑥ 低廉的经济成本;⑦ 易于开发;⑧ 具有分布式的感知与作用。

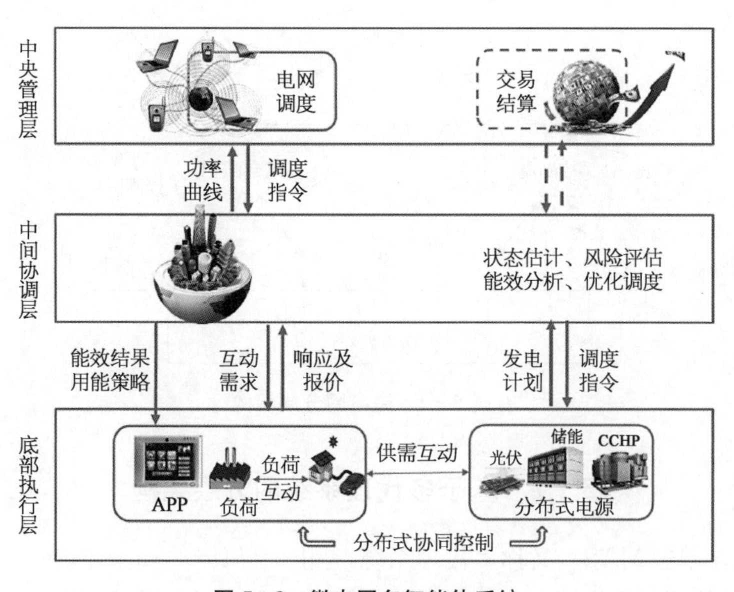

图 5-3　微电网多智能体系统

中央管理层。主要由配电网管理系统(DMS)构成。负责整个配电网络的潮流监控和调度、交易结算以及计划维护工作等,协调微电网与配电网间的信息交互及功率交换,实现配电网与微电网的协调运行。配电网中心根据电力供需平衡状况和运行指标等,确定微电网运行状态,并连同负荷量信息、电力缺额等下发给中间协调层,并接受中间协调层对于指令执行情况的反馈,实时动态调整调度策略。

中间协调层。该部分负责配电网调度和底层用户之间信息流和能量流的协调工作,监督监测运行过程中的突发情况并作出应对;在运行过程中,中间协调层根据实时电价,并结合微电网新能源的出力情况、负荷预测等计算,通过一定的决策过程将总体指标进行优化分解调节底层执行单元的分布式电源的出力情况及运行模式,保证全网的功率平衡和电压稳定,实现微电网的电压和频率稳定、资源分配,并网/离网运行方式的制定、运行方式切换控制等各项功能。具体职能如图 5-4 所示。

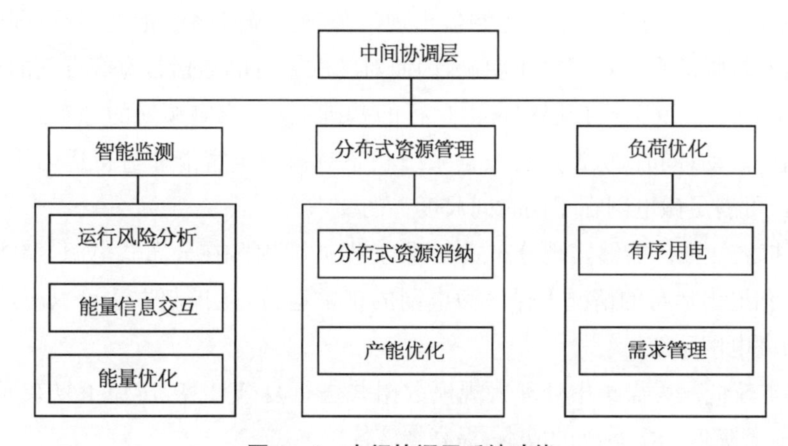

图 5-4　中间协调层系统功能

中间协调层是每个工业园区的管理控制中心,用于协调管理层和自治层的信息交互,确保所有参与主体信息的互联互通;同时,中间协调层负责微电网互动调度计划的具体制定,协调用户之间、用户与电网之间能量流和信息流的互动。中间协调层根据分布自治层上传的用户信息,对其用能偏好、用电成本等行为进行分析;结合用户生产计划给出用户的建议性生产调整计划,并通过 APP 等形式向所有用户开放和共享,实现各层级信息的对等,提高用户参与互动的积极性。在实际运行时,中间协调层接受来自中央管理层的公共连接点功率和负荷量等各类信息,结合微电网内用户的生产状态、可调容量、响应时间、用能偏好等,综合利用包括用户可平移/中断符合、储能、电动汽车等在内的各类分布式资源,合理制定运行策略,将管理层的负荷削减指标进行分解;在信息开放和共享的基础上,中间协调层对所有互动主体平等对待,以微电网和底层参与者的利益均衡为目标进行优化,决定各参与者的具体执行任务,并发布给底层执行单元,实现微电网整体利益的最大化。

底部执行层。主要包括各工商业和居民用户、可调度的分布式资源如电动汽车、光伏、储能等。底部执行层拥有自己的分布自治系统，负责自身系统的能量管理和生产优化，并与中间协调层进行信息交流和能量交流。执行层接受中间协调层传来的运行指令，根据自身设备使用情况、生产流程、可调容量等，以自身利益最大化为目标，按照要求迅速作出响应，如中断部分负荷、调整生产顺序或启用自备发电等；若不能完全响应负荷削减指令或有突发情况如馈线故障等，则应及时反馈给上级并等待下一步指令。各底层用户参与互动的手段主要包括可中断负荷、直接负荷控制、工序优化、多能互补替代、储能动态充放电、电动汽车充电优化调度等。

多代理系统内的互动性以及整体系统封装性，可通过全网的交互与协调达到系统整体优化的目标，最终实现局部自治与全局优化，提高控制效率。基于互动的多智能体系统控制具有以下特点：

(1) 可靠性高。控制的可靠性显著提高，传统集中控制器中的许多功能下放至中间协调层和底部执行层，避免了集中控制器出现故障导致调控系统崩溃问题；同时，由于各层智能体具有较强的自治性且分工明确，因而对二次系统的通信带宽等方面的要求降低。

(2) 响应灵活。底部执行层在自治运行的基础上，可响应频繁的分布式发电和负荷投切等方面的波动；同时，协调层可根据系统状态对执行层智能体进行适当调整，使得系统优化运行，可满足微电网在不同时间尺度上的要求。

(3) 可扩展性强。能够实现分布式资源的“即插即用”，在分布式电源、储能系统和负荷随时接入和退出运行的情况下保证微电网的正常运行，且控制方法可以应用于不同规模和组成的微电网系统。

(4) 成本较低。无需集中处理大规模数据并进行复杂计算，避免了复杂通信网络的建设，能够显著降低二次系统的成本，提高经济性。

(5) 信息隐私性好。智能体间只需交互少量的外特性信息，而无需所有监控资源的内部模型参数与运行数据，可满足不同利益主体参与系统运行的需求。

多代理系统支持分布式应用，与分布式电源有着形式上的相似性。基于动态多智能体的智能分层调控框架设计原则，建立分布式电源分层控制框架，在空间尺度上采用优化调度层、二次控制层、一次控制层 3 级联动分层控制策略，根据分布式资源特性设计每个层级的相关功能模块，如图 5-5 所示。自上而下将多级目标曲线层层下发，自下而上将多级调度容量层层上传，以实现全网多级能源协调优化控制，解决分布式电源出力不稳定导致的系统运行控制困难。

基于动态多智能体技术的智能分层调控设计原则，构建包含初级控制层、次级控制层、优化决策层的分布式能源系统分层调控架构。

5.1.2 基于主从博弈的区域能源互联网分布式能量管理框架

1) 基于博弈的区域能源网系统能量管理模型

区域能源网中包含多个能源组织，其优化调度方案的制定较单个能源组织更加复杂，

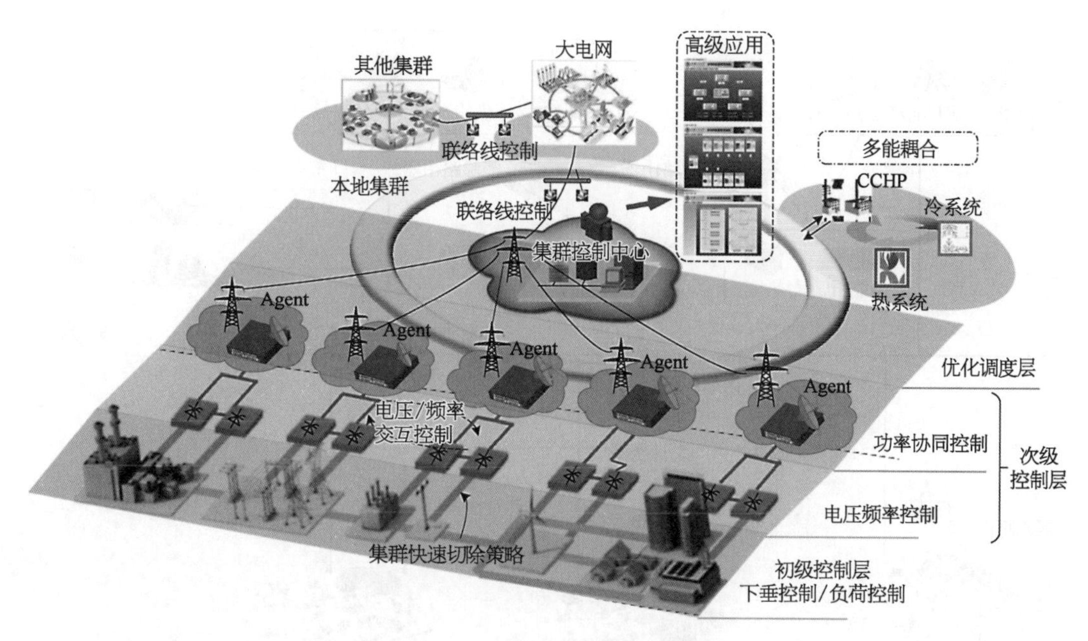

图 5-5　基于 MAS 的分层控制结构

需要考虑和协调的因素更多。同时，由于各个能源组织其拥有者、调度目标和任务需求有所不同，以及追求自身利益最大化的特性，使得难以设计出一个满足各方利益的集中式优化调度方案。为此，提出一种含主从博弈的区域能源网分布式能量管理模型。能源组织内不同的能源细胞之间协调，最大化其供能收益；区域能源网内的各能源组织之间协调，使能源组织的运行成本最小。将这一分布式能量管理模型融入模型预测控制架构中，以有效应对可再生能源输出间歇性、波动性和负载需求不确定性带来的不利影响。

构建区域能源网的博弈决策模型。在区域能源网能量管理系统中包含多个决策主体，这些决策主体的地位不尽相同，其中部分策略需要提前给出以作为其余决策问题的已知条件的这类博弈问题称为主从博弈。区域能源网博弈决策模型包括 3 个子决策，即用户侧内部博弈模型、电/气/热供能侧内部博弈模型及电/气/热供能侧与用户侧的博弈模型。由于供能企业如大型发电厂、天然气站及燃煤电厂的博弈优化研究已较为丰富，故暂时不考虑电/气/热站内部的博弈问题，而是考虑电/气/热站等供能企业和储能系统间的联合运行问题。下面对用户侧内部博弈模型及电/气/热供能侧与用户侧的博弈模型分别进行描述：

(1) 用户侧内部博弈模型。

参与者：如图 5-6 所示，参与者主要由用户侧的 N 个能源组织构成。

策略：各能源组织在各个时段 t 购买的能量或销售的能量。购/卖能量的行为及其功率受各能源组织内所有可控能源细胞的影响。

收益：能源组织 i 在第 k 次系统博弈迭代的 t 时段收益可以用其运行成本 $C_i^k(t)$ 表示。成本越小，可以理解为收益越大。

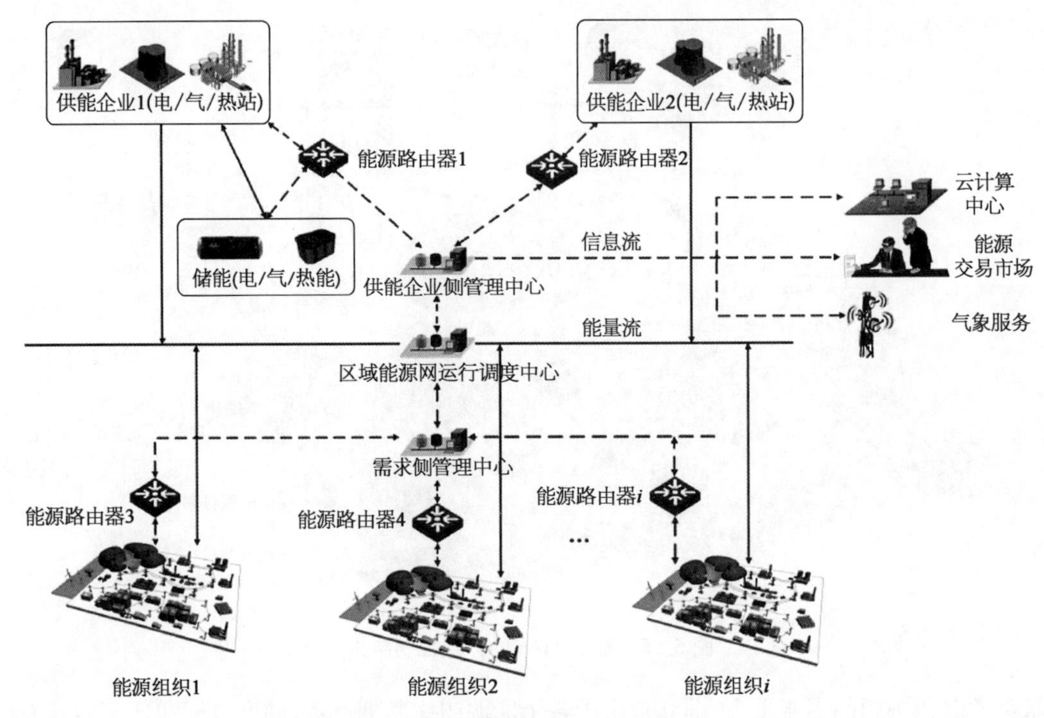

图 5-6　区域能源网主从博弈框架

(2) 电/气/热供能侧与用户侧的博弈模型。

参与者：如图 5-6 所示，参与者主要有两个，即：电/气/热供能侧的能量管理中心及需求侧能量管理中心。

策略：电/气/热供能侧的能量管理中心策略为电/气/热站的供能量，包含电/气/热站发出的功率、储能系统运行功率(包含充能功率与放电功率)两部分。需求侧管理中心的策略为总的购能量，即各个能源组织的购/卖能的和。根据系统供需平衡要求，任何时刻电、气、热站的供能量都应等于需求侧总的购能量。

收益：电/气/热供能站在第 k 次系统博弈迭代的 t 时段的收益可表示为其供能净利润 $C_u^k(t)$；与用户侧内部博弈模型同理，需求侧在第 k 次系统博弈迭代的 t 时段的收益可表示为总的运行成本 $\sum_{i=1}^{N} C_i^k(t)$。

需要说明的是，第 k 次系统博弈迭代是指第 k 次供能站侧与用户侧的博弈，而系统博弈是建立在用户侧内部博弈完成的情况下的。

(3) 能源组织的能量管理模型。

由于能源互联网系统能量管理博弈模型中无论是在用户侧内部博弈模型还是电/气/热站供能侧与用户侧博弈模型都涉及能源组织的能量管理模型，因此有必要先建立各能源组织的能量管理模型。为了使所建立的能源组织能量管理模型更具普适性，选择对一典型的能源组织 i 进行能量管理建模。此能源组织中包含各种不同种类的能源细胞如负载、储能设备及可再生能源发电设备，并且同一时刻的能源局域网购能价格、售能价格有所差异。

（4）负荷细胞模型。

能源组织中的细胞负载主要包括4类：关键负载、功率可调负载、运行时间可调负载和运行时间与功率皆可调负载。

（5）能源组织与外部电/气/热网功率交互模型。

开放的能源市场中，为了激励需求侧用户更高效地实现本地能源的本地利用，对用户在同一时刻的购能与售能价格采取差异化。而能源组织用户间的购能、售能价格会与系统价格保持一致。因此，为了充分描述差异化能量价格模式下能源组织 i 在第 k 次系统博弈迭代的 t 时段购买能量、销售能量的变化，有必要建立单独的能源组织与外部电/气/热网的功率交互模型。

（6）储能细胞系统模型。

储能模型需要既适合于能源组织 i 内的储能系统，也适合于电/气/热站供能企业的储能系统。

（7）可再生能源细胞输出约束模型。

在优化调度模型中要求能源组织 i 在 t 时段的光伏输出、风机输出都应在其额定运行范围之内。

（8）能源组织供需平衡约束模型。

能源组织 i 优化运行的前提是其内部的供需平衡时刻得到满足。

（9）电/气/热站供能企业能量管理模型。

作为能源组织的主电源，发电机组、天然气站、热电厂在 t 时段的出力能力需要满足供能侧用户的用能需求。

（10）系统供需平衡约束。

在区域能源网优化调度模型中，在任意时段 t 都需要满足需求侧与电/气/热供能侧的供需平衡。

（11）系统博弈收益及均衡。

设计博弈模型时最关注的就是各决策者的收益以及博弈模型是否能够达到均衡，此处包括两方面：第 k 次系统博弈迭代时需求侧能源组织用户 i 在 t 时段的收益和电/气/热站供能企业的收益。根据博弈均衡的定义，当各参与者都无法单独改变自身策略以获取更高收益时，博弈模型达到均衡。

2）基于模型预测控制的区域能源网分布式优化调度模型

根据上节建立的基于博弈的区域能源网系统能量管理模型并确定了此博弈模型存在博弈均衡。本节提出并行分布式计算方法求解上节所建立的博弈优化模型，并构建基于模型预测控制的分布式优化调度模型，使所有的能源组织并列运行求解，并且是分布式的运行方式。

由于区域能源网能量管理模型中,各参与者都想追求自身收益的最大化,因此很难采用集中式的优化求解方法计算出博弈模型的均衡点,故本书提出基于并行分布式的博弈模型求解方法,该方法能够最大化地降低求解模型对通信带宽、数据传输量的要求,并且能够较快地达到博弈均衡点。具体求解流程如图 5-7 所示。

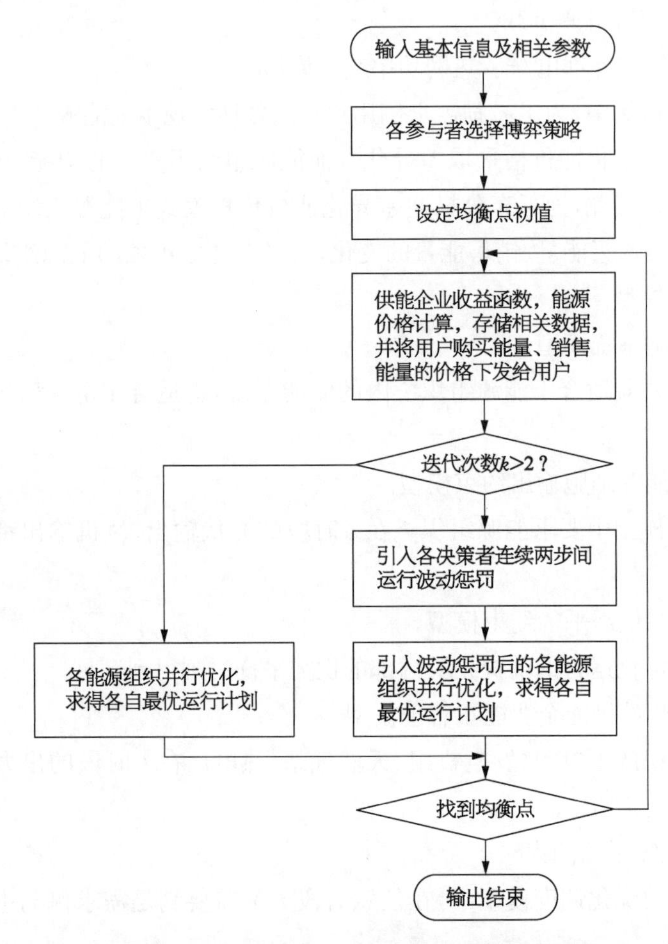

图 5-7 基于并行分布式的区域能源网博弈模型求解流程

其具体求解过程如下：

(1) 输入区域能源网博弈决策模型所需要的原始数据与参数。包括各能源组织内可再生能源、储能、负载等能源细胞的类型、数量等各参数,以及电/气/热站侧机组运行参数、电价、气价及供热价格调节因子等。

(2) 根据各参与者的系统配置以及运行目标,构建各参与者的博弈策略集、决策优化函数等。

(3) 给定需求侧各能源组织用户开始博弈时的初始状态值,并上传给区域能源网运行调度中心。

(4) 大型发电厂、天然气站、热电厂等供能企业侧管理中心根据区域能源网运行调度中心下发的需求值,求解各自的收益目标函数,以确定机组出力计划、储能充放计划以及基础供能价格,存储相关数据并上传销售能量价格情况。

(5) 判定系统博弈迭代次数是否大于等于3次,若大于3次则执行步骤(6),否则执行步骤(8)。

(6) 计算各用户在连续两步间的运行波动惩罚函数。

(7) 各需求侧能源组织用户根据区域能源网运行调度中心下发的能量价格信息,各自独立并行地确定其购/卖能量计划、负载运行计划、储能充放电计划等,并存储相关数据,同时,需求侧管理中心上传需求侧总的购买能量计划。

(8) 判断系统博弈是否实现了博弈均衡。若已实现均衡则停止迭代求解并输出结果,否则返回步骤(4)。

基于主从博弈的区域能源网分布式能量管理模型的性能与可再生能源输出和负载需求预测的精度直接相关,但在实际运行过程中很难做到高精度的可再生能源输出功率的预测,有必要设计一种能够有效降低预测不确定影响的优化调度方法。

由于模型预测控制易于建模、鲁棒性好,在处理预测值不确定、约束条件多样性等问题方面具有较为突出的优势,故提出基于模型预测控制的区域能源分布式优化调度方案,如图5-8所示。

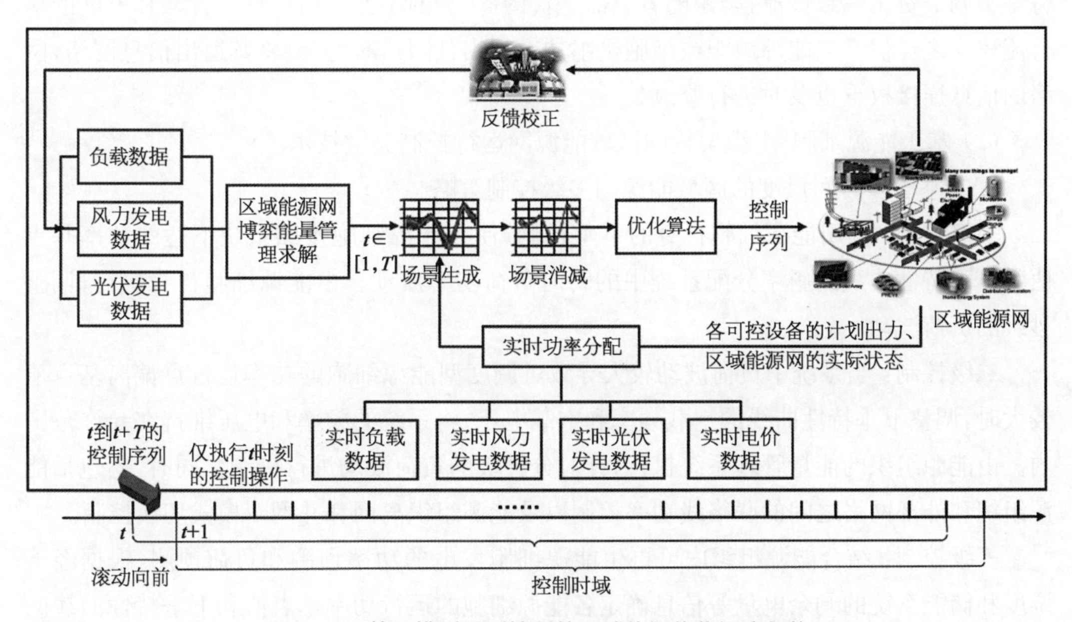

图5-8　基于模型预测控制的区域能源优化调度架构

其具体流程如下:

(1) 在t时段运行即将结束时,运行预测模型,获得$[t+1, \cdots, t+T]$时段可再生能源输出和负载需求数据。

(2) 依据该区域能源网博弈能量管理模型求解方法,确定$[t+1, \cdots, t+T]$内各能源组织用户、供能企业的运行控制序列$[u^*(t+1 \mid t+1), u^*(t+2 \mid t+1), \cdots, u^*(t+T \mid t+1)]$。

(3) 供能企业侧与需求侧的所有决策参与者仅执行$u*(t+1 \mid t+1)$，并且由于预测误差的影响，需要区域能源网运行调度中心参与实时优化分配与功率补偿的协调。

(4) 将系统实际运行参数、状态参数、预测数据与实际数据的差值通过反馈校正模块，对区域能源网运行调度的各个模块进行参数调整。

(5) 继续执行步骤(1)到(4)，直到结束。

3) 基于多智能体一致性协同理论的区域能源网功率分配研究

(1) 基于多智能体一致性协同理论的功率分配模型。

在所提出的基于能源细胞-组织架构的区域能源网框架基础上，本节在功率动态分配的过程中考虑了调节成本和爬升时间两个目标。当区域能源网负荷发生扰动时，为使得平均调节费用较低的能源组织承担更多的功率扰动，选取调节费用作为能源组织之间的一致性状态变量，并采用“领导者-跟随者”模式的功率分配算法；为使得调节速率较快的机组承担更多的功率，选取功率爬升时间作为能源细胞之间的一致性状态变量，并采用“首领-家庭”模式的功率分配算法。功率分配的算法流程如图 5-9 所示，在每个能源组织分配得到相应的发电功率指令时，才对每个能源细胞进行功率分配。其中，领导者要执行整个调节费用一致性流程，跟随者只需迭代图 5-9 的小方框内流程。首领和家庭的执行流程与之类似。当能源组织或细胞机组功率超出其限值时，立刻将其退出信息网络，网络的信息连接权重也及时进行修改。

(2) 基于能源细胞-组织架构的区域能源网运行控制关键技术。

(A) 基于多时间尺度的区域能源网多级控制策略。

一级控制：利用能源细胞自身的下垂控制，使各能源细胞按照系统下达的功率基点值和下垂特性曲线的斜率分配系统中的瞬时负荷功率波动。由能源细胞自身执行，调整秒级的负荷波动。

二级控制：当系统中负荷波动较大导致可调度型能源细胞的功率运行点偏离基点值较大时，调整下垂特性曲线的空载频率和空载电压，将系统的频率和电压维持在允许范围内。由能源组织的能量管理系统执行，针对分钟级的负荷波动进行控制。同时，还包括能源组织和外部网络之间的联络线功率控制以及能源组织离网和并网双模式切换控制。

三级控制：结合能源组织内可再生能源细胞发电的功率预测和负荷预测，根据经济调度和储能系统的剩余电量等信息确定各能源细胞的运行功率基点值和下垂特性曲线的斜率，确定各能源细胞在能源组织的一、二级控制过程中承担的功率波动比例。由能源组织执行，针对小时级的负荷波动进行控制。

(B) 基于稀疏通信网络的能源细胞功率优化控制器设计。

当能源组织和外部网络断开连接时，能源细胞之间的通信是基于多智能体系统稀疏通信网络来完成的，它们的电压、频率等状态信息在智能体中进行信号采样时都是离散

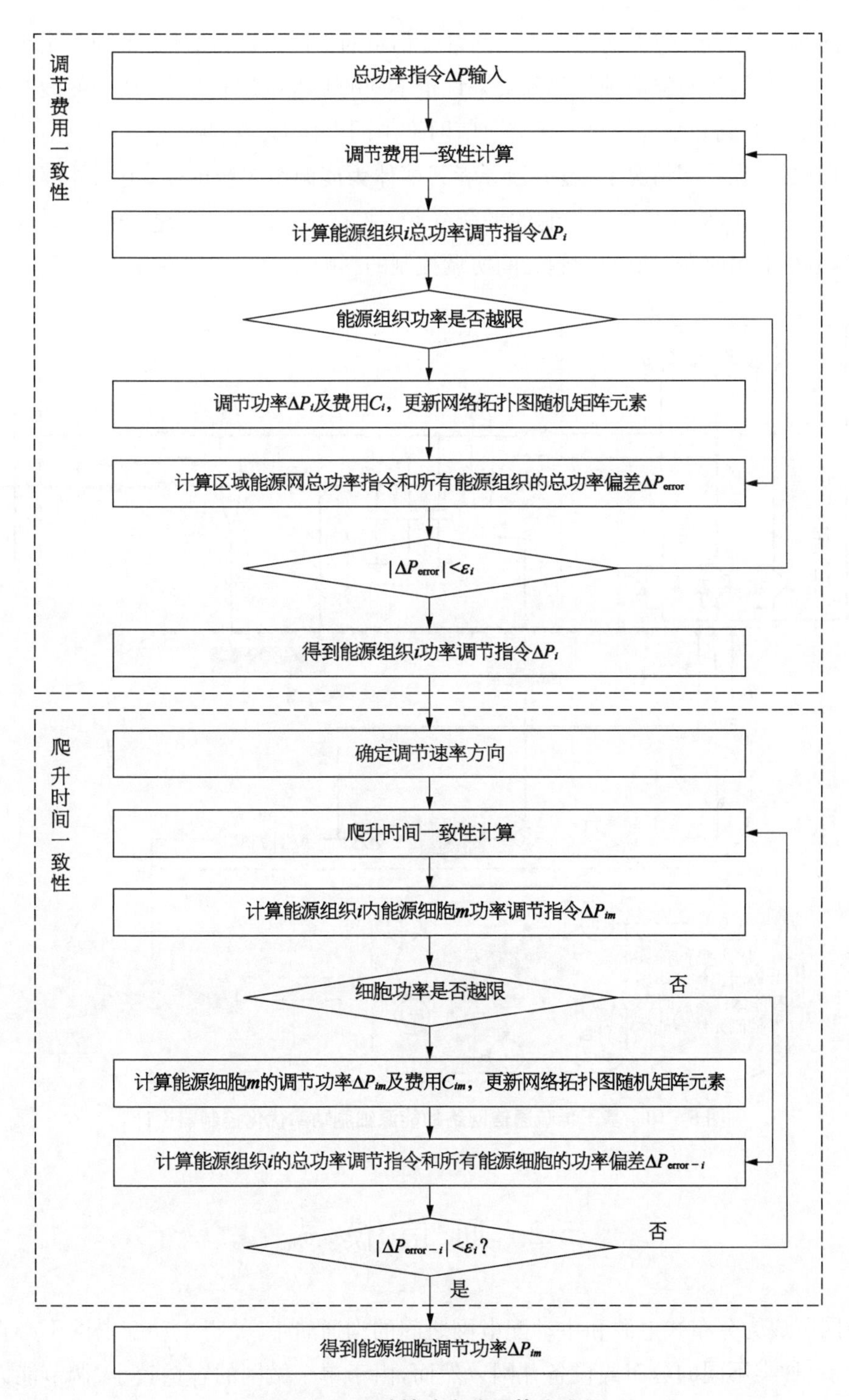

图 5-9　一致性功率分配算法流程

的，因此，提出一种基于离散时间信号采样的改进功率优化控制器，修正电压和频率的误差，实现能源细胞的联络线功率精确控制。

如图5-10所示，邻近的智能体之间基于稀疏通信网络进行通信，得到整个系统的电压及频率信息后，针对能源细胞的种类来设定不同的基准电压和频率，从而使线路末端的电压和频率恢复到和系统一致。稀疏通信网络中的电压 U_{sys} 和频率 f_{sys} 是由虚拟领导者智能体提供的，在并网情况下，虚拟领导者智能体为能源组织智能体；当和外部网络断开后，通常是作电压/频率(U/f)控制的平衡节点。根据图论的基本思想来优化设计稀疏通信网络，减少通信时滞对能源细胞之间协调控制的影响。

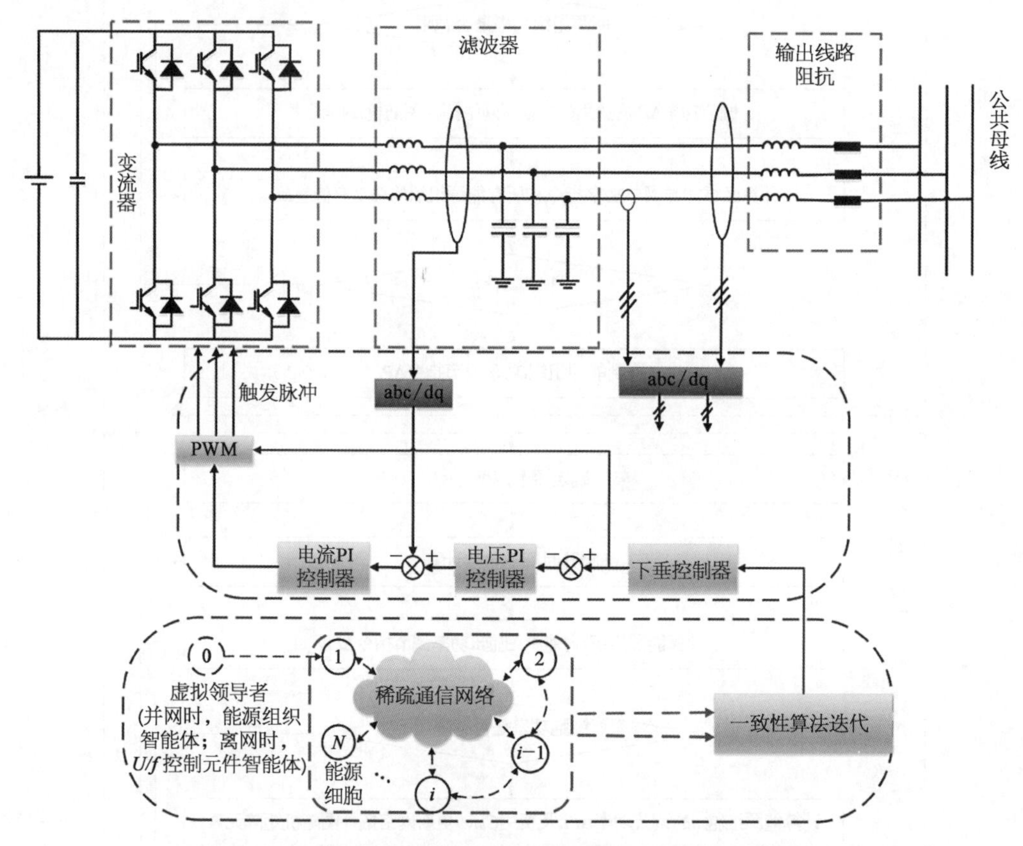

图5-10　基于稀疏通信网络的能源细胞功率优化控制器设计

5.2　通信模式

微网可成为分布式电源和主动配电网之间的沟通纽带，使得主动配电网不必直接面对大规模、种类不同的分布式设备并网。然而，由于单个微网的容量较小、调节能力受到限制，当高渗透率的分布式设备分散接入配电网时，一旦发生大规模负荷突变或线路故障等情形，会大大降低微网的可靠性。为了实现分布式设备友好可靠接入，同一区域的主动配电网可包括多个微网，形成含多微网的智能配电网。

5.2.1　基于多代理系统的分层通信架构

每个代理应分为两层控制结构，如图 5－11 所示。在上层控制中，智能体通过感知器接收运行环境信息，通过事件处理分发器及时处理感知到的原始数据并映射到一个场景。在该场景下，智能体通过通信系统与其他智能体进行协商与合作以实现最优目标，并在决策器中选择最优目标时的决策，相应的，在功能模块已有知识或规则支持下制定适合的行动反应。最后通过效应器作用于环境。下层控制包含电压控制、频率控制等功能，以保证供需平衡和安全稳定运行，实现代理的就地控制。

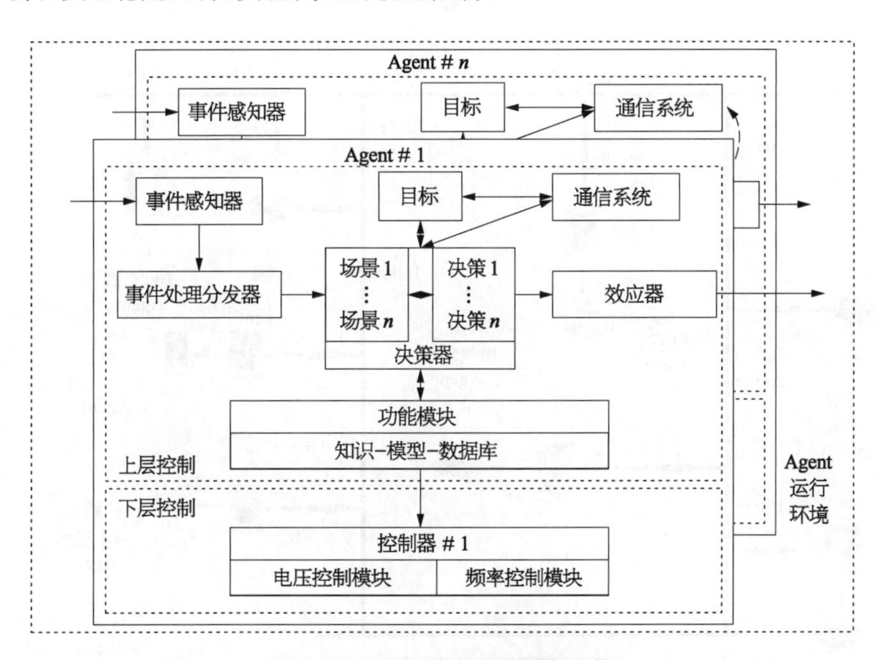

图 5－11　两层代理通信控制结构

利用合作博弈的方法可以实现微电网内部和多个微电网之间的协调优化，通过一致性控制方法可以实现园区内机组和园区间联络线功率的精确控制，均有利于微电网以及扩展之后的区域能源互联网优化调度策略的落地实现。这些将在后面的章节重点讲述，下面着重介绍它们之间的通信模式。

区域能源网是一种融合先进信息通信系统、能源转换系统和自动控制系统的区域性能源接入模式，在每个采用下垂控制的分布式设备、储能系统、负荷、能源路由器及主网侧都安装上智能体，用于区域能源网的分层智能调控，如图 5－12 所示。

根据系统内各设备的功能特性，将各智能体分类如下：

(1) 发电单元智能体稳定运行时，控制发电单元按照上层优化调度指令，进行功率合理分配；故障发生时，收集各发电单元的电压、频率等状态信息，进行自主决策，也可与其他邻接智能体间进行通信，控制各发电单元协调合作，消除故障或平抑负荷波动。

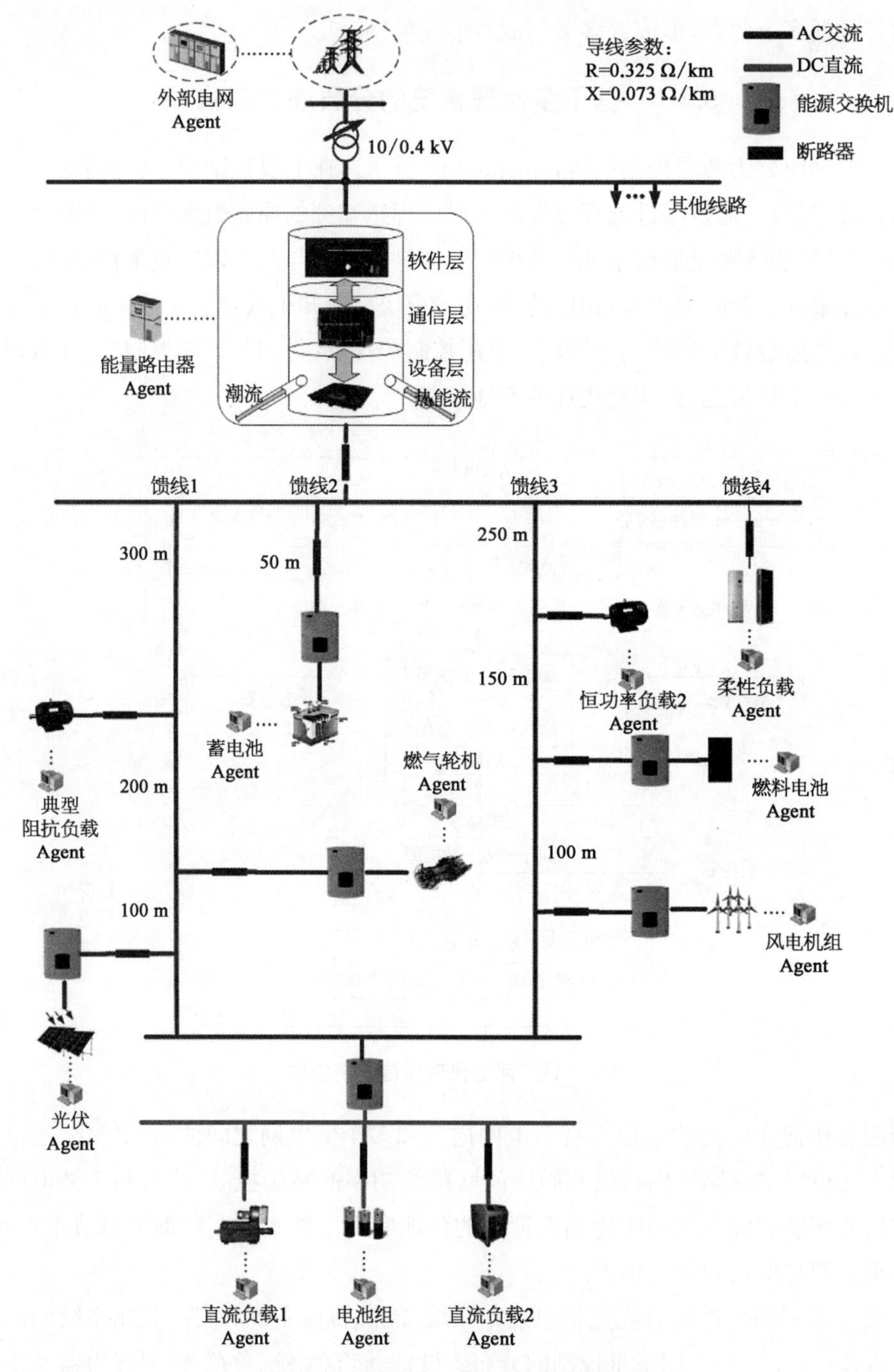

图 5-12　基于多代理系统的通信架构

(2) 负荷智能体。实时监测负荷的运行状态,并将电能需求信息反馈给上级智能体,在发生故障时,可控制切除负荷。

(3) 储能单元智能体。实时监测储能单元的荷电状态,在区域能源网内部发生负荷波动时,可以快速调节储能装置进行充放电,满足能量需求,平抑联络线功率波动。

(4) 能源路由器智能体。设置在主网和区域能源网之间的公共连接点处，具有电压频率控制、区域协同控制及实时通信等功能模块。在稳定运行时，可以接收主网侧的调度管理目标，按照区域能源网内负荷及各分布式设备的优先级，对区域内各就地感知层智能体发送控制指令，进行“集中管理，分布控制”；在发生故障或负荷波动时，收集区域能源网内各分布式智能体的状态信息，控制储能、变换器等相关设备实现分布式的网络化协同控制，平抑联络线上的功率波动。

(5) 主网侧智能体。设置在主电网侧上，具有调度决策功能模块，协调不同控制响应速率的可调控资源，与能源路由器智能体进行信息交互。

5.2.2　基于能源细胞-组织架构的区域能源网通信模式

分层调控中的能源组织相关概念定义如下：

(1) 能源组织。类似于粒子群算法中的定义，将整个粒子群分成若干个子群，即“组织”，其中每个“组织”由若干个细胞组成。与之对应，整个区域能源网可划分成若干个能源组织，是一种分散自治的形态，组织内包括大型发电厂、主动配电网、微电网及负荷调控系统构成的发电机组群。其中，能源组织主要是以区域能源网内高压联络线进行边界划分；能源组织之间采用领导者-跟随者模式进行通信协作，领导者负责功率扰动平衡；领导者即区域能源网的调度中心，主要负责各个能源组织之间的协同运行；跟随者即普通能源组织的调度端，主要负责与领导者进行交互协同。

(2) 首领。与“部落”中的告密者类似，负责每个能源组织内部和外部的信息交流。定义每个能源组织内有且只有一个首领，首领是能源组织中各类发电机组群的调度中心，负责与能源组织内各个家庭的家长进行通信协作。

(3) 家庭。在能源组织中的一个具有相似发电调节特性的发电机组群，如火电机组群、燃气机组群等。其中，家庭中具有一定调度领导能力的模范发电控制单元选为家长。

(4) 家庭成员。与粒子群算法中的普通粒子相对应，每个家庭成员都是一个独立的发电控制单元，主要与家长进行通信协作。一般来说，电厂中的一个机组就是一个家庭成员。

如图 5-13 所示，是基于能源细胞-组织架构的区域能源网功率分散框架模型。区域能源网调度中心下达统一的功率调度指令，能源组织领导者负责进行功率分配，采用传统 PI 控制。其中，功率分配主要分为两个过程：① 在各个能源组织执行通信协议后，采用“领导者-跟随者”模式把总指令分配到各个能源组织；② 在各个能源细胞路由器执行通信协议后，采用“领导者-跟随者”模式把能源组织的功率指令分配到各个能源细胞。

根据地理位置，将区域能源网划分成若干个能源组织，各个邻近的能源组织间及各个能源细胞机组间增加通信网络。在一个功率分配周期内，每个能源细胞只跟相邻的能源细胞进行通信交流，并获知所在层级调度中心(能源组织领导者或首领)计算得到的总功率指令，通过执行一定的协议后，每个细胞机组即可得到自己的发电功率指令。能源组织间的通信拓扑示意图，如图 5-14 所示。

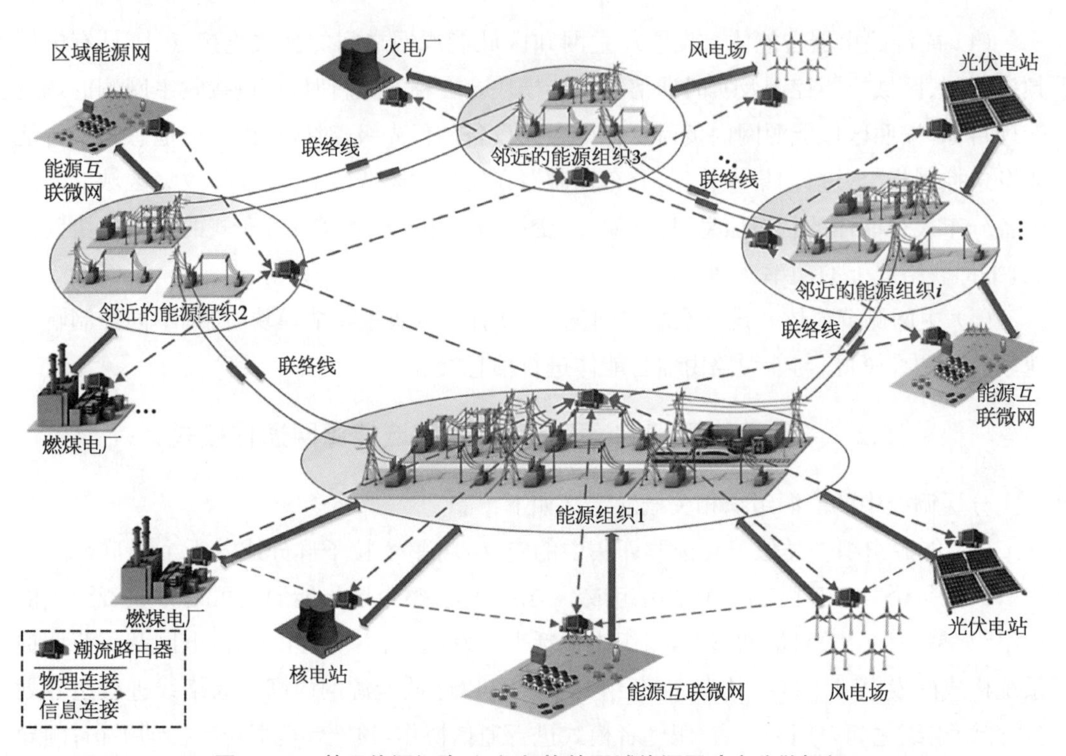

图 5-13　基于能源细胞-组织架构的区域能源网功率分散框架

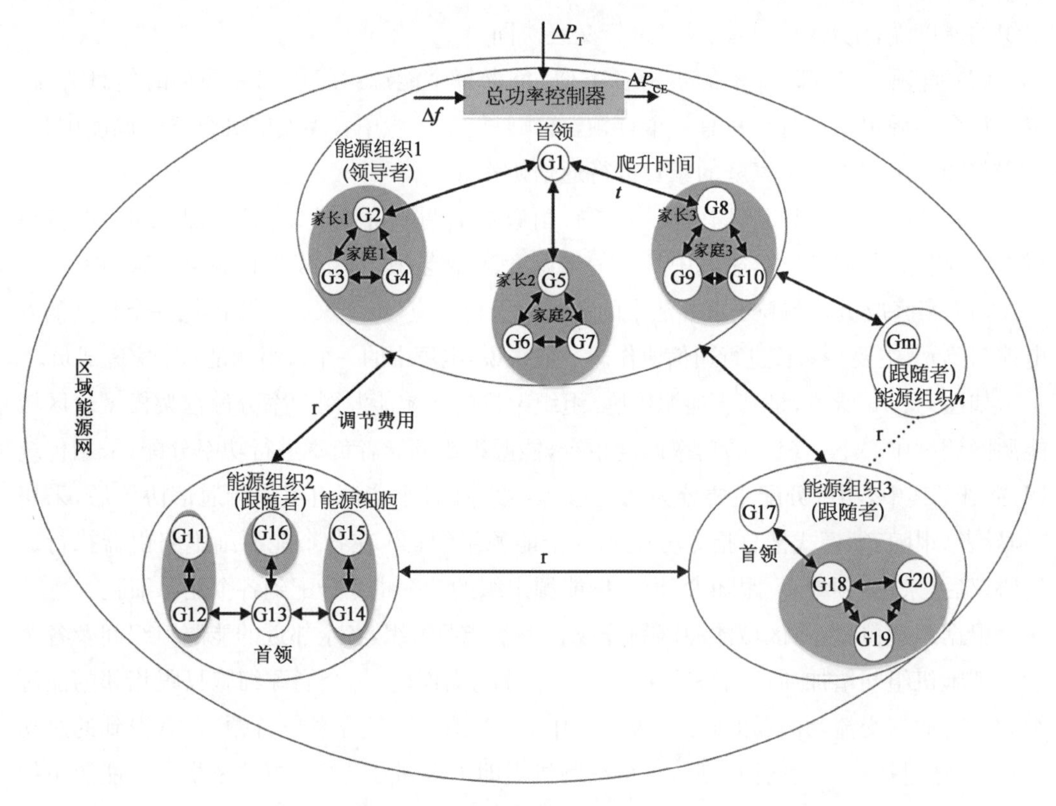

图 5-14　能源组织间通信拓扑示意

5.2.3　基于一致性协同的通信模式

多智能体系统由一组物理和信息层面紧密联系的代理构成，每个智能体都具有主动性和自适应性，均可采集自身的环境信息进行自治，解决自治域内由内部和外部引起的各种问题。通过多个智能体所组成的多智能体系统来完成超出单个智能体能力范围的复杂任务，研究的核心思想是通过个体之间的相互作用来产生大规模的群体运动。多智能体系统，是分布式控制实现的基础，在分布式控制方法中普遍得到应用。

传统集中式优化控制方法在通信响应时间和计算能力上都面临着前所未有的压力和挑战，而单纯的分布式求解又存在执行效率低、仅能得到局部最优解的问题，分布式协同控制可较好地解决这一问题。区别于传统的分层控制，多智能体系统的主要特点在于利用多智能体系统之间的协作来完成单个智能体能力范围外的复杂任务。在多智能体系统的分布式协同控制中，由于智能体间的信息交互在局部进行，因而对控制系统通信的要求不高，通信线路持续工作的可靠性要求降低；事实上，只要保证系统的通信拓扑是连通的，调控效果就可以得到保证，因此某两点之间通信的暂时中断一般不会影响系统的稳定，系统可靠性较高。由于分布式协同控制不需要复杂的模型维护和集中通信，因此能够满足数量庞大的分布式资源的优化计算，并充分考虑通信时延等工程中的实际问题。

在多智能体系统中，分布式一致性协同控制是多智能体系统的根本问题，是分布式计算理论的基础。一致性协同控制指多智能体系统中各智能体通过局部通信相互传递信息，按照某种控制规则相互影响，随着时间的演化使所有智能体的某些关键状态趋于一致。一致性控制的研究起源于管理科学及统计学的研究。Bendediktsson 等将统计学中的一致性思想运用到传感器网络的信息融合上，揭开了系统与控制理论中的一致性研究的序幕。

在 Vicsek 模型中，粒子以数值相同但方向不同的速度在同一个平面上运动，通过设置每个粒子根据临近粒子的速度平均值更新自身的运动方向，使得所有粒子保持相同速度运动，即在没有集中控制器的方式下，通过“邻居规则”使所有粒子最终朝同一个方向运动。应用代数图论和矩阵理论等数学工具，文献[12]给出了 Vicsek 简化模型的理论解释。目前，一致性协同的思想及成果已经被广泛应用于复杂网络的同步、传感器网络的信息估计与融合、资源的分配调度与负载均衡、多个体的聚集、移动小车、无人航行器的编队和网络时钟的同步等问题中。

从统计力学的角度出发，文献[13]分析了由多个自治智能体组成的离散时间系统的动力学行为，结果表明，当智能体的密度较大且系统的噪声较小时，所有个体的运行方向相同；在此基础上，文献[14]运用代数图论知识证明了上述结果，即当所有智能体按照某种方式连通时，智能体的运动可趋于一致。文献[15]研究了在动态变化网络的多智能体系统的一致性问题，并指出如果有向网络拓扑包含有生成树，则该系统可以取得一致性。针对智能体间的分布式通信问题，文献[16]用图论和系统理论工具以及凸理论进行稳定性分析，结果表明智能体间更多的通信不一定取得更快的收敛速度，相反还可能导致不收敛。文献[17]和[18]研究了基于总体最小二乘法的具体无线传感器网络的一致性问题;文献[19]研究了含有异构的子系统的复杂多智能体系统的一致性问题,并给出了能描述同构和异构多智能体系统的模型,并提出了能够收敛到一致的一致性协议充分必要条件。文献[20]研究了带有虚拟领导者的二阶多智能体系统一致性,结果表明在初始网络连通的条件下,通过引入度和流速耦合两个权重策略,即使在智能体初始状态未知的情况下,仍能使得所有智能体状态能与虚拟领导者保持一致。

目前,一致性协同控制在电力系统中的研究通常是假设多智能体系统有固定的通信网络,即任一智能体都能获得周围所有智能体的精确信息。然而,在实际运行中,通信信息在发送、传输和接受等过程中不可避免地会受到各种随机噪声的影响,因此需要研究有噪声的多智能体系统一致性控制问题。文献[15]应用图论方法分析了是否存在通信时延等情况下多智能体系统的一致性控制,并给出了有向网络和任意切换网络环境下一致性收敛的最小收敛速率,同时通过矩阵不等式分析,给出了多智能体系统一致性的充分条件。

5.3 日前分层调控策略

5.3.1 微网层与配网层的多目标控制策略

5.3.1.1 多微网配电系统双层优化模型

1) 系统结构

图 5-15 为本节研究的多微网配电系统结构。不同区域的微网管理各自的分布式电

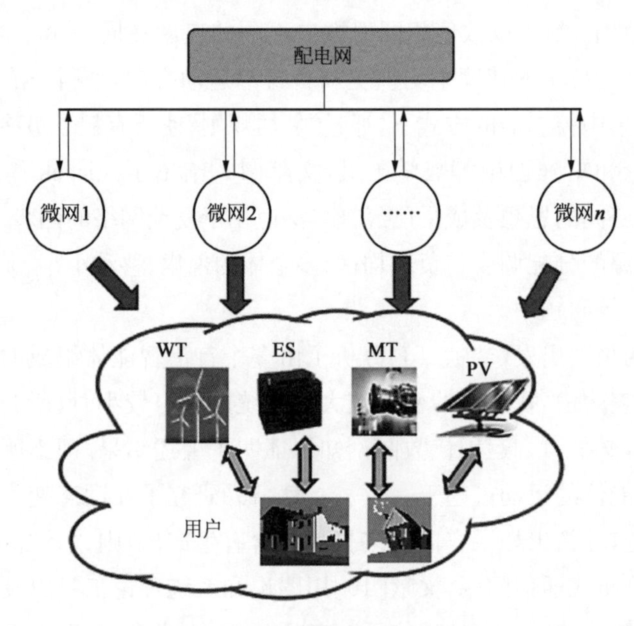

图 5-15 多微网配电系统结构

源(风机、光伏、燃气轮机、燃料电池等)和储能系统,并通过不同公共连接点接入配电网,微网与配网之间的电能交易是双向的。

针对含多个微电网的主动配电系统提出双层决策模型。从微网的角度来说,它的目标是在满足配电网调度需求的基础上最小化自己的各项运行成本。如图 5-16 所示,在双层决策模型的优化框架中,上层的配网运行优化模型通过控制每个微网 PCC 的接入功率来最小化系统的网损以及电压偏差;因为接入配网的各个微电网会影响其可调度容量以及运行策略,所以在进行上层优化之前,需要先通过每个微网的出力预测数据获得所有 PCC 的输入功率限制。下层的多微网运行优化模型通过决策每个微网中的分布式电源以及储能系统出力保证其运行的经济效益。

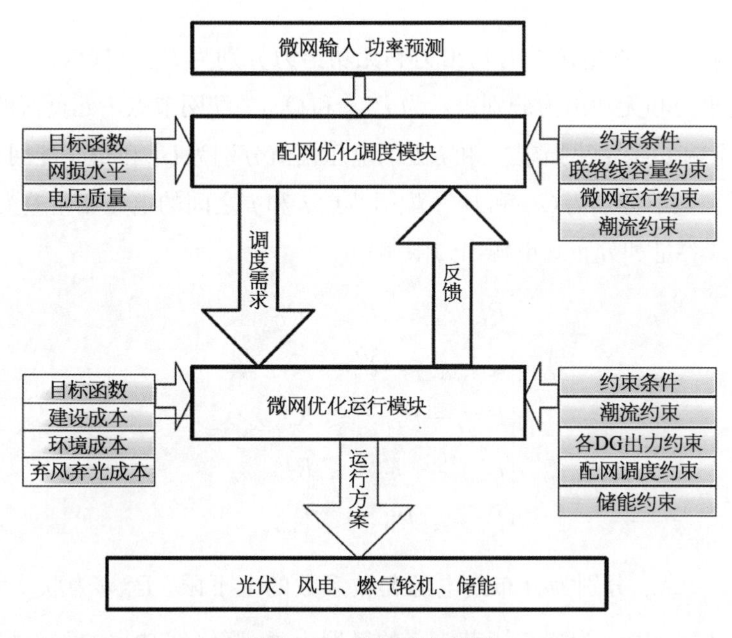

图 5-16　双层优化模型

2) 配网层调度容量优化模型

配网层优化模型目标函数分为两个多目标分量。

(1) 网损最小:

$$\min P_{\text{loss}} = \sum_{t=1}^{24} P_{\text{DLoss}}^{t} \tag{5-1}$$

式中,P_{DLoss}^{t} 为时间 t 的配网网损。

(2) 配电网所有节点电压偏差值:

$$\min V_{\text{offset}} = \sum_{t=1}^{24} \sqrt{\frac{\sum_{i=1}^{n}\left[\left(\left[\frac{|U_i^t - 1|}{0.05}\right] \times 10 + \frac{|U_i^t - 1|}{0.05}\right) \times 0.05\right]^2}{n}} \tag{5-2}$$

式中，U_i^t 为节点 i 的电压，配网节点总数为 n，电压基准值为 1，则 $|U_i^t-1|$ 为该节点电压偏移量。设 $|U_i^t-1|>0.05$，即电压偏移范围为 0.95～1.05 之间，当电压偏移超过 0.05 时，目标函数值会突然增大，增加了非可行解的淘汰率。配网运行优化模型的约束分为以下几个部分。

(1) 潮流约束：

$$\begin{cases} P_{Gi}^t+P_{\mu Gi}^t-P_{Li}^t-U_i^t\sum_{i=1}^{n-1}U_j^t(G_{ij}\cos\theta_{ij}^t+B_{ij}\sin\theta_{ij}^t)=0 \\ Q_{Gi}^t+Q_{\mu Gi}^t-Q_{Li}^t-U_i^t\sum_{i=1}^{n-1}U_j^t(G_{ij}\sin\theta_{ij}^t+B_{ij}\cos\theta_{ij}^t)=0 \end{cases} \tag{5-3}$$

式中，连接配网节点 i 的电源的有功出力和无功出力分别为 P_{Gi}^t 和 Q_{Gi}^t；连接配网节点 i 的微网的有功出力和无功出力分别表示为 $P_{\mu Gi}^t$ 和 $Q_{\mu Gi}^t$；配网节点 i 处负荷的有功和无功功率分别为 P_{Li}^t 和 Q_{Li}^t；配网节点 i 和 j 处的电压幅值分别为 U_i^t 和 U_j^t；配网节点 i 和 j 之间线路的电导和电纳分别为 G_{ij} 和 B_{ij}；配网节点 i 和 j 之间的电压相角差为 θ_{ij}^t。

(2) 联络线容量和分布式电源出力限制：

$$\begin{cases} P_{Gi,\min}\leqslant P_{Gi}^t\leqslant P_{Gi,\max} \\ Q_{Gi,\min}\leqslant Q_{Gi}^t\leqslant Q_{Gi,\max} \\ P_{Gi}^{i,t}-P_{Gi}^{i,t-1}\leqslant R_{\text{up},Gi} \\ P_{Gi}^{i,t-1}-P_{Gi}^{i,t}\leqslant R_{\text{down},Gi} \\ P_{\min}\leqslant P_{\text{PCC}}^t\leqslant P_{\max} \end{cases} \tag{5-4}$$

式中，$R_{\text{up},Gi}$，$R_{\text{down},Gi}$ 分别为分布式电源爬坡系数的上下限；P_{PCC}^t 为联络线功率，并且 $P_{\text{PCC}}^t=\sum_{i=1}^{I}P_{\mu Gi}^t$；$P_{\mu Gi}^t$ 为连接于节点 i 的微网出力；联络线功率的下上限分别表示为 $P_{\min}$ 和 $P_{\max}$。微网的功率输送约束从微网出力的预测数据中获得。

3) 多微网层优化运行模型

各微网中分布式电源和储能系统的输出功率为多微网层优化模型的决策变量，多微网的综合运行成本为下层模型的优化目标，各微网的功率平衡约束、分布式能源出力约束以及配网调度约束构成了下层模型的约束条件。

下层优化模型以日综合运行成本最低为目标函数(1 日＝24 小时时段)：

$$\min C_{\text{cost}}=C_{\text{fuel}}+C_{\text{O\&M}}+C_{\text{DEP}}+C_{\text{ENV}}+C_{\text{PE}}+I_{\text{SE}}+C_{\text{PVWT}} \tag{5-5}$$

该成本函数包括以下 6 个部分。

(1) 燃料成本。

$$C_{\text{fuel}}=\sum_{i=1}^{I}\sum_{t=1}^{24}\sum_{m=1}^{M^i}K_{\text{fuelm}}P_m^{i,t} \tag{5-6}$$

式中，$K_{\mathrm{fuel}m}$ 为分布式电源 m 的单位燃料成本；$P_m^{i,t}$ 为 t 时刻微网 i 中分布式电源 m 的出力；$K_{\mathrm{fuel}m}P_m^{i,t}$ 为分布式电源 m 在时间 t 的燃料成本；$\sum_{m=1}^{M^i}K_{\mathrm{fuel}m}P_m^{i,t}$ 为微网 i 在时间 t 的燃料成本；$\sum_{t=1}^{24}\sum_{m=1}^{M^i}K_{\mathrm{fuel}m}P_m^{i,t}$ 为微网 i 的24小时燃料成本。

(2) 运行维护成本。

$$C_{\mathrm{O\&M}}=\sum_{i=1}^{I}\sum_{t=1}^{24}\sum_{m=1}^{M^i}K_{\mathrm{OM}m}P_m^{i,t} \tag{5-7}$$

式中，$K_{\mathrm{OM}m}$ 为分布式电源 m 的单位运行维护成本。

(3) 投资折旧成本。

$$C_{\mathrm{DEP}}=\sum_{i=1}^{I}\sum_{t=1}^{24}\sum_{m=1}^{M^i}\left(\frac{r_m(1+r_m)^{n_m}}{(1+r_m)^{n_m}-1}\right)\left(\frac{C_{\mathrm{inv}m}}{8\,760l}\right)P_m^{i,t} \tag{5-8}$$

式中，$C_{\mathrm{inv}m}$ 为分布式电源 m 的安装年平均费用；l 为平均容量系数，$l=$ 年发电量/(8 760 * 系统额定功率)；r_m 为分布式电源 m 的折旧率；n_m 为分布式电源 m 的使用寿命。

(4) 环境治理费用。

$$C_{\mathrm{ENV}}=\sum_{i=1}^{I}\sum_{t=1}^{24}\sum_{m=1}^{M^i}\sum_{k=1}^{K^m}R_kK_{\mathrm{ENV}mk}P_m^{i,t} \tag{5-9}$$

式中，M 为污染物的数量；$K_{\mathrm{ENV}mk}$ 为分布式电源 m 单位发电量造成的污染物 k 的排放量；R_k 为污染物 k 的治理费用。

(5) 交互成本。

$$C_{\mathrm{PE}}=\begin{cases}0, & P_{\mathrm{PCC}}^t<0\\ \sum_{t=1}^{24}c_{\mathrm{pe}}^tP_{\mathrm{PCC}}^t, & P_{\mathrm{PCC}}^t\geqslant 0\end{cases}$$
$$I_{\mathrm{SE}}=\begin{cases}\sum_{t=1}^{24}i_{\mathrm{se}}^tP_{\mathrm{PCC}}^t, & P_{\mathrm{PCC}}^t<0\\ 0, & P_{\mathrm{PCC}}^t\geqslant 0\end{cases} \tag{5-10}$$

式中，c_{pe}^t 为微网从配网购电的电价；i_{se}^t 为微网向配网售电的电价；P_{PCC}^t 为微网层与配网层之间的交互功率；C_{PE} 为微网从配网购电的费用；I_{SE} 为微网向配网售电的收益。

(6) 弃风弃光成本。

因为微电网并入了高渗透率分布式电源，且配网层调度限制了各微网的输出功率，因此为满足PCC接入功率约束，在风光出力增大并且负荷需求减小的情况下，各微网应通过弃风弃光措施保证功率平衡。弃风弃光成本主要来源于排放权交易，可表示为

$$C_{\mathrm{PVWT}}=\sum_{t=1}^{24}\sum_{i=1}^{I}(c_{\mathrm{wc}}p_{\mathrm{wc}}^{i,t}+c_{\mathrm{pvc}}p_{\mathrm{pvc}}^{i,t}) \tag{5-11}$$

式中，c_{wc}，c_{pvc} 分别为风机(WT)单位弃风成本和光伏(PV)单位弃光成本；$p_{\mathrm{wc}}^{t,w}$，$p_{\mathrm{pvc}}^{t,q}$ 分

别为 t 时段第 w 台风机的弃风功率和第 q 个光伏的弃光功率。

下层优化模型约束条件主要包括以下 4 个部分。

(1) 功率平衡约束。

$$\sum_{i=1}^{I}\left(\sum_{m=1}^{M^i} P_m^{i,t} - P_{\text{Load}}^{i,t}\right) = P_{\text{PCC}}^t \tag{5-12}$$

式中，$P_{\text{Load}}^{i,t}$ 为微网 i 的负荷。因微网结构往往比较简单，本节刻意忽略了微网的网损。

(2) 分布式能源出力约束。

$$P_{m,\min} \leqslant P_m^{i,t} \leqslant P_{m,\max} \tag{5-13}$$

式中，$P_{m,\max}$ 和 $P_{m,\min}$ 为分布式电源 m 的出力限制。

(3) 微型燃气轮机(MT)爬坡约束。

$$P_{\text{MT}}^{i,t} - P_{\text{MT}}^{i,t-1} \leqslant R_{\text{up,MT}} \tag{5-14}$$

$$P_{\text{MT}}^{i,t-1} - P_{\text{MT}}^{i,t} \leqslant R_{\text{down,MT}} \tag{5-15}$$

式中，$R_{\text{up,MT}}$ 和 $R_{\text{down,MT}}$ 为燃气轮机的爬坡系数；$P_{\text{MT}}^{i,t}$ 为时间 t 燃气轮机的出力。

(4) 储能性能约束。

本节的储能系统设备为蓄电池，运行约束包括以下几个方面。

(1) 相邻时刻储能状态约束。

$$E_{\text{bat}}^{i,t} = E_{\text{bat}}^{i,t-1}(1-\eta_{\text{bat},l}) + (P_{\text{batc}}^{i,t} - P_{\text{batd}}^{i,t})\Delta t \quad (1 \leqslant t \leqslant 24) \tag{5-16}$$

式中，$E_{\text{bat}}^{i,t}$，$E_{\text{bat}}^{i,t-1}$ 分别为 t 和 $t-1$ 时段微网 i 蓄电池储能状态；$\eta_{\text{bat},l}$ 为蓄电池自身损耗率；$P_{\text{batc}}^{i,t}$ 和 $P_{\text{batd}}^{i,t}$ 分别为 t 时段微网 i 蓄电池充、放电功率；Δt 为每时段时间间隔。

(2) 运行周期始末状态电池能量约束。

由于优化运行是针对一个周期的(本节为 1 天)，运行周期始末储能的能量状态应相等，即

$$E_{\text{bat}}^{i,0} = E_{\text{bat}}^{i,24} \tag{5-17}$$

(3) 充放电功率约束。

时间 t 蓄电池充电和放电约束为

$$0 \leqslant P_{\text{batc}}^{i,t} \leqslant X_{\text{bat}}^{i,t}\gamma_{\text{batc.max}}C_{\text{bat}} X_{\text{bat}}^{i,t} = \{0,1\} \tag{5-18}$$

$$0 \leqslant P_{\text{batd}}^{i,t} \leqslant Y_{\text{bat}}^{i,t}\gamma_{\text{batd.max}}C_{\text{bat}} Y_{\text{bat}}^{i,t} = \{0,1\} \tag{5-19}$$

式中，C_{bat} 为储能容量。

因为充放电行为不会同时发生，所以充放电状态约束为

$$X_{\text{bat}}^{i,t} + Y_{\text{bat}}^{i,t} \leqslant 1 \tag{5-20}$$

式中，最大充放电倍率为 $\gamma_{batc, max}$ 和 $\gamma_{batd, max}$；充放电标志状态为 $X_{bat}^{i, t}$ 和 $Y_{bat}^{i, t}$。

(4) 电池能量状态约束。

$$SOC_{min} \leqslant E_{bat}^{i, t} \leqslant SOC_{max} \tag{5-21}$$

式中，蓄电池荷电状态限制为 SOC_{min} 和 SOC_{max}。

5.3.1.2　综合求解算法

1) 基于自适应 NSGA-Ⅱ(第二代非支配排序遗传算法)的配网层调度容量优化

上层模型通过获得多目标优化的 Pareto 解来避免目标函数的转化问题，求解器可以根据不同目标的权重通过模糊决策等选择手段得到 Pareto 最优解，以下是针对上层优化的自适应 NSGA-Ⅱ算法步骤。

(1) 初始化模型参数。首先载入优化模型参数、配网信息、多微网出力预测数据等，然后对算法的种群进行初始化；在染色体中以实数对各 PCC 接入功率进行编码，并根据实数 Pareto 最优解的无限性应用自适应的种群数量控制方法：设初始种群数量为 N_0，则下一代种群数量为 sN_0，当种群代数增加时，自适应算子 s 减小。

(2) 计算基于下层优化模型反馈值的适应值。迭代初期不考虑反馈值因素，迭代中后期利用反馈值修正上层优化结果，使最优结果能被上下两层模型获得。线性标定法可以使目标函数值恒大于零并体现选择概率：

$$F = f_{max} - f(x) + \xi^k \tag{5-22}$$

式中，目标函数值表示为 $f(x)$，f_{max} 为其最大值。为让种群中适应值最低的个体仍然有机会繁殖，提高种群多样性和寻优效率，把 ξ^k 设为一较小实数，当种群代数 k 增加时，该实数减小，在迭代后期使算法快速收敛。

(3) 选择策略。本节基于 NSGA-Ⅱ的快速非劣支配排序的方法求取 Pareto 最优解，选择策略如图 5-17 所示。

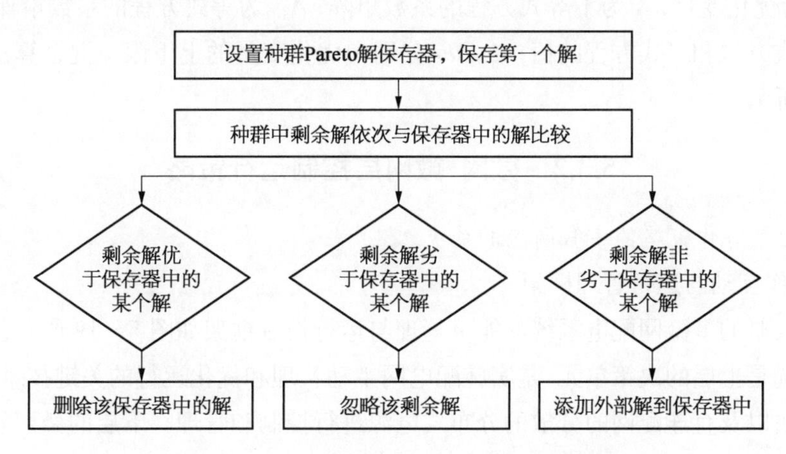

图 5-17　多目标优化 Pareto 解的选择方法

(4) 交叉、变异。交叉变异时将根据适值函数值自适应调整操作概率：

$$P_c=\begin{cases}P_{c2}-\dfrac{(P_{c2}-P_{c3})(F'-F_{avg})}{F_{max}-F_{avg}} & F'\geqslant F_{avg}\\ P_{c1}-\dfrac{(P_{c1}-P_{c2})(F'-F_{min})}{F_{avg}-F_{min}} & F'<F_{avg}\end{cases}\tag{5-23}$$

$$P_m=\begin{cases}P_{m2}-\dfrac{(P_{m2}-P_{m3})(F'-F_{avg})}{F_{max}-F_{avg}} & F'\geqslant F_{avg}\\ P_{m1}-\dfrac{(P_{m1}-P_{m2})(F'-F_{min})}{F_{avg}-F_{min}} & F'<F_{avg}\end{cases}\tag{5-24}$$

式中,交叉和变异概率分别为 P_c 和 P_m；最大、最小和平均适应值分别为 F_{max}，F_{min} 和 F_{avg}；F' 为基因操作中两个体中较大的适应值；$P_{c1}>P_{c2}>P_{c3}$ 并且 $P_{m1}>P_{m2}>P_{m3}$。

(5) 收敛条件。若计算结果满足收敛条件,则输出并保存优化结果;若不满足收敛条件,则返回(2)。

2) 基于非线性规划方法的多微网层最优运行策略

多微网层模型应用非线性规划提高运算速度。非线性规划研究一个 n 元实函数在一组等式或不等式的约束条件下的极值问题,它从一个预估值出发,搜索约束条件下非线性多元函数的最小值,其数学模型为

$$\min f(x)\rightarrow\begin{cases}c(x)\leqslant 0\\ \mathrm{ceq}(x)=0\\ \boldsymbol{A}\cdot x\leqslant b\\ \boldsymbol{A}_{eq}\cdot x=b_{eq}\\ lb\leqslant x\leqslant ub\end{cases}\tag{5-25}$$

式中，x 为优化变量；$\boldsymbol{A}$ 为不等式方程的系数矩阵；$\boldsymbol{A}_{eq}$ 为等式方程的系数矩阵；b，b_{eq} 分别为不等式方程和等式方程的值；lb，ub 分别为优化变量的上下限。混合算法流程图如图 5-18 所示。

5.3.2 微网-微网层控制运行策略

5.3.2.1 合作策略的多微网配电系统

1) 合作互动与运行管理框架

合作策略的多微网配电系统的能量管理与运行控制框架如图 5-19 所示。配电网能量管理系统是上层的决策单元,是实施配电网主动管理和优化运行的关键技术手段,对下层管理模块以及直连配网的分散的分布式电源进行控制和管理。下层的微网管理模块实现对微网及其内部的各个分布式电源的综合控制,属于分层协调控制单元。微网管理模

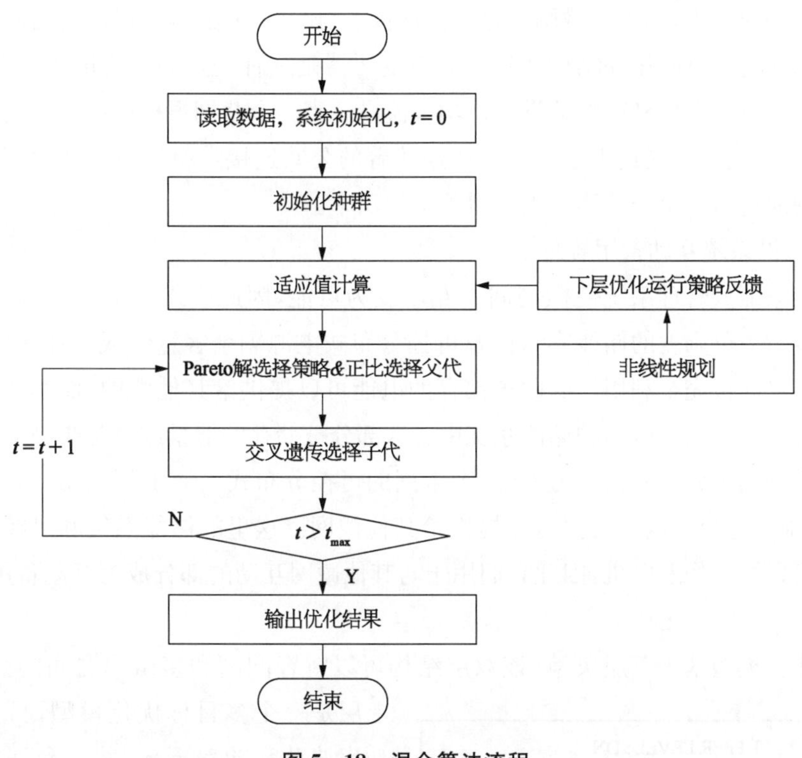

图 5－18　混合算法流程

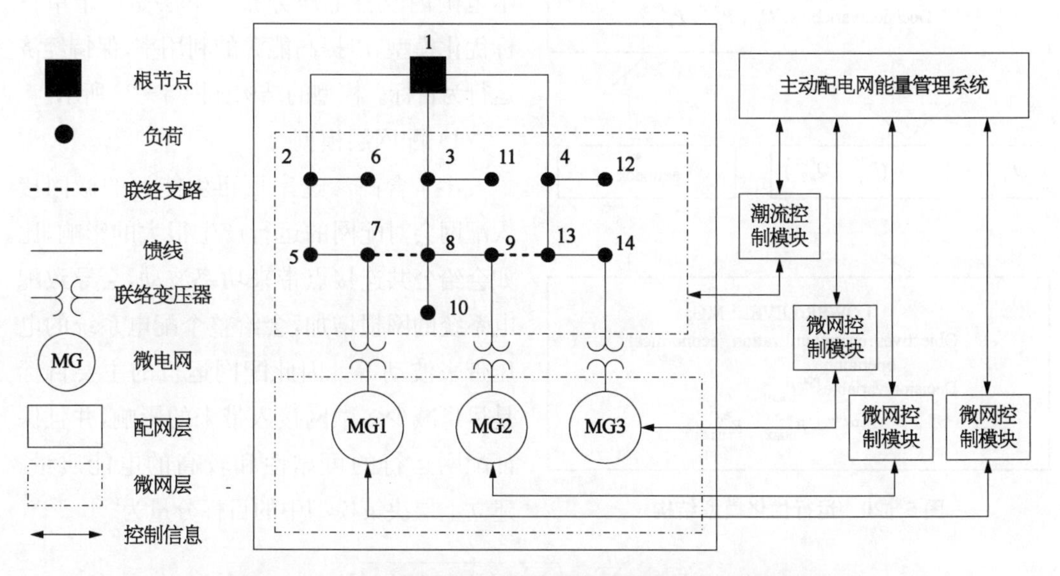

图 5－19　多个微电网配电系统的能量管理与运行控制框架

块可以为能量管理系统提供预测数据和电气参数等信息，为上层的调度运行提供预测和网络拓扑数据；能量管理系统通过优化模型和算法形成相应运行调度策略传递到微网管理模块实现快速响应控制，本节的研究主要集中在上层能量管理系统中能量管理与运行的优化建模和调度策略的分析制定。

潮流管理模块中，不同的微网通过公共连接点与配电网相连，所以微网之间的能量相互作用可以通过配电网拓扑结构实现。固态变压器是一种先进的电力电子设备，它可以通过公共连接点自由控制微网的进出口功率流量。当一个微网根据调度策略为另一个微网提供功率时，它首先通过固态变压器所连接着的公共连接点将能量传递给配网；然后，接收的微网通过另一个公共连接点获得等量的功率。

2）多微网系统互动备用容量

合作策略能量管理系统使微网间的互动变为可能，因此引入互动备用容量的概念。互动备用容量由可调度的储能容量以及可控分布式电源剩余容量组成。在一个微网中，储能系统不可能被完全利用。因此被储存的电能可以提供给其他微网，而其他微网多余的电能也可以储存到该微网的储能系统中。这部分被储存的能量或者是未被储存的容量称为储能系统的可调度容量。另外，一个微网的可控分布式电源不可能总是处于全功率运行，因此那一部分未满的功率可以提供给其他微网。这里的储能系统和可控分布式电源广义上可以被当作发电机，因此它们用于与其他微网互动的部分成为互动备用容量。

5.3.2.2　运行优化模型

运行优化模型基于双层决策，该双层结构可以解释配网和多微网之间的协同作用。上层是一个多目标优化模型，目标为降低功率波动和功率损耗，并在允许的操作成本范围内改善电压分布。下层是一个单目标优化模型，以提高能源的利用率，保持经济运行为目标。模型的结构如图 5－20 所示。

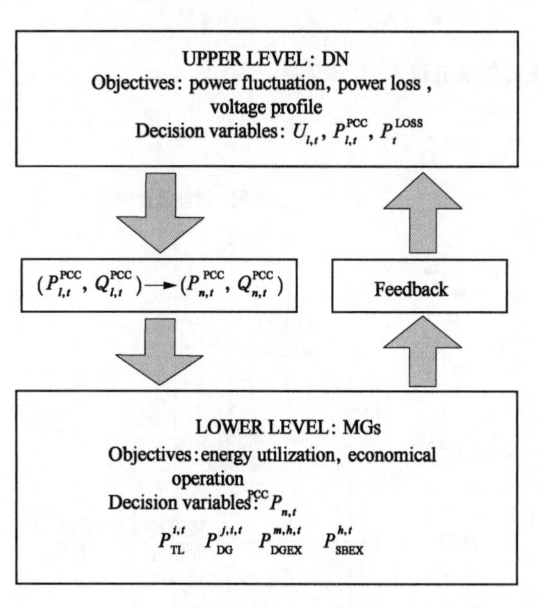

图 5－20　运行优化模型结构

1）配网层模型

多个含高渗透率可再生能源的微网接入配网会对配网的运行产生很大的影响，比如会给公共连接点带来功率波动，会导致配电系统的网损增加，会给整个配电系统的电压带来波动等。因此配网运行的主要目标是尽量减少多微网接入带来的影响，并且保证配网运行的可靠性和较高的电能质量。建立上层决策模型中的目标分量为

$$\min F_1 = \sum_{t=1}^{T} \sqrt{\sum_{f\in F} (U^{f,t} - 1)^2 / F} \tag{5-26}$$

$$\min F_2 = \sqrt{\sum_{t=1}^{T} \Big(\sum_{i\in I} P_{\mathrm{TL}}^{i,t} - k\Big)^2 / T} \tag{5-27}$$

$$\min F_3 = \sum_{t=1}^{T} P_{\mathrm{loss}}^{t} \tag{5-28}$$

式中，F_1 为整个运行时段内配电网各节点电压的标准差，用于衡量整个运行时段内电压的偏移程度；F_2 为整个运行时段内配电网交换功率(多个微网的交换总功率)围绕 k 的波动大小，k 为大于零小于配电网可调度容量的常数，设置此分量的目的是将多个微网总的交换功率限制在一个特定值并平滑围绕此值浮动，以减少多微网的高渗透率分布式电源接入时对整个配电网功率潮流的影响；F_3 为整个运行时段内配电网的网损之和；T 为系统运行时段总数；t 为时段；F 为配电网节点总数；f 为配网节点；I 为微网总数；i 为微网；$U^{f,t}$ 为 t 时刻节点 f 处的电压(标幺值)；$P_{\mathrm{TL}}^{i,t}$ 为 t 时刻微网 i 的交换功率；P_{loss}^{t} 为 t 时刻全网网损。

以下是配网层优化模型的约束条件。

潮流约束为

$$\begin{cases} P_{\mathrm{g}}^{f,t}-P_{\mathrm{L}}^{f,t}-P_{\mathrm{TL}}^{f,t}=U^{f,t}\sum U^{s,t}(G^{f,s}\cos\theta^{f,s,t}+B^{f,s}\sin\theta^{f,s,t}) \\ Q_{\mathrm{g}}^{f,t}-Q_{\mathrm{L}}^{f,t}-Q_{\mathrm{TL}}^{f,t}=U^{f,t}\sum U^{s,t}(G^{f,s}\sin\theta^{f,s,t}+B^{f,s}\cos\theta^{f,s,t}) \end{cases} \tag{5-29}$$

式中，下标 TL，g，L 分别表示微网交换功率、分布式电源和负荷，当该节点没有某项时该项置零；f 为配网节点；s 为与 f 相连的节点；$G^{f,s}$ 和 $B^{f,s}$ 分别表示 f 和 s 之间的电导和电纳；$U^{f,t}$ 表示 t 时刻经潮流计算所得节点 f 的电压；$\theta^{f,s,t}$ 表示 t 时刻经潮流计算所得节点 f 与 s 的相角差。

功率、电压上下限约束为

$$\begin{cases} P_{\mathrm{TL}}^{\min}\leqslant P_{\mathrm{TL}}^{f,t}\leqslant P_{\mathrm{TL}}^{\max} \\ P_{\mathrm{g}}^{\min}\leqslant P_{\mathrm{g}}^{f,t}\leqslant P_{\mathrm{g}}^{\max} \\ Q_{\mathrm{TL}}^{\min}\leqslant Q_{\mathrm{TL}}^{f,t}\leqslant Q_{\mathrm{TL}}^{\max} \\ Q_{\mathrm{g}}^{\min}\leqslant Q_{\mathrm{g}}^{f,t}\leqslant Q_{\mathrm{g}}^{\max} \\ U^{f,\min}\leqslant U^{f,t}\leqslant U^{f,\max} \\ P^{f,s,t}< P^{f,s,\max} \end{cases} \tag{5-30}$$

式中，$P_{\mathrm{TL}}^{\max}$，$P_{\mathrm{TL}}^{\min}$ 分别为微网有功交换功率上下限；$Q_{\mathrm{TL}}^{\max}$，$Q_{\mathrm{TL}}^{\min}$ 分别为微网无功交换功率上下限；$P_{\mathrm{g}}^{\max}$，$P_{\mathrm{g}}^{\min}$ 和 $Q_{\mathrm{g}}^{\max}$，$Q_{\mathrm{g}}^{\min}$ 分别为分布式电源有功和无功功率上下限；$U^{f,\max}$，$U^{f,\min}$ 分别为节点 f 处电压上下限；$P^{f,s,t}$，$P^{f,s,\max}$分别为线功率和其上限。

配网层备用容量约束为

$$\sum_{f^{\mathrm{g}}\in F^{\mathrm{g}}}(P_{\mathrm{g}}^{\max}-P_{\mathrm{g}}^{f^{\mathrm{g}},t})\geqslant R^{t}-R_{\mathrm{MG}}^{t} \tag{5-31}$$

直接连接配网的分布式电源爬坡约束为

$$\begin{cases} P_{\mathrm{g}}^{f^{\mathrm{g}},t}-P_{\mathrm{g}}^{f^{\mathrm{g}},t-1}\leqslant R_{\mathrm{g}}^{\mathrm{up}} \\ P_{\mathrm{g}}^{f^{\mathrm{g}},t-1}-P_{\mathrm{g}}^{f^{\mathrm{g}},t}\leqslant R_{\mathrm{g}}^{\mathrm{down}} \end{cases} \tag{5-32}$$

式中，f^g为含分布式电源的节点，设配网接入的都为可控分布式电源；F^g为所有含发电机的节点集合；R^t 为配网层的原始备用容量；R^t_{MG} 是微网为配网分担的备用容量。

2）微网层模型

该模型首先考虑的是运行的可靠高效和环境效益，因此接入配电网的多个微网之间是一种合作关系，即当一个微网出现功率缺额、功率过剩或是负荷波动等问题时，与其通过能量通道相连的其他微网能够提供无偿（无附加服务费用）的对应电能支持，而这种支持是以微网各自的可调度容量为基础的。同时，配电网与微电网上下层之间也是一种相互支持的关系。建立下层决策模型 $\min f_{down}=f_1+f_2$ 中的目标分量为

$$f_1=\sum_{i\in I}\left\{\sum_{t=1}^{T}\left[q\left(P_{ML}^{i,t}-\sum_{j\in J^i}P_{DG}^{j,i,t}-P_{MTL}^{i,t}\right)+\sum_{j\in J^i}(K_{fuel}^{j}+K_{om}^{j})P_{DG}^{j,i,t}+C^{i,t}R_{ex}^{i,t}\right]\right\} \tag{5-33}$$

$$f_2=\sum_{t=1}^{T}\sum_{i\in I}\sum_{j\in J^i}(p_{CO_2}\cdot N_{CO_2}^{j}+p_{NO_x}\cdot N_{NO_x}^{j}+p_{SO_2}\cdot N_{SO_2}^{j})\cdot P_{DG}^{j,i,t} \tag{5-34}$$

式中，f_1 为保证整个多微网层可靠性运行所需要的最基本费用，其中第一项为多微网与配网电能的交易费用，第二项为多微网的总发电费用，由于微网间为合作关系，且每个微网以用电可靠性和电能质量为首要目标，因此不将它们之间功率互换时的电价列入公式；配网、微网上下层间按照传统政策电价计算交互功率；q 为市场电价，为方便分析假设售电和买电价格相同；J^i 为微网 i 的分布式电源种类总数；j 为分布式电源，1 代表微型燃气轮机，2 代表燃料电池（FC），3 代表蓄电池（SB），4 代表风机，5 代表光伏；$P_{ML}^{i,t}$ 为微网 i 在 t 时段的负荷功率，$P_{MTL}^{i,t}$ 为微网 i 与其他微网的交换功率，$P_{DG}^{j,i,t}$ 为微网 i 在 t 时段，第 j 种电源的出力总和，由于微网网络结构简单，因此不计微网网损；K_{fuel}^{j} 和 K_{om}^{j} 分别为第 j 种分布式电源的单位能耗成本和单位运行维护成本，其中蓄电池的能耗成本为零，即 $K_{fuel}^{3}=0$；$R_{ex}^{i,t}$ 为互动备用博弈矩阵；$C^{i,t}$ 为$R_{ex}^{i,t}$ 对应的综合运行费用，是由 $R_{ex}^{i,t}$ 在执行过程中产生的来自各个备用容量和可调度容量的发电费用的加权平均值；f_2 为衡量环境指标的污染气体排放总惩罚费用；p_{CO_2}，p_{NO_x} 和 p_{SO_2} 分别为 CO_2，NO_x，SO_2 的排放惩罚价格；$N_{CO_2}^{j}$，$N_{NO_x}^{j}$，$N_{SO_2}^{j}$ 分别为第 j 种分布式电源每发 1 kW·h 电 CO_2，NO_x，SO_2 的排放量。

微网层优化模型的约束条件如下：

功率平衡约束为

$$\begin{cases}P_{ML}^{i,t}-\sum_{j\in J^i}P_{DG}^{j,i,t}-P_{MTL}^{i,t}-P_{TL}^{i,t}=0\\ Q_{ML}^{i,t}-\sum_{j\in J^i}Q_{DG}^{j,i,t}-Q_{TL}^{i,t}=0\end{cases} \tag{5-35}$$

式中，$Q_{ML}^{i,t}$ 为微网 i 在 t 时段的无功缺额；$Q_{DG}^{j,i,t}$ 为微网 i 在 t 时段，第 j 种电源的无功出

力总和。

微源出力约束为

$$\begin{cases}P_{\mathrm{MT}}^{\min}\leqslant P_{\mathrm{DG}}^{1,i^1,t}+x^{1,i^1,t}P_{\mathrm{DGEX}}^{1,i^1,t}\leqslant P_{\mathrm{MT}}^{\max}\\P_{\mathrm{FC}}^{\min}\leqslant P_{\mathrm{DG}}^{2,i^2,t}+x^{2,i^2,t}P_{\mathrm{DGEX}}^{2,i^2,t}\leqslant P_{\mathrm{FC}}^{\max}\\-P_{\mathrm{SB}}^{\max}\leqslant P_{\mathrm{DG}}^{3,i,t}+y^{i,t}P_{\mathrm{SBEX}}^{i,t}\leqslant P_{\mathrm{SB}}^{\max}\\Q_{\mathrm{MT}}^{\min}\leqslant Q_{\mathrm{DG}}^{1,i^1,t}\leqslant Q_{\mathrm{MT}}^{\max}\\Q_{\mathrm{FC}}^{\min}\leqslant Q_{\mathrm{DG}}^{2,i^2,t}\leqslant Q_{\mathrm{FC}}^{\max}\\-Q_{\mathrm{SB}}^{\max}\leqslant Q_{\mathrm{DG}}^{3,i,t}\leqslant Q_{\mathrm{SB}}^{\max}\end{cases}\tag{5-36}$$

式中，i^1 为含有微型燃气轮机的微网，i^2 为含有燃料电池的微网，本章认为每个微网都含有蓄电池；$P_{\mathrm{MT}}^{\min}$，$P_{\mathrm{MT}}^{\max}$，$P_{\mathrm{FC}}^{\min}$，$P_{\mathrm{FC}}^{\max}$，$-P_{\mathrm{SB}}^{\max}$，$P_{\mathrm{SB}}^{\max}$，$Q_{\mathrm{MT}}^{\min}$，$Q_{\mathrm{MT}}^{\max}$，$Q_{\mathrm{FC}}^{\min}$，$Q_{\mathrm{FC}}^{\max}$，$-Q_{\mathrm{SB}}^{\max}$，$Q_{\mathrm{SB}}^{\max}$ 分别为微型燃气轮机、燃料电池、蓄电池的出力下上限。

微型燃气轮机和燃料电池的爬坡约束为

$$\begin{cases}P_{\mathrm{DG}}^{1,i^1,t}+x^{1,i^1,t}P_{\mathrm{DGEX}}^{1,i^1,t}-P_{\mathrm{DG}}^{1,i^1,t-1}\leqslant R_{\mathrm{MT}}^{\mathrm{up}}\\P_{\mathrm{DG}}^{1,i^1,t-1}-(P_{\mathrm{DG}}^{1,i^1,t}+x^{1,i^1,t}P_{\mathrm{DGEX}}^{1,i^1,t})\leqslant R_{\mathrm{MT}}^{\mathrm{down}}\\P_{\mathrm{DG}}^{2,i^2,t}+x^{2,i^2,t}P_{\mathrm{DGEX}}^{2,i^2,t}-P_{\mathrm{DG}}^{2,i^2,t-1}\leqslant R_{\mathrm{FC}}^{\mathrm{up}}\\P_{\mathrm{DG}}^{2,i^2,t-1}-(P_{\mathrm{DG}}^{2,i^2,t}+x^{2,i^2,t}P_{\mathrm{DGEX}}^{2,i^2,t})\leqslant R_{\mathrm{FC}}^{\mathrm{down}}\end{cases}\tag{5-37}$$

式中，$R_{\mathrm{MT}}^{\mathrm{up}}$，$R_{\mathrm{MT}}^{\mathrm{down}}$，$R_{\mathrm{FC}}^{\mathrm{up}}$，$R_{\mathrm{FC}}^{\mathrm{down}}$ 分别为微型燃气轮机、燃料电池增加和降低有功功率的限值。

蓄电池的容量约束为

$$\begin{cases}E_{\mathrm{T}}^{i,t}=E_{\mathrm{T}}^{i,t-1}-P_{\mathrm{DG}}^{3,i,t}\\E^{i,t}=E_{\mathrm{T}}^{i,t}-y^{i,t}P_{\mathrm{SBEX}}^{i,t}\\E^{\min}\leqslant E^{i,t}\leqslant E^{\max}\end{cases}\tag{5-38}$$

式中，$E^{i,t}$ 为微网 i 中蓄电池在 t 时段的最终剩余容量，$E^{\min}$，$E^{\max}$ 分别为蓄电池的容量下上限。

微网层预留给配电系统的原始旋转备用容量约束为

$$\sum_{i^1\in I^1}(P_{\mathrm{MT}}^{\max}-P_{\mathrm{DG}}^{1,i^1,t})+\sum_{i^2\in I^2}(P_{\mathrm{FC}}^{\max}-P_{\mathrm{DG}}^{2,i^2,t})+\sum_{i\in I}E^{i,t}\geqslant R_{\mathrm{OMG}}^{t}\tag{5-39}$$

式中，I^1，I^2 分别为所有含微型燃气轮机、燃料电池的微网编号；R_{OMG}^{t} 为 t 时段原始旋转备用容量。

互动备用容量约束为

$$\sum_{i\in I}R_{ex}^{i,t}\leqslant \varepsilon R_{OMG}^{t} \tag{5-40}$$

$$R_{MG}^{t}=(1-\varepsilon)R_{OMG}^{t} \tag{5-41}$$

式中，ε 定义为支持度博弈系数，$0<\varepsilon<1$，反映了原始旋转备用容量在微网和配网之间的分配，同时也反映了微网层对配网层的支持程度。

3）多微网间合作运行行为分析

当多个接入配网的微网之间以能量通道的形式相互联系进行互动运行时，实际上为调度部门提供了更多选择，但同时使调度决策变得更加复杂。下面将以联盟博弈和信息流博弈理论为基础，对多微网间合作运行行为进行分析与建模。

在联盟博弈理论中，不同的参与者(微网)可以形成不同的联盟(微网群)，联盟的形成基于利益分配策略，追求效益的最大化。让 S 和 N 分别表示一个微网群和所有参与者的集合。当 S 和 N 满足下面条件时，分配策略是最优的。这意味着联盟中的个体可以获得比不结盟更多的好处。

$$\begin{cases}\boldsymbol{x}=(x_1,\cdots,x_i)\\ \sum_{i=1}^{n}x_i=v(N)\\ \sum_{i\in S}x_i\geqslant v(S),\forall S\in N\end{cases} \tag{5-42}$$

式中，x_i 和 $v(\cdot)$ 分别表示利润函数和特征函数。合作博弈时，(N,v)，$N=\{1,2,\cdots,n\}$，会分配给每个参与者 i $(i\in N)$ 一个实参 x_i，$\boldsymbol{x}=(x_1,\cdots,x_i)$ 并满足 $x_i\geqslant v(\{i\})$，$\cdots\sum_{i=1}^{n}x_i=v(N)$，由此可知 x 是 S 的分配策略。$v(S)$ 是 S 和 $N-S=\{i\mid i\in N,i\notin S\}$ 之间博弈的最大效用。

在一个多微网的联盟 S 中，至少有一个电力需求者 i $(i\in SD)$ 和一个电力供给者 j $(j\in SP)$。定义 $N_i=P_{loadi}-P_i$ 作为 i 所需的电量，这里 P_{loadi} 为微网 i 的负荷，P_i 为微网 i 的分布式电源出力，供给者 j 只提供他剩余的可调度互动备用容量。定义 λ 为效用参数(\$/kW)，并且 $v(S)$ 定义如下：

$$v(S)=\lambda\sum_{k\in S}P_k+\lambda\sum_{i\in S_D,j\in S_P}P_{ij} \tag{5-43}$$

式中，P_{ij} 表示从微网 j 到微网 i 的传输功率。由此微网 i 的利润函数可以表示为

$$x_i=\lambda\pi_i+\lambda\pi_i^{ex} \tag{5-44}$$

式中，π_i 表示联盟中微网 i 的出力，π_i^{ex} 表示来自联盟其他微网的总电力支持。不妨设每一个联盟 S 满足 $\sum_{i\in S}N_i=\sum_{i\in S_D,j\in S_P}P_{ij}$，则可以得到

$$
\begin{cases}
x(N)=\lambda \sum_{i\in \mathrm{N}}(\pi_i+\pi_i^{\mathrm{ex}})=\lambda\left(\sum_{i\in N}P_i+\sum_{m\in S'_{\mathrm{D}},\, l\in S'_{\mathrm{P}}}P_{ml}\right) \\
\quad =v(N),\ S'_{\mathrm{D}}\cup S'_{\mathrm{P}}=N \\
x(S)=\lambda \sum_{i\in S}(\pi_i+\pi_i^{\mathrm{ex}})=\lambda\left(\sum_{i\in S}P_i+\sum_{i\in S}N_i\right) \\
\quad =\lambda\left(\sum_{i\in S}P_i+\sum_{i\in S_{\mathrm{D}},\, j\in S_{\mathrm{P}}}P_{ij}\right) \\
\quad =v(S), S_{\mathrm{D}}\cup S_{\mathrm{P}}=S,\ \forall S\in N
\end{cases}
\tag{5-45}
$$

根据式(5-42),互动备用容量的分配策略达到最优。式(5-44)中,π_i 和 λ 为常数。因此,拥有更大 π_i^{ex} 的微网将得到更多的利益,这意味着互动备用容量需要被尽可能地利用。然而从动态博弈的角度来看,微网范围的供需平衡不会总是在一个联盟中得到满足,并且 λ 不会一直是常量。所以有必要设计规则指导互动备用容量的具体分配和微网的互动运行。

当 $N_i\neq 0$ 时,微网 i 会出现一个待博弈集合$\{a_1, a_2, a_3, a_4\}$,集合含有4个决策变量,其中,a_1 为 i 的可再生能源发电;a_2 为 i 的其他微源发电(包括蓄电池的充放电);a_3 为相邻微网备用容量中属于微型燃气轮机和燃料电池的部分;a_4 为相邻微网备用容量中属于蓄电池的部分。具体博弈策略如表5-1所示。

表5-1　博弈策略

博弈次序	决策变量	0-1决策变量	分析(0-1决策变量取值条件)	某次博弈后运行行为
1	a_1	$x_1=1$	a_1应被充分利用并总是第一个被执行	若 $a_1=P_{\mathrm{load}}$,博弈结束(剩下的0-1变量取0);若不是,转至次序2
2	a_2	$x_2=1$	$a_1\neq P_{\mathrm{load}}$,$a_2$需要储存多余电能或补偿 P_{load}	若 $a_1+a_2=P_{\mathrm{load}}$,博弈结束;若不是,转至次序3
		$x_2=0$	达到电能平衡	博弈结束
3	a_3	$x_3=1$	$a_1+a_2<P_{\mathrm{load}}$,需要互动支持补偿 P_{load}	若 $a_1+a_2+a_3=P_{\mathrm{load}}$,博弈结束;若不是,转至次序3
		$x_3=0$	达到电能平衡或需要其他微网的SB储存多余电能	若 $a_1+a_2=P_{\mathrm{load}}$,博弈结束;若 $a_1+a_2>P_{\mathrm{load}}$,转至次序4
4	a_4	$x_4=1$	当 $a_1+a_2+a_3<P_{\mathrm{load}}$,互动支持中的可控分布式电源先进行补偿,灵活的SB留至最后以备紧急情况;若 $a_1+a_2>P_{\mathrm{load}}$,这些SB储存多余电能	a_4执行完后博弈结束
		$x_4=0$	达到电能平衡	博弈结束

按顺序进行第1次博弈，为了充分利用可再生能源并消纳其发电波动，应先采用 a_1 决策，a_1 为第1次博弈的首个决策，总是会被执行，因此 a_1 的0-1决策变量 x_1 恒为1。执行完 a_1 后在第2次博弈中会出现2种情况：当 a_1 电量等于缺额时，该次博弈结束，其他决策不需执行；当 a_1 电量大于或者小于缺额时，需要 a_2 中的蓄电池储存或者释放电能。执行完 a_2 后在第3次博弈中也会出现2种情况：当 a_1 电量等于缺额时，该次博弈结束 $x_3=x_4=0$；当 a_1 电量小于缺额时，除 $x_3=1$，需要设立二级决策变量 x'_3 来决定不同相邻微网的发电顺序，x'_4 与 x'_3 类似。像这样进行博弈直到最后一次，当决策变量取1时为特定顺序条件下执行该决策，取0时不执行该决策，最终形成博弈后集合 $\{x_1a_1,\ x_2a_2,\ x_3x'_3a_3,\ x_4x'_4a_4\}$。

4）互动备用博弈矩阵

上面已阐述对 a_1 和 a_2 的博弈，由于下层目标函数中风、光发电运行总费用低于其他微源，在优化过程中这两种决策变量会按目标函数方向变化，优先发费用低的部分，因此微网自身的微源无需采用0-1决策变量。然而 $C^{i,t}$ 是随 $R_{ex}^{i,t}$ 变化的，所以需要采用0-1决策变量对互动备用的运行行为进行指导，互动备用博弈矩阵为

$$R_{ex}^{i,t}=a^{i,t}X^{i,t}P_{DGEX}^{i,t}+b^{i,t}Y^{i,t}P_{SBEX}^{i,t} \tag{5-46}$$

$$X^{i,t}=[x^{1,h,t}\cdots x^{M^h,h,t}\cdots x^{M^{H^i},H^i,t}] \tag{5-47}$$

$$Y^{i,t}=[y^{h,t}\cdots y^{H^i,t}] \tag{5-48}$$

$$P_{DGEX}^{i,t}=[P_{DGEX}^{1,h,t},\ \cdots,\ P_{DGEX}^{M^h,h,t},\ \cdots,\ P_{DGEX}^{M^{H^i},H^i,t}]^T \tag{5-49}$$

$$P_{SBEX}^{i,t}=[P_{SBEX}^{h,t},\ \cdots,\ P_{SBEX}^{H^i,t}]^T \tag{5-50}$$

$$a^{i,t}=\begin{cases}1 & P_{ML}^{i,t}-\sum\limits_{j\in J^i}P_{DG}^{j,i,t}>0\\ 0 & P_{ML}^{i,t}-\sum\limits_{j\in J^i}P_{DG}^{j,i,t}\leqslant 0\end{cases} \tag{5-51}$$

$$x^{m,h,t}=\begin{cases}1 & \alpha^{m,h,t}=\alpha(P_{DGmax}^{m,h,t}-P_{DG}^{m,h,t})\\ & \quad =\max\{\alpha^{m',h',t}\mid m'\in M^{h'},\ h'\in H^i\}\\ & \text{或 }\alpha^{m',h',t}=P_{DGEX}^{m',h',t},\ \alpha^{m',h',t}\in\{\alpha^{m'',h'',t}\mid \alpha^{m'',h'',t}>\\ & \quad \alpha^{m,h,t},\ m''\in M^{h''},\ h''\in H^i\}\\ 0 & \text{其他情况}\end{cases} \tag{5-52}$$

$$b^{i,t}=\begin{cases}1 & P_{ML}^{i,t}-\sum\limits_{j\in J^i}P_{DG}^{j,i,t}<0\text{ 或 }\alpha^{m,h,t}=P_{DGEX}^{m,h,t},\\ & \forall\,\alpha^{m,h,t}\in\{\alpha^{m',h',t}\mid m'\in M^{h'},\ h'\in H^i\}\\ 0 & \text{其他情况}\end{cases} \tag{5-53}$$

$$y^{h,t}=\begin{cases}1 & \beta^{h,t}=\beta E_{\mathrm{T}}^{h,t}=\max\{\beta^{h',t}\mid h'\in H^i\} \\ & \text{或}\ \beta^{h',t}=P_{\mathrm{SBEX}}^{h',t},\ \beta^{h',t}\in\{\beta^{h'',t}\mid \beta^{h'',t}>\beta^{h,t},\ h''\in H^i\} \\ & \text{或}\ P_{\mathrm{SBEX}}^{h,t}<0 \\ 0 & \text{其他情况}\end{cases} \tag{5-54}$$

$$C^{i,t}=\frac{\sum\limits_{h\in H^i}\Big[\sum\limits_{m\in M^h}(K_{\mathrm{fuel}}^m+K_{\mathrm{om}}^m)P_{\mathrm{DGEX}}^{m,h,t}+K_{\mathrm{om}}^3P_{\mathrm{SBEX}}^{h,t}\Big]}{\sum\limits_{h\in H^i}\Big(\sum\limits_{m\in M^h}P_{\mathrm{DGEX}}^{m,h,t}+P_{\mathrm{SBEX}}^{h,t}\Big)} \tag{5-55}$$

式中，$R_{\mathrm{ex}}^{i,t}$ 为互动备用博弈矩阵式(5-47)～式(5-50)所集成的变量；i 为接受合作支持的微网 i；H^i 为与微网 i 连接的所有微网编号的集合，作为元素，它是该集合中最大的编号；h 为属于集合 H^i 的微网 h；M^h 为微网 h 所含 MT 和 FC 种类编号的集合，即 $M^h\leqslant 2$，作为元素，它是该集合中最大的编号；m 为属于集合 M^h 的机种；$P_{\mathrm{DGEX}}^{i,t}$ 为一个 $1\times\sum\limits_{h\in H^i}M^h$ 矩阵，表示所有微网 h 能够提供的属于 MT 和 FC 的互动备用容量，这部分容量存在于机组该时刻出力与最大允许出力之间；$P_{\mathrm{DGEX}}^{m,h,t}$ 为属于 $P_{\mathrm{DGEX}}^{i,t}$ 的元素，表示 t 时刻微网 h 机种 m 用于支持微网 i 的出力；$a^{i,t}$ 为决定 $P_{\mathrm{DGEX}}^{i,t}$ 是否执行的一级 0-1 决策变量，意为当微网 i 自身的发电不足以弥补其功率缺额时，执行该决策；$X^{i,t}$ 为 $P_{\mathrm{DGEX}}^{i,t}$ 的 $\sum\limits_{h\in H^i}M^h\times 1$ 的二级 0-1 决策变量矩阵，目的在于按何种顺序执行 $P_{\mathrm{DGEX}}^{i,t}$ 中的平行元素，这里采用互动备用容量大的先执行的博弈方案，以便维持整个多微网层各自备用容量的平衡，其中 α 为 $P_{\mathrm{DGEX}}^{m,h,t}$ 的极限系数，用以防止微网 h 为支持其他微网长期达到满发状态，保护机组可靠运行，当 $P_{\mathrm{DGEX}}^{m,h,t}$ 达到极限阈值时，转而由第二大互动备用容量的微网进行合作支持并以此类推；$P_{\mathrm{SBEX}}^{i,t}$ 为一个 $1\times H^i$ 矩阵，表示所有微网 h 能够提供的属于 SB 的互动备用容量；$P_{\mathrm{SBEX}}^{h,t}$ 为属于 $P_{\mathrm{SBEX}}^{i,t}$ 的元素，表示 t 时刻微网 h 中 SB 用于支持微网 i 的互动备用容量，当 $P_{\mathrm{SBEX}}^{h,t}>0$ 时这部分容量存在于过渡态电池容量 $E_{\mathrm{T}}^{h,t}$ 中，当 $P_{\mathrm{SBEX}}^{h,t}<0$ 时存在于过渡态容量与最大容量之间；$b^{i,t}$ 为决定 $P_{\mathrm{SBEX}}^{i,t}$ 是否执行的一级 0-1 决策变量，当 $P_{\mathrm{SBEX}}^{i,t}$ 被执行时有两种情况，一种是来自 MT 和 FC 的互动备用也不能弥补功率缺额时，采用此种博弈是因为储能系统的备用容量灵活可靠，能够用于多种突发情况，因此需要尽量留至最后使用，另一种是当受合作支持的微网经过本网消纳(包括将多余电能售往配网)后还有功率盈余时，为储能系统充电；$Y^{i,t}$ 为 $P_{\mathrm{SBEX}}^{i,t}$ 的 $H^i\times 1$ 的二级 0-1 决策变量矩阵，过渡态电池容量大的先执行，原理同 $X^{i,t}$，β 为 $P_{\mathrm{SBEX}}^{h,t}$ 的极限系数。具体流程图如图 5-21 所示。

5.3.2.3　混合求解算法

双层决策问题的解析解一般难以得到，只能通过数值法进行迭代逼近。而且本章问题属于混合整数规划，因此本节引入基于粗糙集理论的递阶遗传算法，并融合了基于序优化理论的多目标算法，下面将结合本模型对算法进行介绍。

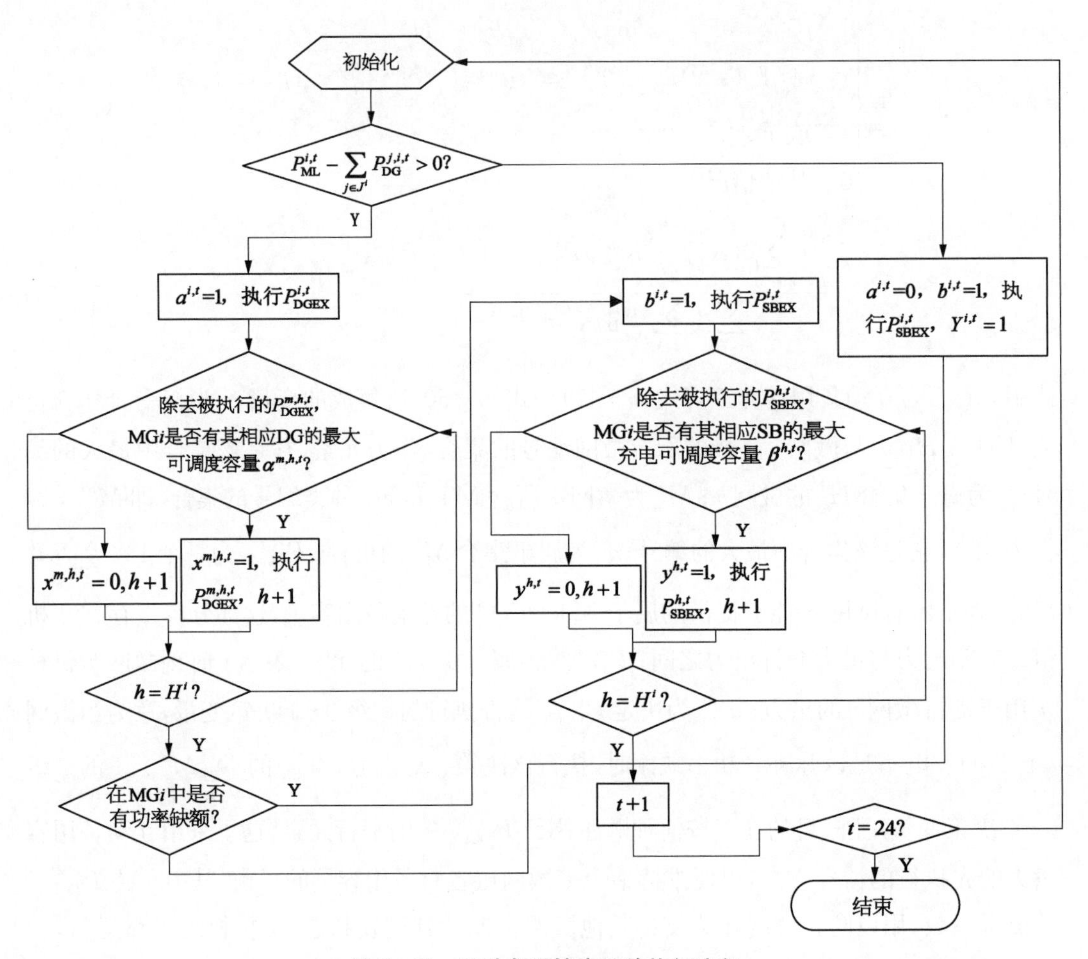

图 5-21　互动备用博弈矩阵执行流程

1) 粗糙集劣势类关系指标及其在 pareto 最优解评价上的应用

粗糙集通过案例库的分类归纳出概念和规则,可给出特征变量的约简与核心,简化概念的分类特征及规则的表示,是一种处理模糊和不确定知识的数学工具,能处理定性、定量信息,适于求解多目标的优化问题。

假设存在一个系统(X,P,F),其中$X=\{x_1, x_2, \cdots, x_n\}$为对象构成的集合,$P=\{p_1, p_2, \cdots, p_m\}$为属性构成的集合,$F=\{f_l: X\rightarrow V_l(l\leqslant m)\}$为对象和属性之间的关系集,$V_l$为属性$p_l$的有限值域。对于任何属性集$P$,记$R_P^{\geqslant}=\{(x_i, x_j)\in X^2\mid f_l(x_i)\leqslant f_l(x_j)(p_l\in P)\}$,称$R_P^{\geqslant}$为系统$(X,P,F)$上的劣势关系,$(x_i, x_j)\in R_P^{\geqslant}$表示对象$x_j$在属性集$P$上劣于对象$x_i$,进而得出$[x_i]_P^{\geqslant}=\{x_j\mid (x_i, x_j)\in R_P^{\geqslant}\}$为$x_i$的劣势类。由以上描述得出对象$x_i$劣于$x_j$的程度和综合劣势度指标。

$$R'_P(x_i, x_j)=\frac{\mid \neg [x_i]_P^{\geqslant}\cup [x_j]_P^{\geqslant}\mid}{\mid n\mid} \tag{5-56}$$

$$R'_{P}(x_i)=\frac{1}{n-1}\sum_{j\neq i}R'_{P}(x_i, x_j) \tag{5-57}$$

式中，$|\cdot|$ 为集合元素数量；n 为对象数量；“¬”表示“非”关系。

对于本节中的双层多目标规划模型，经过快速非劣支配排序得到 pareto 最优解集后，由于每个解都是非劣解，因此将该上下层解集分别设为对象集 X_1 和 X_2，将上下层的条件属性分别表示为上下层各自的目标集 P_1 和 P_2，并设 F 为属性集和对象集之间的关系集。以可靠、环境友好型模型的下层规划为例，设下层的多目标 pareto 最优解集为 $X_2^{\mathrm{R\&E}}$，条件属性为 $P_2^{\mathrm{R\&E}}=\{f_1^{\mathrm{R\&E}}, f_2^{\mathrm{R\&E}}\}$，则根据综合劣势度指标，对于目标 $f_1^{\mathrm{R\&E}}$，有 $\{R'_{f_1^{\mathrm{R\&E}}}(x_1), R'_{f_1^{\mathrm{R\&E}}}(x_2), \cdots, R'_{f_1^{\mathrm{R\&E}}}(x_n)\}$，其中 $R'_{f_1^{\mathrm{R\&E}}}(\cdot)$ 越大，排序越靠后；对于目标 $f_2^{\mathrm{R\&E}}$，有 $\{R'_{f_2^{\mathrm{R\&E}}}(x_1), R'_{f_2^{\mathrm{R\&E}}}(x_2), \cdots, R'_{f_2^{\mathrm{R\&E}}}(x_n)\}$，其中 $R'_{f_2^{\mathrm{R\&E}}}(\cdot)$ 越大，排序越靠后；所以对下层多目标函数的综合评价指标为 $\{R'_{f_1^{\mathrm{R\&E}}}(x_1)+R'_{f_2^{\mathrm{R\&E}}}(x_1), R'_{f_1^{\mathrm{R\&E}}}(x_2)+R'_{f_2^{\mathrm{R\&E}}}(x_2), \cdots, R'_{f_1^{\mathrm{R\&E}}}(x_n)+R'_{f_2^{\mathrm{R\&E}}}(x_n)\}$。选取解 x_i 中综合评价指标最大的即下层规划所需要的最优解。

2) 递阶遗传算法及其在模型中的应用

递阶遗传算法(HGA)与一般的遗传算法不同，它的染色体的编码有着一定结构层次，分为控制基因和参数基因。控制基因一般采用二进制编码，位于编码序列的上级，作用为控制对应的参数基因，当其为“1”时，所控制的参数基因处于激活状态，为“0”时，所控制的参数基因处于非激活状态；参数基因一般为实数编码，反应系统的对应信息，位于编码序列的下级。

对于本模型，0-1 决策变量可以作为控制基因，0-1 决策变量对应的目标函数中的决策变量可以作为参数基因，其余不在顺序博弈集合中的决策变量作为剩下的不受控制基因影响的参数基因。在某一时刻的互动备用博弈矩阵 $R_{\mathrm{ex}}^{i,t}$ 中，式(5-47)、式(5-48)中的元素分别为控制式(5-49)、式(5-50)中对应元素的控制基因，式(5-49)、式(5-50)中元素为对应的参数基因；对于式(5-46)中的 $a^{i,t}$ 和 $b^{i,t}$，在 HGA 原有染色体编码结构上作一改进，将 $a^{i,t}$ 和 $b^{i,t}$ 作为高级控制基因加入控制基因序列的前面，用于控制对应控制基因集合 $X^{i,t}$ 和 $Y^{i,t}$ 的激活状态，即当高级控制基因为“1”时，所控制的控制基因处于激活状态；$R_{\mathrm{ex}}^{i,t}$ 以外的各决策变量作为剩下的参数基因排在序列最后。其染色体结构如图 5-22 所示。

当染色体进行遗传运算时，参数基因部分进行正常的交叉和变异操作，对于高级控制基因和控制基因，它们的置“1”或置“0”取决于信息流博弈的博弈条件。各高级控制基因和控制基因依据式(3-26)～式(3-29)的条件进行重置，算法会依次检查每个基因对应的博弈条件，当符合置“1”的条件时置“1”，符合置“0”的条件时置“0”。

3) 基于序优化理论的选择方法

对于按从差到好排序的 PN 个个体中，第 N 位的个体被选中的概率是 $2(PN-N+1)/[PN(PN+1)]$。采用这种选择方法，个体进入下一代的概率只与个体适应值的排位有关，而与适应值的数值大小无关，从而可以避免进行适应值的变换。

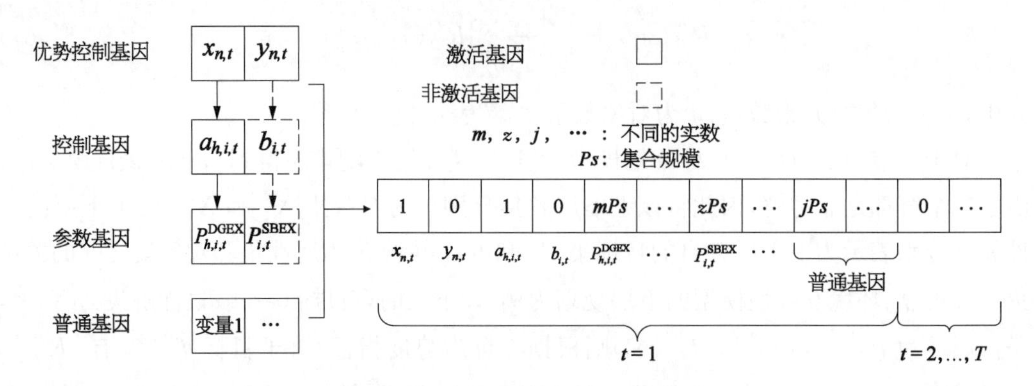

图 5 - 22　递阶遗传算法染色体结构

4) 算法流程

根据前文所述,形成如下算法步骤:

步骤 1:算法初始化,获取系统参数和模型参数等。

步骤 2:对上层优化的决策变量进行实数编码,随机产生初始种群,并对初始种群中的个体进行可行解判定,排除没通过判定的个体,然后再次随机产生与排除数相同的个体,直到初始种群中的所有个体都通过判定。其中判定内容为:将个体中的各个微网的交换功率代入下层,进行 HGA 运算,其中的决策变量为 HGA 编码,判断下层优化是否有解,若无解,则该个体没通过判定;否则,保存解,判定结束。

步骤 3:计算适应度函数值。

步骤 4:根据序优化理论对本代种群进行选择,然后进行交叉和变异,形成下一代种群。因为选择运算不产生新的个体,所以不必在运算后进行可行解判定;因为交叉和变异产生了新的个体,所以在交叉和变异后需进行可行解判定。

步骤 5:检验最优解是否满足收敛条件,若是,计算结束,输出计算结果;否则,回到步骤 4。

算法流程图如图 5 - 23 所示。

5.3.3　微网-用户层运行控制策略

随着我国电力市场化的不断发展,配电市场需要一套指导其经济运行的策略,同时又需要处理大规模分布式电源并网对配电系统造成的影响。针对这种情况,本节在上一节电能质量场景的基础上研究了配电市场环境下大规模分布式电源并网时多微网配电系统的竞价运行策略以及风光储等电能的交易机制。本节提出一个双层交易模型,同时考虑了大规模分布式电源并网时的运行质量以及可再生电源的随机性。上层是配电市场运营商的交易模型,负责通过与多微网的交易保证电压水平、功率平衡等运行质量;下层是微网层中多个微网运营商的竞价模型,负责在多个互联的微网运营商之间以竞价形式交易电能。模型应用随机优化处理大规模可再生能源并网带来的随机性问题。本节提出一个

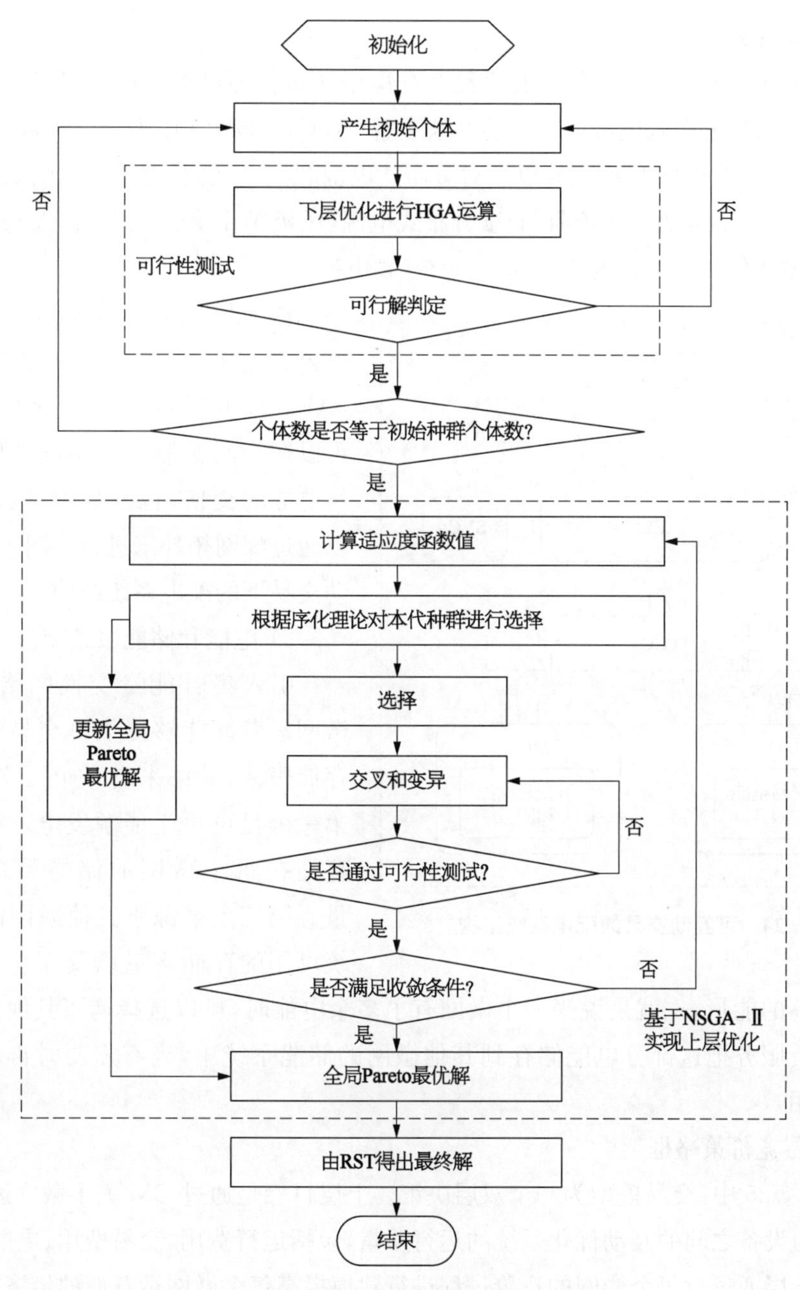

图 5-23　混合算法流程

优先序列交易机制量化多微网之间的动态交易过程，并引入基于风光以及储能服务（包括储能容量租赁）的交易平台，使任何微网运营商在满足竞价规则的条件下可以与任何其他微网进行交易。IEEE 配网测试系统的仿真和一个实际工程试验的结果分析表明本节所研究的策略可以在保证运行质量的同时对风光和储能系统转化的电能进行充分交易，提高运营商的经济效益，为配电市场的运行策略提供理论参考。

5.3.3.1　非合作竞价策略框架

1）配电系统结构

本节中，多微网系统的上层监督系统为配电市场运营商（DMO），与配网直连的包括多微网、一些可控分布式电源以及无功补偿装置（SVC）。DMO 作为一个利益主体，它的目的是通过与多微网的互动交易以及对分布式电源和 SVC 的管理维持配电系统的运行质量。每个微网都包括本地负荷、间歇分布式电源（风机 WT 和光伏电站 PV）、可控分布式电源（微型燃气机和燃料电池）和储能系统（蓄电池）。

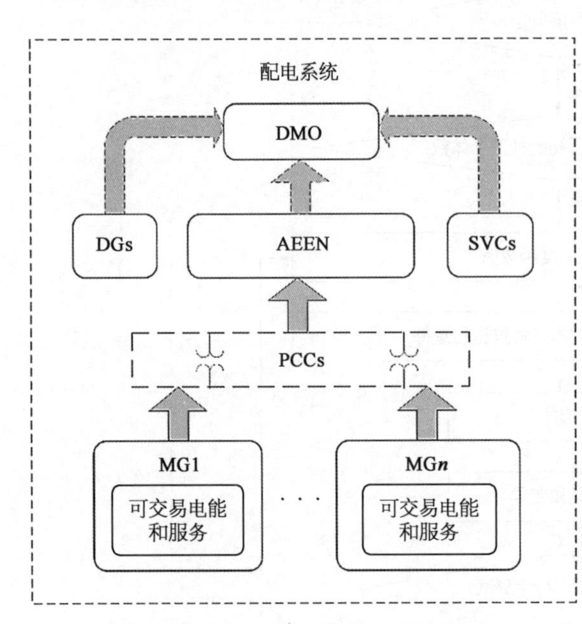

图 5－24　可互动交易的配电系统结构

作为配电网的一部分，每个微网通过公共连接点在集合能量交换网络（AEEN）上进行电能的交易。AEEN 可以在交易机制下让不同微网之间进行电能的交换，也就是说，电能交换可以通过配网拓扑来进行。图 5－24 为互动交易下的配电系统结构。

2）电能和储能服务交易

引入集合能量交换网络后，每个微网运营商能够提供可交易的电能和存储服务，其中来自 3 个可交易种类。第一个是可再生能源发电。第二个是存储在每个微网的储能系统中的能量。第三个来源于其他微网的储能系统可用的存储容量以及在它们的储能系统中存储的能量，也就是说当一个微网有了多余电能时，可以选择购买其他微网的储能系统租赁服务把这部分电能储存到其他微网的储能系统中，当有需要时再从这部分电能中取用。

3）双层竞价策略框架

在图 5－25 中，交易模型为一个双层决策。上层目标是通过 DMO、多微网运营商、配网直连电力设备之间的互动优化系统的运行质量，包括运行费用、交易费用、电能损耗、电压分布。下层通过对每个微网的竞价过程进行建模提高每个微网运营商的经济效益。

5.3.3.2　配电市场运营商模型

1）配网拓扑等价模型

由于后面的部分对经济运行的建模涉及高阶多维变量，为了简化模型、减少运算量，在此引入针对潮流的配网拓扑等价模型。

考虑如图 5－26 所示的辐射网络，有 n 个母线编号为 $f=0,\ 1,\ \cdots,\ F$。DistFlow 模型能够用来描述每一个节点 f 的复杂功率潮流。DistFlow 模型应用线性化表达式简化

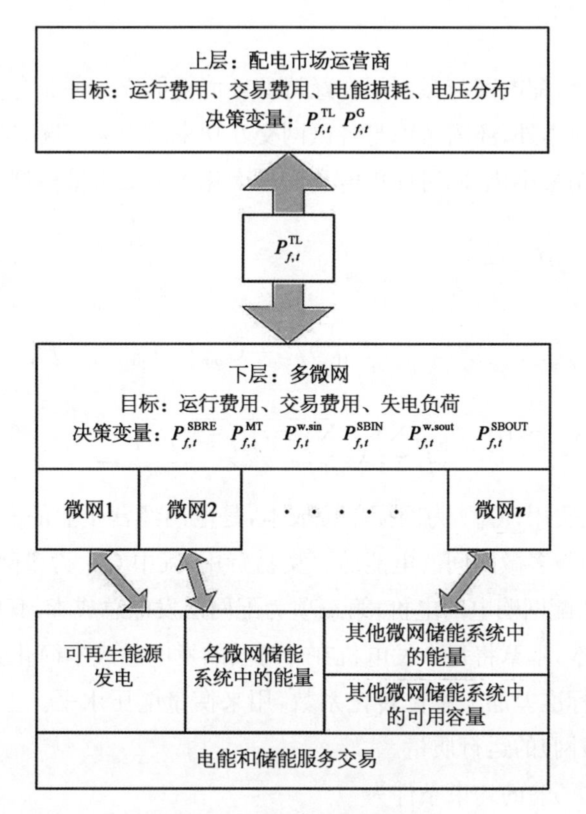

图 5－25　双层竞价策略框架

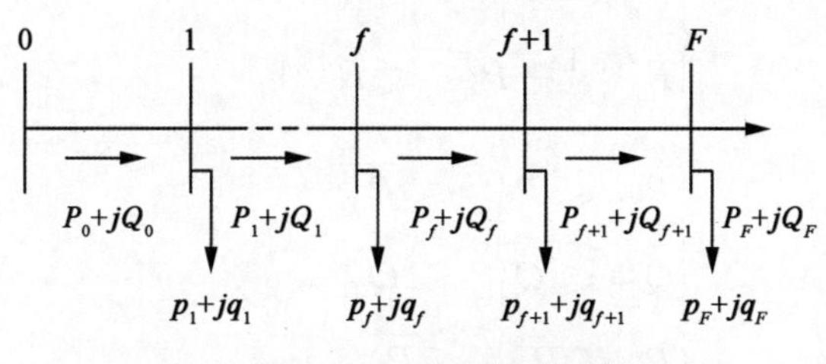

图 5－26　配电辐射网络

成式(5－58)的模型(对于 $\forall t$，$f \in F$)。该等价模型已经被广泛地应用到配电系统以及微电网的能量管理与优化运行中。

$$
\begin{cases}
P^{f+1,t} = P^{f,t} + p^{f+1,t} \\
Q^{f+1,t} = Q^{f,t} + q^{f+1,t} \\
V^{f+1,t} = V^{f,t} + (r^f P^{f,t} + x^f Q^{f,t}) / (V^{f,t})^2 \\
p^{f,t} = P_{\mathrm{L}}^{f,t} - P_{\mathrm{g}}^{f,t} \\
q^{f,t} = Q_{\mathrm{L}}^{f,t} - Q_{\mathrm{g}}^{f,t}
\end{cases}
\tag{5-58}
$$

式中，$P_{\mathrm{g}}^{f,t}$ 和 $Q_{\mathrm{g}}^{f,t}$ 表示来自微型燃气机等可控分布式电源以及无功补偿装置的有功无功出力。

2）上层模型

在多微网接入后，配电网与微网间在经济型环境下形成一种非合作关系，配网层除需考虑自身的发电总成本外，还需考虑与各微网交互功率的交易情况，尽量使自身系统的运行总成本和购电开销最小化，同时使售电利润最大化。上层决策模型为

$$\begin{aligned}\min F = &\sum_{t=1}^{T} C_{\text{loss}} P_{\text{loss}}^{t} + \\ &\sum_{t=1}^{T}\sum_{i\in I}\left[C_{\text{sel}}(\mid P_{\text{TL}}^{f,t}\mid - P_{\text{TL}}^{f,t})/2 - C_{\text{buy}}(\mid P_{\text{TL}}^{f,t}\mid + P_{\text{TL}}^{f,t})/2\right] + \\ &\sum_{t=1}^{T}\sum_{f^{g}\in F^{g}} C_{g} P_{g}^{f,t} + \mu\sum_{t=1}^{T}\sqrt{\sum_{f\in F}(V_{f,t}-1)^{2}/F}\end{aligned} \tag{5-59}$$

式中，第一项为网损费用；C_{loss} 为网损单位成本，是电网经营企业的一项重要的经济技术指标；第二项为配网与多微网间的电能综合交易费用，其中 C_{sel} 为多微网向配网售电的电价，C_{buy} 为多微网从配网购电的电价；第三项为配网层发电总成本，其中 C_{g} 表示发电机单位出力产生的总成本，本章将每个发电机在 t 时段的发电总成本简化为出力的一次函数；第四项为全网电压标准差加上单位转化系数，用来衡量电压水平。上层模型代表了整个配电系统(包括多微网)的运行质量。

目标函数式(5－59)的约束条件为

$$\begin{cases} P_{g}^{f,t} - P_{g}^{f,t-1} \leqslant R^{\text{up}} \\ P_{g}^{f,t-1} - P_{g}^{f,t} \leqslant R^{\text{down}} \end{cases} \tag{5-60}$$

$$\begin{cases} \underline{P_{\text{TL}}} \leqslant P_{\text{TL}}^{f,t} \leqslant \overline{P_{\text{TL}}} \\ \underline{Q_{\text{TL}}} \leqslant Q_{\text{TL}}^{f,t} \leqslant \overline{Q_{\text{TL}}} \\ \underline{P_{g}} \leqslant P_{g}^{f,t} \leqslant \overline{P_{g}} \\ \underline{Q_{g}} \leqslant Q_{g}^{f,t} \leqslant \overline{Q_{g}} \\ \underline{P^{f}} \leqslant P^{f,t} \leqslant \overline{P^{f}} \end{cases} \tag{5-61}$$

$$\sum_{f\in F}(\overline{P_{g}} - P_{g}^{f,t}) \geqslant R^{t} \tag{5-62}$$

$$\sum_{f\in F}(P_{f,t}^{g} - P_{f,t}^{L}) + \sum_{f\in I} P_{f,t}^{\text{TL}} \geqslant 0 \tag{5-63}$$

不等式(5－60)～式(5－62)分别表示微源出力、电压、线功率以及配网备用容量约束。不等式(5－63)表示总发电量应该大于或者等于总的负荷需求。

5.3.3.3　多微网运营商模型

1）第一状态随机问题模型

第一状态随机问题模型是确定性模型，在本节中属于 n-跟随者优化。与可靠、环境友

好型模型不同，经济型模型中的各微网之间以及各微网与上层配网之间在经济型环境下是一种非合作关系。因此，采用何种交易模式，如何进行经济博弈才能够达到每个微网经济利益的最大化是建模需要讨论的问题。对于微网运营商 i 来说，它的运行费用来自两个部分：一个是可控分布式电源的运行费用，另一个是与其他微网运营商以及配电市场运营商的交易费用。所以对 $\forall t,\ i \in I$，有目标函数：

$$\begin{aligned} \min f_i = \sum_{t=1}^{T} \sum_{f \in M_i} \{ & C^{\text{MT}} P_{f,t}^{\text{MT}} + \\ & C_{f,t}^{\text{SBRE}} P_{f,t}^{\text{SBRE}} + C_{f,t}^{\text{rin}} P_{f,t}^{\text{rin}} + C_{f,t}^{\text{SBIN}} P_{f,t}^{\text{SBIN}} - \\ & (C_{f,t}^{\text{SBLE}} P_{f,t}^{\text{SBLE}} + C_{f,t}^{\text{rout}} P_{f,t}^{\text{rout}} + C_{f,t}^{\text{SBOUT}} P_{f,t}^{\text{SBOUT}}) + \\ & (C^{\text{ERE}} E_{f,t}^{\text{SBRE}} - C^{\text{ELE}} E_{f,t}^{\text{SBLE}}) - \\ & [C^{\text{sel}}(|P_{f,t}^{\text{TL}}| - P_{f,t}^{\text{TL}})/2 - C^{\text{buy}}(|P_{f,t}^{\text{TL}}| + P_{f,t}^{\text{TL}})/2)]\} + \\ & Q(p) \end{aligned} \tag{5-64}$$

式中，

$$Q(p) = E_s \phi(p,\ s) = \sum_{s \in S} Pr(s) \phi(p,\ s) \tag{5-65}$$

以上函数包括了第一状态的确定性费用以及第二状态的预期费用[式(5-65)]。式中，集合 M_i 为配网上所有属于微网 i 的节点；$P_{f,t}^{\text{MT}}$ 为微网 f 在 t 时段可控分布式电源（本节由 MT 代表）发电量之和；$P_{f,t}^{\text{SBRE}}$ 为微网 i 在 t 时段从其他微网储能设备中租用的电能交换量，可正可负，正表示从已租用的储能中调用一部分用于供电，负表示将多余的电能储存至其他微网；$P_{f,t}^{\text{rin}}$ 为其他微网 t 时段向微网 i 提供的可再生能源发电；$P_{f,t}^{\text{SBIN}}$ 为其他微网 t 时段向微网 i 提供的自己储能设备中的电能；$P_{f,t}^{\text{SBLE}}$ 为其他微网 t 时段向微网 i 租用的能交换量，可正可负，负表示从已租用的储能中调用一部分用于供电，正表示将多余的电能储存至微网 i；$P_{f,t}^{\text{rout}}$ 为微网 i 在 t 时段向其他微网提供的可再生能源发电；$P_{f,t}^{\text{SBOUT}}$ 为微网 i 在 t 时段向其他微网提供的自己储能设备中的电能；$E_{f,t}^{\text{SBRE}}$ 为 t 时刻，微网 i 在其他微网储能设备中租用的电能总容量；$E_{f,t}^{\text{SBLE}}$ 为 t 时刻其他微网在微网 i 储能设备中租用的电能总容量；$C_{f,t}^{\text{rin}}$，$C_{f,t}^{\text{SBIN}}$，$C_{f,t}^{\text{rout}}$，$C_{f,t}^{\text{SBOUT}}$ 分别为对应出力类型的单位发电总费用，单位发电总费用=单位发电总成本+交易费用；C^{MT} 为单位发电总成本；$C_{f,t}^{\text{SBRE}}$，$C_{f,t}^{\text{SBLE}}$ 分别为单位容量租用费用和收益。在式(5-65)中，$Pr(s)$ 表示基于场景 s ($s \in S$) 的实现概率；E_s 被定义为基于 S 的预期。目标函数约束条件（对 $\forall t,\ i \in I$）如下：

微源出力约束为

$$\begin{cases} \underline{P^{\text{MT}}} \leqslant P_{f,t}^{\text{MT}} \leqslant \overline{P^{\text{MT}}} \\ -\overline{P^{\text{SB}}} \leqslant P_{f,t}^{\text{SB}} + P_{f,t}^{\text{SBLE}} + P_{f,t}^{\text{SBOUT}} \leqslant \overline{P^{\text{SB}}} \end{cases} \tag{5-66}$$

式中，上划线和下划线分别表示 MT 和 SB 的出力上下限。

MT 的爬坡约束为

$$\begin{cases} P_{f,t}^{MT} - P_{f,t-1}^{MT} \leqslant R_{MT}^{up} \\ P_{f,t-1}^{MT} - P_{f,t}^{MT} \leqslant R_{MT}^{down} \end{cases} \tag{5-67}$$

储能系统(本节以 SB 为代表)的容量约束为

$$\begin{cases} E_{f,t} = E_{f,t-1} - (P_{f,t}^{SB} + P_{f,t}^{SBLE} + P_{f,t}^{SBOUT}) \\ \underline{E} \leqslant E_{f,t} \leqslant \bar{E} \\ E_{f,t}^{SBLE} = E_{f,t-1}^{SBLE} - P_{f,t}^{SBLE} \\ E_{f,t}^{SBRE} = E_{f,t-1}^{SBRE} - P_{f,t}^{SBRE} \\ 0 \leqslant E_{f,t}^{SBLE} \leqslant \eta \bar{E} \\ 0 \leqslant E_{f,t}^{SBRE} \leqslant \mu \bar{E} \end{cases} \tag{5-68}$$

式中，上划线和下划线的表示意义同式(5-66)；η、μ 分别为 $E_{f,t}^{SBLE}$，$E_{f,t}^{SBRE}$ 的极限系数，表示它们在储能设备容量中所占的最大比例。为了建模方便，本节忽略电池的充放电效率。

2) 第二状态随机问题模型

第二状态随机问题模型在第一状态模型建立后取得(对 $\forall t$，$i \in I$，$s \in S$)

$$\phi(p, s) = \min \sum_{t=1}^{T} \gamma_t \psi_t^s (\Delta p_{i,t}^s) \tag{5-69}$$

$$\begin{cases} \psi_t^s = \max\{0, \Delta p_{f,t}^s\} \\ \Delta p_{i,t}^s = \sum_{f \in M_i} (P_{f,t}^{L} - P_{f,t}^{MT} - P_{f,t}^{SB} - P_{f,t}^{TL} - P_{f,t}^{r,s}) \end{cases} \tag{5-70}$$

目标函数式(5-69)用于最小化负荷差 $\Delta p_{i,t}^s$ 的惩罚费用，负荷差是由可再生分布式电源的随机性产生的。

目标函数有以下约束条件：

$$0 \leqslant P_{f,t}^{rout} + P_{f,t}^{rin} \leqslant P_{f,t}^{r,s} \tag{5-71}$$

$$a_{i,t}^1 = \begin{cases} 1 & \sum_{f \in M_i} (P_{f,t}^{L} + P_{f,t}^{SB} - P_{f,t}^{r,s}) < 0 \\ 0 & \sum_{f \in M_i} (P_{f,t}^{L} + P_{f,t}^{SB} - P_{f,t}^{r,s}) \geqslant 0 \end{cases} \tag{5-72}$$

$$a_{i,t}^2 = \begin{cases} 1 & \sum_{f \in M_i} (P_{f,t}^{L} - P_{f,t}^{r,s}) > 0 \\ 0 & \sum_{f \in M_i} (P_{f,t}^{L} - P_{f,t}^{r,s}) \leqslant 0 \end{cases} \tag{5-73}$$

$$a_{i,t}^{3}=\begin{cases}1 & P_{f,t}^{\mathrm{L}}-P_{f,t}^{\mathrm{MT}}-P_{f,t}^{\mathrm{SB}}-P_{f,t}^{\mathrm{r},s}>0\\ 0 & P_{f,t}^{\mathrm{L}}-P_{f,t}^{\mathrm{MT}}-P_{f,t}^{\mathrm{SB}}-P_{f,t}^{\mathrm{r},s}\leqslant 0\end{cases} \tag{5-74}$$

其中不等式(5-71)表示微网运营商 i 可以与其他微网交易的可再生能源发电上下限。约束(5-72)～(5-74)表示0-1序列变量。由于概率分布的连续性，很难求得随机优化的解析解。为了解决这个难题，样本平均近似法(SAA)被用于产生某一特定数量的场景以代表概率分布的随机参数。因此，式(5-65)可以被表示为它的样本平均近似法形式：

$$Q(p)=\frac{1}{S}\sum_{s\in S}\sum_{t=1}^{T}\gamma_t\psi_t^s(\Delta p_{i,t}^{s}) \tag{5-75}$$

式中，场景集合有一个有限数量 S 的针对随机变量 $P_{f,t}^{\mathrm{r},s}$ 的实现。研究证明，如果有足够数量的场景实现，则重新设计的两状态随机问题的最优解将收敛到原解。因此，原来的随机问题被重新定义为一个连续的确定性优化问题，这将在有效处理可再生分布式电源随机性的同时大大提高运算效率，使模型得到一个工程所需的较好可行解。

5.3.3.4 交易决策和基于优先序列的博弈

1) 交易机制

在引入微网间可开关联络线以及经济运行环境后，多微网中的每个微网都可以通过多种途径在保证系统可靠性的基础上获取经济利益，通过博弈选择经济成本更小的运行方式。由于价格机制和AEEN的引入，多微网配电系统中各个微网之间可交易的交互电能来源分为以下3种：清洁能源直接交易用于供电；各微网储能系统中的电能交易用于供电；租用容量或使用租用的电能进行供电。

在交易机制下对各个微网之间的运行进行分析前，需要明确博弈对象，即对各决策变量进行分类和集合化。经济环境中分为卖家和买家两大对象，分别对应着供给集合(SP)和需求集合(NP)，每一种交易型决策变量如果存在，将在其中一个集合中。为方便建模，在此引入0-1序列变量，该变量在满足特定序列条件(也可以是顺序条件)时值赋1；对于SP，如果某个微网运营商的序列变量为1时，那么该微网属于SP；对于NP，如果某个微网运营商的序列变量为1时，那么该微网属于NP。在式(5-72)、式(5-73)中，$a_{i,t}^{1}$，$a_{i,t}^{2}$，$a_{i,t}^{3}$ 分别为对决策变量 $P_{f,t}^{\mathrm{SBRE}}$，$P_{f,t}^{\mathrm{rin}}$，$P_{f,t}^{\mathrm{SBIN}}$ 进行分类的0-1序列变量，当它们等于1时属于NP，等于0时不属于NP；根据优先序列博弈理论，同一类型的决策变量不可能同时在两个互补的集合类型中，所以与 $P_{f,t}^{\mathrm{rin}}$，$P_{f,t}^{\mathrm{SBIN}}$ 互补的 $P_{f,t}^{\mathrm{rout}}$，$P_{f,t}^{\mathrm{SBOUT}}$ 对应的0-1序列变量为 $1-a_{i,t}^{1}$，$1-a_{i,t}^{3}$。

在经济型模型中，决定交易决策的是价格和交易机制。将微网运营商及其决策变量分为SP和NP后，根据每个微网运营商提供的动态加价价格 $\Delta C_{i,t}^{k}$ 随时间 t 对NP由高到低进行排列，微网运营商所拥有的 $\Delta C_{i,t}^{k}$ 越高，其交易的优先权越高。其中 k 分别对应容量租用交易费用、清洁能源和储存的电能3种需要竞价的交易模式，i 表示微网。最后根据优先权由高到低轮流进行购买或租用决策，决策(竞价)过程中，NP中的决策变量所属的微网运营商优先购买或租用加价后SP中价格较低者的电能。另外，加价价格 $\Delta C_{i,t}^{k}$

的决定可以有多种方法，在实际中，最理性的方法为

$$\Delta C_{i,t}^{k}=\underline{\Delta C_{i}^{k}}+(\underline{\Delta C_{i}^{k}}-\overline{\Delta C_{i}^{k}})P_{i,t}^{\mathrm{D}}/\max\{P_{i,t}^{\mathrm{D}}\mid t\in T\} \tag{5-76}$$

上式假设每一个微网运营商因为市场规定不可以得知其他微网运营商的价格信息，因此 $\Delta C_{i,t}^{k}$ 由微网运营商 i 在时间 t 的电能需求量决定，即

$$P_{i,t}^{\mathrm{D}}=\sum_{f\in M_i}(P_{f,t}^{\mathrm{L}}-P_{f,t}^{\mathrm{MT}}-P_{f,t}^{\mathrm{SB}}-P_{f,t}^{\mathrm{r,s}}) \tag{5-77}$$

在每一个时间间隔中，$\Delta C_{i,t}^{k}$ 根据 $P_{i,t}^{\mathrm{D}}$ 从 $\underline{\Delta C_{i}^{k}}$ 到 $\overline{\Delta C_{i}^{k}}$ 被标准化。注意当 $P_{i,t}^{\mathrm{D}}<0$ 时，$\Delta C_{i,t}^{k}=0$。

总之，在交易时间 t 中，在 NP 中的微网运营商 i（即招标人）宣布一个加价 $\Delta C_{i,t}^{k}$。SP 中的微网运营商们（即竞价投标人）给出他们的“竞标价” C_{o}^{k}。招标人 i 选择最低的价格 $C_{o1,t}^{k}$ 并以 $\Delta C_{i,t}^{k}+C_{o1}^{k}$ 的价格付给投标人 $o1$ 费用。如果投标人 $o1$ 在提供电能后仍无法满足 i 的需求，剩下的电能需求将被投标人 $o2$ 以第二低的价格 C_{o2}^{k} 匹配，并依次类推。因此，招标人 i 需要付的总费用为 $(\Delta C_{i,t}^{k}+C_{o1}^{k})P_{o1}+(\Delta C_{i,t}^{k}+C_{o2}^{k})P_{o2}+\cdots$，其中 P_o 为投标人 o 提供的电能量。投标人 o 在 NP 中选择出价 $\Delta C_{i,t}^{k}$ 最高的招标人 i^1 以价格 $\Delta C_{i1,t}^{k}+C_{o}^{k}$ 收取费用。如果在提供给 i^1 电能后还有多余电能，剩下的电能供给将被招标人 i^2 以第二低的加价 $\Delta C_{i2,t}^{k}$ 匹配，并依次类推。所以投标人 o 的总收入为 $(\Delta C_{i1,t}^{k}+C_{o}^{k})P_{i1}+(\Delta C_{i2,t}^{k}+C_{o}^{k})P_{i2}+\cdots$，其中 P_i 为招标人 i 所需的电能量。

2) 优先序列博弈向量

式(5-64)中的 $P_{f,t}^{\mathrm{SBRE}}$，$P_{f,t}^{\mathrm{rin}}$，$P_{f,t}^{\mathrm{SBIN}}$，$P_{f,t}^{\mathrm{SBLE}}$，$P_{f,t}^{\mathrm{rout}}$ 和 $P_{f,t}^{\mathrm{SBOUT}}$ 为经济运行策略下的优先序列博弈向量，下面举例对 $P_{f,t}^{\mathrm{rin}}$ 进行描述和分析。首先定义电能交换变量 $p_{i,n,t}^{e,f}$，该变量表示 e 种类型的电能在 t 时段从微网 i 到微网 n 的交换量，其中 e 为 1～6 的整数；其次定义售电价格 C_{i}^{k}，该变量表示微网 i，k 种类电能的售电价格，其中 k 为 1～3 的整数，分别表示提供租借价格、清洁能源售价、储电售价。

$$P_{f,t}^{\mathrm{rin}}=X_{f,t}^{2}P_{f,t}^{2} \tag{5-78}$$

$$X_{f,t}^{2}=[\ldots x_{o,i,t}^{2,f}\ldots x_{O,i,t}^{2,f}] \tag{5-79}$$

$$P_{f,t}^{2}=[\ldots p_{o,i,t}^{2,f}\ldots p_{O,i,t}^{2,f}]^{\mathrm{T}} \tag{5-80}$$

$$x_{o,i,t}^{2,f}=\begin{cases}1 & x_{o,i,t}^{\prime 2,f}\\ 0 & 其他\end{cases} \tag{5-81}$$

式中，O 为与微网 i 相连的其他微网编号的集合以及最大编号，$X_{f,t}^{2}$ 为 $P_{f,t}^{2}$ 对应的 0-1 序列变量。

下面进一步对条件 $x_{o,i,t}^{\prime 2,f}$ 进行讨论。0-1 序列变量将待博弈变量 $p_{2}^{o,i,t}$ 分为 SP 和

非SP，由于该变量代表的电能来自微网O，因此需判断微网O是否是可再生能源提供方，即$(1-a_{o,t}^{2})$是否等于1。作为需求方(当$a_{i,t}^{2}=1$时)，微网i含有价格信号$\Delta C_{i,t}^{2}$用以判断微网i在所有NP中的购买顺序；微网O含有价格信号C_{o}^{2}用以判断微网O在所有SP中的被购买顺序。因此，以价格信号作为顺序条件可以覆盖到所有可能的条件，对$x_{o,i,t}^{\prime 2,f}=1$的条件描述如下：

$$1-a_{o,t}^{2}=1,\ a_{i,t}^{2}=1,\ \Delta C_{i,t}^{2}=\max\{\Delta C_{i',t}^{2}\mid i'\in \mathrm{NP}\},C_{o}^{2}=\min\{C_{o'}^{2}\mid o'\in \mathrm{SP}\};$$

当$\Delta C_{i,t}^{2}=\max\{\Delta C_{i',t}^{2}\mid i'\in \mathrm{NP}\},C_{o}^{2}\neq\min\{C_{o'}^{2}\mid o'\in \mathrm{SP}\}$时，

$$\sum_{f\in M_i}(P_{f,t}^{\mathrm{L}}-P_{f,t}^{\mathrm{r,s}})>\sum_{o'\in O'}\sum_{f\in M_{o'}}p_{o',i,t}^{2,f},\ \forall o'\in\{o'\mid C_{o'}^{2}<C_{o}^{2}\}$$

当$\Delta C_{i,t}^{2}\neq\max\{\Delta C_{i',t}^{2}\mid i'\in \mathrm{NP}\},C_{o}^{2}=\min\{C_{o'}^{2}\mid o'\in \mathrm{SP}\}$时，

$$\sum_{i'\in I'}\sum_{f\in M_{i'}}(P_{f,t}^{\mathrm{L}}-P_{f,t}^{\mathrm{r,s}})<\sum_{f\in M_o}p_{o,i,t}^{2,f},\ \forall i'\in\{i'\mid C_{i'}^{2}<C_{i}^{2}\}$$

当$\Delta C_{i,t}^{2}\neq\max\{\Delta C_{i',t}^{2}\mid i'\in \mathrm{NP}\},C_{o}^{2}\neq\min\{C_{o'}^{2}\mid o'\in \mathrm{SP}\}$时，

$$\sum_{i'\in I'}\sum_{f\in M_{i'}}(P_{f,t}^{\mathrm{L}}-P_{f,t}^{\mathrm{r,s}})>\sum_{o'\in O'}\sum_{f\in M_{o'}}p_{o',i,t}^{2,f}$$

依次类推，即可得到所有博弈矩阵的0-1决策变量的触发条件$x_{i,o,t}^{\prime e,f}$(当$e=1,2,3$时)和$x_{o,i,t}^{\prime e,f}$(当$e=4,5,6$时)。

因此，对于所有经济运行博弈矩阵，有如下描述：

$$X_{f,t}^{e}P_{f,t}^{e}=\begin{cases}[\dots x_{o,i,t}^{e,f}\dots x_{O,i,t}^{e,f}][\dots p_{o,i,t}^{e,f}\dots p_{O,i,t}^{e,f}]^{\mathrm{T}} & e=1,2,3\\ [\dots x_{i,o,t}^{e,f}\dots x_{i,O,t}^{e,f}][\dots p_{i,o,t}^{e,f}\dots p_{i,O,t}^{e,f}]^{\mathrm{T}} & e=4,5,6\end{cases}\tag{5-82}$$

$$x_{o,i,t}^{e,f}=\begin{cases}1 & x_{o,i,t}^{\prime e,f}\\ 0 & 其他\end{cases}\quad e=1,2,3\tag{5-83}$$

$$x_{i,o,t}^{e,f}=\begin{cases}1 & x_{i,o,t}^{\prime e,f}\\ 0 & 其他\end{cases}\quad e=4,5,6\tag{5-84}$$

至此，多微网配电系统的基于电力市场的非合作运行模型构建完毕。

5.3.3.5　求解算法

在电力系统的应用中，双层决策问题的解析解一般难以得到，只能通过数值法进行迭代逼近；而且，多微网配电系统的基于电力市场的经济非合作运行模型都属于混合整数规划。为了使求解算法更加适用于本节所提出的模型，提高运算和求解效率，本节引入基于改进搜索算子和自适应选择程序的递阶遗传算法。本节在传统递阶遗传算法的基础上进行了设计和改进。传统递阶遗传算法的染色体编码含有两个层次：控制编码层和参数编码层。控制编码被编译为二进制来控制参数编码中的实数，参数编码中的实数代表了一

般优化问题中的决策变量。当控制编码中的二进制数字变更状态时，其所控制的参数基因也随之变为“激活”或者“未激活”状态，表示其是否被优化模型和算法使用；还有一类编码为普通编码，他们不受控制编码层控制，一般为优化模型中的常数。

1）改进 HGA 染色体表达

对于本节所提出的模型，在 HGA 加入了一个改进设计：在控制编码层之上加入上级控制编码层，负责控制控制编码层的基因，其作用与控制编码层对参数编码层的作用相同。具体结构如图 5－27 所示，其中虚线部分表示算法改进部分。

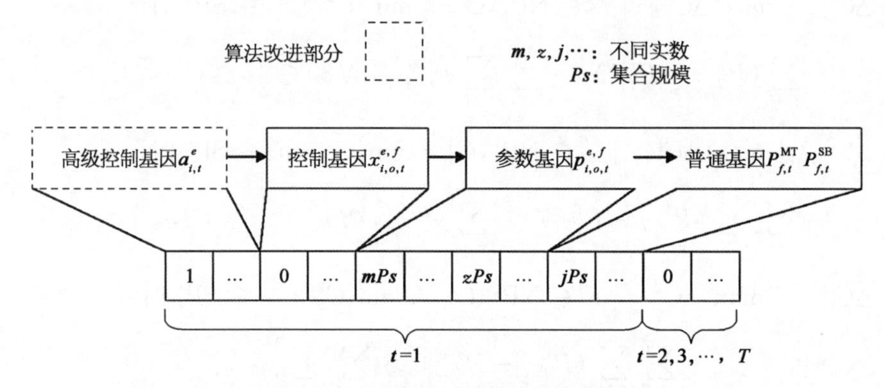

图 5－27　改进递阶遗传算法染色体结构

在图 5－27 中，上级控制编码为式(5－72)～式(5－74)的 0－1 序列变量用来决定 SP 和 NP 的分类。控制编码为 $x^{e,f}_{o,i,t}$，决策变量 $p^{e,f}_{o,i,t}$ 为参数编码，$P^{MT}_{f,t}$ 和 $P^{SB}_{f,t}$ 为普通编码。

改进的染色体结构根据所提出的博弈向量所制定，算法的执行依照优先序列原则。首先，编码 $a^{e}_{i,t}$ 的值根据条件式(5－72)～式(5－74)决定；然后，编码 $x^{e,f}_{o,i,t}$ 的值根据条件式(5－83)和式(5－84)决定；最后，根据 $a^{e}_{i,t}$ 和 $x^{e,f}_{o,i,t}$ 的状态判断 $p^{e,f}_{o,i,t}$ 是否被激活，并计算决策变量 $p^{e,f}_{o,i,t}$ 的值。

2）改进搜索算子

HGA 的每一代染色体伴随着包括交叉运算和变异运算的搜索算子。本节将模拟二进制交叉运算(SBX)和非均匀变异运算整合在染色体的实数编码部分以提高针对本节模型的寻优效率。

在 SBX 中，子代 $(\psi^{1}_{i},\ \psi^{2}_{i})$ 以下面方式产生：

$$
\begin{aligned}
\psi^{1}_{i} &= 0.5[(1+\omega_{qi})\phi^{1}_{i}+(1-\omega_{qi})\phi^{2}_{i}] \\
\psi^{2}_{i} &= 0.5[(1-\omega_{qi})\phi^{1}_{i}+(1+\omega_{qi})\phi^{2}_{i}]
\end{aligned} \tag{5-85}
$$

式中，

$$
\omega_{qi}=\begin{cases}(2u_{i})^{1/\eta_{c}+1} & u_{i}\leqslant 0.5 \\ \left[\dfrac{1}{2(1-u_{i})}\right]^{1/\eta_{c}+1} & u_{i}>0.5\end{cases} \tag{5-86}
$$

式中，u_i 为从范围[0, 1]产生的均匀随机数并且为用户化的参数分布。

非均匀变异可以减小运算步长并且会随着迭代次数的增加减小变异的数量。在非均匀变异运算中，一个子代个体以下面的方式变异：

$$\phi_{i,j}^{*}(g)=\phi_{i,j}(g)+\delta_{i,j}(g) \tag{5-87}$$

式中，

$$\delta_{i,j}(g)=\begin{cases}[\phi_i^{\max}-\phi_{i,j}(g)]\{1-[u(g)]^{1-(t/N_G)^b}\}u\leqslant 0.5\\ [\phi_i^{\max}-\phi_{i,j}(g)]\{1-[u(g)]^{1-(g/N_G)^b}\}u>0.5\end{cases} \tag{5-88}$$

$$i\in N_{\phi},\ j\in N_P$$

式中，$u(g)$ 为从范围[0, 1]产生的均匀随机数；N_P 为种群数量；N_G 和 g 分别为最大子代数量以及当前代数。

在每一次交叉运算和变异运算中，算法会重设上级控制编码以及控制编码。程序的计算负担通过对决策变量结合 0－1 序列变量的进化处理大大减轻。

3）自适应选择程序

本节所提出的模型中的目标函数需要被校准以便整合到 HGA 中。这里应用一个自适应的线性标准化方法：

$$F=f_{\max}-f(x)+\xi^k \tag{5-89}$$

式中，$f(x)$ 为目标函数；$f_{\max}$ 为每一代中目标函数的最大值；k 表示迭代的次数；ξ^k 为一个相对较小的数，它能够在运算的后期增加种群的差异性并且促进算法的收敛。

比例选择策略按照以下方式选择子代种群：

$$\min F=\sum_{i=1}^{2}\sigma_i F_i \tag{5-90}$$

式中，$\sigma_i=\kappa_i\Big/\sum_{i=1}^{2}\kappa_i$，$\kappa_i$ 为从范围[0, 1]产生的随机数。

4）算法流程

可行解检测：① 将配网运营商模型中的每一个交换变量带入多微网运营商模型，并用上文所设计的算法求解模型。② 检查在多微网运营商模型求解后是否存在可行解。

步骤 0：初始化。设置染色体和种群大小，设种群代数＝1。

步骤 1：创建初始种群。对个体进行可行解检测。更新那些没有通过检查的个体，直到同样数量的新个体都通过检测。

步骤 2：根据目标函数式(5－59)和式(5－89)计算适应值。

步骤 3：在进行上层优化时让当前种群进行选择运算。

步骤 4：在进行上层优化时让当前种群根据式(5－85)和式(5－87)进行交叉运算和

变异运算。对个体进行可行解检测,排除那些没有通过可行解检测的个体,然后继续进行交叉运算和变异运算,直到同样数量的新个体都通过检测。

步骤 5:如果收敛条件满足,返回优化解,运算结束;如果收敛条件不满足,转到步骤 2。

所设计算法的流程图如图 5-28 所示。

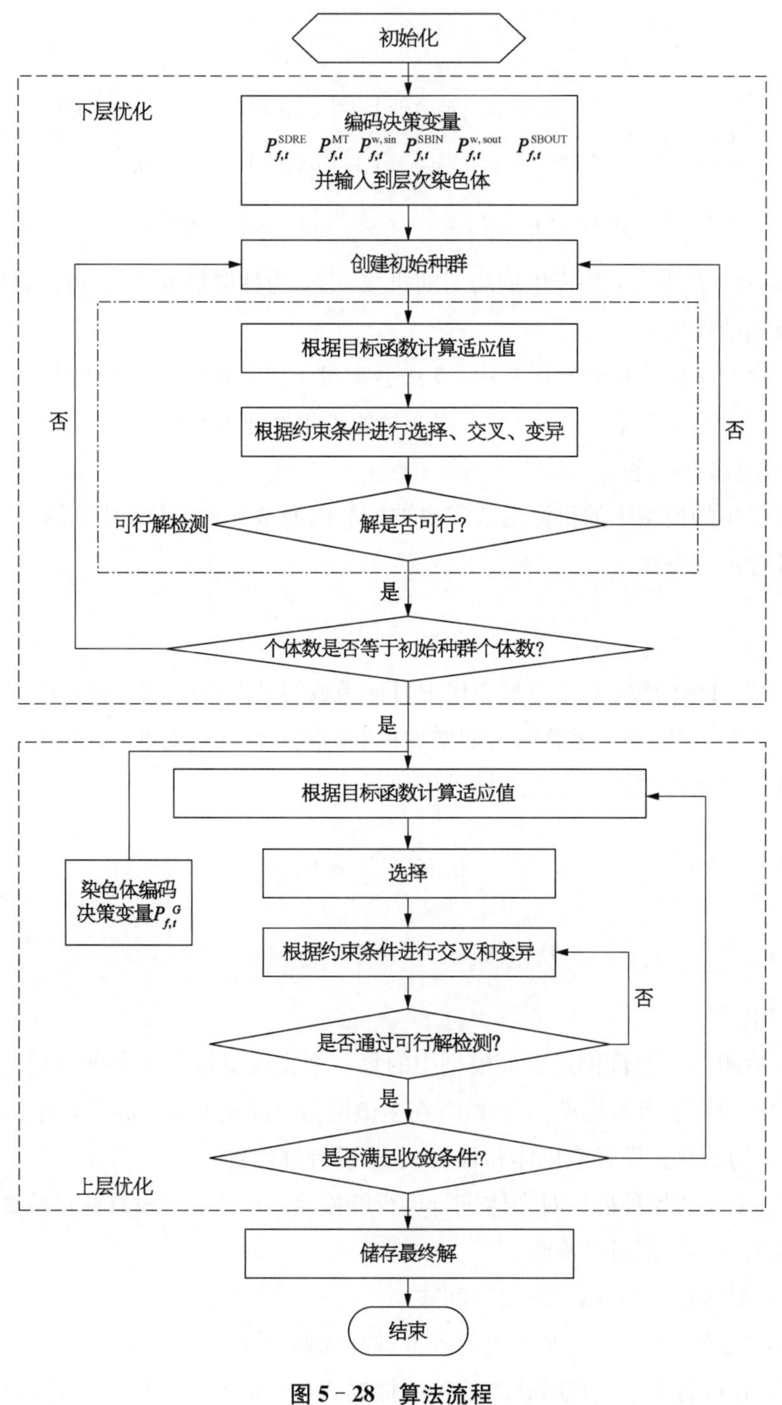

图 5-28 算法流程

5.4　案例分析及仿真

5.4.1　欧洲典型微网结构与改进 IEEE33 节点系统

1）仿真系统描述

为验证前述章节互动运行策略的有效性，对某一欧洲典型微网结构接入 IEEE33 节点配网的系统进行仿真，如图 5-29 所示。经过薄弱点辨识之后，接入原有 IEEE33 节点配网的微网有 4 个，分别在节点 15，16，30 和 33；为方便表示，只有连接在节点 33 的微网画在图 5-29 中。

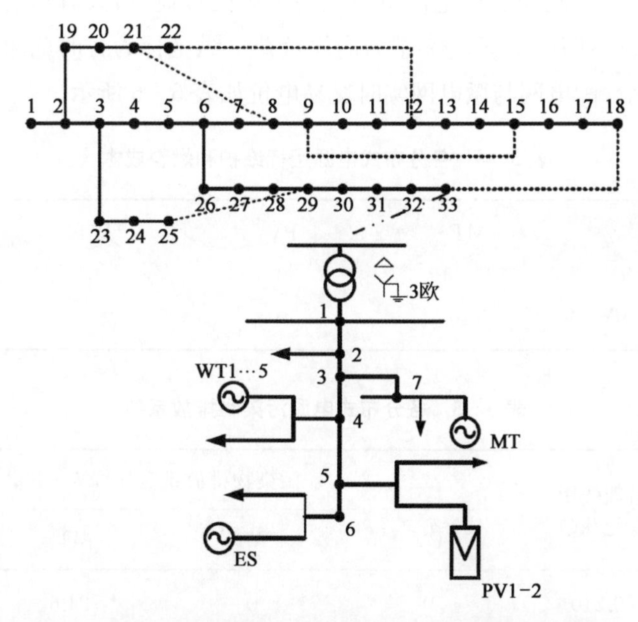

图 5-29　欧洲典型微网接入 IEEE33 节点配网系统结构

微网系统中，风电和光伏的安装台数分别为 5 台和 2 台，总装机容量分别为 500 kW 和 300 kW，燃气轮机的容量为 500 kW，储能容量为 150 kVA，储能参数如表 5-2 所示。

表 5-2　蓄电池参数

逆变器容量	额定容量	剩余容量		初始容量
		最大	最小	
60 kVA	900 kW·h	90%	30%	50%

各分布式能源的装机容量和安装成本如表 5-3 所示。

表 5-3　各分布式电源运行参数

电源类型	功率下限/kW	功率上限/kW	安装台数	寿命	投资安装成本/(万元/kW)
MT	0	500	1	10	1
WT	0	100	5	10	1.2
PV	0	150	2	20	2
ES	−150	150	1	10	0.066 7

各分布式能源的运行维护和燃料成本参数如表 5-4 所示。污染物排放系数如表 5-5所示。风电和光伏的功率预测曲线如图 5-30 所示，采用标幺值表示，基准值为对应分布式电源的最大输出功率。微电网负荷主要为居民负荷，最大有功负荷为 500 kW，负荷预测曲线如图 5-31 所示，负荷类型为居民负荷。纵坐标为各时刻输出功率占日最大输出负荷的百分比。配电网与微电网实时交易电价如表 5-6 所示。

表 5-4　各分布式电源运行维护和燃料成本

电源类型	MT	PV	WT	ESS
K_{fuel}/(元/kW·h)	43.70	0	0	0
$K_{O\&M}$/(元/kW·h)	1.10	0	0	0.1

表 5-5　各分布式电源污染物排放系数

污染物类型	治理费用/(元/kg)	污染物排放系数(g/kW·h)			
		PV	WT	MT	ESS
CO_2	0.210	0	0	724.6	649
SO_2	14.842	0	0	0.004	0.206
NO_x	62.964	0	0	0.200	0.890

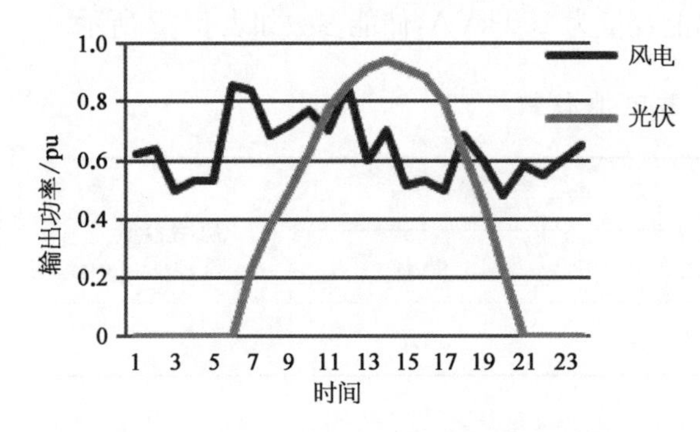

图 5-30　光伏与风机输出功率预测曲线

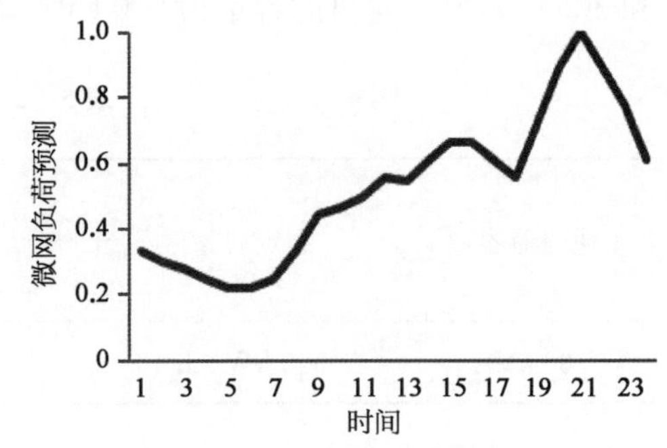

图 5-31　微电网负荷功率预测曲线

表 5－6　微网与配网能量交互的实时电价

时　段	电价/(元/kW·h)	时　段	电价/(元/kW·h)
1	0.24	12	0.99
2	0.18	13	1.49
3	0.13	14	0.99
4	0.10	15	0.79
5	0.03	16	0.40
6	0.17	17	0.36
7	0.27	18	0.36
8	0.39	19	0.41
9	0.52	21	0.44
10	0.53	22	0.35
11	0.81	23	0.30
12	1.00	24	0.23

图 5－32 为微电网向配电网输送功率的预测曲线，该曲线根据微网中风机、光伏的出力预测，微网的负荷预测以及下层优化模型中分布式能源的出力约束得到。

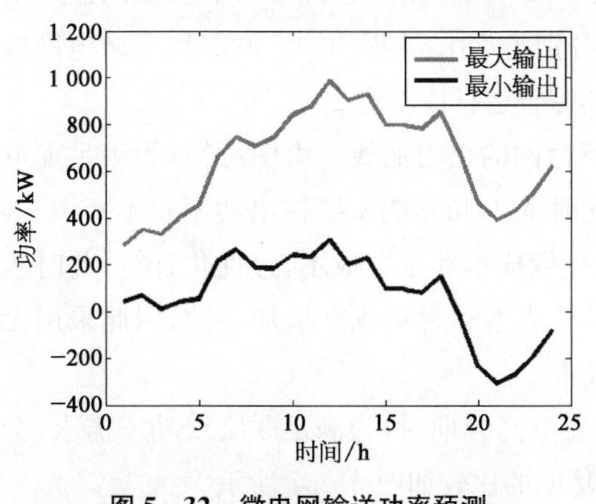

图 5－32　微电网输送功率预测

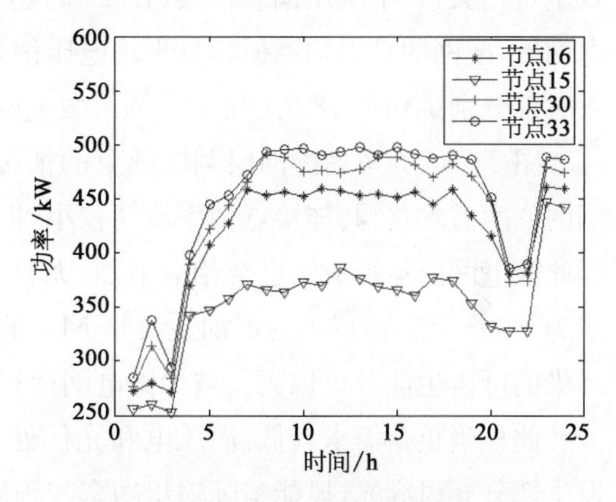

图 5－33　各公共连接点最优接入功率

2）配网层调度需求

图 5－33 为多微网的各公共连接点最优接入功率曲线，该曲线由微网出力约束以及多微网层优化策略得出。

当不考虑多微网接入时，配网的日平均网损和日平均电压偏差分别为 219.8 kW 和 0.491 2；当考虑多微网接入时，配网的日平均网损和日平均电压偏差分别为 59.1 kW 和 0.020 3，优化效率分别为 72.1％和 93.9％。

3）微网层运行策略

图 5－34 为在综合成本最优情况下微网的出力曲线，该曲线不考虑配网层调度约束，仅考虑微电网与配电网联络线上的最大最小功率限制。由图 5－34 可知，PCC 功率波动

较大。为了在满足储能约束和负荷需求的前提下减少微电网的综合运行费用，在可再生能源发电不能满足负荷需求时(20～24 时)，微电网从配网购电，因为购电费用比污染成本和运行成本较大的 MT 发电费用低；但是购电会影响配网电压和网损的改善。在只考虑成本最优的情况下，基于图 5－34 得到图 5－35 所示的配网网损和电压偏差曲线。

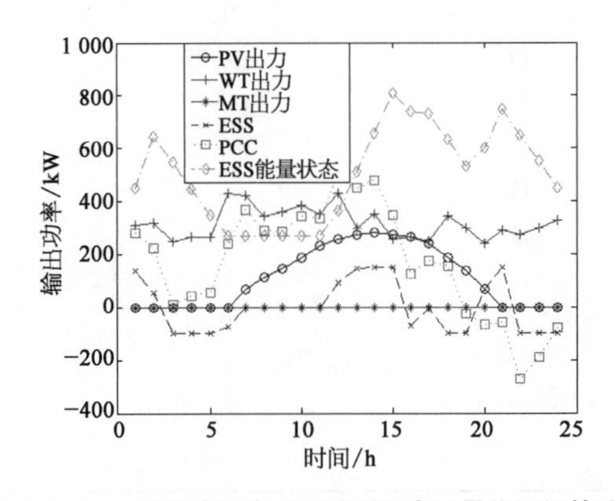

图 5－34　不考虑配电网调度时微电网最优运行策略

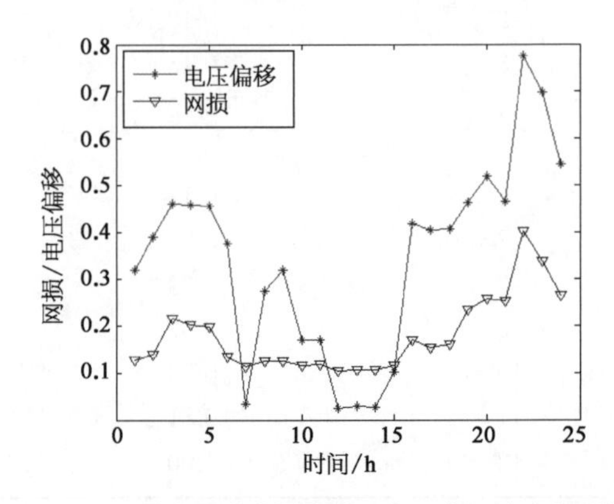

图 5－35　微电网成本最优时配电网电压偏移和网损

从图 5－35 中可以看出，配网网损和电压偏差的变化趋势与微网接入功率的变化大致呈负相关，其中电压偏差较大(在 22 时达到 0.780 1)。在该运行策略下多微网接入配电网后，配网的日平均网损和日平均电压偏差分别为 181.6 kW 和 0.350 2，比无微电网接入时仅分别优化了 18.9%和 25.1%。微电网的综合运行成本为 2 833 元。

图 5－36 为考虑配网层调度约束的情况下微网的出力曲线。由图可知，为满足配电网的调度需求，公共连接点功率波动较小，但此时 MT 和储能系统输出功率要不断调整，因此微电网的运行成本也会相应增加，尤其是环境成本和发电成本，经优化计算，此时成本为 4 505 元。该成本的增加主要是 MT 的排放成本和燃料成本增加导致，因此采用无污染的可再生能源可以大大减少微电网运行成本。

此外当负荷需求较低，而风电和光伏处于发电高峰期时，为满足联络线功率需求，会发生部分弃风弃光，风能实际输出功率与预测功率的比较如图 5－37 所示。

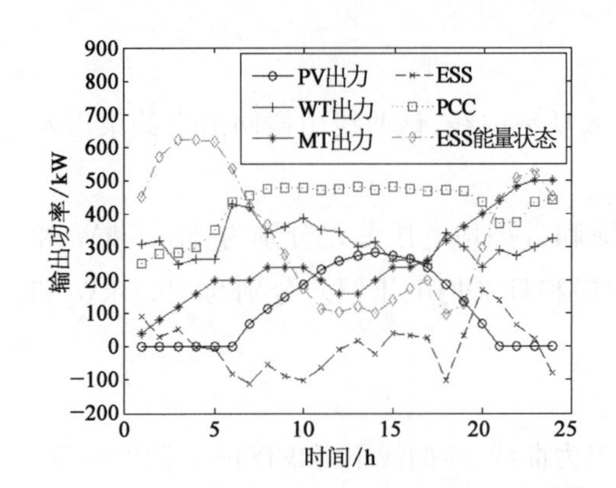

图 5－36　配电网调度下微电网最优运行策略

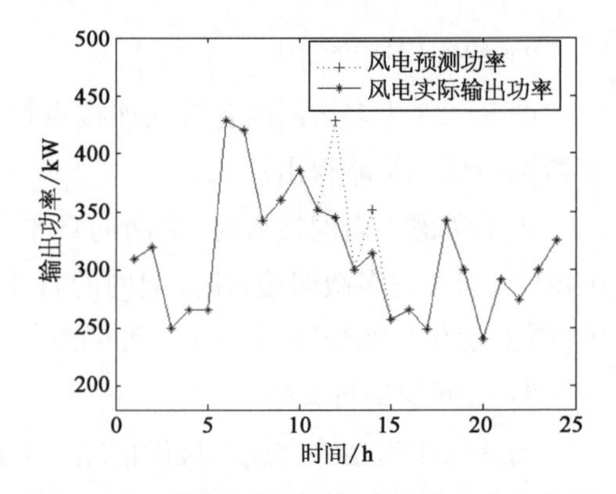

图 5－37　风电预测功率与实际输出功率比较

5.4.2　某地区微能源网拓扑结构

为验证前面提出的优化控制方法，在 pscad4.5x 平台上搭建仿真模型，使用 C 语言编写智能体一致性功能程序，算例拓扑设计如图 5－38 所示。

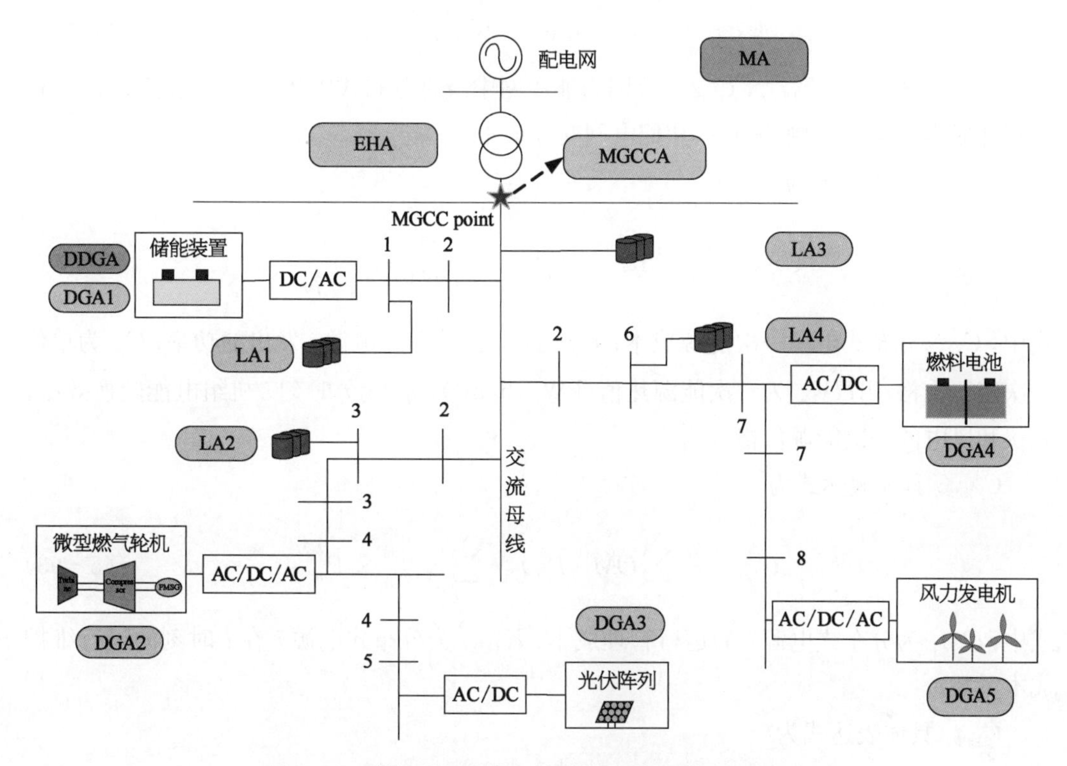

图 5－38　基于多智能体一致性的能源互联网仿真模型

设置 5 种分布式电源，分别为微型燃气轮机、光伏、储能装置、燃料电池和风力发电。配电网电压为 10 kV，额定电压等级为 400 V。线路参数如表 5－7 所示。

表 5－7　算例线路参数表

线　路	长度/m	电阻/Ω	电抗/mH
1－2	50	0.016 3	0.011 6
2－3	300	0.097 5	0.069 6
3－4	200	0.065 2	0.046 4
4－5	100	0.032 6	0.023 2
2－6	250	0.081 5	0.058
6－7	150	0.049 8	0.034 8
7－8	100	0.032 6	0.023 2

1）目标函数

（1）系统运行成本。

仿真算例考虑包括一次能源消耗成本、运行管理成本、设备折旧维护成本、能源互联网与电网分时电价的交互成本等4种运行成本。

$$C_{1,t}=C_{G,t}+C_{OM,t}+C_{DP,t}+C_{Grid,t} \tag{5-91}$$

式中，$C_{G,t}$，$C_{OM,t}$，$C_{DP,t}$，$C_{grid,t}$ 分别为能源网中所有分布式电源实时能源消耗成本、运行管理成本、设备折旧维护成本和配电网交互成本。

$C_{G,t}$ 具体表达式为

$$C_{G,t}=\sum_{i=1}^{N}C_iP_{it}=\sum_{i=1}^{N}C_{pe}\times\frac{1}{LHV_{pe}}\times\frac{P_{it}}{\eta_{it}} \tag{5-92}$$

式中，C_i 为分布式电源一次能源成本；P_{it} 为 t 时刻分布式电源 i 发出的功率；C_{pe} 为单位一次能源价格；LHV_{pe} 为一次能源热值（$kW\cdot h/m^3$）；η_{it} 为 t 时刻 i 机组电能转换效率，光伏和风电的一次能源价格视为零。

$C_{OM,t}$ 具体表达式为

$$C_{OM,t}=\sum_{i=1}^{N}OM_i(P_{it})=\sum_{i=1}^{N}K_{OMit}\times P_{it} \tag{5-93}$$

式中，OM_i 为分布式电源 i 的运行管理成本；K_{OMit} 为分布式电源 i 在 t 时刻的运行维护成本系数。

$C_{DP,t}$ 具体表达式为

$$C_{DP,t}=\sum_{i=1}^{N}DP_i(P_{it})=\sum_{i=1}^{N}\frac{InsCos\,t_i\times CFR_i}{P_{N,i}\times 8\,760\times cf_i}\times P_{it} \tag{5-94}$$

$$CFR_i=\frac{d_i\times(1+d_i)^{L_i}}{(1+d_i)^{L_i}-1} \tag{5-95}$$

式中，DP_i 为分布式电源 i 的折旧成本；$InsCos\,t_i$ 为分布式电源 i 的单位容量安装成本；$P_{N,i}$ 为分布式电源的最大输出功率；cf_i 为分布式电源 i 的容量因素，CFR_i 为分布式电源 i 的资本回收系数[14]；d_i，L_i 分别为分布式电源 i 的折旧率和折旧年限。

$C_{grid,t}$ 具体表达式为

$$C_{grid,t}=CP_t\times CGP_i-CS_t\times CSP_i \tag{5-96}$$

式中，CP_t 和 CGP_i 分别为 t 时刻能源互联网对配电网的购电电价和购电量；CS_t 和 CSP_i 分别为 t 时刻能源互联网对配电网的售电电价和售电量。

（2）排污处理成本。

将发电单元对环境的影响折算为成本，作为目标函数的一项，主要包括排污处理费用

$C_{DGi\text{-}EM,t}$ 和配电网电能的排污处理费用 $C_{Grid\text{-}EM,t}$，即

$$C_{2,t}=C_{DGi\text{-}EM,t}+C_{Grid\text{-}EM,t} \tag{5-97}$$

排污费用的具体表达式为

$$C_{I\text{-}EM,t}=\sum_{i=1}^{N}(\sum_{k=1}^{M}\alpha_{ik}\times\lambda_{ik}\times P_{it}) \tag{5-98}$$

式中，N 为发电单元类型；M 为污染类型；α_{ik} 为分布式电源 i 排污类型 k 的单位污染物处理成本(元/kg)；λ_{ik} 为分布式电源 i 排污类型为 k 时的排放系数。

(3) 运行效率。

根据分时电价将网损折算为成本 $C_{3,t}=Loss_t\times C_t$。其中 $Loss_t$ 和 C_t 分别为系统网损和实时电价。

最终的综合效益目标函数定义为

$$\min C=\sum_{t=1}^{24}C_{1,t}+C_{2,t}+C_{3,t} \tag{5-99}$$

2) 约束条件

约束条件包括储能荷电状态约束和充放电功率约束，分布式电源功率约束，燃气轮机和燃料电池的实时发电功率约束由 EHA 给出，可以概括为

$$\text{s.t.}\begin{cases}0.05\leqslant SOC\leqslant 0.95\\ |P_{ES,t}|\leqslant P_{ES,\max}\\ 0<P_{i,t}<P_{i,t\max}\end{cases} \tag{5-100}$$

式中，$|P_{ES,t}|$ 为储能 t 时刻的充放电功率绝对值；$P_{ES,\max}$ 为储能最大工作功率；$P_{i,t\max}$ 表示分布式电源 i 在 t 时刻的最大输出功率。

孤岛运行时，储能视为普通分布式电源，计算方法同上。并网运行时，储能以平抑联络线波动的平方为唯一目标，即 $\min\sum_{t=1}^{24}(p_{\text{line},t}-p_{\text{Bat},t})^2$，以最大充放电功率和荷电状态作为约束。

3) 离散一致性算法

在多智能体协调过程中，协作需要的信息以各种方式在智能体间传递，协同响应随机负荷的变化和上层联络线指令的调整，使分布式元件的某些关键量达到一致。利用网络拓扑确定邻居通信关系，实现下垂控制的功率精确分配，调节全网频率一致性，并且使分布式电源自行按照经济优化比承担联络线功率波动。

一般连续一阶一致性算法为一阶积分环节：

$$\dot{x}_i(t)=u_i(t) \tag{5-101}$$

式中，$x_i(t)$ 为第 i 个智能体的状态，$u_i(t)$ 为其控制输入，控制输入由邻接节点反馈得到，其表达式为

$$u_i(t) = -\sum_{i \in N_i(t)} a_{ij}(t)[x_j(t) - x_i(t)] \tag{5-102}$$

式中，$N_i(t)$ 表示智能体 i 在 t 时刻的邻居；$a_{ij}(t)$ 为智能体 j 传给智能体 i 的信息权重。在固定拓扑结构下，可用线性时不变系统表示为 $\dot{X}(t) = -\boldsymbol{L}X(t)$。其中 X 是智能体的状态集合，$\boldsymbol{L}$ 为加入权重后的拉普拉斯矩阵。

实际控制系统一般需要离散采样，引入离散一致性算法：

$$x_i[k+1] = \sum_{j=1}^{N} d_{ij} x_j[k],\ i = 1,\ 2,\ \cdots,\ n \tag{5-103}$$

即需要构造双随机矩阵 $\boldsymbol{D}$，使 $X[k+1] = \boldsymbol{D}X[k]$。在矩阵特征值均小于等于 1 时，系统状态量一致收敛于平均值，有

$$\lim_{k \to \infty} X[k] = \lim_{k \to \infty} \boldsymbol{D}X[0] = \frac{\boldsymbol{e}\boldsymbol{e}^{\mathrm{T}}}{n} X[0] \tag{5-104}$$

文献[21]提出一种 Metroplis 双随机矩阵的构造方法，双随机矩阵 $\boldsymbol{D}$ 可表示为

$$d_{ij} = \begin{cases} \dfrac{1}{\max(n_i,\ n_j) + 1} & \boldsymbol{A}(u_i,\ u_j) = 1 \\ 1 - \displaystyle\sum_{j \in N_j} d_{ij} & i = j \\ 0 & \text{其他} \end{cases} \tag{5-105}$$

式中，$\max(n_i,\ n_j)$ 表示节点 i 和其邻接节点邻居数的较大值，连通矩阵 $\boldsymbol{A}(u_i,\ u_j) = 1$ 表示 i 与 j 节点相邻。

由文献[22,23]可知，实际控制系统中，当且仅当矩阵 $\boldsymbol{D}$ 对角线没有 0 时离散一致性收敛，且收敛速度由矩阵 $\boldsymbol{D}$ 的本质谱半径，即第二大特征值决定，本质谱半径越小，收敛越快，迭代次数也越小。

4) 基于一致性的二级下垂控制

低压微电网线路阻抗的电阻一般大于电抗，即 $Z \approx R$，$\delta \approx 0$，分布式电源注入交流母线的有功功率和无功功率可写为

$$P \approx \frac{E(E - U)}{R} \tag{5-106}$$

$$Q \approx -\frac{EU}{R}\delta \tag{5-107}$$

式中，E 和 U 分别表示母线电压和分布式电源端电压的有效值。

应用 P－V 和 Q－F 下垂控制，分布式电源的参考电压和频率的控制表达式为

$$f_{\mathrm{ref},i}=f_n+n_{q,i}(Q_{n,i}-Q_i) \tag{5-108}$$

$$E_{\mathrm{ref},i}=E_n+n_{p,i}(P_{\mathrm{ref},i}-P_i)=E_{\max}-n_{p,i}P_i \tag{5-109}$$

$$n_{q,i}=\frac{f_{\max}-f_n}{Q_{\max,i}},\ n_{p,i}=\frac{E_{\max}-E_n}{P_{n,i}} \tag{5-110}$$

式中，$E_{\mathrm{ref},i}$ 和 $f_{\mathrm{ref},i}$ 分别为分布式电源 i 的电压和频率的基准值；E_n 和 $E_{\max}$ 分别为额定电压和最大电压，f_n 和 $f_{\max}$ 为其相应频率；$n_{p,i}$ 和 $n_{q,i}$ 分别为分布式电源 i 的 P－V 和 Q－F 下垂控制的经济下垂系数，由各个分布式电源 A 根据上层优化日前给定的有功参考值由式(5－110)计算得到；$P_{\mathrm{ref},i}$ 为分布式电源 i 的有功功率参考值输出，由日前调度计划给出，每天 DGA_i 与微电网控制中心智能体通信一次，传输第二天的日前有功出力参考曲线；$Q_{\max,i}$ 为分布式电源 i 的最大输出无功功率。

线路阻抗和下垂控制会产生电压和频率的偏移，为防止电压偏移过大，有 $n_{p,i}P_{\mathrm{ref},i}\leqslant\Delta E_{\max}$。$\Delta E_{\max}$ 为电压允许最大偏移量。

在系统稳定运行时，全网频率一致，即 $f_1=f_2=\cdots=f_n$。由式(5－110)可知，在稳定运行时，由于线路电抗较小，无功出力与无功下垂系数成正比，有

$$n_{q,1}Q_1=n_{q,1}Q_2=\cdots=n_{q,n}Q_n \tag{5-111}$$

考虑线路电阻的影响，将式(5－106)代入式(5－109)，有

$$E_1:E_2:\cdots:E_n\approx U_0+\frac{P_1R_1}{U_0}:\cdots:U_0+\frac{P_nR_n}{U_0} \tag{5-112}$$

上式又可写作：

$$E_1:E_2:\cdots:E_n\approx E_{\max}-n_{p,1}P_1:\cdots:E_{\max}-n_{p,n}P_n \tag{5-113}$$

传统的控制方法是设置统一的最大电压且固定不变，即上式中的 $E_{\max}$。然而，由于各分布式电源端电压不相等，使 $P_{p,i}n_{p,i}$ 也不全相等，功率无法精确分配，即

$$p_1:p_2:\cdots:p_n\neq\frac{1}{n_{p,1}}:\frac{1}{n_{p,2}}:\cdots:\frac{1}{n_{p,n}} \tag{5-114}$$

每个节点电压受到线路电阻和线路有功功率的影响，一条馈线连接多个分布式电源的情况下，有功出力还会受到相邻逆变器端电压的影响，造成有功控制不精确，进而无法实现对联络线功率的精确控制。

(1) 有功功率精确控制。

考虑加入基于一致性的自适应二级有功控制，自适应调整 $E_{\max,i}$，其中 $E_{\max,i}=E_{\max}+\Delta E_i^p$。

本节设计了基于补偿项的有功功率二次精确控制，实现有功功率的自适应调整。补

偿项为分布式电源 i 的相对平均电压的偏移：

$$\begin{aligned}\Delta E_i^p &= \left(k_{p,p} + \frac{1}{k_{I,p}}\right)[-(E_n + P_{\text{ref},i} n_{p,i} - U_{\text{ave}}) + P_i n_{p,i}] \\ &= \left(k_{p,p} + \frac{1}{k_{I,p}}\right)(U_{\text{ave}} - E_{\text{ref},i})\end{aligned} \tag{5-115}$$

式中，$k_{p,p}$，$k_{I,p}$ 分别为有功功率调节的 PI 参数。全网平均电压由多分布式电源 A 一致性迭代得出，迭代公式为

$$U_i[k+1] = \sum_{j=1}^{n} d_{ij} U_j[k],\ i = 1,\ 2,\ \cdots,\ n$$

选取全网平均电压 U_{ave} 作为所有分布式电源的参考电压，在理想稳定状态时，式(5-109)变为

$$P_i n_{p,i} = E_n + P_{\text{ref},i} n_{p,i} + [E_i + k_p(U_{\text{ave}} - E_i)] \tag{5-116}$$

增益为 1 时，即为 $P_i n_{p,i} = E_n + P_{\text{ref},i} n_{p,i} + U_{\text{ave}}$。

若设置 $P_{n,i} n_{p,i} = C$，则 $E_n + P_{n,i} n_{p,i} - U_{\text{ave}}$ 对于所有的分布式电源都是定值，易知分布式电源 i 的有功输出功率为

$$p_1 : p_2 : \cdots : p_n = \frac{1}{n_{p,1}} : \frac{1}{n_{p,2}} : \cdots : \frac{1}{n_{p,n}} \tag{5-117}$$

将根据参考功率确定的下垂系数代入式(5-117)，可以得出实际功率按照参考指令值之比精确分配。

$$p_1 : \cdots : p_n = \frac{P_{\text{ref},1}}{E_{\max} - E_n} : \frac{P_{\text{ref},2}}{E_{\max} - E_n} : \cdots : \frac{P_{\text{ref},n}}{E_{\max} - E_n} \tag{5-118}$$

(2) 频率一致性控制。

稳态运行时电网保持频率一致，在分布式电源和负荷发生扰动时频率会产生偏移。基于全网平均频率的二级频率调节可使全网分布式电源在发生扰动后加速系统恢复同步。全网的平均频率 f_{ave} 迭代计算递推公式为

$$f_i[k+1] = \sum_{j=1}^{n} d_{ij} f_j[k],\ i = 1,\ 2,\ \cdots,\ n \tag{5-119}$$

考虑分布式电源 i 利用比例-积分(PI)环节对参考电压的调节，加入有功功率控制的分布式电源 i 的频率偏移为

$$\Delta f_{p,i} = \left(k_{p,f} + \frac{k_{I,f}}{s}\right)(f_n - f_{\text{ave}}) \tag{5-120}$$

式中，$k_{p,f}$ 和 $k_{I,f}$ 分别为频率调节的 PI 参数；f_{ave} 为迭代收敛后得到的全网的平均频率。

(3) 联络线功率优化控制。

为平抑底层负荷侧和发电侧的波动，本节设计了以联络线功率偏差为观测量的联络线功率优化控制。通过一致性迭代，可在某个分布式电源达到一次能源出力极限时仍可以使其他分布式电源按照既定比例承担联络线波动，实现流程如图 5－39 所示。

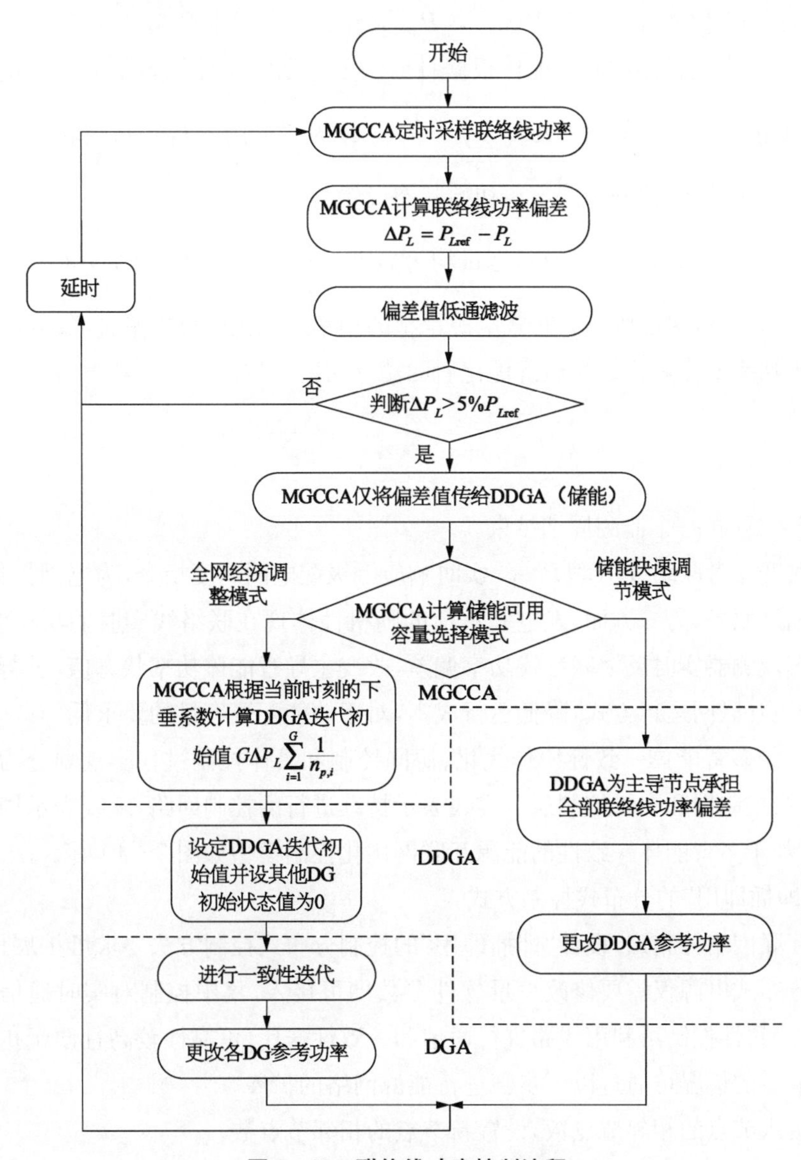

图 5－39　联络线功率控制流程

储能调节即由储能承担全部的联络线功率偏差，参见文献[24]。在多智能体一致性通信的基础上，依据发电边际成本设计兼顾全网经济运行的调整模式，具体步骤如下：

步骤 1：采样联络线功率，计算联络线功率偏差 ΔP_L。

步骤 2：对联络线功率偏差进行低通滤波，得到功率偏差低频分量，并将偏差值发送到D分布式电源A。

步骤3：D分布式电源A查询微电网控制中心智能体的模式指令，若为储能快速调整模式，则计算储能容量，若储能容量大于功率偏差，则储能进行调节，转步骤4，其他情况转步骤5。

步骤4：调整储能参考功率 $P^*_{\mathrm{ref,\,ES}} = P_{\mathrm{ref,\,ES}} + \Delta P_L$，转步骤7。

步骤5：微电网控制中心智能体根据日前调度计划实时计算各个分布式电源的下垂系数，设置储能初始迭代值为 $G\Delta P_L \sum_{i=1}^{G} \frac{1}{n_{p,\,i}}$，$G$ 为有可用容量并参与联络线功率调整的分布式电源个数，其他分布式电源初始状态设置为0。

步骤6：一致性迭代后，所有状态量均为 $\Delta P_L \sum_{i=1}^{G} \frac{1}{n_{p,\,i}}$，调整每个分布式电源的参考功率[式(5-120)]，保证所有分布式电源承担的功率之和正好可以平抑联络线波动，每个分布式电源功率变化量比值与经济优化后的功率比值一致。

$$P^*_{\mathrm{ref},\,i} = P_{\mathrm{ref},\,i} + n_{p,\,i} \times \left(\Delta P_L \sum_{i=1}^{G} \frac{1}{n_{p,\,i}}\right) \tag{5-121}$$

步骤7：延时，一个监测周期结束。

通过改变参考联络线功率 $P_{L\mathrm{ref}}$，实时响应上级配电网调度指令，为电网提供调频、调峰等电网辅助服务；另一方面，发电和负荷的随机性体现在联络线实时的功率波动，联络线侧的状态观测器实时反馈联络线功率偏差，改变主导智能体功率状态值，进行一致性迭代，优化能源互联网运行方式，降低运行成本，对于储能配置容量的要求低。

将上层的多智能体一致性协作优化、协同控制和具体控制过程实现划分为多智能体优化层、二级控制层和一级控制层。实线表示持续进行的控制回路，虚线表示周期进行的控制回路，基于多智能体一致性的能源互联网优化控制模型如图5-40所示。

(4)“即插即用”的分布式控制方式。

能源互联网络分布广，设计“即插即用”的控制分布式控制方法要求可扩展性强，对于新接入的分布式电源仅需要修改少量软件参数即可接入，集中控制对实时通信的要求较高，分布式一致性控制可利用线路进行通信和一致性迭代，可靠性较高且便于扩展。对于新增发电节点的情况可通过以下步骤进行能源网络的扩展。

修改接入节点的相邻节点数，设置新节点的相邻节点数。

相邻节点互发报文，将本节点邻居节点数发送给邻居节点，找出最大值修正双随机矩阵 d_{ij}。

对上层微电网控制中心智能体优化的软件进行功能扩展，实现对新分布式电源的日前调度功能。

(5) 延时影响分析。

根据能源互联网算例系统拓扑结构，构造双随机矩阵 $\boldsymbol{D}$。讨论延时 $\tau = xT_s$，$0 \leqslant$

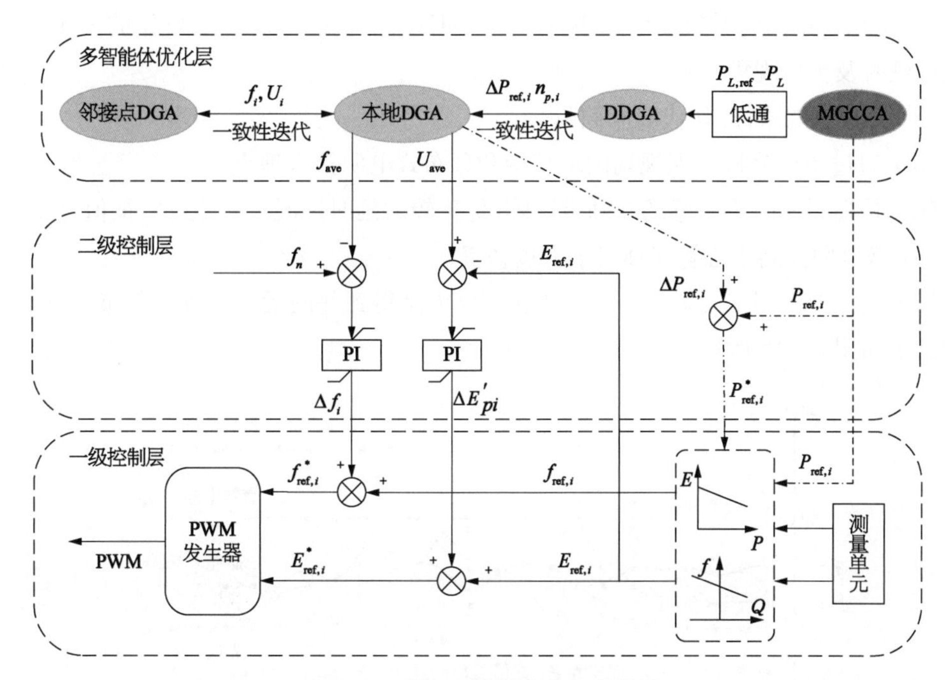

图 5-40　能源互联网优化控制模型

$x \leqslant 60$，$x \in N$ 的情况，计算不同延时下的双随机矩阵特征值分布，采样间隔 T_s 取 2 ms。

$$\boldsymbol{D}=\begin{bmatrix}1/4 & 1/4 & 1/4 & 1/4 & 0\\1/2 & 1/2 & 0 & 0 & 0\\1/3 & 1/3 & 0 & 1/3 & 0\\1/4 & 0 & 1/4 & 1/4 & 1/4\\0 & 0 & 0 & 1/2 & 1/2\end{bmatrix} \tag{5-122}$$

从双随机矩阵特征值分布图可知(详见图 5-41)，当延时沿箭头方向逐渐增大时，矩阵 $\boldsymbol{D}$ 的本质谱半径逐渐变大，加入延时后，对应的特征值从实数变为共轭复数[18]，并且逐渐向以原点为圆心的单位圆的边界靠近，最终收敛于(1, 0)点。讨论 $\tau = xT_s$，$0 \leqslant x \leqslant 60$，$x \in N$ 的延时情况，求解不同延时下双随机矩阵特征值分布，如图 5-41 所示。

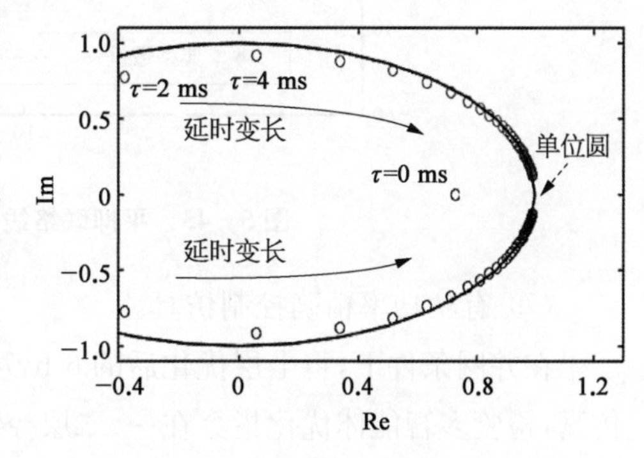

图 5-41　不同延时下矩阵特征值分布

当 $\tau = 0$ ms，即不存在通信延时，平均谱半径 $esr(\boldsymbol{D}) = 0.759$，当通信延时达到 $\tau = 4$ ms 时，即 $esr(\boldsymbol{D}) = 0.9145$，平均谱半径增大，收敛振荡性变强。本节所提出的离散一致性迭代策略在含有延时的情况下仍能收敛，但性能有所下降，为了减少延时影响，在实际系统中可采取以下措施：

(i) 采用通用面向对象变电站事件(GOOSE)通信机制，以高速、可靠的 P2P 通信手段减少延时及丢包现象。

(ii) 合理选取采样/迭代时间间隔。

(iii) 通过图论分析合理规划网络结构和分布式电源接入地点。

(iv) 构造对延时不敏感的双随机矩阵，优化较大延时情况下的矩阵特征值分布。

(6) 微电网控制中心智能体日前调度仿真。

根据微电网控制中心智能体上层优化调度模型得到并网运行时各个分布式电源日前调度结果如图 5-42 所示。

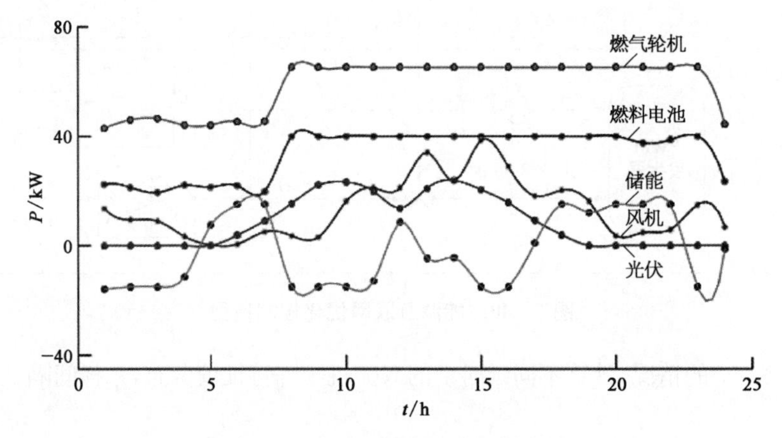

图 5-42　上层优化日前调度结果

储能日前调节后的联络线功率详见图 5-43 所示。

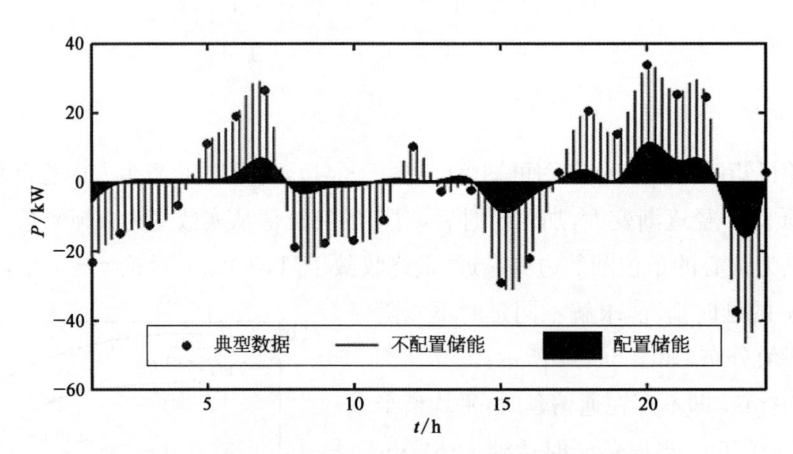

图 5-43　平抑联络线波动为目标的储能控制效果

(7) 有功功率精确控制仿真。

在并网条件下，将上层优化后的 6 h，7 h，8 h 的各台分布式电源的优化参数代入系统仿真，检验多智能体优化指令在一、二层控制中的效果和精度。实验 3 个时段各台分布式电源的额定发电量和分布式电源编号如表 5-8 所示。

表 5-8　3 个时段各台分布式电源的额定发电量

类　型	编　号	额定发电量/kW		
		06:00	07:00	08:00
储能	D 分布式电源 A	15	25	−15
燃气轮机	分布式电源 A1	40	45	65
光伏	分布式电源 A2	0	5	5
燃料电池	分布式电源 A3	15	15	40
风机	分布式电源 A4	5	10	15

3 个时段各个分布式电源的有功输出、电压以及电压迭代仿真波形如图 5-44 所示。电压一致性迭代的目标是实时计算区域能源网的平均电压,并代入下垂控制进行修正,见式(5-116)。在配电网电压差较大的 1.8～3 s 时段,由于平均电压修正项的存在,有功功率精确控制使各个分布式电源的发电比例与额定功率之比保持一致,实现了分布式电源对不同电网环境特别是电压环境的自适应调整。

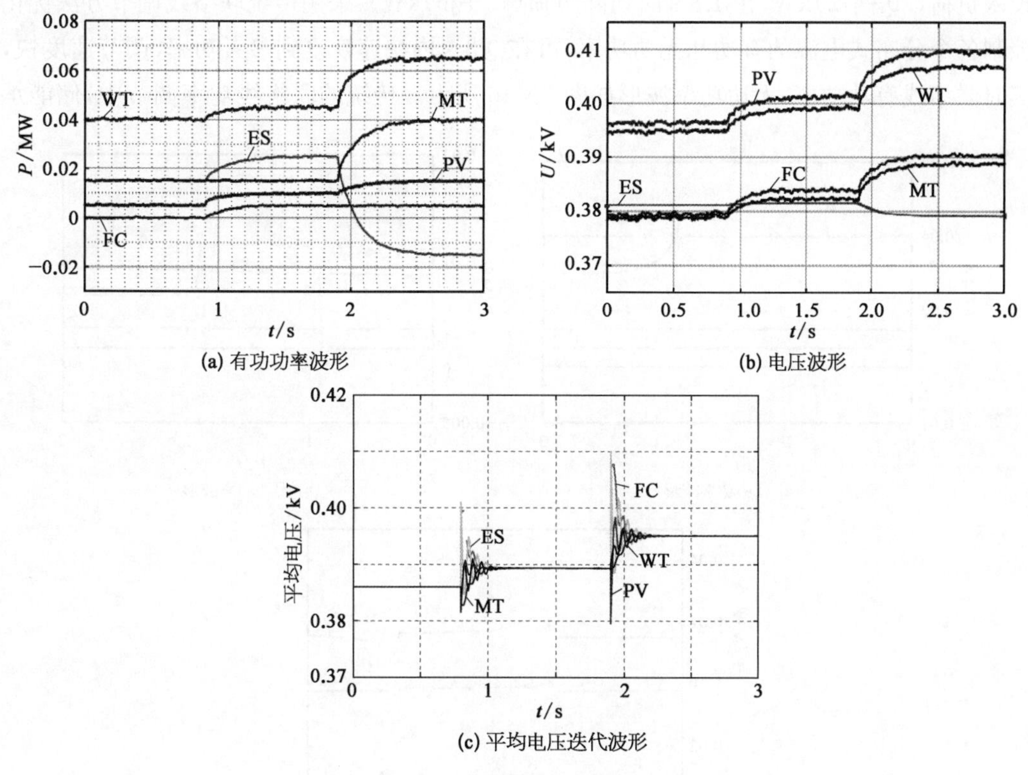

(a) 有功功率波形

(b) 电压波形

(c) 平均电压迭代波形

图 5-44　3 个时段分布式电源仿真波形

孤岛自治运行时,D 分布式电源 A∶分布式电源 A1∶分布式电源 A2∶分布式电源 A3∶分布式电源 A4 下垂系数比为 0.2∶0.11∶1∶0.33∶0.5,在 0.5 s 和 1.3 s 设置在交流母线上分别切除 20 kW 和投入 30 kW 有功负荷，分布式电源有功输出与电压控制仿真波形如图 5－45 所示。

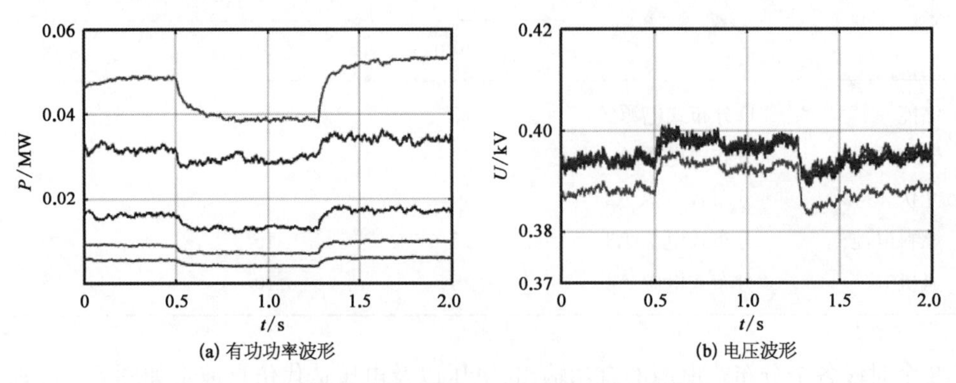

(a) 有功功率波形　　(b) 电压波形

图 5－45　孤岛环境下分布式电源仿真波形

(8) 联络线功率优化控制仿真。

对于联络线功率的优化控制，传统方法由储能承担全部的联络线有功功率与无功功率偏差，受限于储能容量，传统方法仅适用于联络线上较小的波动。因此，设置在 0.9 s 时投入负荷(20＋j12)kW，在 1.8 s 时切除负荷(15＋j6)kW。采用传统联络线调节方法优化控制各个分布式电源的有功和无功功率，可在 0.3 s 内快速恢复到参考功率，调节速度快，实时联络线有功功率、无功功率波形如图 5－46 所示。传统的联络线功率调节中，储能承

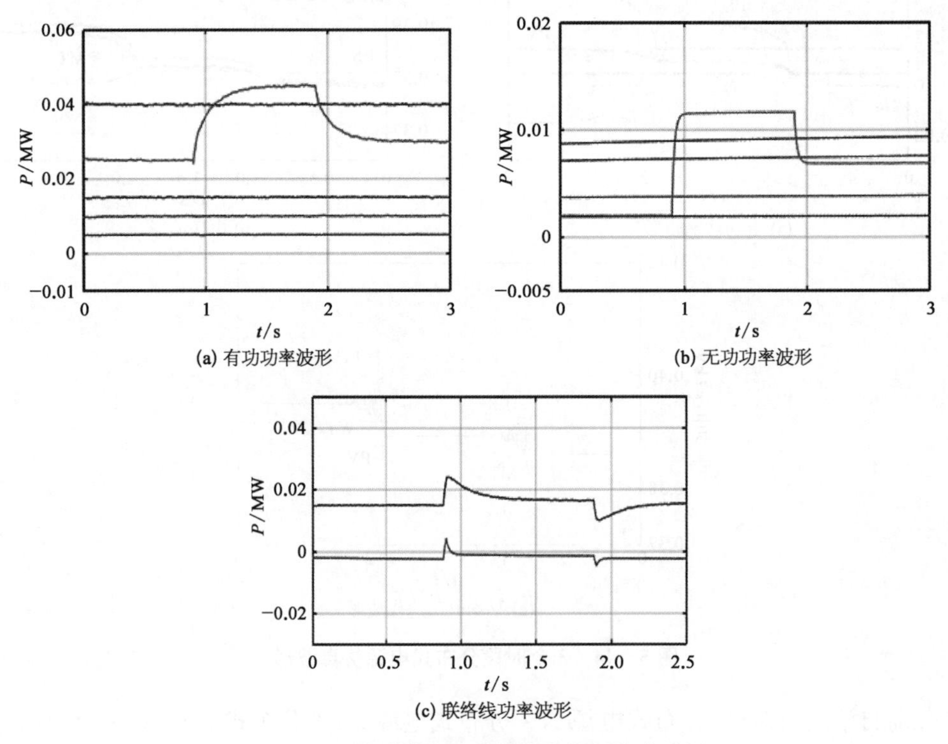

(a) 有功功率波形　　(b) 无功功率波形

(c) 联络线功率波形

图 5－46　传统联络线功率优化控制仿真波形

担全部联络线有功与无功功率偏差。储能作为联络线偏差状态观测器的同时，单方面承担功率波动，如图 5-46(c)所示。

然而，对于联络线上长时间较大波动，单纯的储能调节受限于荷电状态和容量的限制，往往无法达到预期的调节效果。因此，本节提出了一种基于一致性迭代的团队联络线功率响应机制，仿真结果如图 5-47 所示。

设定燃气轮机正常工作发出有功功率 45 kW，在 1.2 s 时燃气轮机发生故障突然切

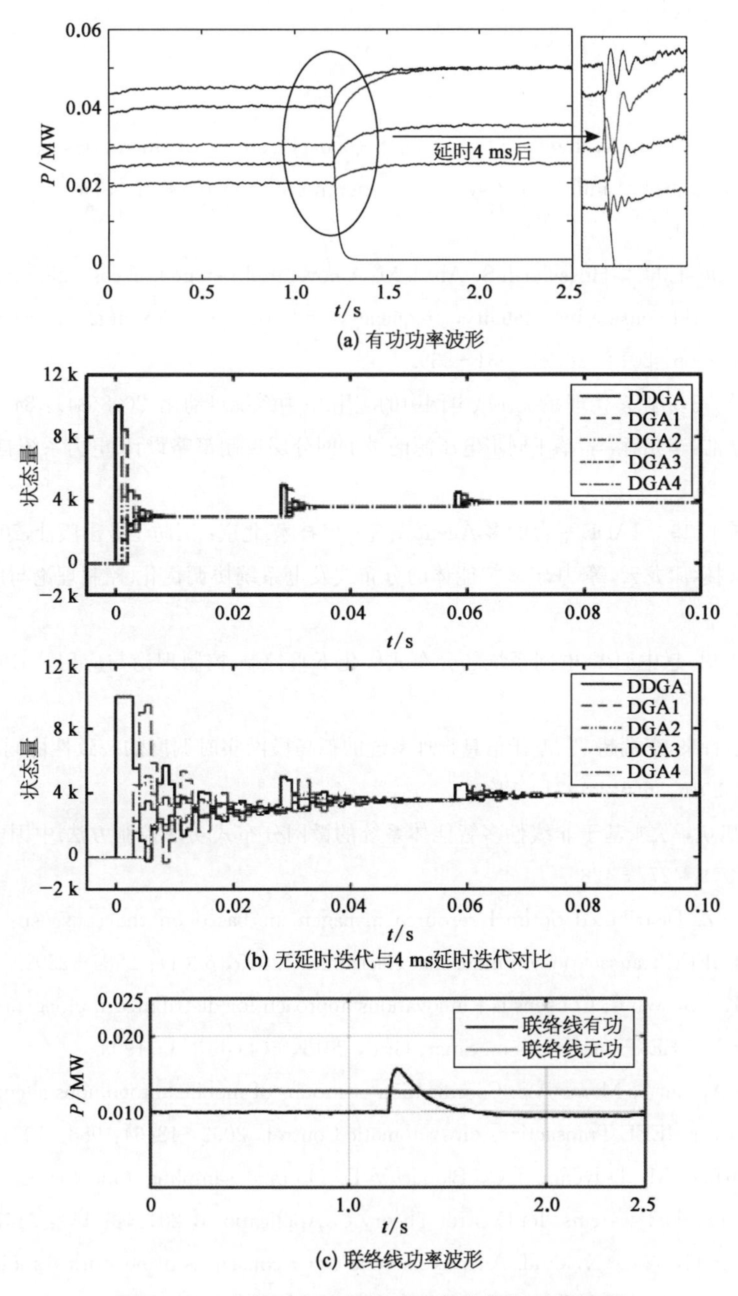

图 5-47　大扰动下联络线功率优化控制仿真波形

除，微电网控制中心智能体计算出功率偏差大于一定阈值，全网通过一致性迭代计算得到经济调整量，由边际成本决定各个分布式电源承担的联络线功率波动。通信采样频率为2 ms，没有延时与延时4 ms时的一致性迭代过程如图5-47(b)所示。

加入延时后，平均谱半径增大，系统收敛性变差，加入延时后的功率波形如图5-47(a)所示。可见，延时对于联络线功率调整的影响有限，0.1 s迭代完全收敛。此时，系统联络线功率波动如图5-47(c)所示，联络线功率波动可在0.5 s内快速恢复到参考功率，验证了方案的有效性。

参考文献

[1] Bidram A, Davoudi A, Lewis F L, et al. Secondary control of microgrids based on distributed cooperative control of multi-agent systems. Generation, Transmission & Distribution, IET, 2013, 7(8): 822-831.

[2] Hasanpor Divshali P, Hosseinian S, Abedi M. A novel multi-stage fuel cost minimization in a VSC-based microgrid considering stability, frequency, and voltage constraints. Power Systems, IEEE Transactions on, 2013, 28(2): 931-939.

[3] 章健，艾芊，王新刚.多代理系统在微电网中的应用.电力系统自动化，2008(24): 84-86,91.

[4] 鲍薇，胡学浩，李光辉，等.基于同步电压源的微电网分层控制策略设计.电力系统自动化，2013,37(23): 20-26.

[5] 于卫红，陈燕.基于JADE平台的多Agent系统开发技术.北京：国防工业出版社，2011.

[6] 郭红霞，吴捷，康龙云，等.基于多智能体的分布式发电系统协调优化.控制理论与应用，2012(2): 102-106.

[7] 陈刚，李志勇，赵中原.微电网系统的分布式优化下垂控制.控制理论与应用，2016,33(8): 999-1006.

[8] 吕朋蓬，赵晋泉，李端超，等.基于信息物理系统的孤岛微网实时调度的一致性协同算法.中国电机工程学报，2016,36(6): 1471-1480.

[9] 李鹏，王旭斌，马剑.基于非线性多智能体系统的微网分布式功率控制方法.中国电机工程学报，2014,34(25): 4277-4285.

[10] Xu Y, Li Z. Distributed optimal resource management based on the consensus algorithm in a microgrid. IEEE transactions on industrial electronics, 2015, 62(4): 2584-2592.

[11] Hug G, Kar S, Wu C. Consensus+innovations approach for distributed multiagent coordination in a microgrid. IEEE Transactions on Smart Grid, 2015, 6(4): 1893-1903.

[12] Jadbabaie A, Lin J, Morse A S. Coordination of groups of mobile autonomous agents using nearest neighbor rules. IEEE Transactions on Automatic Control, 2003, 48(6): 988-1001.

[13] Lopez-Martinez M, Delvenne J C, Blonde V D. Optimal sampling time for consensus in time-delayed networked systems. Iet Control Theory & Applications, 2012, 6(15): 2467-2476.

[14] Su H, Chen G, Wang X, et al. Adaptive second-order consensus of networked mobile agents with nonlinear dynamics. Automatica, 2011, 47(2): 368-375.

[15] 余莹莹,方华京.基于有向网络的多智能体系统快速一致性.控制与决策,2010(7):1026-1030.

[16] 刘成林,田玉平.具有时延的多个体系统的一致性问题综述.控制与决策,2009,24(11):1601-1608.

[17] 刘学良.多智能体系统协调控制中的若干问题研究.广州:华南理工大学,2012.

[18] 官艳凤.具有性能保证的多智能体一致性算法研究.重庆:重庆大学,2016.

[19] 冯元珍.多智能体:二阶系统组与混合阶情形的一致性问题研究.南京:南京理工大学,2014.

[20] 潘欢.二阶多智能体一致性算法研究.长沙:中南大学,2012.

[21] Lu Lin-Yu, Chu Chia-Chi. [IEEE 2014 IEEE Power & Energy Society General Meeting-National Harbor, MD, USA (2014.7.27 - 2014.7.31)] 2014 IEEE PES General Meeting Conference & Exposition-Consensus-based P - f /Q - V droop control in autonomous micro-grids with wind generators and ene: 1-5.

[22] Wang L, Xiao F. A new approach to consensus problems in discrete-time multiagent systems with time-delays. Science in China Series F: Information Sciences, 2007, 50(4): 625-635.

[23] 李佩杰,陆镛,白晓清,等.基于交替方向乘子法的动态经济调度分散式优化.中国电机工程学报,2015,35(10):2428-2435.

[24] 王冉,王丹,贾宏杰,等.一种平抑微网联络线功率波动的电池及虚拟储能协调控制策略.中国电机工程学报,2015,35(20):5124-5134.

第6章

微电网自适应调整技术

随着环境污染和能源紧缺的加剧，风能、太阳能等分布式清洁能源发电技术以其灵活、环保、经济等优点而被广泛利用和推广，符合可持续发展战略。2015 年 4 月中旬，我国多家能源研究机构在京联合发布的《中国 2050 高比例可再生能源发展情景暨路径研究》报告中，对我国可再生能源进行了预测。预计到 2050 年时，我国终端能源中非化石能源占比将达到 66%，非化石能源的发电量在终端电力供应中将达到 91%，可再生能源供应量将超过我国一次能源供应的 60%，能源效率比 2010 年提高 90%。这意味着，我国的能源转型是必然趋势，需要采取合理措施进行新能源的转型。能源互联网是微电网的一种扩展。它基于互联网技术，能够实现广域范围的能源共享，是多种能源网络聚合的有效手段。然而目前并没有对能源互联网的标准定义，根据杰里米・里夫金在《第三次工业革命》中的描述，能源互联网以通信技术和自动控制技术等先进技术为基础，大规模利用分布式的可再生能源，以实现信息数据的双向实时高速交互，是一种涵盖供热、供电等能源网络和交通网络的新型能源利用体系。一个典型的能源互联网冷/热/电/气交互示意图如图 6-1 所示。

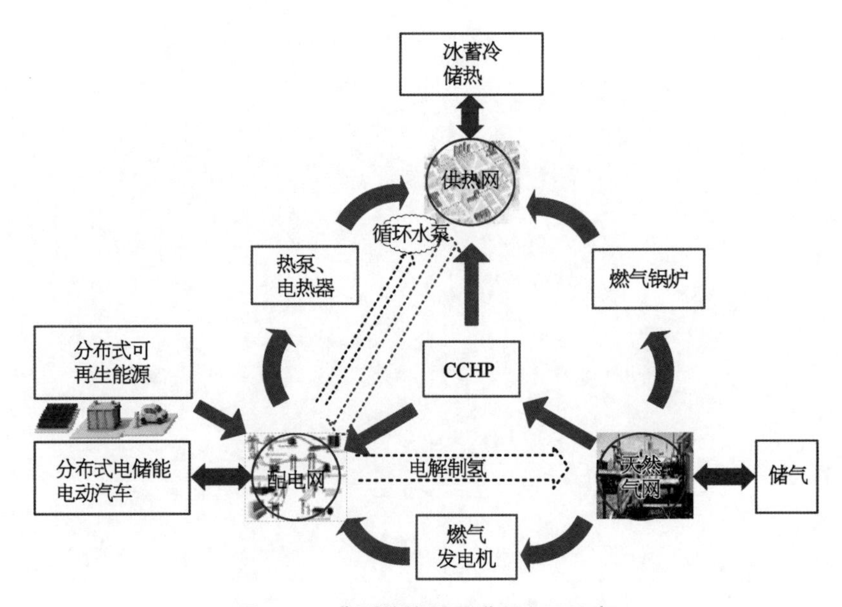

图 6-1　典型的能源互联网交互示意

能源互联网具有开放、互联、对等、共享的特征，强调对清洁能源的利用。能够利用风力、光伏等清洁能源发电在广域的时空互补特性，以及中断负荷和分布式储能的协调能力，实现“即插即用”功能。在能源互联的背景下，多参与成员可以通过“源-网-荷-储”协调和交互，尽可能地消除成员独立运行产生的波动性，实现无差别互联及能源共享，满足生产与消费的协调控制以及资源优化配置的需要，促进整个能源网络的清洁替代。能源互联网的目的是在现代电力系统中实现大范围清洁能源的稳定和经济性利用。由于能源互联网中包含大量的分布式设备，协调和优化问题将是一个高维数的非线性问题，很难利用传统的集中式优化方法求解，需要对分层优化和分布式优化策略进行考虑。将能源互联网的优化问题看成一个多区域的协调问题，在每个区域设置一个代理机构，用来协调内部的分布式设备。

6.1　微电网内部设备快速通信模式

近年来，伴随着世界性的能源危机，传统大规模电网的弊端日趋凸显，多分布式电源并联的微电网系统成为可再生能源发电技术领域的研究热点之一。微电网是传统的智能电网和区域能源互联网的重要组成部分。它既可以有效地支撑大电网的稳定供电，又可以灵活地保证区域负荷的供电要求。微电网中各分布式电源间的协调控制是微电网系统稳定运行的关键。因此，微电网的协调控制依赖于安全可靠的通信网络，这一点在微电网的自适应调整过程中显得尤为重要。微电网的日内滚动策略及实时调整策略与日前调控策略有着很大的不同，调控时间尺度的缩短加剧了对通信的要求，为了保证微电网安全可靠地运行，需要建立微电网内部设备安全可靠的快速通信模式。

6.1.1　通 信 模 式

1）现场总线及IEC 61850

微电网的采集数据、控制指令等主要依靠有线通信来传输，主要的现场总线有Foundation Fieldbus(FF)，LonWorks，Profibus，HART，Control-ler Area Network(CAN)，DeviceNet等。参考关于变电站自动化系统第一个完整的通信标准体系IEC 61850，按照变电站自动化系统所要求完成的控制、监视和继电保护3大功能，从逻辑上和物理概念上将系统分为3层，即变电站层(第2层)、间隔层(第1层)、过程层(第0层)，并定义3层间的9种逻辑接口，如图6-2所示。本章主要研究微电网中智能电子设备IED间的通信，重点为第0层过程层和第1层间隔层。过程层主要完成开关量I/O、模拟量采样和控制命令的发送等与一次设备相关的功能，通过逻辑接口4,5与间隔层通信；间隔层的功能是利用本间隔的数据对本间隔一次设备产生作用，如线路保护设备或间隔单元控制设备就属于该层。通过逻辑接口4,5与过程层通信，通过逻辑接口3完成其内部的通信功能。当智能电子设

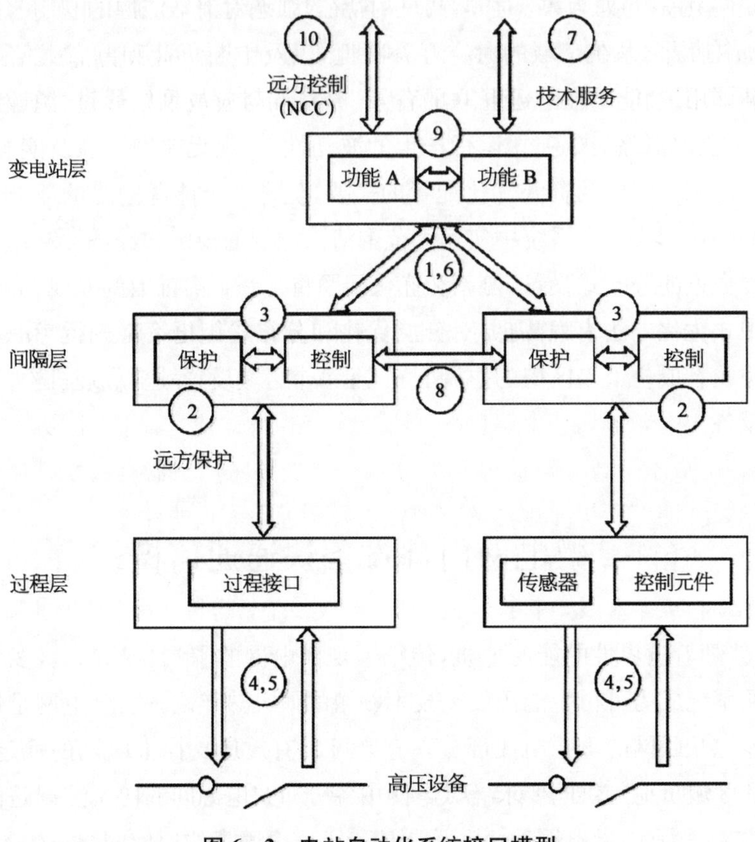

图 6-2　电站自动化系统接口模型

备越来越智能化，使得设备的功能集成化，两层有合并的趋势。

2) 智能传感网络

继模拟仪表控制系统、集中式数字控制系统、分布式控制系统后，基于各种现场总线标准的分布式测量和控制系统得到了广泛的应用，系统所采用的控制总线网络多种多样，各种总线标准都有自己规定的协议格式，相互之间不兼容，不利于系统的设计、维护、扩展，影响了制造商、开发商、用户的经济效益。与此同时，传感器技术的发展也进入了智能化与网络化阶段，实现传感器在现场级就具有基于特定网络协议的通信功能。智能传感网络就是由部署在监测区域内的大量廉价微型智能传感器节点，通过有线或无线通信方式形成的具有某种特定组织形式的网络系统，其目的就是协作地感知、采集和获取网络覆盖区域中被感知对象的信息，并发送给观察者。在此过程中，智能传感器是基础，网络信息通信是关键技术。IEEE 1451 网络化智能传感器接口标准协议簇如图 6-3 所示。

根据 IEEE 1451 标准，网络智能传感器被分成两大模块：网络适配器(NCAP)模块和智能变送器接口模块(STIM)。NCAP 作为标准变送器总线与专用网络总线之间的接口，主要执行网络通信、TIM 通信、数据转换等功能，一般与微处理器集成一体，在网络化传感器中起“大脑”的作用；STIM 与传感器或执行器相联结，支持相应的通信协议。

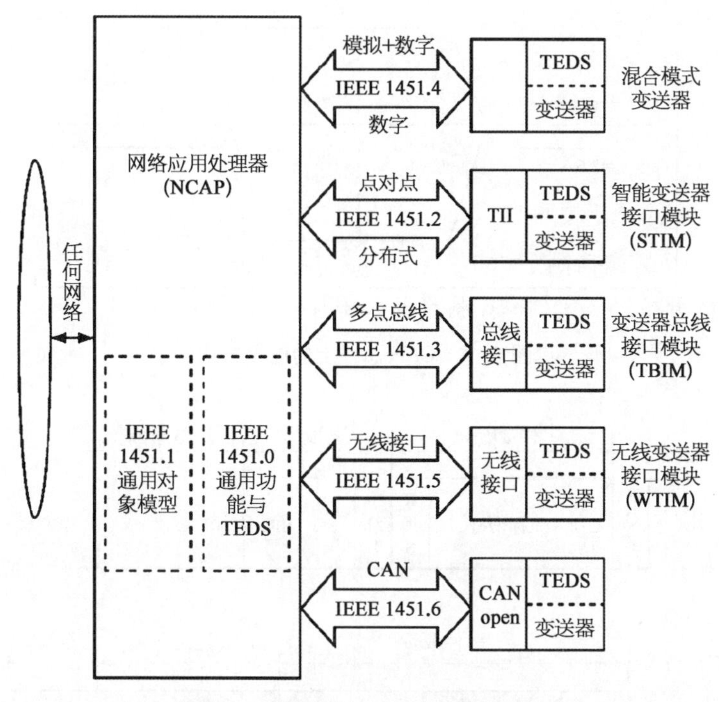

图6-3　IEEE 1451协议簇整体架构

6.1.2　微电网有线通信架构

有线通信为微电网通信架构中的主体，大多数传感器和执行器采用该方式，有固定、不移动的特点，如测电机的励磁电压则固定在电机上；工作电源无法由电池提供的，如变频器等；一直保持在激活状态，所采集的参量一直要对外传输以作决策或需要随时改变，如电压、电流互感器和断路器等。根据微电网的特点，处理的节点数目及信息流并非特别大，CAN(control area network)总线的高可靠性、实时性、非破坏性仲裁技术及低成本，使其成为一个不错的选择。

1）CAN的分层

作为国际标准ISO 11898和ISO 11519的控制器局域网CAN遵从OSI模型，按照OSI基准模型，CAN结构分成两层：物理层和数据链路层。

(1) 物理层。CAN中的总线数值为两种互补逻辑数值之一："显性0(Dominant)"或"隐性1(Recive)"。同时发送时，巧妙地利用接口电路中的"线与"功能，最后总线数值将为"显性"，这也就是CAN特有的非破坏性总线仲裁技术的机制，CAN总线上的电平方式如图6-4所示。

(2) 数据链路层。CAN报文传送有4种不同类型的帧：表示和控制、远程帧、出错帧、超载帧。数据帧由7个不同的位场组成：帧起始、仲裁场、控制场、数据场、CRC场、应答场、帧结束，其数据场可容纳0～8 bit，标准格式和扩张格式下的数据帧如图6-5所示。

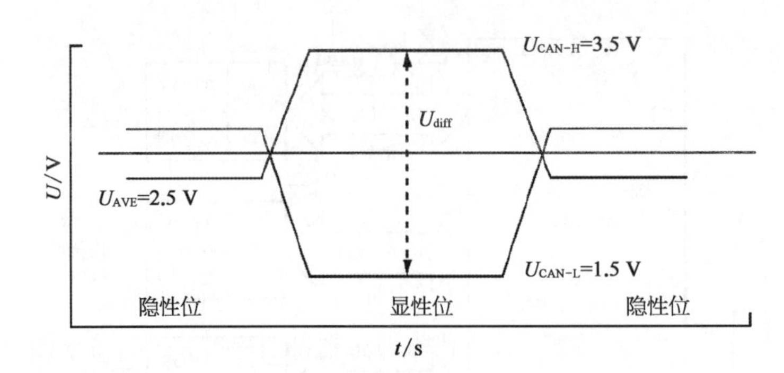

图 6-4　CAN 总线上的电平方式

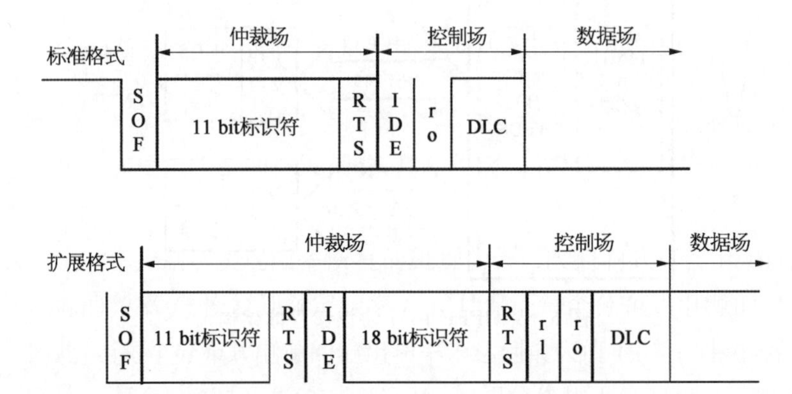

图 6-5　标准格式和扩张格式下的数据帧

2）应用层

应用层的功能对应 OSI 7 层中的上 5 层，其主要完成网络层和传输层的工作，提供接口，使通信模块和具体应用模块分离。CAN 物理层和数据链路层协议在相关器件中已经基本实现了，而应用层协议至今仍然无统一标准。根据微电网的要求，DeviceNet 或 SDS 均可选择作为高层协议。

6.1.3　微电网无线通信架构

随着低功耗无线电通信技术、嵌入式计算技术、微型传感器技术及集成电路技术的飞速发展和日益成熟，使得大量的、低成本的微型传感器通过链路自组织成分布式无线传感器网络成为现实。但由于受到成本以及体积等原因的限制，无线传感器节点的处理能力、通信带宽以及电池容量等资源更为有限，尤其是在多数应用中，传感器节点的能量无法得到补充（如被部署在环境恶劣的地区）。在数据采集领域，对于数据量少、传输速率要求不高，且不易采用有线方式在目标环境部署的系统来说，采用无线传感器网络（WSN）的方案是非常适合的。本章采用 RF24L01 芯片作为微电网的 WSN 模块，优点有：① 网络结构合理。符合 IEC 61850 标准与总线技术结合，构建出可靠、高速、灵活、合理的微电网通信架构。微电网需要组建、扩展或者更新一些 IED 时，不受“线”的约束，不需事先确定节点位置，只要能够在网络建立时自动进行配置和管理，比即插即用更为便捷。当微电网根据需要出现变化，节点的增加、减少、位置变化等情况时，信息流的传输易于控制，同时，可以设置冗余节点，保障通信可靠性。针对微电网的分布式管理控制系统，直接使用多代理分层控制，进一步提高电网的稳定性及经济性。② 物理层统一。无线芯片 RF24L01 和不同 MCU 只需外围串行接口(SPI)，即可实现数据交换，采用无线通信方式，一定程度上实现了不同 IED 的兼容性，可通过中继的方式，减少不同智能电子设备间协议转换部分的开销。同时，完全将部分信息通道与电气通道、一次设备与二次设备隔离，减少了彼此间的相互干扰。③ 实用性高。2.4 GHz 全球开放 ISM 频段免许可证使用，最高工作速率 2 Mb/s，高效 GFSK 调制，抗干扰能力强，特别适合工业控制场合；125 频道，满足多点通信和跳频通信需要；内置硬件 CRC 检错和点对多点通信地址控制；有很好的可靠性和安全性；低功耗 1.9～3.6 V 工作，待机模式下状态为 22 μA；掉电模式下为 900 nA；体积小，仅为 37 mm×17 mm；传输距离 30～50 m，适合微电网的传感器的部署；标准 5×2 DIP 间距接口，便于嵌入式应用。

无线传感器网络中的节点，是部署到研究区域中用于收集和转发信息、协作完成指定任务的对象。根据无线传感器网络中实现的不同的功能，参照 ZigBee 标准网络中的设备，可以分为 3 种类型：传感器节点(或者称为端设备)、协调节点和中心节点。其中，传感器节点一般是简化功能装置(RFD)，被大量布置在监测区域内部或附近，通过装置在节点上面的传感器，采集环境或者监测对象的信息，发送给网络的信息汇集点或者直接发送至中心节点，不具有管理网络和路由功能。协调节点能够汇集传感节点的数据，以一定的路由算法发送至中心节点。因此，协调节点同时也可是路由节点和网络的扩展节点，通过协调节点可把多个无线传感器网络相连，形成较大规模的传感网络。中心节点是整个无线传感器网络的决策者，通过中心节点的控制，来建立、形成、运行整个传感网络。中心节点一般为全功能装置(FFD)，与用户终端相连，用户通过网络管理界面，对传感器网络进行配置和管理，发布以及收集监测数据。无线传感器网络结构示意图如图 6-6 所示，其中，端节点都是装配有各种传感器的节点，发送传感信息至中间的协调节点，还作为中继节点来扩大传感网络的传输范围，中心节点作为一种网关设备来连接其他类型的网络。

6.2 微电网滚动优化策略

6.2.1 基于多智能体一致性的微电网电压/频率控制

本节利用智能体间的分布式通信，提出了一种基于多智能体一致性的自适应下垂控制策略，用于解决传统下垂控制中频率和电压偏差、系统稳定性和功率分配精度的问题。

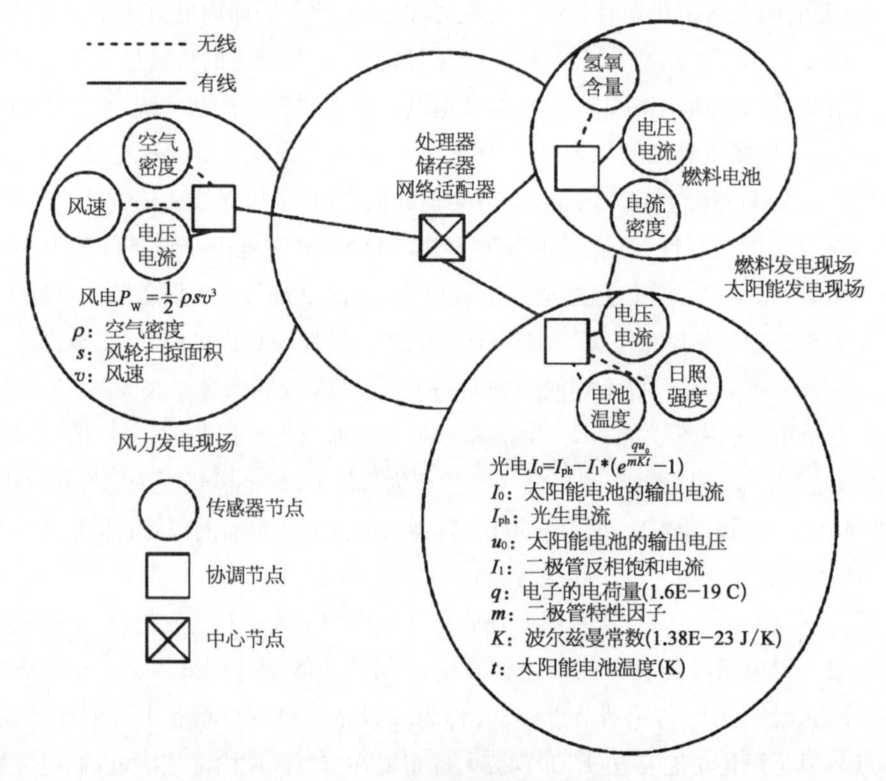

图 6-6　无线传感器网络结构示意

在传统下垂控制基础上，建立了有功功率分配、有功-频率和无功-电压的二阶动态模型。在考虑通信延迟的基础上，应用无领导的一致性控制分布式电源的有功出力满足传统下垂控制的要求；应用含虚拟领导者的一致性修正传统下垂控制中的频率和电压偏差；同时，通过 Lyapunov 直接法验证了系统的渐进稳定性，从而解决了传统控制中有功下垂系数对系统稳定性的影响；在此基础上，分析了通信扰动对控制结果和稳定性的影响。

受一次能源的影响，大部分分布式电源通过电力变流器并网，典型的分布式电源包括功率控制、电压控制、电流控制、脉宽调制（PWM）、一次能源及储能系统、逆变电路及滤波电路，典型分布式电源及各部分组成单元如图 6-7 所示。

在图 6-6 所示的微电网中，两个节点间的线路潮流及向量图如图 6-8 所示。线路的潮流可表示为

$$P=\frac{V_1^2}{Z}\cos\theta-\frac{V_1V_2}{Z}\cos[\theta+(\sigma_1-\sigma_2)] \tag{6-1}$$

$$Q=\frac{V_1^2}{Z}\sin\theta-\frac{V_1V_2}{Z}\sin[\theta+(\sigma_1-\sigma_2)] \tag{6-2}$$

式中，P，Q 为线路上的有功和无功功率；V_1，σ_1 和 V_2，σ_2 分别表示两个节点的电压及相

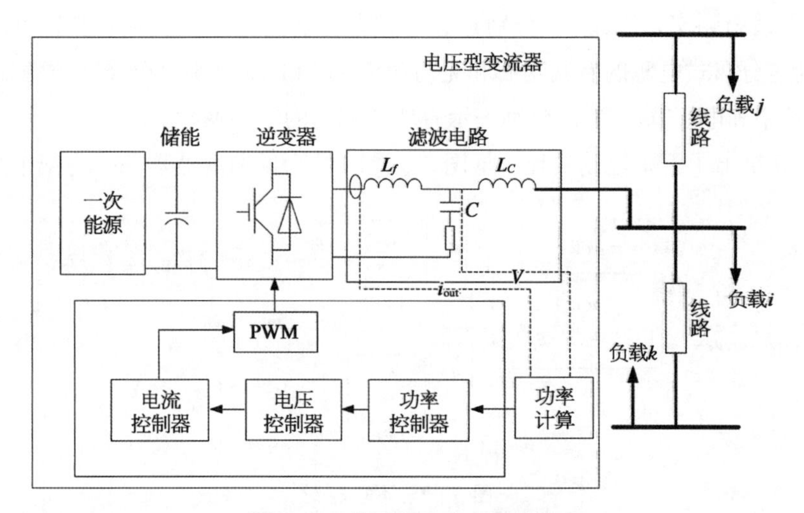

图 6-7　典型分布式电源结构

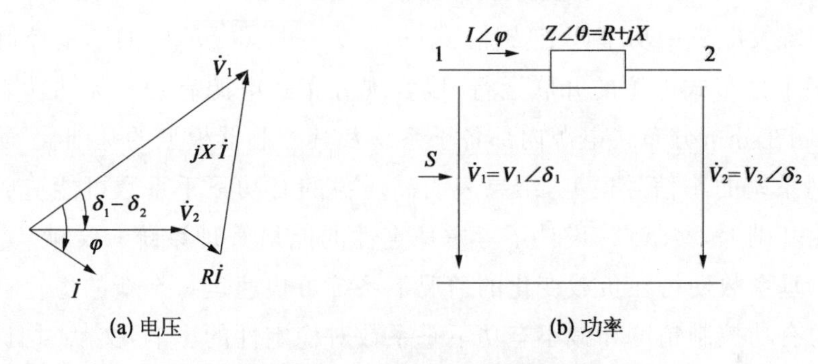

图 6-8　两个节点间的线路潮流

角；Z 和 θ 表示线路阻抗及阻抗角。将式(6-1)乘电抗 X 减去式(6-2)乘电阻 R 以及将式(6-1)乘电阻 R 加式(6-2)乘电抗 X 可得

$$\begin{cases} XP-RQ=U_1U_2\sin(\sigma_1-\sigma_2) \\ RP+XQ=U_1^2-U_1U_2\cos(\sigma_1-\sigma_2) \end{cases} \tag{6-3}$$

$$\begin{cases} U_1\sin\sigma=\dfrac{X}{U_2}P \\ U_1-U_2\cos\sigma=\dfrac{X}{U_1}Q \end{cases} \tag{6-4}$$

在忽略线路电阻的情况下，传统下垂控制可表示为

$$\omega_i=\omega_{0i}-m_iP_i \tag{6-5}$$

$$V_{di}^*=V_{0i}-n_iQ_i \tag{6-6}$$

$$V_{qi}^*=0 \tag{6-7}$$

式中，ω_i 是系统频率，V_{di}^* 和 V_{qi}^* 分别是分布式电源输出电压在直轴和交轴上的分量，P_i 和 Q_i 分别是分布式电源的有功功率和无功功率，ω_0 和 V_{0i} 分别是分布式电源输出为 0 的情况下的频率和电压，m_i 和 n_i 分别表示有功和无功的下垂系数。

图 6-9 给出了下垂控制的控制框图，其中 LPF 为低通滤波器，ω_c 为截止频率。

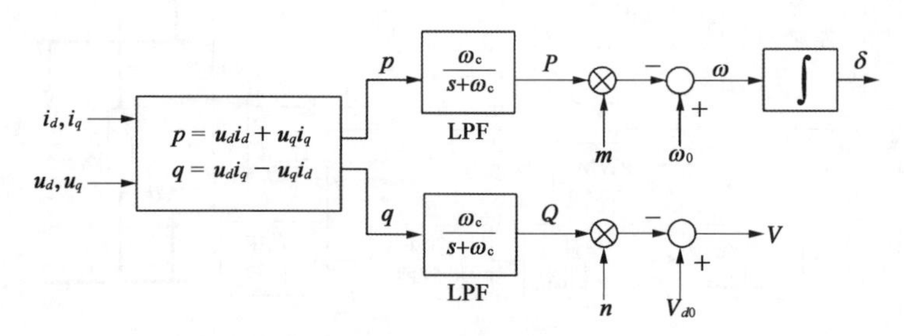

图 6-9 下垂控制

在微电网中，小型分布式电源主要通过电压型变流器并网，系统惯性近似为零。通过模拟传统发电机中功率调节特性，式(6-5)～式(6-7)中的下垂控制被提出用于解决含多个分布式电源的并联运行，以实现分布式电源有功和无功功率的协调控制。文献[1]在分析分布式电源内部各子系统及其控制器模型的基础上，研究了下垂控制微电网系统的小信号模型，结果表明高增益的有功下垂系数可能造成系统的不稳定。在此基础上，文献[2]设计了考虑稳定性的能量管理系统。文献[3]利用遗传算法优化下垂系数使得在负载变化的情况下系统可快速运行至新的稳定点。为提高弱负载时的有功控制精度和减小有功下垂系数对稳定性的影响，文献[4]提出了非线性的变系数下垂控制方法。参考传统电力系统中电力系统稳定器的设计方法，文献[5]提出了增加辅助控制环节的方法提高系统稳定性。上述文献对改善系统稳定性有较好的作用，但是没有对传统下垂控制中存在电压和频率偏差的问题进行深入分析。针对这些问题，文献[6]在传统线性下垂控制器的结构上增加积分量用于修正稳定偏差，但对于系统稳定性没有详细分析。文献[7]提出了基于有功-功角和虚拟磁通的下垂控制方法，以解决传统下垂控制中的频率偏差，但未涉及电压偏差的修正。

在传统下垂控制中，分布式电源仅需要采集端口电压和频率，不需要相互通信，但不能与其他分布式电源协调完成系统级的目标。在电力系统中，由于能量管理系统的需要，通信网络是必然存在的。针对这一特点，本章以分布式电源间的局部通信为基础，提出应用一致性控制使得分布式电源协调合作，完成频率调节等系统级目标。以传统下垂控制中有功分配和电压/频率的调节特性为基础，提出了考虑通信网络延时和扰动情况下的下垂参数自适应控制策略，使得分布式电源在满足下垂控制特性要求的同时，保持系统频率和电压在目标值。同时，通过应用 Lyapunov 直接法分析系统的稳定性，结果表明在本章提出策略的控制下，系统是渐进稳定的。

6.2.1.1　基于反馈线性化的电压/频率控制模型

反馈线性化方法的基本想法是将一个非线性系统在合理假设的情况下简化为一个线性或部分线性的系统，然后使用经典控制理论中的线性系统设计方法设计控制器，从而可以将许多复杂的非线性问题转变成相对简单的线性问题。根据反馈形式不同，反馈线性化可分为状态和输出反馈线性化两种，其中前者是对状态方程的完全线性化处理，后者强调的是输入输出之间的线性化。本章应用状态反馈线性化方法对分布式电源的有功-频率、电压-无功和分布式电源有功分配分布建模。

6.2.1.2　仿真分析

本节采用图 6 - 10 所示的微电网测试所提出的协同控制策略，其分布式通信网络如图 6 - 11 所示。

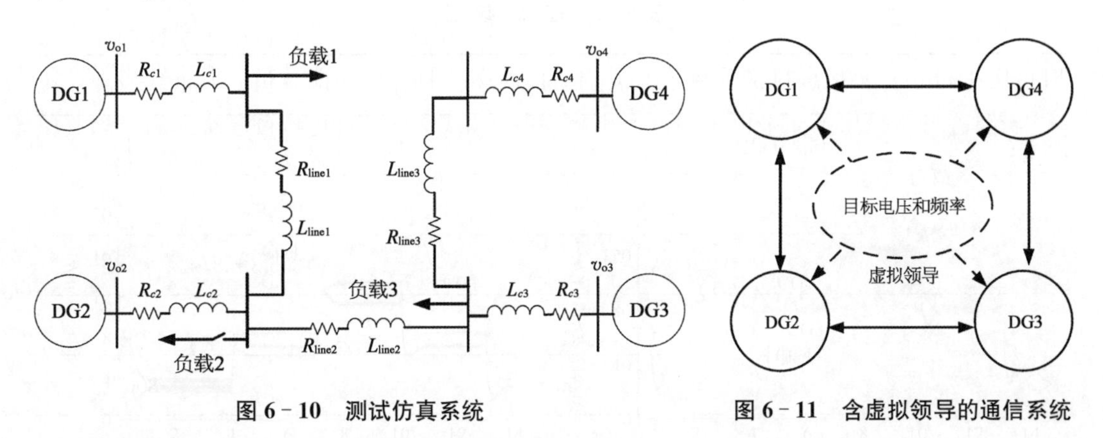

图 6 - 10　测试仿真系统　　　图 6 - 11　含虚拟领导的通信系统

根据图论分析，图 6 - 11 所示分布式系统的拉普拉斯矩阵为

$$\boldsymbol{L}=\begin{bmatrix}0 & -1 & 0 & -1\\ -1 & 0 & -1 & 0\\ 0 & -1 & 0 & -1\\ -1 & 0 & -1 & 0\end{bmatrix}\tag{6-8}$$

测试微电网中的线路和负载参数如表 6 - 1 所示，下垂控制参数和各一致性控制中的参数如表 6 - 2 所示。本节主要通过 3 个仿真案例验证之前提出方法的有效性。

表 6 - 1　微电网参数

DG 和线路	$R_{c1}=R_{c2}=R_{c3}=R_{c4}$		$L_{c1}=L_{c2}=L_{c3}=L_{c4}$	
	0.2 Ω		1 mH	
	$R_{\text{line1}}=R_{\text{line3}}$	$L_{\text{line1}}=L_{\text{line3}}$	R_{line2}	L_{line2}
	0.23 Ω	0.318 mH	0.35 Ω	1.847 mH

续 表

<table>
<tr><td rowspan="6">负载</td><td colspan="2">负荷 1</td><td colspan="2">负荷 3</td></tr>
<tr><td>P_1/kW</td><td>Q_1/kVar</td><td>P_3/kW</td><td>Q_3/kVar</td></tr>
<tr><td>36</td><td>36</td><td>45.9</td><td>22.8</td></tr>
<tr><td colspan="2">负荷 2</td><td></td><td></td></tr>
<tr><td>P_2/kW</td><td>Q_2/kVar</td><td></td><td></td></tr>
<tr><td>36</td><td>36</td><td></td><td></td></tr>
</table>

表 6-2 控制参数

<table>
<tr><td rowspan="4">下垂参数</td><td>$m_{P1}=m_{P2}$</td><td>$n_{Q1}=n_{Q2}$</td><td>$m_{P3}=m_{P4}$</td><td>$n_{Q3}=n_{Q4}$</td></tr>
<tr><td>0.000 094</td><td>0.001 3</td><td>0.000 125</td><td>0.001 5</td></tr>
<tr><td colspan="2">V_{oi}</td><td colspan="2">ω_{oi}</td></tr>
<tr><td colspan="2">300 V</td><td colspan="2">325.3 rad/s</td></tr>
<tr><td rowspan="6">一致性
控制参数</td><td rowspan="2">频率</td><td>$k_{\omega1}$</td><td>$k_{\omega2}$</td><td>$k_{\omega3}$</td></tr>
<tr><td>50</td><td>0.8</td><td>800</td></tr>
<tr><td rowspan="2">电压</td><td>k_{v1}</td><td>k_{v2}</td><td>k_{v3}</td></tr>
<tr><td>150</td><td>0.8</td><td>3</td></tr>
<tr><td rowspan="2">有功功率</td><td>k_{P1}</td><td>k_{P2}</td><td></td></tr>
<tr><td>500</td><td>0.8</td><td></td></tr>
</table>

1) 算例 1：无延时和扰动的仿真

忽略通信延时和扰动的仿真结果如图 6-12 所示。为说明本章提出策略的有效性，图 6-13 给出了相同参数条件下传统下垂控制的仿真结果。仿真过程中，负载 1 和 3 持续接入，负载 2 在 $t=2$ s 时接入系统。由图 6-12(a)和(b)可知，在负载变化的情况下，本节提出的控制策略可自适应调整下垂参数，从而使得系统频率保持为额定值；而在图 6-13(a)中，尽管通过初值的设定系统的初始频率在额定值附近，但在负荷变化的情况下，系统的频率有较大偏差。电压控制的仿真结果如图 6-12(c)和(d)所示，在自适应控制中，V_{oi} 随着负荷的变化而作出相应的调整，使得分布式电源的端电压维持在额定值；而在图 6-13(b)中，各分布式电源的端电压随负荷改变而变化。上述结果表明，本节提出的自适应下垂控制可较好地修正传统下垂控制中的频率和电压偏差，改善供电质量。

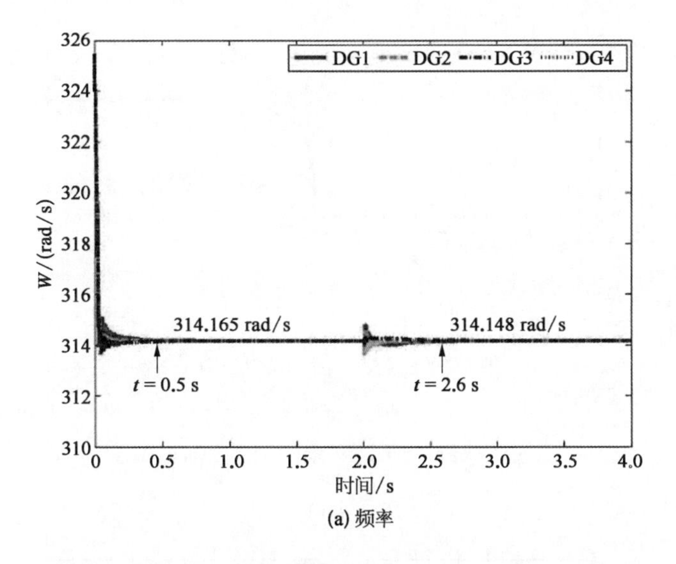

(a) 频率

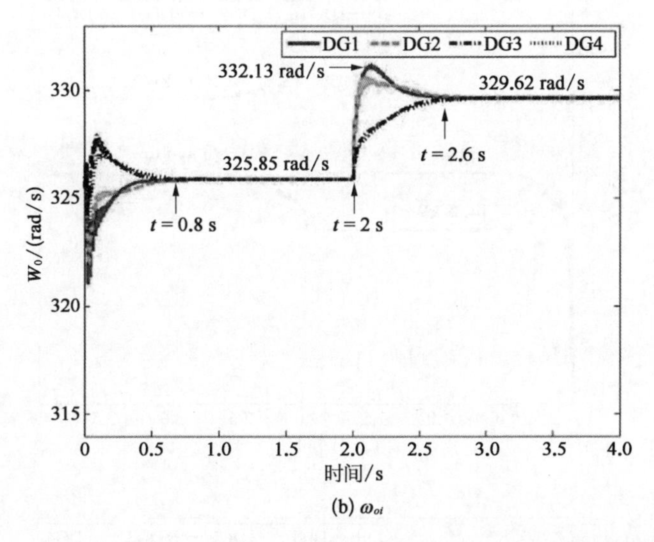

(b) ω_{oi}

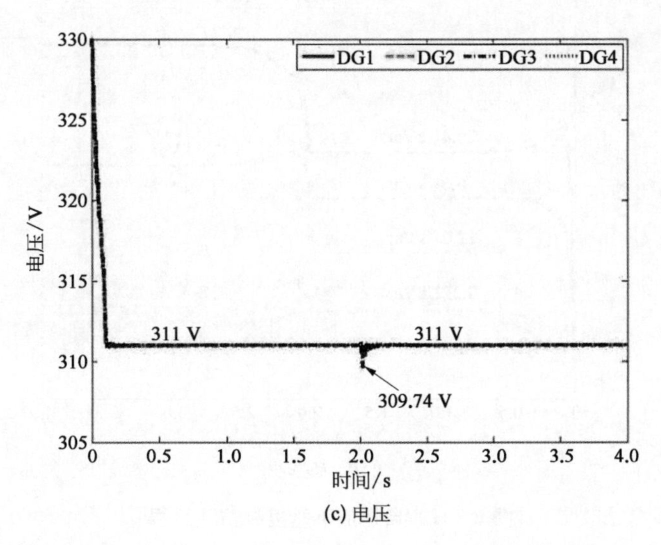

(c) 电压

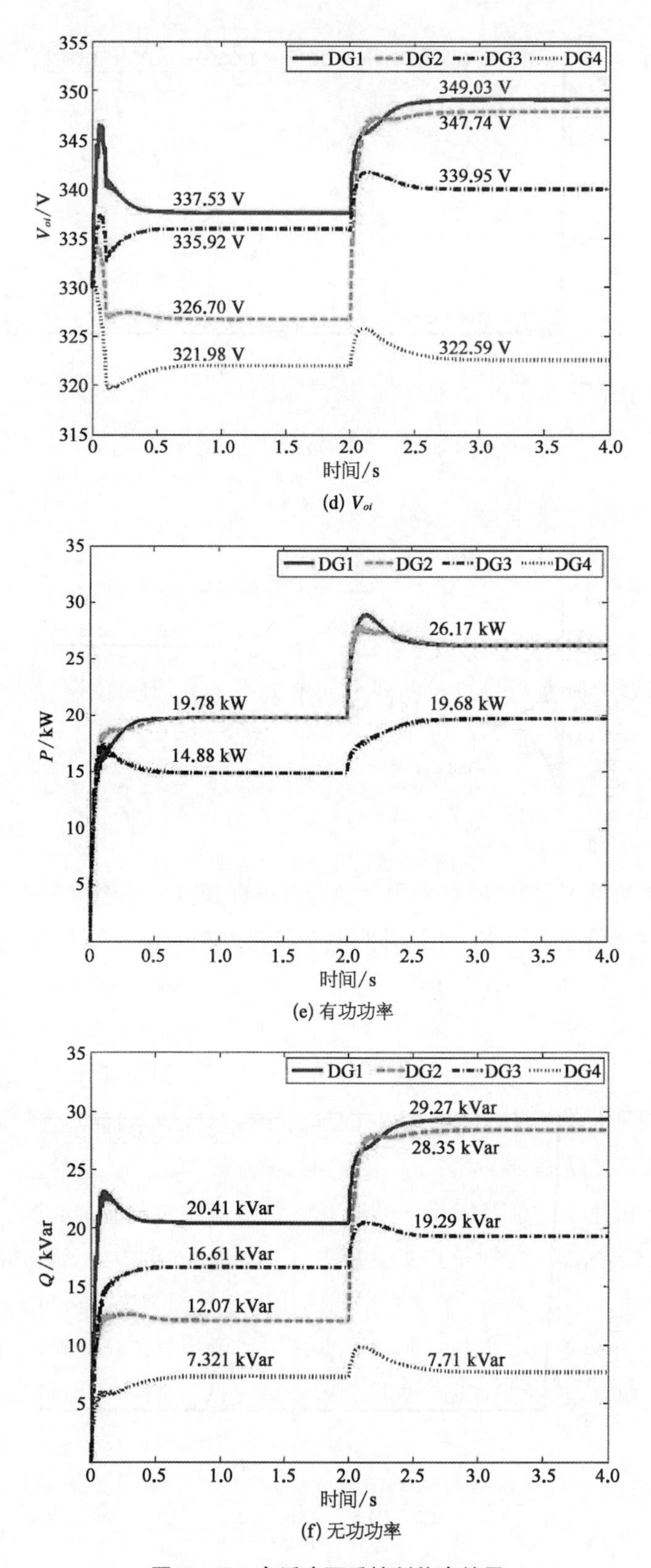

图 6-12 自适应下垂控制仿真结果

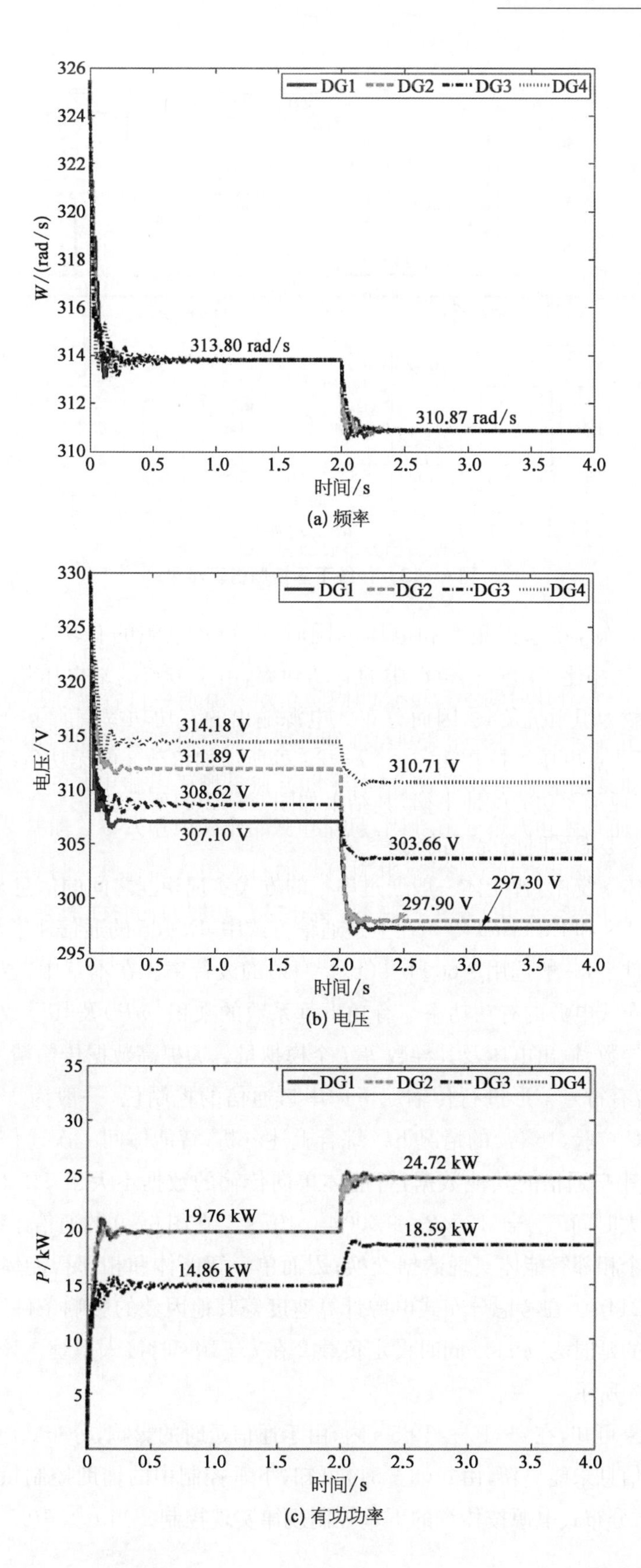

(a) 频率

(b) 电压

(c) 有功功率

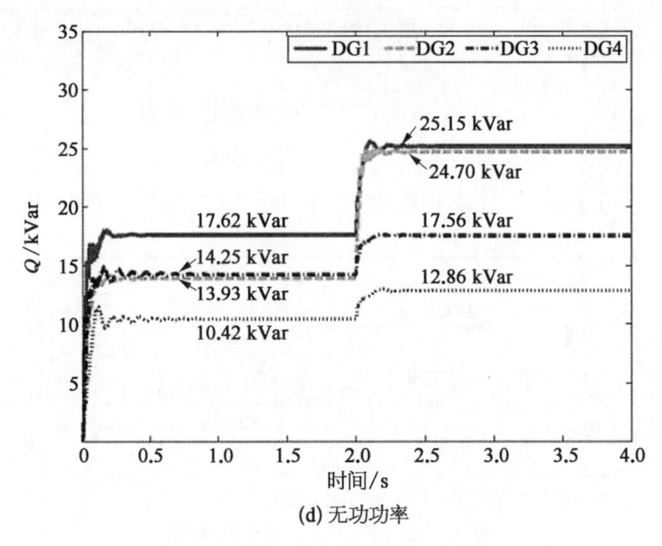

(d) 无功功率

图 6-13　传统下垂控制仿真结果

由图 6-12(e)可知，在修正频率和电压的同时，分布式电源的有功功率分配仍满足式(3-20)的要求。相比于图 6-13(c)中的有功功率，由于节点的端电压均维持在额定值，而仿真中的负载为恒阻抗负载，因而分布式电源输出的有功功率有所上升。在自适应下垂控制中，由于节点电压维持在额定值，$t=2$ s 处所增加负载 2 的无功负荷主要由分布式电源 2 承担，实现了无功的就地平衡，其结果如图 6-12(f)所示。

2）算例 2：考虑延时情况下的仿真

在多智能体系统中，智能体一般通过串行的方式实现相互之间的信息交互，主要方式包括 RS485，CAN 和 Ethernet 等。在上述通信方式中，RS485 的通信速度最慢；在考虑通信稳定性的条件下，一般选用 9 600 b/s(比特/秒)的波特率。在本章中，智能体间需交换的数据包括分布式电源的有功功率与有功下垂系数的乘积(mP)及其导数、无功功率 Q、输出频率及其导数、输出电压及其导数等 7 个模拟量。为提高数据传输精度，上述各传输量均采用 32 位有符号整形进行传输。考虑串口通信的控制位(一般为 16 位)及校验码(通常采用 CRC 校验，16 位)的情况下。综合上述分析，智能体间一次通信的有效数据为 256 位，再考虑串口通信的其他数据，智能体单向传输的数据不大于 512 位。因此，数据交换一次的最大时间 $t_{max}=512\times2\div9\,600=0.107$ s。在图 6-9 的通信系统中，每个智能体都需要和两个相邻智能体实现数据交换；因而单一智能体和相邻智能体完成数据交换的总时间为 0.214 s。在考虑分布式电源计算速度等其他因数的影响条件下，可假设分布式通信系统中的延时为 0.5 s。同时设定负载 2 在 $t=10$ s 时接入系统。该情况下的仿真结果如图 6-14 所示。

由仿真结果可知，在 $t=10\sim10.5$ s 内，由于通信延时的影响，分布式电源从相邻智能体间接收到的信息未能更新，由式(3-31)可知，下垂控制中的辅助控制量仍保持负荷变化前的状态值，分布式电源按传统的下垂控制规律实现控制。当 $t>10.5$ s 时，分布式电

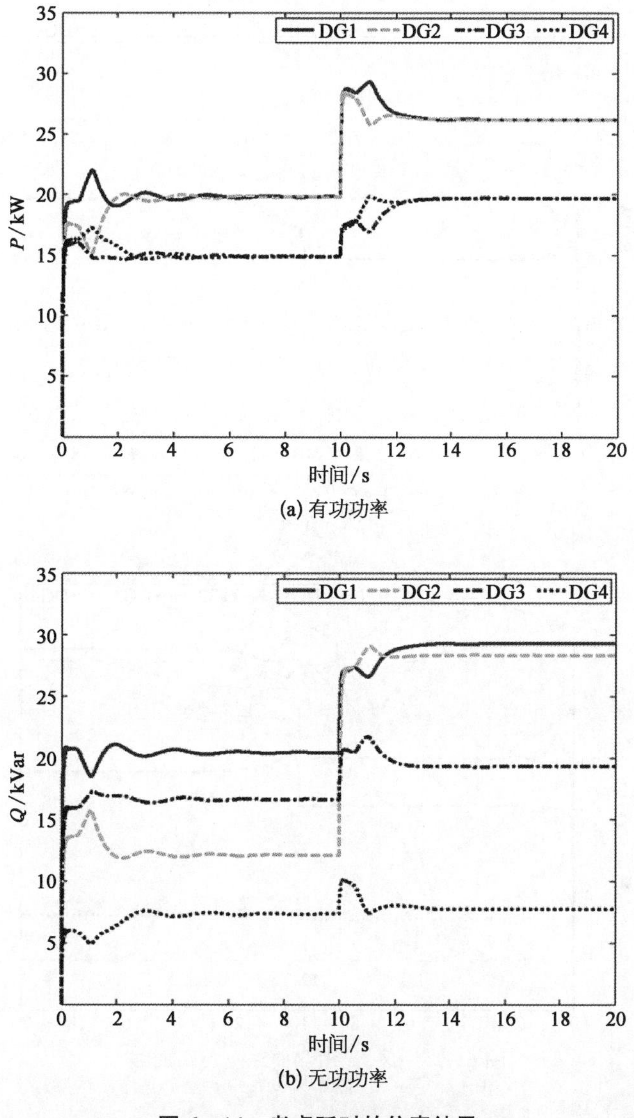

(a) 有功功率

(b) 无功功率

图 6-14　考虑延时的仿真结果

源接收到邻近分布式电源的功率、频率和电压的更新信息后对下垂参数进行自适应改变；由稳定性分析结果可知，本章提出的自适应下垂控制策略是渐进稳定的，即在通信时延后，分布式电源的状态根据式(3-22)、式(3-23)和式(3-31)进行调整，并运行于稳定状态。在经过一段时间的调整后，系统将稳定运行于额定频率和电压的状态。在表 6-2 的参数的控制下，系统在 2.5 s 后调节至稳定运行状态。图 6-14 的结果表明，本节提出的自适应协调控制策略在通信延时的系统中仍有较好的控制效果。

3) 算例 3：考虑延时和扰动情况下的仿真

假设分布式通信系统中的延时为 0.5 s，频率和有功功率的扰动为 $\delta_{\omega j} = 1.25\sin(2\pi * t)$ 和 $\delta_{pj} = 50\sin(2\pi * 500\, t)$。同时考虑通信延时和扰动的仿真结果如图 6-15 所示。

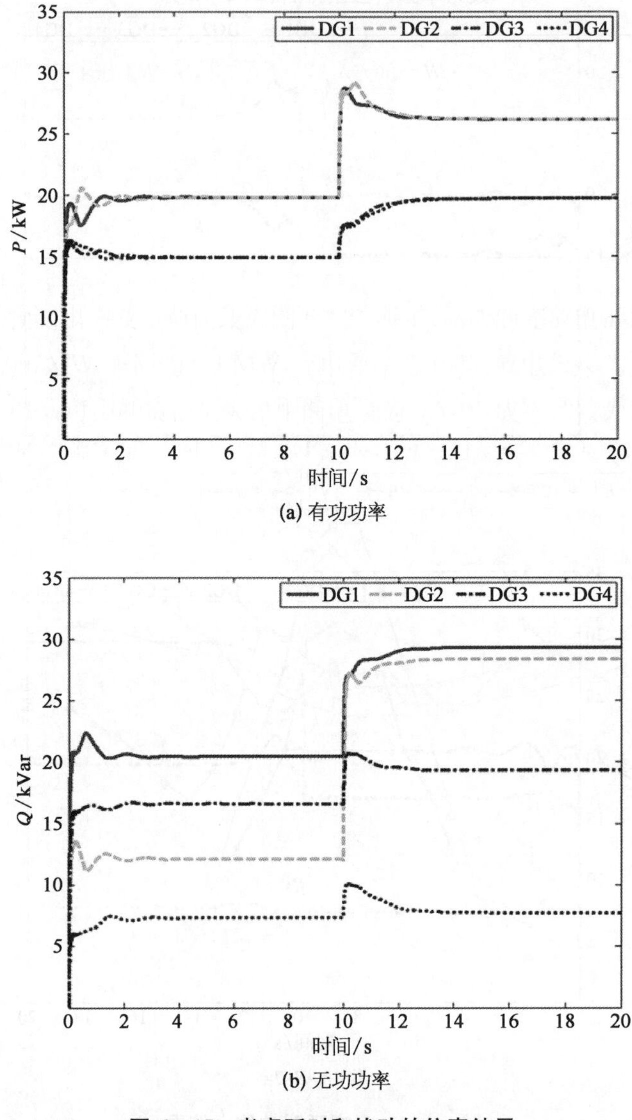

(a) 有功功率

(b) 无功功率

图 6-15　考虑延时和扰动的仿真结果

在通信延时和固定扰动的情况下，系统在负荷恒定的情况下（$t=0\sim10$ s）稳定运行，即系统的稳定状态不受通信延时和扰动的影响。在 $t=10$ s 增加负荷，分布式电源在通信延迟的时间段内以传统下垂控制运行，实现对负荷的快速响应；同时，在接收到其他分布式电源的更新信息后，下垂系数自适应调整，使得系统保持额定频率和电压运行。但是，由于扰动的影响，系统的调节时间也有所增加，在本节选取的仿真参数下，调节时间约为 3 s。

微电网的分布式控制可避免中央控制器的使用和降低控制系统对通信网络的要求，系统的可靠性较高。在考虑通信延时和扰动的情况下，本节提出了基于多智能体系统一致性的自适应下垂参数控制策略。针对下垂控制中有功功率的分配规律，应用无领导者的一致性协调分布式电源的有功功率，使其能快速响应负荷的变化；提出了含虚拟领导者的一致性自适应调整下垂参数，实时频率和电压的动态偏差，保证供电质量。同时，在本节所提策略的控制下，系统是渐进稳定的，从而避免了传统下垂控制中高增益有功下垂系数对稳定性的影响。仿真结果表明本章所提策略在同时解决系统稳定性、改善系统电压和频率方面具有较好的效果。

6.2.2　基于自适应下垂控制的微电网分布式经济控制

在孤岛微电网中，传统下垂控制按分布式能源的容量比分配有功功率，容易使微电网的整体运行成本偏高。为有效降低系统运行成本，依据等微增率准则提出一种基于边际成本的经济下垂控制框架，在该框架下分布式能源能够按照等边际成本出力。考虑到分布式能源的最大出力限制，提出基于一致性的分布式自适应控制器，将功率稳定在最大值，从而退出边际成本一致性。提出一种分布式二次频率控制器有效恢复孤岛微电网的频率。仿真结果证明了所提控制器的有效性以及抗通信失败的性能。

交流孤岛微电网中普遍采用传统下垂控制按照容量比分配有功功率，由于不同类型分布式电源的运行成本和发电特性不同，其易造成整个微电网的运行成本偏高。因此，在当今越来越重视经济性的时代，考虑成本优化以实现微电网的经济运行尤为重要。经济运行通常采用集中式方法，诸如二次规划算法、智能算法等解决优化模型，求得的最优运行曲线实时发送给不同分布式电源以实现有效降低发电成本的目的。集中式方法虽然精度高，但是对大规模问题求解困难，容易受中央系统单点故障和监控设备通信失败的影响，可靠性不高。近年来，分布式优化运行备受研究者的青睐，其主要可分为分布式优化与分布式经济控制 2 个方面。针对分布式优化，基于多智能体一致性理论，文献[10]提出了一种以调节成本为一致性变量的协同经济功率分配框架。文献[11]使用前向梯度和有限时间一致性算法来解决含有热发电机和风机的经济调度模型。对于分布式经济控制，考虑到下垂控制在孤岛微电网中应用的普遍性和便捷性，一些学者提出经济下垂控制框架。文献[12]设计了一种非线性经济下垂控制器，该控制器通过使高成本的发电机少出力以及低成本的发电机多出力来降低发电成本，然而该控制器基于各个分布式电源的发电成本而并非边际成本设计，因此只能使系统经济运行而并非最优经济运行，此外，它也未考虑孤岛微电网的二次电压和频率恢复。文献[13]提出了一种自治的 3 层控制架构来实现不同分布式电源之间的等边际成本，由于其采用了低通滤波器来减少非线性下垂控制器对系统稳定性的影响，动态响应较慢。文献[14]针对低压孤岛微电网，提出基于边际成本-电压的下垂控制，但是由于线路阻抗的影响，其在一次下垂控制中未能实现边际成本相等，而是基于一致性算法在二次控制中实现，这无疑增加了设计复杂度，且采用传统的有功-电压下垂控制也可以实现。针对采用下垂控制的微电网，文献[15]采用一致性算法实现边际成本相等，然而由于其需要选择主导节点来控制边际成本增加或者减少的方向，削弱了稳定性。考虑孤岛微电网的经济性，本章提出一种边际成本频率下垂控制框架，该框架在一次控制中即可实现各个分布式电源的边际成本相等，从而实现最优经济运行。当某个分布式电源的功率达到出力上限时，启动对应的自适应控制器将功率稳定在最大值，从而退出边际成本一致性。采用分布式二次频率控制器(DSFC)快速地使系统频率恢复到额定值。除此之外，将虚拟阻抗[16]应用在线阻抗为阻性的低压网络中以改善无功功率分配特性，且使用文献[17]提出的分布式二次电压控制器(DSVC)来恢复节点电压幅值，同时改善无功分配。

6.2.2.1　边际成本频率经济下垂控制

1) 边际成本

对于不同类型的分布式电源，发电成本可以统一写成凸二次函数形式：

$$\begin{cases} C_{i,\mathrm{G}}(P_i)=a_iP_i^2+b_iP_i+c_i \\ 0\leqslant P_i\leqslant P_{i,\max} \end{cases} \quad i=1,\ 2,\ \cdots,\ N_{\mathrm{G}} \tag{6-9}$$

式中，P_i 为发电机 i 的有功功率；a_i，b_i，c_i 为正的发电成本系数；$P_{i,\max}$ 为发电机 i 的出力上限；$C_{i,\mathrm{G}}(P_i)$ 为发电机 i 的发电成本；N_{G} 为发电机的数目。发电机 i 的边际成本 $L_i(P_i)$ 为

$$L_i(P_i)=\frac{\mathrm{d}C_{i,\mathrm{G}}(P_i)}{\mathrm{d}P_i}=2a_iP_i+b_i \tag{6-10}$$

2) 经济下垂控制

如果不考虑各个分布式电源的出力限制，依据等微增率准则，当微电网中所有分布式电源的边际成本达到相同时，系统总运行成本最小。依据该准则，为了实现整个微电网的最优经济运行，在传统有功频率下垂控制的基础上，考虑各个分布式电源的边际成本，提出如下式所示的经济下垂控制框架。

$$f_i=f^*-\lambda_iL_i(P_i) \quad i=1,\ 2,\ \cdots,\ N_{\mathrm{G}} \tag{6-11}$$

式中，f_i 为第 i 个分布式电源的频率；f^* 为其额定频率；λ_i 为其经济下垂系数。

$$\lambda_i\leqslant\frac{\Delta f_{\max}}{L_i(P_{i,\max})} \tag{6-12}$$

式中，$\Delta f_{\max}$ 为系统频率与基准频率的最大偏差。如果不考虑每个不同分布式电源的功率限制，通过选择相同的经济下垂系数 λ_i，各个分布式电源的边际成本 $L_i(P_i)$ 相同。然而，每个分布式电源均有最大功率限制，当某个分布式电源达到它的最大出力限制时，应该稳定在最大值，即其边际成本为常值。此时，达到功率饱和的分布式电源应调节其经济下垂系数 λ_i 的值使 $\lambda_iL_i(P_{i,\max})$ 与其余分布式电源的 $\lambda_iL_i(P_i)$ 相同。

6.2.2.2　基于一致性的自适应控制器

1) 一致性算法

微电网中，不同节点之间的通信可以描述为权重拓扑 $G(d,\ x,\ \boldsymbol{A})$，其中 $d=\{1,\ 2,\ \cdots,\ n\}$ 表示不同的节点，n 为节点个数；$X\subseteq d\times d$ 表示不同节点之间的通信连接；$\boldsymbol{A}$

表示通信拓扑连接矩阵，其中 $a_{ij}=a_{ji}\geqslant 0$，如果节点 i 能够接受节点 j 的信息，则 $a_{ij}>0$，否则 $a_{ij}=0$。节点 i 的邻居集合可表示为 $N_i=\{j\in d:(i,j)\in X\}$。假设 x_i 表示节点 i 的状态信息，其可以根据下式来更新自身的状态：

$$\dot{x}_i=\sum_{j\in N_i}a_{ij}(x_j|-x_i) \tag{6-13}$$

式(6-13)称为连续时间平均一致性算法，一致性问题的目的在于使所有节点的状态达到一致且为稳态时所有节点状态信息之和的平均值，即 $x_i=x_j=\frac{1}{n}\sum_{k=1}^{n}x_k(i,j\in\{1,2,\cdots,n\},i\neq j)$。对于每一个节点的 $x_i(j\in\{1,2,\cdots,n\})$ 而言，其仅通过自身以及邻居的状态信息来更新自己的信息。为了进一步描述式(6-51)，定义凸权重 ω_{ij}，重写为

$$\frac{1}{\sum_{j\in N_i}a_{ij}}\dot{x}_i=-x_i+\sum_{j\in N_i}w_{ij}x_j \quad w_{ij}=\frac{a_{ij}}{\sum_{k\in N_i}a_{ik}}\geqslant 0,\ \sum_{j\in N_i}w_{ij}=1 \tag{6-14}$$

当系统逐渐变成稳态时，$\dot{x}_i$ 逐渐趋于0，x_i 将等于邻居状态信息的权重平均值，即

$$x_i=\sum_{j\in N_i}w_{ij}x_j \tag{6-15}$$

2）基于一致性的自适应控制器

在一致性算法的基础上，提出基于一致性的自适应控制器，其主要通过调节饱和分布式电源的经济下垂系数 λ_i 来处理最大功率限制问题。

$$\begin{cases}\psi_i\dot{\lambda}_i=\dfrac{1}{L_i(P_{i,\max})}\sum\limits_{j\in N_i}a_{ij}[\lambda_jL_j(P_j)-\lambda_iL_i(P_i)] & P_i\geqslant P_{i,\max}\\ \lambda_i=\lambda_0 & 0\leqslant P_i<P_{i,\max}\end{cases} \tag{6-16}$$

式中，ψ_i 负责经济下垂系数调节的速度，ψ_i 越大，速度越慢；权重系数 a_{ij} 和 $\lambda_iL_i(P_i)$ 达到一致性的速率有关，a_{ij} 越大，速率越快。对于式(6-16)中第一式而言，第 i 个分布式电源达到饱和，其边际成本 $L_i(P_{i,\max})$ 是一个常值，此时 λ_i 应随着其他分布式电源的调节而变化，直到 $\lambda_iL_i(P_{i,\max})=\lambda_jL_j(P_j)=\frac{1}{n}\sum_{k=1}^{n}\lambda_kL_k(P_k)$。对于式(6-16)中第二式，对于未饱和的分布式电源而言，λ_i 是一个常值 λ_0，即初始下垂系数，其边际成本 $L_i(P_i)$ 将随着系统运行时间而变化直到与其余未饱和分布式电源的边际成本达到相同。即当第 i 个分布式电源还未达到最大功率限制时，采用式(6-16)中第二式给出经济下垂系数；当其达到最大功率限制时，式(6-16)中第一式用来更新经济下垂系数。与式(6-14)、式(6-15)相同，当系统稳定时，饱和第 i 个分布式电源的经济下垂系数 λ_i 由其邻居的经济下垂系数及其边际成本的权重平均值决定，如下式所示。

$$\begin{cases} \lambda_i = \dfrac{1}{L_i(P_{i,\max})} \sum\limits_{j \in N_i} w_{ij} \lambda_j L_j(P_j) \\ w_{ij} = \dfrac{a_{ij}}{\sum\limits_{k \in N_i} a_{ik}} \geqslant 0 \end{cases} \tag{6-17}$$

6.2.2.3 分布式二次控制

1) 分布式二次频率控制

本章提出的分布式二次频率控制器表达式为

$$f_i = f^* - \lambda_i L_i(P_i) + \Delta f_i \tag{6-18}$$

$$\Delta f_i = \frac{1}{k_i} \int_0^t \left[(f^* - f_i) + \sum_{j \in N_i} b_{ij} (\Delta f_j - \Delta f_i) \right] \mathrm{d}t \tag{6-19}$$

式中，Δf_i 为二次调节变量；k_i 为决定频率 f_i 调节速率的正常数，k_i 越大，速率越慢；b_{ij} 为微电网通信拓扑邻接矩阵 $\boldsymbol{B}$ 的权重系数，其和二次调节变量 Δf_i 达到一致的速率有关，b_{ij} 越大，速率越快。

分布式二次频率控制器实现频率恢复的机理为：二次控制式(6-19)的作用是使得每个分布式电源的频率 f_i 恢复到额定频率 f^*，且保证每个分布式电源的二次调节变量 Δf_i 相等。因此，当每个分布式电源的输出功率未达到最大值 $P_{i,\max}$ 时，其经济下垂系数 λ_i 相等且均为 λ_0，每个分布式电源在式(6-19)的积分作用下恢复到额定频率以及二次调节变量达到相等，此时对于式(6-18)，可以推出各个分布式电源的边际成本 $L_i(P_i)$ 也达到相等，即在频率恢复的同时仍然实现边际成本的相等性；当其中第 i 个分布式电源的输出功率达到最大值 $P_{i,\max}$ 时，其经济下垂系数 λ_i 将大于 λ_0，其余分布式电源的经济下垂系数仍为 λ_0，每个分布式电源在式(6-19)的积分作用下恢复到额定频率，二次调节变量达到相等，此时对于式(6-18)，可以推导出达到最大输出功率的分布式电源的边际成本小于其余分布式电源的边际成本，且其余分布式电源之间的边际成本仍然相等，即式(6-18)、式(6-19)仍然能保证在频率恢复的同时有效地处理边际成本。上述 2 种情况分别如图 6-16(a)，(b)所示。

图 6-16 中①表示第一个分布式电源只有一次控制，②表示第二个分布式电源只有一次控制，③表示第一个分布式电源含有二次控制，④表示第二个分布式电源含有二次控制。

对于 6-16(a)，由于第一个分布式电源与第二个分布式电源均未达到最大输出功率，因此有、无二次控制的下垂特性均是重合的，当二次控制式(6-19)执行之后，第一个分布式电源与第二个分布式电源的频率均恢复到额定值并且两者边际成本相等。对于图 6-16(b)，由于第一个分布式电源达到最大输出功率，第二个分布式电源未达到最大输出功率，因此仅有一次控制与含有二次控制的下垂特性不是重合的，当二次控制式(6-19)执行之后，第一个分布式电源与第二个分布式电源的频率恢复至额定值并且第一

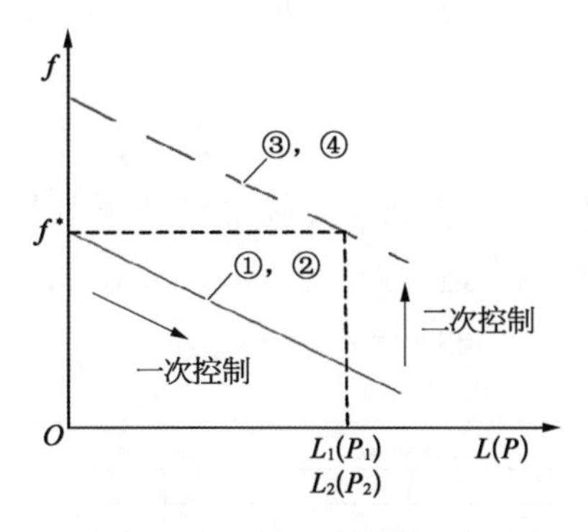

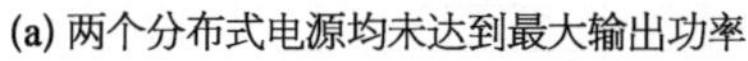
(a) 两个分布式电源均未达到最大输出功率

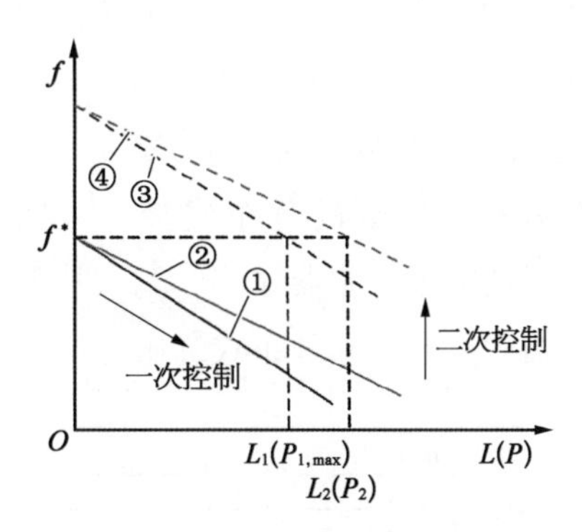

(b) 第一个分布式电源达到最大输出功率，第二个未达到

图 6－16　有、无二次控制的下垂特性

个分布式电源的边际成本 $L_1(P_{1,\max})$ 小于第二个分布式电源的边际成本 $L_2(P_2)$。根据传统下垂控制的大信号稳定性分析得到的稳态网络频率 f_{ss} 为

$$f_{\mathrm{ss}} = f^* - P_0 \Big/ \sum_{i=1}^{n} \frac{1}{m_i} \tag{6-20}$$

式中，P_0 为微电网内部有功功率负荷总和。类似的，对于式(6－18)、式(6－20)，稳态网络频率 f_{ss1} 可表示为

$$\begin{aligned} & f_{\mathrm{ss1}} = f^* - \sum_{i=1}^{n} L_i(P_i) \Big/ \sum_{i=1}^{n} \frac{1}{\lambda_i} \\ & \sum_{i=1}^{n} P_i = P_0 \end{aligned} \tag{6-21}$$

2）分布式二次电压控制

本章使用的分布式二次电压控制器表达式为

$$E_i = E^* - n_i Q_i + \Delta E_i \quad n_i = \frac{E_{\max} - E_{\min}}{Q_{i,\max}} \tag{6-22}$$

$$\Delta E_i = \frac{1}{r_i} \int_0^t \left[\eta_i (E^* - E_i) + \sum_{j \in N_i} c_{ij} \left(\frac{Q_j}{Q_{j,\max}} - \frac{Q_i}{Q_{i,\max}} \right) \right] \mathrm{d}t \tag{6-23}$$

式中，$E_{\min}$ 表示最小电压限制，$E_{\max}$ 表示最大电压限制；$Q_{i,\max}$ 为额定的无功容量；E^* 为额定的网络电压；Q_i 为第 i 个分布式电源输出的无功功率；n_i 为无功电压下垂系数；ΔE_i 为二次调节变量；r_i 与系统达到稳态的速率有关，r_i 越大，速率越慢；η_i 负责电压调节的精度，η_i 越大，精度越高；c_{ij} 为微电网通信拓扑邻接矩阵 $\boldsymbol{C}$ 的权重系数，其与无功功率分配的精度有关，c_{ij} 增加精度提高。文献[17]给出了式(6－23)的小信号稳定性分析，从中

可以得知无功功率均分和电压调节2个目标是相互冲突的，所以应该选择合适的 η_i 和 c_{ij} 值来保证式(6-23)的稳定性[17]。

3) 分布式控制策略的具体实现

每个分布式电源的分布式控制策略如图6-17所示，其包含经济下垂控制器式(6-11)、无功电压控制器式(6-22)、基于一致性的自适应控制器式(6-16)、分布式二次频率控制器式(6-19)、分布式二次电压控制器式(6-23)。

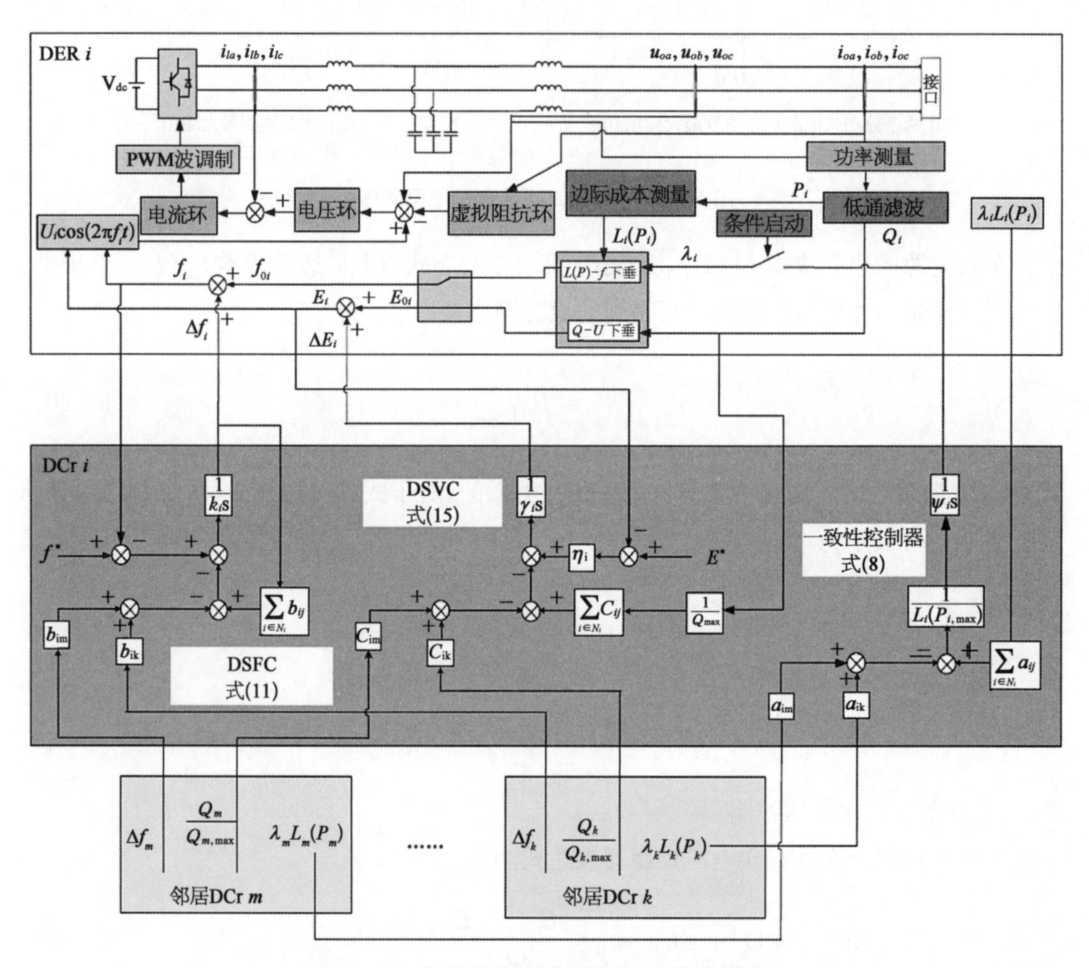

图6-17　每个分布式电源的分布式控制架构

每个分布式电源都配备一个智能体DCr，主要负责通信和一致性计算。对于稀疏的通信网络，第 i 个智能体仅和邻接的第 j 个智能体通信。由于不存在中心节点，因此其有较高的可靠性。以第 i 个分布式电源为例，第 i 个智能体采集本地电压 E_i，无功功率 Q_i，本地频率 f_i 及 $\lambda_i L_i(P_i)$，发送相关信息 $(Q_i, \Delta f_i, \lambda_i L_i(P_i))$ 给第 j 个智能体，并从它那里接受相关信息 $(Q_j, \Delta f_j, \lambda_j L_j(P_j))$。获得邻居的相关参数值之后，每个智能体执行一致性算法实现频率恢复、电压调节以及调节经济下垂系数稳定最大输出功率的目标。

6.2.2.4 仿真算例

仿真所用的孤岛微电网如图 6-18 所示，其包括 4 台传统发电机和 1 个可选的最大功率点跟踪运行的光伏发电系统。

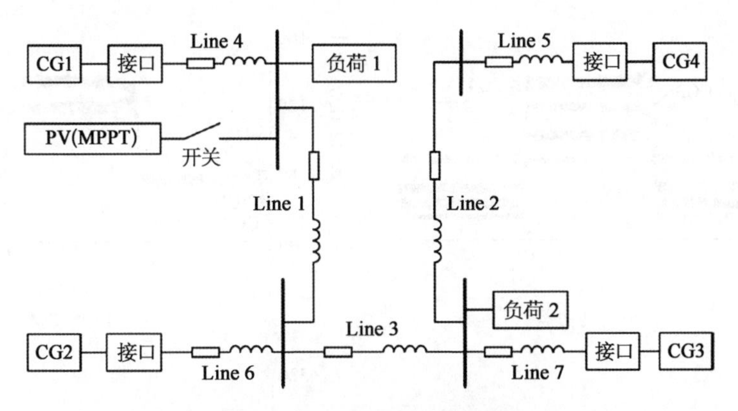

图 6-18 孤岛微电网的结构

孤岛微电网的通信网络拓扑如图 6-19 所示。

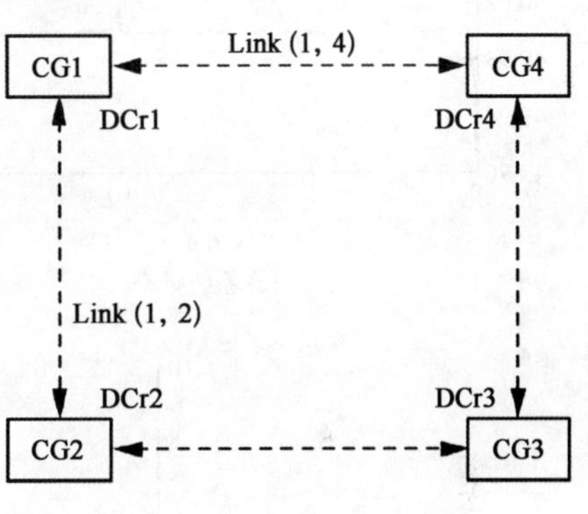

图 6-19 分布式通信拓扑

线路 Line 4～7 的阻抗均为 0.1+j0.006，传统发电机之间的连接线 Line 1～3 的阻抗分别为 0.2+j0.012，0.3+j0.018，0.4+j0.027。对于第 i 个传统发电机 $\lambda_0 = 0.01$，$k_i = 0.02$，$r_i = 0.01$，$\eta_i = 5$，$\psi_i = 0.01$，$n_i = 10^{-4}$，$Q_{i,\max} = 20$ kvar。其余仿真参数如表 6-3 所示。通信邻接矩阵 $\boldsymbol{A}$，$\boldsymbol{B}$，$\boldsymbol{C}$ 的取值为

$$\boldsymbol{A} = \begin{pmatrix} 0 & 1 & 0 & 1 \\ 1 & 0 & 1 & 0 \\ 0 & 1 & 0 & 1 \\ 1 & 0 & 1 & 0 \end{pmatrix}, \boldsymbol{B} = \begin{pmatrix} 0 & 2 & 0 & 2 \\ 2 & 0 & 2 & 0 \\ 0 & 2 & 0 & 2 \\ 2 & 0 & 2 & 0 \end{pmatrix}, \boldsymbol{C} = 50 \times \begin{pmatrix} 0 & 1 & 0 & 1 \\ 1 & 0 & 1 & 0 \\ 0 & 1 & 0 & 1 \\ 1 & 0 & 1 & 0 \end{pmatrix} \tag{6-24}$$

表 6-3 参 数 仿 真

发电机	$a_i/[¢ \cdot (\mathrm{kW \cdot W \cdot h})^{-1}]$	$b_i/[¢ \cdot (\mathrm{kW \cdot h})^{-1}]$	$P_{i,\max}$/kW
CG1	0.005 4	2.2	14.0
CG2	0.006 3	2.5	15.0
CG3	0.004 6	1.8	20.0
CG4	0.003 5	3.5	16.5

1）有效性分析

仿真在打开开关（即整个孤岛微电网仅含 4 台传统发电机）的情况下进行，采用本章所提分布式经济运行策略，有效性如图 6-20 所示。

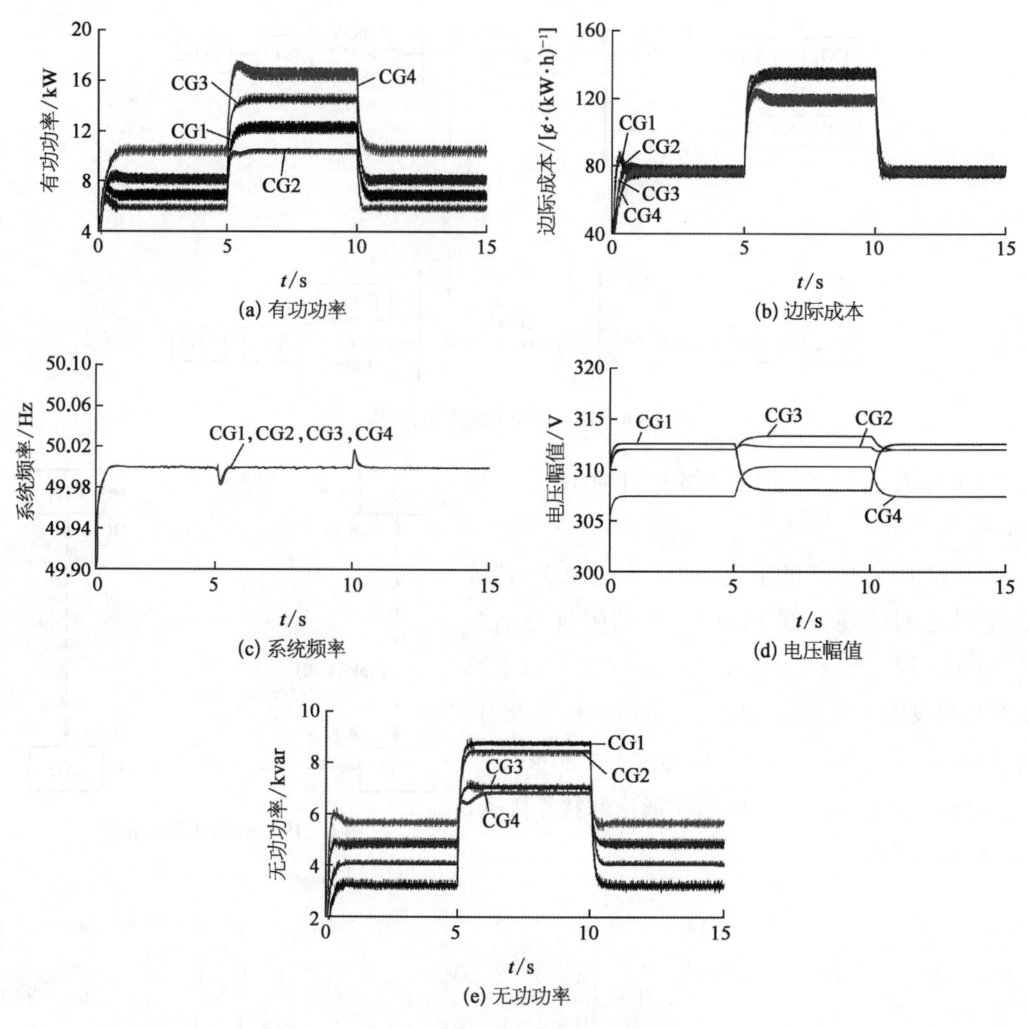

图 6-20　孤岛微电网的运行特性

从图 6-20(a)，(b)可以看出，5 s 之前微电网运行在轻负荷状态下，所有传统发电机的边际成本达到一致，没有任何一个传统发电机达到饱和；5 s 之后，系统负荷大幅度增加，第 4 个传统发电机由于较低的发电成本输出功率达到饱和，即 16.5 kW，因此第 4 个传统的发电机退出边际成本一致性，其余 3 个传统发电机继续保持等边际成本运行；10 s 之后，系统负荷降为初始状态，所有传统发电机的边际成本又一次达到相等，并与 5 s 前的收敛值相同。从上述分析可知，根据等微增率准则，微电网在整个运行过程中一直以最优经济状态运行，系统运行成本最低。

从图 6-20(c)，(d)可知，系统频率一直保持在额定值运行，电压幅值稳定在额定值附近。由于无功功率均分和电压调节是相互冲突的，因此无功功率未能均匀分配，但相差不太大。

2）加入光伏最大功率追踪控制后的性能

图 6-21 给出了开关闭合后，微电网包含 4 台传统发电机和 1 个以最大功率追踪和控制运行的光伏系统的运行结果。在整个运行过程中，光伏系统的输出功率先不断减少后不断增加，系统总负荷保持不变。从图 6-21 可以看出，当光伏系统输出功率不断减少时，3 台传统发电机的输出功率不断增加，对应的边际成本以相等的状态不断增加。当光伏的功率减少到接近于 0 时，第 4 台传统发电机的输出功率达到饱和，退出边际成本一致性。之后随着光伏的功率逐渐增加，传统发电机的输出功率不断减少，各台传统发电机的边际成本以相同的状态不断减小。加入光伏最大功率追踪控制之后，根据等微增率准则，在微电网的整个运行过程中，系统始终保持在最优经济状态。从上一节和本节可以看出本节所提分布式经济策略的可行性与有效性，采用经济下垂控制的传统发电机不但可以单独以最优状态运行，也可以集成以最大功率输出运行的可再生能源以最优状态运行。

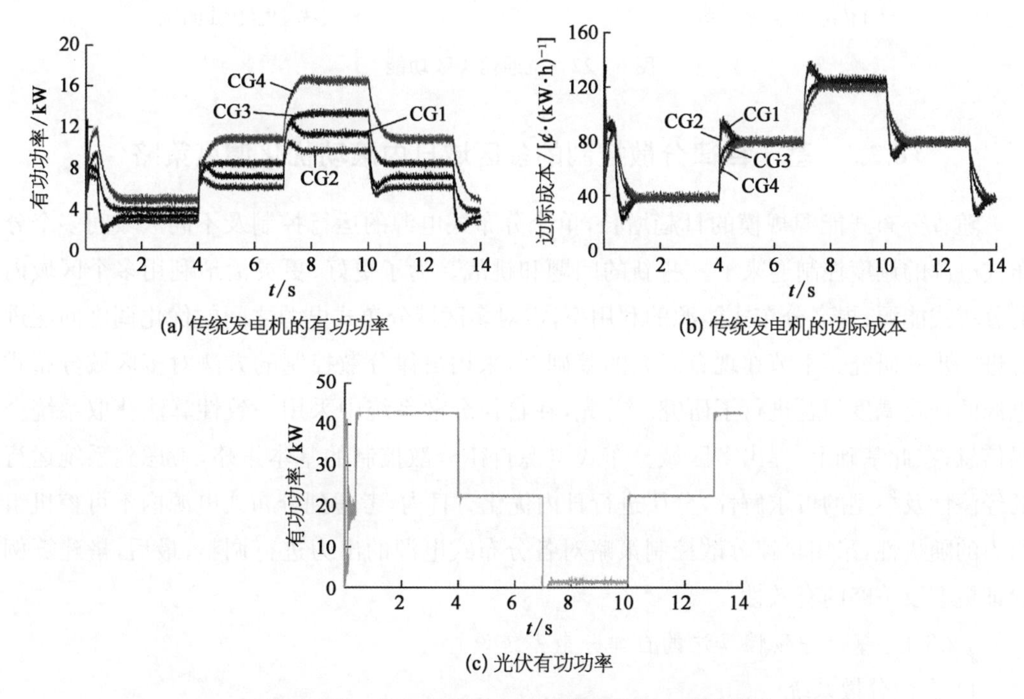

图 6-21　加入光伏最大功率追踪控制之后的性能

3）抗通信失败性能

本节所提基于一致性的分布式策略具有抗通信失败的性能，即使通信单线连接失败，只要通信拓扑是连通的，所提的分布式策略仍然是有效的。图 6-22 给出了微电网抗通信失败的运行结果，5 s 之前，图 6-22 所示的单线连接 Link(1，2)以及 Link(1，4)断开，通信拓扑失去连通性；5 s 之后，仅 Link(1，2)连接恢复，Link(1，4)连接仍失败。从图

6-22可以看出，在整个运行过程中，由于第4台传统发电机输出功率达到饱和(16.5 kW)，边际成本一直保持在最大值不变。由于通信拓扑失去连通性，第一台传统发电机被孤立，因此5 s之前第一台传统发电机的边际成本比第二台和第三台要高，微电网运行在非最优状态；5 s之后，Link(1，2)恢复，微电网的通信拓扑被连通，第一台传统发电机重新连入通信，因此其边际成本保持和第二台第三台传统发电机相同，微电网运行在最优状态。5 s之后，即便通信连接Link(1，4)是断开的，所提的分布式策略仍然是有效的，即所提策略具有抗单线连接通信失败的性能。

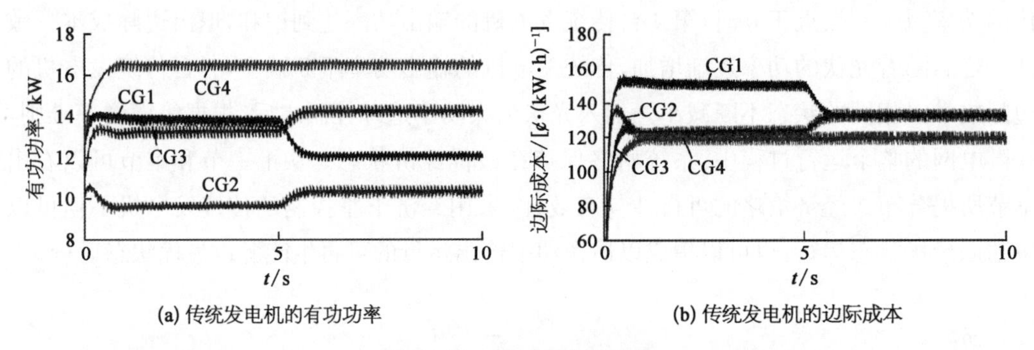

(a) 传统发电机的有功功率　　(b) 传统发电机的边际成本

图6-22　抗通信失败功能

6.2.3　基于自律分散控制的多区域日内滚动优化调度策略

随着分布式能源规模的日趋增长，单个分布式电源的运行控制及不同区域间多个分布式电源的调度控制迎来了一些新的问题和挑战。为了更好、更灵活地利用多个区域内的分布式能源、提高分布式能源的利用率，需对多区域分布式电源之间的优化调度问题进行进一步的研究。本节在现有研究的基础上，采用自律分散控制的方法对多区域分布式电源的优化调度问题进行了研究。首先，在自律分散系统中采用一致性算法获取系统全局信息；在此基础上，提出多区域分布式电源自律分散控制的基本策略，考虑到系统运行的经济性及模型的可求解性，分层进行日内优化。日内，考虑到分布式电源内不可控机组出力的随机性，采用自律分散控制策略对各分布式电源的出力进行调整；最后，搭建算例验证模型及策略的有效性。

6.2.3.1　基于一致性算法的自律分散系统设计

1）自律分散系统

自律分散系统是由具有可控性和可协调性的子系统单元所构成的，而各个子系统单元内包含了数据节点及数据域。在自律分散系统中，任何子系统单元个体的非运行状态，如故障、维护等，对于整个自律分散系统来说是一种正常状态，即自律分散系统的结构不是固定不变的，而是根据各个子系统单元的状态决定的[42]。

在自律分散系统中，各个子系统单元具有平等性、局部性和均质性的特性。首先，每个子系统管理自己和与其他子系统交互的能力是自身可控的；其次，每个子系统单元都是平等的，能完成自身的控制管理，而无需受其他子系统单元的管理，相互之间无主从关系；除此之外，各个子系统单元仅依靠本地信息就能管理自身，并完成与其他子系统单元协调运行的任务。在自律分散系统中，每个子系统单元仅与相邻子系统单元发生信息互换，各子系统单元之间仅通过数据交换保持松散的耦合结构。

由于自律分散系统中每一个子系统单元都是独立平等的，且各子系统单元之间不存在任何隶属关系，为保证整个系统工作的协调有效运行，各子系统单元需要共同选取产生一个领导者[43]。任何一个子系统单元功能失效，其他子系统单元仍能正常完成自己所承担的任务，且各子系统单元能够相互协调并重新分配系统所应完成的任务，从而实现系统整体的运行控制目标；当领导者功能失效时，其他子系统单元将重新推选产生新的领导者，从而保证系统的持续协调运行。

因此，自律分散系统由各个独立的子系统单元构成，并被外界及其他的子系统单元产生的信息所驱动。若将各子系统单元计为 S_i，可用函数 f_i 来定义，对于任意输入 u_i，则输出可表示为

$$y_{i,k+1}=f_i(u_{i,k+1}, y_{1,k}, y_{2,k}, \cdots, y_{i,k}, \cdots, y_{n,k}) \tag{6-25}$$

式中，$y_{i,k}$ 指的是子系统单元 i 的第 k 次输出；$u_{i,k}$ 指的是子系统单元 i 的第 k 次输入；n 指的是自律分散系统中的子系统个数。

当子系统单元 S_i 被输入 u_i 驱动时，其输出结果会正常对其他子系统单元进行驱动，则系统内各个子系统单元会产生一系列有效输出，其具体表达式为

$$Y_S=H_S\cdot(y_1, y_2, \cdots, y_i, \cdots, y_n)^{\mathrm{T}} \tag{6-26}$$

当给定自律分散系统的控制目标 $\widetilde{Y}$ 时，可通过设计反馈控制 $u_{i,k+1}=k_i(Y_{S,i})$，使系统的实际输出尽可能接近所设定的目标输出。在自律分散系统中，当某个子系统单元 S_i 失效时，系统整体的拓扑结构也会随之发生变化，系统结构变为 S'，其他子系统单元的输出结果不再对此子系统单元产生驱动，则其他子系统单元在系统 S' 的结构下继续完成系统目标。

2）一致性算法

在基于自律分散系统进行分布式系统优化的过程中，各个分布式单元的信息获取以及信息交流是整个系统完成优化过程的重点和难点。而一致性算法应用于自律分散系统中，其作用是使每个子系统单元仅需通过与相邻子系统单元间的通信从而获取系统的全局信息，是实现自律分散控制的基础。其基本思想是通过多次迭代最终使得各子系统单元的信息收敛到同一值，其具体算法公式为

$$x_{i,k+1}=x_{i,k}+\sum\nolimits_{j=1}^{n}a_{ij}\cdot(x_{j,k}-x_{i,k}) \tag{6-27}$$

式中，$x_{i,k}$ 指的是迭代子系统单元 i 第 k 次获取的信息；a_{ij} 指的是子系统单元 i 与 j 之间信息交换的系数；n 指的是为参与信息交换的子系统单元个数。从整个系统的角度来看，

可以写成如下矩阵形式，则有

$$\boldsymbol{X}_{k+1}=\boldsymbol{A}\cdot\boldsymbol{X}_k=\begin{bmatrix}1-\sum a_{1j} & a_{12} & \cdots & a_{1n}\\ a_{21} & 1-\sum a_{2j} & \cdots & a_{2n}\\ \vdots & \vdots & & \vdots\\ a_{n1} & a_{n2} & \cdots & 1-\sum a_{nj}\end{bmatrix}\cdot\begin{bmatrix}x_{1,k}\\ x_{2,k}\\ \vdots\\ x_{n,k}\end{bmatrix} \tag{6-28}$$

式中，$\boldsymbol{A}$ 为信息交换系数矩阵。由于分布式系统是连通的，当分布式系统中各子系统单元之间的通信是双向且等效时，则信息交换系数矩阵 $\boldsymbol{A}$ 中各元素为

$$a_{ij}=\begin{cases}\dfrac{1}{d_i} & j\in N_i\\ 0 & j\notin N_i\end{cases} \tag{6-29}$$

式中，N_i 为与子系统单元 i 相邻的子系统单元的合集；d_i 为与子系统单元 i 相邻的子系统单元的个数。经过多次迭代，各子系统单元获取的信息最终达到一致，矩阵 $\boldsymbol{X}$ 收敛为 $\boldsymbol{X}_{\text{AVE}}$，其表达式为

$$\boldsymbol{X}_{\text{AVE}}=\lim_{k\to+\infty}\boldsymbol{X}_k=\frac{1}{n}\cdot(\boldsymbol{I}^{\text{T}}\cdot\boldsymbol{X}_0)\cdot\boldsymbol{I} \tag{6-30}$$

式中，$\boldsymbol{X}_0$ 指的是各子系统单元获取的初始信息所构成的列向量；$\boldsymbol{I}$ 指的是所有元素都为 1 的 n 维列向量。从式(6-30)可知，当系统达到收敛时，各子系统单元中的各元素相等且仅与其各自获取的初始信息有关。

6.2.3.2 多区域分布式电源的自律分散控制

1) 多区域分布式电源结构

分布式电源可通过通信、控制技术聚合不同种类、不同容量甚至不同区域的分布式能源，使其作为一个整体参与电力市场竞争及电力系统运行，不仅降低各分布式能源的并网风险，同时相对于分布式能源单独运行可额外获取一定的利润。本节设定各区域分布式电源内部含有可控传统发电单元(如火电)、不可控发电单元(如风电或光伏)、储能设备、可中断负荷及固定负荷。多区域分布式电源网络框架中，各区域之间通过能量和信息网络相互连接，不同区域的分布式电源属于各自利益独立的个体。在多区域分布式电源参与电力系统运行的过程中，当某区域出现能源饱和或者能量缺额时，其他区域的分布式电源可帮其消纳或向其供能，具体如图 6-23 所示。

在本节所构建的系统模型中，多区域分布式电源整体构成自律分散控制系统，各区域分布式电源为自律分散控制系统中的各个子系统单元，各分布式电源通过与相邻区域分布式电源通信获取信息，从而实现多区域分布式电源的协调互动，保证系统整体功率的

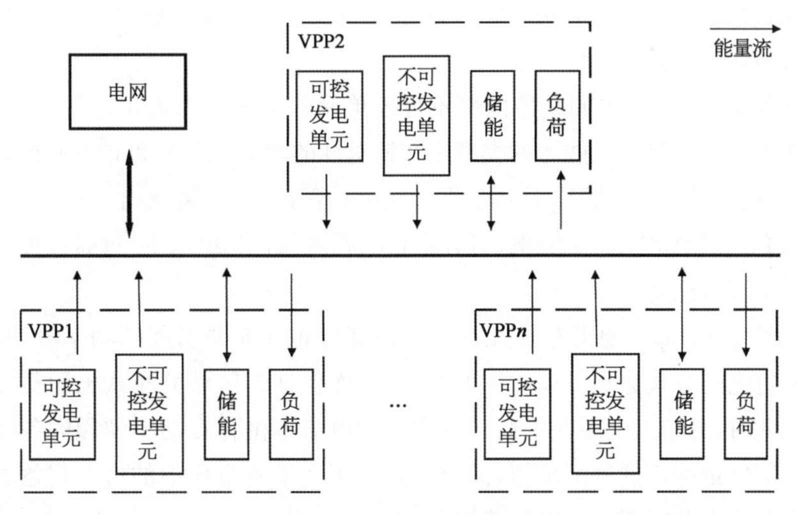

图 6-23　区域分布式电源结构

平衡。

2）分布式电源自律分散控制策略

各个分布式电源聚合自身所在区域范围内的分布式能源使其作为一个整体，并与其他区域的分布式电源构成彼此利益独立但相互通信联系的多区域分布式电源互联网络结构。由于各区域分布式电源均为利益独立的个体，各分布式电源无法获取其他区域的网络结构信息以及其他分布式电源的全部发电信息，因此在分布式电源日前优化阶段，各个分布式电源均仅以自身利益最大化为目标进行优化，得到分布式电源整体的日前出力计划（即分布式电源整体的日前计划电量和电价）并进行上报；电网交易中心接收各个分布式电源上报的日前出力计划信息后，结合网络信息以整体社会效益最大化进行市场出清，从而确定市场整体的竞价结果并下发给各分布式电源。

然而，考虑到分布式电源内部聚合有风、光等不可控单元，其出力存在一定的随机性和波动性，仅采用模型在日前对不可控单元进行出力预测会存在一定的误差，因此，分布式电源需对其内部各分布式能源的出力进行日内二次调整。为保证多区域分布式电源整体运行的稳定性和经济性，当某区域范围内不可控发电单元出力波动时，采用平均调节成本最低的分布式电源承担更多的出力，从而保证多区域分布式电源整体调节成本较低。因此，本章采用自律分散控制的方式对各个分布式电源的出力波动进行日内调整，选取功率调节成本作为日内调整的一致性变量，以保持多区域分布式电源整体运行的平衡性，多区域分布式电源日内自律分散控制策略如下：

（1）当多区域分布式电源整体内部不可控单元的实际出力小于计划出力时，其出力波动由多区域分布式电源共同承担。采用一致性算法对各个分布式电源需承担的出力波动值进行求解，若存在某个分布式电源的可调节成本或可调节容量达到自身限值，将其从网络拓扑中退出，与之相邻的分布式电源收到信息后对网络状态进行更新，从而使其余的分布式电源相互协调继续完成功率调节目标，以此在保证多区域分布式电源整体稳定性的同时尽可能地保障其经济性。

(2) 当多区域分布式电源整体内部不可控单元的实际出力大于计划出力时，根据各区域分布式电源聚合分布式能源的类型进行针对性的消纳。若分布式电源聚合有储能设备，可根据储能设备的运行状态对储能进行充电；若分布式电源聚合了电动汽车，可采用价格优惠的方式引导电动汽车充电；若分布式电源内包含小型水电，可通过抽水蓄能的方式对小型水电进行充电。

(3) 当多区域分布式电源整体无法消纳内部分布式能源引起的功率波动时，则通过平衡市场购售电的方式达到整体功率的平衡，从而保证多区域分布式电源整体运行的安全稳定性。此时，分布式电源在平衡市场中的购电成本由存在功率缺额的各区域分布式电源按照缺额电量的比例分配承担，而分布式电源在平衡市场中的售电收益由对应发电的各区域分布式电源按照其发电量获得。

由于采用自律分散控制方式对多区域分布式电源的日内波动进行调度，在调度过程中，当作为领导者的分布式电源达到自身可调节成本或可调节容量的上限值时，根据控制规则需将其从系统网络中退出，并由剩下的分布式电源重新推举产生新的领导者。因此，为简化一致性算法求解过程，选择可调节成本最大的分布式电源作为算法初始的领导者，从而保证无需进行领导者的替换。

3) 分布式电源日内优化调度模型

由于风、光等不可控机组的出力随机性，各个分布式电源在对内部各分布式成员进行日前优化的基础上，还需在日内根据其实际出力与计划出力之间的误差对各分布式成员的出力进行二次调整和控制。本章采用自律分散控制的方式对多区域分布式电源进行日内调整，选取功率调节成本作为一致性变量，则第 i 个分布式电源在 t 时刻的功率调节成本为

$$r_{i,t}=\Delta C_{i,t}^{\mathrm{con}}+\Delta C_{i,t}^{\mathrm{es}}+\Delta C_{i,t}^{\mathrm{il}} \tag{6-31}$$

式中，$\Delta C_{i,t}^{\mathrm{con}}$ 为第 i 个分布式电源在 t 时刻可控机组的调节成本；$\Delta C_{i,t}^{\mathrm{es}}$ 为第 i 个分布式电源在 t 时刻储能的调节成本；$\Delta C_{i,t}^{\mathrm{il}}$ 为第 i 个分布式电源在 t 时刻可中断负荷的调节成本。为保证多区域分布式电源整体日内调度的稳定性及经济性，在各分布式电源内部以最小化各分布式电源的平均调节成本建立目标函数：

$$\min \tilde{r}_{i,t}=\frac{r_{i,t}}{\Delta P_{i,t}^{\mathrm{con}}+\Delta P_{i,t}^{\mathrm{es}}+\Delta P_{i,t}^{\mathrm{il}}} \tag{6-32}$$

在进行优化的过程中需满足如下功率平衡约束条件：

$$\sum\nolimits_{i=1}^{n}\Delta P_{i,t}^{\mathrm{con}}+\Delta P_{i,t}^{\mathrm{es}}+\Delta P_{i,t}^{\mathrm{il}}=\sum\nolimits_{i=1}^{n}(P_{i,t}^{\mathrm{unc}}-P_{i,t}^{\mathrm{unc,\,pre}})+P_{t}^{\mathrm{rt}} \tag{6-33}$$

式中，$\Delta P_{i,t}^{\mathrm{con}}$ 为 t 时刻第 i 个分布式电源内可控机组的调节功率；$\Delta P_{i,t}^{\mathrm{es}}$ 为 t 时刻第 i 个分

布式电源内储能的调节功率；$\Delta P_{i,t}^{\mathrm{il}}$ 为 t 时刻第 i 个分布式电源内可中断负荷的调节功率；$P_{i,t}^{\mathrm{unc}}$ 为 t 时刻第 i 个分布式电源内不可控机组的实际出力；$P_{i,t}^{\mathrm{unc,\,pre}}$ 为 t 时刻第 i 个分布式电源内不可控机组的计划出力；P_t^{rt} 为 t 时刻第 i 个分布式电源整体与实时市场的交易电量。优化可得各分布式电源在平衡市场中的收入和成本为

$$I_{\mathrm{vpp},\,i}^{\mathrm{rt}}=\sum\nolimits_{t=1}^{24} I_t^{\mathrm{rt}}\cdot\frac{\Delta P_{i,t}^{\mathrm{rt}}}{\Delta P_t^{\mathrm{rt}}} \tag{6-34}$$

$$C_{\mathrm{vpp},\,i}^{\mathrm{rt}}=\sum\nolimits_{t=1}^{24} r_{i,t}+\sum\nolimits_{j=1,\,j\neq i}^{n}\sum\nolimits_{t=1}^{24} r_{j,t}\cdot\left(\frac{\Delta P_{i,j,t}}{\Delta P_{j,t}}-\frac{\Delta P_{j,i,t}}{\Delta P_{j,t}}\right) \tag{6-35}$$

$$I_t^{\mathrm{rt}}=\begin{cases}\lambda_t^{\mathrm{rt}+}\cdot P_t^{\mathrm{rt}}, & P_t^{\mathrm{rt}}\geqslant 0\\ \lambda_t^{\mathrm{rt}-}\cdot P_t^{\mathrm{rt}}, & P_t^{\mathrm{rt}}\leqslant 0\end{cases} \tag{6-36}$$

式中，I_t^{rt} 为 t 时刻分布式电源整体在实时市场的购电成本或售电收益；ΔP_t^{rt} 为 t 时刻分布式电源在实时市场整体购电或售电电量；$\Delta P_{i,t}^{\mathrm{rt}}$ 为 t 时刻由第 i 个分布式电源提供的在实时市场的购售电量；$\lambda_t^{\mathrm{rt}+}$ 为 t 时刻实时市场的售电电价；$\lambda_t^{\mathrm{rt}-}$ 为 t 时刻实时市场的购电电价；$\Delta P_{j,t}$ 为 t 时刻由第 j 个分布式电源调节的功率；$\Delta P_{j,i,t}$ 为 t 时刻第 i 个分布式电源帮助第 j 个分布式电源调节的功率。则多区域分布式电源参与电力市场的整体收益为

$$I=\sum\nolimits_{i=1}^{n}(I_{\mathrm{vpp},\,i}^{\mathrm{da}}+I_{\mathrm{vpp},\,i}^{\mathrm{rt}}-C_{\mathrm{vpp},\,i}^{\mathrm{rt}})=\sum\nolimits_{i=1}^{n} I_{\mathrm{vpp},\,i}^{\mathrm{da}}+\sum\nolimits_{t=1}^{24} I_t^{\mathrm{rt}}-\sum\nolimits_{i=1}^{n}\sum\nolimits_{t=1}^{24} r_{i,t} \tag{6-37}$$

式中，$I_{\mathrm{vpp},\,i}^{\mathrm{da}}$ 为日前市场下第 i 个 vpp 的购电成本减去售电收益。

6.2.3.3　算例分析

为验证上述策略，构建如图 6-24 所示多区域分布式电源系统。

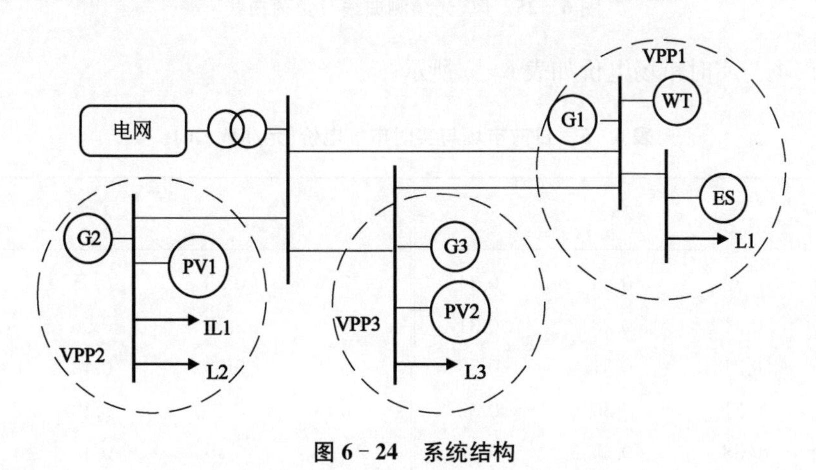

图 6-24　系统结构

可控机组 G1，G2，G3 容量均为 8 MW，其运行成本系数如表 6-4 所示。

表 6-4　可控机组运行成本系数

参　数	a/(元/kW^2·h)	b/(元/kW·h)	c/(元/h)
G1	0.96×10^{-6}	0.21	0.16
G2	1.43×10^{-6}	0.17	0.34
G3	1.21×10^{-6}	0.18	0.23

风电、光伏的预测出力及负荷曲线如图 6-25 所示；储能的充放电额定功率为 1.5 MW，存储电量的上限为 6 MW、下限为 0.1 MW，充电效率为 0.85、放电效率为 0.9，运行成本系数为 0.056 元/(kW·h)；可中断负荷最大可中断电量为 5 MW，成本系数为 0.41 元/(kW·h)。

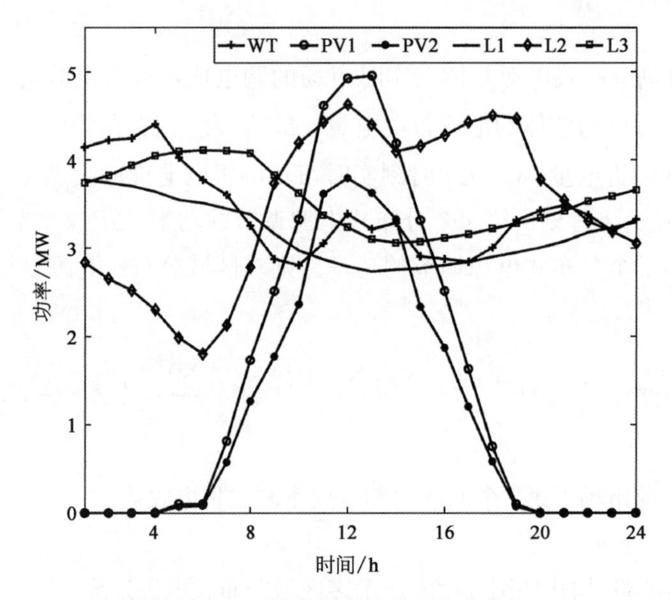

图 6-25　风、光预测曲线及负荷曲线

日前市场与实时市场电价如表 6-5 所示。

表 6-5　日前市场与实时市场电价(元/kW·h)

t	λ_t^{da}	λ_t^{rt+}	λ_t^{rt-}	t	λ_t^{da}	λ_t^{rt+}	λ_t^{rt-}
1	0.32	0.29	0.34	7	0.58	0.55	0.64
2	0.31	0.28	0.31	8	0.57	0.56	0.62
3	0.31	0.31	0.33	9	0.53	0.48	0.55
4	0.31	0.30	0.32	10	0.47	0.43	0.51
5	0.38	0.35	0.42	11	0.45	0.45	0.48
6	0.56	0.51	0.57	12	0.41	0.37	0.44

续　表

t	λ_t^{da}	λ_t^{rt+}	λ_t^{rt-}	t	λ_t^{da}	λ_t^{rt+}	λ_t^{rt-}
13	0.39	0.36	0.41	19	0.53	0.51	0.56
14	0.37	0.35	0.40	20	0.50	0.50	0.55
15	0.36	0.36	0.39	21	0.41	0.39	0.43
16	0.49	0.49	0.52	22	0.36	0.33	0.39
17	0.74	0.74	0.76	23	0.33	0.31	0.33
18	0.61	0.56	0.62	24	0.27	0.25	0.28

由于风光等不可控单元出力的不确定性，需在日内对其出力波动进行调节，风光出力波动如图6-26所示。

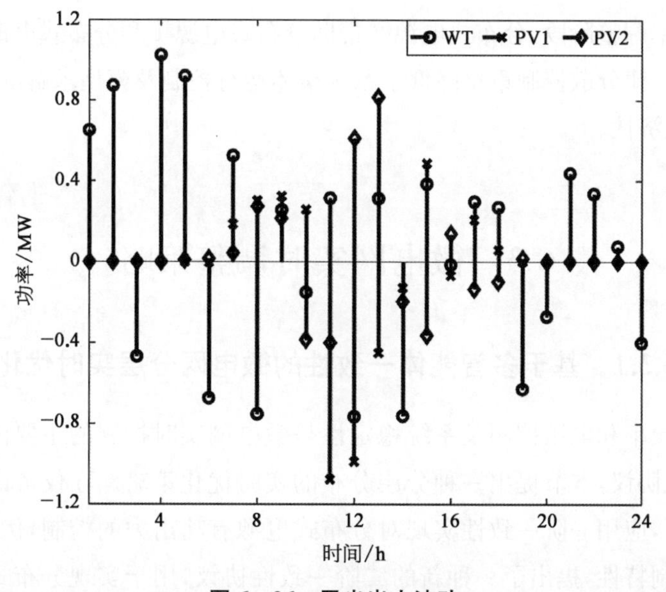

图6-26　风光出力波动

本节采用自律分散控制，以功率调节成本为一致性变量，采用一致性算法计算各区域分布式电源的调节功率成本，计为方案1。同时采用集中调度策略及各分布式电源单独调度策略进行日内优化，分别计为方案2和方案3，得到优化调度结果如表6-6所示。

表6-6　各方案优化结果

方案		分布式电源1/元	分布式电源2/元	分布式电源3/元	合计
1	r_i	450.48	620.67	356.18	1 427.33
	$C_{vpp,i}^{rt}$	475.64	583.42	368.27	1 427.33

续　表

方　案	分布式电源 1/元	分布式电源 2/元	分布式电源 3/元	合　计
2	432.17	567.26	347.21	1 346.64
3	512.86	596.75	422.46	1 532.07

由表 6-6 可知，相比于集中调度策略，自律分散控制策略下各分布式电源的调节成本较高，但采用自律分散控制策略保证了各分布式电源的独立性，使得整个网络系统的控制较为简单、系统运算较为简便；而相比于单独调度策略，自律分散控制策略下各分布式电源调节成本较低，这是因为通过各分布式电源之间的协调互助，实现了多区域各分布式能源的灵活调度，从而提高了系统整体运行的经济性。其中，在所有的方案策略中，自律分散控制策略下分布式电源 2 的功率调节成本最高，这是因为分布式电源 2 可调节成本最高，在日内功率调整阶段，分布式电源 2 帮助分布式电源 1 和分布式电源 3 调节其功率的波动。因此，自律分散控制策略降低了系统整体运行控制及模型求解的难度，同时保证了系统运行的经济性。

6.3　微电网实时调整策略

6.3.1　基于多智能体一致性的微电网分层实时优化

经济运行、频率和电压控制及系统稳定性是微电网实时控制的主要内容。基于多智能体系统一致性协议，本节提出一种分层分布的实时优化策略。在仅考虑分布式电源出力约束的条件下，应用一阶一致性实现对分布式电源有功出力的控制，优化运行成本；其次，针对下垂控制特性，提出了一种新的二阶一致性协议，用于实现分布式电源功率的精确控制；最后，应用一致性协议实时协调分布式电源的下垂参数，实现系统频率和电压的优化。同时，通过 Lyapunov 直接法对所提策略进行稳定性分析，证明系统是渐进稳定的。

微电网经济运行是指在满足系统和设备级约束条件的情况下，通过协调分布式电源之间的出力使得系统的总成本最小。传统的数学算法，如 Lambda 迭代方法、梯度法、线性规划和牛顿方法等可较好地解决凸性优化问题，但这些算法对初值较为敏感，且容易形成局部最优。遗传算法和粒子群等智能算法可弥补传统算法的不足，可用于解决非凸性优化问题。但这些算法均是在集中控制器中实现，且需要所有可调控设备的物理量，系统的可靠性相对较低。在传统的电力系统中，微电网的经济运行可表示为含约束条件的拉格朗日优化模型，可通过等耗量微增率方式求解，但需要计算系统的潮流，而传统的潮流计算只适合于含平衡节点的电力系统。然而，在下垂控制的微电网中，所有含调节能力的分布式电源均参与负荷调节，平衡节点不一定存在，因而不能直接在微电网中应用。针对这些问题，文献[18]和[19]提出了基于多智能体一阶一致性协议的分布式优化方法，通过协调分布式电源的有功出力使得分布式电源的微增率相同，从而实现系统成本的总体优化。在此基础上，文献[20]提出了考虑网络损耗的分布式优化算法。然而，在下垂控制的微电网中，分布式电源有功功率的调节需通过调整下垂参数实现，而上述文献尽管实现了有功功率的优化，但对在下垂控制微电网中的具体实现没有作详细的分析；同时也没有对系统的电压和频率进行优化控制。

针对上述问题，本章提出一种分层优化的方法，在每一层均通过分布式一致性协议实现，系统控制是完全分布式的。针对下垂控制中分布式电源有功功率调节的问题，新的二阶一致性协议可用于协调分布式电源的下垂参数，从而实现分布式电源对有功功率的精准控制。同时，本分层优化方法在每层都是渐进稳定的，因而可避免传统微电网中下垂系数对系统稳定性影响的问题。

6.3.1.1　优化模型

分布式电源的成本由燃料成本和维护成本构成，其中维护成本一般为有功功率的线性函数，燃料成本为有功功率的二次函数。因此，分布式电源的发电成本可表示为

$$C_i(P_i)=a_iP_i^2+b_iP_i+c_i \tag{6-38}$$

式中，a_i，b_i 和 c_i 为成本函数系数，且 a_i，b_i，$c_i>0$。对于包含分布式电源数量为 n_G 的微电网，经济调度的目标是使得微电网的总成本最小，即

$$\min c=\sum_{i=1}^{n_G}C_i(P_i) \tag{6-39}$$

同时满足系统级和分布式电源本身的约束条件，包括：

$$\sum_{i=1}^{n_G}P_i=P_t \tag{6-40}$$

$$\sum_{i=1}^{n_G}Q_i=Q_t \tag{6-41}$$

$$U_{\min}\leqslant U\leqslant U_{\max} \tag{6-42}$$

$$f_{\min}\leqslant f\leqslant f_{\max} \tag{6-43}$$

$$P_{i\_\min}\leqslant P_i\leqslant P_{i\_\max} \tag{6-44}$$

$$\sqrt{P_i^2+Q_i^2}\leqslant S_{i\_\max} \tag{6-45}$$

式中，P_t，Q_t 为系统包括网损在内的总用电需求；$U_{\min}$ 表示节点电压的最小值；$U_{\max}$ 表示节点电压的最大值；$f_{\min}$ 表示系统频率的最小值；$f_{\max}$ 表示系统频率的最大值；$P_{i\_\min}$ 表示节点注入有功功率的最小值；$P_{i\_\max}$ 表示节点注入有功功率的最大值；$S_{i\_\max}$ 表示节点

注入视在功率的最大值。式(6-40)～式(6-43)表示系统级的约束条件,其中式(6-40)和式(6-41)表示微电网的供需平衡,式(6-42)和式(6-43)表示节点电压和系统频率需在要求的范围内。式(6-44)和式(6-45)描述了发电单元的发电容量约束。结合相关的下垂调节特性可知,式(6-39)中的优化函数可等效为下垂参数的优化:

$$\min c = \sum_{i=1}^{n} C_i(f_{0i}, U_{0i}, m_i, n_i) \tag{6-46}$$

由式(6-46)可知,微电网的优化运行可转化为下垂参数的优化。分析下垂控制的调节特性可知,在优化微电网运行成本的同时会改变分布式电源的工作特性,影响系统频率和节点电压。综合分析式(6-39)的成本优化目标及下垂控制的调节可知,完整微电网的优化包括:① 调节分布式电源的有功出力使系统的成本最小,在式(6-5)～式(6-7)的调节特性下实现。② 优化功率值的精准跟踪控制。③ 功率变化后系统频率和节点电压的控制;同时,下垂参数的改变会相应改变分布式电源的工作点和系统潮流,从而再次进入过程①的优化,在系统运行于新的稳定运行点后结束迭代。基于上述分析,本节将分布式电源调节的3个过程划分为微电网优化的3层,如图6-27所示。

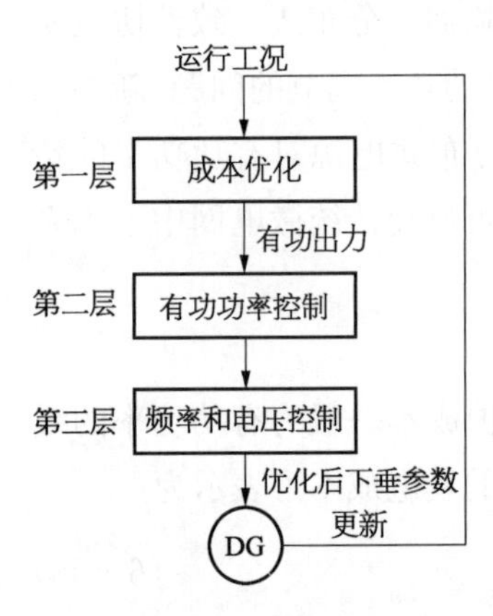

图6-27　分层优化

6.3.1.2　基于多智能体一致性的分层实时优化

图6-27将分布式电源参与系统优化的过程划分为有功功率优化、有功功率控制和系统频率和电压优化3层,各层的实现都需要协调分布式电源的对应控制参数。以下分别从分层优化策略的3个层面实现系统的协调。在多智能体系统中,智能体可通过分布式的通信系统与邻近的智能体交互信息,然后根据这些信息判断自身的运行状态并调整输出,使其与邻近智能体的目标特征量相同,从而实现整体的一致性。

1) 成本优化

在本分层优化策略中,顶层的主要任务是在忽略系统动态响应的条件下,通过调整分布式电源的输出有功功率使得系统的总成本最小。在传统电力系统中,微增率常用来求解对于式(6-39)～式(6-42)所示的优化函数。通过对式(6-38)所示的成本函数对有功功率P求导,同时考虑分布式电源功率限额时,分布式电源的微增率为

$$\lambda = \begin{cases} 2a_i P_{i\_\min} + b_i, \ P_i = P_{i\_\min} \\ 2a_i P_i + b_i \\ 2a_i P_{i\_\max} + b_i, \ P_i = P_{i\_\max} \end{cases} \tag{6-47}$$

由传统的等耗量微增率可知,当分布式电源的微增率相同时系统的总成本最小,即$\lambda_i = \lambda_j$。此时,系统的微增率λ^*和优化后的有功功率$P_{\text{ref}i}$为

$$\lambda^* = \frac{P_t + \sum_{i=1}^{n_G} \frac{b_i}{2a_i}}{\sum_{i=1}^{n_G} \frac{1}{2a_i}} \tag{6-48}$$

$$P_{\mathrm{ref}i} = \begin{cases} P_{i\_\min} \\ \frac{\lambda_i^* - b_i}{2a_i} \\ P_{i\_\max} \end{cases} \tag{6-49}$$

式(6-48)和式(6-49)即为集中方式获得的优化解。由之前的分析结果可知,由于系统的需求 Pt 与系统运行点相关,该优化解难以直接获得。针对这一问题,应用下式一阶一致性协议求解该问题。

$$\lambda_i = \beta_i \sum_{j=1,\ j\neq i} (\lambda_i - \lambda_j) - \alpha_i \left(\frac{\lambda_i - b_i}{2a_i} - P_i \right) \tag{6-50}$$

式中,α_i 和 β_i 为非负的控制参数。当系统稳定运行时,有 $\lambda_i = \lambda_j$,此时系统的总成本最小。同时,由文献[21]的稳定性分析可知,应用式(6-50)控制下的微电网是稳定的。

2) 分布式电源功率跟踪控制

本节主要分析分布式电源有功功率的控制,使其能准确跟踪应用之前优化方法得到的参考值。一般的,分布式电源的下垂系数 m_i 由微电网的运行频率范围和分布式电源的有功功率极限值确定。

$$m_i = \frac{f_{\max} - f_{\min}}{P_{i\_\max} - P_{i\_\min}} \tag{6-51}$$

当不考虑系统优化时,分布式电源输出的有功功率与下垂系数反相关,即

$$m_1 P_1 = m_2 P_2 = \cdots = m_{n_G} P_{n_G} \tag{6-52}$$

文献[22,23]提出应用一阶一致性算法使得分布式电源的有功功率输出满足式(6-52)的要求,在此基础上,文献[24]中的改进或有限时间序列的一致性方法可实现式(6-52)的目标。综合分析上述方法可知,上述文献主要控制智能体的指定目标量相等,即

$$\begin{cases} \dot{x}_i = \dot{x}_j \\ x_i = x_j \end{cases} \tag{6-53}$$

式中,x 为智能体中的特征量,如式(6-52)中有功功率与下垂系数的乘积。当特征量 x 为常量(如系统频率)时,可用含领导或虚拟领导的一致性协议使得各智能体中的特征量 x 与领导者一致,即

$$x_i = x_j = x_{\mathrm{ref}} \tag{6-54}$$

考虑微电网经济运行时,分布式电源间的有功功率不再满足式(6-54)的要求。同时,由于微电网的优化运行点随负荷变化,分布式电源间的有功功率不存在固定的函数关系。在此情况下,分布式电源的有功功率控制目标为

$$\begin{cases}\dot{P}_i=\dot{P}_j=0\\P_i=P_{\mathrm{ref}i}\\P_j=P_{\mathrm{ref}j}\end{cases}\tag{6-55}$$

式中,$P_{\mathrm{ref}i}$ 为当前运行工况下第 i 个分布式电源优化后的有功目标值。对比式(6-53)可知,传统的一致性协议不能满足式(6-55)的控制要求。本节新的一致性协议可实现式(6-53)中的功率分配。应用前面章节提到过的线性反馈控制方法,对有功功率连续进行两次求导,可得分布式电源的有功功率动态响应模型。

$$\begin{cases}\dot{P}_i=w_i\\\dot{w}_i=u_{Pi}\end{cases}\tag{6-56}$$

式中,w_i 定义为有功功率 P_i 的一阶微分值。基于上述的动态模型,文献[24]提出如下一致性协议,实现对分布式电源有功功率的调节。

$$u_{Pi}=u_{P\alpha i}+u_{P\beta i}+u_{P\gamma i}\tag{6-57}$$

$$u_{P\alpha i}=-k_{P1}\sum_{j=1,\ j\neq i}^{n}a_{ij}\frac{P_{ij}^2-P_{(\mathrm{ref})ij}^2}{P_{(\mathrm{ref})ij}^2P_{ij}+P_{ij}^3}\tag{6-58}$$

$$u_{P\beta i}=\sum_{i=1,\ i\neq j}^{n}a_{ij}\,\mathrm{sign}(w_{ji})\mid w_{ji}\mid^{k_{P2}}\tag{6-59}$$

$$u_{P\gamma i}=k_{P3}\left[-k_{P1}\frac{P_{iL}^2-P_{(\mathrm{ref})iL}^2}{P_{(\mathrm{ref})iL}^2P_{iL}+P_{iL}^2}+\mathrm{sign}(w_{Li})\mid w_{Li}\mid^{k_{P2}}\right]\tag{6-60}$$

$$P_{ij}=\mid P_i-P_j\mid\tag{6-61}$$

$$P_{(\mathrm{ref})ij}=\mid P_{\mathrm{ref}i}-P_{\mathrm{ref}j}\mid\tag{6-62}$$

$$w_{ji}=w_j-w_i\tag{6-63}$$

式中,L 表示有功功率控制中的虚拟领导者;k_{P1},k_{P2},k_{P3} 为控制参数,且 k_{P1} 和 k_{P3} 非负。$u_{P\alpha i}$,$u_{P\beta i}$,$u_{P\gamma i}$ 分别表示一致性协议中的 3 个独立控制分量,各部分的作用为:$u_{P\alpha i}$ 用于控制分布式电源间的有功功率偏差与目标的偏差相等,$u_{P\beta i}$ 用于其微分值相等,$u_{P\gamma i}$ 用于控制 DG_i 与虚拟领导者间的有功偏差与目标的偏差相等。联合式(6-56)可得系统的平衡点。

$$\begin{cases}P_i-P_j=P_{\mathrm{ref}i}-P_{\mathrm{ref}j}\\P_i-P_L=P_{\mathrm{ref}i}-P_{\mathrm{ref}L}\end{cases}\tag{6-64}$$

令式(6-57)～式(6-63)中的领导者 L 为0,即 $\dot{P}_L=0,\ P_L=0$,则系统的平衡点可简化为

$$\begin{cases}P_i=P_{\mathrm{ref}i}\\P_j=P_{\mathrm{ref}j}\end{cases}\tag{6-65}$$

即式(6-55)所示的控制目标。由上分析可知,通过式(6-57)～式(6-63)的一致性协议可控制分布式电源的有功功率跟踪目标值。在控制目标实现的同时,后面进一步分析系统的稳定性,采用 Lyapunov 直接法。针对由式(6-56)～式(6-63)组成的系统,考虑能量函数:

$$\begin{aligned}V(x)=&\frac{1}{2}\sum_{i=1}^{n}(w_{iL})^2+\frac{1}{2}\sum_{i=1}^{n}\sum_{j=1,\ j\neq i}^{n}k_{P1}a_{ij}\ln\frac{P_{(\mathrm{ref})ij}^2+P_{ij}^2}{2P_{(\mathrm{ref})ij}P_{ij}}+\\&\sum_{i=1}^{n}k_{P1}k_{P3}\ln\frac{P_{(\mathrm{ref})iL}^2+P_{iL}^2}{2P_{(\mathrm{ref})iL}P_{iL}}\end{aligned}\tag{6-66}$$

通过式(6-66)中的各分量分析可知,前三项要求均满足 Lyapunov 直接法的要求。对式(6-66)求导可得

$$\begin{aligned}\dot{V}(x)=&\sum_{i=1}^{n}w_{iL}(u_{P\alpha i}+u_{P\beta i}+u_{P\gamma i})+\sum_{i=1}^{n}k_{P1}k_{P3}\frac{P_{ij}^2-P_{(\mathrm{ref})ij}^2}{P_{(\mathrm{ref})ij}^2P_{ij}+P_{ij}^3}w_{ij}+\\&\frac{1}{2}\sum_{i=1}^{n}\sum_{j=1,\ j\neq i}^{n}k_{P1}a_{ij}\frac{P_i^2-P_{(\mathrm{ref})i}^2}{P_{(\mathrm{ref})i}^2P_i+P_i^3}w_i\end{aligned}\tag{6-67}$$

同时,将式(6-56)～式(6-63)代入式(6-67),简化后可得

$$\begin{aligned}\dot{V}(x)=&\sum_{i=1}^{n}a_{ij}w_i\sum_{j=1,\ j\neq i}^{n}\left(-\frac{P_{ij}^2-P_{(\mathrm{ref})ij}^2}{P_{(\mathrm{ref})ij}^2P_{ij}+P_{ij}^3}+\mathrm{sign}(w_{ji})\mid w_{ji}\mid^{k_{P2}}\right)+\\&\frac{1}{2}\sum_{i=1}^{n}\sum_{j=1,\ j\neq i}^{n}k_{P1}a_{ij}\frac{P_{ij}^2-P_{(\mathrm{ref})ij}^2}{P_{(\mathrm{ref})ij}^2P_{ij}+P_{ij}^3}(w_{ij})\end{aligned}\tag{6-68}$$

式(6-68)的第一项和第三项满足:

$$\sum_{i=1}^{n}w_i\sum_{j=1,\ j\neq i}^{n}k_{P1}a_{ij}\frac{P_{ij}^2-P_{(\mathrm{ref})ij}^2}{P_{(\mathrm{ref})ij}^2P_{ij}+P_{ij}^3}=\frac{1}{2}\sum_{i=1}^{n}\sum_{j=1,\ j\neq i}^{n}k_{P1}a_{ij}\frac{P_{ij}^2-P_{(\mathrm{ref})ij}^2}{P_{(\mathrm{ref})ij}^2P_{ij}+P_{ij}^3}w_{ij}\tag{6-69}$$

将式(6-69)的结果代入式(6-68)可得

$$\dot{V}(x)=\frac{1}{2}\sum_{i=1}^{n}\sum_{j=1,\ j\neq i}^{n}a_{ij}(w_i-w_j)\mathrm{sign}(w_j-w_i)\mid w_j-w_i\mid^{k_{P2}}\tag{6-70}$$

即对于所有的 $x\neq0$,满足 $\dot{V}(x)<0$。结合 Lyapunov 的稳定法则可知,在式(6-56)～式(6-63)一致性协议的控制可实现对优化后有功功率的精准跟踪,同时系统是渐进稳定的。

3）系统频率和电压优化控制

在实现有功功率的跟踪后，需进一步对系统频率和电压进行控制，使得系统运行于期望状态。由下垂控制特性可知，系统频率和节点电压受下垂参数的影响，且过大的有功下垂系数 m_i 可能使得系统不稳定[25]。本书主要通过调节 f_{oi} 和 V_{oi} 实现系统频率和电压的优化。在本章中，系统频率和电压的优化目标为额定值。应用之前提到过的线性反馈控制方法中的下垂控制求导可得

$$\begin{cases}\dot{f}_i=\dot{f}_{oi}-m_i\dot{P}_i\equiv x_{fi}\\ \dot{V}_i=\dot{V}_{oi}-n_i\dot{Q}_i\equiv x_{vi}\end{cases} \tag{6-71}$$

类似的，对式(6-71)二次求导可得频率和电压的二阶模型：

$$\begin{cases}\dot{f}_i=x_{fi}\\ \dot{x}_{fi}=u_{fi}\end{cases} \tag{6-72}$$

$$\begin{cases}\dot{V}_i=x_{vi}\\ \dot{x}_{vi}=u_{vi}\end{cases} \tag{6-73}$$

针对式(6-71)～式(6-73)所示的调整模型，本章采用一致性协议实现对系统电压和频率的优化控制：

$$u_{yi}=u_{y\alpha i}+u_{y\beta i}+u_{y\gamma i} \tag{6-74}$$

$$u_{y\alpha i}=-k_{y1}\sum_{j=1,\ j\neq i}^{n}a_{ij}\frac{2y_{ij}}{1+y_{ij}^2} \tag{6-75}$$

$$u_{y\beta i}=\sum_{i=1,\ i\neq j}^{n}a_{ij}\,\mathrm{sign}(x_{yji})\mid x_{yji}\mid^{k_{y2}} \tag{6-76}$$

$$u_{y\gamma i}=k_{y3}\left[-k_{y1}\frac{2y_{iL}}{1+y_{iL}^2}+\mathrm{sign}(x_{yLi})\mid x_{yLi}\mid^{k_{y2}}\right] \tag{6-77}$$

$$y_{ij}=y_i-y_j \tag{6-78}$$

$$y_{iL}=y_i-y_L \tag{6-79}$$

$$x_{yji}=x_{yj}-x_{yi} \tag{6-80}$$

$$x_{yLi}=x_{yL}-x_{yi} \tag{6-81}$$

式中，y 表示优化的系统量，在本章表示频率 f 和电压 v。由前面章节的分析结果可知，在式(6-74)～式(6-81)所示的一致性协议控制下，系统频率和电压可运行在参考值；同时，系统是渐进稳定的。结合式(6-71)～式(6-73)可获得系统下垂参数的控制方程。

$$f_{oi}=\int\left(m_i\int u_{cPi}\,\mathrm{d}t+\int u_{c\omega i}\,\mathrm{d}t\right)\mathrm{d}t+f_{oi0} \tag{6-82}$$

$$V_{oi}=\int\left(n_i\dot{Q}_i+\int u_{cvi}\,\mathrm{d}t\right)\mathrm{d}t+V_{oi0} \tag{6-83}$$

式中，f_{oi0} 和 V_{oi0} 为下垂控制参数的初始值。结合式(6－57)～式(6－63)的有功功率优化，式(6－64)和式(6－65)的有功功率跟踪控制可实现微电网的分布式分层优化控制，其控制结构如图 6－28 所示。

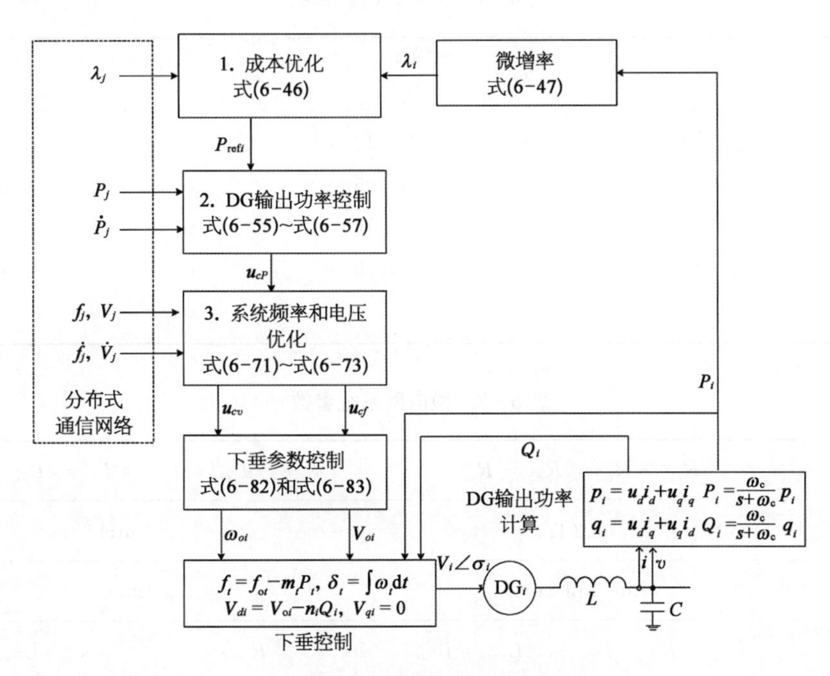

图 6－28　分层优化控制

6.3.1.3　仿真分析

在图 6－10 所示的测试微电网系统中增加一个不可控电源(WT)，如图 6－29 所示仿真验证所提出的分层优化策略。

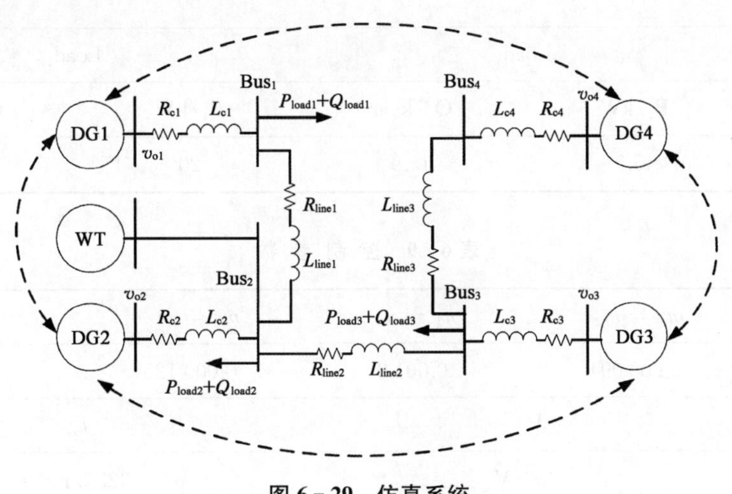

图 6－29　仿真系统

分布式电源和 WT 的参数及功率极限值如表 6-7 所示;微电网的线路阻抗和负载如表 6-8 所示;各层级的一致性协议参数如表 6-9 所示。在图 6-29 中,虚线表示分布式电源间的通信关系,由图论的知识可知,测试微电网的 Laplace 矩阵如式(6-8)。本章主要通过两个算例验证所提出的方法。

表 6-7　分布式电源参数

DG	a	b	c	P_{min}/kW	P_{max}/kW
DG_1	2.5×10^{-3}	0.68	12	0	30
DG_2	0.3×10^{-3}	0.37	5	0	30
DG_3	1.3×10^{-3}	0.58	14	0	40
DG_4	0.13×10^{-3}	0.39	6	0	40
WT	0	0	0	0	50

表 6-8　微电网系统参数

<table>
<tr><td rowspan="2">DGs</td><td colspan="2">$R_{c1}=R_{c2}=R_{c3}=R_{c4}$</td><td colspan="2">$L_{c1}=L_{c2}=L_{c3}=L_{c4}$</td></tr>
<tr><td colspan="2">0.2 Ω</td><td colspan="2">1 mH</td></tr>
<tr><td rowspan="3">线路</td><td colspan="2">$Line_1$ 和 $Line_3$</td><td colspan="2">$Line_2$</td></tr>
<tr><td>$R_{line1}=R_{line3}$</td><td>$L_{line1}=L_{line3}$</td><td>R_{line2}</td><td>L_{line2}</td></tr>
<tr><td>0.23 Ω</td><td>0.318 mH</td><td>0.35 Ω</td><td>1.847 mH</td></tr>
<tr><td rowspan="6">负载</td><td colspan="2">$Load_1$</td><td colspan="2">$Load_2$</td></tr>
<tr><td>P_1/kW</td><td>Q_1/kvar</td><td>P_2/kW</td><td>Q_2/kvar</td></tr>
<tr><td>50</td><td>50</td><td>60</td><td>60</td></tr>
<tr><td colspan="2">$Load_3$</td><td colspan="2">$Load_4$</td></tr>
<tr><td>P_3/kW</td><td>Q_3/kvar</td><td>P_4/kW</td><td>Q_4/kvar</td></tr>
<tr><td>45.9</td><td>45.9</td><td>20</td><td>20</td></tr>
</table>

表 6-9　控 制 参 数

<table>
<tr><td rowspan="4">下垂
控制参数</td><td>$m_1=m_2$</td><td>$n_1=n_2$</td><td>$m_3=m_4$</td><td>$n_3=n_4$</td></tr>
<tr><td>0.000 094</td><td>0.001 3</td><td>0.000 125</td><td>0.001 5</td></tr>
<tr><td colspan="2">V_{oi}</td><td colspan="2">f_{oi}</td></tr>
<tr><td colspan="2">330 V</td><td colspan="2">325.3 rad/s</td></tr>
</table>

续　表

一致性控制参数				
	频率	k_{f1}	k_{f2}	k_{f3}
		100	0.8	20 000
	电压	k_{v1}	k_{v2}	k_{v3}
		150	0.8	3
	有功功率	K_{P1}	K_{P2}	K_{P3}
		2 000	0.8	500
	微增率	α	β	
		0.08	0.2	

1）算例 1：恒定负载下的仿真

恒定负载下的仿真结果如图 6－30 所示；仅考虑系统频率和电压控制的仿真结果如图 6－31 所示。由图 6－30(a)可知，微电网在 1 s 后达到系统稳定，各分布式电源的微增率相等，运行成本最小。由图 6－30(b)可知，在本章分层优化策略控制下，各分布式电源稳定地追踪优化功率值，对比图 6－31(a)中无成本优化的结果可知，系统优化后分布式电源的有功功率不满足式(6－53)所示的关系。由图 6－30(d)和(e)的频率和电压结果可知，式(6－56)～式(6－63)的一致性协议可控制系统频率和电压在目标值。相应的，由于成本优化改变了分布式电源的有功功率，从而改变了系统的潮流，两种情况下分布式电源的无功功率也不同，如图 6－30(b)和(c)所示。

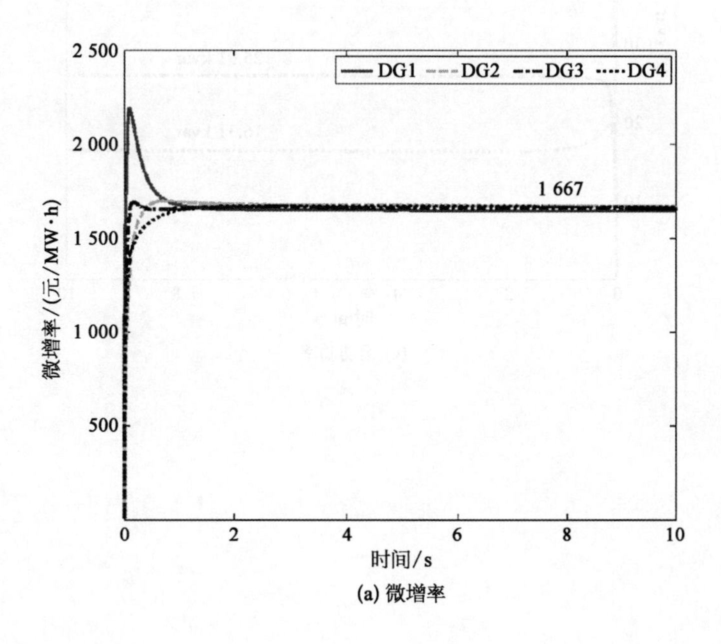

(a) 微增率

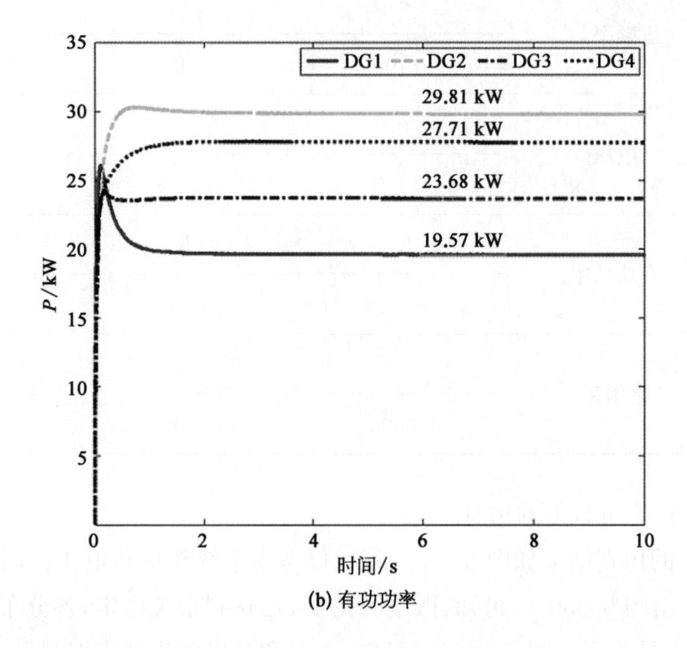
DG1
DG2
DG3
DG4
29.81 kW
27.71 kW
23.68 kW
19.57 kW
P/kW
时间/s

(b) 有功功率

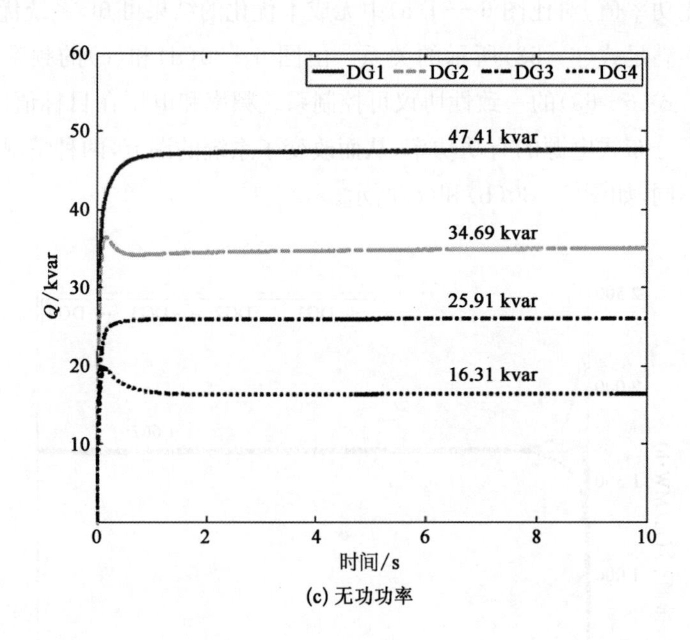
DG1
DG2
DG3
DG4
47.41 kvar
34.69 kvar
25.91 kvar
16.31 kvar
Q/kvar
时间/s

(c) 无功功率

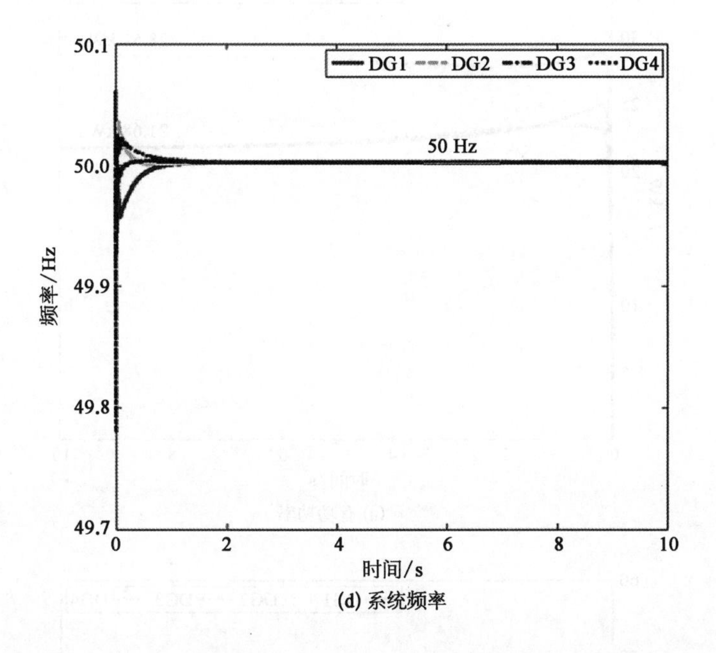

(d) 系统频率

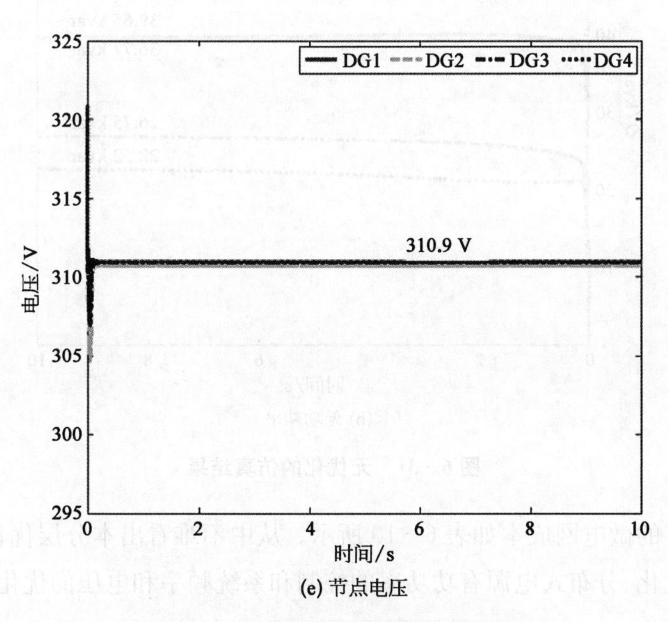

(e) 节点电压

图 6－30　恒定负载下的仿真结果

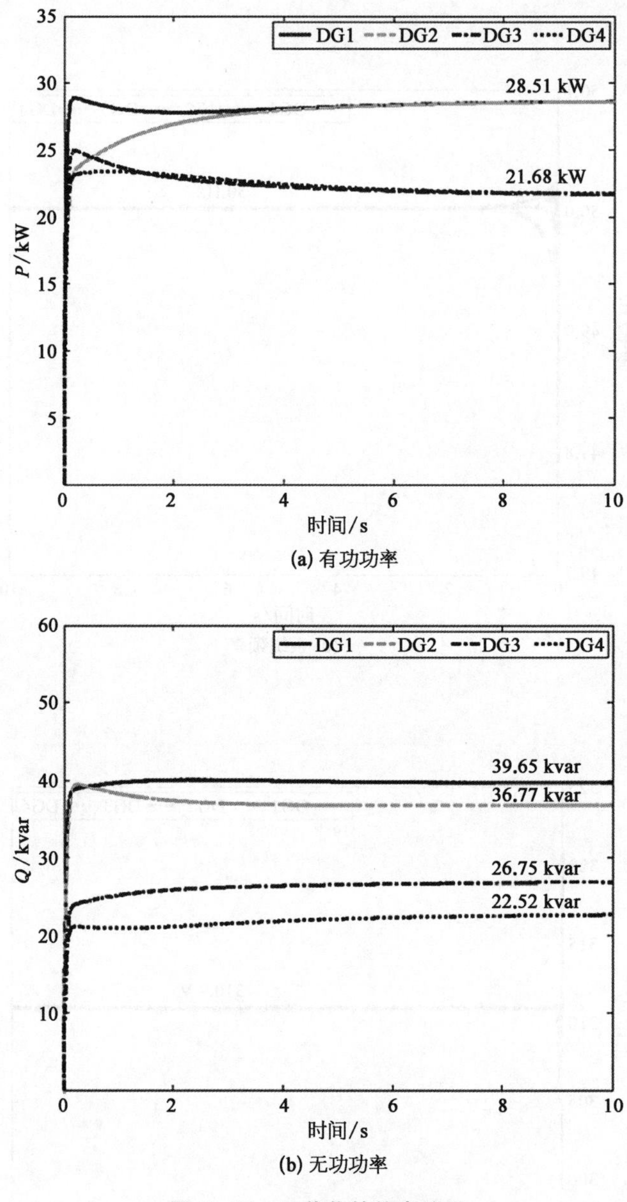

(a) 有功功率

(b) 无功功率

图 6-31　无优化的仿真结果

两种情况下的微电网成本如表 6-10 所示。从中不难看出本分层优化策略可同时实现系统成本的优化、分布式电源有功功率的控制和系统频率和电压的优化。

表 6-10　优化结果对比

	优化前	优化后	优化量
运行成本	90.91	87.93	2.98

2）算例 2：考虑分布式电源功率约束的动态优化

设置 WT 的有功功率由 100%向 0 缩小，使得分布式电源的有功功率逐渐增加，考虑表 6 - 9 约束条件的仿真结果如图 6 - 32 所示。

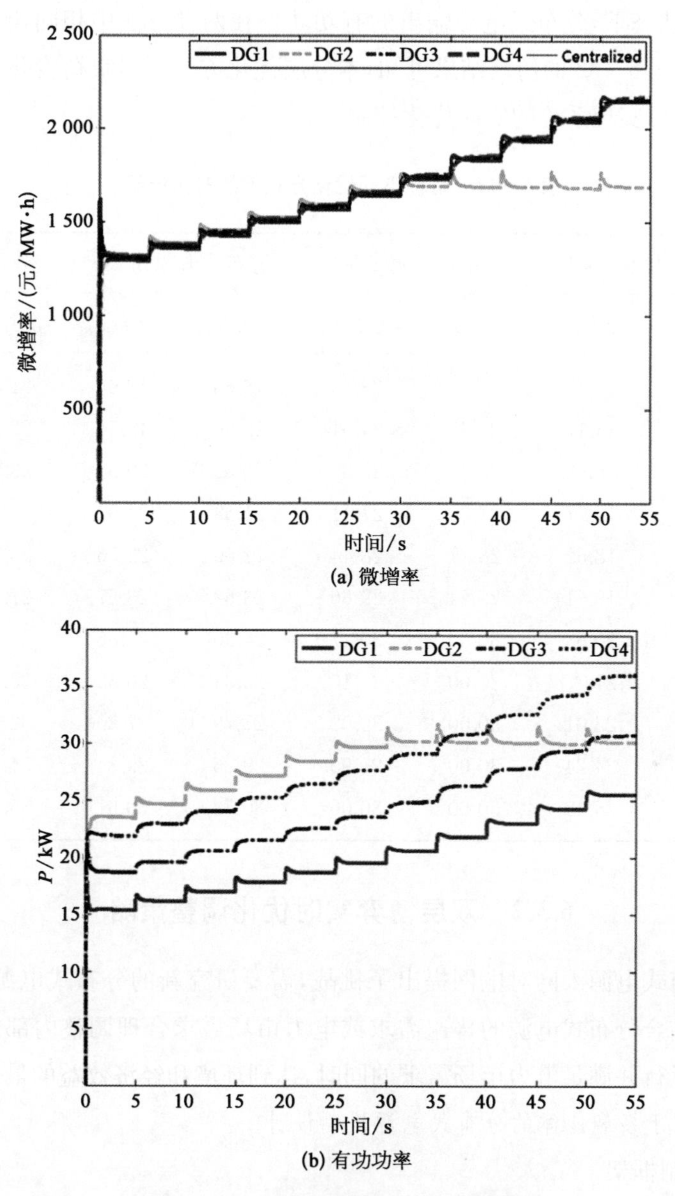

(a) 微增率

(b) 有功功率

图 6 - 32　不同负荷情况下的仿真结果

由图 6 - 32 可知，在 WT 功率不断减小的情况下，各分布式电源按照比例关系稳定增加，且系统均可保持稳定；同时，在 WT 的有功功率不小于其额定的 40%情况下，不存在分布式电源的输出功率越线的情况，且所有分布式电源的微增率相等，此时系统的运行成本最小。当 WT 的有功功率小于其额定值的 40%时，分布式电源 2 以最大功率（30 kW）运行。此时，其他分布式电源仍保持相同的微增率运行，系统仍保持最优成本稳定运行。

仿真结果表明，在负荷变化的过程中，系统可以快速地达到新的稳定状态运行，同时系统总成本最小。

表 6-11 给出了本分层优化和集中式两种方式的对比结果。分析表中的对比数据可知，在稳定运行状态下，分布式电源输出的有功功率在两种方法中相同，有功偏差最大值为 0.31 kW。由图 6-32 的仿真结果可知，本分层优化方法可对负荷变化快速响应，并在 1 s 内达到稳定，可实现系统的实时优化控制。

表 6-11 两种不同优化方式下的对比结果

WT (%)	分布式电源 1/kW		分布式电源 2/kW		分布式电源 3/kW		分布式电源 4/kW	
	集中式	分布式	集中式	分布式	集中式	分布式	集中式	分布式
100%	15.55	15.40	23.31	23.55	18.63	18.64	21.74	21.87
90%	16.33	16.17	24.47	24.61	19.56	19.54	22.82	22.94
80%	17.14	16.98	25.70	25.39	20.55	20.54	23.97	24.08
70%	18.01	17.77	27.00	27.11	21.59	21.52	25.19	25.25
60%	18.86	18.62	28.27	28.44	22.60	22.56	26.37	26.42
50%	19.71	19.51	29.54	29.66	23.62	23.57	27.55	27.62
40%	20.77	20.58	30.00	30.17	24.90	24.86	29.05	29.12
30%	21.97	21.77	30.00	30.10	26.34	26.32	30.72	30.82
20%	23.18	23.01	30.00	30.02	27.79	27.80	32.42	32.53
10%	24.41	24.24	30.00	29.95	29.26	29.34	34.14	34.26
0	25.63	25.48	30.00	30.06	30.73	30.67	35.85	36.00

6.3.2 双层博弈实时优化调整策略

大规模分布式电源入网对电网提出了挑战，需要研究新的分布式电源控制技术。分布式电源能够结合分布式电源的普遍需求或电力市场需求合理调整内部的优化策略，在实现内部协同运行并满足电力市场需求的同时，达到环境和经济效益的最优。

6.3.2.1 基于多智能体的分布式电源机制设计

1) 分层控制框架

微电网整合多种分布式能源，作为一个和传统电网不同形式的能量载体参与电网运行。本节构建的基于多智能体系统的分布式电源市场环境下的分层控制结构如图 6-33 所示，包括电力市场智能体、分布式电源/发电公司智能体和设备智能体 3 层，各层次之间通过信息和能量交换实现优化协调。

2) 分层控制策略

(1) 设备智能体。发电智能体负责向分布式电源智能体提供运行状态、出力预测等

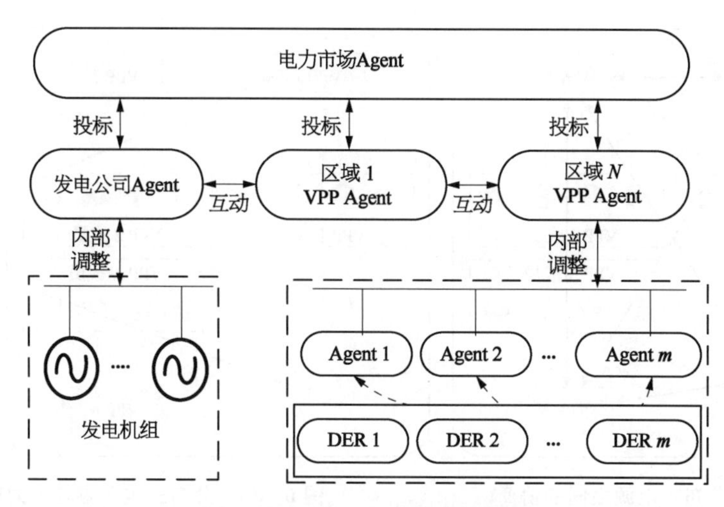

图 6 - 33　基于 MAS 的控制结构

信息，负荷智能体根据负荷的重要程度进行优先级划分，将不同种类的负荷信息发送给上层智能体。根据上层智能体控制指令和自身约束动态调整发电/负荷量，并将自身电量信息等及时反馈给上层智能体。

(2) 分布式电源/发电公司智能体。结合自身发电预测及区域内负荷预测等信息，对下层智能体运行计划进行调整；接收电力市场智能体下发的电价及其他分布式电源智能体竞价信息，以最大化自身效益为目标调整竞价策略，确定向相邻智能体出售或购买的电量，并将策略反馈给上级智能体。

(3) 电力市场智能体。汇总下层智能体上报的意愿购售电量、出力范围等信息，考虑系统安全性，进行电价决策的计算，并将电价及其他分布式电源智能体竞价信息发送给各分布式电源智能体，同时监视各分布式电源智能体电量情况，判断达到纳什均衡点的条件是否满足，若满足，则停止博弈的进程。

分布式电源内部聚合成员的协商。参与电力市场时，以分布式电源成本最小或收益最大为目标，进行分布式电源内部的优化。节点层中，以分布式电源控制中心作为动态智能体，负责区域内设备的状态监测、调度与控制，建立区域内元件智能体的动态合作机制。其结构如图 6 - 34 所示。

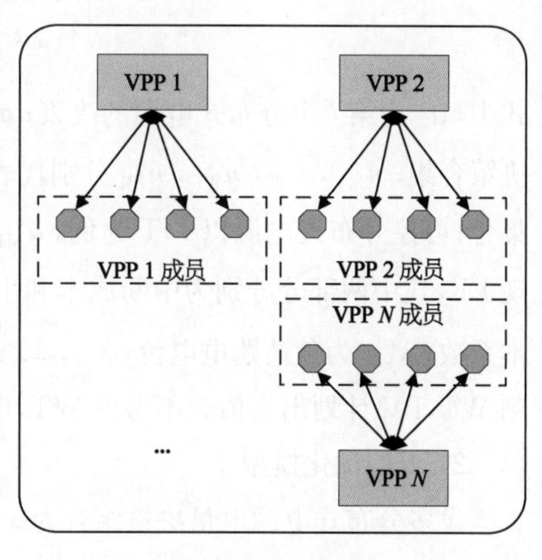

图 6 - 34　分布式电源与内部聚合成员的协商

分布式电源之间的协商。分布式电源可以通过与相邻的分布式电源谈判，实现跨区域协调。若相邻分布式电源提议比市场更有利，则选择与相邻分布式电源交易部分电量，其结构如图 6 - 35 所示。

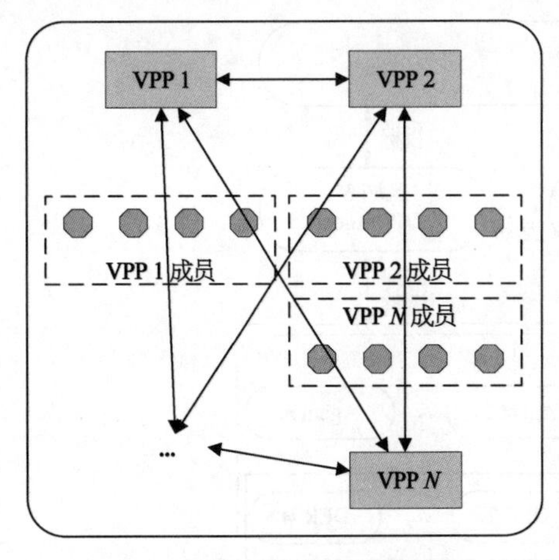

图 6-35 分布式电源之间的协商

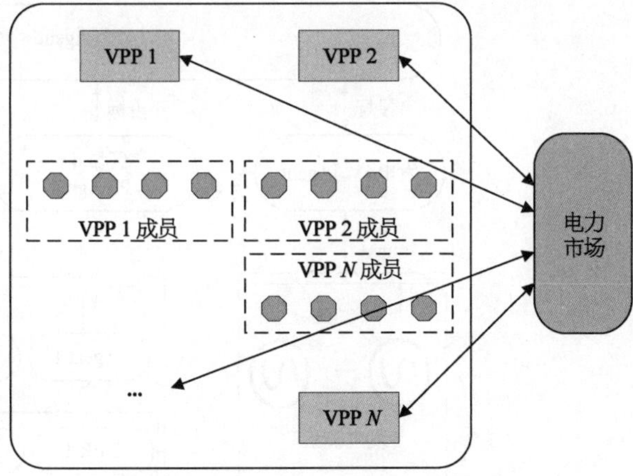

图 6-36 分布式电源参与电力市场

分布式电源参与电力市场。能够实现分布式电源与电力市场之间的互动,实现全局优化调度,其结构如图 6-36 所示。

6.3.2.2 分布式电源双层博弈模型

1) 下层优化模型

将各分布式电源出力信息作为决策变量,其策略组合为 $\boldsymbol{a}=[a_1, a_2, \cdots, a_n]$。以每个 A 智能体成本的相反数作为支付函数,将成本最小化问题转化为最大化支付的博弈问题。某时刻支付函数为

$$v_i(a_i, \boldsymbol{a}_{-i})=\begin{cases}-(a_{\mathrm{MT}}a_i^2+b_{\mathrm{MT}}a_i+c_{\mathrm{MT}}) & i\in n_{\mathrm{MT}}\\ -(a_{\mathrm{IL}}a_i^2+b_{\mathrm{IL}}a_i)-\lambda_{\mathrm{load}}^t a_i & i\in n_{\mathrm{IL}}\\ -\lambda_{\mathrm{wt}}(P_{\mathrm{WT}}^t-a_i) & i\in n_{\mathrm{WT}}\\ -\lambda_{\mathrm{pv}}(P_{\mathrm{PV}}^t-a_i) & i\in n_{\mathrm{PV}}\\ \lambda_{\mathrm{load}}^t a_i & i\in n_{\mathrm{D}}\end{cases} \tag{6-84}$$

式中,a_i 为第 i 个分布式电源的决策;$\boldsymbol{a}_{-i}$ 为除去第 i 个分布式电源的剩余分布式电源的决策合集;n_{MT},n_{IL},n_{WT},n_{PV} 分别代表 MT,IL,WT,PV 的集合;n_{D} 代表负荷智能体的集合;可控分布式电源以 MT 为例,a_{MT},b_{MT},c_{MT} 为运行成本系数;考虑可中断负荷实现 DR,式中两部分分别为中断成本和由于中断负荷减少的售电收益;a_{IL},b_{IL} 为中断成本系数;$\lambda_{\mathrm{load}}^t$ 为负荷购电电价;λ_{wt},λ_{pv} 分别为弃风弃光成本系数;P_{WT}^t,P_{PV}^t 分别为 t 时刻 WT,PV 计划出力值。不考虑 WT,PV 的发电成本。

2) 上层优化模型

设多分布式电源电量决策组合为 $\boldsymbol{x}=[x_1, x_2, \cdots, x_n]$,某时刻售电方、购电方分布式电源的支付函数为

$$u_i(x_i,\ \boldsymbol{x}_{-i})=\begin{cases}\lambda^t_{\text{vpp}}x_i+\lambda^t_{\text{m, s}}(P^t_{m,\ i}-x_i)-\lambda_{\text{ser}}\sum_{j=1}^{n_{\text{p}}}x_{ij} & i\in n_{\text{s}}\\ \lambda^t_{\text{vpp}}x_i+\lambda^t_{\text{m, p}}(P^t_{m,\ i}-x_i)-\lambda^t_{\text{load}}P^t_{m,\ i} & i\in n_{\text{p}}\end{cases}\tag{6-85}$$

式中，x_i 为分布式电源 i 直接交易电量决策；n_{s}，n_{p} 分别为售、购电集合；λ^t_{vpp}，$\lambda^t_{\text{m, s}}$，$\lambda^t_{\text{m, p}}$ 分别为直接交易电价、电力市场售电和购电价格；λ_{ser} 为电网服务费单价；x_{ij} 为第 i 个分布式电源与第 j 个分布式电源的交易电量。售购电双方成功交易的前提是参与直接交易获得的收益大于与电力市场交易。当多分布式电源直接交易不成功或存在电量剩余或缺额时，由电力市场配合交易。根据电力市场特征，当供大于求时，直接交易电价较低，随着需求增加，其竞争用电将导致电价升高。构造电价函数为

$$\lambda^t_{\text{vpp}}=k\left(\sum_{i=1}^{n_{\text{p}}}x_i\right)^2\Big/\sqrt{\sum_{j=1}^{n_{\text{s}}}x_j}+\lambda^t_{\text{m, s}}\tag{6-86}$$

式中，k 为单位成本系数。为防止分布式电源倒卖行为，规定在同一时段，分布式电源只具有售电或购电中的一种权限，不会同时从电价低的一方购电并转卖给电价高的一方。因此，应满足约束：

$$P^t_{m,\ i}\in[P^t_{m,\ i,\ \min},\ P^t_{m,\ i,\ \max}]\tag{6-87}$$

$$x_i\in[0,\ P^t_{m,\ i}]\quad i\in n_{\text{s}}\tag{6-88}$$

$$x_i\in[P^t_{m,\ i},\ 0]\quad i\in n_{\text{p}}\tag{6-89}$$

$$\sum_{j}^{n_{\text{s}}}x_j\geqslant\left|\sum_{i}^{n_{\text{p}}}x_i\right|\tag{6-90}$$

3）约束条件

（1）分布式电源供需平衡约束。

$$\sum_{i=1}^{n_{\text{MT}}}a_i+\sum_{i=1}^{n_{\text{WT}}}a_i+\sum_{i=1}^{n_{\text{PV}}}a_i=P^t_m+P^t_{\text{load}}-\sum_{i=1}^{n_{\text{IL}}}a_i\tag{6-91}$$

$$\sum_{i=1}^{n_{\text{D}}}a_i=\begin{cases}P^t_{\text{load}},\ P^t_m\geqslant 0\\ P^t_{\text{load}}-|P^t_m|\quad P^t_m<0\end{cases}\tag{6-92}$$

式中，P^t_{load} 为 t 时刻负荷预测值，P^t_m 为 t 时刻分布式电源与外部交易电量，取正、取负分别代表分布式电源向外售、购电，此处忽略了网损。负荷智能体的决策变量 a_i，$i\in n_{\text{D}}$ 代表通过其他设备智能体的协调可以满足的负荷需求，上限为给定的当前时刻负荷预测值。分布式电源供需平衡约束在运行的任一阶段都需满足。

（2）MT 智能体功率和爬坡率约束。

$$P_{\text{MT, min}}\leqslant a_i\leqslant P_{\text{MT, max}}\quad i\in n_{\text{MT}}\tag{6-93}$$

$$-R_{MT}^{D}\Delta t \leqslant a_{i,t} - a_{i,t-1} \leqslant R_{MT}^{U}\Delta t \quad i \in n_{MT} \tag{6-94}$$

式中，R_{MT}^{D}，R_{MT}^{U} 分别为向上、向下爬坡率。

(3) IL 智能体中断量约束。

$$0 \leqslant a_i \leqslant P_{IL,max}^{t} = \eta_{max} P_{load}^{t} \quad i \in n_D \tag{6-95}$$

式中，η_{max} 为 IL 最大调用率。

(4) 电网联络线安全约束。

假定分布式电源经一条联络线参与电力交换，最大交易电量需要考虑联络线功率限值的影响。

$$-\min\left\{\max\left[0,\left(P_{load}^{t}-\sum_{i=1}^{n_{WT}}P_{wt}^{t}-\sum_{i=1}^{n_{PV}}P_{pv}^{t}-\sum_{i=1}^{n_{MT}}P_{mt,i,min}^{t}\right)\right],P_{grid,max}^{t}\right\}\leqslant P_{m}^{t}\leqslant$$
$$\min\left\{\max\left[0,\left(\sum_{i=1}^{n_{PV}}P_{pv}^{t}+\sum_{i=1}^{n_{WT}}P_{wt}^{t}+\sum_{i=1}^{n_{MT}}P_{mt,i,max}^{t}+\sum_{j}^{n_{IL}}P_{IL,j,max}^{t}-P_{load}^{t}\right)\right],P_{grid,max}^{t}\right\} \tag{6-96}$$

式中，$P_{grid,max}^{t}$ 为分布式电源与配电网允许传输电量的最大值。

4) 博弈模型的建立

鉴于风光发电随机性，需要可控发电/用能智能体配合才能提高消纳水平，因此下层参与者可以组成一个分布式电源，采用“内部协同，外部协调竞争”的运行原则，内部智能体组成合作联盟，实现能源互补，提高总收益。对于非合作博弈中的纳什均衡，其定义如下：

定义 1 在标准形式表述的 n 人博弈 $\boldsymbol{G}=\{\boldsymbol{S}_1,\boldsymbol{S}_2,\cdots,\boldsymbol{S}_n;u_1,u_2,\cdots,u_n\}$ 中，对于每一个参与者 $i\in\boldsymbol{N}$，在其他博弈决策者分别采取策略 $s_1^*,s_2^*,\cdots,s_{i-1}^*,s_{i+1}^*,\cdots,s_n^*$ 时，能够得到一个最优支付 s_i^*，并且策略组合 $\boldsymbol{s}^*=(s_1^*,s_2^*,\cdots,s_i^*)$ 是该博弈 $\boldsymbol{G}$ 的一个纳什均衡。可以表示为

$$u_i(s_1^*,\cdots,s_{i-1}^*,s_i^*,s_{i+1}^*,\cdots,s_n^*)\geqslant u_i(s_1^*,\cdots,s_{i-1}^*,s_i',s_{i+1}^*,\cdots,s_n^*),$$
$$\forall s_i\in\boldsymbol{S}_i,\ s_i^*\neq s_i',\ \forall i\in\boldsymbol{N} \tag{6-97}$$

当满足纳什均衡时，没有一位理性参与者会选择离开纳什均衡的局面。因此如果博弈存在纳什均衡，则参与者一定会自发地稳定在纳什均衡的状态。要注意的是，纳什均衡不一定是每个博弈参与者的最优解，而是由博弈中各参与者均衡而得到的稳定解。关于纳什均衡的存在性，有以下定理：

定理 1 考察一个策略式博弈，其策略空间是欧氏空间的非空紧凸集。若其收益函数对是连续拟凹的，则该博弈存在纯策略纳什均衡。

根据定理，下层博弈各支付函数均为凸函数，存在纳什均衡点 a_i^*，使得 $v_i(a_i^*,\boldsymbol{a}_{-i}^*)\geqslant$

$v_i(a_i, \boldsymbol{a}_{-i}^*), i \in N$。下层合作博弈最优策略为

$$\boldsymbol{a}^* = \arg\max \sum_{i \in n} v_i(a_i, \boldsymbol{a}_{-i}) \tag{6-98}$$

同理,上层博弈也存在纳什均衡点 x_i^*,使 $u_i(x_i^*, \boldsymbol{x}_{-i}^*) \geqslant u_i(x_i, \boldsymbol{x}_{-i}^*)$。上层博弈问题纳什均衡存在性证明过程如下所示。由于上层模型策略空间是欧氏空间的非空紧凸集,因此只需证明支付函数是相应策略的连续拟凹函数即可。

(1) 非合作。

假设存在1个售电方,记为 x_1,根据式(6-85),

$$\begin{aligned} u_1(x_1, \boldsymbol{x}_{-1}) &= \lambda_{\mathrm{vpp}}^t x_1 + \lambda_{\mathrm{m,\,s}}^t (P_{\mathrm{m,\,1}}^t - x_1) - \lambda_{\mathrm{ser}} \sum_{j=1}^{n_{\mathrm{p}}} x_{1j} \\ &= k(x_2 + x_3)^2 \sqrt{x_1} + \lambda_{\mathrm{m,\,s}}^t P_{\mathrm{m,\,1}}^t - \lambda_{\mathrm{ser}} x_1 \end{aligned} \tag{6-99}$$

关于 x_1 求一阶、二阶导数为

$$\frac{\partial u_1}{\partial x_1} = \frac{1}{2} k\,(x_2 + x_3)^2 x_1^{-\frac{1}{2}} - \lambda_{\mathrm{ser}} \tag{6-100}$$

$$\frac{\partial^2 u_1}{(\partial x_1)^2} = -\frac{1}{4} k\,(x_2 + x_3)^2 x_1^{-\frac{3}{2}} < 0 \tag{6-101}$$

因此 u_1 是关于 x_1 的连续凹函数,当一阶导数取值为0时存在最优极值。假设存在1个购电方记为 $x_1(x_1 < 0)$。

$$\begin{aligned} u_1(x_1, \boldsymbol{x}_{-1}) &= \lambda_{\mathrm{vpp}}^t x_i + \lambda_{\mathrm{m,\,p}}^t (P_{\mathrm{m,\,}i}^t - x_i) - \lambda_{\mathrm{load}}^t P_{\mathrm{m,\,}i}^t \\ &= \frac{k x_1^3}{\sqrt{(x_2 + x_3)}} + (\lambda_{\mathrm{m,\,s}}^t - \lambda_{\mathrm{m,\,p}}^t) x_1 + (\lambda_{\mathrm{m,\,p}}^t - \lambda_{\mathrm{load}}^t) P_{\mathrm{m,\,1}}^t \end{aligned} \tag{6-102}$$

关于 x_1 求一阶、二阶导数为

$$\frac{\partial u_1}{\partial x_1} = \frac{3k x_1^2}{\sqrt{(x_2 + x_3)}} + \lambda_{\mathrm{m,\,s}}^t - \lambda_{\mathrm{m,\,p}}^t \tag{6-103}$$

$$\frac{\partial^2 u_1}{(\partial x_1)^2} = \frac{6k x_1}{\sqrt{(x_2 + x_3)}} < 0 \tag{6-104}$$

因此 u_1 是关于 x_1 的连续凹函数。综上,上层非合作博弈模型存在纳什均衡点。

(2) 合作。

假设存在1个售电方分布式电源,记为 x_1,2个购电方分布式电源,记为 x_2 和 x_3。当上层售购电分布式电源采用合作形式时,类似于非合作证明情况,只需要证明 u_{123} 是关于 x_1, x_2 和 x_3 的连续凹函数。

$$u_{123}=\left[\frac{k\ (x_2+x_3)^2}{\sqrt{x_1}}+\lambda_{\mathrm{m,\ s}}^t\right](x_1+x_2+x_3)-\lambda_{\mathrm{ser}}x_1+\lambda_{\mathrm{m,\ s}}^t(P_{\mathrm{m,\ 1}}^t-x_1)+$$
$$\lambda_{\mathrm{m,\ p}}^t(P_{\mathrm{m,\ 2}}^t+P_{\mathrm{m,\ 3}}^t-x_2-x_3)-\lambda_{\mathrm{load}}^t(P_{\mathrm{m,\ 2}}^t+P_{\mathrm{m,\ 3}}^t) \tag{6-105}$$

将支付函数分别对 x_1，x_2(x_3 求解情况与 x_2 类似，此处略)求一阶、二阶偏导，即

$$\frac{\partial u_{123}}{\partial x_1}=\frac{1}{2}k\ (x_2+x_3)^2x_1^{-\frac{1}{2}}-\frac{1}{2}k\ (x_2+x_3)^3x_1^{-\frac{3}{2}}-\lambda_{\mathrm{ser}} \tag{6-106}$$

$$\frac{\partial^2 u_{123}}{(\partial x_1)^2}=-\frac{1}{4}k\ (x_2+x_3)^2x_1^{-\frac{3}{2}}+\frac{3}{4}k\ (x_2+x_3)^3x_1^{-\frac{5}{2}}<0 \tag{6-107}$$

$$\frac{\partial u_{123}}{\partial x_2}=\frac{2k(x_2+x_3)(2x_1+3x_2+3x_3)}{\sqrt{x_1}}+\lambda_{\mathrm{m,\ s}}^t-\lambda_{\mathrm{m,\ p}}^t \tag{6-108}$$

$$\frac{\partial^2 u_{123}}{(\partial x_2)^2}=4k\sqrt{x_1}+\frac{12k(x_2+x_3)}{\sqrt{x_1}}<0 \tag{6-109}$$

可得 u_{123} 是关于 x_1，x_2 的连续凹函数，因此上层合作博弈模型存在纳什均衡点。对于合作博弈，各博弈者以集体理性为基础，相应最优策略为

$$\boldsymbol{x}^*=\arg\max\sum_{i\in n}u_i(x_i,\ \boldsymbol{x}_{-i}) \tag{6-110}$$

合作博弈的最终目的是使各博弈者获得比不参加合作更多的收益，因此合作后的收益分配十分重要。上层多分布式电源分配采用 Shapley 值分配方式，分配到博弈者 i 的收益 $u_i(v)$ 为

$$u_i(v)=\sum_{S\subseteq N\setminus\{i\}}\left\{\frac{|S|!\ (n-|S|-1)!}{n!}\cdot[v(S\cup\{i\})-v(S)]\right\} \tag{6-111}$$

式中，$|S|$ 为联盟 S 中博弈总数，$v(S\cup\{i\})-v(S)$ 代表参与者 i 对于联盟 S 的边际贡献。Shapley 值实际上就是博弈参与者 i 在联盟 S 中的边际贡献的平均期望值。

6.3.2.3 实时优化调节策略

1) 不确定性的处理

对于风光发电预测，风速概率分布常用 Weibull 分布模型描述，结合 WT 输出功率和风速的关系式计算 WT 出力；对于光伏发电预测，光照强度常用 Beta 分布来描述，结合 PV 输出功率和光照强度的关系式计算 PV 出力。因此风光出力数据可由蒙特卡罗模拟生成。对于负荷预测，采用人工神经网络方法，将相似日历史数据及当天前 2 h、前 1 h 负荷及温度数据为训练对象引入数据库，得到下一时刻负荷预测数据。设风光发电预测误差及负荷波动由均值为零且相互独立的正态分布刻画，即

$$\begin{aligned}
&\delta_{WT}^{t} \sim N(0,\ \sigma_{wt,\ t}^{2}) \\
&\delta_{PV}^{t} \sim N(0,\ \sigma_{pv,\ t}^{2}) \\
&\delta_{load}^{t} \sim N(0,\ \sigma_{L,\ t}^{2})
\end{aligned} \tag{6-112}$$

式中，δ_{WT}^{t}，δ_{PV}^{t}，δ_{load}^{t} 分别为 t 时刻风光出力波动和负荷波动。由于预测精度随预测时间尺度的减小而增加，通过研究日前、日内、实时多时间尺度的协调运行策略，减轻电网运行压力和潜在的弃风弃光，提高系统经济效益和有序运行。

2) 实时优化

实时优化通过调整分布式电源中可控机组出力及用于直接负荷控制的 DR(以 DDR 表示)的大小，用以修正运行计划与预测结果的偏差。DDR 的成本函数与约束同 IL。风光及负荷预测误差由正态分布模拟生成。则目标函数为

$$\begin{aligned}
\min F_{3} = &[a_{MT}(P_{Mt}^{t})^{2} + b_{MT}P_{MT}^{t} + c_{MT}] + \lambda_{wt}P_{w}^{t} + [a_{DDR}(P_{DDR}^{t})^{2} + \\
&b_{DDR}P_{DDR}^{t}] + \lambda_{pv}P_{p}^{t} + [a_{IL}(P_{IL}^{t})^{2} + b_{IL}P_{IL}^{t}] - V_{VPP}
\end{aligned} \tag{6-113}$$

式中，V_{VPP} 算法同式(4－31)。需满足机会约束规划：

$$\begin{aligned}
&P\{(P_{WT}^{t} + \delta_{WT}^{t} - P_{w}^{t}) + (P_{PV}^{t} + \delta_{PV}^{t} - P_{p}^{t}) + P_{MT}^{t} + P_{IL}^{t} + P_{DDR}^{t} \geqslant \\
&P_{m}^{t} + (P_{load}^{t} + \delta_{load}^{t})\} \geqslant \alpha
\end{aligned} \tag{6-114}$$

该阶段任务包括：确定 MT 出力，确定 DDR 和弃风弃光量。

6.3.2.4　求解步骤

由于上述模型涉及预测随机变量和日内、实时优化阶段机会约束条件，虽然可以转化为等价确定形式再利用线性/非线性规划问题求解，但在实际应用中尤其是随机变量较多的情况下，转化较为困难。因此本节统一采用遗传算法求解。

对于双层优化模型，由于上下两层经有限次博弈可以达到均衡，因此采用一种嵌套的遗传算法求解，流程如图 6－37 所示。对于日内、实时协调优化模型，采用蒙特卡罗模拟与遗传算法相结合的方法直接求解，较为简单有效，且适用范围更为广泛，流程如图 6－37 下层优化部分。

6.3.2.5　算例分析

1) 算例说明

以图 6－38 含 3 个分布式电源的测试系统为例。WT1/WT3/PV2 容量分别为 500，300，200 kW，采用同型号的 MT，容量 200 kW，爬坡率 2 kW/min。取 IL 最大调用率为 10%，$a=0.008$ 元/(kW^{2}·h)，$b=0.4$ 元/(kW·h)，DDR 为总负荷的 5%，$a=0.009$ 元/(kW^{2}·h)，$b=0.85$ 元/(kW·h)。电力市场售电电价与购电电价分别为 1 元/(kW·h)、0.4 元/(kW·h)，负荷电价为 0.6 元/(kW·h)，分布式电源竞价电价区间[0.4，1]元/(kW·h)。

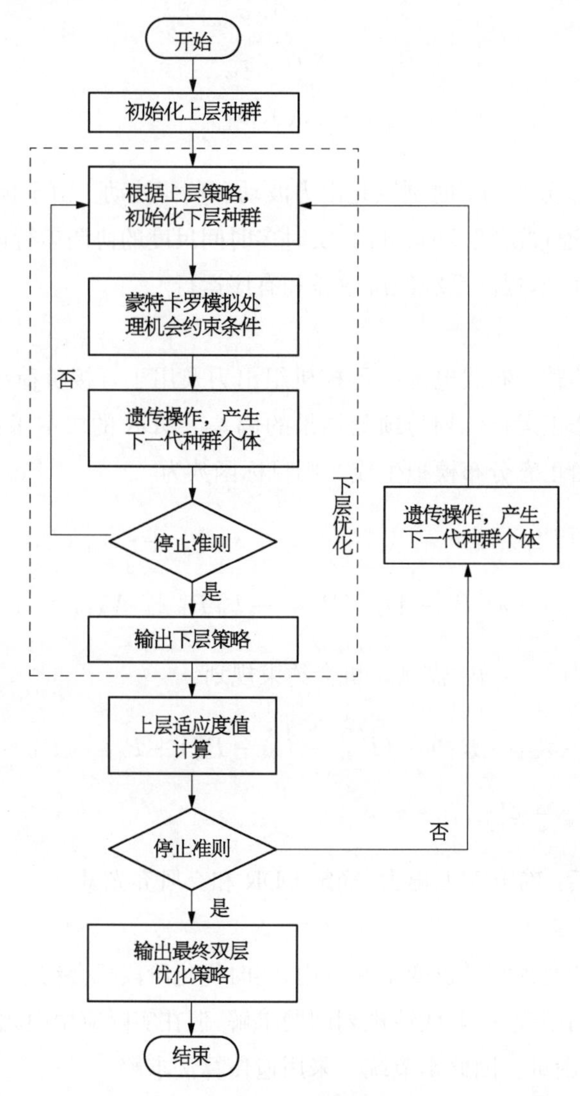

图 6－37　算法流程

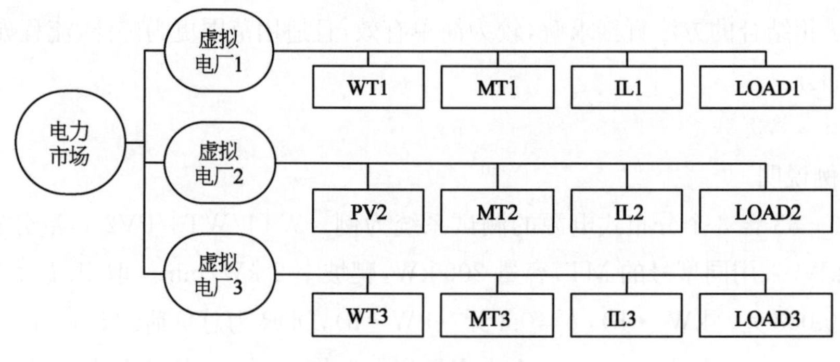

图 6－38　测试系统

设 WT,PV 出力的日前、日内和实时预测波动方差分别为 0.2,0.05,0.02,负荷预测波动方差分别为 0.02,0.005,0.002。3 个分布式电源多时间尺度清洁能源机组出力预测和负荷预测曲线如图 6-39 所示。本遗传算法中取群体规模为 50,迭代次数为 200。

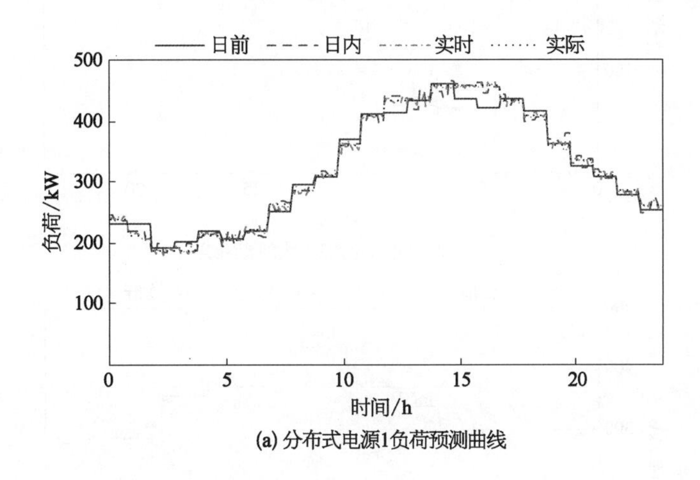

(a) 分布式电源1负荷预测曲线

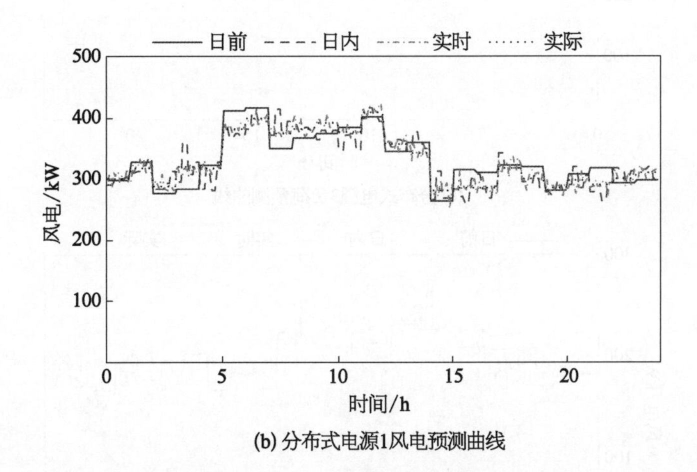

(b) 分布式电源1风电预测曲线

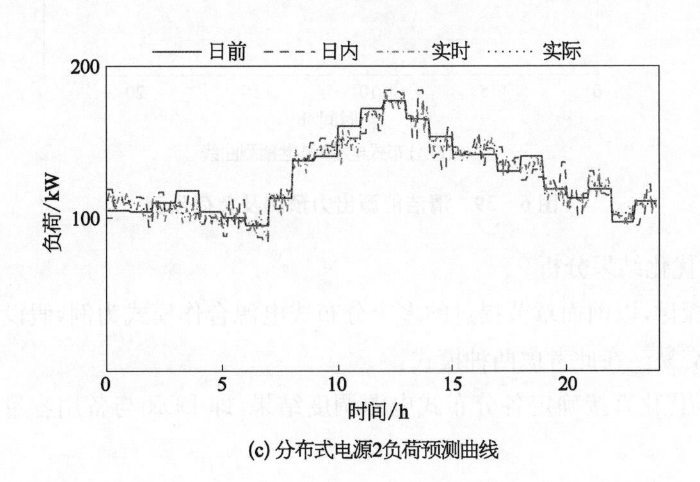

(c) 分布式电源2负荷预测曲线

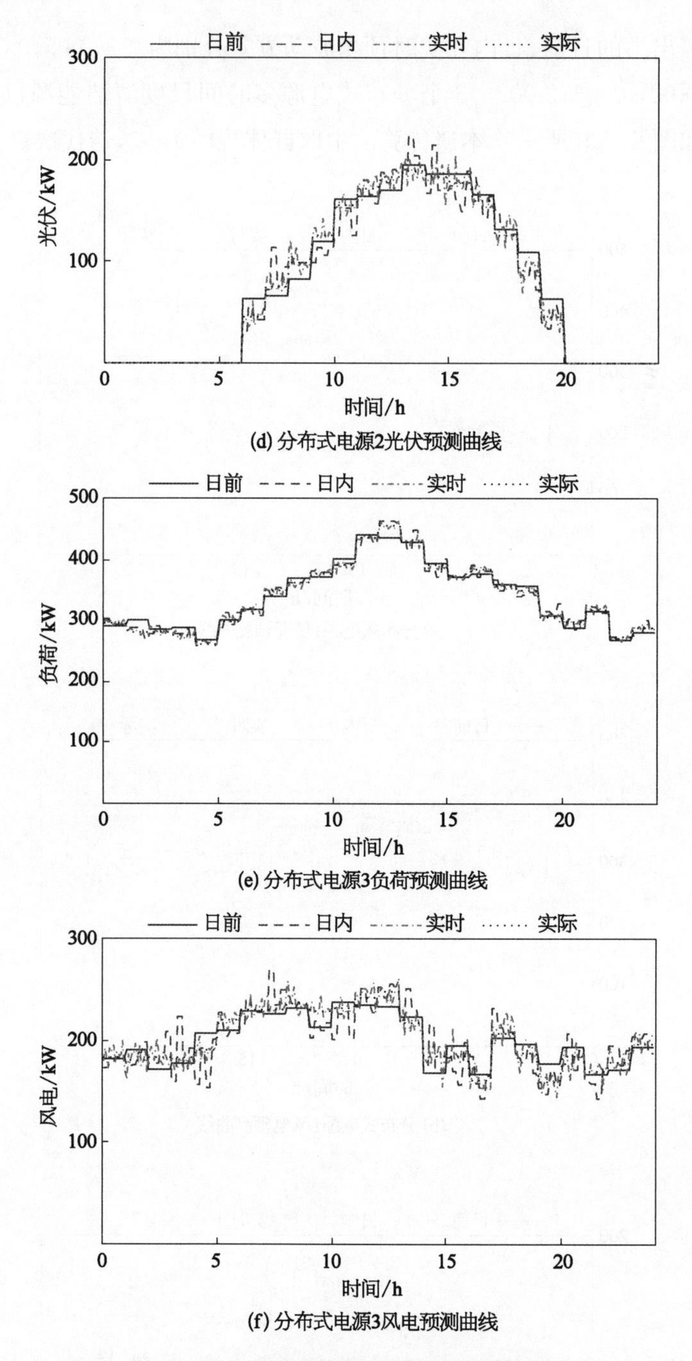

(d) 分布式电源2光伏预测曲线

(e) 分布式电源3负荷预测曲线

(f) 分布式电源3风电预测曲线

图6-39　清洁能源出力预测及负荷预测

2）多尺度优化结果分析

为了便于探讨，以前面章节提过的多个分布式电源合作模式为例，假设只存在多个分布式电源直接交易。在此考虑两种模式：

（1）由日前优化直接确定各分布式电源调度结果，即DDR与备用容量均由日前优化确定。

（2）采用本章提出的多时间尺度模型。

两种模式调度结果及需要的旋转备用容量如图 6－40 所示，均以分布式电源 1 为例。

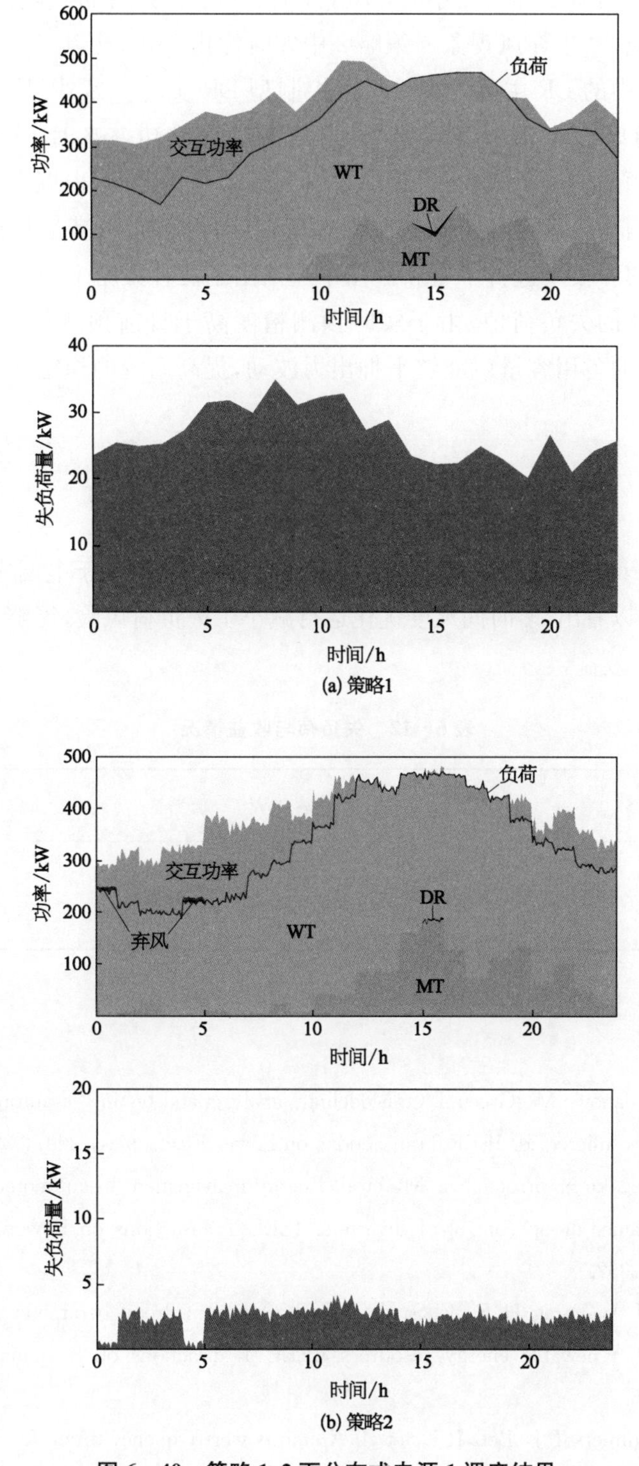

图 6－40　策略 1，2 下分布式电源 1 调度结果

从图 6－40 可以看出，当采用日前预测数据时，由于采样点很少(24 h 则 24 个数据点)，运行结果比策略 2 平滑。其中 DR 主要由 IL 提供，不调用能够进行直接负荷控制的 DR。在策略 2 中，第 1 和第 5 小时，实时预测更新后经过分布式电源内部出力调整，无法全部消纳风电，产生弃风现象。策略 2 中实时优化 5 min 更新一次，由于 IL 响应速度较慢，实时优化中的 DR 主要由直接负荷控制型 DR 实现。另外，从图中分布式电源 1 交互功率变化可以看出，1～8 h 策略 1 相对策略 2 交互功率略大，这是由于日前风光出力预测及负荷预测的误差较大，在策略 2 日内滚动优化阶段，根据误差更小的预测数据对分布式电源内部各可控分布式电源动态调整时，由于无法满足日前确定的交易电量而对该时段的博弈模型进行了更新。图中还给出了两种策略下由于不满足机会约束规划而产生的量化的失负荷值，由于实时预测精度高于日前预测值，其失负荷量也较小，因此只需很小的备用容量就能够平抑出力波动，提高系统的稳定性。将失负荷惩罚计入成本。

$$C_{\text{risk}} = \sum_{t=1}^{T} \lambda_{\text{e}}^{t} E_{\text{ens}}(t) \tag{6-115}$$

式中，$E_{\text{ens}}(t)$ 为 t 时段失负荷值，λ_{e}^{t} 为失负荷惩罚成本(通常高于电网售电电价)。由表 6－12 优化结果可以看出，多时间尺度优化运行减小了失负荷风险，能够在提高系统可靠性的同时提高经济效益。

表 6－12　失负荷与收益情况

运行策略	失负荷量/kW	总收益/元
策略 1	1 435.74	5 420.53
策略 2	113.92	6 755.73

参考文献

[1] Pogaku N, Prodanovic M, Green T C. Modeling, analysis and testing of autonomous operation of an inverter-based microgrid. IEEE Transactions on Power Electronics, 2007, 22(2): 613－625.

[2] Barklund E, Pogaku N, Prodanovic M, et al. Energy management in autonomous microgrid using stability-constrained droop control of inverters. IEEE Transactions on Power Electronics, 2008, 23(5): 2346－2352.

[3] Abdelaziz M M A, Farag H E, El-Saadany E F. Optimum droop parameter settings of islanded microgrids with renewable energy resources. IEEE Transactions on Sustainable Energy, 2014, 5(2): 434－445.

[4] Rowe C N, Summers T J, Betz R E, et al. Arctan power-frequency droop for improved microgrid stability. IEEE Transactions on Power Electronics, 2013, 28(8): 3747－3759.

[5] Majumder R, Chaudhuri B, Ghosh A, et al. Improvement of stability and load sharing in an autonomous microgrid using supplementary droop control loop. IEEE Transactions on Power Systems, 2010, 25(2): 796 - 808.

[6] 谢玲玲,时斌,华国玉,等.基于改进下垂控制的分布式电源并联运行技术.电网技术,2013(4).

[7] Hu J, Zhu J, Dorrell D G, et al. Virtual flux droop method—a new control strategy of inverters in microgrids. IEEE Transactions on Power Electronics, 2014, 29(9): 4704 - 4711.

[8] 董朝阳,赵俊华,文福拴,等.从智能电网到能源互联网:基本概念与研究框架.电力系统自动化,2014,38(15):1 - 11.

[9] 中华人民共和国国务院.能源发展“十二五”规划.北京,2013.

[10] 杨家豪.基于一致性算法的孤岛型微电网群实时协同功率分配.电力系统自动化,2017(05):14 - 21+44.

[11] Guo F, Wen C, Mao J, et al. Distributed economic dispatch for smart grids with random wind power. IEEE Transactions on Smart Grid, 2016, 7(3): 1572 - 1583.

[12] Nutkani I U, Loh P C, Wang P, et al. Autonomous droop scheme with reduced generation cost. IEEE Transactions on Industrial Electronics, 2014, 61(12): 6803 - 6811.

[13] Xin H, Zhang L, Wang Z, et al. Control of island AC microgrids using a fully distributed approach. IEEE Transactions on Smart Grid, 2015, 6(2): 943 - 945.

[14] 苏晨,吴在军,吕振宇,等.基于边际成本下垂控制的自治微电网分布式经济运行控制.电力自动化设备,2016,36(11):59 - 66.

[15] Zhang Z, Ying X, Chow M Y. Decentralizing the economic dispatch problem using a two-level incremental cost consensus algorithm in a smart grid environment// North American Power Symposium. IEEE, 2011.

[16] 王逸超,谢欣涛,陈仲伟,等.不同容量微网逆变器的自适应虚拟阻抗运行策略.电力自动化设备,2018,38(6):29 - 33.

[17] Simpson-Porco J, Shafiee Q, Dorfler F, et al. Secondary frequency and voltage control of islanded microgrids via distributed averaging. IEEE Transactions on Industrial Electronics, 2015, 62(11).

[18] 陈刚,李志勇,赵中原.微电网系统的分布式优化下垂控制.控制理论与应用,2016,33(8).

[19] 张孝顺,余涛.互联电网 AGC 功率动态分配的虚拟发电部落协同一致性算法.中国电机工程学报,2015,35(15):3750 - 3759.

[20] Binetti G, Davoudi A, Lewis F L, et al. Distributed consensus-based economic dispatch with transmission losses. IEEE Transactions on Power Systems, 2014, 29(4): 1711 - 1720.

[21] 郑漳华,艾芊,顾承红,等.考虑环境因素的分布式发电多目标优化配置.中国电机工程学报,2009(13):25 - 30.

[22] 徐豪,张孝顺,余涛.非理想通信网络条件下的经济调度鲁棒协同一致性算法.电力系统自动化,2016(14):15 - 24.

[23] Zhang Z, Chow M Y. Convergence analysis of the incremental cost consensus algorithm under different communication network topologies in a smart grid. IEEE Transactions on Power Systems, 2012, 27(4): 1761 - 1768.

[24] 余志文,艾芊,熊文.基于多智能体一致性协议的微电网分层分布实时优化策略.电力系统自动化,2017(18):31-37,94.
[25] 余志文,艾芊.基于多智能体一致性的微电网自适应下垂控制策略.电力自动化设备,2017,37(12):150-156.

第7章

微电网群分布式协同调度

微电网主要有两种发展方向，一是将微电网与公共大电网相连；二是将多个邻近的微电网互联，形成微电网群。随着微电网的逐渐普及，微电网群也正在从理论走向工程实际。微电网群作为大电网的重要补充，微电网群在提高供电可靠性、安全性以及解决偏远地区和海岛供电问题等方面扮演着越来越重要的角色，可为新能源拓展巨大的发展空间。

本章在微电网内部多时间尺度研究的基础上，站在多个微电网的角度，增加微电群优化层，进一步给出微电网群协同调度框架，并给出协调多个异质微电网的分布式协同调度方法和算法。

然而，微电网的互联带来了分布式设备的增加，这给信息交互和全局控制带来了困难，也给传统集中控制策略带来了前所未有的挑战。传统调度策略的缺点可以概括如下：

(1) 广域分布式能源接入需要部署全局优化、点对多点通信和所有分布式组件的垂直控制等功能和组件。

(2) 由于多微网调度具有较强的随机性和时变特性，滚动校正和动态优化是其调度的关键。然而，在集中式调度策略下，由于通信延迟和服务器容量的限制，很难实现令人满意的跟踪性能和控制效果。

(3) 集中决策无法有效保护被控制对象的隐私。

(4) 所有参与者的利益难以在集中优化的框架下公平分配。

因此，为了克服以上问题，本章给出的算法是完全分布式的，以适用于多个不同主体的协同，且支持微电网群的即插即用和在线扩展，为微电网群级的优化提供新的研究思路。

7.1 微电网群的架构

随着分布式发电与微电网技术的发展，越来越多的微电网出现在配电网中[1~4]。在一个配电网区域，有可能会出现多个邻近的微电网，构成一个多微电网系统[5~8]。该系统中，微电网之间是否存在电量交易将会对该区域的运行管理模式产生影响。若微电网之间存在（或者倾向于发生）电量交易，一方面，使得微电网与配电网直接交易电量减少，配电网调度管理的工作内容可能发生改变；另一方面，需要有特定的机构为微电网之间的交易提供平台以及配套的软硬件设施,各参与交易的微电网同时需要对此承担相应的费用。若微电网之间不存在(或者不倾向于)电量交易,则可将单个微电网视为具有一定调控功能的分布式电源,配电网负责对微电网进行统一的运行和管理。微电网之间存在电量交易,即"松散的群模式"。

微网群是多个微网互联组成的群落系统,能满足特定的功能和控制目标。结合储能系统与需求侧管理构建岛屿微网群供电模式,可以有效解决国内诸多海岛及群岛的供电难题。目前,国外微网群的研究工作主要是由欧盟框架计划支持下的 More Microgrids 项目引领开展[9]。在智能电网背景下,欧盟资助的智能电网综合研究计划 ELECTRA[10] 在2015 年的国际供电会议上针对未来(2030+)可再生能源高度渗透的电力系统,提出了 Web-of-Cell(WoC)体系这一概念。它是针对未来大量分布式能源所提出的一种全新的电网体系结构,是对智能电网长期研究后形成的前瞻性的研究结果。ELECTRA 对 WoC 体系的可观测性和安全性进行了研究,并对该体系下分布式能源提供辅助服务进行了探讨。

7.1.1 微电网分层架构

微网群系统框架通过先进的通信技术、电力电子技术、智能控制技术等,使得微网群中的分布式能源具有可观性和可控性、网络拓扑能够灵活调节、能够进行协调优化和管理。微网群系统框架应符合集群自治的控制运行要求,在物理和信息链接关系上都应遵循一定的设计准则。

分布式微电网群中三级系统的划分原则为:

(1) 发电单元:分布式新能源发电单元,系统故障下不脱网,还能提供力所能及的紧急有功无功主动支撑。

(2) 微电网自治体:分布式新能源自治体包含分布式新能源发电单元、储能、本地负荷、局部配用电网络、能量管理的微电网系统,具备自治控制能力的小型供用电系统。对园区/村镇内所有分布式新能源进行统一管理,对内进行协同控制,对外作为集群协调控制的基本单元。

(3) 微电网集群:含多个自治体的网格化区域,可对多个自治体进行优化控制,是大系统调度能直接调控的基本单元。

微电网群信息控制方面,相比于传统的集中控制体系,分布式新能源发电集群接入对系统的可靠性、稳定性以及可再生能源的消纳能力等要求更高。由于自治控制的要求,传统的信息通信方式及控制体系将无法适应分布式集群接入场景。信息系统应具有以下特性:

(1) 交互规则简单交互信息量少。全局结构由集群间的交互呈现,交互规则只依赖于局部信息,最大限度地压缩交互信息,减少传输延时。

(2) 集群地位对等,不存在中央直接控制。各个集群状态不直接影响体系整体,仅与邻近集群间存在信息分享和能量交互,集群通过集群间的合作和非合作博弈行为实现整体的经济运行。

(3) 自主学习性。集群内部运用强大的信息处理技术,通过历史数据反馈具有适应性和自趋优能力,预测对手运行状态参与博弈,提前对可能出现的波动作出反应。

在分布式新能源发电集群框架中,自治体是最小自治单元,为实现“即插即用”并满足多方利益诉求,采用“弱中心化”的思想,将能量管理下放至自治体控制中心,实现功率自治控制;由集群虚拟电厂代表多个协同自治体参与市场交易和经济博弈。集群设置稳定监控中心,感知系统运行状态并调整控制器参数,对于自治体接入与退出的拓扑摄动进行稳定性评估。基于上述分析,整个架构分为就地感知层、协调控制层和优化决策层。具体分层架构如图7-1所示。

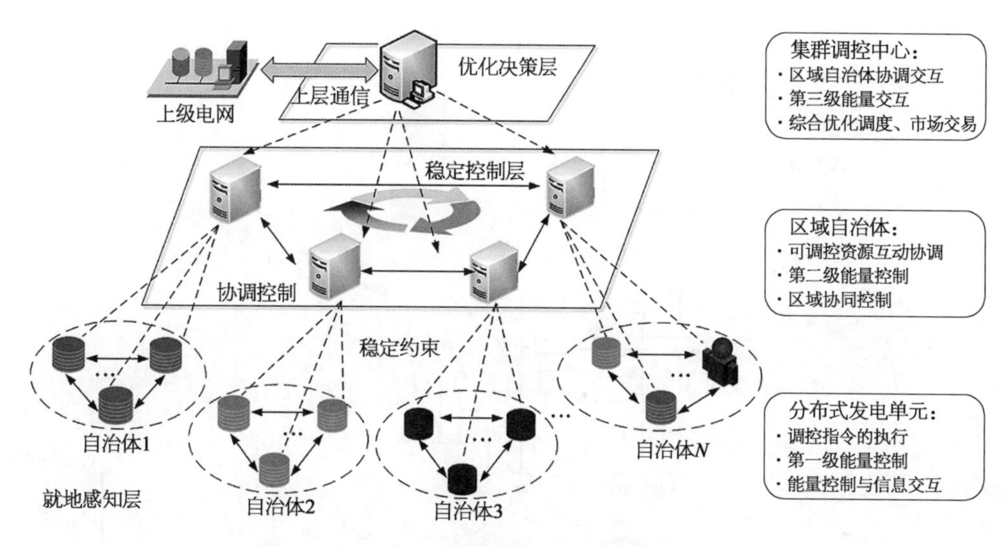

图7-1 微电网群分层调控框架

7.1.2 多能互补微电网分层架构

随着多种能源系统向着分布式和互补式的方向发展,区域能源系统呈现出范围广、集群分布和个体自治的特点。每个在一定区域内具有一定自治特性的能源系统均可与相邻的能源系统交互,组成大的能源互联网。同时,一些区域能源系统在利益驱动下自主聚合为集生产、传输、交易为一体的综合能源系统,更深层次地实现多能互补,平抑新能源波动,并由此获得合作收益。因此,用能源细胞、组织的概念来描述区域能源网的基本组成形式,既体现能源分布式模块化的固有发展,也为后续能源网研究奠定理论基础。能源细胞包含分布式供能单元、储能、本地负荷、局部配用电网络、能量管理系统,是一个具备自治控制能力的小型供用能系统。随着能量需求呈现多样化和分布化趋势,以区域能源互联网为对象的理论研究和工程实践也在国外率先展开。美国电力公司在俄亥俄州首府哥伦布建造了CERTS含分布式电源的区域电网示范平台,实现了多种电源的自治管理。英国曼彻斯特大学最先于当地区域能源互联网中开发了电/热/气系统与用户交互平台,该平台整合了用能模式、节能策略和需求响应3个功能。德国亚琛大学和德国联邦经济和环境部通过需求管理实现了智能电表“Smart Watts”项目[11]和E-Energy项目[12]，旨在能量流、信息流与资金流的高度融合，推动能量服务的电子商务化，其成果在德国朗根费尔德成功落地。欧盟确立了其2050电力生产无碳化发展目标并发布了欧盟电网计划(EEGI)新版路线图，致力于融合各国能源系统构建跨欧洲的高效能源系统[7]。日本早在2010年就成立了日本智能社区联盟(JSCA)，致力于智能社区技术的研究与覆盖全国的综合能源系统示范[13]。

分层调控策略同样是整合区域能源互联网中多智能主体、协调运行状态从而实现局部较优策略的有效手段。未来区域能源网将发展成为纵向上源网荷协同优化，横向上多能互补的新型智能化系统，其典型形式如图7-2所示。

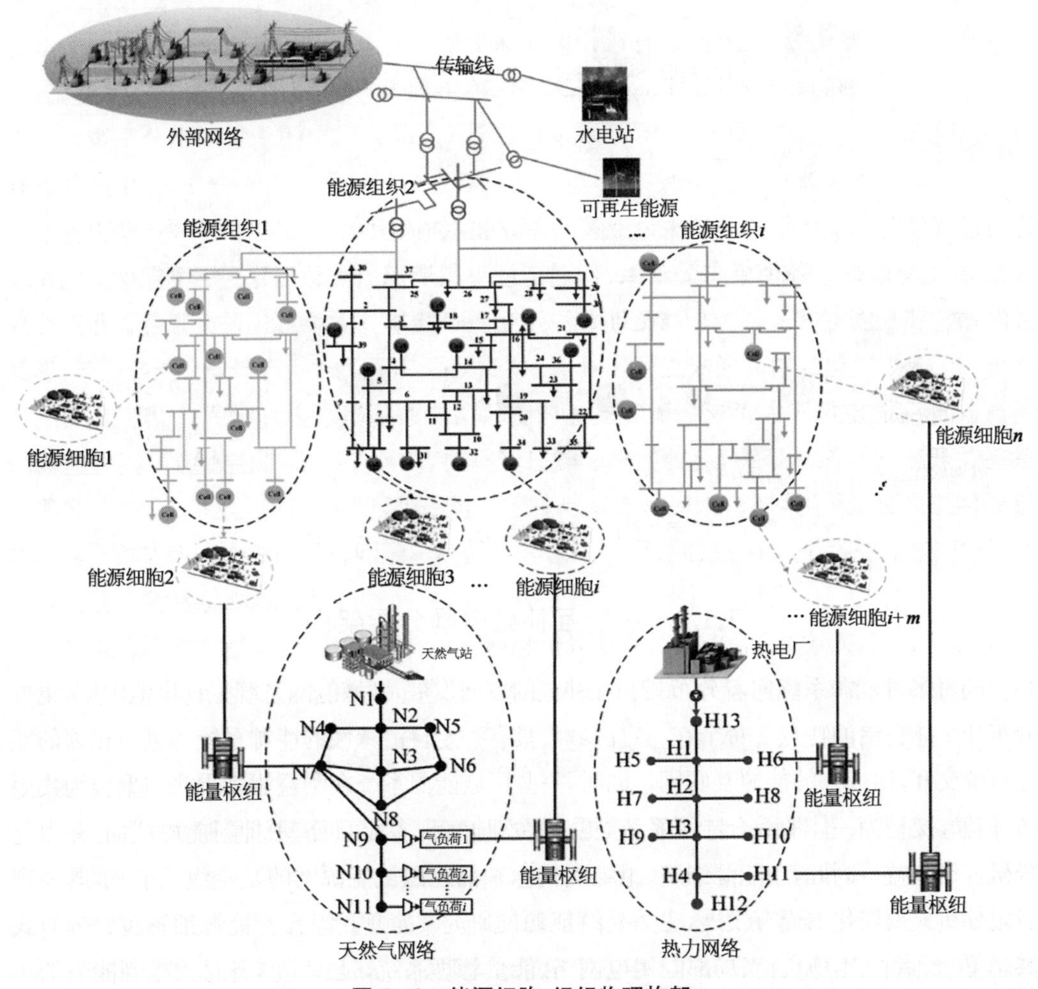

图7-2 能源细胞-组织物理构架

根据区域能源互联网物理系统的发展趋势，未来区域级能源互联的物理系统将形成如图7-3所示的多级分层系统，其划分原则为：

(1) 供能单元。包括风光等可再生能源、小型水电站和储能等基础发电单元，燃气锅炉和天然气站等供热供气单元，以及冷热电三联产、热电厂等联供单元。

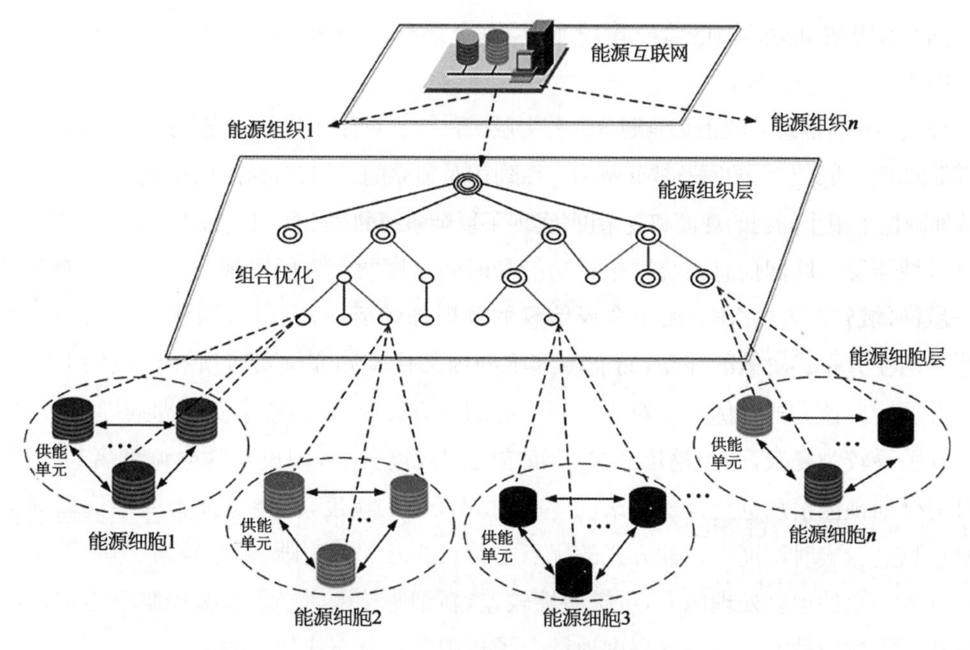

图 7-3　区域能源互联网物理分层

(2) 能源细胞。能源细胞不仅包含供能单元，还包括该区域内所有的灵活和刚性负荷、局部配用电网、天然气热力管道以及相应的多能管理系统，具备自治调控能力的小型区域能源系统。对所在区域内所有供能单元和负荷进行统一管理，对内进行协同控制，对外作为集群互动和交易的基本单元。

(3) 能源组织。含多个能源细胞的网格化集群，根据合作博弈的原则组合多个能源细胞进行市场交易并合理均摊收益，聚合多个能源细胞的灵活资源参与大系统的需求响应。

(4) 能源互联网。拥有较高电压等级和能源传输容量的能源互联系统，是区域能源网的上级机构，与能源组织通过需求响应调整能源交互。

能源细胞的基本特征：① 具有统一的监控和能量管理系统；② 与大系统的电能、热能双向可控；③ 可自由聚合成为能源组织，组合运行交易；④ 具有参与独立市场行为能力。

在能源组织划分方面，能源组织区域划分如果过大，通信量和处理信息量将无异于集中控制体系，其简洁性优势无法体现；而如果能源组织划分过小，解决内部功率平衡问题的能力就会变弱，需要邻近集群的协助增多，必然加重通信负担并丧失快速性。因此充分发挥能源细胞形成组织的优势，需合理地进行集群物理区域划分。能源组织划分应参考以下原则：

(1) 按照物理能源互联网实际情况进行划分。将与能源互联网资产所属关系的匹配放在第一位，充分考虑经济、政治、地理位置等因素。

(2) 考虑能源站运行模型，按照电压、管道等级进行划分。实现管辖权的一致，符合区域自治调控和区间互动的模式。

(3) 划分时应使能源组织内部具有足够的发电侧备用和用户侧灵活负荷，保证能源组织拥有一定的自治调控和新能源内部消纳能力。

(4) 参考集群运营商的监控管理能力，综合集群间的功率传输成本和安全性等诸多其他因素。

分层架构将能源系统正交地划分为若干层，每一层只解决问题的一部分，通过各层的协作提供整体解决方案。大的问题被分解为一系列相对独立的子问题，局部化在每一层中，这样就有效地降低了单个问题的规模和复杂度，实现了复杂系统的第一步也是最为关键的一步分解。

区域能源互联网信息系统可根据功能和时间尺度两个方面实现分层。在功能分层方面，设置区域管理者(DMO)用于全局信息的预处理和反馈，克服全局状态量和全局约束无法应用在分布式决策的弊端，而能源细胞的内部代理则完全负责所在区域的多时间尺度能源调度。该方式的优点是对于控制中心的运算要求较低，便于实现即插即用，但是信息交互关系较为复杂，调控精度较差。如按时间尺度分层，则设置独立调度者(ISO)，根据日前全局预测信息进行日前和滚动等长时间尺度的调度，而能源细胞内部代理则根据自身信息进行实时调度。该种方式的优点是信息交互关系清晰、精度较高，但是要求控制中心具有一定的运算处理能力，可扩展性较差，新细胞接入时必须升级控制中心的调度应用模块。上述两种方法都不同程度地结合了集中式和分布式架构的优点。

基于新一代能源电力系统的特征和动态多智能体技术的智能分层调控框架设计原则，实现能量管理、运行控制和优化调度等目标，架构应为软件平台集成和扩展提供便捷。多能互补微网群综合能源调度系统初步设计如图 7-4 所示。

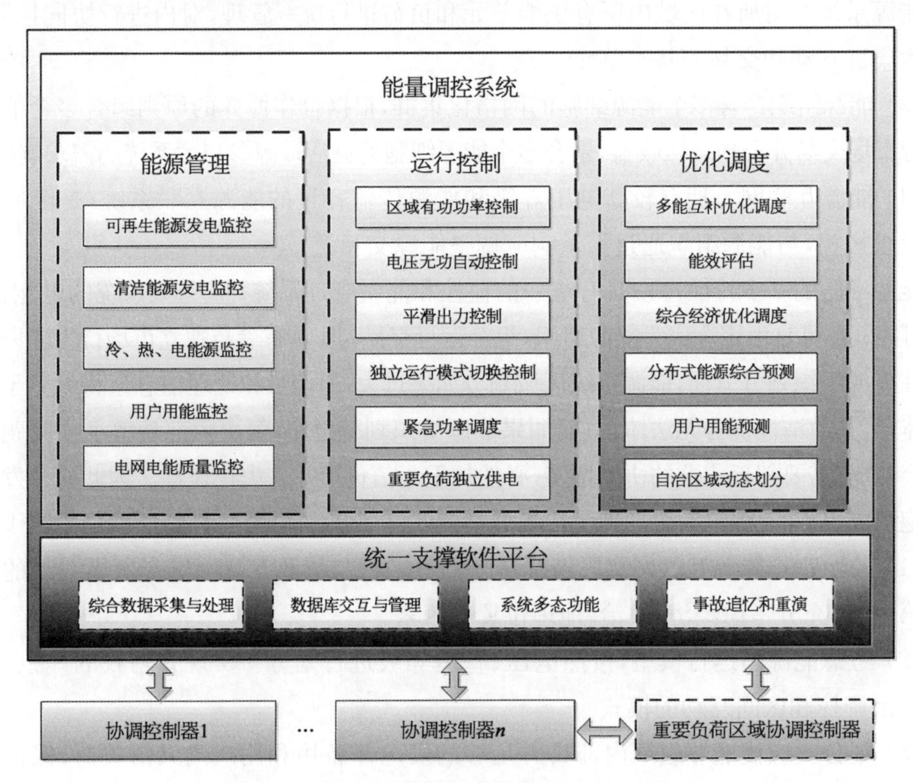

图 7-4　多能互补微网群综合能源调度系统架构

7.2　微电网群的运行模式

7.2.1　多微网的动态合作博弈模型

在多微网合作博弈的前提下，微网的多代理系统需要将各自的电能缺额或剩余以及位置信息传送给配电网，同时它们也从配电网获取相应的交易指令，完成交易过程。这种交易模式将会产生交易费用和通信费用等，因此多微网系统联盟的支付函数应该包括各个微电网的购电成本、网损成本、通信成本以及可中断负荷的补偿成本。

多微网合作博弈的目标是找到最优的联盟子结构，从而最小化各个微网的支付函数，可以将问题分为3个部分。

(1) 最小化联盟支付函数。采用确定微网间购售组合的算法进行求解。对于一个给定的联盟S，该联盟由多个微电网构成，对于其中的每一个买方微网，卖方微网根据其与买方微网的距离进行排序，根据就近原则进行电能的买卖。

(2) 联盟内成员的利益分配。采用"夏普利值"的概念表征联盟内部成员对总体支付函数的贡献。对于联盟S中的微网MG_i，其夏普利值可以表示为

$$\phi_i=\sum_{S\subseteq N\setminus\{i\}}\frac{|S|!\,(|N|-|S|-1)!}{|N|!}[v(S\cup\{i\})-v(S)] \tag{7-1}$$

式中，N为所有参与者的集合元素数量；$v(S)$为联盟S的总支付函数，S为联盟S的参与者数量。

(3) 寻找联盟最优子结构。采用基于合并-分裂的3阶段集中优化框架，引入基于支付函数的帕累托最优，实现联盟的最大利益。3阶段优化框架包括请求交换、合并-分裂以及联合交易3个部分：在第一阶段，各个微网的代理(Agent)会将自身的位置、电量缺额、电量剩余信息发送给配网控制中心(MS)。在接收到所有微网的信息后，MS会进行合并-分裂操作从而形成最优联盟结构，将帕累托条件作为判断合并或分裂过程是否成功的标准，当合并-分裂过程最终收敛时，最后得到的联盟结构将会保证所有联盟的微网成员都具有最小化的支付函数。在此联盟结构的基础上，MS会发送相应的指令(包括联盟配对、加入顺序等)发送给各个微网的代理系统，微网在收到指令以后会根据加入顺序与其他微网形成联盟，并进行电能交易。

7.2.2　多微网系统双层博弈模型

假设配电网与各个微网可以作为独立的个体参与到市场运营中，并且考虑可调度与不可调度分布式电源的存在，以实现所有市场参与者之间的利益平衡为目标，同时考虑分布式电源的出力不确定性，建立多微网系统的双层博弈模型，其中多微网层的电量交易为

上层问题，控制目标为各参与实体(微网)的交易收益最大化且满足系统能量平衡，下层问题为微网内运行调度，在考虑满足上层市场需求以及个体申报量的前提下，确定微网内部的最优成本调度计划。

1) 上层多微网间直接交易模型

上层的博弈模型采用全联盟合作博弈模型，决策变量为各微网的申报售电量或购电量；目标函数为全部微网的交易总收益；约束条件为系统的能量平衡。

首先微网根据分布式电源出力以及负荷需求的预测数据，得出各自当前时段的电量缺额或电量剩余预测量。将预测值的上下浮动20%作为申报变量的可行区间(即决策变量的范围区间)，在此基础上，各微网通过全联盟合作博弈模型，以全联盟交易收益最大化为目标，求解最优决策可行解。

考虑微网间的全联盟合作博弈，微网参与者集合中的元素分为微源型微网与负荷型微网，两者的区别在于发电总容量是否大于总预测负荷。微源型微网在博弈中的决策变量为可交易电量，负荷型微网的决策变量为申购电量。对于各参与者的决策量，需要满足申报决策变量限制和系统能量平衡约束。

对于一个给定的策略选择 x_i，全体微网的总支付函数可以定义为

$$u(x_i,\boldsymbol{X}_{-i})=\begin{cases}p_{\mathrm{dp}}(\boldsymbol{X})x_i+(\mathrm{Re}\,q_i-x_i)p_{\mathrm{pp}}-C_{\mathrm{C}}\mathrm{Re}\,q_i & x_i\leqslant \mathrm{Re}\,q_i,\ i\in N_{\mathrm{s}}\\ p_{\mathrm{dp}}(\boldsymbol{X})x_i+(\mathrm{Re}\,q_i-x_i)p_{\mathrm{wp}}-C_{\mathrm{C}}\mathrm{Re}\,q_i & x_i>\mathrm{Re}\,q_i,\ i\in N_{\mathrm{s}}\\ s(x_i)+p_{\mathrm{dp}}(\boldsymbol{X})x_i+(\mathrm{Re}\,q_i-x_i)p_{\mathrm{wp}} & x_i\geqslant \mathrm{Re}\,q_i,\ i\in N_{\mathrm{b}}\\ s(x_i)+p_{\mathrm{dp}}(\boldsymbol{X})x_i+(\mathrm{Re}\,q_i-x_i)p_{\mathrm{pp}} & x_i<\mathrm{Re}\,q_i,\ i\in N_{\mathrm{b}}\end{cases} \tag{7-2}$$

式中，$\boldsymbol{X}$ 是一个 $N\times 1$ 的向量，代表了所有微网的策略选择；$\boldsymbol{X}_{-i}$ 是除了参与者 i 以外的微网的策略选择向量；$P_{\mathrm{dp}}(\boldsymbol{X})$ 表示各微网的申报策略所决定的交易电价；$s(x_i)$为卖方微网的收入函数；C_{C}为微电网的发电成本；P_{pp}，P_{wp}分别为微电网的购电价格和售电价格。考虑微网间合作博弈情况下，目标函数为联盟总支付。对于全联盟结构 $G(N)=\{MG_1,MG_2,\cdots,MG_n\}$，全联盟总支付函数如下：

$$\max_{x\in X}u_N=\max_{x\in X}\sum_{i\in N}u(x_i,\boldsymbol{X}_{-i}) \tag{7-3}$$

2) 下层微网内部优化调度模型

下层博弈模型将微网中的分布式能源出力作为决策变量，包括分布式能源在一天24小时内的出力情况(日运行曲线)；目标函数为微网运行的总成本，包括燃料费、运行维护费、环境治理费、弃风弃光费用；约束条件为系统功率平衡，各分布式能源的出力约束以及配网的申报电量。

微网内的分布式电源参与者可以是风机、光伏、储能装置或微型燃气轮机。对于各参与者的决策量，需满足功率平衡约束和分布式电源出力约束。

对于一个给定的策略选择 $a_i(i\in N)$，对于不同的分布式能源，支付函数可分别定义为

$$v_i(a_i,\ A_{-i})=\begin{cases}-c_{\mathrm{wt}}(g_i-a_i) & i\in N_{\mathrm{wt}}\\ -c_{\mathrm{pv}}(g_i-a_i) & i\in N_{\mathrm{pv}}\\ -c_{\mathrm{bat}}a_i & i\in N_{\mathrm{bat}}\\ -(k_{\mathrm{fuel}}+k_{\mathrm{env}}+k_{\mathrm{om}}) & i\in N_{\mathrm{mt}}\end{cases}\tag{7-4}$$

这里支付函数为各分布式能源的成本的相反数，从而将最小化成本问题转化为最大化支付的博弈问题。式中，c_{wt} 与 c_{pt} 分别表示弃风弃光的成本系数，c_{bat} 表示储能装置的充放电成本系数，k_{fuel}，k_{env}，k_{om} 分别表示燃气轮机的燃料成本系数、环境治理成本系数以及运维成本系数。

对于本节所考虑的微网内部分布式能源合作博弈情况，同样应将目标函数定义为联盟总支付。考虑所有分布式能源机组的全联盟结构 $G(N)=\{n_1,\ n_2,\ \cdots,\ n_N\}$，全联盟总支付定义为

$$\max_{a\in A}v_N=\max_{a\in A}\sum_{i\in N}v(a_i,\ A_{-i})\tag{7-5}$$

7.2.3　群微网与配电网双层演化博弈决策

研究微网与配电网相互影响的情况，配电网中以网损和电压稳定水平为效益目标，决策微网出力，微网中以运行成本为效益目标，决策微网中各分布式能源的出力，公共联络点功率由微网和配电网共同决策，将群微网和配电网的效益目标作为虚拟参与者参与博弈过程，提出一种协同演化博弈算法对效益模型进行求解，得到群微网和配电网的最佳运行点，用于指导群微网与配电网的联合运行。

在微网和配电网互动运行时，两者之间存在能量交互，有密不可分的关系。一方面，配电网对微网进行能量调度，对微网经济性产生影响；另一方面，微网出力也对配电网运行的安全性和稳定性存在影响，双方的利益存在一定冲突。应用博弈理论，可以使具有一定利益冲突的微网和配电网作为博弈参与者，并且使它们依照一定数学规则进行博弈优化，其优化结果取决于它们各自的效益目标。在此基础上，采用合适的算法可以寻找到所有博弈参与者达到整体最优的稳定策略。因此，配电网与微网可以通过博弈共同制定调度策略，具体的虚拟博弈参与者如图 7－5 所示。

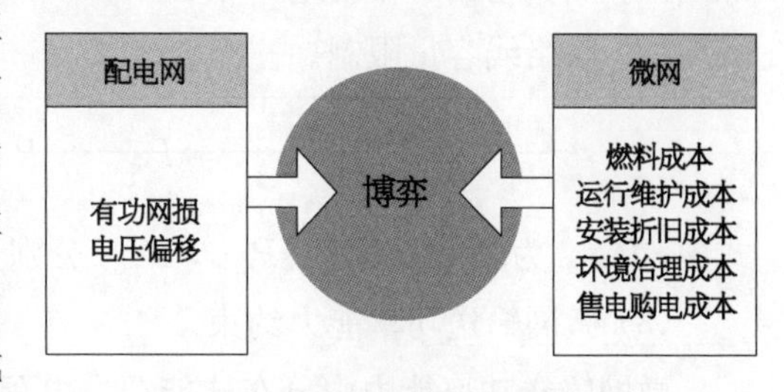

图 7－5　配电网和微网博弈结构

1）配电网优化效益函数

配电网的决策变量为微网与配电网公共连接点的传输功率，以有功网损为目标，节点

电压质量为罚函数,具体效益函数为

$$F_1 = P_{\text{loss}} + \lambda \Delta V^2 \tag{7-6}$$

式中,P_{loss} 为配电网有功网损;ΔV 为节点电压质量;λ 为各节点电压质量的罚因子。

电压质量 ΔV 采用整个配电网节点电压偏移量表示,定义为

$$\Delta V = \sqrt{\frac{\sum_{i=1}^{n}\left[\left(\left[\frac{|V_i - 1|}{0.05}\right] \times 10 + \frac{|V_i - 1|}{0.05}\right) \times 0.05\right]^2}{n}} \tag{7-7}$$

式中,n 是配电网节点个数;V_i 为节点 i 的电压,电压基准值为 1,则 $|V_i - 1|$ 为该节点电压偏移量,[ ]表示向左取整。设 $|V_i - 1| \leqslant 0.05$,即电压偏移范围为 $0.95V_N \sim 1.05V_N$(V_N 为额定电压),于是当电压偏移超过 0.05 时,效益函数值会突然增大,进一步增加了非可行解的淘汰率。

2) 配电网优化约束条件

配电网优化模型的约束主要包括潮流方程约束、联络线容量限制和微网输送功率能力约束。

(1) 潮流约束。

$$\begin{cases} P_i + P_{\text{MG}i} - P_{\text{L}i} - V_i \sum_{j \in i} V_j (G_{ij} \cos\theta_{ij} + B_{ij} \sin\theta_{ij}) = 0 \\ Q_i + Q_{\text{MG}i} - Q_{\text{L}i} - V_i \sum_{j \in i} V_j (G_{ij} \sin\theta_{ij} + B_{ij} \cos\theta_{ij}) = 0 \end{cases} \tag{7-8}$$

式中,P_i,Q_i 分别为节点 i 发电机发出的有功功率和无功功率;$P_{\text{MG}i}$,$Q_{\text{MG}i}$ 分别为节点 i 微网输送的有功功率和无功功率;$P_{\text{L}i}$,$Q_{\text{L}i}$ 分别为节点 i 负荷的有功功率和无功功率;V_i 和 V_j 分别为节点 i 和节点 j 的电压幅值;G_{ij} 和 B_{ij} 分别为线路 ij 的电导和电纳;θ_{ij} 为节点 i 和节点 j 电压的相角差,$\theta_{ij} = \theta_i - \theta_j$。

(2) 联络线容量限制。

$$P_{\min} \leqslant P_{\text{PCC}t} \leqslant P_{\max} \tag{7-9}$$

式中,$P_{\text{PCC}t}$ 为联络线功率;$P_{\min}$,$P_{\max}$ 分别为联络线功率的下限值和上限值。

(3) 微网输送功率能力约束。

微网输送功率能力由分布式能源发电预测曲线和负荷预测曲线估算得出。

$$\sum P_{it\min} - P_{\text{L}t} \leqslant P_{\text{PCC}t} \leqslant \sum P_{it\max} - P_{\text{L}t} \tag{7-10}$$

式中,$\sum P_{it\max}$ 和 $\sum P_{it\min}$ 分别为 t 时刻各分布式发电能够输出功率的最大值和最小值之和;P_{Lt} 为 t 时刻微网的负荷需求。

3）微网优化效益函数

微网的决策变量是微网中分布式能源的出力，以及微网与配电网PCC传输功率，以整个微网的运行成本为目标，具体效益函数为

$$F_2 = C_{fuel} + C_{OM} + C_{DEP} + C_{ENV} - C_{grid} \tag{7-11}$$

式中，

$$\begin{aligned}
C_{fuel} &= \sum_{t=1}^{T}\sum_{i=1}^{N} K_{fueli} P_{it} \\
C_{OM} &= \sum_{t=1}^{T}\sum_{i=1}^{N} K_{OMi} P_{it} \\
C_{DEP} &= \sum_{t=1}^{T}\sum_{i=1}^{N} \left[\frac{r(1+r)^{n_i}}{(1+r)^{n_i}-1}\right]\left(\frac{C_{inv,\,i}}{8\,760k}\right) P_{it} \\
C_{ENV} &= \sum_{t=1}^{T}\sum_{m=1}^{M}\sum_{i=1}^{N} R_m K_{ENVim} P_{it} \\
C_{grid} &= \sum_{t=1}^{T} c_{st} P_{PCCt}
\end{aligned} \tag{7-12}$$

式中，C_{fuel}，C_{OM}，C_{DEP} 分别为各微源的燃料成本、运行维护成本和安装折旧成本；C_{ENV} 为微网系统环境治理成本；C_{grid} 为微网向配电网的售电或购电成本；P_{it} 为DGi 在t 时刻的有功功率输出；K_{fueli} 为DGi 的单位燃料成本；K_{OMi} 为DGi 的单位运行维护成本；$C_{inv,\,i}$ 为DGi 的单位容量安装成本；r 为折旧率；k 为平均容量系数；k ＝年发电量/(8 760×该微源的额定功率)；n_i 为DGi 使用寿命；R_m 为污染物m 的治理费用；K_{ENVim} 为DGi 排放污染物m 的量；c_{st} 为微网向配电网售电电价。

4）微网优化约束条件

微网运行的约束条件包括系统功率平衡约束、分布式电源出力约束和微型燃气轮机爬坡约束等限制。

(1) 功率平衡约束。

$$P_{Lt} = \sum P_{it} - P_{PCCt} \tag{7-13}$$

式中，P_{Lt} 为t 时刻微网的负荷需求；$\sum P_{it}$ 为t 时刻微网中所有分布式电源出力之和。

(2) 分布式电源出力约束。

$$P_{i\min} \leqslant P_{it} \leqslant P_{i\max} \tag{7-14}$$

式中，$P_{i\min}$，$P_{i\max}$ 分别为第i 个分布式电源有功功率的最小、最大值。

(3) 微型燃气轮机爬坡率约束。

增负荷时，有

$$P_{\mathrm{MT}t}-P_{\mathrm{MT},\,t-1}\leqslant R_{\mathrm{up},\,\mathrm{MT}} \tag{7-15}$$

减负荷时，有

$$P_{\mathrm{MT},\,t-1}-P_{\mathrm{MT}t}\leqslant R_{\mathrm{down},\,\mathrm{MT}} \tag{7-16}$$

式中，$R_{\mathrm{up},\,\mathrm{MT}}$，$R_{\mathrm{down},\,\mathrm{MT}}$ 分别为微型燃气轮机增加和降低有功功率的限值。

(4) 联络线容量限制同配电网。

5) 模型模糊处理

由于微网和配电网的效益目标性质不同，无法直接使两者进行博弈，故本章采用模糊数学来处理效益函数，使其成为统一数值以便于比较博弈后的优化程度。首先求出微网和配电网效益目标在各自约束条件下的最优解，再利用这些最优解将各自效益函数模糊化。

模糊数学是用精确的数学方法表现和处理实际客观存在的模糊现象，要达到此目的，首先要确定隶属度函数 u。u 的大小反映了优化程度，$u=1$ 代表优化程度最好，而 $u=0$ 代表优化程度最差。通过比较分析，本章选用降半 Γ 形分布。对于上述效益函数，采用降半 Γ 形分布的隶属度函数为

$$u_k=\begin{cases}1 & F_k\leqslant F_{k\min}\\ \exp\left(\dfrac{F_{k\min}-F_k}{F_{k\min}}\right) & F_k>F_{k\min}\end{cases} \tag{7-17}$$

式中，$F_{k\min}$ 为效益函数 F_k 在约束条件下的最小值；$k=1,\ 2$。

6) 基于协同演化博弈算法(CGA)的模型求解

演化博弈理论是博弈论的一个分支，它在假定演化的变化是由群体内的自然选择引起的基础上，通过具有频率依赖效应的选择行为进行演化以搜索演化稳定策略，并研究演化的过程。协同进化算法在传统进化算法的基础上引入生态系统的概念，将待求解的问题映射为相互作用、相互影响的各物种组成的生态系统，以生态系统的进化来达到问题求解的目的。本章结合演化博弈理论和协同进化算法，提出了一种协同演化博弈算法来求解模型，实验结果说明其具有良好的性能。

在协同演化博弈算法中，微网和配电网作为博弈参与者，分别生成两个种群记为 P1 和 P2，p_1 和 p_2 为初始群体中的种群分布概率。每个种群中有一定个数的个体，个体记录决策向量的同时还记录了所属的种群。P1，P2 分别以 u_1，u_2 为效益目标。种群博弈结构如图 7-6 所示。

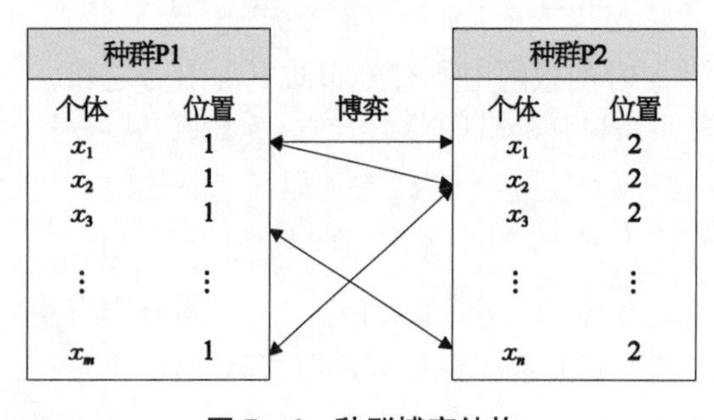

图 7-6　种群博弈结构

在演化博弈中，每个个体都是随机地从群体中抽取并进行重复博弈，假设每个博弈的参与个体只具有有限的理性。算法

借鉴了演化博弈的思想和选择机制，当群体中两个个体相遇时，它们为了同一份资源进行博弈。设效益最大化博弈问题中两个个体 $x(x \in P_i)$ 和 $x'(x' \in P_j)$ 相遇并进行博弈，x 所得支付函数为

$$Payoff(x)=\begin{cases}\dfrac{u_i(x)-u_{i\min}}{u_{i\max}-u_{i\min}} & i=j\\ \dfrac{[u_i(x)-u_j(x')]-(u_{i\min}-u_{j\max})}{(u_{i\max}-u_{j\min})-(u_{i\min}-u_{j\max})} & i\neq j\end{cases} \tag{7-18}$$

式中，$u_{i\min}$ 表示群体中最小的 u_i 值，$u_{i\max}$ 表示群体中最大的 u_i 值。

在演化算法的每一代，随机挑选成对的个体进行若干次重复博弈。当所有博弈完成之后，由个体 x 参与的 Ng 次博弈所得到的平均支付作为个体 x 的适应度 $F(x)$：

$$F(x)=\frac{\sum Payoff(x)}{N_g} \tag{7-19}$$

值得注意的是，在演化博弈开始前各个种群在群体中的分布概率 p_i 是可以调整的，而最终达到的演化稳定运行策略与初始种群分布有很大程度上的关联性，这就可以通过外部决策者的不同需求使微网和配电网间的博弈地位达到灵活的变化，最终得到最佳调度决策。

7) 基于最大不满意度的动态优化子模型

由于微网中的风机和光伏电池受环境气候影响极大，为了防止其随机性和波动性对配电网运行产生过大影响，有必要考虑由于随机性导致的稳定决策满意度，从而在演化博弈时对算法参数作出动态调整。

已知微网和配电网在演化的某一代 i 调度决策出力为 P_{pcci}，则可以计算在多种随机场景情况下，如果微网无法完成调度任务，产生的电能波动对配电网运行造成的影响。制定微网对配电网运行影响对应的赔偿模型，以微网出力结果影响的惩罚成本为

$$C_{disi}=\sum_{t=1}^{T}\sum_{s=1}^{S}w_s\lambda\Delta P_{it}^2 \tag{7-20}$$

式中，w_s 为场景对应的概率权重；ΔP_{it} 为微网实际出力与调度决策出力 P_{pcci} 的差距；λ 为单位惩罚成本；设该次调度决策下的微网运行总成本为 C_{mi}，最大不满意度比例为 C_{disM}，则根据下面两种关系，对种群分布概率作适当调整：

(1) $\dfrac{C_{disi}}{C_{mi}} \leqslant C_{disM}$，影响程度小于最大不满意度，不调整种群分布概率。

(2) $\dfrac{C_{disi}}{C_{mi}} > C_{disM}$，影响程度大于最大不满意度，从 $i+1$ 次演化开始，调整种群分布概率 p，使得由分布式能源随机性造成的配电网运行影响达到配电网可承受范围。

在演化的每一代，在考虑分布式能源随机性影响的基础上，通过动态优化子模型计算不满意度，从而调整两个种群的分布概率使微网和配电网的博弈地位进行变化，再进行下

一次演化，最终可以得到最佳稳定调度决策。

动态协同演化博弈算法具体流程如图 7-7 所示，求解步骤如下。

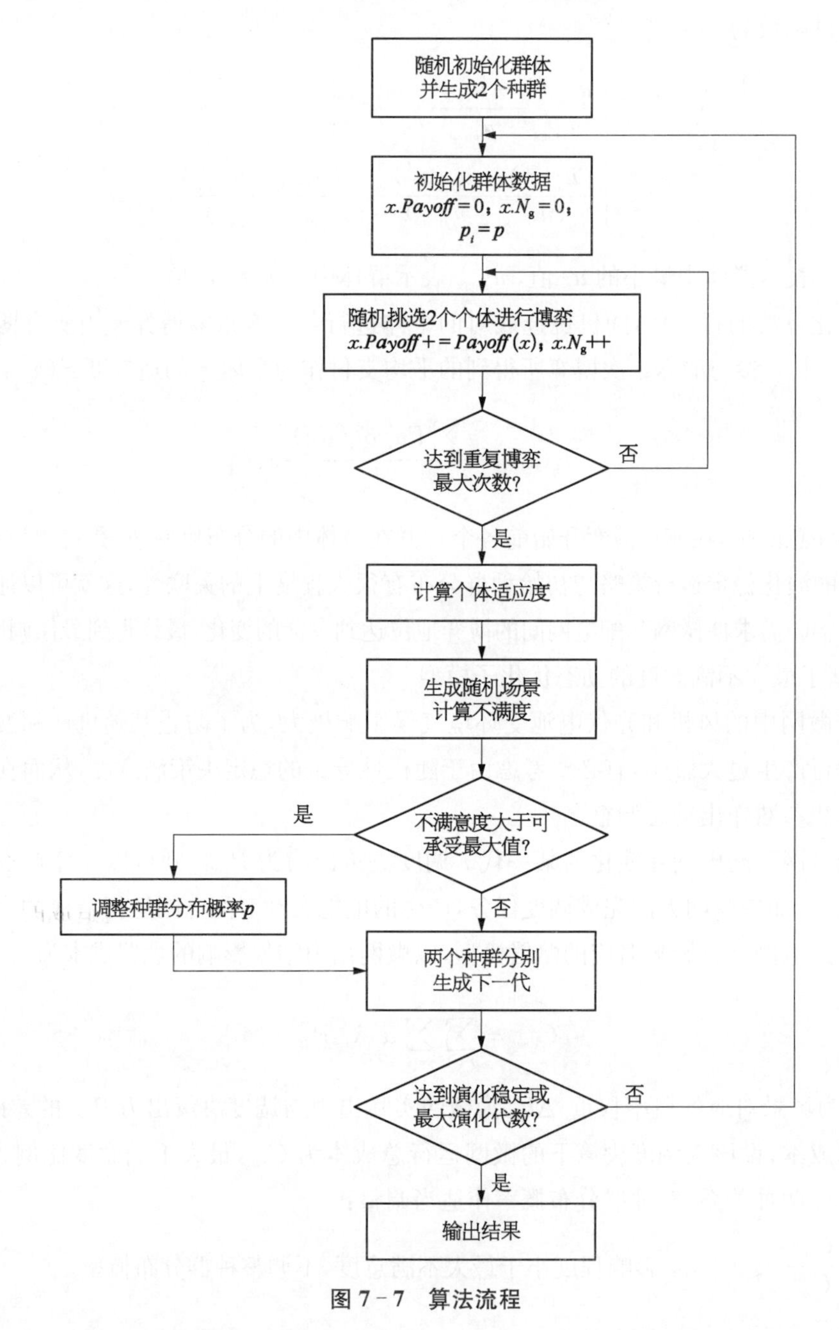

图 7-7　算法流程

步骤 1：输入原始数据和参数，设置种群分布概率，随机生成初始群体，生成初始可行策略组合。

步骤 2：随机挑选群体中 2 个个体进行博弈，分别计算个体所得支付。

步骤 3：重复步骤 2 直至博弈次数达到重复博弈最大次数。

步骤 4：计算个体适应度。

步骤 5：生成随机场景，计算本代演化调度决策的不满意度。如果不满意度超过最大承受值，则动态调整种群分布概率。

步骤 6：两个种群分别进行选择、交叉和变异生成下一代。

步骤 7：重复步骤 2～6 直到整个群体达到演化稳定或最大演化代数。

8）算例分析

本书将某一欧洲典型微网结构接入 IEEE 33 配电网结构的 30 节点进行仿真，系统如图 7-8 所示。微网系统中，风机和光伏电池的安装台数分别为 5 台和 2 台，总装机容量分别为 500 kW 和 300 kW，微型燃气轮机的容量为 500 kW，燃料电池容量为 150 kW，各分布式能源的装机容量和安装成本、运行维护、燃料成本参数和污染物排放系数分别如表 7-1～表 7-3 所示；风机和光伏电池的功率预测曲线如图 7-9 所示；微网负荷的预测曲线如图 7-10 所示。

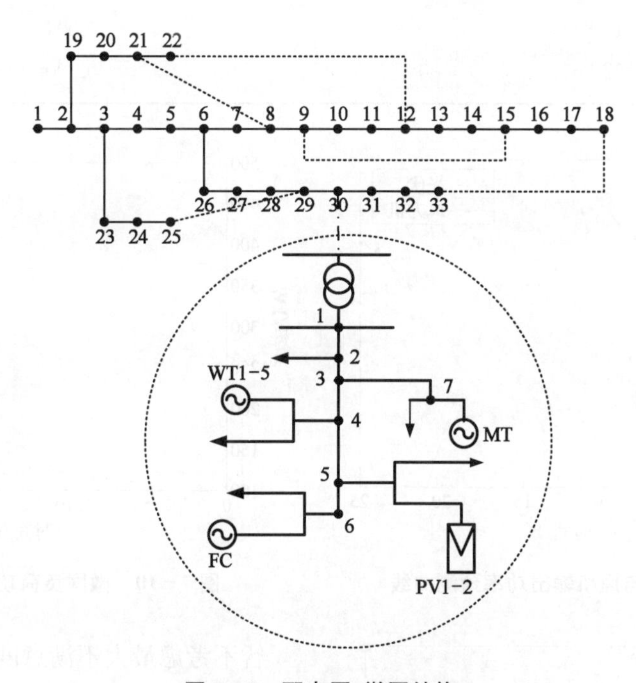

图 7-8　配电网-微网结构

表 7-1　分布式电源运行参数

电源类型	功率下限/kW	功率上限/kW	安装台数	寿命/a	投资安装成本/(万元/kW)
MT	0	500	1	10	1
WT	0	100	5	10	1.2
PV	0	150	2	20	2
FC	0	150	1	10	1.95

表 7-2 分布式电源运行维护和燃料成本

电源类型	MT	PV	WT	FC
K_{fueli} /(元/kW·h)	43.70	0	0	8.919
K_{OMi} /(元/kW·h)	1.10	0	0	0.57

表 7-3 分布式电源污染物排放系数

污染物类型	治理费用/(元/kg)	污染物排放系数(g/kW·h)			
		PV	WT	MT	FC
CO_2	0.210	0	0	724.6	489.4
SO_2	14.842	0	0	0.004	0.003
NO_x	62.964	0	0	0.200	0.140

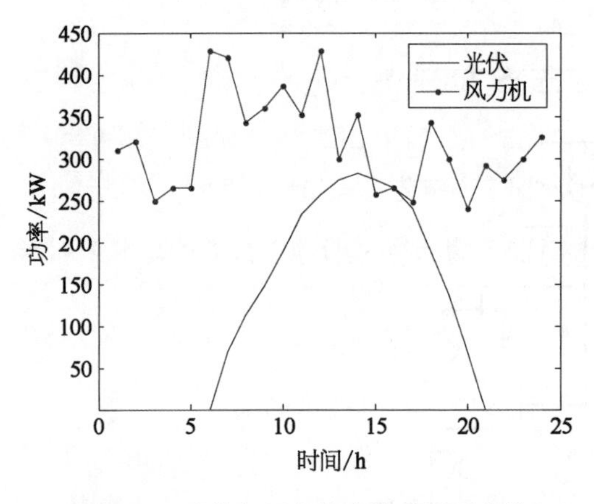

图 7-9 光伏与风机输出功率预测曲线

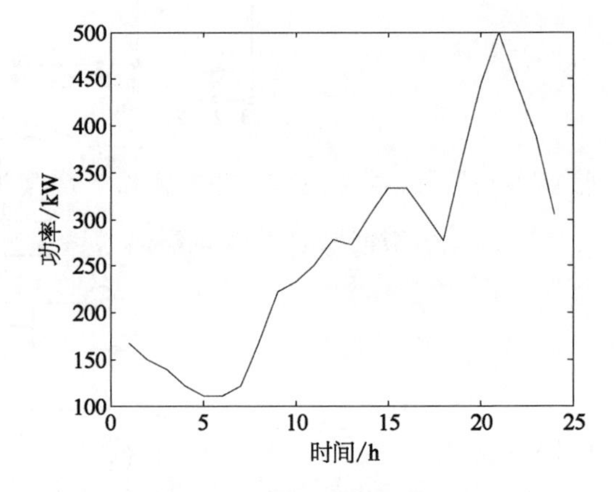

图 7-10 微网负荷功率预测曲线

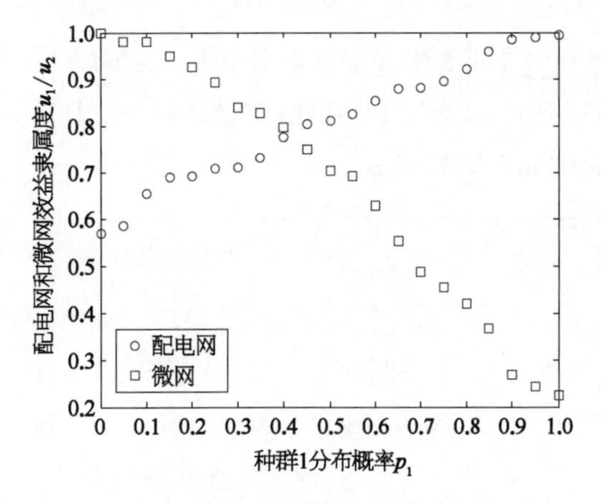

图 7-11 种群分布概率对优化策略结果影响

暂不考虑最大不满意度对种群分布概率的动态影响，通过人为选择不同的初始种群分布概率，分别进行演化博弈，得到上述系统优化结果变化如图 7-11 所示。

图 7-11 中横坐标表示配电网所属种群 1 的分布概率 p_1，即以 u_1 为效益目标的种群在整个群体中所占的比例，取值为从 0 到 1，间隔为 0.05。实验均重复 10 次，图 7-11 中标出的点为 10 次重复实验的平均结果。从图中可以看出，随着 p_1 的增大，最终演化稳

定决策下的配电网效益隶属度 u_1 的数值呈上升趋势，而微网效益隶属度 u_2 的数值呈下降趋势。这是由于在 CGA 算法中，当群体中以 u_1 为效益目标的个体数量增多时，这些个体在随机的博弈过程中容易和同一种群的其他个体进行博弈，间接增大了它们的适应度，使 u_1 比 u_2 更具优势，从而导致最终演化博弈结果偏向于 u_1。

上述结果表明，最终达到的演化稳定运行策略与初始种群分布有很大程度上的关联性。种群所占比例越大，其对应效益函数的优化程度越好。于是，通过外部决策者的不同需求可以使微网和配电网的博弈地位达到灵活变化，最终得到最佳调度决策。

考虑分布式能源随机性的影响，通过基于最大不满意度的动态优化子模型对每一代演化种群的分布概率进行动态调整，由此调整微网和配电网的博弈地位，能够在进一步保证系统稳定性的情况下得到微网和配电网的更加准确的最佳运行决策。图 7－12、图 7－13 和表 7－4 为微网和配电网进行动态博弈优化后达到整体最佳运行状态和它们分别达到最优运行状态的效益情况对比。

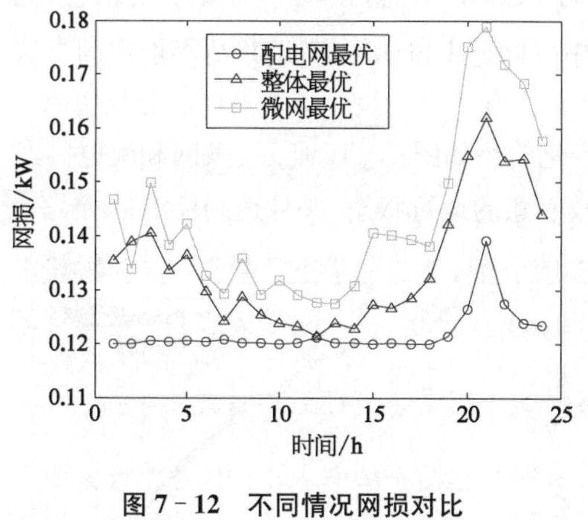

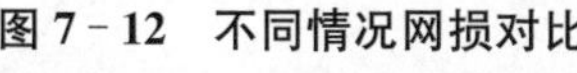
图 7－12　不同情况网损对比

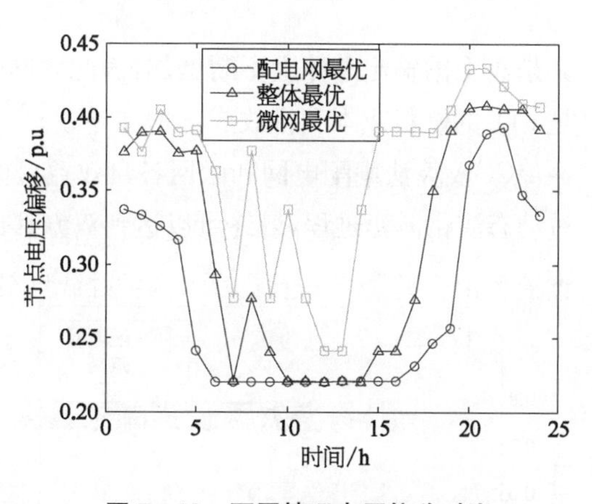

图 7－13　不同情况电压偏移对比

表 7－4　不同情况效益对比

	平均网损/kW	平均电压偏移/p.u	运行成本/万元
配电网	121.9	0.272 6	8.248 3
整体	134.8	0.315 1	5.756 0
微网	143.6	0.364 6	4.848 5

通过比较可以明显看出，在配电网达到最优运行状态时，一天的平均网损为 121.9 kW，平均电压偏移为 0.272 6 p.u，两者都很小，配电网能够安全稳定地运行；而微网的经济效益并不理想。在微网达到最优运行状态时，由于仅考虑了自身成本而未考虑配电网运行的稳定性，运行成本为 4.848 5 万元，达到很好的经济效益；但配电网的平均网损和电压偏移较前一种情况都有较大提高。而在考虑微网和配电网整体最佳运行状态的情况下，配

电网一天的平均网损、平均电压偏移和微网的运行成本分别为 134.8 kW，0.315 1 p.u 和 5.756 0 万元，均居于前两种状态之间，是考虑了双方利益的折中值，使得微网和配电网都达到相对较好的运行状态。

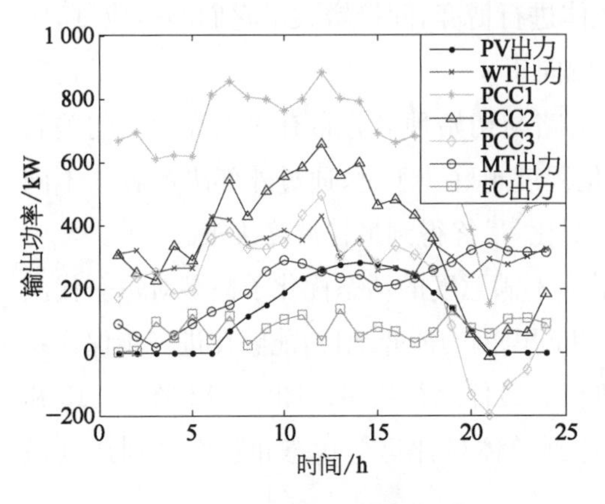

图 7 - 14　整体最优时调度情况

考虑最大不满意度动态博弈优化的系统最佳运行状态下微网各分布式电源出力情况如图 7 - 14 所示。为对比分析不同情况的影响，图中也标出了微网和配电网分别达到最优运行状态时 PCC 的功率输出。

由图 7 - 14 可以看出，系统整体最优时，微网进行优化时在一定程度上考虑了配电网的效益，在满足自身经济效益的同时，PCC 输出功率会尽量满足配电网所需最优功率。但此时 MT 和 FC 输出功率需要不断调整，尤其是 MT 的输出总体上不断增加，因此微网的运行成本也会相应增加，该成本的增加主要是 MT 的燃料成本和排放成本增加导致。

CGA 算法中配电网和微网各自效益目标变化趋势如图 7 - 15 所示，微网和配电网经过动态演化博弈过程，最终可以达到双方都比较满意的运行状态，并且达到稳定。

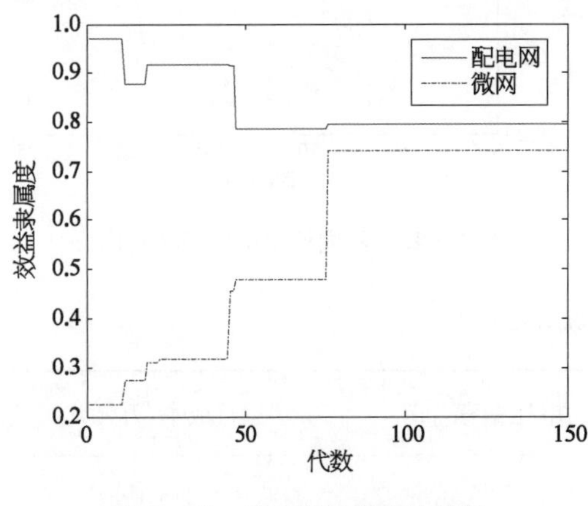

图 7 - 15　效益隶属度变化趋势

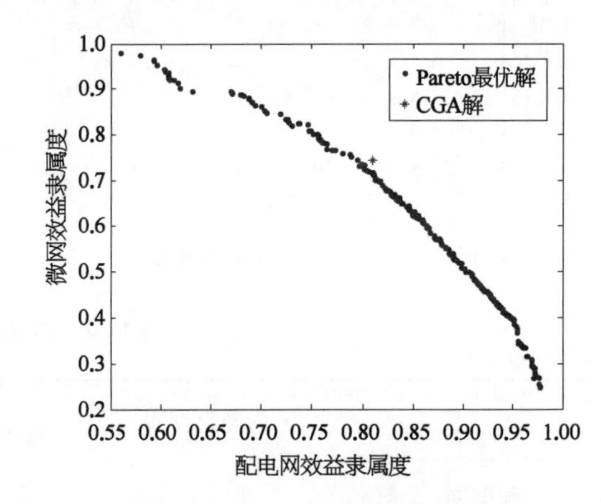

图 7 - 16　Pareto 最优解和 CGA 解

如果把微网和配电网整体效益优化看作一般多目标优化问题，可以求得其 Pareto 最优解集。为了对比本章方法算得的优化决策与一般多目标优化的 Pareto 最优解集，同样考虑配电网的网损、电压偏移和微网的运行成本，采用多目标遗传算法求得其 Pareto 最优解集和本章算得的 CGA 优化解如图 7 - 16 所示。

从图 7 - 16 可以看出，Pareto 最优解集中一般有很多个解，要从这些解里面选择一个合适的解使微网和配电网都达到相对最好的利益还需要进一步处理；而采用 CGA 可以通过微网和配电网演化博弈进行动态优化，最终得到两者整体最优的唯一稳定策略。通过

CGA 算法得到的最优决策贴近 Pareto 前沿，可以表明其准确性；但是所得最优决策并没有完全与 Pareto 前沿重合，是因为考虑了分布式能源随机性动态影响的结果。CGA 算法跟传统多目标优化算法相比，所得的最优决策只有一个，具有明显优越性；此外，由于考虑了分布式能源随机性影响，所得策略在实际运行情况下也能够获得较好的效益，具有一定鲁棒性。

以上结果表明，通过将微网和配电网作为博弈参与者进行多轮演化博弈，并且考虑分布式电源随机性的影响动态调整概率分布参数，最终可以得到一个合理的最优策略，使得微网和配电网达到整体最优运行状态。

7.3　微电网群分布式协同调度策略

随着可再生能源利用技术的进步，越来越多的分布式发电接入电力系统，并获得了显著的经济效益和社会效益。微电网是一个局部的负荷集群、分布式发电和电池储能系统(BESS)为有效整合各种分布式资源，特别是可再生能源(RES)提供了一种有效的手段。目前，微电网已经在许多国家得到了广泛的推广，而微电网群系统也不可避免地成为广域分布式资源规模化利用的形式之一。

本部分提出了一种基于虚拟领导代理的分布式自动调度策略，该策略结合了多代理系统框架下的联络线功率优化、分布式一致性迭代和参考点跟踪控制技术，协调了微电网与分布式发电。利用同步 ADMM 算法，将带有边界耦合约束的优化问题转化为解耦的子优化问题。在虚拟领导者的帮助下，将分布式发电和互联微电网的调度结合起来。本部分提出的分布式优化结果可以无限接近由传统的集中算法得到的全局最优方案。另一方面，本方法可以避免共享参与者的私人信息，并且需要一个具有专用广域通信的控制中心。同样，以 5 个微电网为例，验证了该调度策略在各种不确定性下的有效性和鲁棒性。

7.3.1　基于多代理的群微网分层调控框架

近年来，以即插即用为特征的分布式协同调度策略受到了越来越多的关注。欧洲综合研究计划在国际电力工程会议上提出了“web-of-cell”的概念[15]。在这个框架中，“cell”被定义为在某个电压等级或地理边界内的分布式发电的灵活组合[16,17]。通过单元间信息共享，进行点对点分散决策，进而实现全局优化。此外，它还可以及时作出有效的调整，以响应 RES 和负载的内部波动，从而实现“cell”内部的动态协作。

另一方面，可扩展架构不仅为分布式资源提供了一个即插即用的接口，而且显著提高了系统的可靠性。突然中断某条通信不会影响系统的稳定性，避免了集中控制器因网络攻击而导致控制系统崩溃的问题[18]。因此，具有自治能力的多智体分布式调度同样是多微网调度的首选方法。

文献[19]仅为储能系统提供了一种调整联络线功率的方法，而通过滚动校正可以进一步协调其他可调分布式发电。文献[20]提出了主动配电网的集中优化，参考点跟踪控制可提高这种集中调度模式下响应速度和控制精度。文献[21]考虑分布式经济调度中的传输损耗，该工作的目标系统是一个孤立的系统，没有设计联络线功率优化和跟踪控制。本节深入分析了互连微网的分散调度问题。在联络线优化中考虑了传输损耗的影响，设计了分布式一致性 lambda 算法，并结合虚拟领导代理，实现了联络线功率跟踪和滚动优化目标的协调。此外，还设计了一个二阶共识算法来加速参考跟踪。

本研究采用多代理(MAS)架构设计分层调控框架，多微网系统由多个相互连接微网组成的集成系统，为实现广域负载、DGs 和 BESS 的无缝集成提供了一种有效的手段，通过能量交互可以获得显著的收益。本研究的目标系统是中型能源系统。随着分布式电网的普及，许多小型配电系统在用户端都配置了可调分布式发电。负荷分配不均导致多个分布式发电的广泛分布，这就要求多微网尽可能实现能量交互自治优化和分布式调度。

多代理系统是一个由多个相互作用的智能代理组成的计算机系统，其智能体现在有规则的过程或算法搜索。每个代理都具有适应性，可用于解决单个代理或整体系统难以解决或不可能解决的问题[22,23]。本部分提出了一种基于多智能体一致性的分散自律调度策略，该策略能有效地自动协调所有可调资源。4 种多智能体的具体功能如下：

管理代理(MA)：大电网和多微电网系统的协调代理。作为大容量电力系统的连接代理，它有 3 个功能。首先，它可以直接从管理员那里接收控制信号，通过互连开关控制实现模式切换。其次，作为一个虚拟的微电网控制中心代理来模拟大电网，从大电网收集电价信号并把它作为固定的边际成本广播给其他微电网。第三，MA 具有故障知识库，具有主动管理突发事件的能力。

微电网控制中心代理(MGCCA)：本地微电网和邻居微电网的协调者。Lambda 迭代在本地微电网和邻居微电网之间进行。此外，在子问题的求解过程中，本地微电网控制中心和相邻微电网控制中心之间进行边界状态的信息交互。基于以上通信方法，使用分布式优化算法优化联络线功率。

分布式发电领导代理(DDGA)：微电网中的虚拟领导代理。具有很强灵活性的分布式发电可以被设置为 DDGA。一般来说，电池储能系统具有较大的可调容量和快速调节能力，而且 BESS 通常被配置在公共耦合点(PCC)上，这有利于获取联络线的功率偏差。因而 BESS 比较适合作为 DDGA。根据实际联络线功率和 MGCCA 优化后的联络线功率偏差，DDGA 在一致性迭代中加入全局迭代修正项来追踪多微电网系统的参考联络线功率。此外，DDGA 还具有与分布式发电代理相同的功能。

分布式发电的协调代理(DGA)：DGA 参与微电网内部的一致性迭代。分布式发电参考功率可根据迭代后的微增率计算得到，同时，λ 根据实时发电量更新。在一致收敛后，通过二阶一致性算法自动跟踪分布式发电的功率输出。

分散自律调度策略的分层设计如图 7-17 所示。所有迭代都是在这个框架中同时进行的。

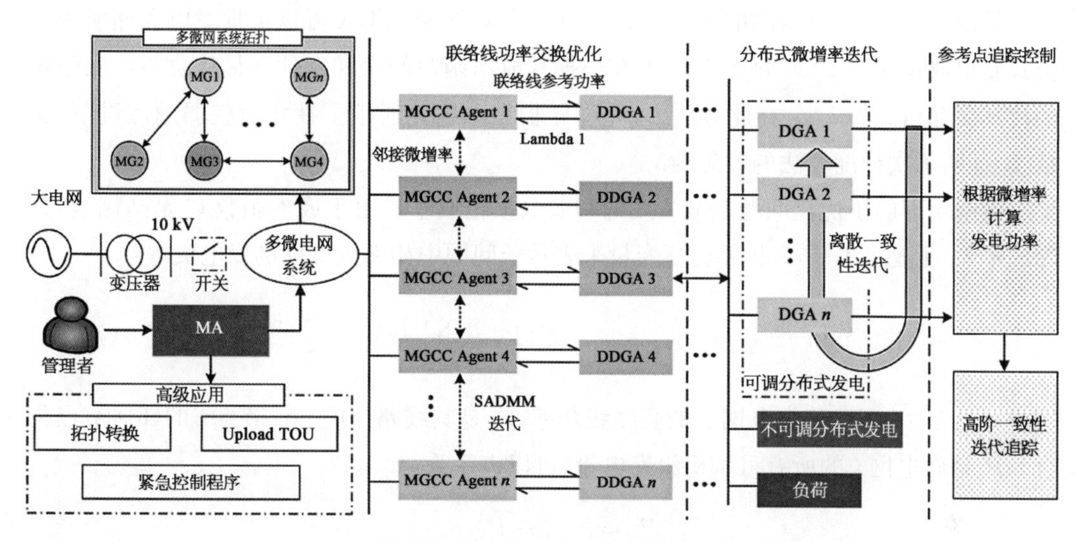

图 7-17　分层分散自律调控策略设计

7.3.2　基于多代理的分布式调度设计

微电网群间的联络线分布式优化基于 ADMM 算法[24]。该算法适用于大规模分布式网络物理系统的分布式优化。ADMM 不要求必须配置集中的计算中心，其计算过程完全可以分布在本地代理中进行[25]。

1) 分布式发电和微电网运行成本模型

定义一般可调机组的成本为二次函数。第 i 台分布式发电的微增率为

$$\lambda_i = \begin{cases} 2a_i P_{i\_\min} + b_i & P_i = P_{i\_\min} \\ 2a_i P_i + b_i & \\ 2a_i P_{i\_\max} + b_i & P_i = P_{i\_\max} \end{cases} \tag{7-21}$$

式中，$[P_{i_\min}, P_{i_\max}]$为第 i 台分布式发电的工作区间。a_i,b_i分别为函数的二次项系数和线性系数。

对于第 n 个有 m 台分布式发电的微电网，发电成本可以表示为

$$C_n(x) = \sum_{m=1} C_{\mathrm{DG},n}^m (x_{\mathrm{DG},n}^m) + C_{\mathrm{BESS},n}(x_{\mathrm{BESS},n}) \tag{7-22}$$

$$\begin{aligned} &C_{\mathrm{DG},n}^m (x_{\mathrm{DG},n}^m) = a_n^m (x_{\mathrm{DG},n}^m)^2 + b_n^m (x_{\mathrm{DG},n}^m) + c_n^m \\ &C_{\mathrm{BESS},n}(x_{\mathrm{BESS},n}) = \lambda_* [1 + \sigma(SOC_{\mathrm{BESS},n}, x_{\mathrm{BESS},n})] x_{\mathrm{BESS},n} + c_{\mathrm{BESS},n} \end{aligned} \tag{7-23}$$

式中，σ 是储能系统的折旧率，λ_* 是多微网中所有分布式发电的实时平均边际成本。

$c_{\mathrm{BESS},n}$表示 BESS 的平均成本。

2）次梯度下降算法

假设 C_i 为第 i 个微网的成本函数。只有第 i 个 MGCCA 可以根据发电和储能成本公式获得成本函数 C_i。每个 MGCCA 根据其成本函数的次梯度估计最优决策。网络中的代理交互信息为 λ_i。在此方法中，允许异步和本地化通信。在相对较弱的假设下，文献[5]证明了次梯度算法的收敛性。

微网代理的子优化问题是减少发电和输电损耗成本。由于成本函数 C 是凸函数，边际成本 λ、子梯度 C 作为相邻交互变量来表示子问题中相邻微电网的发电成本：

$$\min \frac{\lambda_i}{2}\sum_{j\in\Theta_i} r_{ij}\left(\frac{x_{ij}}{V_n}\right)^2 + C\left(P_i + \sum_{j\in\Theta_i} x_{ij}\right) - \sum_{j\in\Theta_i}\lambda_j x_{ij} \tag{7-24}$$

式中，x_{ij}是微电网 i 到微电网 j 的联络线功率，r_{ij}是其线路电阻。θ_i 节点 i 的邻居节点集合。P_i是微电网 i 的所有可调机组发电量，可以表示为

$$P_i = P_{\mathrm{L},\,i} - P_{\mathrm{RES},\,i} \tag{7-25}$$

式中，$P_{\mathrm{L},\,i}$和 $P_{\mathrm{RES},\,i}$分别是负荷和不可控制的可再生能源发电。

$C\left(P_i + \sum_{j\in\Theta_i} x_{ij}\right)$ 可以由本地 MGCCA 通过分段函数计算。分段间隔由分布式发电和储能系统的工作边界决定。

次梯度算法的收敛条件是增量成本 λ_j 的偏差小于阈值 eps。假设 λ_j 离散交互值是 $\lambda_j[t]$，收敛条件可以写成

$$\Delta\lambda = \max\{\lambda_j[t+1] - \lambda_j[t]\} \leqslant eps \tag{7-26}$$

3）同步交替乘子方向法

对于多微网系统中的微电网，不仅要考虑微电网内部的约束条件，公共联络线上的两个优化功率也应该相等。公共组件被复制到两个区域。因此，边界状态 x_{ij} 也应在相邻的 MGCCA 间交互。

交替方向法乘子法（ADMM）是解决分散优化的边界约束的一种有效方法。它具有收敛性强的优点。

根据 ADMM，每个 MGCCA 的迭代过程为

$$x_i^{k+1} = \arg\left\{\min\left\{\frac{\lambda_i}{2}\sum_{j\in\Theta_i} r_{ij}\left(\frac{x_{ij}}{V_n}\right)^2 + C\left(P_i + \sum_{j\in\Theta_i} x_{ij}\right)\sum_{j\in\Theta_i}\lambda_j x_{ij} + \right.\right.$$

$$(\tau^k)^{\mathrm{T}}\left[\sum_{j\in\Theta_i,\, j<i}(x_{ij} + x_{ji}^k) + \sum_{j\in\Theta_i,\, j>i}(x_{ij}^{k+1} + x_{ji}^k)\right] +$$

$$\frac{\beta}{2}\left|\left|\sum_{j\in\Theta,\, j<i}(x_{ij} + x_{ji}^k) + \sum_{j\in\Theta,\, j>i}(x_{ij}^{k+1} + x_{ji}^k)\right|\right|^2 +$$

$$\frac{M}{2}\left|\left|\begin{matrix}\max\{0,\ x_{ij}-x_{ij,\max}\\ x_{ij,\max}-x_{ij}\}\end{matrix}\right|\right|^{2}\}\} \tag{7-27}$$

$$\tau^{k+1}=\tau^{k}+\beta\sum_{j\in\Theta}(x_{ij}^{k+1}+x_{ji}^{k+1}) \tag{7-28}$$

式中，β 为正数。M 是一个相对较大的正数。

根据增广拉格朗日的一阶项和二阶项，可以得到

$$\begin{aligned}&(\tau^{k})^{\mathrm{T}}\Big[\sum_{j\in\Theta,\ j<i}(x_{ij}+x_{ji}^{k})+\sum_{j\in\Theta,\ j>i}(x_{ij}^{k+1}+x_{ji}^{k})\Big]+\\&\frac{\beta}{2}\left|\left|\sum_{j\in\Theta,\ j<i}(x_{ij}+x_{ji}^{k})+\sum_{j\in\Theta,\ j>i}(x_{ij}^{k+1}+x_{ji}^{k})\right|\right|^{2}\\=&\frac{\beta}{2}\left|\left|\sum_{j\in\Theta,\ j<i}(x_{ij}+x_{ji}^{k})+\sum_{j\in\Theta,\ j>i}(x_{ij}^{k+1}+x_{ji}^{k})-\frac{1}{\beta}\tau^{k}\right|\right|^{2}-\frac{1}{2\beta}\parallel\tau^{k}\parallel^{2}\end{aligned} \tag{7-29}$$

式中，$\frac{1}{2\beta}\parallel\tau^{k}\parallel^{2}$ 是可以被忽略的常数。假设 $\mu^{k}=\frac{1}{\beta}\tau^{k}$，上式可以转化为

$$\begin{aligned}x_{i}^{k+1}=&\arg\Bigg\{\min\Bigg\{\frac{\lambda_{i}}{2}\sum_{j\in\Theta}r_{ij}\left(\frac{x_{ij}}{V_{n}}\right)^{2}+C(P_{i}+\sum_{j\in\Theta_{i}}x_{ij})-\sum_{j\in\Theta_{i}}\lambda_{j}x_{ij}+\\&\frac{\beta}{2}\left|\left|\sum_{j\in\Theta,\ j<i}(x_{ij}+x_{ji}^{k})+\sum_{j\in\Theta,\ j>i}(x_{ij}^{k+1}+x_{ji}^{k})+\mu^{k}\right|\right|^{2}+\\&\frac{M}{2}\left|\left|\begin{matrix}\max\{0,\ x_{ij}-x_{ij,\max}\\ x_{ij,\max}-x_{ij}\}\end{matrix}\right|\right|^{2}\Bigg\}\Bigg\}\\\mu^{k+1}=&\mu^{k}+\sum_{j\in\Theta,\ j<i}(x_{ij}+x_{ji}^{k})+\sum_{j\in\Theta,\ j>i}(x_{ij}^{k+1}+x_{ji}^{k})\end{aligned} \tag{7-30}$$

由于子优化是异步的，传统ADMM异步更新边界状态。为了使异步算法同步化，在某个地区的优化中，用边界变量的平均值代替了相邻区域的边界变量值进行下一次迭代计算。所以，有

$$\bar{x}^{k}=\frac{x_{ij}^{k}-x_{ji}^{k}}{2} \tag{7-31}$$

式中，$\bar{x}^{k}$ 是为 k 次迭代多域内求解的边界状态量。

同步化公式带入迭代公式中，可以得到分布式迭代更新方法为

$$\begin{aligned}x_{i}^{k+1}=&\arg\Bigg\{\min\Bigg\{\sum_{j\in\Theta}\frac{\lambda_{i}}{2}r_{ij}\left(\frac{x_{ij}}{V_{n}}\right)^{2}+C(P_{i}+\sum_{j\in\Theta_{i}}x_{ij})-\sum_{j\in\Theta_{i}}\lambda_{j}x_{ij}+\\&\frac{\beta}{2}\left|\left|\sum_{j\in\Theta}(x_{ij}+\bar{x}_{k})+\mu_{i}^{k}\right|\right|^{2}+\frac{M}{2}\left|\left|\begin{matrix}\max\{0,\ x_{ij}-x_{ij,\max}\\ x_{ij,\max}-x_{ij}\}\end{matrix}\right|\right|^{2}\Bigg\}\Bigg\}\\\mu_{i}^{k+1}=&\mu_{i}^{k}+\sum_{j\in\Theta}(x_{ij}^{k+1}+\bar{x}_{k+1})\end{aligned} \tag{7-32}$$

根据 ADMM 算法的原理,所有边界耦合变量的距离定义为收敛判别变量:

$$\Gamma=\frac{1}{2}\sum_{i}\sum_{j\in\Theta_i}|x_{ij}+x_{ji}|^2 \tag{7-33}$$

4) 基于离散一致算法的分布式 lambda 迭代

为了使多个机组的状态收敛到领导者给定的目标值,引入了分布式一致性协议。所谓“分布式控制”是指网络中只有一小部分节点被控制中心固定在目标轨迹上,其余节点相互通信以达到预期的网络跟踪。

因此,需要构造一个满足 $X[k+1]=DX[k]$ 的双随机矩阵 $\boldsymbol{D}$。当矩阵的特征值小于或等于 1 时,系统的状态收敛到平均值:

$$\lim_{k\to\infty}X[k]=\lim_{k\to\infty}DX[0]=\frac{ee^{\mathrm{T}}}{n}X[0] \tag{7-34}$$

$$\dot{x}_i[t]=\sum_{j=1}^{N}a_{ij}\{x_j[t]-x_i[t]\} \tag{7-35}$$

$$x_i[k+1]=\sum_{j=1}^{N}d_{ij}x_j[k],i=1,\ 2,\ \cdots,\ n \tag{7-36}$$

在离散一致算法中,边际代价被选为交互式迭代中的状态变量。

DGA 的迭代表达式为

$$\lambda_i[t+1]=\sum_{j=1}^{\Theta_i}d_{ij}\lambda_j[t] \tag{7-37}$$

对于分布式发电领导,全局修正量 $\theta_i[t]$ 被加入迭代表达式中:

$$\lambda_i[t+1]=\sum_{j=1}^{\Theta_i}d_{ij}\lambda_j[t]+\varepsilon_i\theta_i[t] \tag{7-38}$$

$\theta_i[t]$ 被定义为与外部系统功率交换参考值和实际值之间的偏差:

$$\theta_i[t]=\sum_{j\in\Theta_i}x_{ij,\mathrm{ref}}[t]-\sum_{j\in\Theta_i}x_{ij,\mathrm{ref}}[t] \tag{7-39}$$

因此,$\theta_i[t]$更新可以表示为微电网中所有可调机组发电偏差的和:

$$\theta_i[t+1]=\theta_i[t]-\sum_{j\in N_G}\{P_j[t+1]-P_j[t]\} \tag{7-40}$$

7.3.3 基于多代理设计的算例验证

本节首先提出一个案例研究来验证所提出的方案。接下来,比较了联络线分布式计算的趋优结果和集中式计算的最优结果,其中分布式计算的结果非常接近最优结果。然后,对分布 λ 迭代的离散一致算法和参考跟踪的二阶一致算法进行了联合仿真。$u_{\beta i}$ 显著改善了收敛性。最后,研究了时延对一致性算法的影响。

为了测试所提出的分散调度策略的可行性，构造了 5 个微电网的研究策略是分散调度的早期论证。数值算例基于一个由 5 个微电网组成的多微电网系统(见图 7－18)。其中，默认的 DG 1 是所有相应微电网的领导者 DDGA。多智能体系统的体系结构如前面所述。

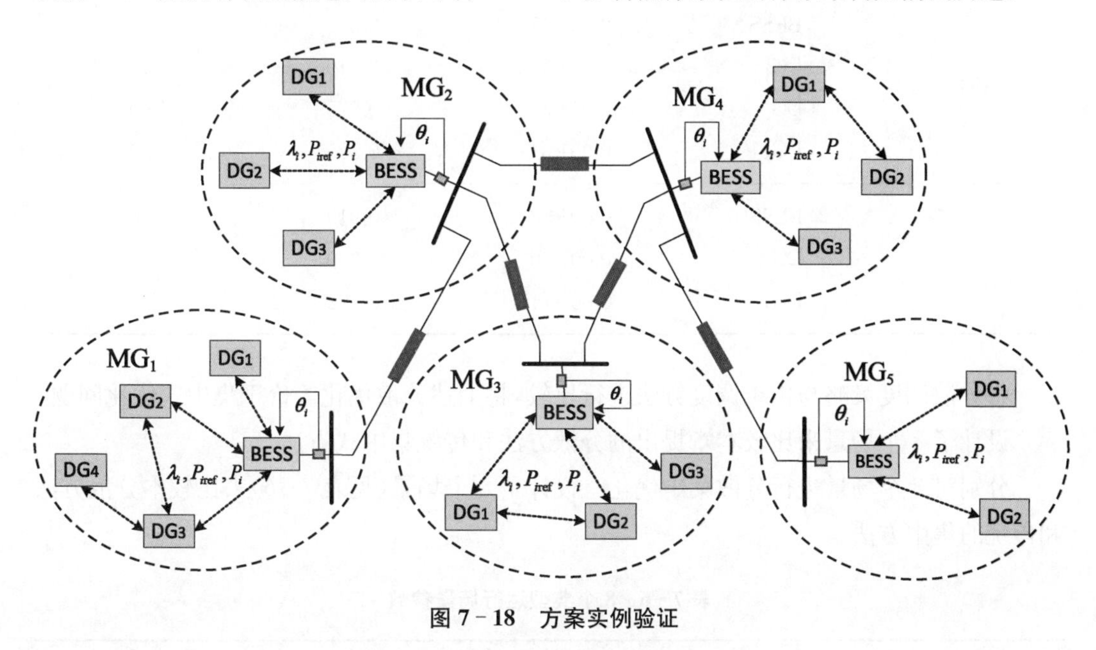

图 7－18　方案实例验证

所有分布式发电的具体运行成本参数如表 7－5 所示。

表 7－5　所有分布式发电的运行成本参数

MG	DG	a_i	b_i	c_i
MG_1	BESS	0.000 862	0.342	25
	DG_1	0.001 11	0.462	5
	DG_2	0.001 56	0.323	60
	DG_3	0.001 19	0.275	40
	DG_4	0.001 34	0.329	20
MG_2	BESS	0.001 47	0.342	25
	DG_1	0.001 11	0.462	5
	DG_2	0.001 56	0.173	60
	DG_3	0.001 34	0.329	20
MG_3	BESS	0.001 47	0.342	25
	DG_1	0.001 11	0.462	5
	DG_2	0.001 56	0.173	60
	DG_3	0.001 34	0.329	20

续 表

MG	DG	a_i	b_i	c_i
MG_4	BESS	0.001 47	0.342	25
	DG_1	0.001 58	0.319	10
	DG_2	0.001 20	0.275	60
	DG_3	0.001 34	0.329	20
MG_5	BESS	0.001 58	0.319	10
	DG_1	0.001 20	0.329	20
	DG_2	0.001 11	0.462	5

将分散调度策略与传统调度方法进行比较，将上述分散优化等价于集中式优化问题。设计了 8 个场景来比较本章提出的分散方法和传统集中式方法。

分别对 8 个场景进行分散集中优化。设计了 8 个场景(见表 7－6)来比较本分散方法和传统的集中方法。

表 7－6　8 个典型运行场景参数

$P_{adjust,i}$ /kW	MG1	MG2	MG3	MG4	MG5
1	460	360	260	280	180
2	420	380	350	190	250
3	370	340	320	240	210
4	320	220	170	220	200
5	430	350	200	270	170
6	380	420	300	400	320
7	490	410	240	310	290
8	380	290	190	440	220

在表 7－7 中比较了这两种方法的经济成本。

表 7－7　集中式与分布式优化结果比较

场 景	集 中 式	分 布 式	误差百分比
1	1 002.214 7	1 002.084 7	0.012 97%
2	1 029.158 9	1 029.038 5	0.011 66%
3	970.316 4	970.176 5	0.014 43%
4	793.772 1	793.582 7	0.023 86%

续　表

场　景	集 中 式	分 布 式	误差百分比
5	938.935 4	938.845 4	0.009 585%
6	1 157.338 9	1 156.958 9	0.032 83%
7	1 111.927 6	1 111.837 6	0.008 094%
8	991.606 9	991.246 9	0.036 30%

从优化结果来看，在高精度收敛准则下，分布式计算方法的结果可以近似等于最优解。最大误差率仅为 0.036%。

仿真结果表明了该算法在微电网内部优化方面的应用前景。并在模拟中配置。以第一个微电网为研究对象，设定在时段 $t \in [0, 30)$ 设置 $P_{adjust, 1}=320$ kW，在时段 $t \in [30, 60)$ 设置 $P_{adjust, 1}=420$ kW，在时段 $t \in [60, 90]$ 设置 $P_{adjust, 1}=370$ kW。在交互通信变量中加入不同的延迟扰动，图 7-19 为分布式 lambda 迭代和参考跟踪的联合仿真结果。

图 7-19(a)中没有延迟时，离散 lambda 一致性迭代可以快速收敛于相同的边际成本。相似的，分布式发电可以在较短的时间段内追踪到参考功率。但是，随着延迟的增加，系统状态被摄动时，收敛性变差，振荡幅度增大。在图 7-19(b)中，加入 200 ms 延迟，P_i 和 λ_i 即使收敛性差，也能渐近收敛。而在图 7-19(c)中，加入 400 ms 延迟，P_i 和 λ_i 就不能渐近收敛了。

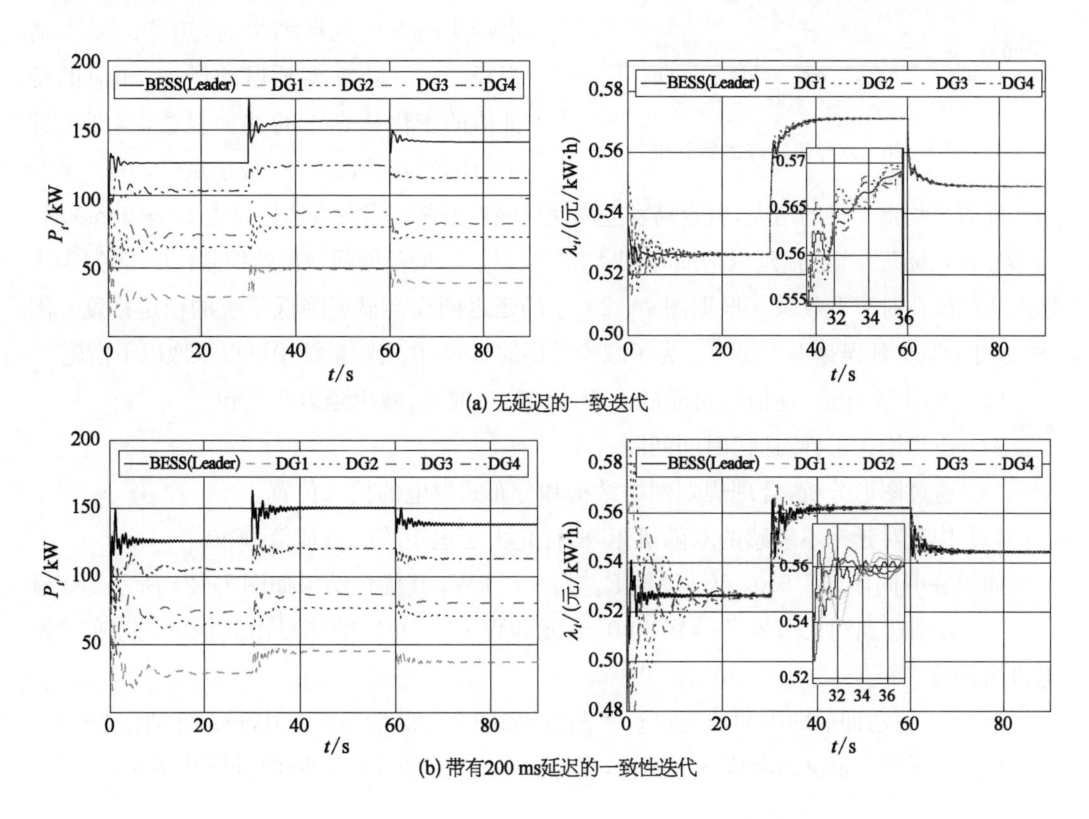

(a) 无延迟的一致迭代

(b) 带有200 ms延迟的一致性迭代

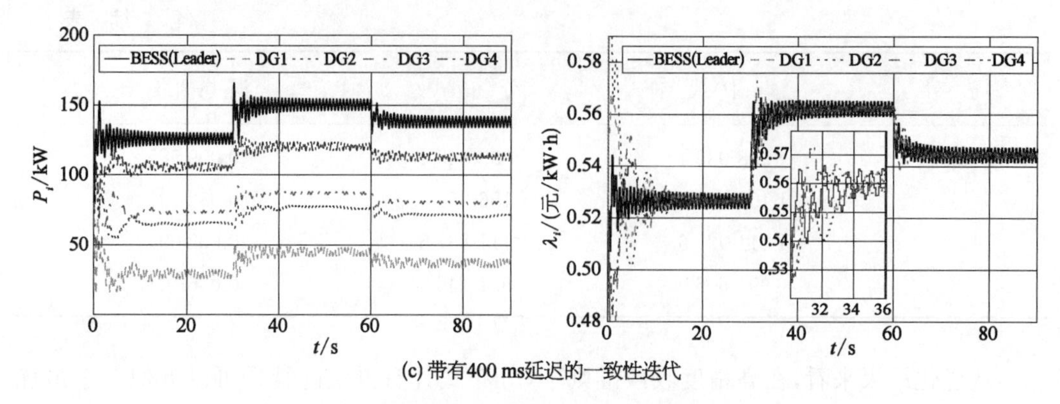

(c) 带有400 ms延迟的一致性迭代

图 7-19　不同情况下的一致迭代

分布式一致性控制是减轻微电网负担的有效工具。然而，在几乎所有的通信手段中，传输延迟是普遍存在的。从文献可知，在实际控制系统中，如果矩阵对角线不是 0，离散一致性就收敛。收敛速度取决于矩阵的基本谱半径，即第二最大特征值。半径越小，收敛速度越快，迭代次数越少。

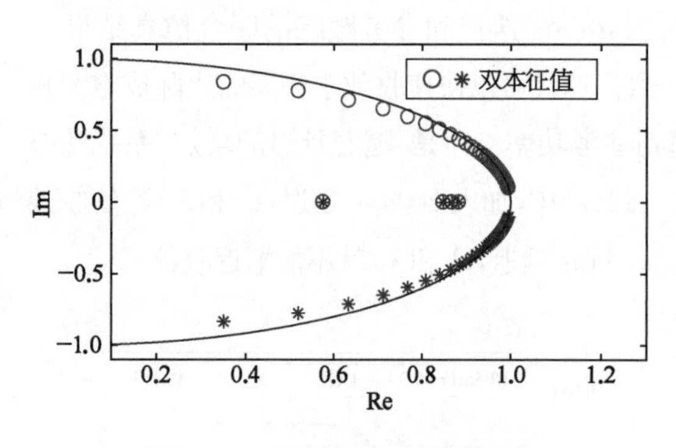

图 7-20　双随机矩阵的零轨迹

根据实例系统的拓扑结构，构造了一个双随机矩阵。讨论延迟情况（$\tau = xT_s$，$x = 0, \cdots, 60$）。采样间隔设置 T_s 为 200 ms。

当双随机矩阵的特征值（见图 7-20）沿箭头的方向逐渐增大时，矩阵的基本谱半径变大。随着零延迟的增加，相应的特征值的变化从真正的共轭复数，逐渐接近单位圆的起源，最终收敛于点(1, 0)。

随着平均谱半径的增大，更容易发生周期性强迫振荡。当没有通信延迟（$\tau = 0$ ms）时，$esr(\boldsymbol{D}) = 0.587$。当通信延迟增加时，平均谱半径增大，振荡增强。虽然控制性能变差，但离散迭代仍能在时滞下收敛。根据图 7-20，小的延迟同样会显著降低系统的稳定裕度。因此，尽可能减少延误是很重要的。为了减少延误的影响，在实际系统中可以采取以下措施：

(1) 采用 Modbus 通信或可靠的 P2P(点对点)通信，减少延迟和丢包。

(2) 适当增大采样/迭代时间间隔。

(3) 通过图形分析，合理规划网络结构和分布式发电的接入位置。

(4) 构造对延迟不敏感的双随机矩阵，优化大延迟矩阵的特征值分布。

如果在时间段 $t \in (30, 60]$ 设置 $P_{3,\max} = 76$ kW，其优化结果如图 7-21 所示。变量 λ_3 和 P_3 分别达到约束边界 76 kW 和 0.56 元/kW·h。短缺的能量由其他可调分布式发电机组补偿。

最后，对算法即插即用的功能进行了测试，如图 7-22 所示。其中 DG_3 分别在 30，60 s 退出和接入系统。根据边际成本一致性，其他分布式发电在 DG_3 切除时补偿功率缺额。

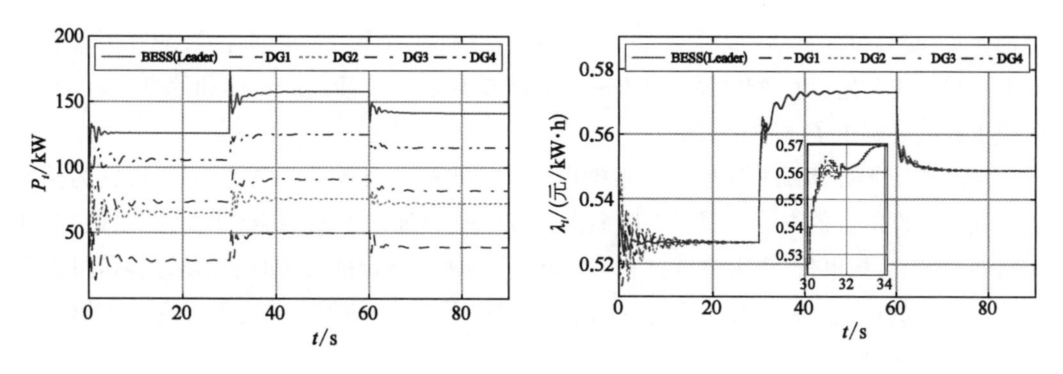

图 7-21　到达约束边界情形下的一致迭代

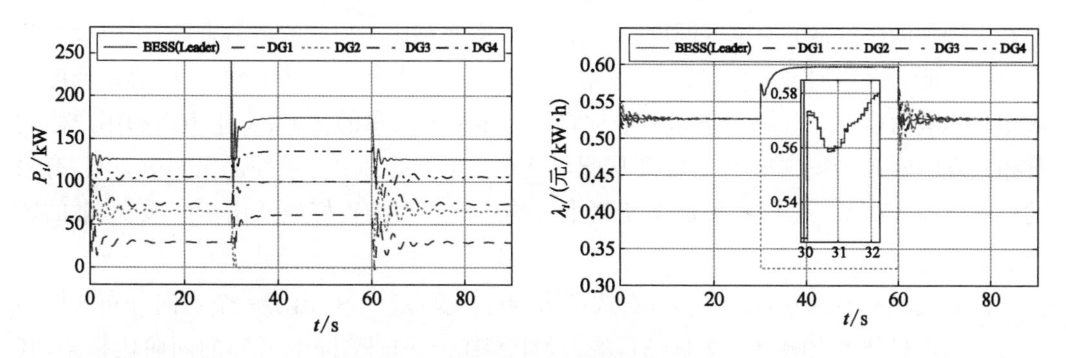

图 7-22　拓扑变换时的一致迭代

7.3.4　结　　论

本节提出了一种基于虚拟领导代理的互联微网系统分散自律调度策略。完全分布式策略可以避免参与者的私人信息共享，并真正实现"去中心化"的诉求。在虚拟领导下，滚动修正保证了可再生能源和负荷波动下的系统运行的经济性。该解决方案可以有效地降低总发电成本，并实时维持系统内的供需平衡。

与现有文献相比，本策略有几个优点和贡献：① 考虑线路传输损耗，多微网的联络线功率由边界耦合关系进行约束。② 采用离散一致性算法设计分布式 lambda 迭代，形成对调度的团队响应。③ 在 DDGA 的领导下，采用了高灵敏度的二阶一致性迭代算法进行参考点跟踪。④ 数值仿真表明，该方法支持即插即用，并分析了延迟对收敛性能的影响。然而，本方法的复杂性同样带来了一些局限性。本分散调度策略要求对所有代理进行正确的协调和调度，而电力电子系统饱和以及通信系统故障会造成潜在的风险。

7.4　微电网群分布式需求响应策略

随着大规模间歇性可再生能源的日益普及，区域能源系统正朝着发展更加迅速、交互更加密集、交易更加灵活的方向发展。然而现有能源系统面临着扩展性差、交互困难和交易方式单一等问题[26]。配电系统的分布式需求响应利用灵活的能量流和信息流互动，为解决上述问题提供了一种新思路。

需求响应旨在激励并促使用户根据电力供求平衡动态地调整电力消耗，被视为挖掘需求侧灵活性的有效方法。需求响应聚合商(DRA)可通过不同的需求响应方法(包括使用实时电价、尖峰电价、需求侧竞价和可中断负荷)进行预定的或实时的需求削减，可充分发挥多区域的协同互补优势。现有的需求响应应用可分为两类：直接负荷控制(DLC)[27]和动态价格激励[28]。

分布式设备的增加给集中式需求响应互动和全局控制带来了困难，如调节的滞后性、隐私保护和激励价格的制定等问题。因此，为了有效利用用户侧的灵活资源，需要聚合其响应服务能力来增加可调整容量，通过本地 DRA 来协调分布式需求响应，以协调调度广域用户的电力需求[29]。由于需求响应项目最终将涉及大量的住宅、工业用户和用户侧的分布式发电资源，需求响应中心需要从配电终端收集所有必要信息并优化响应方案，有限的计算能力和高昂的系统扩展成本使集中式响应策略不能很好地适用于广域、分散的区域能源系统。

许多文献从不同方面研究了分布式需求响应。文献[30]提出了一个双向分布式框架来改善用户最佳需求响应。文献[31,32]设计了基于 Stackelberg 博弈的两阶段框架，其中监管模型可以有效整合零售市场中运营商和参与者用户。文献[33,34]设计了电动汽车和家庭能源管理的需求响应模型。文献[35,36]对每个家庭用户的成本函数以及设备约束进行建模，其中每个用户将根据价格信号的变化搜索最佳响应策略。文献[37]将消费者侧的趋势表示为约束凸优化问题，但是其模型不包括全局状态和全局约束。为了解决分布式需求响应问题，文献[38]开发了一种分布式自适应扩散算法。文献[39]采用随机交替方向乘子法，通过低成本无线网络实现完全分布式需求响应方案。现有文献大多采用原对偶分解法[40,41]，需要将原始问题完全分解成若干个具有边界耦合约束的子问题，以分布式的方式优化子系统。文献[42]讨论了需求响应优化中的耦合约束，并采用对偶分解分布式算法处理这些约束。文献[43,44]讨论了通信信道特性对需求响应性能的影响。然而，上述文献所考虑的约束多为时空上的耦合。

本节主要讨论 4 个内容：① 开发了一种在线逆优化算法，通过历史数据对用户弹性参数进行在线感知。该方法更加灵活。② 提出的需求响应策略无需初始化而且完全分布式实现。可避免节点阻塞。③ 一般基于多智能体的电力系统应用方案，如文献[45,46]，是基于规则设计但缺乏收敛性和最优性证明。本节给出了在这种情况下的收敛性和最优性证明。④ 一般的对偶分解或 ADMM 分布式算法[41,42,47,48]未能解决全局不等约束问题。D－PPDS 算法可以较好地以分布式的方法求解带有全局不等约束的问题。

7.4.1 分布式需求响应框架设计

为使多个 DRA 可以充分发挥其协同和集成优势，本章采用一种分布式需求响应框架[49]。为对比分析,传统集中式和本章采用的分布式需求响应框架如图 7-23 所示。

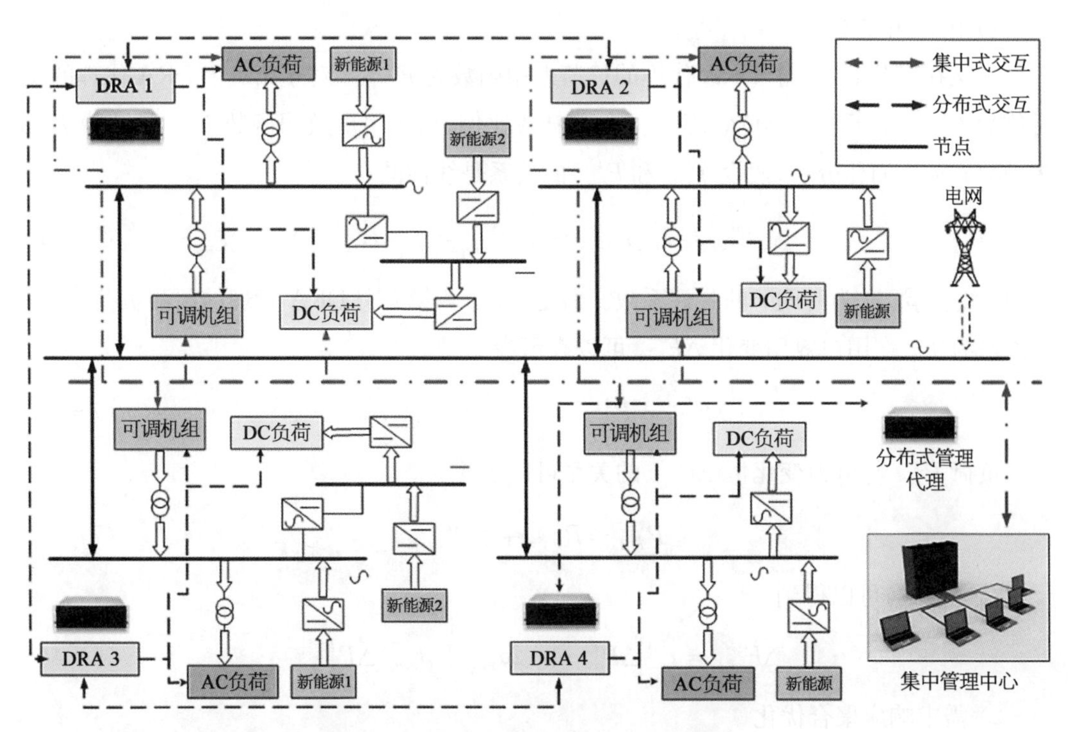

图 7-23 集中/分布式需求响应交互框架

不同于集中框架中每个 DRA 必须将调度权限授予集中控制中心,分布式框架不需要部署集控中心,合理地设计分布式 DR 算法可充分发挥分布式交互框架的优越性,并取得全局最优响应方案。

在本节的分布式需求响应框架中,将分布式框架中的管理者代理作为领导者,而将 DRA 视为跟随者,通过两者分层优化完成分布式需求响应。分布式管理者代理管理仅与任意 DRA 直接通信实时价格和需求响应约束,且为降低通信成本并提高系统可扩展性,该代理不直接与每个 DRA 通信。此外,多个 DRA 之间互相交互,与管理代理直连的 DRA 接收到信号首先改变价格变量,然后通过分布式奇异一致性通信广播给各个 DRA,同时,DRA 根据价格异步进行本地优化,优化效果会逐渐改变联络线功率,领导者优化考虑再调度费用,逐渐改变参考价格,进而实现在分布式算法中考虑全局联络线偏差项的问题。将与管理代理直连的 DRA 优化问题变形,巧妙地将上层问题约束引入到下层求解过程摄动点原对偶梯度法,最终以分布式的方式求解带有全局变量和全局不等约束的需求响应优化问题。

7.4.2 需求响应建模和模型在线辨识

用户电价-电量弹性模型的不确定性一直是需求响应实际应用所面临的难题,为准确描述负载特性并识别相应的模型参数,本节将数据驱动过程设计为一个双层规划问题。下层目标为最小化辨识模型误差,上层为 DRA 优化问题,下层问题中的互补松弛条件被认为是上层的约束条件。

1) 用户用能模型

定义在时刻 t 第 i 个 DRA 代理的负荷效用函数为 $F^l_{i,t}$。对于第 i 个 DRA 代理的实时负荷 $P^l_{i,t}$，由于平均单位效用 $f^l_{i,t}$ 与功耗成比例，因此用户效用函数 $F^l_{i,t}$ 被建模为二次函数。为了简化分析，假设 $f^l_{i,t}$ 和 $P^l_{i,t}$ 的关系是线性的。

$$F^l_{i,t}=\alpha^l_{i,t}P^{l2}_{i,t}+\beta^l_{i,t}P^l_{i,t}=f^l_{i,t}P^l_{i,t} \tag{7-41}$$

式中 ($\alpha^l_{i,t}$，$\beta^l_{i,t}$) 为时间 t 的弹性系数。假定 $P^l_{i0,t}$ 为第 i 个 DRA 管理的预测负荷，其平均价格为 f^l_{i0}。用户效用变化 $\Delta F^l_{i,t}$ 可以表示为

$$\Delta F^l_{i,t}=P^l_{i,t}\times f^l_i-P^l_{i0,t}\times f^l_{i0} \tag{7-42}$$

负荷 $P_{l,i}$ 与电力变化量 $\Delta P_{l,i}$ 的关系可以表述为

$$P^l_{i,t}=P^l_{i0,t}+\Delta P^l_{i,t} \tag{7-43}$$

结合上式，可以得到

$$\Delta F^l_{i,t}=\alpha^l_{i,t}\Delta P^{l2}_{i,t}+(2\alpha^l_{i,t}+\beta_{i,t})\Delta P^l_{i,t} \tag{7-44}$$

2) 需求响应聚合优化

定义 c_t 为实时价格。需求响应 DRA 内的消费者最大化的个体的利益，其目标函数是该地区的总经济效益最佳。假设聚集的消费者通过权衡需求响应收益结算 $\sum_{t\in\tau}c_t\Delta P^l_{i,t}$ 和用能效用的变化 $\sum_{t\in\tau}\Delta F^l_{i,t}$ 来调节用能计划：

$$\begin{aligned}\max_{\Delta P_{i,t}}U_i&=\sum_{t\in\tau}c_t\Delta P^l_{i,t}-\Delta F^l_{i,t}\\&=\sum_{t\in\tau}-\alpha_{i,t}\Delta P^{l2}_{i,t}+(c^h_{i,t}-2\alpha_{i,t}-\beta_{i,t})\Delta P^l_{i,t}\\ \text{s.t. }&g_j(\Delta P^l_{i,t})\leqslant 0\quad j\in\Omega\end{aligned} \tag{7-45}$$

DRA i 的决策变量受负荷增长率和消费约束集合 $g_j\leqslant 0$，$j\in\Omega$ 的影响。决策变量服从于负荷爬坡率和用电极值约束，这给用户响应模型确定了一个可行区域。

$$\begin{aligned}\text{s.t.}\quad&\Delta P^l_{i,t}\leqslant\Delta\bar{P}^l_{i,t}，\Delta P^l_{i,t}\geqslant\Delta P^l_{-i,t}\quad&t\in\tau=\{t:t=1,\cdots,T\}\\&\Delta P^l_{i,t}-\Delta P^l_{i,t-1}\leqslant r^u_{i,t}&t\in\tau^{-1}=\{t:t=2,\cdots,T\}\\&\Delta P^l_{i,t-1}-\Delta P^l_{i,t}\leqslant r^d_{i,t}&t\in\tau^{-1}=\{t:t=2,\cdots,T\}\end{aligned} \tag{7-46}$$

式中，$\Delta\bar{P}^l_{i,t}$ 和 $\Delta P^l_{-i,t}$ 分别是 DRA i 中的所有用户在时间 t 时的最大功率增量和削减量。$r^u_{i,t}$，$r^d_{i,t}$ 为相应的爬坡极限。

3) DRA 在线逆优化

用户的需求响应参数可以通过逆向优化过程在线获取，这意味着 DRA 可以模拟消费

者的决策过程来识别用户的响应参数。在逆优化中，原问题的 Kuhn-Tucker 条件充当该模型中的非线性互补松弛条件，其中 μ_j^* 是约束 g_j 的 Lagrange 乘子。通过这种方法，构造了逆优化模型来确定用户需求响应行为的参数。

在线逆优化估计了第 i 个 DRA 中用户的参数向量 $\phi_{i,t}=\{\alpha_{i,t}^l,\ \beta_{i,t}^l,\ \Delta\bar{P}_{i,t}^l,\ \Delta P_{-i,t}^l,\ r_{i,t}^u,\ r_{i,t}^d\}$，它描述了用户的决策行为。价格消费数据的时间序列 $(c_{i,t}^h,\ \Delta P_{i,t}^h)$ 保持固定长度，并自动更新。根据最小二乘原理，该问题的最优解 $\Delta P_{i,t}^*$ 尽可能缩小与历史数据 $\Delta P_{i,t}^h$ 的欧氏距离。逆优化问题可描述为

$$
\begin{aligned}
&\min_{\phi_{i,t},\ \Delta P_{i,t}^*} \sum\nolimits_{t\in\tau} |\Delta P_{i,t}^*-\Delta P_{i,t}^h|^2 \\
&\text{s.t.}\quad \nabla U_i(\Delta P_{i,t}^*)+\sum\nolimits_{j\in\Omega}\mu_j^*\ \nabla g_j(\Delta P_{i,t}^*)=0 \\
&\qquad\ \mu_j^*\geqslant 0 \qquad\qquad\qquad\qquad j\in\Omega \\
&\qquad\ \mu_j^*=0\perp g_j(\Delta P_{i,t}^*)=0 \quad\ j\in\Omega
\end{aligned}
\tag{7-47}
$$

式中，$g_j(\Delta P_{i,t}^*)\leqslant 0$ 表示用户响应模型中的所有约束。式(7-47)中的约束用于提供问题需求响应聚合优化中 $\Delta P_{i,t}^*$ 的最优性条件。

本节提出的在线逆优化模型驱动和数据驱动的优点，既可以输出具有实际意义的数据模型，也可完成在线数据滚动。而数据驱动的“黑盒”模型无法给出确定的数据模型，进一步的需求响应优化也无从谈起，而传统离线模型辨识由于无法自适应模型变化而在实际应用中引入较大误差。

7.4.3　基于多代理系的分布式需求响应分层优化设计

本节所提出的分布式需求响应分层优化按以下流程进行：领导者代理首先根据重新分配的成本修正价格信号，并通过分布式通信将其广播给追随者。然后，每个追随者决定最优策略作为对领导者战略的最佳反映，并执行自己的策略。之后，领导者感知 DRA 代理和电网之间的互动能力。根据这个反馈，领导者更新其策略并再次广播价格信号。以上交互过程实时进行。在外部价格信号的摄动下，所有策略都会重新调整。这个博弈可以被表述为双层优化。

1) 领导者优化模型

c_t 为电网给出的实时电价。在此基础上，电网鼓励用户参与需求响应，并根据电价信号采集制定前日调度计划。考虑到再调度成本，每一个 DRA 给出修正价格 λ_t。$\Psi_L=\{\lambda_t,\ t\in\tau\}$ 是这个阶段的决策变量。ΔP_t 是由 DRA 与电网间联络功率的变化，它满足下式的功率平衡。

$$
\Delta P_t=\sum\nolimits_{i=1}^N \Delta P_{i,t}=\sum\nolimits_{i=1}^N(\Delta P_{i,t}^g-\Delta P_{i,t}^l) \tag{7-48}
$$

DRA 领导者目标是实现总收益最大化：

$$\max_{\lambda_t} U_{\text{Leader}} = \sum\nolimits_{t \in \tau} \lambda_t \Delta P_t - \sum\nolimits_{t \in \tau} c_t \Delta P_t - \sum\nolimits_{t \in \tau} \kappa \Delta P_t^2 \tag{7-49}$$

式中，$\Delta P_{i,t}^g$ 是 DRA i 中可调度机组的发电功率变化量。目标函数的第一项是需求响应收益。第二项是从实时市场购买的电力。第三项为联络功率偏差的平方，代表再调度的惩罚项。κ 是一个系数，表示电力再调度的单位成本。

当 U_{Leader} 目标取得最大值时，可以得到线性优化结果：

$$\lambda_t = c_t - 2\kappa \Delta P_t \tag{7-50}$$

领导代理优化后，其将信息 λ_t 发送给与领导代理建立通信连接的 DRA 代理。此外，总响应量 ΔP_t 应满足下式中的需求响应全局需求约束，这规定了总响应量的需求。

$$\begin{cases} \Delta P_t \geqslant \Delta P_{t,-} & \Delta P_t < 0 \\ \Delta P_t \leqslant \Delta P_{t,+} & \Delta P_t \geqslant 0 \end{cases} \tag{7-51}$$

式中，$\Delta P_{t,-}$ 是电网的最大功率削减，$\Delta P_{t,+}$ 是电网的最大需求增量。当电价高时，电网希望通过联络线注入更多的电力 $\Delta P_t < 0$。当电价低时，电网希望用户消耗更多的电力 $\Delta P_t \geqslant 0$。

2）追随者优化模型

对于每一个领导的追随者，设置追随者的策略集合为 $\Psi_i = \{\Delta P_{i,t}^l, \Delta P_{i,t}^g, t \in \tau\}$。追随者目标函数由 4 个部分组成：可调度分布式发电成本、负荷效用函数、DRA 的需求响应支付和用户满意度评价。目标是最大化总效用：

$$\max_{\Psi_i} \boldsymbol{u}_i = \sum_{t \in \tau} \lambda_t \Delta P_{i,t} + \Delta F_{i,t}^l(\Delta P_{i,t}^l) - \Delta C_i^g(\Delta P_{i,t}^g) + Q_i(d_{i,t}^l, \Delta P_{i,t}^l) \tag{7-52}$$

参考负荷效用，可调节分布式发电的运行成本可以被建模为具有多项式系数（$\alpha_{i,t}^g$，$\beta_{i,t}^g$）的二次函数。

$$\Delta C_i^g = \alpha_{i,t}^g \Delta P_{i,t}^{g2} + (2\alpha_{i,t}^g + \beta_{i,t}^g) \Delta P_{i,t}^g \tag{7-53}$$

式中，$Q_i(d_{i,t}^l, \Delta P_{i,t}^l)$ 是用户满意度评价。它定量地描述了用户对用能需求与实际供应之间差异的满意度。随着实际负荷的削减，函数值增大。当实际负荷小于预测需求时，用户较为满意且 $Q_i(d_{i,t}^l, \Delta P_{i,t}^l)$ 为正。当 $Q_i(d_{i,t}^l, \Delta P_{i,t}^l)$ 为负，表示用户不满意限额的电力供应。随着限额 $\Delta P_{i,t}^l$ 的增加，由于满意度趋于饱和，实际负载继续增加，$Q_i(d_{i,t}^l, \Delta P_{i,t}^l)$ 减小的速率减慢[50]。本书采用的满意度函数 $Q_i(d_{i,t}^l, \Delta P_{i,t}^l)$ 为

$$Q_i(d_{i,t}^l, \Delta P_{i,t}^l) = d_{i,t}^l m_i \left[\left(\frac{\Delta P_{i,t}^l + d_{i,t}^l}{d_{i,t}^l} \right)^{r_i} - 1 \right] \tag{7-54}$$

式中，$r_i > 0$，$r_i m_i < 0$。因此，这个函数满足下面 3 个条件：

(1) 如果 $\Delta P_{i,t}^{l}=0$，$Q_i(d_{i,t}^{l},\ \Delta P_{i,t}^{l})=0$。

(2) $\partial Q_i/\partial \Delta P_{i,t}^{l}<0$。

(3) $\partial^2 Q_i/\partial \Delta P_{i,t}^{l2}>0$。

7.4.4　考虑全局预设约束的分布式通信和算法

本节设计了一种分布式通信和一个完全分布式的算法来解决上述优化问题。采用奇异一致性算法对关键全局信息进行广播。奇异一致性算法将价格变动广播给各个 DRA，DRA 考虑全局不等约束运用 D‒PPDS 算法使所有 DRA 趋向于满足所有全局约束的最优解，本地根据优化结果进行的需求响应将改变联络线功率，领导者又会实时根据联络线功率偏差修正价格信号。上述步骤均可异步进行而不需要时序配合。

1) 价格信号的分布式通信

建立 DRA 代理通信的有向加权图 $\zeta=(v,\ E,\ W)$。E 是图 ζ 所有有效的通信链路集合。对于 $i=1,\ 2,\ \cdots,\ N$，每个 DRA 与邻居交互价格信号 λ_t 来更新实时价格信号。

建立一个双随机矩阵，以分布式的方式向所有的 DRA 广播价格信号。当矩阵的特征值小于或等于 1 时，系统的状态收敛到平均值。本章采用双随机矩阵 Metroplis 的构造方法[51]。在离散奇异一致性算法中，边际成本为迭代状态量。

对于每个 DRA，迭代变量通过下式更新：

$$\lambda_i[t+1]=\sum_{j=1}^{\Theta_i} d_{ij}\lambda_j[t]\quad i=2,\ 3,\ \cdots,\ N \tag{7-55}$$

式中，Θ_i 是节点 i 的邻居节点集合。

假设 DRA 1 直接与领导者代理通信，则 DRA 1 可以通过下式更新迭代价格信号：

$$\lambda_1[t]=\lambda_t=c_t-2\kappa\sum_{i=1}^{N}\lambda_i[t] \tag{7-56}$$

定义节点集合 $v=\{1,\ 2,\ \cdots,\ N\}$。一阶一致性协议可以变形为

$$\dot{\lambda}_i[t]=\sum_{j\in\Theta_i} a_{ij}(\lambda_j[t]-\lambda_i[t]) \tag{7-57}$$

式中，a_{ij} 是节点 i 和节点 j 之间的通信权重。因为在迭代中存在附加约束，所以所研究的通信系统是线性奇异系统[52]。

2) 集中式原-对偶次梯度法

考虑由 N 个 DRA 组成的 N 节点通信网络。每个 DRA 都具有相同维数 M 的局部变量 $x_i=(\Delta P_{i,t}^{l},\ \Delta P_{i,t}^{g})$。$x_i\subseteq\mathbb{R}^{2\times M}$ 是局部约束集。整体成本函数可以表示为所有 DRA 目标函数的叠加。所有带有分布变量 x_i 的全局不等式约束也是如此。聚合优化问题可以重写为

$$\min_{x_i\in\chi_i,\ i\in v}\Phi(x_1,\ \cdots,\ x_N)\triangleq\sum_{i=1}^{N}u_i(x_i)$$

$$\text{s.t.} \sum_{i=1}^{N} g_i(x_i) \leqslant 0 \tag{7-58}$$

式中，g_i：$\mathbb{R}^{2\times M} \rightarrow \mathbb{R}$ 为第 i 个 DRA 的连续映射。

可以证明式(7-58)中的问题满足 Slater 条件[53]，可以找到一个可行解。然后，考虑下面的拉格朗日对偶问题：

$$\begin{gathered} \max_{\lambda \in D}\{\min_{x_i \in x_i} \mathcal{L}(x_1, \cdots, x_N, \mu)\} \\ \mathcal{L}(x_1, \cdots, x_N, \mu) = \Phi(x_1, \cdots, x_N) + \mu^{\mathrm{T}} \sum_{i=1}^{N} g_i(x_i) \end{gathered} \tag{7-59}$$

式中，$\mathcal{L}$：$\mathbb{R}^{2NK} \times \mathbb{R}_{+}^{P} \rightarrow \mathbb{R}$ 是拉格朗日函数。

对偶次梯度法[54]是求解鞍点的经典方法。然而，算法的复杂度随着问题的规模急剧增加。另一种方法是原始-对偶次梯度法[55,56]，该方法以牺牲精度为代价快速求解优化问题。集中式原-对偶次梯度下降(C-PDS)[31]说明如下：

$$\begin{aligned} x^{(k)} &= P_x[x^{(k-1)} - a_k \mathcal{L}_x(x^{(k-1)}, \mu^{(k-1)})] \\ \mu^{(k)} &= P_{D_k}[\mu^{(k)} + a_k \mathcal{L}_\lambda(x^{(k-1)}, \mu^{(k-1)})] \end{aligned} \tag{7-60}$$

式中，P_x，P_{D_k}：$\mathbb{R}^{2NK} \rightarrow x$ 分别表示集合 x，D_k 上的投影。向量 $x_0 \in x$ 和向量 $\lambda_0 \in D_0$ 是初始值。a_k 是迭代步骤。向量 $\mathcal{L}_x(x^{(k)}, \mu^{(k)})$ 和 $\mathcal{L}_\lambda(x^{(k)}, \mu^{(k)})$ 表示函数 $\mathcal{L}$ 在点 $(\boldsymbol{x}^{(k)}$、$\boldsymbol{\mu}^{(k)})$ 相对于 $\boldsymbol{x}^{(k)}$ 和 $\boldsymbol{\mu}^{(k)}$ 的次梯度。

$$\mathcal{L}_\lambda(\boldsymbol{x}^{(k)}, \boldsymbol{\mu}^{(k)}) \triangleq \begin{vmatrix} \nabla \boldsymbol{u}_1^{\mathrm{T}}(\boldsymbol{x}_1^{(k)}) \nabla \boldsymbol{\Phi}\left[\sum_{l=1}^{N} \boldsymbol{u}_i(\boldsymbol{x}_i^{(k)})\right] + \nabla \boldsymbol{g}_1^{\mathrm{T}}(\boldsymbol{x}_1^{(k)}) \boldsymbol{\mu}^{(k)} \\ \nabla \boldsymbol{u}_N^{\mathrm{T}}(\boldsymbol{x}_N^{(k)}) \nabla \boldsymbol{\Phi}\left[\sum_{l=1}^{N} \boldsymbol{u}_i(\boldsymbol{x}_i^{(k)})\right] + \nabla \boldsymbol{g}_1^{\mathrm{T}}(\boldsymbol{x}_N^{(k)}) \boldsymbol{\mu}^{(k)} \end{vmatrix} \tag{7-61}$$

$$\mathcal{L}_\lambda(\boldsymbol{x}^{(k)}, \boldsymbol{\mu}^{(k)}) \triangleq \sum_{i=1}^{N} \boldsymbol{g}_l(\boldsymbol{x}_l^{(k)}) \tag{7-62}$$

3) 分布式摄动原对偶梯度法

由于没有集中式控制中心，一般算法很难通过有限的信息交互同时实现并行分布处理并满足全局不等约束。由几乎所有决策变量组成的全局约束是不可能满足的。针对这一问题，本章通过局部一致性来估计全局摄动点，设计并实现了分布式摄动原对偶梯度(D-PPDS)算法。文献[57]证明了对摄动点估计的准确性和该算法的全局收敛性。

(1) 平均一致估计。

DRA 的通信图沿用有向加权图 $\zeta = (v, E, \boldsymbol{W})$。D-PPDS 与价格信号的分布式通信可同步进行。对于 $i=1, 2, \cdots, N$，每个 DRA 与邻居交互辅助变量 $\boldsymbol{y}_i^{(k-1)}$，$\boldsymbol{z}_i^{(k-1)}$ 和 $\boldsymbol{\mu}_i^{(k-1)}$。$\boldsymbol{w}_{ij}$ 是 DRA i 和 DRA j 之间的信息权重，权重 $\boldsymbol{w}_{ij} \geqslant 0$ 并且由 $\boldsymbol{w}_{ij}$ 其组成的通信权重矩阵 $\boldsymbol{W} \in \mathbb{R}^{N\times N}$ 是对称矩阵。对辅助变量 $\boldsymbol{y}_i^{(k-1)}$，$\boldsymbol{z}_i^{(k-1)}$ 和 $\boldsymbol{\mu}_i^{(k-1)}$ 的估计可以通过下式来计算：

$$
\begin{aligned}
\bar{\boldsymbol{y}}_i^{(k)} &= \sum_{i,\, j \in \Theta} \boldsymbol{w}_{ij} \boldsymbol{y}_j^{(k-1)} \\
\bar{\boldsymbol{z}}_i^{(k)} &= \sum_{i,\, j \in \Theta} \boldsymbol{w}_{ij} \boldsymbol{z}_j^{(k-1)} \\
\bar{\boldsymbol{\mu}}_i^{(k)} &= \sum_{i,\, j \in \Theta} \boldsymbol{w}_{ij} \boldsymbol{\mu}_j^{(k-1)}
\end{aligned}
\tag{7-63}
$$

式中，$\bar{\boldsymbol{y}}_i^{(k)}$，$\bar{\boldsymbol{z}}_i^{(k)}$ 和$\bar{\boldsymbol{\mu}}_i^{(k)}$ 对第 i 个 DRA 的第 k 次迭代中对 $\boldsymbol{y}_i^{(k-1)}$，$\boldsymbol{z}_i^{(k-1)}$，$\boldsymbol{\mu}_i^{(k-1)}(i=1, 2, \cdots, N)$ 的平均值的估计。尽管 DRA 不能通过协商迭代获得关于所有全局不等约束的完整信息，但是每个 DRA 代理都可以估计全局优化信息。

(2) 扰动点计算。

由于全局约束是线性且平滑的，每个 DRA 通过以下方程更新局部扰动点：

$$
\begin{aligned}
\boldsymbol{\alpha}_i^{(k)} &= P_{x_i}\{\boldsymbol{x}_i^{(k-1)} - \rho_1[\nabla \boldsymbol{u}_i^{\mathrm{T}}(\boldsymbol{x}_i^{(k-1)})\, \nabla \Phi(N\, \boldsymbol{y}_i^{(k)}) + \nabla\, \boldsymbol{g}_i^{\mathrm{T}}(\boldsymbol{x}_i^{(k-1)})\, \bar{\boldsymbol{\mu}}_i^{(k)}]\} \\
\beta_i^{(k)} &= P_D(\bar{\boldsymbol{\lambda}}_1^{(k)} + \rho_2 N \bar{\boldsymbol{z}}_1^{(k)})
\end{aligned}
\tag{7-64}
$$

ρ_1 和 ρ_2 是步长。用最新的估计 $N\ \tilde{\boldsymbol{y}}_i^{(k)}$，$N\ \tilde{\boldsymbol{z}}_i^{(k)}$，$\tilde{\boldsymbol{\mu}}_i^{(k)}$ 代替 $\sum_{t=1}^{N} \boldsymbol{u}_i(x_i^{(k-1)})$，$\sum_{t=1}^{N} \boldsymbol{g}_i(x_i^{(k-1)})$ 和 $\boldsymbol{\mu}_i^{(k-1)}$。$P_{x_i}$ 将可行域外的点投影到可行域的边界，而域外的点保持不变。

如果约束 $\boldsymbol{g}_i$ 不平滑，DRA 的更新公式变为

$$
\boldsymbol{\alpha}_i^{(k)} = \arg \min_{\boldsymbol{\alpha}_i \in x_i} \left\{ \boldsymbol{g}_i^{\mathrm{T}}(\alpha_i)\, \tilde{\boldsymbol{\mu}}_i^{(k)} \,\middle|\, \frac{1}{2\rho_1} \parallel \boldsymbol{\alpha}_i[\boldsymbol{x}_i^{(k-1)} \quad \rho_1\, \nabla \boldsymbol{u}_i^{\mathrm{T}}(\boldsymbol{x}_i^{(k-1)})\, \nabla \Phi(N \tilde{\boldsymbol{y}}_i^{(k)})] \parallel^2 \right\}
\tag{7-65}
$$

(3) 原-对偶摄动点次梯度更新。

对于每个 DRA，基于摄动点更新原始变量和对偶变量，摄动点计算方法为

$$
\begin{aligned}
\boldsymbol{x}_i^{(k)} &= P_{x_i}\{\boldsymbol{x}_i^{(k-1)} - a[\nabla \boldsymbol{u}_i^{\mathrm{T}}(x_i^{(k-1)})\, \nabla \Phi(N \tilde{\boldsymbol{y}}_i^{(k)}) + \nabla\, \boldsymbol{g}_i^{\mathrm{T}}(\boldsymbol{x}_i^{(k-1)}) \beta_i^{(k)}]\} \\
\boldsymbol{\mu}_i^{(k)} &= P_{D_g}[\tilde{\boldsymbol{\mu}}_i^{(k)} + a \boldsymbol{g}_i(\boldsymbol{\alpha}_i^{(k)})]
\end{aligned}
\tag{7-66}
$$

式中，a 是固定的步长。变量在区间 $\boldsymbol{x}_i^{(0)} \in x_i$，$\boldsymbol{\mu}_i^{(0)} \geqslant 0$ 内初始化。

(4) 辅助变量更新。

所有 DRA 分别根据局部目标函数 $\boldsymbol{u}_i(\boldsymbol{x}_i^{(k)})$ 和全局不等约束 $\boldsymbol{g}_i(\boldsymbol{x}_i^{(k)})$ 的变化更新辅助变量 $\boldsymbol{y}_i^{(k)}$，$\boldsymbol{z}_i^{(k)}$。

$$
\begin{aligned}
\boldsymbol{y}_i^{(k)} &= \boldsymbol{y}_i^{(k)} + \boldsymbol{u}_i(x_i^{(k)}) - \boldsymbol{u}_i(x_i^{(k-1)}) \\
\boldsymbol{z}_i^{(k)} &= \boldsymbol{z}_i^{(k)} + \boldsymbol{g}_i(x_i^{(k)}) - \boldsymbol{g}_i(x_i^{(k-1)})
\end{aligned}
\tag{7-67}
$$

式中，$\boldsymbol{y}_i^{(k)}$，$\boldsymbol{z}_i^{(k)}$ 分别被初始化为 $\boldsymbol{u}_i(\boldsymbol{x}_i^{(0)})$ 和 $\boldsymbol{g}_i(\boldsymbol{x}_i^{(0)})$。

7.4.5 算例分析

以山东某实际工业园为基础构建算例[见图 7-24(a)]，调研该区域 5 个主要用户群(企业)在不同电价水平下的历史负荷数据，通过在线逆优化建立实时的用电弹性模型。根据调研得到的分布式发电成本和某日历史负荷数据，应用分布式需求响应框架比较了 D-PPDS，ADMM 和 C-PDS 算法在考虑全局不等约束时的优化结果和响应收益，并验证了面向数据的逆优化算法在模型在需求响应在线参数辨识中的有效性。

(a) 园区平面

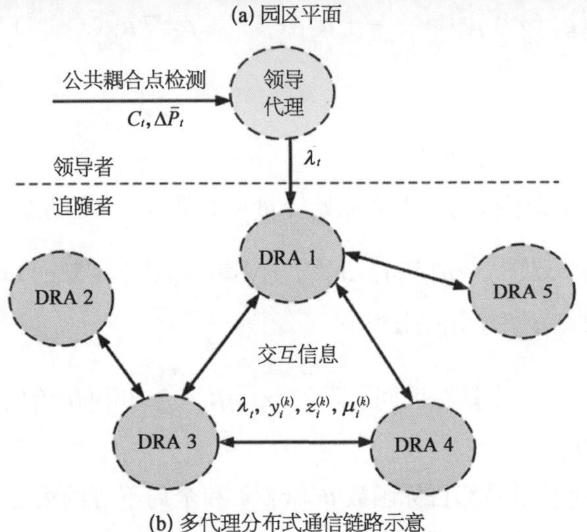

(b) 多代理分布式通信链路示意

图 7-24　实际工业园区算例示意

本节算例拓扑由实际有源配电络系统映射而来，其中用户被划分为 5 个 DRA[见图 7-24(b)]。假设只有 DRA 1 与领导代理直接通信。领导代理检测需求响应信号 l_t 和上级调度给出的响应缩减/增长需求 $\Delta\bar{P}_t$。在领导者优化后，修正后的价格 l_t

被发送到 DRA 1。图 7－24(b)还给出了固定分布式通信链路。交互式信息包括 λ_t，$y_i^{(k)}$，$z_i^{(k)}$ 和 $\mu_i^{(k)}$。

C_t 是削减/增加部分电力的结算价格，C_r ¢ 是不考虑需求响应的日前结算价格。$\Delta \bar{P}_t$ 大于零意味着电网要求用户减少负荷或发出更多的电力，因此，实时电价上升。另一方面，$\Delta \bar{P}_t$ 小于零意味着电网期望用户消耗更多的电力或减少分布式发电，因此，实时电价会有补贴。需求的缩减/增长在需求 $\Delta \bar{P}_t$ 内按照实时价格 C_t 结算，$\Delta \bar{P}_t$ 超过响应需求的部分按照日前价格 C_r ¢ 结算。日前价格、实时价格和功率削减/增加需求如图 7－25 所示。

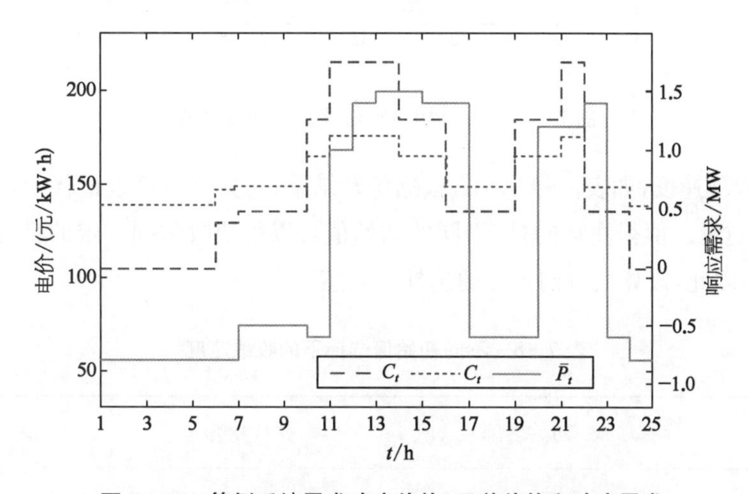

图 7－25　算例系统需求响应价格、日前价格和响应需求

1) 分布式需求响应优化过程

本节考虑的全局约束是响应电量在调度中心给出的电量削减/增量范围内。

$$\begin{cases} \sum_1^N \Delta P_{i,t}^l - \Delta P_{i,t}^g \leqslant \Delta \bar{P}_t & \Delta \bar{P}_t \geqslant 0 \\ \sum_1^N \Delta P_{i,t}^l - \Delta P_{i,t}^g \geqslant \Delta \bar{P}_t & \Delta \bar{P}_t < 0 \end{cases} \tag{7-68}$$

由于 DRA 1 直接与领导代理通信，可将在 $\Delta \bar{P}_t \geqslant 0$ 时的全局不等约束改写为

$$g_i = \begin{cases} \Delta P_{i,t}^l - \Delta P_{i,t}^g - \Delta \bar{P}_t & i=1 \\ \Delta P_{i,t}^l - \Delta P_{i,t}^g & \text{其他} \end{cases} \quad \sum_{i=1}^N g_i(x_i) \leqslant 0 \tag{7-69}$$

在需求响应优化模型中加入全局不等约束，D－PPDS 中拉格朗日乘数的迭代过程如图 7－26 所示。由于初始化方法不同，DRA1 的乘数与其他聚合商的乘数差别较大。D－PPDS的精度在 29 次迭代后满足终止条件。通过增加迭代，可以提高 D－PPDS 的精度。

利用 Matlab 进行了优化编程。运行环境为 Intel i7－7500 m 2.7 GHz 处理器，内存为 8 GB RAM。保留图 7－26 的所有其他模拟设置。通过仿真比较了不同初始值下

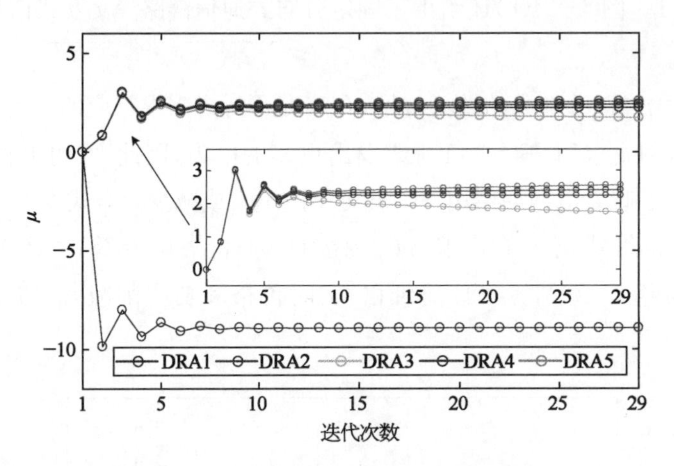

图 7-26　D-PPDS 算法乘数 μ 收敛过程

D-PPDS的收敛速度，如表7-8所示，根据仿真结果，初始值越接近最优值，迭代次数越小，计算时间越短。值得注意的是，不同的初始值可以很快收敛到一定的精度，其收敛速度是相似的。因此，该算法对初始值的选择不敏感。

表 7-8　不同初始值选择下的收敛速度

数　目	x_i 初始区间	迭代次数	时间/s
1	[−100, …, −100]	32	0.140 285
2	[−50, …, −50]	31	0.136 727
3	[0, …, 0]	29	0.129 613
4	[50, …, 50]	28	0.126 055
5	[100, …, 100]	28	0.125 705

为了验证书中提出的不完全信息全局优化算法的优越性，将D-PPDS的分布式调度结果与通用分布式算法(ADMM)进行了比较，如图7-27所示。

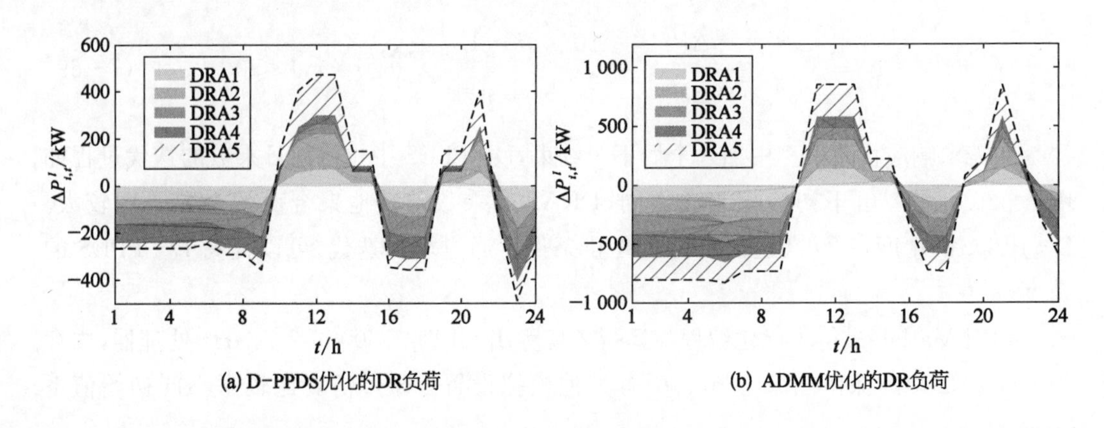

(a) D-PPDS优化的DR负荷　　(b) ADMM优化的DR负荷

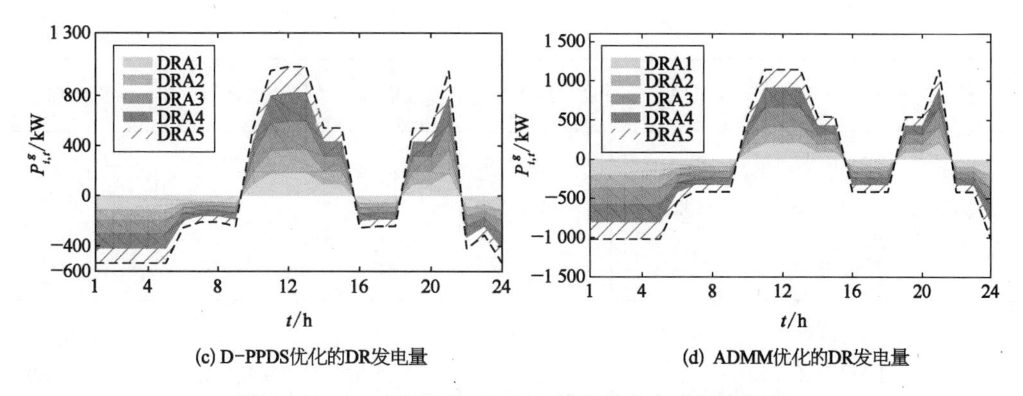

(c) D-PPDS优化的DR发电量　　(d) ADMM优化的DR发电量

图 7-27　D-PPDS 和 ADMM 算法的分布式调度结果

D-PPDS 利用扰动点的局部估计来估计预设的 DR 约束。然而，ADMM 只能处理信息不完整的局部约束，而全局约束则无法由 ADMM 解决。因此，在某些时段内，D-PPDS 优化的负荷响应和发电响应与 ADMM 的优化结果有所不同。

2）分布式需求响应优化对比分析

为了验证 D-PPDS 在分布式需求响应优化中的有效性，对 D-PPDS，C-PDS 和传统算法 ADMM[12,13] 的优化结果和其需求响应收益进行了比较。此外，验证了在线逆优化辨识对提高分布式需求响应优化精度的影响。

表 7-9 显示了在 5 个场景中 C-PDS 和 D-PPDS 的分布式需求响应优化结果的比较。由于集中式的方法可以访问所有信息，并且获得完整的优化问题，因此集中式方法可以搜索最优解。C-PDS 的最优性已在先前的研究[28,29]中得到证实。实际上，在仿真的 24 个全部中场景，分布式 DR 的优化结果非常接近最优解。所有场景的最大误差为 1.11%，这意味着 D-PPDS 可作为趋优需求响应的替代方案。

表 7-9　C-PDS 和 D-PPDS 的需求响应结果比较

T	算　法	DRA1	DRA2	DRA3	DRA4	DRA5
1	C-PDS	−148.26	−113.29	−191.38	−179.16	−161.04
	D-PPDS	−147.16	−112.90	−190.82	−177.22	−159.94
	误差	0.65%	0.43%	0.29%	0.11%	0.68%
2	C-PDS	−150.36	−114.91	−193.82	−180.25	−159.62
	D-PPDS	−148.96	−114.51	−191.75	−178.33	−158.07
	误差	0.93%	0.36%	1.07%	1.07%	0.97%
3	C-PDS	161.499	181.118	200.938	216.127	302.404
	D-PPDS	161.714	179.739	199.715	215.782	300.382
	误差	0.13%	0.76%	0.61%	0.16%	0.67%

续 表

T	算　法	DRA1	DRA2	DRA3	DRA4	DRA5
4	C-PDS D-PPDS	−88.183 −88.259	−115.278 −114.928	−129.367 −129.904	−128.162 −128.287	−139.631 −139.009
	误差	0.086%	0.30%	0.42%	0.12%	0.46%
5	C-PDS D-PPDS	−85.794 −85.258	−124.491 −123.538	−119.351 −119.045	−115.739 −115.553	−154.596 −153.189
	误差	0.62%	0.77%	0.26%	0.16%	0.91%

分别采用本章提出的在线逆优化、离线最小二乘拟合模型辨识和基于数据驱动的在线分类器学习辨识某真实样本数据，再分别将辨识后的模型应用于某真实运行日来比较模型的准确度。根据图 7-28 的结果可知，离线辨识由于无法随时间更新，辨识出的模型误差较大，在线辨识的精准度均较高，在线逆优化模型准确性略优于在线分类器学习，但是由于机器学习无法得到确定的数据模型，其"黑盒"模型无法用于后续的分布式需求响应优化。而离线辨识的精确性不满足要求，因此离线辨识方法和在线机器学习方法均不适用于本章的应用场景。

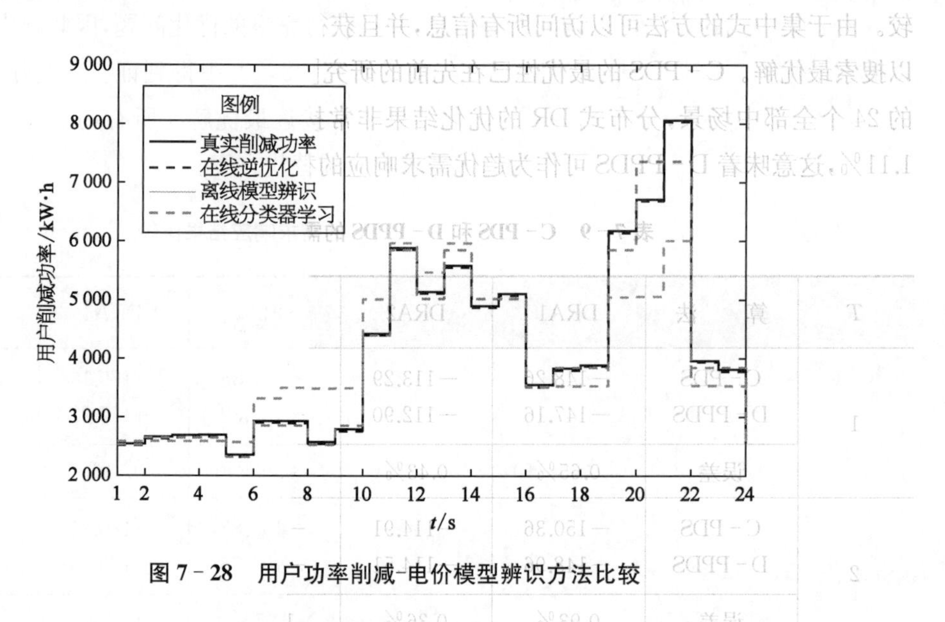

图 7-28　用户功率削减-电价模型辨识方法比较

虽然局部约束可以通过 ADMM 算法实现，但是 ADMM 不能处理不完全信息下的全局不等约束。D-PPDS 使用扰动点的局部估计来估计全局不等约束的执行情况，取得了不俗的效果。

为了分析具有考虑在线逆优化的 D-PPDS、不采用在线逆优化的 D-PPDS 和

ADMM 的需求响应调度结果，对以上算法优化的需求响应调度功率和收益进行了比较。未超过响应需求的功率由实时价格结算，而超过需求的功率按照日前价格结算。详细的比较分别如图 7－29、图 7－30 所示。

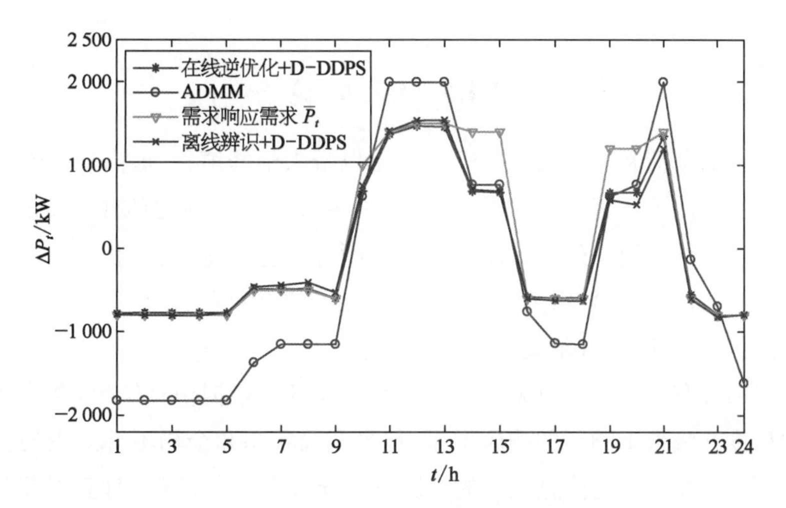

图 7－29　D－PPDS 与 ADMM 算法调度结果比较

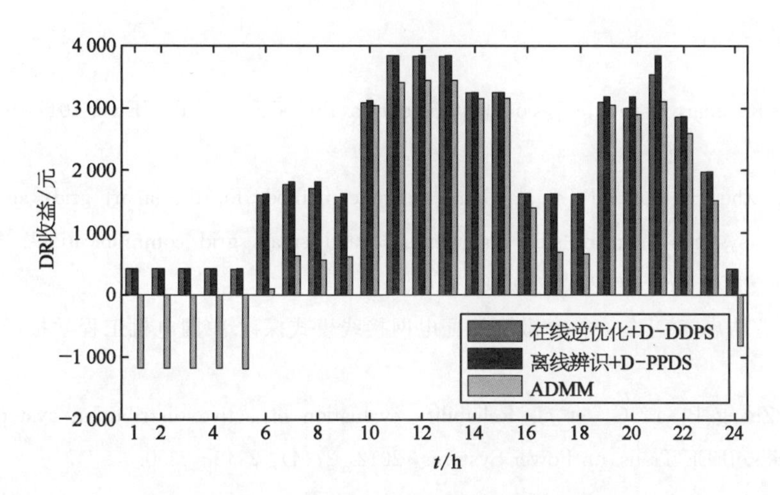

图 7－30　D－PPDS 与 ADMM 算法调度收益比较

从图 7－30 中可以看出，由于 ADMM 仅可以根据辅助问题原则将全局等式约束分解为多个边界耦合约束，不仅迭代计算效率低，且无法较好地处理全局不等约束，因而计算得到的响应功率有时会超过目标需求削减/增量，而 D－PPDS 优化的响应功率从不违反调度给出的不等约束。考虑在线逆优化与离线辨识的 D－PPDS 算法的差异相对较小。

另一方面，在图 7－30 中，相比于传统的离线辨识，考虑在线逆优化的 D－PPDS 可以获得最大需求响应利润。由于弹性参数辨识精度的提高，考虑在线优化的需求响应利润比不考虑在线优化的方案高出 1.83％。这是由于传统模型驱动的算法一般无法实时在线更新，不完全的信息分析会导致需求响应利润下降39.03％，这显示出在线逆优化在参数辨识方面的优越性。由于未能满足预定的约束条件，超过响应需求的部分只能按照日前价格结算，这导致了ADMM算法收益明显较差，ADMM算法的收益在偏离约束较多的时刻甚至会降低到负值。

7.4.6 结　论

对用户侧可调负荷和发电的激励性补贴可以带来削峰填谷、提高稳定性、延迟投资、促进可再生能源利用等显著收益。本章提出了一种基于多代理的具有全局不等约束的需求响应优化方法。针对用户分布式需求响应模型进行逆优化，在线获取较为精确的用户弹性参数。分布式优化中，采用离散奇异一致算法更新价格辅助变量。并设计D-PPDS算法使分布式优化中的DRA满足全局不等约束。

本书提出的分布式需求响应策略由实际系统验证。根据仿真结果，在线逆优化可提高参数辨识精度并带来1.83％的响应增量，包含全局状态和全局不等约束的分布式需求响应优化问题可以在不完全信息交互的情况下以分布式方式求解。计算误差与集中式最优求解相比最大不超过1.11％。

参考文献

[1] Lasseter R. Smart distribution: coupled microgrids. Proceedings of the IEEE. 2011, 99(6): 1074-1082.

[2] Saad W, Zhu H, Poor H, et al. Game-theoretic methods for the smart grid: an overview of microgrid systems, demand-side management, and smart grid communications. IEEE Signal Processing Magazine, 2012, 29(5): 86-105.

[3] 缪源诚，程浩忠，龚小雪，等.含微网的配电网接线模式探讨.中国电机工程学报，2012，32(1)：17-23.

[4] Bie Z, Zhang P, Li G, et al. Reliability evaluation of active distribution systems including microgrids. IEEE Trans. on Power Systems, 2012, 27(4): 2342-2350.

[5] Hatziargyriou N. Advanced architectures and control concepts for more microgrids. ICCS, 2009.

[6] Kumar N, Doolla S. Multiagent-based distributed energy-resource management for intelligent microgrids. IEEE Trans. on Industrial Electronics, 2013, 60(4): 1678-1687.

[7] Nunna H, Doolla S. Demand response in smart distribution system with multiple microgrids. IEEE Trans on Smart Grid, 2012, 3(4): 1641-1649.

[8] MARTINIL. Tends of smart grids development as fostered by European research coordination: the contribution by the EERAJP on smart grids and the ELECTRAIRP //Proceedings of International Conference on Power Engineering, Energy and Electrical Drives, Milan, Italy, September 14, 2015: 8.

[9] 王杨，万凌云，胡博，等.基于孤岛运行特性的微电网可靠性分析.电网技术，2014，39(9)：2381-

2385.

[10] Yuen C, Oudalov A, Timbus A. The provision of frequency control reserves from multiple microgrids. IEEE Trans. on Industrial Electronics, 2011, 58(1): 173 - 183.

[11] Liu X, Wu J, Jenkins N, et al. Combined analysis of electricity and heat networks. Applied Energy, 2016, 162: 1238 - 1250.

[12] BDI initiative. Internet of energy ICT for energy markets of the future, BDI No. 439. Berlin: Federation of German Industries, 2008.

[13] 张毅威,丁超杰,闵勇,等.欧洲智能电网项目的发展与经验.电网技术,2014,38(7): 1717 - 1723.

[14] NAKANISHIH. Japan's approaches to smart community. [2014 - 10 - 09]. http: //www.ieee-smart grid comm. org/2010/downloads/Keynotes/nist.pdf.

[15] Martini L. Trends of smart grids development as fostered by European research coordination: The contribution by the EERA JP on smart grids and the ELECTRA IRP. 2015 IEEE 5th International Conference on Power Engineering, Energy and Electrical Drives (POWERENG), Riga, 2015: 23 - 30.

[16] Morch, Andrei Z, et al. Future control architecture and emerging observability needs. Power Engineering, Energy and Electrical Drives (POWERENG), 2015 IEEE 5th International Conference on. IEEE, 2015.

[17] Syed M H, et al. Demand side participation for frequency containment in the web of cells architecture. Smart Electric Distribution Systems and Technologies (EDST), 2015 International Symposium on. IEEE, 2015.

[18] Xu Y, Li Z. Distributed optimal resource management based on the consensus algorithm in a microgrid. IEEE Trans. on Industrial Electronics, 2014, 4(62): 2584 - 2592.

[19] Wang D, Ge S, Jia H, et al. A demand response and battery storage coordination algorithm for providing microgrid tie-line smoothing services. IEEE Trans. on Sustainable Energy, 2014, 5(2): 476 - 486.

[20] Lv T, Ai Q. Interactive energy management of networked microgrids-based active distribution system considering large-scale integration of renewable energy resources. Applied Energy, 2016, 163: 408 - 422.

[21] Binetti G, Davoudi A, Lewis F L, et al. Distributed consensus-based economic dispatch with transmission losses. IEEE Trans. on Power Syst. 2014, 29(4): 1711 - 1720.

[22] de Azevedo R, Cintuglu M H, Ma T, et al. Multiagent-based optimal microgrid control using fully distributed diffusion strategy. IEEE Trans. on Smart Grid, 2017, 8(4): 1997 - 2008.

[23] Shafiee Q, Nasirian V, Vasquez J C, et al. A multi-functional fully distributed control framework for AC microgrids. IEEE Trans. on Smart Grid, 2016, 99: 1 - 3.

[24] Boyd S, Parikh N, Chu E, et al. Distributed optimization and statistical learning via the alternating direction method of multipliers. in Foundations and Trends in Machine learning, 2011, 3(1): 1 - 122.

[25] Ma W J, Wang J, Gupta V, et al. Distributed energy management for networked microgrids using

online ADMM with regret. IEEE Trans. on Smart Grid，2018，9(2)：847－856.
[26] 艾芊，郝然.多能互补，集成优化能源系统关键技术及挑战.电力系统自动化，2018，42(4)：2－10.
[27] 殷爽睿，艾芊，曾顺奇，等.能源互联网多能分布式优化研究挑战与展望.电网技术，2018，42(5)：1359－1369.
[28] 艾欣，赵阅群，周树鹏.空调负荷直接负荷控制虚拟储能特性研究.中国电机工程学报，2016，36(6)：1596－1603.
[29] 谢俊，陈星莺.激励相容的输配分开电力市场竞价机制初探.电网技术，2006，30(8)：60－64.
[30] 王晛，王留晖，张少华.风电商与 DRDRA 联营对电力市场竞争的影响.电网技术，2018，42(1)：110－116.
[31] Li C，Yu X，Yu W，et al. Efficient computation for sparse load shifting in demand side management. IEEE Transactions on Smart Grid，2017，8(1)：250－261.
[32] Lu T，Wang Z，Wang J，et al. A data-driven stackelberg market strategy for demand response-enabled distribution systems. IEEE Transactions on Smart Grid，2018.
[33] Yu M，Hong S H. A real-time demand-response algorithm for smart grids：a stackelberg game approach. IEEE Trans. Smart Grid，2016，7(2)：879－888.
[34] 王凌云，胡兴媛，李昇.基于多代理的实时电价机制下微网需求侧协同调控优化.电力系统保护与控制，2019，47(5)：69－76.
[35] Hao R，Ai Q，Zhu Y，et al. Decentralized self-discipline scheduling strategy for multi-microgrids based on virtual leader agents. Electric Power Systems Research，2018，164：230－242.
[36] 张禹森，孔祥玉，孙博伟，等.基于电力需求响应的多时间尺度家庭能量管理优化策略.电网技术，2018，6：1811－1819.
[37] 史林军，史江峰，杨启航，等.基于分时电价的家庭智能用电设备的运行优化.电力系统保护与控制，2018，46(24)：88－95.
[38] Zhu M，Martínez S. On distributed convex optimization under inequality and equality constraints. IEEE Transactions on Automatic Control，2012，57(1)：151－164.
[39] Latifi M，Khalili A，Rastegarnia A，et al. Fully distributed demand response using the adaptive diffusion-stackelberg algorithm. IEEE Transactions on Industrial Informatics，2017，13(5)：2291－2301.
[40] Tsai S C，Tseng Y H，Chang T H. Communication-efficient distributed demand response：a randomized ADMM approach. IEEE Transactions on Smart Grid，2017，8(3)：1085－1095.
[41] 卫志农，季聪，孙国强，等.含 VSC—HVDC 的交直流系统内点法最优潮流计算.中国电机工程学报，2012，32(19)：89－95.
[42] Deng R，Xiao G，Lu R，et al. Fast distributed demand response with spatially and temporally coupled constraints in smart grid. IEEE Transactions on Industrial informatics，2015，11(6)：1597－1606.
[43] Moghaddam M H Y，Leon-Garcia A，Moghaddassian M. On the performance of distributed and cloud-based demand response in smart grid. IEEE Transactions on Smart Grid，2017.
[44] Kong P Y. Wireless neighborhood area networks with QoS support for demand response in smart

grid. IEEE Transactions on Smart Grid，2016，7(4)：1913 - 1923.

[45] Morstyn T，Savkin A V，Hredzak B，et al. Multi-agent sliding mode control for state of charge balancing between battery energy storage systems distributed in a DC microgrid. IEEE Transactions on Smart Grid，2018，9(5)：4735 - 4743.

[46] Hao R，Jiang Z，Ai Q，et al. Hierarchical optimisation strategy in microgrid based on the consensus of multi-agent system. IET Generation，Transmission & Distribution，2018，12(10)：2444 - 2451.

[47] Xu J，Sun H，Dent C J. ADMM-based Distributed OPF Problem Meets Stochastic Communication Delay. IEEE Transactions on Smart Grid，2018.

[48] Ma W J，Wang J，Gupta V，et al. Distributed energy management for networked microgrids using online ADMM with regret. IEEE Transactions on Smart Grid，2018，9(2)：847 - 856.

[49] Yang P，Tang G，Nehorai A. A game-theoretic approach for optimal time-of-use electricity pricing. IEEE Transactions on Power Systems，2013，28(2)：884 - 892.

[50] 李佩杰，陆镛，白晓清，等.基于交替方向乘子法的动态经济调度分散式优化.中国电机工程学报，2015,35(10)：2428 - 2435.

[51] Meng F L，Xi J X，Shi Z Y，et al. Admissible output consensus control for singular swarm systems. International Journal of Systems Science，2016，47(7)：1734 - 1744.

[52] Margellos K，Oren S. Capacity controlled demand side management：a stochastic pricing analysis. IEEE Transactions on Power Systems，2016，31(1)：706 - 717.

[53] Nedic A，Ozdaglar A，Parrilo P A. Constrained consensus and optimization in multi-agent networks. IEEE Transactions on Automatic Control，2010，55(4)：922 - 938.

[54] Mateos-Núnez D，Cortés J. Distributed saddle-point subgradient algorithms with Laplacian averaging. IEEE Transactions on Automatic Control，2017，62(6)：2720 - 2735.

[55] Zabotin I Y. A subgradient method for finding a saddle point of a convex-concave function. Issled. Prikl. Mat，1988，15：6 - 12.

[56] Disfani V R，Fan L，Piyasinghe L，et al. Multi-agent control of community and utility using Lagrangian relaxation based dual decomposition. Electric Power Systems Research，2014，110：45 - 54.

[57] Chang T H，Nedi A，Scaglione A. Distributed constrained optimization by consensus-based primal-dual perturbation method. IEEE Transactions on Automatic Control，2014，59(6)：1524 - 1538.

第8章

虚拟电厂的优化运行

虚拟电厂(VPP)是当今电力行业最具创新性的领域,目前很多“能源互联网”、“智慧能源”、“互联网+”等概念工程都可以见到虚拟电厂的影子[1]。虚拟电厂是对分布式能源接入电网进行有效管理的重要形式,而微电网作为一种广义分布式能源,其集群运行方式可视为虚拟电厂的特殊形态。虚拟电厂的发展将推动能源(特别是电力)技术、管理、体制和商业模式的一系列变革与创新,而分布式能源“产消者”(生产者与消费者合一)的出现、“智慧低碳社区”的建设,将带来微电网的发展,意义不可低估。

本章从虚拟电厂的角度分析微电网群的协同扩展运行模式,首先介绍了虚拟电厂的基本概念及其与微电网的联系,其次阐述了虚拟电厂中所运用的多代理技术、区块链技术、物联网技术等关键技术,最后分析了以微电网群为基础的虚拟电厂集成优化运行策略。

8.1 虚拟电厂的定义

虚拟电厂主要有以下几类定义:① 虚拟电厂是一系列分布式能源的集合,以传统发电厂的角色参与电力系统的运行[2];② 虚拟电厂是对电网中各种能源进行综合管理的软件系统[3];③ 虚拟电厂也包括能效电厂,通过减少终端用电设备和装置的用电需求的方式来产生“富余”的电能,即通过在用电需求方安装一些提高用电效能的设备,达到建设实际电厂的效果[4];④ 在能源互联网建设提出之后,虚拟电厂可以看成是可以广域、动态聚合多种能源的能源互联网。但以上定义的共同点都是通过将大量的分布式能源聚合后接入电网。

综上所述,虚拟电厂可定义为:由可控机组、不可控机组(风、光等分布式能源)、储能设备、负荷、电动汽车、通信设备等聚合而成,并进一步考虑需求响应、不确定性等要素,通过与控制中心、云中心、电力交易中心等进行信息通信,实现与大电网的能量交互。总而言之,虚拟电厂可以认为是分布式能源的聚合并参与电网运行的一种形式。虚拟电厂的框架如图8-1所示。

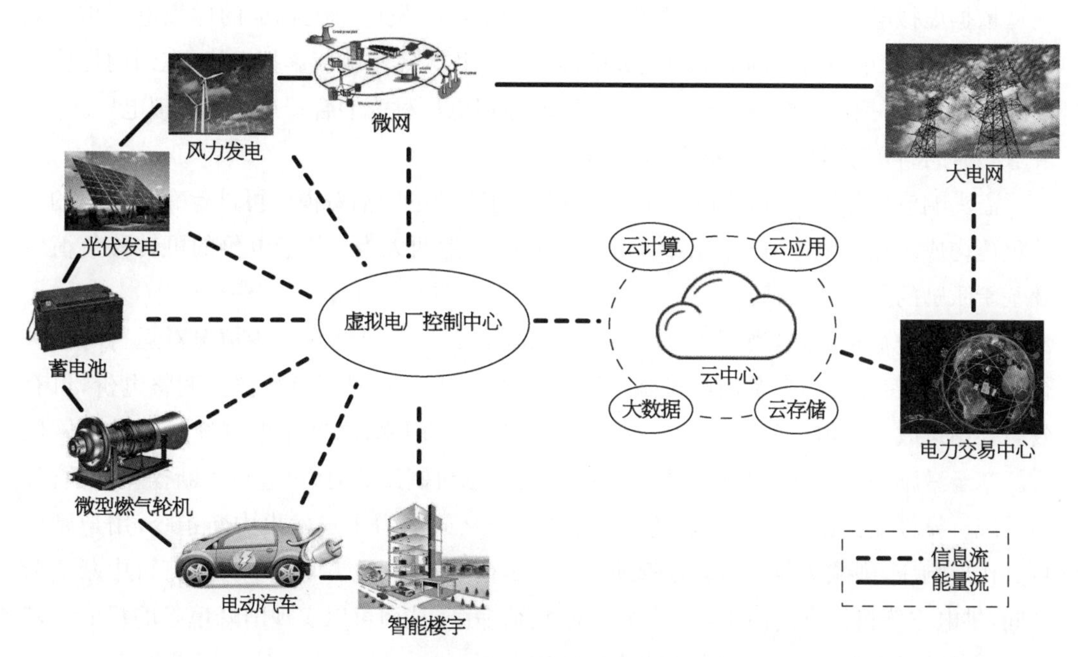

图 8－1　虚拟电厂框架

8.1.1　虚拟电厂的组分和类别

虚拟电厂主要由发电系统、储能设备、通信系统 3 部分构成。

(1) 发电系统主要包括家庭型分布式能源(DDG)和公用型分布式能源(PDG)。DDG 的主要功能是满足用户自身负荷。如果电能盈余，则将多余的电能输送给电网；如果电能不足，则由电网向用户提供电能。典型的 DDG 系统主要是小型的分布式能源，为个人住宅、商业或工业分部等服务。PDG 主要是将自身所生产的电能输送到电网，其运营目的就是出售所生产电能。典型的 PDG 系统主要包含风电、光伏等容量较大的新能源发电装置。

(2) 能量存储系统可以补偿分布式能源发电出力波动性和不可控性，适应电力需求的变化，改善分布式能源波动所导致的电网薄弱性，增强系统接纳分布式能源发电的能力和提高能源利用效率。

(3) 通信系统是虚拟电厂进行能量管理、数据采集与监控、与电力系统调度中心通信的重要环节。通过与电网或者与其他虚拟电厂进行信息交互，虚拟电厂的管理更加可视化，便于电网对虚拟电厂进行监控管理。

随着虚拟电厂概念的发展，负荷也成为虚拟电厂的基本组成之一。用户侧负荷与发电能力、电网传输能力一样，可以进行动态调度管理，有助于平抑分布式能源间歇性、维持系统功率平衡、提升分布式能源利用效率，实现电网和用户的双向互动。需求响应是负荷实现调度的有效手段。

依据虚拟电厂涵盖的内部资源类型，可分为：纯由发电单元构成的虚拟电厂称为供应侧虚拟电厂；单纯由可调整负荷构成的虚拟电厂称为需求响应虚拟电厂，在国内也称为能效电厂；同时拥有发电单元和可调整负荷的虚拟电厂称为混合资产类型虚拟电厂。

1）需求响应虚拟电厂（DR-based VPP）

需求响应虚拟电厂，由受电力用户主导，通过改变电力消费模式可进行有效调整的可控负荷构成。按照响应方式的不同，可控负荷可分为两大类：基于电价的可转移负荷以及基于激励的可中断负荷[10]。

可转移负荷指的是，当VPP接收到市场价格信号时，可针对电价情况对运行时段进行调整，且保持运行功率及用电量基本不变的负荷。VPP根据负荷情况调整电价，可有效引导用户改变用电行为，提高用电低谷时段电能利用率，降低用电高峰时段的电网压力。基于激励的可中断负荷指的是，当VPP受激励机制影响时，可进行中断操作的负荷。当系统可靠性受到影响或用电量达到峰值时，VPP向电力用户发出中断指令，用户则应自觉作出响应，削减负荷。为有效管理可中断负荷，需要用电方与供电方签订可中断负荷合同，供电方依据该合同向用电方传达中断负荷命令，从而可以实现削峰填谷的目的。基于激励的VPP通过向需求侧用户供电获取收益，并在削减负荷时对需求侧进行经济补偿。

需求响应虚拟电厂的合理调度，有利于资源的利用最大化，但因不含发电单元，无法自主供电，且可控负荷主要受电力用户主导，而电力用户的决策与多种因素有关。当外部环境发生变化、电力用户获取的信息不完全以及对信息的决策处理能力出现偏好性、局限性等情况时，会导致电力用户无法作出理性选择，使可控负荷的变化出现偏差，所以仅可配合其他电厂供电，实现辅助功能。

2）供应侧虚拟电厂（supply-side VPP）

供应侧虚拟电厂主要由分布式发电机组、分布式储能装置、可直接控制的取暖及空调装置等组成。当系统处于用电低谷或用电高峰时段时，通过合理调整机组出力或储能装置的充放电过程，改变电力供应情况，进而适应需求侧的电力需求，并提高电能的利用率以及电力系统供电的稳定性。

供应侧虚拟电厂由于配置了发电单元，可快速跟踪负荷变化，实现独立自主供电。但供应侧虚拟电厂忽略了需求侧电力用户的电力消费模式的改变，将需求侧负荷视为固定负荷，单纯通过发展电力供应侧来满足逐渐增长的电力需求。在供电压力过大时，可能会导致系统失稳，危及电力系统平衡；在处于用电低谷时段时，则可能造成不必要的能源浪费，不符合目前倡导绿色发电的大环境，或使部分机组停机，无法实现发电单元资源的有效利用。

3）混合资产虚拟电厂（mixed asset VPP）

混合资产虚拟电厂由分布式发电机组、储能及可控负荷等资源共同组成，通过能量管理系统的优化控制，实现更为安全、可靠、清洁的供电。

其中，分布式发电机组及储能设备，能够实现独立发电，保证电力供应侧的持续供电，可调整负荷则可作为供电单元的补充资源，实现对电力用户用电行为的合理引导。通过将两者进行合理整合及灵活调度，可有效缓解供电高峰时期的供电压力，并充分利用供电低谷时期的多余电能，实现能源利用最大化，并有助于维持电力供需平衡，实现供用电整体效益的最大化。

8.1.2　虚拟电厂的功能特征

虚拟电厂实现的功能主要从其商业性和技术性的角度考虑，具体可分为商业型虚拟电厂(CVPP)和技术型虚拟电厂(TVPP)。

1）商业型虚拟电厂

CVPP 从商业收益的角度出发，不考虑配电网的影响，对用户需求和发电潜力进行预测，将虚拟电厂中的分布式能源接入电力市场中，以优化和调度用电量，是分布式能源投资组合的一种灵活表述。这种方法可以降低分布式能源在市场上单独运作所面临的失衡风险，又可以使分布式能源通过聚合提供多样性的资源，在市场中获得规模的经济效益，并获取电力市场的信息，从而最大限度地增加收益机会。

CVPP 的输入与输出如图 8 - 2 所示。

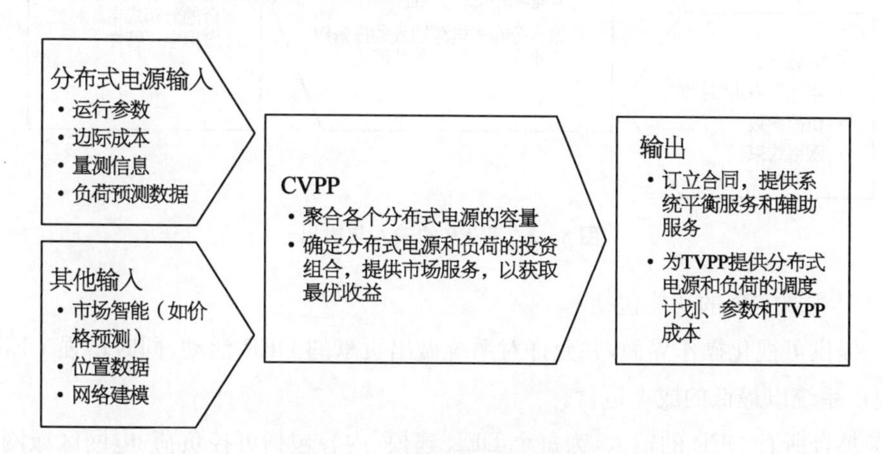

图 8 - 2　CVPP 的输入与输出

每个在 CVPP 组合的 DER 提交资料，说明其运行参数、边际成本等特点。这些输入汇集到单一的 VPP 并创建文件，每个文件都代表了每一个投资组合的 DER 的结合能力。

CVPP 主要实现的功能包括：

(1) 规划应用模拟所有有关能量和传播流动的费用、收益和约束。根据设定的电力交易时段，如 15，30 min 或 1 h 的时间分辨率，考虑到 1～7 天的情况。规划功能根据人工输入或自动开启进行循环操作(比如一天一次或者一天多次)。

(2) 负荷预测。提供多种类型负荷的预测计算。其中所需的基本数据是在规划功能中决定的时间分辨率范围内的连续的历史测量负荷值。负荷预测建立分段线性模型来模拟影响功能变化的行为，比如，星期几、天气变化或者工业负荷的生产计划等。模型方程系数每天在有新的测量值时循环计算。

(3) 根据市场情报，优化潜在收入的有价证券，制作合同中的电力交换和远期市场，控制经营成本，并提交 DER 进度、经营成本等信息至系统运营商。

(4) 编制交易计划、确定市场价格、实现实时市场交易。

2) 技术型虚拟电厂

TVPP 从系统管理的角度出发，由分布式能源和可控负荷共同组成，考虑分布式能源聚合对本地网络的实时影响，可以看成是一个带有传输系统的发电厂，具有与其他与电网相连的电厂相同的表征参数。TVPP 主要为系统管理者提供可视化的信息，优化分布式能源的运行，并根据当地电网的运行约束提供配套服务。

TVPP 的输入与输出如图 8－3 所示。

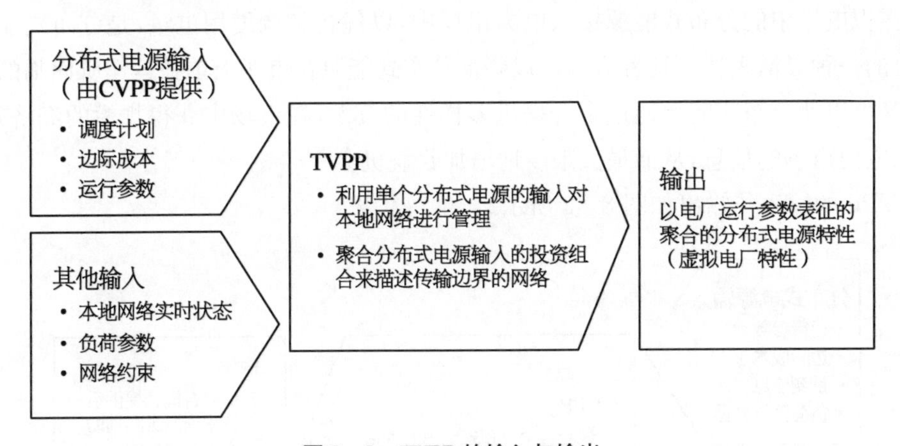

图 8－3　TVPP 的输入与输出

TVPP 主要实现的功能包括：

(1) 提供可视化操作界面，并允许对系统做出贡献的 DER 活动，同时增强 DER 的可控性，提供系统以最低的成本运营。

(2) 整合所有 DER 的输入，为每个 DER 建模(内容包括可控负荷、电网区域网络、变电站操作等)。

(3) 提供发电管理，监督虚拟电厂所有的发电和存储机组，根据每个机组各自的控制方式(独立、人工、计划或控制)和机组参数(最小/最大能量输出、功率梯度、能量内容)，此功能通过命令界面计算和传输机组的实际状态(起动、在线、遥控、扰动)、机组的实际能量输出、机组起动/停止命令和机组能量设定点。而且，根据机组状态变化监督和发送信号给命令响应和设定点。如果有机组扰动，发电管理功能会根据环境变化，同时考虑到所有的限制条件，自行起动机组组合计算来强制重新计划其他剩下的机组。

(4) 在线优化和协调 DER。在线优化和协调功能将整体的功率校正值分配给在控制方式中运行的所有的单独的发电机组、储存机组和柔性负荷。分配算法根据以下的原则运行：首先，必须考虑机组的实际限制(如最小、最大功率，储存内容，功率调整限制等)。其次，整体功率校正值必须尽可能快地达到。再次，最便宜的机组应该首先用于控制操作中。这里的“最便宜”是以机组在其计划运行点附近所增加的电能控制费用作为参考依据。每个独立机组增加的功率控制费用根据各自的调度计划由机组组合功能计算出。每个机组各自的功率校正值输出到发电管理功能和负荷管理功能来实现。

(5) 提供柔性负荷管理。一个柔性负荷种类可以包括一个或多个有相同优先权的负荷组；这里负荷组是指可以完全用同一个开关命令开启或关闭的负荷。该功能根据负荷种类的控制方式(独立、计划或控制)和实际的开关状态，通过命令界面计算和传输实际控制状态、负荷组的实际能量消耗和允许的控制延迟时间以及所需的用于实现所有负荷种类设定点的开关控制(运用同一类负荷中负荷组的轮流减负荷)。由机组组合计算出的最优负荷计划作为操作方式“计划”和“控制”中的负荷控制基础。

(6) 负责制定发电时间表、限定发电上线、控制经营成本等。

(7) 控制和监督所有的发电机组、蓄能机组和柔性需求，同时也提供保持电力交换的能量关系的控制能力。

(8) 提供天气预测。如果虚拟电厂内部有当地天气情况测量设备，外部导入的数据和当地测量数据之间的差值可以使用移动平均校正算法来最小化。由此得到的最终值就作为其他规划功能的输入值。

(9) 提供发电预测和机组组合。发电预测功能依据预测的天气情况计算可再生能源的预计输出。预测算法可以是根据所给出的变换矩阵，两个天气变量到预计的能量输出的分段式线性转换。风速和风向到风力发电机组，光的强度和周围的温度到光电系统。转换矩阵可以根据机组技术特征和(或者)基于历史电能和天气测量值的评估，使用神经网络算法(在离线分析阶段)进行参数化。

3) 两类虚拟电厂间的配合

商业型虚拟电厂通常与传统发电机组相互配合，参与电力市场竞争，共同实现最优发电计划。而技术型虚拟电厂则将聚合后的资源提供给系统运营商，实现以最低成本维持系统平衡。两类虚拟电厂在电力市场中发挥的作用以及相互之间的联系如图8-4所示。

商业型虚拟电厂通过聚合各类分布式能源资源及需求响应资源，并结合网络状态等条件与传统机组共同参与电力市场交易中，同时商业型虚拟电厂也为技术型虚拟电厂提供资源信息、运行计划、运行参数等信息，技术型虚拟电厂接收到这些信息后利用其聚合的资源以及传统机组为输电系统提供服务。

4) 虚拟电厂与外部电网间的配合

由于虚拟电厂是各种分布式能源接入配电网，参与电力市场运行的中间者，虚拟电厂的优化调度问题不仅仅考虑内部的出力计划的制定，还要考虑虚拟电厂与外部电网之间的互动。虚拟电厂与外部电网的配合如图8-5所示。虚拟电厂与外部电网的配合机制可以分为3种。一是虚拟电厂扮演与传统发电厂同样的角色，由外部电网统一进行调度，

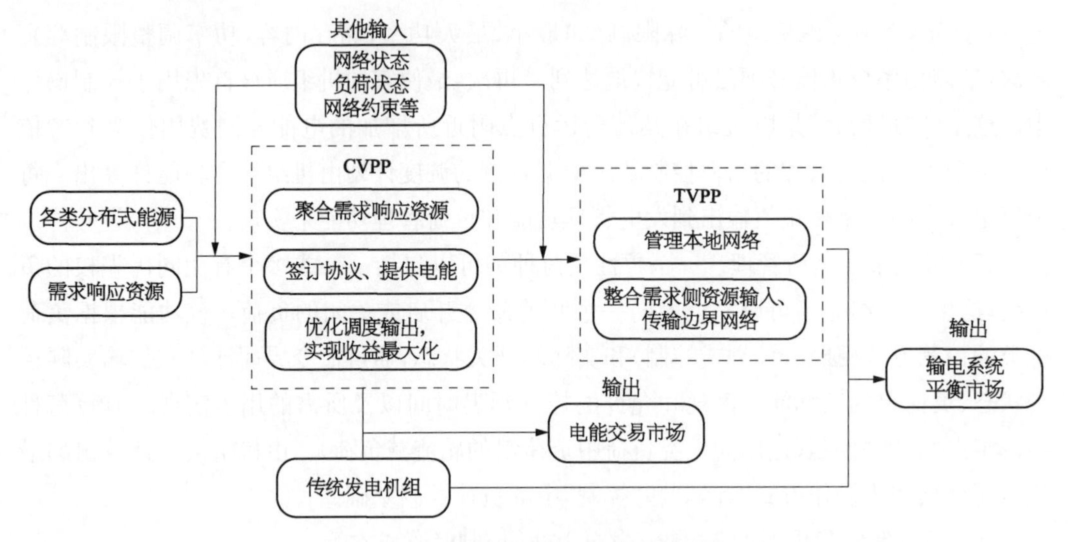

图 8-4　两类虚拟电厂的功能及联系

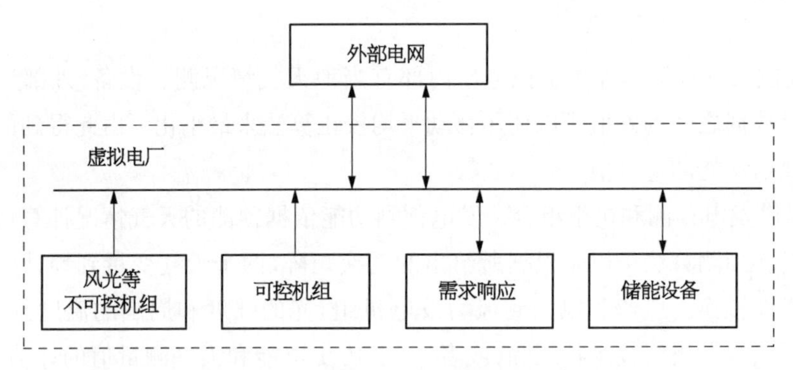

图 8-5　虚拟电厂与外部电网的配合

从而制定虚拟电厂的调度计划。二是虚拟电厂在外部电网与虚拟电厂完成联合调度后,外部电网确定虚拟电厂的出力,虚拟电厂根据外部电网优化的结果作为约束,再进行内部优化,制定虚拟电厂内部资源的出力计划。三是虚拟电厂先进行内部优化,制订内部优化计划后上报给外部电网,外部电网根据虚拟电厂上报的调度计划进行优化,制订电网的运行计划。

8.1.3　虚拟电厂与微电网的联系

虚拟电厂和微电网都是实现分布式能源接入电网的有效形式。虚拟电厂和微电网都是对分布式能源进行整合,若从定义角度对两者进行严格区分,一般存在以下几处不同:

第一,两者对分布式能源聚合的有效区域不同。微电网在进行分布式能源聚合时对地理位置的要求比较高,一般要求分布式能源处于同一区域内,就近进行组合。而虚拟电厂在进行分布式能源聚合时可以跨区域聚合。

第二,两者与配网的连接点不同。由于虚拟电厂是跨区域的能源聚合,所以与配网可能有多个公共连接点(PCC)。而微电网是局部能源的聚合,一般只在某一公共连接点接入配网。由于虚拟电厂与配网的公共连接点较多,在同样的交互功率情况下,虚拟电厂更能够平滑联络线的功率波动。

第三,两者与电网的连接方式不同。虚拟电厂不改变聚合的分布式能源的并网形式,更侧重于通过量测、通信等技术聚合。而微电网在聚合分布式能源时需要对电网进行拓展,改变电网的物理结构。

第四,两者的运行方式不同。微电网可以孤岛运行,也可以并网运行。虚拟电厂通常只在并网模式下运行。

第五,两者侧重的功能不同。微电网侧重于分布式能源和负荷就地平衡,实现自治功能。虚拟电厂侧重于实现供应主体利益最大化,具有电力市场经营能力,以一个整体参与电力市场和辅助服务市场。

但另一方面,当微电网并网运行时,若其运行特性能够通过有功/无功负载能力、出力计划、响应速度、备用容量、运行成本等常规电厂指标来衡量,利用软件控制及信息通信技术,实现参与电网调度和(或)电力市场交易的功能,那么微电网也可视为一种特殊的虚拟电厂。如果说单个微电网只需将微电网内部的各个元件进行统一集中管理,即仅考虑一个利益主体,与虚拟电厂一般处理多利益主体的环境不符,那么在针对微电网群这一研究对象时就不会存在该问题。微电网群并网运行时,每个微电网都可视为一种广义分布式能源,利用虚拟电厂技术,可以很好地实现对多个外特性不同的广义分布式电源的聚合,指导其为外部电网提供有效支撑,并可利用虚拟电厂的商业模式获利,从而实现微电网群的协调优化运行。

8.2　虚拟电厂关键技术

8.2.1　多代理技术

1) 多智能体系统(MAS)理论

多智能体系统的结构选择影响着系统的异步性、一致性、自主性和自适应性的程度,并决定信息的存储方式、共享方式和通信方式。系统结构中必须有共同的通信协议或传输机制。对特定的作用,应选择与其能力要求相匹配的结构。比较有名的多智能体结构如图8-6所示。[16~19]

图8-6(a)为网状结构。系统中的智能体采用点到点通信方式,结构简单易于实现,保密性好。该类多智能体的框架、通信和状态知识都是固定的。每个智能体必须知道应在什么时候把信息发送到什么地方去,系统中有哪些智能体是可以合作的,它们具有什么能力等。因此该类结构适合用于比较小的多智能体系统。

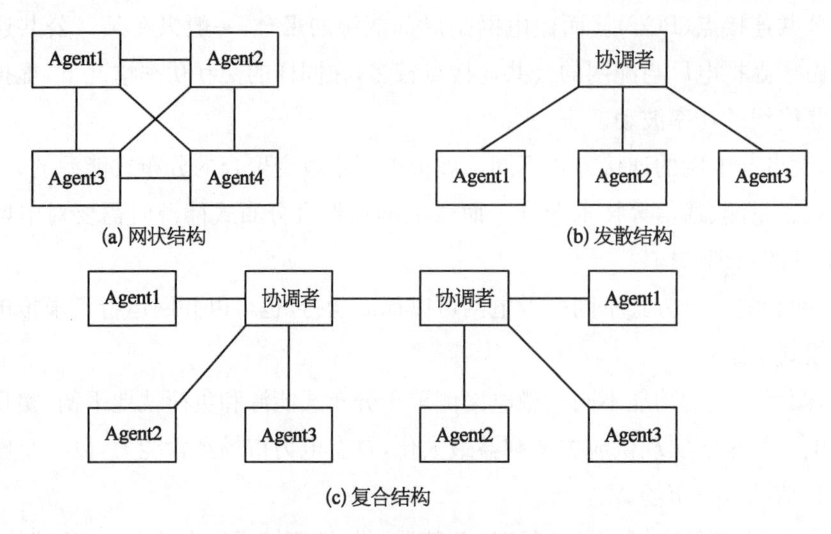

图 8-6　多智能体的结构

图 8-6(b)为发散结构。系统中采用的是协调者转发通信方式。协调者具有一定的管理者作用。适合大多数的多智能体系统。与之相类似的是黑板结构,在黑板结构中的局部智能体群的数据存储就是“黑板”,也就是说,智能体把信息放在可存取的黑板上,实现局部数据共享。黑板结构中的数据共享要求群体中的智能体具有统一的数据结构或知识表示,因而限制了多智能体系统中智能体的设计和建造的灵活性。

图 8-6(c)是一种复合结构。是系统中的多智能体组成的多智能体联盟,结构比较复杂。在该结构下,若干亲近的智能体通过协调者进行交互。当某智能体需要某种服务时,它就向其所在的局部智能体群体的助手智能体发出一个请求,该助手智能体以广播形式发送该请求,或者寻找请求与其他智能体能力进行匹配,一旦匹配成功就把该请求发给匹配成功的智能体。在这种结构中,一个智能体无需知道其他智能体的详细信息,比网络结构有较高的灵活性,适合用于大型多智能体系统。

由于在一般的大型 MAS 系统中,各个协调者之间的通信方式还是采用图 8-6(a)类似的系统并采用点对点通信,多个协调者连成网状结构。但是由于电力系统是一个超大的系统,如果还是采用图 8-6(c)所示的模式,由于协调者较多,所构成的网状结构比较复杂,程序的编制和系统的协调都难以实现。同时更难以体现电力系统分散控制的优点。

2) MAS 实现和关键技术

(1) MAS 平台开发。

多智能体系统在复杂动态实时环境下,由于受到时间、资源及任务要求的约束,需要在有限时间、资源的情况下,进行资源分配、任务调配、冲突解决等协调合作问题。因而多智能体系统中智能体间的协调与协作,成为系统完成控制或解决任务的关键。多个 Agent 只有分享信息、相互协调、共同承担任务才能构成一个有一定功能的、可以运转的系统。

在多智能体系统的范畴内,需要协调的是智能体之间的相互关系。协调模型就是要提供一个对智能体之间的相互作用进行表达的形式化框架。一般来说,协调模型要处理智能体的创建与删除、它们通信活动、在多智能体系统空间中的分布与移动、智能体行为随时间的同步与分布等。图 8-7 给出了一个常用的协调平台模型。

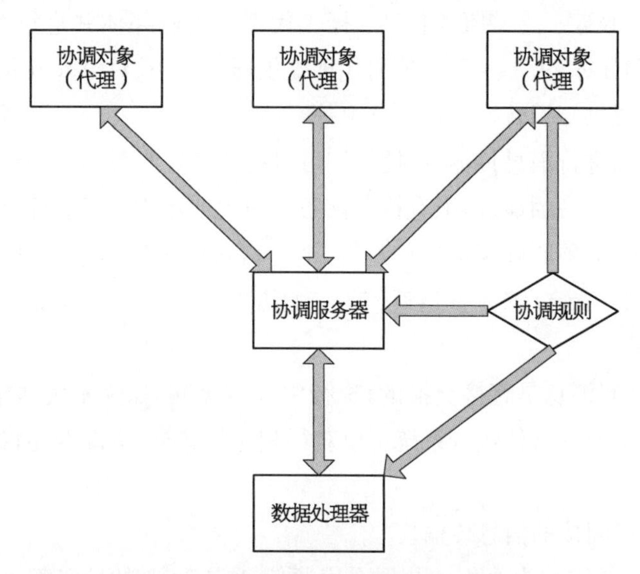

图 8-7　梯形多智能体常用协调模型

更加精确地说,图 8-7 中一个协调模型应该包括 3 个元素:

(A) 协调体。协调体是系统中的实体,它们之间的关系由协调模型规定和控制。协调体可以是进程、线程和对象等,在这里主要指各类智能体。

(B) 协调媒介。协调媒介是使智能体间相互作用成为可能的各类载体的统一抽象描述,也是协调体得以组织在一起的核心,如用于协调的信号灯、黑板、元组空间等都是支持智能体进行协调的协调媒介。典型的例子有信号灯、监视器、频道,更复杂的有元组空间、黑板和管道等。

(C) 协调规则。用于定义与协调体相互作用事件相对应的协调媒介的行为。这些规则可以用通信语言和协调语言进行定义,通信语言包含表达和交换数据结构的语法,协调语言是交互原语与语义的集合。

(2) MAS 通信语言标准。

一般采用 KQML(Knowledge Query and Manipulation Language)作为 Agent 之间的通信语言。KQML 定义了一种 Multi Agent 之间传递信息的标准语法以及一些"动作表达式",其中既包括消息格式又包括消息操作协议,规定了消息格式和消息传送系统,为 Multi Agent 系统通信和协作提供了一种通用框架[14]。

采用消息通信是实现灵活复杂的协调策略的基础,是 Agent 共享信息、决策全局性行为以及组织整个多 Agent 系统的保证。通信使得多 Agent 可以交换信息,并在此基础上协调动作和互相合作。

在虚拟发电厂内的多 Agent 系统中采用以下两种通信相结合的方式：

(A) 联邦系统通信与广播通信相结合(直接的信息传输)。

首先，各 Agent 之间的交互是通过联邦体来实现的，Agent 可以动态地加入联邦体，接受联邦体提供的服务。这些服务包括：接受代理加入联邦体并进行登记；记录加入联邦体的代理能力和任务；为加入联邦体的代理提供通信服务；对 Agent 提出的请求提供响应；在联邦体之间提供知识转换与消息路由等[23~26]。

其次，利用广播进行消息传输，广播机制可以把消息发给每个代理或一个组。一般情况下，发送者要指定唯一的地址，唯有符合该条件的代理才能够读取这个消息。为了支持协作策略，通信协议必须明确规定通信过程、消息格式和选择通信语言，另外一点是交换的知识，全部有关的 Agent 必须知道通信语言的语义。因而，消息的语义内容是分布式问题求解的核心问题。

由于两个代理间消息是直接交换的，执行中没有缓冲，如果不发送给它，该代理就不能读取。因此，为了保证其他代理系统可以获得相应的数据，本课题还将采用黑板系统进行补充。

(B) 黑板系统(间接的信息传输)。

通过一个共享的被称为黑板的数据仓库通信，所有必要的信息都可以张贴在黑板上供所有的 Agent 检索[16]。在本课题中黑板系统主要用于共享存储模式。黑板是一个 Agent 写入消息、公布结果并获取信息的全局数据库或知识库。它按照所研究的 Agent 问题划分为几个层次，工作于相同层次的 Agent 能够访问相应的黑板层以及邻近的层次。通过这种方法，各个 Agent 系统都可以获得足够的数据以保证自身 Agent 的控制和与其他 Agent 的协同控制。如果系统中的代理过多，那么黑板中的数据会成指数增加，为了优化处理，黑板可以为各个代理提供不同的区域。

(3) MAS 知识库模式。

知识库是知识工程中结构化、易操作、易利用和全面有组织的知识集群。它是根据某一(或某些)领域问题求解的需要，采用某种(或若干)知识表示方式在计算机存储器中存储、组织、管理和使用的互相联系的知识片集合。Agent 具有反应性，会根据一定的规则对环境作出反应，而规则指的就是知识库中的知识，Agent 的行为以及 Agent 间的交互都要以该知识库作为语义基础。知识库的抽象层次、表示方式和覆盖范围，决定了 Agent 的智能水平的级别。

3) 多代理技术典型应用场景

(1) MAS 在协调优化中的应用。

虚拟发电厂的广域分布性与分级按制的特点与 MAS 系统理论在形式上有很大的相似性，因此 MAS 系统理论应用于虚拟发电厂的协调优化调度有很好的可行性。根据 MAS 系统理论的观点，虚拟发电厂可看作是多个代理的聚合，作为一个特别的电厂参与电网运行。本节所采用的基于MAS的虚拟发电厂分层协调优化策略,如图8-8所示。根据面向对象的方法构建各级代理,在保证各代理自身安全性和最大利益的同时,兼顾多成员间的互补协同调度,实现多级能源优化协调,构建广域范围VPP,更大限度地消纳清洁能源。

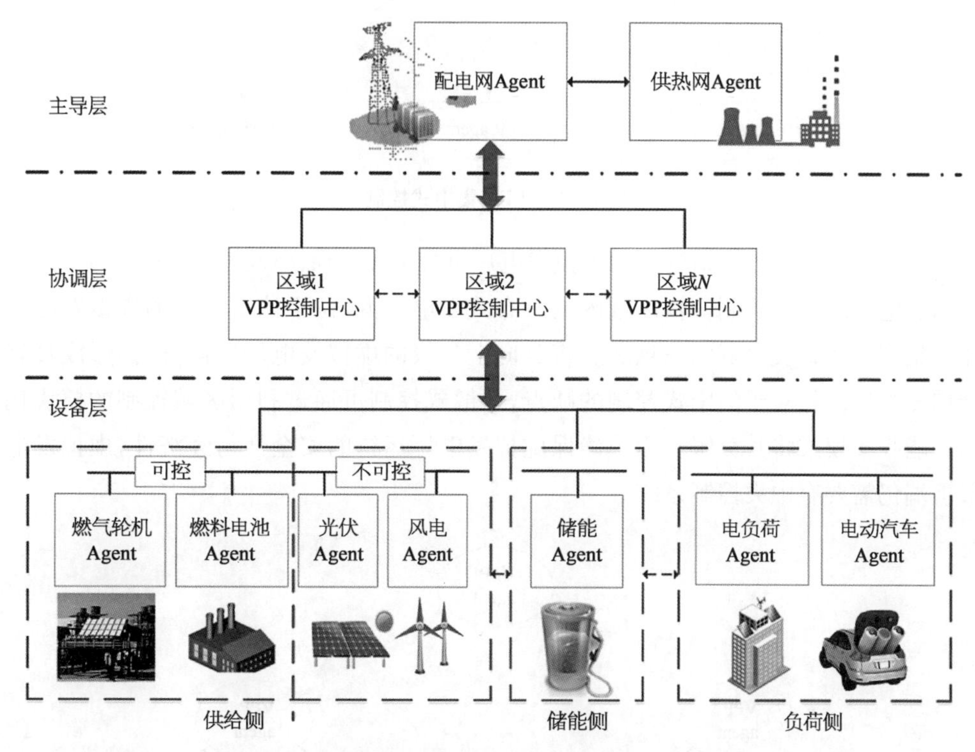

图8-8　基于MAS的虚拟发电厂分层协调优化策略

(A) 设备层：包括发电设备代理、储能元件代理和负荷侧代理。具备最佳发电/需求控制、信息储存、与其他代理信息传输等功能,能够及时响应上层代理下发的调度指令。

(B) 协调层：以VPP控制中心作为动态代理,负责区域内设备的状态监测、调度与控制,根据区域动态划分原则建立区域内各元件级代理的动态合作机制。能够综合下层Agent的信息,加权求解多目标优化,优先实现区域内的能量自治或电压控制等目标。可以根据电压等级扩展为两层或多层。

(C) 主导层：将配电网作为代理,通过与协调层代理的通信,实现多个VPP的跨区域协调及VPP与配电网之间的交互,实现全局优化调度,并支撑整个网络安全、可靠运行。

(2) MAS在运行控制中的应用。

MAS根据其结构及信息输送方式的不同,可分为3种不同的控制方式：

(A) 集中式控制。该结构下的虚拟发电厂要求多智能体系统对其所辖区域内分布式发电资源的信息完全掌握,同时多智能体系统操作设置需要满足该区域电力系统的各种需求(见图 8-9)。该控制结构下的虚拟发电厂在达到最优运行模式时有着很大的潜力,但往往受限于实际的运行情况,仅具有有限的可拓展性与兼容性。

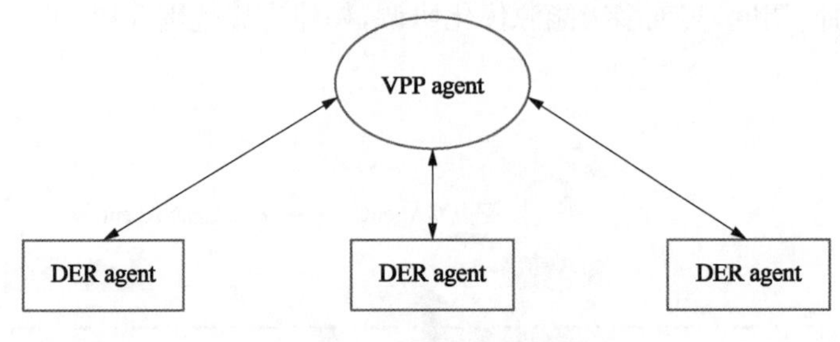

图 8-9 VPP 集中式控制

(B) 分布式控制。该结构下的虚拟发电厂可分为多个层次(见图 8-10),每个层级中的虚拟发电厂智能体控制所辖区域内的分布式发电资源,位于该层级中的虚拟发电厂智能体收集到分布式发电资源信息之后将其向上一级的虚拟发电厂反馈,进而形成具有层级结构的整体。相对于集中式控制的缺点,分散式控制可通过利用区域控制的模块化与信息智能收集模式将其克服。为了确保虚拟发电厂运行的安全性与经济性,虚拟发电厂的最顶端仍需要有中央控制系统。

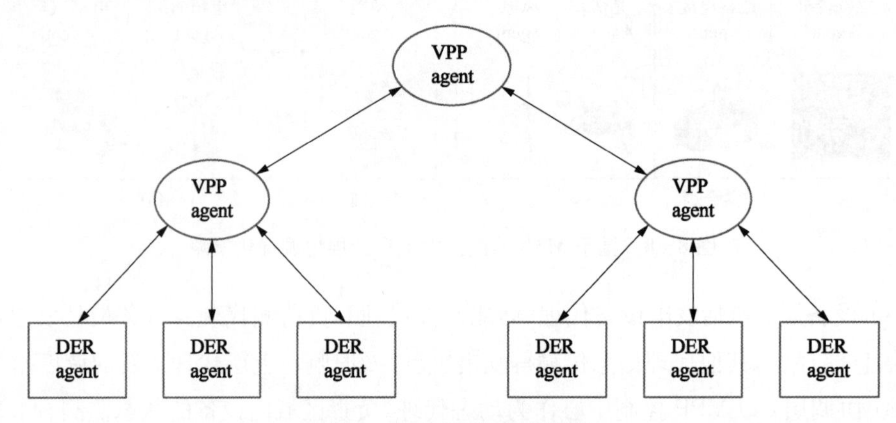

图 8-10 VPP 分布式控制

(C) 完全分布式控制。该结构下的多智能体结构(见图 8-11),可被看作是分布式控制结构的一种延伸。分布式控制中的中央控制系统由信息交换代理器代替。该信息交换

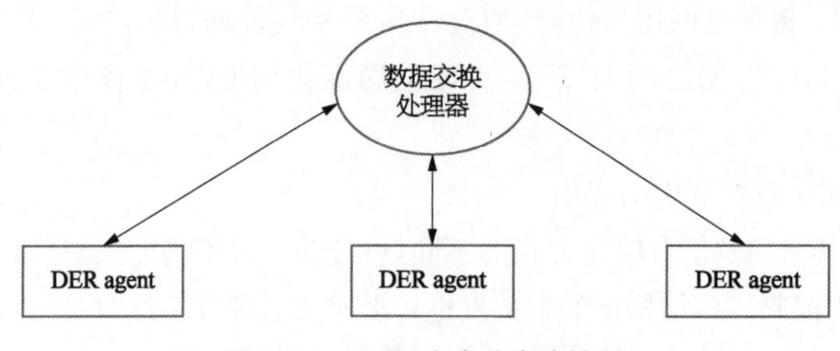

图 8-11 VPP 完全分布式控制

代理器提供诸如市场价格信号、天气预报信息、数据记录等有价值信息。对于分布式控制中的小规模单位而言，完全分布式控制具有即插即用的能力，因此，相比前两种模式，完全分布式控制具有更好的可拓展性与开放性。

8.2.2　区块链技术

1）区块链技术原理

（1）区块链构成。区块链是由区块有序链接起来形成的一种数据结构，其中区块是指数据的集合，相关信息和记录都包括在里面，是形成区块链的基本单元[27]。其中，区块可由两部分组成：① 区块头，链接到前面的区块，并为区块链提供完整性；② 区块主体，记录网络中更新的数据信息。图 8－12 为区块链示意图。每个区块都会通过区块头信息链接到之前的区块，形成链式结构。

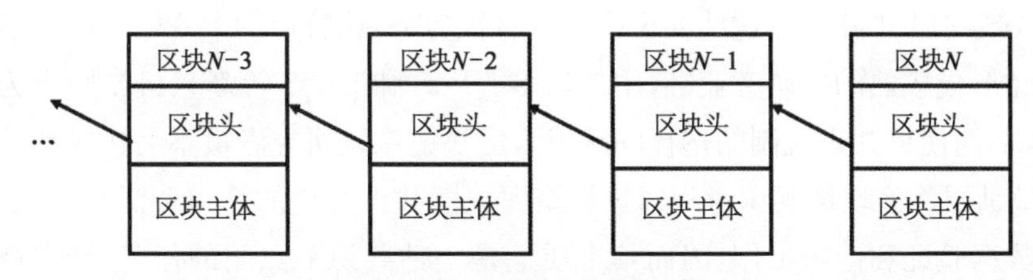

图 8－12　区块链的组织方式

（2）区块链网络。区块链网络是一个点到点的网络。整个网络没有中心化的硬件和管理机构，既没有中心路由器，也没有中心服务器。网络中的每个节点地位对等，可作为客户端和服务器。在区块链系统中，每个节点保存了整个区块链中的全部数据信息，因此，数据在整个网络中备份多次。网络中参与的节点越多，数据的备份个数也越多。在这类网络结构下，各节点数据由所有参与者共同拥有、管理和监督。在保证网络稳定性的同时，数据被篡改的可能性更小。

（3）区块链加密系统原理。区块链采用非对称加密算法解决网络之间用户的信任问题。非对称加密算法需要两个密钥：公开密钥和私有密钥[28]。公开密钥与私有密钥是一对，如果用公开密钥对数据进行加密，只能用对应的私有密钥才能解密；如果用私有密钥对数据进行加密，那么只能用对应的公开密钥才能解密。非对称加密算法一般比较复杂，执行时间相对对称加密较长，但非对称加密算法的好处在于无密钥分发问题。

在区块链中每个参与的用户都拥有专属的公钥和私钥，其中专属公钥公布给全网用户，全网用户采用相同的加密和解密算法，而私钥只有用户本人掌握。用户用私钥加密信息，其他用户用公钥解密信息。用户可用私钥在数据尾部进行数字签名，其他用户通过公钥解密可验证数据来源的真实性。

2）区域链基础模型

（1）数据层。区块链是指去中心化系统各节点共享的数据账本[29]。各分布式节点通过特定的哈希算法和 Merkle 树数据结构，将一段时间内接收到的交易数据和代码封装到一个带有时间戳的数据区块中，并链接到当前最长的主区块链上，形成最新的区块。数据层包括数据区块、链式结构、哈希算法、Merkle 树和时间戳技术。

(2) 网络层。网络层包括区块链系统的组网方式、消息传播协议和数据验证机制等要素。结合实际应用需求，通过设计特定的传播协议和数据验证机制，可使得区块链系统中每个节点都能参与区块数据的校验和记账过程，仅当区块数据通过全网大部分节点验证后，才能记入区块链。

(3) 共识层。在分布式系统中高效达成共识是分布式计算机领域中的关键环节。如同社会系统中的“民主”和“集中”的对应关系，决策权越分散的系统达成共识的效率越低、但系统稳定性和满意度越高。相反，决策权越集中的系统更易达成共识，但同时更易出现专制和独裁。区块链技术的核心优势之一就是能够在决策权高度分散的去中心化系统中使得各节点高效地针对区块数据的有效性达成共识。目前主流的共识机制包括 PoW、PoS 和 DPoS 共识机制[30]。这些共识机制各有优劣势，比特币的 PoW 共识机制依靠其先发优势已经形成成熟的挖矿产业链，用户较多。PoS 和 DPoS 等新兴机制则更为安全、环保和高效，从而使得共识机制的选择问题成为区块链系统研究者最不易达成共识的问题。

(4) 激励层。区块链共识过程通过汇聚大规模共识节点的算力资源来实现共享区块链账本的数据验证和记账工作，因而其本质上是一种共识节点间的任务众包过程。去中心化系统中的共识节点本身是自利的，最大化自身收益是其参与数据验证和记账的根本目标。因此，需要设计激励相容的合理众包机制，在共识节点最大化自身收益的个体理性行为与保障去中心化区块链系统的安全和有效性的整体目标相吻合。区块链系统通过设计适度的经济激励机制并与共识过程相集成，从而汇聚大规模的节点参与并形成对区块链历史的稳定共识。

(5) 合约层。合约层封装区块链系统的各类脚本代码、算法以及由此生成的更为复杂的智能合约。合约层是建立在数据、网络和共识层之上的商业逻辑和算法，是实现区块链系统灵活编程和操作数据的基础。以比特币为代表的数字加密货币大多采用非图灵完备的简单脚本代码来编程控制交易过程，这也是智能合约的雏形。随着技术的发展，目前已经出现以太坊等图灵完备的可实现更为复杂和灵活的智能合约的脚本语言，使得区块链能够支持宏观金融和社会系统的诸多应用。

3) 区域链应用场景

由区块链独特的技术设计可见，区块链系统具有分布式高冗余存储、时序数据且不可篡改和伪造、去中心化信用、自动执行的智能合约、安全和隐私保护等特点，这使得区块链技术不仅可应用于数字加密货币领域，同时在经济、金融和能源系统也存在广泛的应用。本节以虚拟发电资源交易为场景，介绍区块链技术在能源系统的应用[27]。

随着能源互联网的发展，将有大量分布式电源并入大电网运行。但分布式电源容量小，出力有间断性和随机性。通过虚拟电厂广泛聚合分布式能源、需求响应、分布式储能等进行集中管理、统一调度，进而实现不同虚拟发电资源的协同是实现分布式能源消纳的重要途径。在未来的能源互联网中，虚拟发电资源的选择与交易应满足公开透明，公平可信，成本低廉的要求。

在虚拟发电资源交易的愿景中，存在一系列商业模式的挑战，主要包括：

（1）虚拟电厂的交易缺乏公平可信、成本低廉的交易平台。虚拟电厂之间的交易以及虚拟电厂与其他用户的交易成本高昂，难以实现社会福利最大化。

（2）虚拟电厂缺乏公开透明的信息平台。每家虚拟电厂的利益分配机制并不公开，分布式电源无法在一个信息对称的环境下对虚拟电厂进行选择，增加了信用成本。

区块链能够为虚拟发电资源的交易提供成本低廉、公开透明的系统平台，如图8-13所示。具体而言，基于区块链系统建立虚拟发电厂信息平台和虚拟发电资源市场交易平台，虚拟电厂与虚拟发电资源可以在信息平台上进行双向选择。每当虚拟发电资源确定加入某虚拟电厂中时，区块链系统将为两者之间达成的协议自动生成智能合约。同时，每个虚拟发电资源对整个能源系统的贡献率即工作量大小的认证是公开透明的，能够进行合理的计量和认证，激发用户、分布式能源等参与到虚拟发电资源的运作中去。在区块链市场交易平台中，虚拟电厂之间以及虚拟电厂和普通用户之间的交易，可以智能合约的形式达成长期购电协议，也可以在交易平台上进行实时买卖。

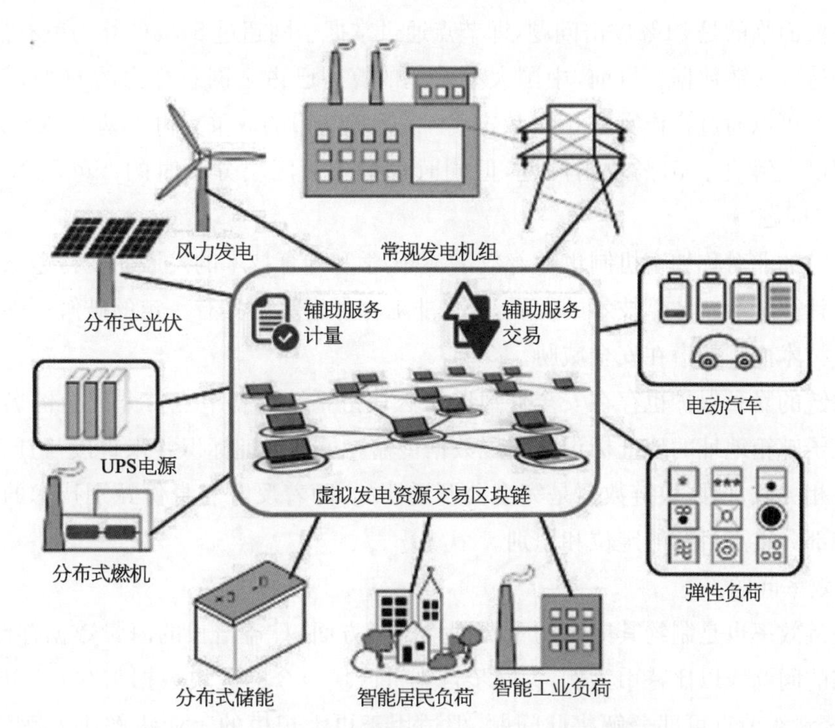

图8-13　区块链技术在虚拟发电资源交易方面的应用

该系统具有如下特点：

（1）运行生态化。分布式信息系统与虚拟电厂中的虚拟发电资源相匹配，用户自愿加入虚拟电厂系统平台的维护工作，权利义务对等，保证了系统平台的去中心化属性；开放的信息发布与交易平台易于接入,便于聚合更多虚拟资源。

(2) 工作量认证公平化。构成虚拟电厂的各种资源如分布式储能、弹性负荷等对能源系统的贡献大小即工作量能够根据既定规则进行公开公平的认证,保障各参与者利益的合理分配,激发其参与辅助服务市场等的积极性。

(3) 智能合约化。虚拟电厂与分布式能源签署有关利益分配的智能合约,一旦智能合约实现的条件达成,区块链系统将自动执行合约,完成虚拟电厂中的利益分配。由此虚拟电厂中分布式能源利益分配的公平有效,并且降低了信用成本;所有的交易都建立在区块链系统上。整个系统中交易的清算由系统中所有节点共同分担,费用低廉,免去了交易手续昂贵的中心化机构。

(4) 信息透明化。虚拟发电资源在信息平台上,得到了公开市场信息。公开透明的信息平台,不仅有利于分布式电源寻找条件最优的虚拟电厂加入,也为不同虚拟电厂之间提供了定价参考,激励它们降低成本,促进市场竞争。

4) 区域链存在的问题

(1) 安全问题。

安全性威胁是区块链迄今为止所面临的最重要的问题。其中,基于 PoW 共识过程的区块链主要面临的是 51%攻击问题,即节点通过掌握全网超过 51%的算力就有能力成功篡改和伪造区块链数据。目前,中国大型矿池的算力已占全网总算力的 60%以上,理论上这些矿池可以通过合作实施 51%攻击[31],实现比特币的双重支付。基于 PoS 共识过程在一定程度上解决了 51%攻击问题,但同时也引入了区块分叉时的 N@S(Nothing at stake)攻击问题。

区块链的非对称加密机制也随着数学、密码学和计算技术的发展而变得越来越脆弱。随着量子计算机等新计算技术的发展,未来非对称加密算法具有一定的破解可能性,这也是区块链技术面临的潜在安全威胁。

区块链的隐私保护也存在安全性风险。区块链系统内各节点并非完全匿名,而是通过类似电子邮箱地址的地址标识来实现数据传输。虽然地址标识并未直接与真实世界的人物身份相关联,但区块链数据是完全公开透明的,随着反匿名身份甄别技术的发展,有可能实现部分重点目标的定位和识别。

(2) 效率问题。

区块链效率也是制约其应用的重要因素。一方面,日益增长的海量数据存储是区块链将面临的问题。以比特币为例,为同步自创世区块至今的区块数据需约 60 GB 存储空间,虽然轻量级节点可部分解决此问题,但适用于更大规模的工业级解决方案仍有待研发。另一方面,比特币区块链目前每秒仅能处理 7 笔交易,交易效率问题限制了区块链在大多数金融系统高频交易场景中的应用[32]。

(3) 资源问题。

PoW 共识过程高度依赖区块链网络节点贡献算力,这些算力仅用于解决 SHA256 哈希和随机数搜索，不产生实际社会价值，可认为这些算力资源被“浪费”掉了。与此同时，比特币和专业挖矿机的日益普及，比特币生态圈已经在资本和设备方面呈现出明显的军备竞赛态势，逐渐成为高耗能的资本密集型行业，进一步凸显了资源消耗问题的重要性。

(4) 博弈问题。

区块链网络作为去中心化的分布式系统，各节点在交互过程中存在相互竞争与合作的博弈关系，在比特币挖矿过程中尤为明显。通常来说，比特币矿池间可以通过相互合作保持各自稳定的收益。但矿池通过区块截留攻击的方式、通过伪装为对手矿池的矿工、分享对手矿池的收益但不实际贡献完整工作量证明来攻击其他矿池，从而降低对手矿池的收益。设计合理的惩罚函数来抑制非理性竞争，同时使合作成为重复性矿池博弈的稳定均衡解，这将成为区块链技术的研究难点。

8.2.3　物联网技术

1) 物联网基本概念

物联网是在互联网的基础上，通过射频识别(RFID)、红外感应器、全球定位系统(GPS)、激光扫描器等信息传感设备，按约定的协议，把任何需要的物品与互联网连接起来，实现信息交换和通信，以实现智能化识别、定位、跟踪、监控和管理的一种网络[33]。具体包含 2 层意思：① 物联网的核心和基础是互联网，并在互联网的基础上进行了延伸和扩展；② 其用户端延伸和扩展到的任何物品与物品之间，进行信息交换和通信。

2) 物联网架构

(1) 感知层。感知层是物联网的外部识别物体。感知层包括二维码标签和识读器、RFID 标签和读写器、摄像头、GPS、传感器、终端、传感器网络等，主要用于识别物体、采集信息。

(2) 网络层。网络层是物联网的神经中枢和大脑，用于信息的处理和传输。网络层包括与互联网的融合网络、网络管理中心、信息中心和智能处理中心等。网络层将感知层获取的信息进行处理和传输。

(3) 应用层。应用层是物联网的“社会分工”与行业需求的结合，用于实现广泛智能化。应用层是物联网与行业专业技术的深度融合，与行业需求结合，实现行业智能化。

3) 物联网信息感知

信息感知是物联网应用的基础，提供了大量感应信息。信息感知最基本的形式是数据收集，即节点将感知数据通过网络传输到汇聚节点。各汇聚节点通过数据清洗方法对原始感知数据进行数据预处理。信息感知的目的是获取用户感兴趣的信息，并不需要收集所有感知数据。在满足应用需求的条件下采用数据压缩、数据聚集和数据融合等网内数据处理技术，可以实现高效的信息感知[34]。

(1) 数据收集。数据收集是感知数据从感知节点汇集到汇聚节点的过程。数据收集关注数据的可靠传输，要求数据在传输过程中没有损失。以下将从可靠性、高效性、网络延迟和网络吞吐量4个方面对数据收集方法进行分析讨论。

数据的可靠传输是数据收集的关键问题，目的是保证数据从感知节点可靠地传输到汇聚节点。目前，在无线传感器网络中主要采用多路径传输和数据重传等冗余传输方法来保证数据的可靠传输。多路径方法在感知节点和汇聚节点之间构建多条路径，将数据沿多条路径同时传输，提高数据传输的可靠性。

能耗约束和能量均衡是数据收集需要重点考虑和解决的问题。多路径方法在多个路径上传输数据，通常会消耗更多能量。重传方法将所有数据流量集中在一条路径上，不利于网络的能量均衡，当路径中断时需要重建路由。文献[35]提出一种多路径数据传输方法，在全局时间同步的基础上，将网络看作多通道的时间片阵列，通过时间片的调度避免冲突，从而实现能量有效的可靠传输。当网络路由发生变化或节点故障产生大规模数据传输失败时，逐跳重传已经不能奏效，这时则采用端到端的数据传输方法。这种端到端和逐跳混合的数据传输方式实现了低能耗的可靠传输。

对于实时性要求高的应用，网络延迟是数据收集需要重点考虑的因素。为了减少节点能耗，网络一般要采用节点休眠机制，但若休眠机制设计不合理则会造成严重的“休眠延迟”和网络能耗。为减小休眠延迟并降低节点等待能耗，DMAC方法和STREE方法使传输路径上的节点轮流进入接收、发送和休眠状态，通过这种流水线传输方式使数据在路径上像波浪一样向前推进，减少了等待延迟[36,37]。

网络吞吐量是数据收集需要考虑的另一个问题。传统的数据收集“多对一”的数据传输模式很容易产生“漏斗效应”，即在汇聚节点附近通信冲突和数据丢失现象严重。为解决网络负荷不平衡问题，文献[38]提出一种阻塞控制和信道公平的传输方法。该方法基于数据收集树结构，通过定义节点及其子节点的数据成功发送率，按照子树规模分配信道资源，实现网络负载均衡。

(2) 数据清洗。

考虑到实际获取的感知数据往往包含大量异常、错误和噪声数据，因此需要对获取的感知数据进行清洗和离群值判断，去除“脏数据”得到一致有效的感知信息。对于缺失的数据还要进行有效估计，以获得完整的感知数据。根据感知数据的变化规律和时空相关性，一般采用概率统计、近邻分析和分类识别等方法。

(3) 数据压缩。

对于较大规模的感知网络，将感知数据全部汇集到汇聚节点会产生较大的数据传输量。由于数据的时空相关性，感知数据包含大量冗余信息，因此采用数据压缩方法能有效减少数据量。鉴于感知节点在运算、存储和能量方面的限制，传统的数据压缩方法往往不能直接应用。目前已有研究者提出一些简单有效的数据压缩方法，例如，基于排序的方法利用数据编码规则实现数据压缩[39]；基于管道的方法采用数据组合方法实现数据压缩[40]。

(4) 数据聚集。

数据聚集是通过聚集函数对感知数据进行处理，减少传输数据和信息流量。数据聚集的关键是针对不同的应用需求和数据特点设计适合的聚集函数。常见的聚集函数包括COUNT(计数)、SUM(求和)、AVG(平均)、MAX(最大值)和MIN(最小值)、MEDIAN(中位数)、CONSENSUS(多数值)以及数据分布直方图等。

数据聚集能够大幅减少数据传输量，节省网络能耗与存储开销，从而延长网络生存期。但数据聚集操作丢失了感知数据大量的结构信息，尤其是一些有重要价值的局部细节信息。对于要求保持数据完整性和连续性的物联网感知应用数据聚集并不适用。例如，突发和异常事件的监测，数据聚集损失的局部细节信息可能造成事件检测的失败。

(5) 数据融合。

数据融合是对多源异构数据进行综合处理获取确定信息的过程。在物联网感知网络中，对感知数据进行融合处理，只将有意义的信息传输到汇聚节点，可以有效减少数据传输量。传统的数据融合方法包括概率统计方法、回归分析方法和卡尔曼滤波等，可消除冗余信息，并去除噪声和异常值。除了传统的数据融合方法外，物联网数据融合还考虑网络的结构和路由，因为网络结构和路由直接影响数据融合的实现。目前在无线感知网络中经常采用树或分簇网络结构及路由策略。基于树的数据融合一般是对近源汇集树、最短路径树、贪婪增量树等经典算法的改进。例如文献[41]提出的动态生成树构造算法，通过目标附近的节点构建动态生成树，节点将观测数据沿生成树向根节点传输，并在传输过程中对其子生成树节点的数据进行融合。

数据融合能有效减少数据传输量、降低数据传输冲突、减轻网络拥塞、提高通信效率。但目前数据融合在理论和应用方面仍存在几个方面的研究难点：① 能量均衡的数据融合；② 异质网络节点的信息融合；③ 数据融合的安全问题。

4) 物联网信息交互

物联网信息交互是一个基于网络系统有众多异质网络节点参与的信息传输、信息共享和信息交换过程。通过信息交互物联网各个节点智能自主地获取环境和其他节点的信息。

(1) 用户与网络的信息交互。用户与网络系统的信息交互是指用户通过网络提供的接口、命令和功能执行一系列网络任务，例如时钟同步、拓扑控制、系统配置、路由构建、状态监测、代码分发和程序执行等，以实现感知信息的获取、网络状态监测和网络运行维护。

(2) 网络与内容的信息交互。网络与内容的信息交互主要指以网络基础设施为载体的内容生成和呈现，具体包括感知数据的组织和存储以及面向高层语义信息的数据聚集和数据融合等网内数据处理。

(3) 用户与内容的信息交互。用户与内容的信息交互是指用户根据数据在网络中的存储组织和分布特性，通过信息查询、模式匹配和数据挖掘等方法，从网络获取用户感兴趣的信息。通常用户感兴趣的信息或者是节点的感知数据，或者是网络状态及特定事件等高层语义信息。感知数据的获取主要涉及针对网络数据的查询技术，而高层信息的获取往往涉及事件检测和模式匹配等技术。

8.3 虚拟电厂集成优化运行

虚拟电厂具有商业性和技术性功能，相较于普通微电网更侧重于实现对所属不同利益主体的分布式资源的聚合管理并参与电力市场运营。本节考虑多个分属于不同利益主体的微电网以微电网群并网运行的方式实现虚拟电厂功能，分析其市场环境下的集成优化运行问题。

8.3.1 博弈论与市场规则

1) 博弈论简介

博弈论是研究决策主体的行为发生直接相互作用时(如竞争或者合作)的决策以及这种决策的均衡问题。博弈中的各决策主体根据自身了解和掌握的知识，能够作出有利于自身的策略。博弈论实际上是一种研究多个个体或团队之间在一定的条件约束下，采用一定的策略进行对局的理论。其概念在现实生活中随处可见，小到生活中的“剪刀石头布”游戏，大到国家之间多方政治对弈，都能够被模拟成博弈过程。我国古代的《孙子兵法》及田忌赛马等也都蕴含着博弈论的思想。

博弈论的概念最早由冯诺依曼和摩根斯特恩在1944年合著的《博弈论与经济行为》一书中提出[42]。在某些文献中，博弈论被称为对策论或赛局理论。自20世纪50年代以来，博弈论的发展一日千里，目前已在数学、统计学、工程学、经济学等学科获得广泛的应用。

根据参与者之间能否达成某些具有约束力的合作协议，博弈可以分为合作博弈与非合作博弈。非合作博弈是指各博弈参与者没有签订任何有约束力的协议，每个决策者都以最大化自身利益为目标制定决策；合作博弈是指若干决策主体形成联盟，以最大化联盟总收益为目标进行博弈，但需要保证利益分配中各联盟成员的收益至少不少于非合作博弈的情况，从而保证联盟的稳定性。

根据参与者是否同时采取行动，博弈可以分为静态博弈与动态博弈。静态博弈是指所有的博弈参与者同时采取行动，或不同时采取行动且后行动的参与者不知道已经行动的参与者采取了什么行动，即所有的参与者按照相同的已知信息进行博弈。动态博弈是指博弈者的行动存在先后顺序，后行动的博弈者能够观察到前面博弈者所选择的行动与策略，前面的博弈者所作出的决策将会对后面的博弈者产生影响。

根据参与者是否关于其他参与者的信息的掌握程度，博弈可以分为完全信息博弈与不完全信息博弈。完全信息博弈是指博弈参与者之间信息全部公开，各参与者都了解所有其他参与者的信息，包括其他参与者的具体特征、策略集合及支付函数等。不完全信息博弈是指博弈参与者不能准确地掌握其他参与者的信息，或者只能获得一部分关于博弈者的特征、策略空间和支付函数等的准确信息。

根据所有参与者之间的收益或效用之和是否为零，博弈可以分为零和博弈与非零和博弈。零和博弈是指所有博弈者的收益之和永远都是零，因此不存在合作的可能性，比如赌局通常为零和博弈。非零和博弈是指博弈参与者收益之和不为零的博弈，在这种博弈中，某些博弈参与者的收益并不意味着其他参与者的同等损失，也就是说，博弈者之间可能存在某种共同利益，实现共赢。

另外，近年由生物进化学发展出了演化博弈的概念。不同于传统博弈论，演化博弈论只要求博弈者具有有限理性。

为了更系统地分析博弈问题，首先需要从数学上刻画博弈模型，在一个博弈模型中通常含有参与者、行动、信息、策略、支付、行动顺序等元素。

(1) 参与者。也称为博弈者或局中人，是指能够在博弈中作出决策的实体。参与者通常有明确的目标，能够独立作出决策并承担后果。一般用符号 i 表示一个参与者，用 $\boldsymbol{N}$ 表示所有参与者构成的集合，其中 $\boldsymbol{N}=\{1, 2, \cdots, n\}$ (n 人博弈)。

(2) 行动。也就是博弈者采取的策略，即参与者在某一时间点上作出的决策变量，行动集合就是可供参与者选择的实际可行的完整的行动方案集合。在一个 n 人博弈中，用 $a_i \in \boldsymbol{A}_i$ 表示第 i 位参与者的一个特定行动，$\boldsymbol{A}_i$ 表示该参与者在博弈中所有可以采取的行动的集合，又称为行动集。将一个 n 人博弈中 n 位参与者在一个特定时间点的所有行动排成一个 n 维向量 $\boldsymbol{a}=(a_1, a_2, \cdots, a_i)$，这个由 n 位参与者组成的向量称为行动组合。

(3) 信息。是博弈参与者关于本次博弈可以获取的知识，包括其他博弈参与者的特征、策略空间及支付函数等不同变量值的知识。信息对于参与者而言十分重要，信息掌握的多少将直接影响最终的博弈结果以及决策的快速性和准确性。

(4) 策略。在静态博弈中，一个策略可能是一个行动。在一个 n 人博弈中，令 $\boldsymbol{S}_i$ 表示参与者 i 可以选择的策略集合，其中任意策略可以表示为 s_i，从而有 $s_i \in \boldsymbol{S}_i$。在某一个特定时间点，所有参与者的策略可以排列成一个 n 维向量 $\boldsymbol{s}=(s_1, s_2, \cdots, s_i)$。

(5) 支付。也称为报酬或效用水平，用于表示参与者对不同博弈结果的偏好程度，属于量化指标。在 n 人博弈中，常用 u_i 表示第 i 位参与者的支付，若将所有 n 位参与者的支付排成一列，得到一个 n 维向量 $\boldsymbol{u}=(u_1, u_2, \cdots, u_n)$，表示当前所有参与者支付的向量。当博弈参与者采取不同的策略行动时，会对其他参与者的支付产生影响。因此支付可以理解为一个取决于所有参与者策略的函数，这个函数为支付函数，其自变量是所有参与者的策略。

(6) 行动顺序。在博弈中，每个参与者都在特定的时间点选择行动，这些时间点称为“决策结”。根据“决策结”的先后顺序，即可得到各个决策主体的行动顺序。根据博弈顺序方式的不同，可以定义不同的博弈类型，如静态博弈与动态博弈。

均衡是博弈论中非常重要的概念，是指一个由所有参与者的最优策略构成的策略集合。当所有参与者都采取该策略集合中对应的策略时，没有一个参与者可以通过改变对应的策略获得效用的提升。值得注意的是，一个博弈可以存在一个均衡，也可以存在多个均衡。纳什均衡是非合作博弈中的一个非常重要的概念[44]，定义如下：

定义 2 在一个标准形式表述的 n 人博弈 $\boldsymbol{G}=(\boldsymbol{S}_1, \boldsymbol{S}_2, \cdots, \boldsymbol{S}_n; u_1, u_2, \cdots, u_n)$ 中，策略组合 $\boldsymbol{s}^*=(s_1^*, s_2^*, \cdots, s_i^*)$ 是该博弈 $\boldsymbol{G}$ 的一个纳什均衡，当且仅当对于每一个参与者 $i \in \boldsymbol{N}$，在其他所有参与者分别采取策略 $s_1^*, s_2^*, \cdots, s_{i-1}^*, s_i^*, s_{i+1}^*, \cdots, s_n^*$ 时，他的最优策略均为 s_i^*。也就是说，在其他参与者采取策略 $s_1^*, s_2^*, \cdots, s_{i-1}^*, s_i^*, s_{i+1}^*, \cdots, s_n^*$ 时，参与者 i 采取纳什均衡策略 s_i^* 能够获得最优的支付。用数学公式可以描述为

$$u_i(s_1^*, \cdots, s_{i-1}^*, s_i^*, s_{i+1}^*, \cdots, s_n^*) \geqslant u_i(s_1^*, \cdots, s_{i-1}^*, s_i', s_{i+1}^*, \cdots, s_n^*)$$
$$\forall s_i \in \boldsymbol{S}_i, s_i^* \neq s_i', \forall i \in \boldsymbol{N} \tag{8-1}$$

根据上述定义可知，当所有参与者都采取纳什均衡策略时，若独自行动更换其他策略只会减少支付，换句话说，在纳什均衡的情况下，没有一位理性参与者会选择离开纳什均衡的局面，因此如果博弈存在纳什均衡，则参与者一定会自发地稳定在纳什均衡的状态。同时也需要注意，纳什均衡并不一定是博弈的最优解，也不是每一个参与者的最优解，而是一个博弈的稳定解。

目前博弈论是研究多个利益相关的决策主体在行为发生相互作用时各自的决策以及互相之间决策均衡问题的重要方法。近年来，随着分布式电源和微电网技术的发展，电网中的参与者呈几何级数增长，且在发电、用电和配电的多个环节的参与者呈现多样化特征。为了解决电网中多主体优化问题，从而平衡和优化电力系统各方利益，越来越多的研究者开始利用博弈论对电网中的主体的行为进行分析和研究。博弈论在电力系统规划和容量配置、电力市场、需求侧管理等方面都取得了众多成果。

在参与电力市场方面，虚拟电厂可以作为发电运营主体加入电力市场，通过调度决定所需的购售电量，影响电力市场整体的供需平衡，从而提高该虚拟电厂的收益。通过结合演化博弈理论和协同进化算法，提出一种协同演化博弈算法，能够描述虚拟电厂和配电网在参与电力市场运行过程中的相互影响[43]，通过外部决策者的不同需求，灵活改变虚拟电厂和配电网的博弈地位，最终得到最佳调度策略。

另外，虚拟电厂常被视为多个分布式能源通过合作博弈形成的聚合体，而对外采用非合作博弈策略与其他虚拟电厂或电力市场运营主体参与市场竞争[46]。由于市场上存在多个虚拟电厂或者微网，这些运营主体之间也存在电量交易，需要考虑虚拟电厂的交易电量对自身运行策略的影响。主要研究非合作情况下各个参与主体的电价或申报电量的制定策略，寻求纳什均衡，从而得到多主体的最优参与策略。多个微网或虚拟电厂之间也可以利用合作博弈构成最优交易联盟，直接进行售购电交易[47]，之后通过夏普利值法等方法进行联盟内部的收益分配。这种研究方法具有一定的意义，在多参与者分别属于不同的利益主体时，能够有效模拟主体之间进行博弈和互相协调的过程。

2）市场规则

（1）建立市场机制的必要性。

（A）参与主体角度。电力市场参与主体通常包括各类发电企业、售电企业、电网企业、电力用户、电力交易机构、电力调度机构和独立辅助服务提供者等。在能源互联网的大背景下，大规模分布式能源入网对电网提出了挑战，为了协调分布式电源、储能、可控负荷等分布式资源，以降低系统运行成本，提升运行效益，成立了越来越多的虚拟电厂运营主体，作为特殊的“电厂”参与市场交易。随着市场参与主体的增多和复杂性增强，对电力市场也有了新的要求，需要合理而灵活的市场机制作为支撑，从而达到安全稳定运行下的经济最大化目标。

另外，由于市场力[48]的存在，某些发电商能够通过控制市场清算价格而获得超额利润。这将使得电网企业的购电成本增加，从而增加了电网企业的经营风险，损害电网企业的利益，影响市场公平交易原则，不利于市场的健康发展。同样的，市场力导致的电价上涨，使得电力用户购电成本增加，损害了电力用户的利益。

开放、自由的市场能够激发市场参与主体的积极性，随着电力体制改革的进行，将出现更多样化的市场参与者，垄断市场逐步向竞争性市场转变。而由于市场竞争，需要有效的市场机制才能实现各主体的合理竞争。

（B）市场角度。我国是社会主义国家，电力行业是关系国民经济命脉的基础产业，国家必须进行控制。对于具有自然垄断特性的电力工业来说，建立有效的市场力规制非常必要。

长期以来，各国的电力工业大多是采用由政府直接管理，并辅以严格监管的运行模式，具有垄断特性。这种垄断导致的生产效率低和资源配置效率低等问题，使得电力产品的市场价格居高不下。要限制垄断价格的形成，必须结合本国实际国情，由监管部门制定合理的调控措施，引导市场的健康、有序发展，实现社会资源的优化配置。

市场价格上涨是市场力最直接的危害，降低了市场竞争的公平性。而且，市场力造成的产业效率低下，冲减了由于竞争提高的经济效率，违背了电力改革和市场化运营的初衷。因此，需要对市场力进行规制，以促进电力市场健康运行。

有效控制市场力是规避电力市场经营风险的重要途径。由于上网电价的上涨，电网公司购电成本增大，使得销售电价难以消化吸收，增大了电网企业的经营风险，影响供电的安全性和可靠性。因此控制市场力是降低市场运营风险的必然要求。

由于电力市场中运营主体的增多，这些运营主体之间也存在竞争和互动。为了避免因为过度竞争而造成的社会资源浪费，电力行业必须通过政府规制的形式进行市场规则的制定，以规范各电力企业的行为。

在“互联网＋”的推动下，能源互联网中出现了大量创新的商业模式，并衍生出碳交易、配额交易等市场。能源的消费需求是可调整的，能源的供应从单一供应商向多家竞争性供应商甚至用户本身转变，能源交易呈现立体化、多样化的特征，电力市场交易的发展逐渐从传统的集中化转变为分散化。这就需要灵活有效的新的市场规则来配合，从而为电力企业进入市场起到有益的推动作用。

(2) 市场规则的指导原则。

在电力工业快速发展的同时，必须结合电力工业的客观规律和市场原则，制定符合发展规律的市场规则，为电力市场运营主体之间开展有效竞争提供良好的外部竞争环境，实现电力工业的健康发展[49]。电力市场规则的制定要遵循几个原则：

(A) 由于各国的政治体制和经济状况等方面的实际情况不同，因此制约电力市场发展的因素也不尽相同，各国应该结合本国实际国情来制定市场规则[50]。

(B) 应该以保证区域电力市场的健康发展，规范电力市场交易，保障市场成员的合法利益为目标，依据国家的有关法律、法规和该地区的电力市场实际运营情况，制定相应的市场规则。

(C) 市场规则应该由国家能源局的地方监管部门负责组织制定，有关部门根据职能依法履行监管职责，对相关的市场参与主体和其交易行为、竞争行为等情况实施监管，监督电力交易机构和电力调度机构执行市场规则的情况。

(D) 需要明确电力市场中参与主体的范围、参与市场的方式和市场范围。

(E) 必须适应相应的区域电力市场运行阶段和市场运行的范围，不能损害市场成员的权益，不能影响市场秩序，应遵循安全、高效、公平公正、实事求是的原则。所有参与市场的成员和交易行为均应遵守该规则，不能利用市场规则的缺陷来操纵市场价格，从而损害其他市场参与者的利益。

(F) 考虑到可持续发展战略和新能源的开发，环境因素也应该纳入电力市场规则制定中，需要综合考虑电力企业的经济生产指标和环境治理能力，制定考虑环境因素的市场规则。监管部门通过制定一系列的限制或优惠政策，促进电力供应结构合理化，在追求经济利益最大化的同时兼顾环境保护指标，达到环保标准要求，实现电力市场低碳化发展。

(3) 市场规则框架。

市场规则是市场经济中用来约束市场主体行为的一系列行为规范和准则的总和[51]。针对不同的问题，需要不同类型的市场规则来制约。市场规则主要包括市场准入规则、市场竞争规则和市场交易规则，市场的参与者必须共同遵守这些规则。

(A) 市场准入规则。是指政府机构通过对企业的市场准入(包括数量、质量、期限以及经营范围等)进行限制[52]，在一些有可能出现市场失效的行业中，防止资源配置效率低下或者过度竞争，确保经济效益，保障市场秩序。

市场准入规则规定了能够进入市场的企业和商品。发电企业、售电企业、电力用户等市场交易参与者，应遵守国家和当地有关的准入条件，按照程序完成注册和备案，然后才能参与电力市场交易。

以《广东电力市场交易基本规则(试行)》为例，发电企业准入条件包括，与电力用户、售电公司直接交易的发电企业，应当符合国家和广东省的相关准入条件，并在电力交易机构注册；参与市场交易的并网自备电厂，须公平承担发电企业社会责任，承担国家依法合规设立的政府性基金，以及与产业相符合的政策性交叉补贴、支付系统备用费；省外以"点对网"方式向广东省送电的发电企业，在符合国家和广东省有关准入条件并进入发电企业目录后，视同广东省内电厂(机组)参与广东电力市场交易。电力用户准入条件包括，符合国家产业政策，单位能耗、环保排放达到国家标准；拥有自备电厂的用户应当按规定承担国家依法合规设立的政府性基金、政策性交叉补贴和系统备用费；微电网用户应满足微电网接入系统的条件。

为保证电力供应的稳定，需要设立退出规则，以限制企业的任意退出。当参与主体履行完交易合同和交易结算时，能够自由选择退出市场，从而提高资源协调优化配置的效率，加强市场的适应性。当参与主体不再满足准入条件，或出现违反国家有关法律法规、发生重大违约行为、拒绝接受监督检查等情况时，根据有关规定，强制其退出市场。

(B) 市场竞争规则。在我国的经济转型过程中，市场竞争模式逐渐从国家垄断向市场竞争转变、从内部竞争到开放竞争转变，且竞争的强度不断加大，竞争方式日趋复杂。市场竞争规则是以法制形式维护公平竞争的规则，用于维护市场的公平竞争，大幅度减少电力市场中的不正当竞争行为，为市场中参与竞争的主体提供公平交易、公平竞争的市场环境。市场竞争规则的职能主要包括 3 部分：

(a) 反不正当竞争。不正当竞争行为，即经营者在市场竞争中，通过欺骗、胁迫等非法的或者有悖于公平竞争的手段，损害竞争对手利益、扰乱社会经济秩序的行为，包括欺骗性不正当竞争、诋毁竞争对手、商业贿赂等行为。在竞争激烈的市场中，市场竞争规则应能够区分正当竞争和不正当竞争。

(b) 反限制竞争。限制竞争行为，即市场中的经营者滥用其市场优势地位和市场权力，通过单独或者多方协议等方式，在交易价格、交易条件等方面达成一致，控制供给或形成垄断高价，妨碍市场公平竞争、排挤竞争对手或损害用户权益的行为，包括强迫性交易、限制竞争协议等行为。

(c) 反垄断。垄断行为，即通过垄断、滥用市场支配地位、滥用行政权力等方式限制竞争，从而扩张自身经济规模，实现对竞争对手永久排斥，获得独占和控制市场的行为。

(C) 市场交易规则。由于市场中存在多个市场交易者，且交易者之间的信息具有不完全性和不对称性。为了促使交易顺利进行，需要制定市场交易规则，规定市场经营活动中需要遵守的准则和规范，主要包括市场交易方式、交易行为和交易价格的规范。电力市场参与者应严格遵守市场交易规则，严格履行合规的义务和责任，并接受监管部门监督和管理，诚信经营。市场交易规则的职能主要包括 3 部分：

(a) 规范市场交易方式。要求市场交易公开化，除非涉及商业秘密，通常情况下的交易活动应当在有组织的市场上公开进行，明码标价，不容许黑市交易。

(b) 规范市场交易行为。要求市场交易公平化，交易双方在自愿、等价的基础上进行交易活动，并实现交易双方的互惠。反对操纵市场价格、损害其他市场主体合法利益等行为。在电力市场条件下，为了促使交易顺利进行，根据国家已出台的有关规定，通过电力交易中心制定考虑市场主体自愿原则的交易合同，来维护电力市场秩序，为市场中的规范交易创造良好的环境条件。

(c) 规范交易价格。市场交易价格是由市场中各交易主体通过协商、竞价、挂牌等方式达成成交的价格，是实现市场交易有序化的基础。规范交易价格要求明确价格形成机制，定价行为必须有理有据，反对各种非正当交易和垄断行为。在交易合同执行期间，可以根据国家电力输配电价调整、政府资金调整等情况，合理调整电力交易价格。

8.3.2 虚拟电厂的市场模式

虚拟电厂作为一个新的独立个体，可以以整体参与电力市场的电能交易。从市场功能来看，虚拟电厂可参与的市场模式有能量市场、辅助服务市场等。从时间尺度上来看，虚拟电厂可参与的市场模式有中长期合同市场、日前市场、日内市场和实时市场。虚拟电厂参与单一市场模式时，根据市场特性，建立虚拟电厂的竞价模型，从而实现虚拟电厂参与电力市场，完成电能交易的功能。

1) 虚拟电厂参与市场竞标

虚拟电厂参与不同功能的市场模式常用的模型考虑为：

(1) 能量市场：考虑电网安全约束，经济效益最优。

(2) 辅助服务市场：考虑备用容量约束、调峰容量约束等，社会支付服务成本最小。

虚拟电厂参与不同时间尺度的市场模式常用的模型考虑为：

(1) 日前市场。

目标函数：运行成本最小或经济效益最大。

约束条件：① 系统功率平衡约束；② 机组出力约束；③ 机组爬坡约束；④ 系统旋转备用约束；⑤ 弃风量、弃光量约束；⑥ 网络潮流约束；⑦ 网络节点电压约束；⑧ 传统机组启停时间约束。

(2) 日内市场。

目标函数：运行成本最小或经济效益最大。

约束条件：① 系统功率平衡约束；② 机组出力约束；③ 机组爬坡约束；④ 系统旋转备用约束；⑤ 弃风量、弃光量约束；⑥ 网络潮流约束；⑦ 网络节点电压约束。

(3) 实时市场。

目标函数：最小化调整成本。

约束条件：① 系统功率平衡约束；② 出力调整量约束；③ 系统旋转备用约束；④ 弃风量、弃光量约束；⑤ 网络潮流约束；⑥ 网络节点电压约束。

2) 虚拟电厂市场竞价中不确定因素的处理

虚拟电厂中存在很多不确定因素，主要包括风、光等可再生能源机组出力的不确定性、负荷的不确定性、机组随机故障、电价的不确定性等。处理不确定性的理论有模糊规划、随机规划、鲁棒优化等。

随机规划采用随机变量描述不确定性，随机变量的概率分布函数主要通过对实测数据进行统计分析后拟合获得。随机规划有 3 个主要的分支模型：期望值模型、机会约束规划、相关约束规划。其中常用的为期望值随机规划模型和机会约束规划模型。

期望值模型是指在期望约束下，通过计算随机变量的期望值算子，使目标函数的期望值达到最优。期望值模型的一般形式为

$$\max E\{f(\boldsymbol{x}, \boldsymbol{\xi})\} \tag{8-2}$$

$$\text{s.t.} \begin{cases} E\{g_j(\boldsymbol{x}, \boldsymbol{\xi})\} \leqslant 0 & j=1, 2, \cdots, p \\ E\{h_k(\boldsymbol{x}, \boldsymbol{\xi})\} = 0 & k=1, 2, \cdots, q \end{cases} \tag{8-3}$$

式中，$\boldsymbol{x}$ 为决策变量，$\boldsymbol{\xi}$ 为随机参数变量，$f(\boldsymbol{x}, \boldsymbol{\xi})$ 为目标函数，$E(\cdot)$ 为期望值算子，$g_j(\boldsymbol{x}, \boldsymbol{\xi})$，$h_k(\boldsymbol{x}, \boldsymbol{\xi})$ 为随机约束函数。

机会约束规划通过对不确定量的随机模拟，可以很好地描述其不确定性，特别适合处理约束条件中带有随机变量的情况。机会约束规划允许所作决策在一定程度上不满足约束条件，但约束条件成立的概率应不小于所给定置信水平。机会约束的一般形式为

$$\max \bar{f} \tag{8-4}$$

$$\text{s.t.} \begin{cases} \Pr\{f(\boldsymbol{x}, \boldsymbol{\xi}) \geqslant \bar{f}\} \geqslant \alpha \\ \Pr(g_j(\boldsymbol{x}, \boldsymbol{\xi}) \leqslant 0) \geqslant \beta \end{cases} \quad j=1, 2, \cdots, p \tag{8-5}$$

式中，$\Pr\{\cdot\}$ 表示事件成立的概率，α，β 分别对应目标函数和约束条件所应满足的置信水平，$\bar{f}$ 为目标函数 $f(\boldsymbol{x}, \boldsymbol{\xi})$ 在概率水平不低于 α 时所取的最小值。

模糊规划采用模糊变量描述不确定性，用模糊集合表示约束条件，并将约束条件的满足程度定义为隶属度函数。模糊规划的一般形式为

$$\max \bar{f} \tag{8-6}$$

$$\text{s.t.} \begin{cases} \mathrm{Pos}\{f(\boldsymbol{x}, \boldsymbol{\xi}) \geqslant \bar{f}\} \geqslant \alpha \\ \mathrm{Pos}\{g_j(\boldsymbol{x}, \boldsymbol{\xi}) \geqslant \bar{f}\} \geqslant \beta \end{cases} \quad j=1, 2, \cdots, p \tag{8-7}$$

式中，$\mathrm{Pos}\{\cdot\}$为事件的可能性。

鲁棒优化法采用集合描述不确定性，将不确定性的所有可能划定在一个集合内，称为不确定集合。鲁棒优化的最优解对集合内每一元素可能造成的不良影响具有一定的抑制性，抑制程度取决于事先设定的鲁棒系数。对于一般的不确定问题：

$$\min f(\boldsymbol{x}) \tag{8-8}$$

$$\text{s.t.} \quad g_j(\boldsymbol{x}, \boldsymbol{\xi}) \leqslant 0 \quad j=1, 2, \cdots, p \tag{8-9}$$

对应的鲁棒优化问题为

$$\min f(\boldsymbol{x}) \tag{8-10}$$

$$\text{s.t.} \quad g_j(\boldsymbol{x}, \boldsymbol{\xi}) \leqslant 0 \quad j=1, 2, \cdots, p, \forall \boldsymbol{\xi} \in U \tag{8-11}$$

式中，U 为不确定集合。

3）基于多代理系统的虚拟电厂市场竞价结构

基于多代理系统的含虚拟电厂的市场竞价结构如图 8－14 所示，具体可分为电力市场代理、传统电厂及虚拟电厂代理、分布式能源代理 3 层。

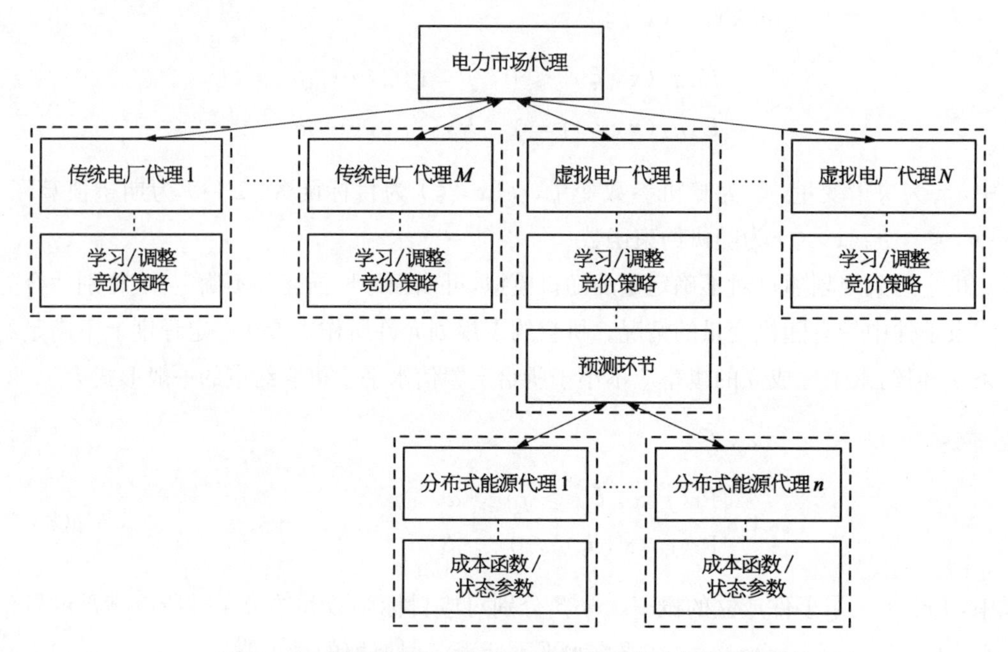

图 8－14　基于多代理系统的含虚拟电厂的市场竞价结构

4）不同市场模式下虚拟电厂市场竞价结构

虚拟电厂参加多种市场模式混合的电力市场模式时，解决多市场模式下虚拟电厂参与市场问题的关键在于如何制定多市场模式下的参与规则，如何确定多市场之间的耦合关系以及如何解决多市场模式下的多目标优化问题，使得虚拟电厂具有更好的适应性。

若虚拟电厂参与多时间尺度的市场，其多时间尺度的市场协作模式如图 8－15 所示。

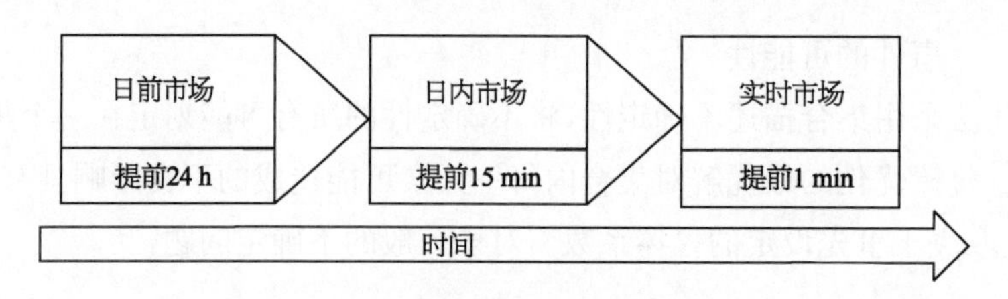

图 8－15　多时间尺度市场协作模式

在日前市场，设计日前市场报价策略，通过模拟该情况下的不确定因素（包括分布式能源出力、日前市场电价、日内市场电价、实时市场电价等），提交日前市场报价计划；在日内市场，日前电价出清，滚动更新预测出力，模拟该情况下的不确定因素（包括分布式能源在日内市场出清后的出力情况、日内市场电价、实时市场电价等），确定日内市场交易电量；在实时市场里，根据实时信息，确定实时市场交易电量。

8.3.3　基于主从博弈模型的运行策略

虚拟电厂侧重于实现分布式电源并网的外部市场效益，以往研究通常忽略了内部主体的独立性。由于微电网个体的趋利性，当地域相邻的多个微电网组成虚拟电厂时，在不考虑全部或部分微电网达成联盟协议的情况下（该部分内容将在后文讨论），虚拟电厂运营商必须设计合理的经济机制来刺激子微电网的电量交互行为。从博弈的角度来看，该问题可归结为虚拟电厂运营商与内部成员之间的主从博弈问题。从运营模式来看，针对微电网群的虚拟电厂又可以分为两类：一类是由群微网运营商这一不同于单一微电网的经济实体作为虚拟电厂运营商，组建并管理内部微电网的协调运行（简记为Ⅰ类虚拟电厂）；另一类是直接由一个可控性较强的上级微电网发起并管理虚拟电厂，波动性较强的下级微电网（如家庭微电网）在利益驱动下以签订协议的方式加入（简记为Ⅱ类虚拟电厂）。

1）Ⅰ类虚拟电厂的运行策略

此类虚拟电厂多由组分相似、规模相近的子微电网组成，需要由第三方代理——群微网运营商对各个子微电网进行协调和管理，当微电网群并网运行并参与市场交易时，群微网运营商执行虚拟电厂运营商的职责。

假设虚拟电厂参与日前市场进行竞标。在虚拟电厂的运行过程中，微电网通过历史数据得到第二天风、光和负荷的预测值。虚拟电厂内部各子微电网上报期望交互电量（缺电子微电网上报购电电量，余电子微电网上报售电电量），由虚拟电厂运营商进行协调，保证各微电网可以在合理时间范围内获得收益。各子微电网根据内部电价调整结果，完成自身电量竞标，从而制定第二天的发电计划。

虚拟电厂运营商的竞标可分为电价竞标与电量竞标两个阶段：在第一阶段，在配网交易电价的基础上，虚拟电厂运营商调整内部各缺电微电网购电电价和余电微电网的售电电价；在第二阶段，虚拟电厂内部电价确定之后，虚拟电厂内各个子微电网向虚拟电厂运营商上报每个时刻的竞标电量。虚拟电厂参与电网运行竞标模型框架如图 8－16 所示。

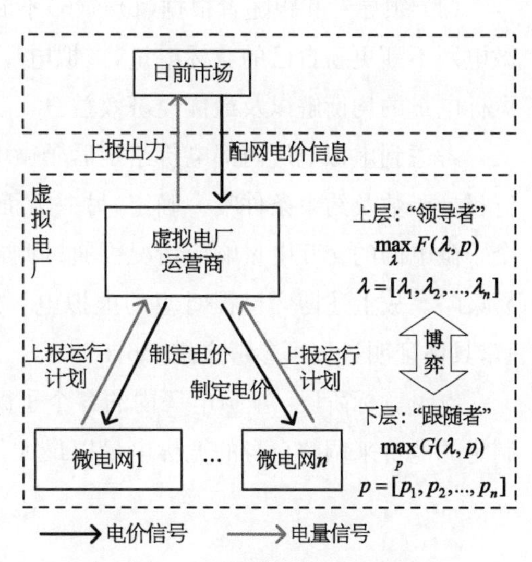

图 8－16　Ⅰ类虚拟电厂竞标模型框架

虚拟电厂根据与配网的交易电价，首先制定内部子微电网的电价。电价竞标模型的一

般数学表述为

$$\max_{\lambda} F(\boldsymbol{\lambda},\ \bar{\boldsymbol{p}}) \tag{8-12}$$

式中，$\boldsymbol{\lambda}=[\lambda_1,\ \lambda_2,\ \cdots,\ \lambda_n]$，表示虚拟电厂内部各子微电网的电价，$\bar{\boldsymbol{p}}$ 表示电量竞标模型的均衡解。

在电价确定后，虚拟电厂内部的子微电网各自上报自身的余电量或缺电量。电量竞标模型的一般数学表述为

$$\max_{p} G(\bar{\boldsymbol{\lambda}},\ \boldsymbol{p}) \tag{8-13}$$

式中，$\boldsymbol{p}=[p_1,\ p_2,\ \cdots,\ p_n]$ 表示虚拟电厂内部各单元的竞标电量，$\bar{\boldsymbol{\lambda}}$ 表示电价竞标模型的均衡解。

由于上述两个阶段存在先后次序，即先完成电价竞标，再完成电量竞标，故而虚拟电厂竞标符合主从递阶结构的动态博弈情况。虚拟电厂的电价竞标和电量竞标可视为主从博弈过程[53～55]。其中，虚拟电厂运营商相当于主从博弈中的领导者，进行内部电价决策；虚拟电厂内部的子微电网相当于主从博弈中的跟随者，进行交互电量决策。

具体的博弈过程如下：

(1) 领导者发布策略：虚拟电厂运营商制定内部各个子微电网的购电或售电电价。

(2) 跟随者根据领导者的策略选择自己的最优策略：虚拟电厂内部各子微电网根据虚拟电厂运营商制定的电价，制定自己的竞标电量，以获得最优经济效益。

(3) 领导者根据跟随者的策略更新自己的策略：根据虚拟电厂内各个子微电网的竞标电量，虚拟电厂运营商对内部电价进行更新，以获得最优经济效益。

(4) 领导者和跟随者根据(1)～(3)不断更新策略直至达到均衡解：虚拟电厂内的子微电网不断更新自己的竞标电量，虚拟电厂运营商不断更新内部电价，以获得竞标电价和竞标电量的均衡解以及最优经济效益。

考虑到虚拟电厂内部电价给定后子微电网的最优竞标电量及调控策略可由各自的运行目标函数及约束条件唯一确定，另一方面虚拟电厂运营商在已知的市场环境下根据各个子微电网的交互电量响应情况可通过调整内部电价寻找最优的内部定价策略与市场交易策略。故上述博弈过程对应的虚拟电厂运营商与子微电网的主从博弈模型存在均衡解，具体证明过程可参考文献[56,57]。

电量竞标阶段：虚拟电厂内的各个子微电网（跟随者）根据虚拟电厂运营商（领导者）制定的电价来调整自身的竞标电量以最大化自己的经济效益，即

$$\max_{P_{i,t}} F_i \tag{8-14}$$

其最优化一阶条件为

$$\frac{\partial F_i}{\partial P_{i,t}}=0 \tag{8-15}$$

电价竞标阶段：虚拟电厂运营商(领导者)可以预测到虚拟电厂内各个子微电网(跟随者)将根据领导者的决策进行选择，因此其在电价竞标阶段问题可以化为

$$\max_{\lambda_{i,t}} F \tag{8-16}$$

结果修正阶段：由于电量竞标阶段的虚拟电厂内各子微电网的策略选取未考虑虚拟电厂整体功率平衡以及全网潮流功率平衡和电压约束，需加入修正机制，对电量竞标阶段的出力计划进行修正。若所求得均衡解不满足这 3 个条件，则要对运行参数进行修正，重新计算主从博弈模型均衡解。若该均衡解不符合功率平衡约束条件，虚拟电厂将调整与配网的交易功率；若该均衡不符合系统网络潮流约束和电压约束条件，虚拟电厂将通知内部各个微电网单元，更改自身运行约束参数，如弃风弃光电量约束比例等，对自身发电计划进行调整。

2) Ⅱ类虚拟电厂的运行策略

此类虚拟电厂主要针对小型微电网(如家庭微电网)规模较小且缺乏可控灵活性资源，无法直接参与电力市场交易的问题，需要依附于规模较大并具有高占比可控资源的大型微电网进一步提升自身效益，从而多个不同类型的微电网聚合成为虚拟电厂。相比于Ⅰ类虚拟电厂，此类虚拟电厂仅由微电网聚合而成，由一个可控性较强的上级微电网发起并管理，波动性较强的下级微电网在利益驱动下以签订协议的方式加入，从而实现上下级微电网共赢，并且避免了虚拟电厂运营商这一类第三方经济实体挤占微电网利益空间的情况[58]。

Ⅱ类虚拟电厂竞标模型框架与图 8 - 16 所示的Ⅰ类虚拟电厂竞标框架类似，只不过执行虚拟电厂整体协调并制定市场交易策略的“领导者”不再是虚拟电厂运营商，而是上级微电网，同时“跟随者”由其余小规模的下级微电网构成。上级微电网负责根据已知数据制定 VPP 内部交易机制并参与电力市场交易，提供日前优化调度策略。下级微电网负责向上级微电网提供可再生能源与负荷的历史数据和预测信息，并响应上级微电网发布的价格信号。

虚拟电厂运行决策中面临的市场价格、间歇性可再生能源出力等不确定因素可通过鲁棒优化的方法来解决，进而构建鲁棒主从博弈模型。该问题的决策过程可分为两个阶段：

(1) 上级微电网承诺以相对日前市场出售电价预测值的折扣价格买入下级微电网全部的可再生能源发电量并租赁其拥有的微型发电机、储能等可控设备(这样，下级微电网决策无需再考虑不确定因素，并且只具有“消费者”一种属性)。同时基于日前市场价格与下级微电网可再生能源出力的不确定集合，上级微电网决定次日各时段在日前市场的交易电量、可控机组启停计划与虚拟电厂内下级微电网的购电价格。下级微电网根据内部

购电价格以最小化运行成本为原则合理安排柔性负荷的工作计划。

(2) 上级微电网利用日前市场出清价格与下一时段可再生能源的精确出力信息优化决策可控单元实际出力、可中断负荷响应量以及实时市场的竞标量。注意到该阶段中可再生能源各时段的实际出力信息是随着时间推移依次获得的，上级产消者通过调整可控单元使其运行在自动发电控制(AGC)模式，从而实现时间解耦控制，保证调度的灵活性。这里，AGC 机组作为共享资源用于平抑虚拟电厂整体的功率波动。

上级微电网与下级微电网通过提前签订合同的形式确定虚拟电厂内部交易价格范围，并在交易过程中实现信息透明化，从而可以限制上级微电网的市场力，保障下级微电网的权益。

上述两阶段鲁棒主从博弈模型可通过线性化处理、KKT 最优性条件、对偶定理等方法进行转化，使其可以基于 CC&G 算法利用现成求解器进行迭代求解。具体求解过程可参考文献[58]。

8.3.4 基于纳什谈判模型的运行策略

8.3.3 节中介绍的虚拟电厂运营策略本质上仍是多个微电网间的竞争博弈策略。无论是Ⅰ类虚拟电厂还是Ⅱ类虚拟电厂，虚拟电厂中的各个参与主体(包括Ⅰ类虚拟电厂中的虚拟电厂运营商)仍是相互竞争关系，只是通过“领导者”利用价格信号进行整体协调，不存在联盟关系中成本分摊和利益分配方案的协商与制定问题。事实上，相邻多个子微网之间的合作运行不仅可以促进子微网之间的电量交易及相互支持，还可促进子微网内可控机组的经济运行，从而帮助各微电网实现更高的经济收益。由于不同子微网之间隶属于不同运营主体，多微网之间的合作运行必须保证参与主体利益需求的差异性。与此同时，随着当前信息管理中，参与者对信息隐私要求逐步提高，多微网之间的合作运行也应当尽量保证各区域合作过程中的信息隐私性。基于此，本小节主要探讨多微网以合作联盟的形式组成虚拟电厂的合作博弈策略。利用纳什谈判机制在保证各子微网自主运行的基础上，促进不同子微网之间的能量交换与合作交易，实现虚拟电厂内的协调互动。

1) 纳什谈判

由于虚拟电厂通常是由若干个理性的博弈者构成的合作联盟，而该合作联盟成立的前提在于博弈者就利润分配达成一致协议，这实质上是一个谈判过程。换言之，虚拟电厂内部成员间的合作运行是在交易谈判的基础上进行的，这隶属于典型的“合作与竞争问题”，即合作意味着成员收益存在着帕累托改进，但不同的参与成员偏好不同的帕累托状态，从而导致运行均衡点的变化。

非合作博弈中，每个参与人进行独立决策，强调个体理性；而合作博弈中，参与人共同作出决定，协议对所有参与人均具有约束力，强调集体理性。纳什均衡侧重于非合作博弈的均衡分析，而纳什谈判则适用于合作博弈的谈判分析，因此可用于多个微电网聚合而成的虚拟电厂的协调运行。

(1) 纳什谈判模型。

假定存在 N 个理性个体进行谈判并形成合作联盟,该合作联盟成立的前提是确定一个全局认可的清晰谈判解。假定初始单独运行状态下,博弈者 i 的支付水平为 d_i,对应的,所有理性个体的支付起始状态为 $D=\{d_1, \cdots, d_N\}$,此点也即为联盟个体的谈判破裂点。显然,只有当个体在合作状态下的支付水平 u_i 大于单独运行时的支付水平 d_i,个体 i 才愿意加入该联盟组合。纳什谈判模型在于确定一个清晰的联盟合作支付分配解,保证该联盟内部成员均对该谈判解保持满意,否则谈判破裂。

标准的纳什谈判模型[59]为

$$\begin{aligned} &\max \prod_{i=1}^{N}(u_i-d_i) \\ &\text{s.t.}\quad u_i \geqslant d_i \quad \forall i \in \mathcal{N} \end{aligned} \tag{8-17}$$

式中,u_i 为合作状态下的个体支付水平,d_i 为个体所能接受的最低支付水平,N 为联盟中理性个体数。谈判过程中,个体总是希望自己在合作中所获得支付水平偏离最坏情况越远越好。因此,纳什谈判模型的目标函数为最大化所有个体与其谈判破裂点偏离程度之积。

为避免非凸性,模型式(8-17)可进一步转化为[60]:

$$\begin{aligned} &\max \sum_{i=1}^{N}\ln(u_i-d_i) \\ &\text{s.t.}\quad u_i \geqslant d_i \quad \forall i \in \mathcal{N} \end{aligned} \tag{8-18}$$

纳什谈判理论克服了以往古典经济学谈判理论的不确定性,剔除了效用支付取决于不同个体之间效用比较的可能性,指出局中人在谈判过程中自愿让步的行为并不影响其解的唯一性,给出了唯一的清晰谈判解。

(2) 纳什谈判性质。

模型式(8-18)所获得唯一最优解即为纳什谈判解,其可以很好地实现纳什公平性和纳什有效性的均衡,并有效刺激个体形成合作联盟。纳什谈判解满足5大性质:

① 个体理性:与单独非合作运行时相比较(即谈判破裂点时效用值 d_i),所有个体通过谈判合作过程所获得的效用水平 u_i^* 均有所提高,即 $u_i^* \geqslant d_i$, $\forall i \in \mathcal{N}$。否则,个体并不愿意参与合作联盟。

② 帕累托最优性:在纳什谈判模型中,所有个体均达到最优状态,即所有理性个体均无法找到比纳什谈判解更优的解。即,可行域内不存在任何解 $(u, v) \in S$,使得 $u > u^*$ 且 $v \geqslant v^*$(或 $u \geqslant u^*$ 且 $v > v^*$)。

③ 对称性:如果联盟个体具有相同的谈判破裂点和效用函数,不论其在联盟中的顺序如何,均会获得相同的效用值。

④ 线性不变性:在不改变个人风险决策的前提下,保证谈判结果与局中人效用之间

比较的无关性。也即，在谈判过程中，无论是一方对另一方让步，还是双方达成协议或达不成协议，均是出于利益的考虑。

⑤ 相关选择独立性：倘若从原来的可行解集中剔除某些无关选择的部分可行解，并不会影响纳什谈判的最优解确定。

2）基于纳什谈判的虚拟电厂优化模型

假定存在多个包含区域综合能源系统的微电网（或微能源网）愿意构成一个合作联盟，也即综合能源型虚拟电厂（或虚拟能源社区），如图 8－17 所示。各微电网均设有一个子微网运营商，每个微电网内均包含可控单元（热电联产 CHP 机组和燃气锅炉）、不可控单元（风机和光伏）、储能（电储能和热储能）、负荷（电负荷和热负荷）。考虑到用户的需求侧响应参与，电负荷又分为重要电负荷和可转移电负荷；而热负荷包括重要热负荷和可切断热负荷。不同于集中式调度模式，假定该结构下各个子微网享有自主决策权，仅通过公共信息传递实现不同子微网之间的合作运行。故而，各子微网运营商均配有独立的能量管理系统，可进行微电网内部能源转换设施的调度运行优化以及与外部电力公司、天然气公司的能量购买决策。

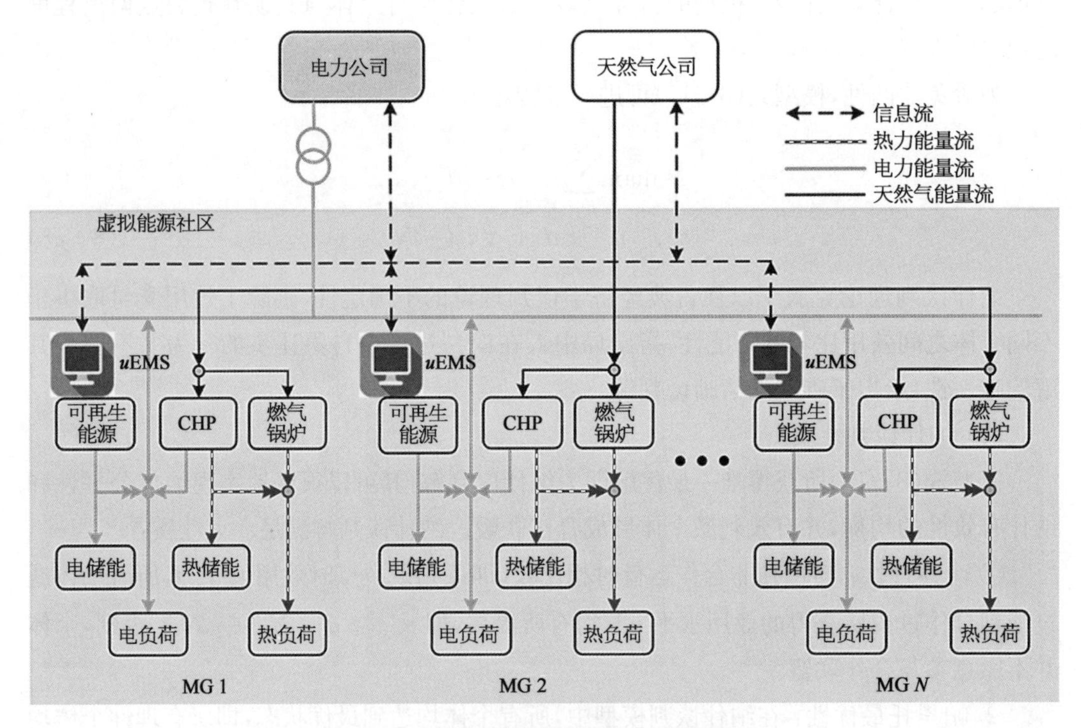

图 8－17　综合能源型虚拟电厂的框架结构

综合能源型虚拟电厂内，子微网运营商根据内部用户用能需求，自主决策其自身的运行方案；不同子微网之间可交互多余的能量，形成虚拟电厂的内部交易，减少从电力公司或天然气公司的购买量，促使整个虚拟电厂的运行成本最低。因此，各子微网运营商之间是一种合作竞争关系，子微网运营商需要对合作所带来的剩余收益分配情况进行谈判，从而确保自己在合作过程中实现收益增长(或成本减少)。

(1) 各子微网模型。

以图8-17中所示的综合能源型虚拟电厂为例,子微网运营商在自身能量优化分配过程中,以自身运营成本 C_i 最小为运行目标,具体包括与主网交易成本、天然气购买成本、用户效用函数、自身区域内部单元运营成本以及与虚拟能源系统内其他子微网的交易成本:

$$C_i = C_i^{\mathrm{grid}} + C_i^{\mathrm{gas}} - U_i^{\mathrm{user}} + C_i^{\mathrm{dg}} + C_i^{\mathrm{vpp}} \tag{8-19}$$

$$C_i^{\mathrm{grid}} = \sum_{t \in \mathcal{T}} (\lambda_t^{\mathrm{bg}} P_{\mathrm{e},i,t}^{\mathrm{bg}} - \lambda_t^{\mathrm{sg}} P_{\mathrm{e},i,t}^{\mathrm{sg}}) \tag{8-20}$$

$$C_i^{\mathrm{gas}} = \sum_{t \in \mathcal{T}} \lambda_t^{\mathrm{gas}} (P_{\mathrm{g},i,t}^{\mathrm{chp}} + P_{\mathrm{g},i,t}^{\mathrm{gb}}) \tag{8-21}$$

$$U_i^{\mathrm{user}} = \sum_{t \in \mathcal{T}} [k_i \ln(1 + L_{i,t}^{\mathrm{e}}) - a_i \Delta L_{i,t}^{\mathrm{h}}] \tag{8-22}$$

$$C_i^{\mathrm{dg}} = \sum_{t \in \mathcal{T}} [c_{\mathrm{e},i}^{\mathrm{chp}} P_{\mathrm{e},i,t}^{\mathrm{chp}} + c_{\mathrm{h},i}^{\mathrm{gb}} P_{\mathrm{h},i,t}^{\mathrm{gb}} + c_i^{\mathrm{es}} (P_{\mathrm{e},i,t}^{\mathrm{ch}} + P_{\mathrm{e},i,t}^{\mathrm{dis}}) + c_i^{\mathrm{hs}} (P_{\mathrm{h},i,t}^{\mathrm{ch}} + P_{\mathrm{h},i,t}^{\mathrm{dis}})] \tag{8-23}$$

$$C_i^{\mathrm{vpp}} = \sum_{t \in \mathcal{T}} [(\lambda_{\mathrm{e},t}^{\mathrm{bc}} P_{\mathrm{e},i,t}^{\mathrm{bc}} - \lambda_{\mathrm{e},t}^{\mathrm{sc}} P_{\mathrm{e},i,t}^{\mathrm{sc}}) + (\lambda_{\mathrm{h},t}^{\mathrm{bc}} P_{\mathrm{h},i,t}^{\mathrm{bc}} - \lambda_{\mathrm{h},t}^{\mathrm{sc}} P_{\mathrm{h},i,t}^{\mathrm{sc}})] \tag{8-24}$$

式中,C_i^{grid} 为子微网 i 与电网交易成本,$P_{\mathrm{e},i,t}^{\mathrm{bg}}$,$P_{\mathrm{e},i,t}^{\mathrm{sg}}$ 分别为 t 时段子微网 i 的从主网购电量和向主网售电量,λ_t^{bg},λ_t^{sg} 则分别为对应的单位购电费用和售电费用;C_i^{gas} 为子微网 i 的购气成本,λ_t^{gas} 为天然气公司的售气价格,$P_{\mathrm{g},i,t}^{\mathrm{chp}}$,$P_{\mathrm{g},i,t}^{\mathrm{gb}}$ 分别为 t 时段子微网 i 内热电联产机组(CHP)和燃气锅炉的天然气耗量;根据文献[61],用户效用函数 U_i^{user} 由两部分构成,即用户的用电效用 $k_i \ln(1+L_{i,t}^{\mathrm{e}})$ 减去用户的不舒适度成本 $a_i \Delta L_{i,t}^{\mathrm{h}}$,$L_{i,t}^{\mathrm{e}}$,$\Delta L_{i,t}^{\mathrm{h}}$ 分别为 t 时段子微网 i 用户的用电量和弃热量,k_i,a_i 为对应的偏好系数;$c_{\mathrm{e},i}^{\mathrm{chp}}$,$c_{\mathrm{h},i}^{\mathrm{gb}}$,$c_i^{\mathrm{es}}$,$c_i^{\mathrm{hs}}$ 分别为对应子微网内热电联产机组、燃气锅炉、电储能及热储能设备的单位运行成本;C_i^{vpp} 为子微网 i 在该虚拟电厂内与其他子微网的交易成本,$P_{\mathrm{e},i,t}^{\mathrm{bc}}$,$P_{\mathrm{e},i,t}^{\mathrm{sc}}$ 分别为 t 时段子微网 i 从其他子微网处的购电量和售电量,$\lambda_{\mathrm{e},t}^{\mathrm{bc}}$,$\lambda_{\mathrm{e},t}^{\mathrm{sc}}$ 分别为对应的虚拟电厂交易购、售电价,$P_{\mathrm{h},i,t}^{\mathrm{bc}}$,$P_{\mathrm{h},i,t}^{\mathrm{sc}}$ 分别为 t 时段子微网 i 从其他子微网处的购热量和售热量,$\lambda_{\mathrm{h},t}^{\mathrm{bc}}$,$\lambda_{\mathrm{h},t}^{\mathrm{sc}}$ 为对应的热能交易价格。

各子微网的运行约束条件包括子微网能量平衡约束、子微网内部能量传输系统功率约束、子微网供能设备运行约束、子微网储能设备运行约束、子微网需求侧响应约束等,此处不再赘述。

(2) 多微网联合互动模型。

由于各子微网之间需要对合作后所获得的收益分配进行谈判,构成了合作博弈下的讨价还价关系。假定各子微网在非合作独立运行成本 C_i^{non} 的负值作为谈判起始点,即

$d_i=-C_i^{\text{non}}$；而合作情况下，各子微网的合作运行成本为 C_i，对应的运行效用水平为 $u_i=-C_i$。合作谈判过程中，各子微网运营商均希望尽可能最大化合作所带来的效益增长，因此该虚拟电厂基于纳什谈判的多微网联合互动目标函数为

$$\max \sum_{i=1}^{N} \ln \left\{ \begin{aligned} & C_i^{\text{non}} - \sum_{t\in\mathcal{T}} (\lambda_t^{\text{bg}} P_{\text{e},i,t}^{\text{bg}} - \lambda_t^{\text{sg}} P_{\text{e},i,t}^{\text{sg}}) - \sum_{t\in\mathcal{T}} \lambda_t^{\text{gas}} (P_{\text{g},i,t}^{\text{chp}} + P_{\text{g},i,t}^{\text{gb}}) + \\ & \sum_{t\in\mathcal{T}} [k_i \ln(1+L_{i,t}^{\text{e}}) - a_i \Delta L_{i,t}^{\text{h}}] - \sum_{t\in\mathcal{T}} [c_{\text{e},i}^{\text{chp}} P_{\text{e},i,t}^{\text{chp}} + \\ & c_{\text{h},i}^{\text{gb}} P_{\text{h},i,t}^{\text{gb}} + c_i^{\text{es}} (P_{\text{e},i,t}^{\text{ch}} + P_{\text{e},i,t}^{\text{dis}}) + c_i^{\text{hs}} (P_{\text{h},i,t}^{\text{ch}} + P_{\text{h},i,t}^{\text{dis}})] - \\ & \sum_{t\in\mathcal{T}} [(\lambda_{\text{e},t}^{\text{bc}} P_{\text{e},i,t}^{\text{bc}} - \lambda_{\text{e},t}^{\text{sc}} P_{\text{e},i,t}^{\text{sc}}) + (\lambda_{\text{h},t}^{\text{bc}} P_{\text{h},i,t}^{\text{bc}} - \lambda_{\text{h},t}^{\text{sc}} P_{\text{h},i,t}^{\text{sc}})] \end{aligned} \right\} \tag{8-25}$$

需要注意的是，目标函数式(8-25)中的非合作运行成本 C_i^{non} 为已知输入参量，由各子微网运营商独立计算得到，且不包括与其他子微网的运行交易成本 C_i^{vpp}。而合作互动下，各子微网运行成本包括与其他子微网的运行交易成本，且运行交易成本的大小将会影响各子微网的内部运行计划。由于不存在第三方获利个体，子微网之间的交易成本以及交易量在该虚拟综合能源社区内呈现社区平衡状态：即任意时刻 $t\in\mathcal{T}$ 下，虚拟电厂内部所有买方子微网的交易能量等于所有卖方子微网的交易能量；且所有买方子微网的交易成本等于所有卖方子微网的交易收入，具体为

$$\sum_{i=1}^{N} P_{\text{e},i,t}^{\text{bc}} = \sum_{i=1}^{N} P_{\text{e},i,t}^{\text{sc}} \quad \forall t\in\mathcal{T} \tag{8-26}$$

$$\sum_{i=1}^{N} P_{\text{h},i,t}^{\text{bc}} = \sum_{i=1}^{N} P_{\text{h},i,t}^{\text{sc}} \quad \forall t\in\mathcal{T} \tag{8-27}$$

$$\sum_{i=1}^{N} (\lambda_{\text{e},t}^{\text{bc}} P_{\text{e},i,t}^{\text{bc}} - \lambda_{\text{e},t}^{\text{sc}} P_{\text{e},i,t}^{\text{sc}}) = 0 \quad \forall t\in\mathcal{T} \tag{8-28}$$

$$\sum_{i=1}^{N} (\lambda_{\text{h},t}^{\text{bc}} P_{\text{h},i,t}^{\text{bc}} - \lambda_{\text{h},t}^{\text{sc}} P_{\text{h},i,t}^{\text{sc}}) = 0 \quad \forall t\in\mathcal{T} \tag{8-29}$$

为简化变量，将各子微网在同一时刻下的电能购买量 $P_{\text{e},i,t}^{\text{bc}}$ 和售电量 $P_{\text{e},i,t}^{\text{sc}}$ 转化为一个共同的变量——微网群交易电能，即 $P_{\text{e},i,t}^{\text{ex}}=P_{\text{e},i,t}^{\text{bc}}-P_{\text{e},i,t}^{\text{sc}}$，其中微网群交易电能为正表示该子微网从该虚拟电厂购买电能，而微网群交易电能为负则表示该子微网向虚拟电厂出售电能。类似的，各子微网在同一时刻下的微网群热能买卖量也转化为一个共同的变量——微网群交易热能，即 $P_{\text{h},i,t}^{\text{ex}}=P_{\text{h},i,t}^{\text{bc}}-P_{\text{h},i,t}^{\text{sc}}$。进而，式(8-26)和式(8-27)可进一步转化为

$$\sum_{i=1}^{N} P_{\text{e},i,t}^{\text{ex}} = 0 \quad \forall t\in\mathcal{T} \tag{8-30}$$

$$\sum_{i=1}^{N} P_{\mathrm{h},i,t}^{\mathrm{ex}} = 0 \quad \forall t \in \mathcal{T} \tag{8-31}$$

对应的，各子微网与其他子微网交易互动过程中对应的电能交易成本为 $C_{\mathrm{e},i,t}^{\mathrm{ex}} = \lambda_{\mathrm{e},t}^{\mathrm{bc}} P_{\mathrm{e},i,t}^{\mathrm{bc}} - \lambda_{\mathrm{e},t}^{\mathrm{sc}} P_{\mathrm{e},i,t}^{\mathrm{sc}} = \lambda_{\mathrm{e},i,t}^{\mathrm{ex}} P_{\mathrm{e},i,t}^{\mathrm{ex}}$，该等式是合理的，因为在微网群交易过程相当于是一个虚拟的出清市场，子微网所面临的购能价格一般等于该时刻的售能价格。各子微网的微网群热能交易成本为 $C_{\mathrm{h},i,t}^{\mathrm{ex}} = \lambda_{\mathrm{h},t}^{\mathrm{bc}} P_{\mathrm{h},i,t}^{\mathrm{bc}} - \lambda_{\mathrm{h},t}^{\mathrm{sc}} P_{\mathrm{h},i,t}^{\mathrm{sc}} = \lambda_{\mathrm{h},i,t}^{\mathrm{ex}} P_{\mathrm{h},i,t}^{\mathrm{ex}}$，故而式(8-28)和式(8-29)可进一步转化为

$$\sum_{i=1}^{N} C_{\mathrm{e},i,t}^{\mathrm{ex}} = 0 \quad \forall t \in \mathcal{T} \tag{8-32}$$

$$\sum_{i=1}^{N} C_{\mathrm{h},i,t}^{\mathrm{ex}} = 0 \quad \forall t \in \mathcal{T} \tag{8-33}$$

故而，该综合能源型虚拟电厂的多微网联动互动模型由式(8-25)所示的目标函数和相应约束条件构成。

该模型的求解方法以及纳什谈判模型的社会效益最大化证明可参考文献[62]。

参考文献

[1] 艾芊.虚拟电厂——能源互联网的终极组态.北京：科学出版社，2018.

[2] Schulz C, Roder G, Kurrat M. Virtual power plants with combined heat and power micro-units. Future Power Systems, 2005 International Conference on. IEEE, 2005: 5.

[3] Asmus P. Microgrids, virtual power plants and our distributed energy future. The Electricity Journal, 2010, 23(10): 72-82.

[4] 姜海洋，谭忠富，胡庆辉，等.用户侧虚拟电厂对发电产业节能减排影响分析.中国电力，2010，43(6)：37-40.

[5] 阎蕾，朱永利.基于多 Agent 的电网故障诊断系统的研究.北京：华北电力大学，2006.

[6] 王成山，余旭阳.基于 Multi-Agent 系统的分布式协调紧急控制.电网技术，2004，28(3)：1-5.

[7] Lassetter B. Microgrids. Proceedings of 2001 IEEE Power Engineering Society Winter Meeting, IEEE. 2001: 146-149.

[8] STVENS J. Development of sources and a test bed for CERTS micro grid testing. Proceeding of 2004 IEEE Power Engineering Society General Meeting, IEEE. 2004: 2032-2033.

[9] Tadahiro Goda. Microgrid research at Mitsubishi. [2006-10-17]. http://www.energy.ca.gov/pier/esi/document /2005-06-17_symposium/GODA_2005-06-17.pdf.

[10] 安平.多 Agent 技术在电网调度管理系统中的应用研究.北京：华北电力大学.2006.

[11] Dimeas A, Hatziargyriou N D. Operation of a multiagent system for microgrid control power systems. IEEE Transactions on Power Systems, 2005, 20(3): 1447-1455.

[12] Hatziargyriou N D, Dimeas A, Tsikalakis A. Centralised and decentralized control of microgrids. International Journal of distributed Energy Resources, 2005, 1(3): 197-212.

[13] Dimeas A, Hatziargyriou N D. A multiagent system for microgrids. IEEE PES General Meeting, 2004.

[14] Lasseter R, Akhil A, Marnay C, et al. White paper on integration of distributed energy resources. The CERTS Microgrid Concept. Consortium for Electric Reliability Technology Solutions (CERTS), IEEE. 2002.

[15] Zhou Ming, Ren Jianwen, Li Gengyin. et al. A multi-agent based dispatching operation instructing system in electric power systems. Power Engineering Society General Meeting, IEEE 2003: 436 - 440.

[16] 丁银波.基于多代理技术的分布式故障诊断系统的研究.北京：华北电力大学，2003.

[17] 王岚.基于 Multi-Agent 的分布式应用系统研究.北京：首都经济贸易大学，2004.

[18] 陈策.基于多 Agent 的地区电压无功控制.成都：四川大学，2006.

[19] 杨旭升，盛万兴，王孙安.多 Agent 电网运行决策支持系统体系结构研究.电力系统自动化，2002，26(18)：45 - 49.

[20] 朱培红.基于移动多 Agent 的分布式网络性能监测的研究.武汉：武汉大学，2004.

[21] 李欣然，苏盛，陈元新.Agent 技术在电力综合负荷模型辨识系统中的应用.电力自动化设备，2002，22(9)：50 - 53.

[22] 兰少华.多 Agent 技术及其应用研究.南京：南京理工大学，2002.

[23] 李四勤.电力系统二次网络中 Multi-Agent 理论及安全防护研究.长沙：湖南大学，2005.

[24] Fredrik Ygge, Hans Akkerman. Decentralized markets versus central control: A comparative study. Artificial Intelligence Research, 1999, 11: 301 - 333.

[25] Dimeas A L, Hatziargyriou N D. Agent based control for microgrids. Power Engineering Society General Meeting, IEEE 2007: 1 - 5.

[26] 陈昌松，段善旭，殷进军，等.基于发电预测的分布式发电能量管理系统.电工技术学报，2010，25(3)：150 - 156.

[27] 张宁，王毅，康重庆，等.能源互联网中的区块链技术：研究框架与典型应用初探.中国电机工程学报，2016，36(15)：4011 - 4022.

[28] 李经纬，贾春福，刘哲理，等.可搜索加密技术研究综述.软件学报，2015，26(1)：109 - 128.

[29] 袁勇，王飞跃.区块链技术发展现状与展望.自动化学报，2016，42(4)：481 - 494.

[30] Larimer D. Transactions as proof-of-stake [Online], available: http: //7fvhfe.com1.z0.glb.clouddn.com/@/wpcontent/uploads/2014/01/TransactionsAsProofOfStake10.pdf，2013.

[31] Ethereum White Paper. A next-generation smart contract and decentralized application platform [Online], available: https: // github.com/ethereum/wiki/wiki/WhitePaper, November 12, 2015.

[32] Swan M. Blockchain: Blueprint for a new economy. USA: O'Reilly Media Inc., 2015.

[33] 杨永标，丁孝华，朱金大，等.物联网应用于电动汽车充电设施的设想.电力系统自动化，2010，34(21)：95 - 98.

[34] 胡永利，孙艳丰，尹宝才.物联网信息感知与交互技术.计算机学报，2012，35(6)：1147 - 1163.

[35] Pister K S J, Doherty L. Time synchronized mesh protocol. Proceedings of the 2008 IASTED International Symposium on Distributed Sensor Networks. Orlando, USA, 2008: 391 - 398.

[36] Lu G, Krishnamachari B, Raghavendra C S. An adaptive energy-efficient and low-latency MAC for data gathering in wireless sensor networks. Proceedings of the 18th International Parallel and Distributed Processing Symposium (IPDPS'04), Santa Fe, USA, 2004: 224 - 232.

[37] Song W Z, Yuan F, LaHusen R. Time-optimum packet scheduling for many-to-one routing in wireless sensor networks. International Journal of Parallel, Emergent and Distributed Systems, 2007, 22(5): 355 - 570.

[38] Ee C T, Bajcsy R. Congestion control and fairness for many-to-one routing in sensor networks. Proceedings of the 2nd International Conference on Embedded Networked Sensor Systems (SenSys'04), Baltimore, USA, 2004: 148 - 161.

[39] Petrovic D, Shah R C, Ramchandran K. Data funneling: Routing with aggregation and compression for wireless sensor networks. Proceedings of the 1st IEEE International Workshop on Sensor Network Protocols and Applications (SNPA'03), Seattle, USA, 2003: 156 - 162.

[40] Arici T, Gedik B, Altunbasak Y. PINCO. A pipelined in network compression scheme for data collection in wireless sensor networks. Proceedings of the 12th International Conference on Computer Communications and Networks (ICCCN'03), Dallas, USA, 2003: 539 - 544.

[41] Zhang W, Cao G. DCTC. Dynamic convoy tree based collaboration for target tracking in sensor networks. IEEE Transactions on Wireless Communications, 2004, 3(5): 1689 - 1701.

[42] 卢强,陈来军,梅生伟.博弈论在电力系统中典型应用及若干展望.中国电机工程学报,2014,34(29): 5009 - 5017.

[43] 徐意婷,艾芊,胡剑生.基于协同演化博弈算法的微网和配电网动态优化.电力系统保护与控制,2016,44(18): 8 - 16.

[44] 识予.纳什均衡论.上海: 上海财经大学出版社,1999.

[45] Fudenberg D, Tirole J. Game theory, 1991. Cambridge, Massachusetts, 1991, 393: 12.

[46] 赵敏,沈沉,刘锋,等.基于博弈论的多微电网系统交易模式研究.中国电机工程学报,2015,35(4): 848 - 857.

[47] Ni J, Ai Q. Economic power transaction using coalitional game strategy in micro-grids. IET Generation Transmission & Distribution, 2016, 10(1): 10 - 18.

[48] 杨力俊.电力市场中市场力规制的策略与方法研究.北京: 华北电力大学,2005.

[49] 袁英华.我国电力企业市场化改革研究.长春: 吉林大学,2004.

[50] 刘国跃.电力市场中供电可靠性保障机制的理论与应用研究.北京: 华北电力大学,2009.

[51] 周军.论市场规则及其构成要素.武汉理工大学学报: 社会科学版,2004,17(2): 165 - 168.

[52] 李扬,王蓓蓓,宋宏坤.需求响应及其应用.电力需求侧管理,2005,7(6): 13 - 15.

[53] Yu M, Hong S H. A real-time demand-response algorithm for smart grids: A stackelberg game approach. IEEE Transactions on Smart Grid, 2016, 7(2): 879 - 888.

[54] Wei W, Liu F, Mei S. Energy pricing and dispatch for smart grid retailers under demand response and market price uncertainty. IEEE transactions on smart grid, 2015, 6(3): 1364 - 1374.

[55] Zhang C, Wang Q, Wang J, et al. Real-time trading strategies of proactive DISCO with heterogeneous DG owners. IEEE Transactions on Smart Grid, 2018, 9(3): 1688 - 1697.

[56] 方燕琼,甘霖,艾芊,等.基于主从博弈的虚拟电厂双层竞标策略.电力系统自动化,2017,41(14):61-69.

[57] Liu N, Yu X, Wang C, et al. Energy sharing management for microgrids with PV prosumers: a Stackelberg game approach. IEEE Transactions on Industrial Informatics, 2017, 13(3): 1088-1098.

[58] Yin S, Ai Q, Li Z, et al. Energy management for aggregate prosumers in a virtual power plant: A robust Stackelberg game approach. International Journal of Electrical Power and Energy Systems, 2020, 117(In Press).

[59] Muthoo A. Bargaining theory with applications. Cambridge, U. K.: Cambridge University Press, 2008.

[60] Wei W, Wang J, Mei S. Convexification of the Nash bargaining based environmental-economic dispatch. IEEE Transactions on Power Systems, 2016, 31(6): 5208-5209.

[61] Liu N, He L, Yu X, et al. Multi-party energy management for grid-connected microgrids with heat and electricity coupled demand response. IEEE Transactions on Industrial Informatics, 2018, 14(5): 1887-1897.

[62] Fan S, Ai Q, Piao L. Bargaining-based cooperative energy trading for distribution company and demand response. Applied Energy, 2018, 226: 469-482.

第 9 章

微电网群的市场交易策略

随着国家这几年的经济产业结构的调整，企业和居民对用电的需求日益增大，在这样国家快速发展的大背景下，电已经成为国家经济发展中的巨大引擎，同时也是居民在生活中不可缺少的一部分。在这种大的环境下，电力企业的发展和壮大迎来了有利的发展空间。在过去的几十年时间内大电网凭借其独特的优势得到了迅速发展，成为主要的电力供应渠道。随着我国电力市场改革推进，配售分离、增量配网业务放开，多种资本介入发电项目的建设和运营中，微电网参与市场运行将是未来市场发展的必然趋势。微电网加入电力市场以后，微电网的角色也就随之转换为市场实体了，如何实现自身利润的最大化是每个自负盈亏的市场实体必须考虑的首要问题，因此，有必要对微电网参与电力市场的市场交易、竞争报价以及合作报价等方面进行分析研究。

9.1 微电网群市场分析的现状

目前，世界上很多国家都参与到微电网的研究与开发中，欧洲、美国及日本等发达国家和地区已经完成微电网的基础理论研究，完成了微电网控制和保护策略、运行与经济性分析并通过实验测试和现场示范工程进行验证。随着微电网技术的成熟，微电网不仅能够灵活合理地对内部分布式电源进行经济调度，而且还将参与电力市场竞争以解决自身富余电力问题，达到资源的合理有效利用。

9.1.1 考虑配电系统微电网联盟合作运营框架

在对微电网参与电力市场进行研究之前，了解一下微观经济学的一些基本概念，对微电网参与电力市场竞争的理解非常必要。下面主要根据需求和供给进行研究分析，并介绍一些基础经济学专业用语，为微电网参与市场竞争提供理论基础。

1）供求关系平衡

需求是指消费者在某一特定时期内，在每一价格水平上愿意并且能够购买的商品的数量。经济分析中所指的需求为有效需求，它是购买欲望和购买能力的统一体。影响需求的因素很多，主要有商品自身的价格、相关商品的价格、消费者的收入水平、消费者的爱好或者偏好、消费者对未来的预期、社会人口状况等。

同样,供给是指某一特定的时间内和一定的价格条件下,生产者愿意并可能出售的产品,包括新提供的物品和已有的存货。供给是欲望和供给能力的统一。影响供给的因素比影响需求的因素更为复杂,既有经济因素又有非经济因素。它除了受商品本身价格的影响之外,还受生产厂商的生产目标、相关产品的价格、生产要素的成本、生产技术水平、政府宏观调控政策等的影响。

通常需求量随着价格的增加下降,供给量随着价格的增加而增加。当价格升高时需求量会越来越少,价格降低时供给量也会减少。这种此消彼长现象称之为供求定律,即需求与供给相互联系相互影响,当需求大于供给时,价格将会上升;反之,价格将会下降。但是,市场最终会达到一个均衡点即市场均衡,市场供给将围绕这个平衡点上下波动而调节,使得市场无规律性的自动调节呈现一定的规律性。当其他条件发生变化时,市场将建立新的平衡点[1]。

2) 市场出清价格

对于电力企业而言,电价的结构可以分为供电电价结构和调节电价结构。供电价格指的是电力企业之间的,比如电厂和电网公司、电网公司和电力企业之间的价格。调节电价一般包括丰枯季节电价、峰谷电价、功率因数调节电价等。市场出清是指商品价格具有充分的灵活性,能使需求和供给迅速达到均衡的市场。有了这种灵活性,售电市场和供电市场都不会存在超额供给。每一个市场都处于或趋向于供求相等的一般均衡状态。出清方式有两大类,即统一价格出清(MCP)和按报价结算(PAB)。在按报价结算下,不同的发电商或购电商的卖电或买电价格不同,具体价格与其报价有关。在统一价格出清下,所有的发电商都按相同的电价卖出,所有的购电商也按照相同的价格买进,有一种边际出清价格结算的方式。在两种价格机制下,市场交易都是按照机组或发电商的报价,由低到高分配发电负荷,直至满足系统供需平衡。不同之处在于,报价结算是按照实际报价进行交易,而边际出清价格则是以最后一台满足系统负荷平衡的机组报价为基准,将其作为边际价格进行结算。在按边际出清价格结算的电力市场中,无论发电公司报价高低,一旦被选中,一律按照边际出清价格进行结算[2,3]。

目前世界各国电力市场大多采用了按边际出清价格结算的统一价格机制[4,5],这是因为边际出清价格比报价机制运行效率更高、更利于中小发电商,能更好地防止大型发电商行使垄断力量,从而提高电力市场电价的稳定性。在边际出清价格机制下,成熟市场中的发电机组会按照边际成本进行报价,使得市场出清的结果能够满足电力系统安全的约束条件,从而实现电力系统的经济、优化调度。另外采用边际出清价格报价,也有助于提高清洁能源消纳的效率,因为目前火电等常规电源的运行成本主要是燃料成本,其造价日趋昂贵且波动性大,而随着技术水平的提高,清洁能源发电的边际成本已经接近于零。因此,在边际出清价格报价的现货市场中,清洁能源将占据绝对的优势,成为电力现货交易中用于调峰调度的首选[6,7]。

3) 微电网市场交易背景

微电网之间存在电量交易或者所有微电网都只与配电网发生交易,是多微电网系统运行的两种最主要最基本的模式[8]。

微电网以间歇性强的可再生能源为主要的能源形式，这就注定微电网在不同时刻电力需求或者供给不尽相同。同时，微电网可能在某个时刻有电力剩余，在另一个时刻有电力需求，随着微电网增多，如何解决微电网的电力需求和电力供给显得十分的迫切。同时由于可再生能源发电与天气和气候相关性比较大，不同地区的微电网发电特性不尽相同，同一地区的微电网不同季节甚至不同天气的发电特性相差也比较大，为了充分利用微电网的富余电力，需要对微电网进行互联，也就是形成微电网群。互联的微电网可以向其他微电网出售或者购入电力来满足自身的负荷需求。通过大电网的互联，微电网之间可以进行互补，从而构成含微电网的电力市场雏形。

4）微电网参与市场交易类型

电力市场环境下，电能是电力交易商品。但是，由于电能商品的特殊性，在目前的技术水平下，电能还难以经济地实现大规模存储，电能生产与消费几乎可以说是同时发生的。目前，电力市场主要有合约交易、现货交易和期货交易等交易类型[9]。

合约交易。通常称为中长期合约交易，它是远期实物交货合同。通常供需双方通过私下协商，达成同时满足双方需要及目标的条款，涉及的交易电力很大并且时间跨度比较长的一般采用这种交易方式。组织中长期合同市场是为了防范市场风险，减少完全依赖现货市场而产生的价格和电网安全风险，保证电力市场的有序性、安全性、价格的平稳性、电力生产的连续性。它使电网公司有宽裕的时间考虑如何保证电网安全；发电公司有足够的时间组织燃料采购计划，保持燃料供应的长期稳定，有利于制定发电机组检修计划；交易中心有足够的时间增加电力交易竞争的深度，以利于在更广的范围内进行发电资源的优化配置。

现货交易。电力市场中大部分电能都能通过分散的开放式市场进行交易，但是该市场无法保证电力系统的可靠性，为了弥补开放式电能市场的不足，需要建立一个集中管理的现货市场。集中式现货市场可以调节比较灵活的发电公司出力，消减自愿减负荷用户的需求，从而实现发电与负荷的匹配。集中式现货市场还必须能够处理一些突发或者不可预测的事故。集中式现货市场的现货交易分为日前交易和实时交易。日前交易是提前一天进行未来小时的电力交易，该市场完成了大部分现货市场电力的交易，同时向发电侧提供经济激励，促使其按照实时调度要求进行调度。但同时电力系统的安全稳定运行及电能质量需要实时调节和平衡，因而需要实时交易的平衡市场，即实时市场。

期货交易。电力期货市场是指以特定的价格进行买卖，在将来某一特定时间开始交割并在特定时间段内交割完毕，以电力期货合约形式进行交易的电力商品。在电力期货交易模式中，电力期货价格与电力现货价格能够实现统一，市场参与者可以通过电力期货进行套期保值，避免了现有电力交易中电价剧烈波动对交易双方的影响，而电力生产者能够确定稳定的生产计划，电力消费者能够保证稳定的电力供应，稳定的供求关系可以减弱市场参与者进行市场投机的动力，有利于稳定电力现货市场中的价格在保证稳定供求关系的同时，交易双方都能够对生产、消费计划进行灵活的调整，在外部环境发生变化时，更好地适应市场。

所以说，期货交易能够很好地规避电力市场价格风险，有利于电力市场的健康稳定发展。

9.1.2 微电网群经济行为决策

在微电网群经济行为决策中，微电网群特征提取和行为分析决策的建立是一个重要环节。智能分析目前已经覆盖了多方面的领域，数据挖掘和分析技术是其中的一个基础环节，将计算机技术、通信技术以及测量技术和信息控制等都进行了交叉应用，并且在实践中实现了可视化操作。在用电信息采集系统的技术应用方面，已经通过智能化技术信息网络，实现了供电系统与用电用户之间的互动。然而针对微电网群的数据挖掘和行为分析的研究，因其具有数据结构复杂、采样时间多样化等诸多挑战，还处于初步阶段[10,11]。

数据挖掘和分析的基础是信息采集系统。建立信息采集系统，可以将传统的人工抄表作业模式加以改善，形成一种全封闭的创新模式，即可以实现对于能源细胞用电的实时采集，并通过计量装置进行在线检测。从抄表到电费的核算都实施了系统化管理。

基于系统(大)数据的采集，结合外部系统数据研究微电网群的经济行为是一个较为庞大的研究课题。根据采集系统数据特点，国外学者将研究方向分为“预测型”和“优化型”两大类[12,13]。“预测型”主要是通过采集系统历史数据，与外围各种可能因素之间进行多维度的数据分析和建模，从繁多的因素之中找到影响经济行为的主要因素，同时根据数据分析得到的规律对未来经济行为进行有限的合理预测。例如：通过研究一定范围内相对稳定的微电网用电量数据将此数据与时间以及气候温度变化因素进行多维分析，可以较为准确地得到该微电网用电量与温度之间的关联规律，那么通过对历史温度数据的变化趋势，可以基本预测出未来一年内各月度该用户群体的用电量。“优化型”主要是通过对大数据的研究，对传统分析方法无法定量分析的电网某些特性或存在无数据支撑的管理工作，找到确切的数据支撑，从而帮助企业管理者进行管理优化。例如：通过对采集回的公变台区总表功率值进行分析，可以很容易得到功率与时间的曲线，通过合理设定阈值能够很快得到选定样本中变压器负载率正常、重点监控以及超载的数量及明细，进而帮助管理者制定合理的巡视计划，同时也为台区分割扩容提供详细的数据依据，极大地提高了管理效率。

集群商业化运营过程中，面临不同投资主体的分布式能源经济利益协调问题，需要通过竞价等市场机制引导其运行。多个自治的微电网形成区域竞价体系将有利于电网的市场化管理以及经济运行。在自治运行的基础上实现竞价功能，通过市场手段反映各微电网的利益诉求，并指导集群的优化运行。

以多集群数据化综合运营系统为分析对象，对系统中每个单元的自身和互动行为进行数据化建模。在图 9-1 中，每一个集群配有本地数据中心，拥有自己的服务器和数据管理系统。数据中心根据系统需求定期采集集群数据，数据分为 3 种：通过功率预测系统采集的分布式新能源发电数据、通过用电信息采集系统采集的用户用电数据、通过售电平台采集的市场交易数据。这 3 类数据构成了各集群行为的数据分析以及训练样本。整个运行系统采用去中心、分布式、离散化的数据管理模式，上层运营商可以根据下层数据网络反映的群体性特征，以拟生物学分析角度对集群的群体性经济行为进行分析与归纳，为不同市场博弈策略的边界建模提供理论支撑。

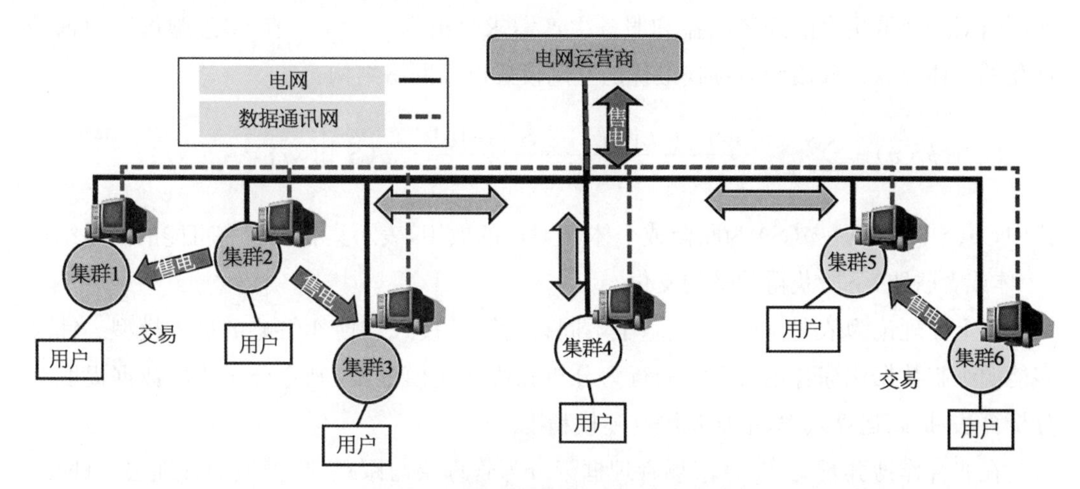

图 9-1　集群数据化综合运营系统

对于单一集群，以新能源发电数据、用户数据和交易数据为基础，采用降噪逆优化技术进行数据挖掘和分析。首先建立新能源的发电模型、用户的用电模型、集群的对外交易模型以及上层监督模型，然后以减少预测误差和历史数据过拟合为目标，对用电模型和对外交易模型进行状态优化和训练，消除不同用电和交易种类的界线，最后上层监督模型利用所采集的集群数据将优化和训练出的状态模型总结成行为信息，并应用到后续的研究中。

对于整个系统网络，根据拟生物学中群体相关行为特征(如候鸟导向性飞行、蜂巢迁徙等)，将储存于每个集群本地服务器的离散的行为信息进行整体性分析，保证信息分析时的完整性和群体性，并总结出多微电网的互动运行行为模式以及博弈框架。同时，根据竞争型市场边界条件下多微电网的合作和非合作行为特征，分别建立基于 Stackelberg 模型的市场博弈策略和基于动态决策的合作经济运行策略。其逻辑关系如图 9-2 所示。

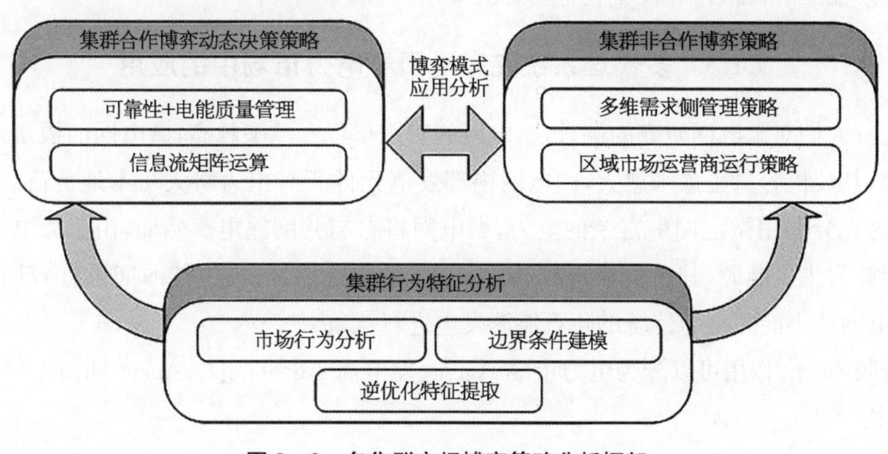

图 9-2　多集群市场博弈策略分析框架

在 Stackelberg 博弈理论的建模中，一个能源细胞既可以选择独立地进行市场和电力活动，只与电网保持基本的软连接，又可以选择与其他细胞形成联盟，在联盟内相互支持的同时对外获取更大的经济利益和服务生产需求。根据 Shapley 值，多细胞可以根据最优化的个体或联盟效用函数寻找最优的互动模式以及网络结构：

$$\phi_i(v)=\sum_{S\subseteq N}\frac{|S|!\ (|N|-|S|-1)!}{|N|}[v(S\cup\{i\})-v(s)] \tag{9-1}$$

式中，$v(S\cup\{i\})-v(S)$ 为联盟或个体 S 对应的效用，表示集合在所有可能的网络结构（个体或者联盟）下所获得的平均支付。

以上面理论为依据，可以建立基于不同行为互动模式和博弈策略的边界模型。针对多能源细胞数据化综合运营系统的行为分析和边界建模框架，制定分布式的数据提取与分析算法，提高运算效率，增加预测与建模精度。

在非合作博弈行为中，将市场管理框架分为管理层与跟踪层，模型的管理层（电网运营商）以获得经济利益和匹配调度需求为目标，根据微电网提供的电力活动相关信息，通过价格信号影响跟踪层中集合的用电活动和市场行为；跟踪层中的微电网根据管理层发出的价格信号调整所管理用户的用电行为并以费用最小化和用户满意度最大化为目标，与配电市场运营商以及其他微电网进行竞价博弈；根据售电价格和竞价博弈调整后的跟踪层行为反向影响决策层售电价格的制定，从而形成上下层和同层（跟踪层）间的循环动态博弈，最终达到动态平衡。

在补偿型市场边界条件下，微电网间的互动行为基于信息交互的合作博弈，因此适合建立基于信息流矩阵的市场博弈策略。首先，根据市场合作协议以及冗余用电资源建立微电网的博弈变量，并将变量与时空尺度和运行参数挂钩，形成信息单元；然后，根据微电网间能量流、信息流和经济流的方向性将具有不同方向属性的信息单元整合成每个微电网特有的信息流矩阵，里面包含着参与合作博弈所需要的所有信息；最后，将所有微电网及其信息流矩阵代入博弈模型进行动态决策。

9.1.3 多代理系统在微电网群电力市场中的应用

随着人们对微电网研究的深入，微电网的实用化程度越来越高，微电网的数量也将越来越多，其装机容量也愈来愈大，微电网内部发电元件所有出力将大于本地负荷总需求，此时，为充分利用微电网中富余的电力，微电网将参与并网输电。然而，由于微电网以可再生能源为主要能源，其造价成本较高、电力交易量较小、可再生能源间歇性较明显，因此，微电网还不能完全与传统的化石能源发电进行竞争[14]。

按照 Agent 作用可以分为电力市场 Agent、发电商 Agent、用户 Agent 和微电网 Agent 4 级结构[15~17]。

电力市场 Agent。对发电商、用户和微电网进行分类，分别对其进行投标或者竞价。

根据各个 Agent 申报的竞价数据或者投标数据以及系统安全水平，编制交易计划，确定市场价格，实现实时市场交易。同时将市场最终定价及各发电公司和微电网输出电量反馈给各级 Agent，使其成员能够根据提供的信息进行下一步交易决策。同时，对发电商和微电网进行调度，保证系统的安全稳定运行。

发电商 Agent。根据自身状况向上级 Agent 进行竞价申请，并对上级 Agent 所提供的数据进行学习并调整竞价策略。当发电商获得竞价电量后，按照电力市场 Agent 的调度信息进行发电，同时对发电机组进行实时监视，保证系统安全运行。

用户 Agent。根据自身负荷需求向电力市场 Agent 进行投标申请，并对上级 Agent 所提供的数据进行学习并调整投标策略。

微电网 Agent。对元件 Agent 所提供的数据进行微电网发电量和负荷预测，根据预测数据向电力市场 Agent 上报自身运行角色售电或者购电微电网。然后，上级 Agent 进行竞价或者投标申请，并对上级 Agent 所提供的数据进行学习并调整竞价策略；竞价成功后，微电网 Agent 以成本最小化竞价策略对元件 Agent 进行调度。同时，对微电网进行实时监控，当微电网发生故障时要快速从大电网上切除进入孤岛运行状态，保证大系统的安全运行。

基于 MAS 的微电网竞价模型，又可以分为电力市场 Agent、微电网 Agent、发电元件 Agent 以及微电网用户 Agent 4 级结构，它们之间既相互竞争又相互联系，以保证微电网安全稳定运行，结构如图 9 - 3 所示。

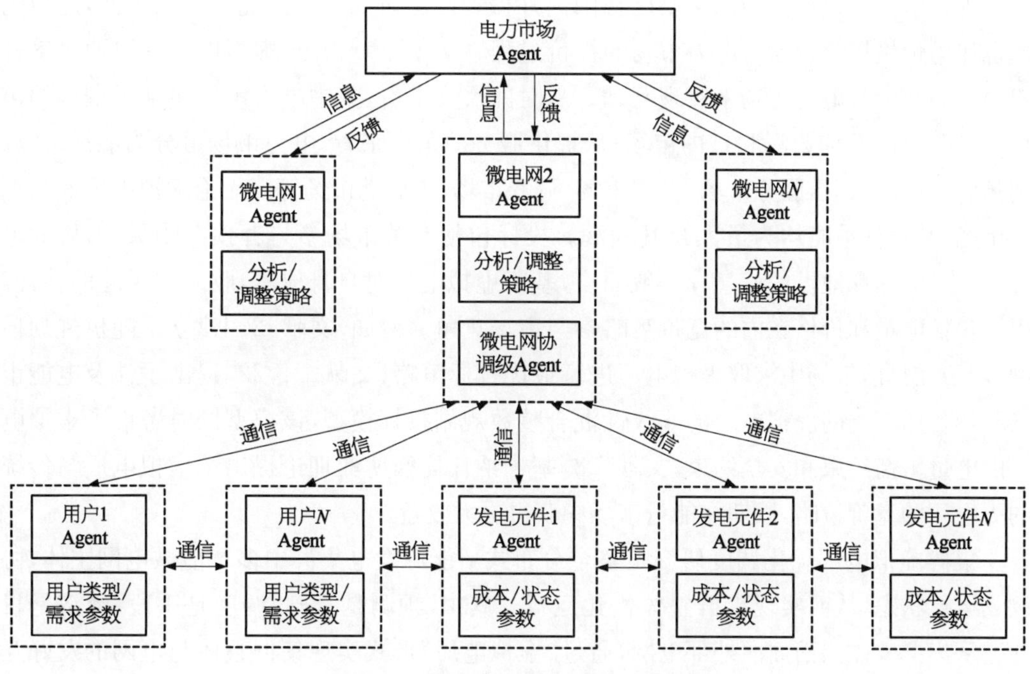

图 9 - 3　基于 MAS 的微电网竞价模型

微电网发电元件 Agent 根据自身发电元件特性和环境因素对自身出力功率进行预测，并把预测数据、运行成本、发电机组的报价和各种运行约束参数上报给微电网 Agent。

同时,时刻对发电元件的运行状态进行监视,并及时向微电网 Agent 上报,对发电元件进行实时控制保证微电网安全稳定地运行。

微电网用户 Agent 则是根据用户的重要程度把用户分为敏感型负荷、可中断负荷和可调负荷并上报微电网 Agent,不仅要对用户的用电负荷进行需求预测,并把预测数据上报给微电网 Agent,同时对用户的用电稳定性和安全性进行实时监控,协调用户与微电网之间的运行。

9.1.4 基于虚拟电厂的微电网群运行交易模式

分布式新能源预测是集群优化调度、提高新能源并网能力、制定合理市场交易策略的基础。目前多通过离线建模手段完成预测工作[18],存在以下不足: ① 需针对不同新能源场站建立专用模型,模型通用性较差;对于多点接入、地域分布广、装机容量小的分布式新能源,目前的预测方法难以适应;② 模型更新速度慢,目前的预测模型均为静态参数,不能随着分布式新能源的快速发展而更新预测模型。针对多点接入、逐级汇集等特征,以分布式新能源网格化管理为基础,结合在线建模、实测数据动态优化的功率预测技术可以解决分布式新能源功率预测的难题。基于网格化管理的分布式新能源预测技术,可根据电网拓扑结构、分布式新能源地理位置、装机容量等信息动态形成给定电压等级、不同汇集点的分布式功率预测结果,为集群虚拟电厂经济运行提供重要参考。

虚拟电厂的报价模型和策略已在国内外得到广泛研究。与传统发电厂类似,虚拟电厂也作为价格接受者参与电力市场的报价过程。文献[19]指出,虚拟电厂可以通过签订双边合同和参与电力市场来实现互动。从时间尺度上看,集中电力市场包括远期合约市场、短期市场、日前市场和日内市场;从提供服务的角度来看,电力市场可分为能量市场、调频服务市场、调压服务市场、备用市场、调峰市场、黑启动市场等。无论虚拟电厂参与哪个市场,其竞标策略均为最大化其利润。投标包括有关市场参与者预期购买/出售的电量,价格,时间和地点的信息。一般而言,基于虚拟电厂对自身成本,收入和风险的估计,提出包括电量和价格在内的竞价策略参与市场竞争。例如,文献[20]建立了随机规划模型,用于在日前市场中求取虚拟电厂进行最优投标策略;文献[21,22]提出了涉及电能市场和热备用市场的虚拟电厂的非线性混合整数规划投标模型,该模型同时考虑了虚拟电厂的电量平衡约束和安全约束;文献[23]基于纳什均衡博弈理论提出了虚拟电厂与传统的火电厂的竞价策略,以期在能量市场中获得更大收益。

集群虚拟电厂优化调度研究是整合分布式新能源发电集群中多智能微电网主体,协调其运行状态,从而实现集群整体优化运行。其中,预测是基础,调度是手段,经济是目的。从集群整体层面面向外部电网,通过"虚拟电厂"形式实现集群整体与电网的友好互动,包括能量交换、电压支撑和频率支撑等。

集群虚拟电厂内部包含多种类型的发电单元,典型的调度管理框架包括集中式管理、分布式管理及层级式管理。集中式管理虽然在进行优化决策时可以保证全局最优,然而由于每个自治体的信息均需上传到集中控制中心，导致管理中心的信息处理量及计算负担均十分繁重。与此同时，由于信息传递过程中需要上报每个微电网的具体局域信息，微电网的隐私性也难以得到保证。分布式管理结构虽然能够有效地保证微电网的隐私性和独立性，然而由于微电网之间的非合作特性难以保证最优运行。层级式管理结构下，下层各决策主体根据微电网目标独立优化运行，再上报部分信息给上层调控中心，上层管理中心根据所收集到的信息进一步协调微电网间的互动合作。相应的，集群中微电网的信息隐私性和决策独立性可以得到有效的保证，且微电网的运行经济性也可以通过部分资源共享合作得到进一步提升，这也是目前国内外越来越关注层级式管理结构的重要原因[24]。

集群虚拟电厂将广域分散、类型多样、产权各异的分布式新能源发电集群集合成一个虚拟交易体，使其能够参与电力市场和辅助服务市场运营，实现实时电能交易。然而，集群虚拟电厂包含多种类型的微电网，其组成结构、运行特性及可调控资源均有很大不同。集群管理者如何在微电网稳定自治的基础上，分层管理协调成员间的交互运行与利益目标，具有重要意义。与此同时，层级式管理框架下，由于不同主体功率交互的耦合，需要采取适当的方法对其进行解耦，实现不同利益主体的精细建模与并行协调求解[25]。

分布式新能源发电集群作为独立整体参与电网层级的经济调度，首先需要对分布式新能源集群进行功率预测。针对各类分布式新能源发电，建立通用预测模型；在实测数据输入模型前，采用数据在线诊断与处理技术提高实测数据的可用性；采用基于观测数据的动态优化技术降低预测结果可能出现的系统性偏差，进一步提高预测精度。建立具备在线建模、动态优化功能的分布式新能源发电网格化预测模型，得到预测结果。根据分布式新能源发电的关键要素、电网拓扑结构以及分布式新能源发电在不同电压等级下的汇集信息，建立分布式新能源发电网格化预测结果在不同电压等级的汇集模型，实现对不同电压等级下分布式新能源发电总出力的预测。在此基础上，以分布式新能源集群的功率预测结果作为输入，以集群接入的大电网为研究对象，以分布式新能源用电成本及消纳能力作为电网层级的经济性优化目标，建立分布式新能源发电集群并网的电力系统经济调度模型，通过优化控制集群整体与大电网的功率交换，实现集群整体与外部电网层级的经济最优化运行。

基于前述研究基础，各集群通过博弈寻优，实现最优组合形式的集群虚拟电厂。由于每个微电网都是能够自治运行的自治体，下文用自治体代替微电网。基于部分资源共享，不同自治体内部具有可供调配的闲散资源，而集群电厂调控中心侧重于在保持集群自治的基础上，调配集群的闲散资源，实现自治体间资源的协同交互。在评估集群可调节资源的过程中，开展保留自治体自治目标、整合集群优化目标与集群虚拟电厂目标间的一致性和考虑经济导向手段的集群虚拟电厂运行交易研究，如图9-4所示。

首先在保证集群自治运行目标的前提下，集群需提交可共享资源相关信息，包括可共享资源的“闲余时间”和“闲余容量”等，基于集群自治体内部设备的历史运行数据和寿命阶段、设备基本信息等采用统计学方法评估各集群的调节潜力。

在整合各集群自治目标与集群虚拟电厂整体应用层目标间一致性的基础上，挖掘集

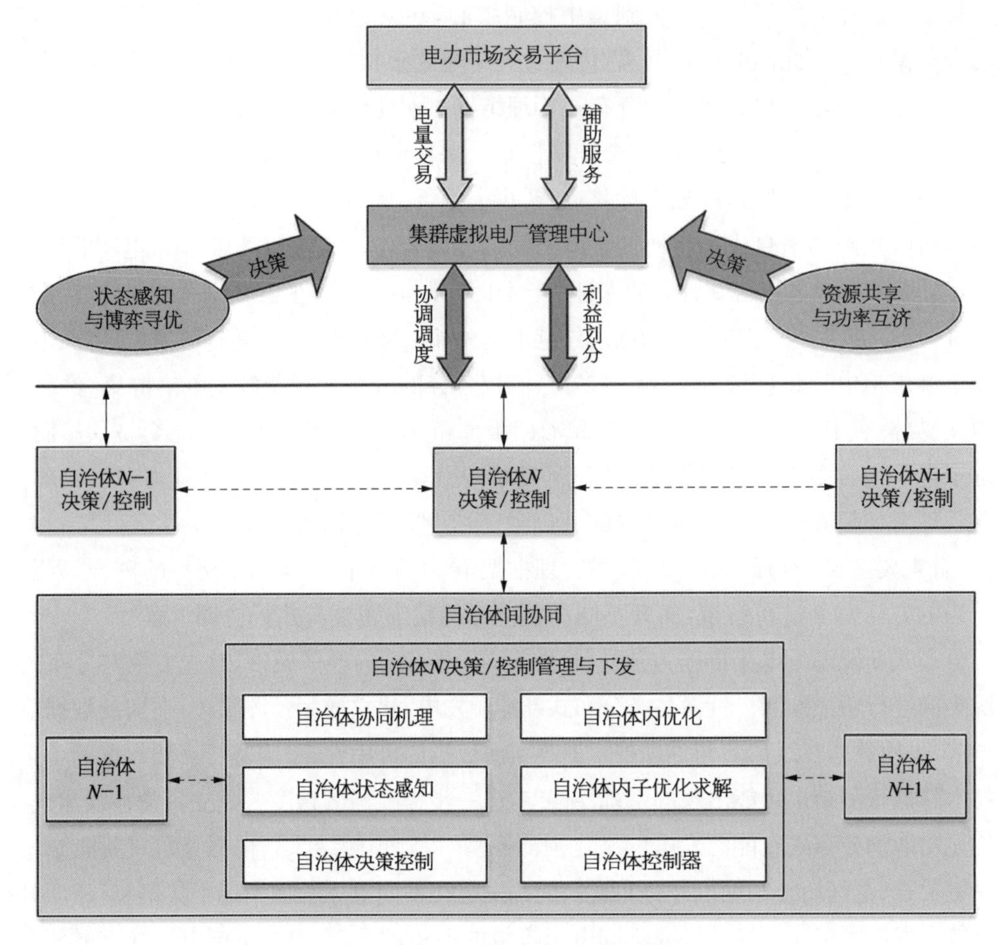

图 9-4　集群虚拟电厂运行管理框架

群虚拟电厂优化层目标与自治体控制层目标间的耦合关系，优化集群可调节资源对集群虚拟电厂目标的响应过程，建立共享资源整合后的集群电厂运行管理模型。

基于现有电力政策和市场环境，对比传统手段的技术经济性，研究集群间资源共享的经济补偿机制，建立计及可调节容量、调节成本、合理收益率等因素的虚拟报价策略，通过经济导向引导各集群的发电或用电行为，优化整个集群电厂的经济效益。

由于集群虚拟电厂涉及不同利益主体，每个集群有自身的优化目标，同时它们之间通过联络线功率交互进行运行耦合，实现集群虚拟电厂总体效益最优。这种层级式管理与目标级联分析(ATC)的基本思想一脉相承，因此考虑将目标级联分析(见图 9-5)应用于集群虚拟电厂层级式管理框架下调度问题的建模与解耦求解。

在此基础上，基于“内部协同，外部协调竞争”原则，探讨集群虚拟电厂内部、多集群虚拟电厂间、与主网的互动交易机制，合理制定集群虚拟电厂的交易运行计划。同时，从日前、日内、实时多个时间角度，基于不断更新的集群虚拟电厂态势分析计划，修正集群虚拟电厂交易计划和自治体调控计划。

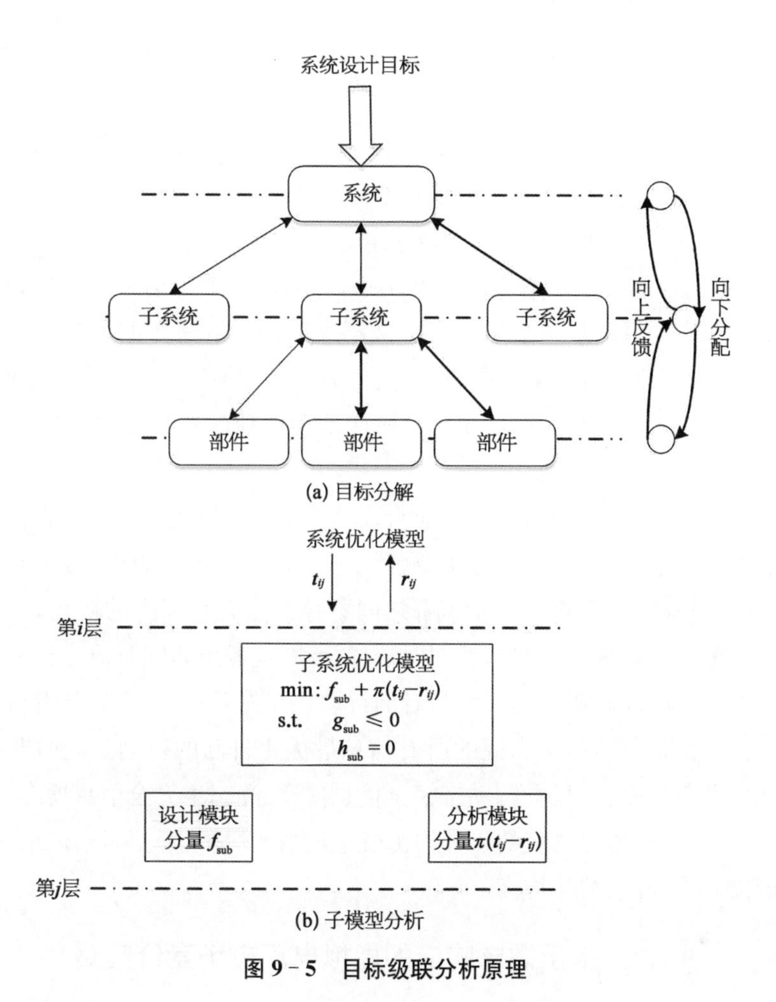

图 9-5　目标级联分析原理

9.2　微电网群竞争报价策略

微电网因其供电可靠、运行方式灵活及对环境友好等特点，近年来得到了广泛的关注与发展，随着主动配电网技术的日渐成熟，未来在配电系统中将有越来越多的微电网接入，与此同时，中央《关于进一步深化电力体制改革的若干意见》提出了“放开售电侧，多途径培养市场主体”的要求。可以预见，未来微电网将作为新兴的市场主体，参与到配电侧电力市场的竞争中。相对于传统的配网售电模式，微电网的发展使得其可以作为决策主体参与电力市场，原先相对单一的交易模式将向多方参与、供应关系调节市场的开放交易模式转变，因此，多微网竞价的直接交易模式得到了广泛研究。

9.2.1　非合作博弈模型

博弈论是指研究多个个体或团队之间在特定条件制约下的对局中利用相关方的策略，

而实施对应策略的学科。具有竞争或对抗性质的行为称为博弈行为。在这类行为中,参加斗争或竞争的各方各自具有不同的目标或利益。为了达到各自的目标和利益,各方必须考虑对手的各种可能的行动方案,并力图选取对自己最为有利或最为合理的方案。博弈论就是研究博弈行为中斗争各方是否存在着最合理的行为方案,以及如何找到这个合理的行为方案的数学理论和方法。含微电网的电力市场中微电网的竞价就是一个相互博弈的过程[26,29]。

博弈论分析的目的是预测博弈的均衡结果,即假设每个市场参与者都为理性个体的前提下,预测市场参与者的最优战略和最优战略组合。求解博弈的关键在于寻找各博弈方都不愿或不会单独改变自己策略的策略组合,只要这种策略组合存在且是唯一的,博弈就有绝对确定的解[30]。这种各博弈方都不愿或不会单独改变自己策略的策略组合就是博弈论中最重要的一个概念"纳什平衡"。

纳什平衡,又称为非合作博弈均衡,非合作博弈是指在策略环境下,非合作的框架把所有人的行动都当成是个别行动。它主要强调一个人进行自主的决策,而与这个策略环境中其他人无关。非合作博弈中各参与者之间不存在具有约束力的协议,可分为静态博弈和动态博弈,静态博弈中所有参与者同时选择行动,或者虽非同时但后行动者并不知晓先行动者采取的行动;动态博弈是指参与者的行动存在先后顺序,且参与者可以获得博弈的历史信息,决策前根据当前所掌握的所有信息最优化自己的行动。同时非合作博弈有4种不同类型:静态完全信息博弈、动态完全信息博弈、静态不完全信息博弈、动态不完全信息博弈。与上述4种博弈对应的4种均衡概念是纳什均衡、子博弈精炼纳什均衡、贝叶斯纳什均衡和精炼贝叶斯纳什均衡[31]。

9.2.2 基于需求响应的虚拟电厂市场竞价策略

售电侧市场的放开作为中国新一轮电力体制改革的重点任务之一,为需求侧资源参与电力市场竞争提供了渠道,促进了需求侧资源参与电力市场的积极性。同时,随着售电侧的放开,传统的统购统销的模式被打破。通过引入竞争性售电主体,用户逐渐获得了用电选择权,用户拥有了自由选择售电主体的权力。然而,分布式能源和小型居民负荷用户作为需求侧资源时,由于分布较为分散且单个容量较小、响应量较小,不能直接参与主网电力市场的交易,通常在一定的供电范围内进行消纳。而大量的分布式能源和居民用户集中参与需求响应时,传统的电网架构难以对这些需求侧资源进行有效管理和合理消纳。虚拟电厂作为一个虚拟实体,利用先进的信息通信技术和控制架构,能够实现需求侧资源的聚合和协调控制,使得需求侧资源能够自由地参与电力市场交易。分布式能源和小型居民用户参与需求响应可获得额外收益,而虚拟电厂对这些需求侧资源进行聚集管理后,可在一定程度上平抑由于风光等不确定发电单元导致的出力波动,提高其抗扰动能力,同时增加了虚拟电厂的售电量,使得虚拟电厂的稳定性和经济性得到提高[32,36]。

1) 售电侧放开对需求侧资源参与电力市场的影响

当电力市场仅对发电侧单边放开时,需求侧资源参与电力市场竞争的机会和公平性受到了一定的限制。目前,我国通过各类负荷项目对需求侧资源进行合理聚合和利用,主要针对电力系统中的大型负荷。我国电力系统中对需求侧资源进行管理时以政策性引导的有序用电为主,采取错峰或避峰用电、限电及紧急拉闸等有序用电措施。由于基于激励的需求响应对于智能用电设备以及电力市场的放开程度的要求较低,因此较为适用于我国目前的电力市场现状;而基于价格的需求响应对于电力市场的放开程度要求较高,我国目前应用的采用电价引导需求响应的措施主要包括尖峰电价、分时电价及阶梯电价等。

随着电力市场对售电侧的逐渐放开,分布式电源、需求侧资源等分布式能源参与电力市场竞争的机会逐渐增大且更为公平。售电侧市场放开有2项基本内涵:一是打破售电侧市场垄断的现状,出现多个售电主体共同参与售电侧市场竞争的情景;二是负荷用户逐步拥有用电自由选择权,在政策许可的范围内负荷用户通过比较各个售电主体所提供的售电合同的优劣,从而自由选择更适用于自身的售电主体,且可在合同结束后更换售电商。

售电侧放开会对需求侧资源参与电力市场产生一定的影响,为其赋予更公平的竞争环境和平台。一方面,随着售电侧市场的逐步放开,更多的需求侧资源获得了公平参与电力市场竞争的渠道,促进了电力市场的公平竞争、为电力市场增添了活力。传统的电力市场主要针对大型的工商用户进行需求侧管理,无法有效管理大量且分散的分布式能源及小型电力用户。而售电侧市场的逐步放开打破了传统市场的模式,虚拟电厂、负荷聚集商或售电公司作为新的售电侧市场主体参与电力市场,通过合理的电价策略或激励政策引导分布式能源和小型电力用户参与电力市场竞争,且可为电力系统提供需求响应服务。同时,虚拟电厂还可通过对内部各分布式能源的有效聚合和管理,实现需求侧资源更加有效合理的利用。另一方面,售电侧市场的逐步放开可为需求侧资源参与电力市场竞争的效益提供有效保障,从而激励需求侧资源参与电力市场的主动性和积极性。传统电力市场中对于需求侧资源的利用主要通过政策性强制电力负荷用户承担调度任务,不符合市场规律。而随着售电侧市场的逐步放开,使得电力价格能够更好地反映成本及市场需求的变化。与需求响应相关的价格政策及激励机制逐渐完善,需求侧资源参与电力市场为系统提供削峰填谷等服务,不仅降低了系统整体的运行成本,也为需求侧资源带来了相应的收益,从而使得需求侧资源主动参与电力市场的积极性得到提高。

2) 售电侧放开环境下计及需求响应的虚拟电厂参与市场流程

随着售电侧市场的逐渐放开,传统的垄断式售电模式被打破,虚拟电厂可作为新的售电侧市场主体聚合各类负荷用户、参与电力市场竞争。虚拟电厂通过电价策略或激励政策来引导需求侧资源的用电行为,通过将需求侧资源聚集化以提供其参与电力市场的竞争力,为系统提供削峰填谷、辅助服务等服务,在降低电力系统运行成本的同时获取相应的效益。不仅如此,售电侧市场的放开使得用户可以自由选择对自身最有利的售电商为其提供服务,提高用户的自主选择权。

电力市场竞争主要通过集中的电能现货交易来实现,日前市场和实时市场是目前普遍采用的交易机制。由于负荷预测误差、天气变化以及特殊情况等因素,使得日前电力市场的交易计划与实际运行负荷存在差异。为了解决这一问题,国内外诸多的电力市场引入了实时市场。在实时电力市场环境下,相比传统的集中式发电,微电网的灵活性使其能够及时参与负荷调节,保证电力系统的稳定性。在售电侧市场逐步放开情况下,需求响应虚拟电厂参与电力市场竞争,首先需对其内部聚合的各类分布式能源进行整理及优化组合,并对负荷用户的用电信息习惯进行预测与收集,确定虚拟电厂整体能够提供的售电服务的模式及类型,制定具有针对性的售电合同。在此基础上,用户根据自身的用电习惯通过比较各售电合同的优劣自主选择售电商。虚拟电厂接收到负荷用户自主选择结果,对内部资源进行优化组合,以整体收益最大化为目标对内部各分布式单元进行日前优化。根据优化结果,虚拟电厂上报计划参与电力市场竞价,经调度中心进行市场出清,依据调度指令下发日前计划,各分布式单元进行日内执行,并在日后进行结算。在售电合同结束后,负荷用户可根据自身实际情况进行售电零售商的再选择。则计及需求响应的虚拟电厂参与电力市场竞争的流程如图 9-6 所示。

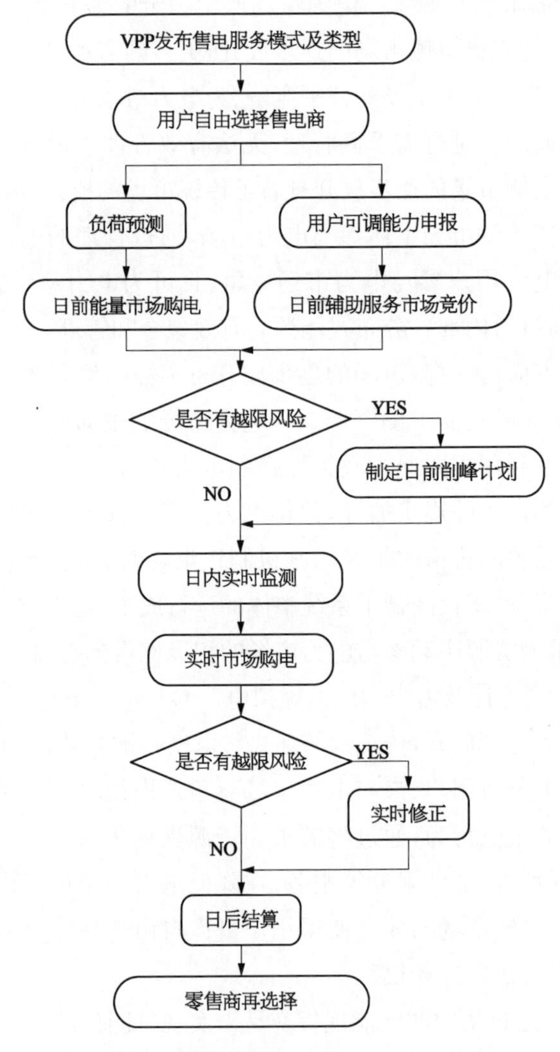

图 9-6　计及需求响应虚拟电厂参与市场流程

3) 计及需求响应的虚拟电厂竞价模型

虚拟电厂参与电力市场竞价时,需考虑内部分布式能源的成本以及风电、光伏等不可控机组出力的不确定因素。本节提出的虚拟电厂竞价模型,以风电为例,考虑其内部需求响应以及可再生能源的出力不确定性,以最大限度消纳可再生能源、实现虚拟电厂整体成本最低为目标。

(1) 需求响应成本。

按照响应机制不同,需求响应分为两类:基于激励的需求响应(IBDR)和基于价格的需求响应(PSDR)。

基于价格的 DR 是指用户响应零售电价的变化并相应地调整用电需求,包括分时电价(TOU)、实时电价(RTP)和尖峰电价(CPP)等。用户通过内部的经济决策过程,将用电时段调整到低电价时段,并在高电价时段减少用电,来实现减少电费支出的目的。

用户需求弹性理论中,经济学中将某种商品需求量的变化率和价格的变化率之比称为需求价格弹性,以衡量商品的需求变动对商品自身价格变动的敏感程度。负荷的需求弹性反映了电力消费需求对电价变动的敏感程度。在分时电价框架下,用户通过自身的经济决策,将用电时段从相对高电价时段调整到低电价时段,以减少电费指出。

基于激励的 DR 是指 DR 实施机构通过制定确定性的或者随时间变化的政策,来激励用户在系统可靠性受到影响或者电价较高时及时响应并削减负荷,包括直接负荷控制(DLC)、可中断负荷(IL)、需求侧竞价(DSB)、紧急需求响应(EDR)和容量/辅助服务计划等。基于激励的需求响应项目中,用户参与需求响应可通过 2 种方式获得补偿额:一种方法类似于独立系统运营商、电力交易中心等机构对用户的停电价格进行评估;另一种方法是由用户申报可中断负荷容量及其相应的缺电成本。补贴形式也有两种:一种是响应负荷削减后获得现金补偿;另一种是合同签订期间享受电价折扣。由于居民用户体量小,可中断容量小,因此一般不能单独参与可中断负荷项目,而是通过负荷聚集体的形式参与负荷削减或直接负荷控制等互动。居民用户的负荷可调量主要来自空调、电冰箱、电热水器等设备。此类设备的特点是短时间停电对其供电服务质量影响不大,且具有热能储存能力。

基于激励的需求响应是指通过激励政策引导负荷用户进行响应,一般发生在负荷高峰时段或者当系统可靠性受到影响时。主要以可中断负荷的形式实施。电力公司与大用户签订用能合同,在实际运行中根据实际负荷状况或其他需要,向大用户发布负荷削减指令,用户根据自身情况响应并削减一定量的负荷,并获得相应的补偿。

基于激励的需求响应成本包括负荷削减导致减少的收入以及对削减负荷用户的补偿,其函数表达式为负荷削减量的二次函数:

$$C_{\mathrm{IB},\,t}=k_1 Q_{\mathrm{IB},\,t}^2+(k_2+r_{\mathrm{p},\,t})Q_{\mathrm{IB},\,t} \tag{9-2}$$

$$Q_{\mathrm{IB},\,\min}\leqslant Q_{\mathrm{IB},\,t}\leqslant Q_{\mathrm{IB},\,\max} \tag{9-3}$$

式中，k_1 为基于激励的需求响应补偿金额的二次项系数；k_2 为基于激励的需求响应补偿金额的一次项系数；$r_{p,t}$ 为 t 时段电力市场的零售侧电价；$Q_{IB,t}$ 为 t 时段基于激励需求响应的负荷削减量；$Q_{IB,min}$ 为基于激励需求响应的负荷削减量的下限值；$Q_{IB,max}$ 为基于激励需求响应的负荷削减量的上限值。

而基于价格的需求响应是指用户在接收到电价调整信号后响应电价的变化而作出的削减负荷的行为，通常情况下，需由虚拟电厂或者负荷聚集商收集负荷用户的历史用能信息，分析负荷用户的用电习惯，从而制定出具有针对性的电价调整策略。基于价格的需求响应成本为电价变化前后售电收入的变化，其函数表达式为负荷削减量的二次函数：

$$C_{PS,t}=r_{p,t}Q_{PS,B,t}-R(r_{p,t}+\Delta r_{p,t})(Q_{PS,B,t}-Q_{PS,t}) \tag{9-4}$$

$$Q_{PS,min}\leqslant Q_{PS,t}\leqslant Q_{PS,max} \tag{9-5}$$

式中，R 是售电商为需求响应用户提供的优惠电价比例；$Q_{PS,B,t}$ 为 t 时段基于价格的需求响应的基线负荷量；$Q_{PS,t}$ 为 t 时段基于价格的需求响应的负荷削减量；$Q_{PS,min}$ 为基于价格的需求响应负荷削减量的下限值；$Q_{PS,max}$ 为基于价格的需求响应负荷削减量的上限值。

引入用户需求价格自弹性系数 $\varepsilon_{p,t}$：

$$\varepsilon_{p,t}=\frac{Q_{PS,t}r_{p,t}}{Q_{PS,B,t}\Delta r_{p,t}} \tag{9-6}$$

用户需求价格自弹性系数是指当电价发生变动时，负荷用户根据电价的相对变动而进行响应所带来的用电量的相对变动。通常采用负荷用户的负荷概率分布来粗略估算用户需求价格自弹性系数，将概率分布超过 80%的负荷看作是可调的，则用户需求价格自弹性系数约等于 1 减去概率分布为 80%对应的负荷量占最大负荷值的比例。

综合式(9-4)、式(9-6)，可得

$$C_{PS,t}=\frac{Rr_{p,t}}{\varepsilon_p Q_{PS,B,t}}Q_{PS,t}^2+Rr_{p,t}\left(1-\frac{1}{\varepsilon_p}\right)Q_{PS,t}+(1-R)r_{p,t}Q_{PS,B,t} \tag{9-7}$$

(2) 风力发电的风险成本。

由于风电出力的随机性，风电的实际出力与预测出力之间存在偏差。在本章中，风电预测误差模型采取误差服从均值为 0，标准差为 δ 的正态分布。

$$q_{wr,t}=q_{wf,t}+\Delta q_{w,t} \tag{9-8}$$

$$\Delta q_{w,t}\approx N(0,\ \delta_{w,t}^2) \tag{9-9}$$

$$\delta_{w,t}=\frac{1}{50}I_w+\frac{1}{5}q_{wf,t} \tag{9-10}$$

式中，$q_{wr,t}$ 为 t 时段风电实际出力；$q_{wf,t}$ 为风电在 t 时段的功率预测值；$\Delta q_{w,t}$ 为 t 时段风电的功率预测误差；$\delta_{w,t}$ 为风电在 t 时段的出力预测误差标准差；I_w 为风电的装机容量。

根据风电的预测误差模型，可确定合理的风电计划出力。若风电的实际出力高于计划出力时，虚拟电厂由于无法消纳多余的电量而造成一部分资源浪费，此部分成本计为弃风成本；若风电实际出力低于计划出力时，则需要储能等备用电源为其提供备用电量，从而产生一定的额外成本，此部分成本计为惩罚成本。因此，风电的风险成本可表示为

$$C_{w,t}=\begin{cases}a_w(q_{wr,t}-q_{wp,t}) & q_{wr,t}\geqslant q_{wp,t}\\ a_{pu,t}(q_{wp,t}-q_{wr,t}) & q_{wr,t}<q_{wp,t}\end{cases} \tag{9-11}$$

式中，a_w 为弃风成本系数；$a_{pu,t}$ 为 t 时段的惩罚成本系数；$q_{wp,t}$ 为 t 时段风电计划出力。

(3) 储能设备模型。

储能设备作为虚拟电厂内部的备用，在满足储能设备电量平衡约束和虚拟电厂内部备用需求的基础上，根据电价的实际情况，在低价时购电、在高价时卖电。由于储能的运行维护成本远小于其买电成本，因此本章在模型计算中仅考虑储能在低电价时段的买电成本。

储能在运行过程中需满足电量平衡约束和出力约束：

$$E_t=E_{t-1}+\mu_t P_t\eta_c+\frac{(1-\mu_t)P_t}{\eta_d} \tag{9-12}$$

$$\max[-P,(E_{\min}-E_{t-1})\eta_d]\leqslant P_t\leqslant\min\left(P,\frac{E-E_{t-1}}{\eta_c}\right) \tag{9-13}$$

$$E_{\min}\leqslant E_t\leqslant E \tag{9-14}$$

式中，E_t 为储能在 t 时段存储的电量；μ_t 为储能的运行状态变量，充电为 1、放电为 0；P_t 为 t 时段储能充放电功率；η_c 为储能的充电效率；η_d 为储能的放电效率；P 为储能额定功率；$E_{\min}$ 为储能容量的下限值；E 为储能容量的额定值。

(4) 虚拟电厂报价函数。

本节中所构建的虚拟电厂模型不仅考虑了风机出力的波动性，同时也考虑了内部负荷用户的需求响应。虚拟电厂可根据内部发电单元的发电情况及负荷用户的用电情况，选择以发电商或者售电商的身份参与电力市场竞争。虚拟电厂的报价均采取线性函数形式，其具体表达式为

$$\lambda_{vpp,t}=k_{vpp,t}(2a_{vpp,t}P_{vpp,t}+b_{vpp,t}) \tag{9-15}$$

$$P_{vpp,t,\min}\leqslant P_{vpp,t}\leqslant P_{vpp,t,\max} \tag{9-16}$$

式中，$k_{vpp,t}$ 为 t 时段虚拟电厂的策略报价系数；$a_{vpp,t}$ 为 t 时段虚拟电厂边际成本的二次项系数，当虚拟电厂作为发电商上报时 $a_{vpp,t}$ 为正，作为售电商上报时为负；$b_{vpp,t}$ 为 t 时

段虚拟电厂边际成本的一次项系数；$P_{vpp,t}$ 为 t 时段虚拟电厂的上报计划出力；$P_{vpp,t,min}$ 为 t 时段虚拟电厂出力下限值；$P_{vpp,t,max}$ 为 t 时段虚拟电厂的出力上限值。

(5) 虚拟电厂内部优化调度。

虚拟电厂内部的优化调度以最大限度地消纳可再生能源、最大化虚拟电厂整体收益为目标，从而确定虚拟电厂的上报计划。为尽可能消纳可再生能源，根据风电的预测出力及预测误差概率，以风电风险成本期望最小为目标计算风电的计划出力。

$$\begin{aligned}\min F_1 &= \sum_t \int_{-\infty}^{+\infty} C_{w,t} f_{\Delta q_{w,t}} d(\Delta q_{w,t}) \\ &= \sum_t \left(\int_{-\infty}^{q_{wp,t}-q_{wf,t}} a_{pu,t}(q_{wp,t} - q_{wf,t} - \Delta q_{w,t}) f_{\Delta q_{w,t}} d(\Delta q_{w,t}) + \right. \\ &\quad \left. \sum_t \int_{q_{wp,t}-q_{wf,t}}^{+\infty} a_w(q_{wf,t} + \Delta q_{w,t} - q_{wp,t}) f_{\Delta q_{w,t}} d(\Delta q_{w,t}) \right)\end{aligned} \tag{9-17}$$

式中，$f_{\Delta q_{w,t}}$ 为风电出力预测偏差概率函数。

同时，虚拟电厂根据内部发电单元的发电信息以及负荷用户的用电信息，以整体收益最大化为目标，同时考虑其他市场参与者的可能报价，确定其参与电力市场的购电或售电计划。

$$\max F_2 = \lambda_{vpp,t} P_{vpp,t} + r_{p,t} D_{vpp,t} - C_{vpp,t} \tag{9-18}$$

式中，$D_{vpp,t}$ 为 t 时段虚拟电厂的售电量；$C_{vpp,t}$ 为 t 时段虚拟电厂的成本。

虚拟电厂的功率平衡约束为

$$q_{wp,t} + Q_{IB,t} + Q_{PS,t} - P_t = D_{vpp,t} + P_{vpp,t}(1 - 2u_{vpp,t}) \tag{9-19}$$

式中，$u_{vpp,t}$ 为 t 时段虚拟电厂的状态变量，作为发电商时为 1，作为售电商时为 0。

为简化以上模型求解的难度，本章设定虚拟电厂风电风险成本最小期望值为 E_0、风电风险成本期望阈值为 $\alpha(\alpha \geqslant 1)$，将其作为虚拟电厂参与市场竞价的一个约束：

$$F_1 \leqslant \alpha \cdot E_0 \tag{9-20}$$

其中，在不考虑外部竞争对手报价不确定性的情况下，虚拟电厂预测市场竞价环境，并在此竞价场景下对自身发电单元进行优化，所求得的风电风险成本期望值即为风电风险成本最小期望值，而风电风险成本期望阈值是虚拟电厂为规避风险所设定的风电风险成本期望的限值。

9.2.3 考虑多能互补的多主体双层博弈方式

研究的系统结构如图 9-7 所示，由多种分布式能源和冷热电负荷构成。冷热电联供发电系统(CCHP)集制冷、供热、发电为一体。电负荷由发电设备和电网供电；热负荷由发电设备的余热锅炉提供，不足部分由燃气锅炉补充；冷负荷由吸收制冷机(溴化锂吸收式)供给,电制冷机补足剩余冷负荷。此外,系统中还包含了光伏发电等可再生能源发电设备,并增加了储能设备[37~41]。

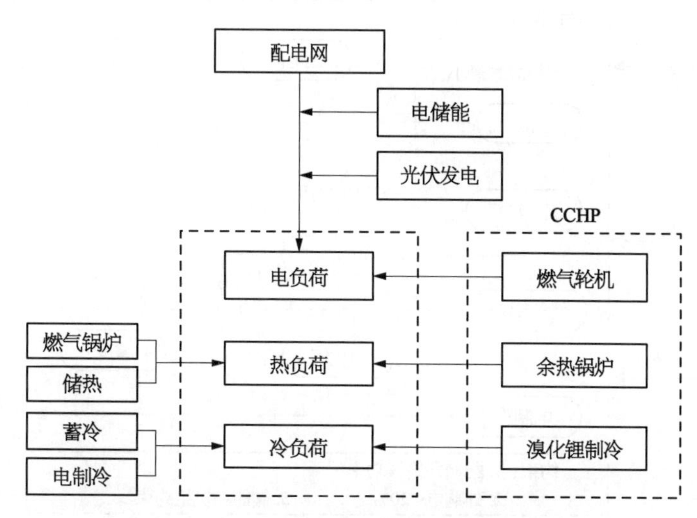

图 9-7　含多种分布式能源的综合能源系统

在具备冷、热、电等多种能源需求的综合能源系统中,用户对多能源的需求在时间、空间、成本等方面的不同,为综合能源系统多主体、多能源的互动响应提供了巨大的发挥空间。首先对综合能源系统中的关键机组组件的运行特性进行分析,建立基于合作博弈的多能互补下层调度模型。然后,研究上层区域能源市场的竞价演化规律。考虑边际成本报价和按报价结算的收益机制,能源商代理根据下层合作博弈的调度结果,应用强化学习算法分析有限的历史信息以选择不同利润率的报价策略。

综合能源系统虽与大电网相连,但其生产的电能大部分用于满足内部需求,即某种意义上的直购电,仅有少数电能通过联络线上网,冷热需求也是自给自足的,其内部的能量转化和利用是相对独立的。因此,系统的冷热电价格可由独立运营部门(ISO)制定。另外,综合能源系统的规模有限,且对于机组运行优化的要求较高,不适于采用分时统一价格出清机制,可通过上报包含盈利和边际成本的功率-价格曲线,一方面保证了供能商信息安全,另一方面为园区考虑机组优化调度提供参考依据。

该综合能源系统中博弈框架如图 9-8 所示,上层为不完全信息的非合作竞价博弈,博弈主体为电网公司、用户和供能商。用户通过自身的需求响应特性参与博弈,供能商根据自身机组运行特性计算边际运行成本并设计相应的报价策略。采用按报价结算(PAB)方式的市场模式,在相同发电报价下,相比系统边际价格机制可节省系统购电总成本。为保证公平公正,利益主体在每次日前调度优化时上报的策略对所有利益主体公开,机组真实的边际成本曲线对外保密。

下层为冷热电日前调度合作博弈,博弈主体为供能商和用户,由 ISO 充当撮合者,结合多个主体上报的报价曲线,以系统用能成本最优为目标,协调多个主体满足不同负荷的

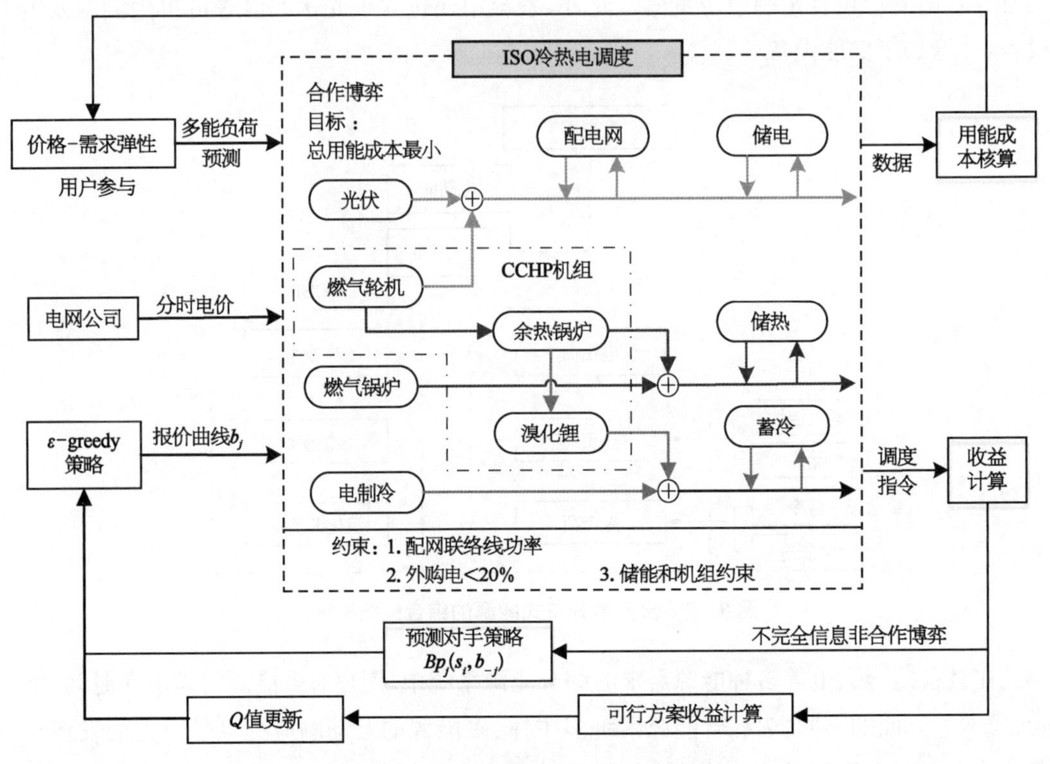

图 9-8　多能源主体双层博弈策略

需求。综合能源系统为实现自身能源产销平衡，尽可能减少外购电。故在用户和供能商之间的合作中，各分布式能源首先供给用户消耗，多余的发电量再售给电网。分布式能源通过售电和供冷、热，同时考虑与电网公司互动，以最小的燃料成本获取最大的售能收益。负荷用户在与供能商合作的基础上，即考虑分布式能源就地消纳最大化，首先购买系统自身电力，不足部分再向电网购买，在不影响生产效益的前提下将购能成本最小化。电网公司还可以通过需求响应机制，与用户互动，鼓励用户削峰填谷，减少自身运营和调度成本，如图 9-9 所示。

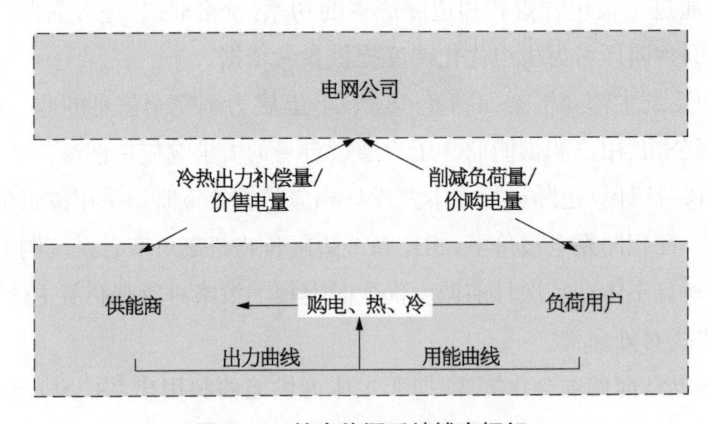

图 9-9　综合能源系统博弈框架

1）上层：非完全信息下的非合作竞价博弈

（1）用户博弈模型。

为保证所有的纳什均衡点在合理的用能费用范围内，用户代表与供能商签订最高出价价格 b_{max}，b_{ref1}，b_{ref2} 为弹性段的投标价格区间。且为防止博弈中出现垄断而出现不合理的价格，用户通过自身的需求响应特性参与博弈，冷热电的用户用能量-价格弹性模型如图 9-10 所示。

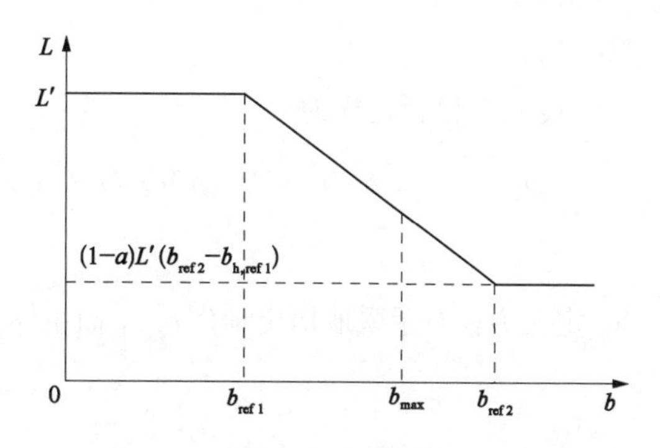

图 9-10　多能流用户用能-价格弹性模型

$$L_e=\begin{cases}L'_e & \bar{b}_e < b_{e,\mathrm{ref}}\\ L'_e - a_e(\bar{b}_e - b_{e,\mathrm{ref}}) & b_{e,\mathrm{ref}} < \bar{b}_e < r_e b_{e,\mathrm{ref}}\\ L'_e - a_e(r_e - 1)b_{e,\mathrm{ref}} & \bar{b}_e \geqslant r_e b_{e,\mathrm{ref}}\end{cases} \tag{9-21}$$

式中，L_e 为包含电制冷机组用电量的电负荷总量，L'_e 为最大电负荷，$r_e b_{e,\mathrm{ref}}$ 为用户与供能商签订的最高电价，$\bar{b}_e$ 为一轮竞价后的平均电能价格。

用冷量-冷价和用热量-热价的弹性模型同上，L_c，L_h 分别为预测的冷热负荷总量，L'_c，L'_h 分别为最大冷热负荷，$r_c b_{c,\mathrm{ref}}$ 和 $r_h b_{h,\mathrm{ref}}$ 分别为用户与供能商签订的最高冷价和热价，$\bar{b}_c$，$\bar{b}_h$ 分别为一轮竞价后的平均冷热价格。

（2）供能商博弈模型。

供能商的竞价博弈即选择报价策略，为了简化分析，假定参与主体的报价曲线是成本曲线的比例函数，则引入利润系数 k_j，设主体 j 的供能成本曲线为 $f_j(t)$，则报价曲线为 $b_j(t)=k_j f_j(t)$，CCHP 对冷热电独立报价，在计算发电成本时视当前冷热价格和工作状态不变，即发电成本等于总成本减去供冷供热的收益，其他的成本计算同理可得。

在综合能源系统中包含多个利益主体，在竞价决策时单个主体往往无法获得所有主体的全部成本和容量信息。因此，上层竞价博弈采用 Q-Learning 增强学习法仿真能源市场竞价过程。Q-Learning 算法提供智能系统在马尔科夫环境中利用经历的动作序列选择最优动作。其优点在于不需要对所处的动态环境建模，可将多能耦合竞价-调度的复杂过程视为“黑箱”，根据当前信息选择最优动作改变影响动态环境[5]。算法仅需输入当前轮次的状态量，相比 Actor-critic 学习算法计算速度更快，可进行实时在线策略博弈优化[6]。

多代理博弈过程的信息集合为 (N, S, R, B, U)，其中，$N=\{1, 2, \cdots, n\}$ 为参与博弈的代理集合，$S=\{s_i\}$ 为博弈的报价的所有离散状态集合，包括各个主体的报价曲线。$B=\{b_{min}, \cdots, b_{max}\}$ 为主体的报价曲线集合。$R=\{R_1, \cdots, R_j, \cdots, R_n\}$ 为参与者的收益函数集合，参与者的收益函数与博弈状态和参与者的策略有关 $R_j:(s_i, b_j)\rightarrow \mathfrak{R}$。$b_{-j}$ 为竞争对手的报价策略，定义转移概率为在状态 S 下状态转移概率 $U(S, b_j, b_{-j})\in$

[0，1]。

Q 状态更新过程为

$$Q_j(s_i, b_j, b_{-j}) = (1-\alpha)Q_j(s_i, b_j, b_{-j}) + \alpha[R_j(s_j, b_j, b_{-j}) + \beta V_j(s_i)] \tag{9-22}$$

V_j 定义为在对手采取历史动作 b_{-j}，而主体采取可行策略 $b_j \in B_r$ 后的最大收益值。

$$V_j(s_i) \leftarrow \max_{b_j \in B_r} \sum_{b_{-j} \in B} Bp(s_i, b_{-j})Q(s_i, (b_j, b_{-j})) \tag{9-23}$$

$Bp_j(s_i, b_{-j})$ 是主体对于对手策略的预测，仅基于对手历史数据下的经验给出不同策略的概率：

$$Bp_j(s_i, b_{-j}) = \frac{\lambda_j(s_i, b_{-j})}{\sum_{b_{-j} \in B} \lambda_j(s_i, b_{-j})} \tag{9-24}$$

$\lambda_j(s_i, b_{-j})$ 为竞争对手 j 在 s_i 状态下，对手采取 b_{-j} 策略的次数。

Q-learning 算法思想是不去顾及环境模型，直接优化可迭代计算的 Q 函数，通过评价"状态-行为"对 $Q_j(s_i, b_j, b_{-j})$ 进行优化，其学习步骤如下：

(i) 观察当前的状态 s_i 和历史报价 b_{-j}。

(ii) 选择并且执行一个动作 b_j。

(iii) 观察下一个状态 s_i'。

(iv) 根据历史数据和收益函数计算及时收益 R_j 和下一动作后的最大收益 $V(s_i')$。

(v) 更新 Q 值。

竞价主体 Agent 仅仅依据 Q 值大小选取策略，很容易陷入局部最优，一般采用 ε - greedy 策略进行优化。策略的突变将导致收益或支付的变化，并不产生新策略，即竞价主体 Agent 以较大概率选择 Q 值最大的策略作为自己的最优策略，同时以一个较小概率 ε，随机选择除 Q 值最大的策略以外的策略，选择除最优策略以外的所有策略概率相同。

$$\begin{cases} b_j \in U^o(b_j, l) & \chi \leqslant \varepsilon \\ b_j = \arg\max \sum_{b_{-j} \in B_{-j}} Bp_j(s_i, b_{-j})Q_j(s_i, (b_{-j}, b_j)) & \text{其他} \end{cases} \tag{9-25}$$

智能体竞价知识库中一共有 7 种动作，在上一次策略利润率的基础上浮动，最大步长为 0.06。

$$\begin{aligned} k_j[k+1] &= k_j[k] \\ k_j[k+1] &= k_j[k] \pm 0.02 \\ k_j[k+1] &= k_j[k] \pm 0.04 \\ k_j[k+1] &= k_j[k] \pm 0.06 \end{aligned} \tag{9-26}$$

2）下层：冷热电日前调度合作博弈

ISO 调度部门以园区用能费用 F 最小作为目标函数，协调各个主体合作优化系统目标。

$$\min F=\sum_{j=1}^{m} f_j(t)\sum_{i=1}^{n} P_j^i(t) \tag{9-27}$$

式中，$f_j(t)$ 为参与者 j 在 t 时刻的供能边际成本，$P_j^i(t)$ 为 t 时刻 j 主体第 i 台机组的调度功率。

供能商成本包括能源转化成本 $f_{\mathrm{e},j}(t)$ 和运行管理成本 $f_{\mathrm{OM},j}$，边际成本 $f_j(t)$ 可表示为

$$f_j(t)=\frac{1}{\sum_{i=1}^{n} P_j^i(t)}\left[f_{\mathrm{e},j}(t)+f_{\mathrm{OM},j}\right] \tag{9-28}$$

$$f_{\mathrm{e},j}(t)=\sum_{i=1}^{n} C_j^i\left[P_j^i(t),\ t\right] \tag{9-29}$$

$C=C_j^i\left[P_j^i(t),\ t\right]$ 为 j 主体第 i 台机组的能源转化成本函数，自变量为机组调度功率 $P_j^i(t)$ 和时刻 t。

$$f_{\mathrm{OM},j}(t)=C_{\mathrm{OM},j}P_j^N \tag{9-30}$$

式中，$f_{\mathrm{OM},j}$ 为 j 的运行管理成本，$C_{\mathrm{OM},j}$ 为 j 在 t 时刻的运行维护成本系数，P_j^N 为 j 主体投入运行的机组总容量。

各供能商的能源转化成本函数如图 9-11 所示。

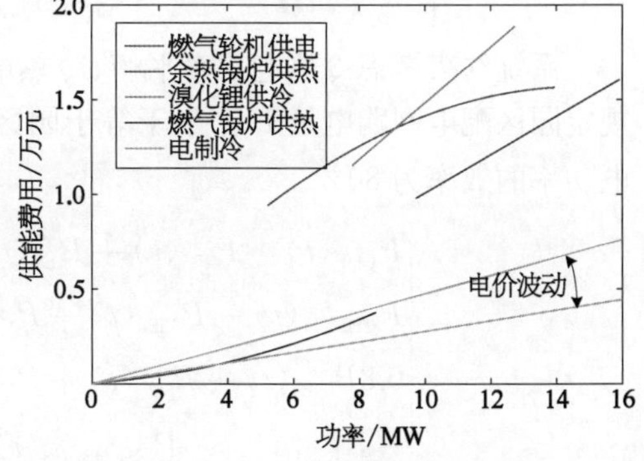

图 9-11　机组的能源转化成本

CCHP 发电的边际成本由 ISO 工况下的实验数据得到，根据机组实验数据特性二次函数拟合得到的结果为

$$p=9\times10^{-4}g^2+0.086g-18.828$$
$$2\,020\leqslant g\leqslant 3\,980 \tag{9-31}$$

式中，p 为 CCHP 输出的电功率，单位为 kW；g 为天然气消耗量，单位为 $\mathrm{m^3/h}$，燃气量与余热锅炉发热功率有关，由一次函数拟合，得到

$$h=3.98g \tag{9-32}$$

式中，h 为 CCHP 的热功率，单位为 kW。

根据燃气锅炉的机组特性，其供能费用随运行功率的变化曲线可表示为

$$f_{GB}=a_{GB}q^2+b_{GB}q+c_{GB} \tag{9-33}$$

电制冷机提供的冷能与耗电量和能效系数有关，其能效系数 η_{EC} 主要与负荷率 f_{EC} 有关，其额定能效系数 $\eta_{EC,N}$ 一般取为 4，在某一额定性能系数下的部分负荷特性模型为

$$\eta_{EC}=\eta_{EC,N}(-2.640\,7f_{EC}^2+3.117\,6f_{EC}+0.088\,6) \tag{9-34}$$

则电制冷机提供的冷能与耗电量之间的关系为

$$Q_{EC}=P_{EC}\eta_{EC} \tag{9-35}$$

CCHP 机组状态定义为 $s_{CHP}(t)\in\{0,1\}$，设运行功率为 $P_{CHP}(t)$，最低运行功率为额定功率 P_{CHP}^{N} 的 40%，CCHP 机组均工作在以热定电模式，CCHP 的运行约束包括功率约束、爬坡约束和热电耦合约束。

$$\text{s.t.}\begin{cases}0.4P_{CHP}^{N}s_{CHP}(t)\leqslant P_{CHP}^{i}(t)\leqslant P_{CHP}^{N}s_{CHP}(t)\\-\Delta P_{CHP}^{RD}\leqslant P_{CHP}^{t}(t+1)-P_{CHP}^{i}(t)\leqslant\Delta P_{CHP}^{RU}\\P_{CHP}^{i}(t)=G_{ISO}[P_{CHP,H}^{i}(t)+P_{LiBr}^{i}(t)]\end{cases} \tag{9-36}$$

式中，ΔP_{CHP}^{RU} 和 ΔP_{CHP}^{RD} 分别为燃气轮机的爬坡约束上下限，$G_{ISO}(p)$ 为 ISO 工况下电功率到热功率的转换函数。

燃气锅炉约束包括最大功率 P_{GB}^{N} 约束以及爬坡约束 ΔP_{GB}^{RD}，ΔP_{GB}^{RU}。

$$\text{s.t.}\begin{cases}0\leqslant P_{GB}^{i}(t)\leqslant P_{GB}^{N}\\-\Delta P_{GB}^{RD}\leqslant P_{GB}^{i}(t+1)-P_{GB}^{i}(t)\leqslant\Delta P_{GB}^{RU}\end{cases} \tag{9-37}$$

电制冷机组约束考虑最大出力约束，最大出力功率为 P_{AC}^{N}。

$$0\leqslant P_{AC}(t)\leqslant P_{AC}^{N} \tag{9-38}$$

系统约束考虑冷热电功率平衡、冷热电储能和区域电网联络线功率 P_{Line} 约束，并且规定园区配电网购电量 P_{DN} 小于等于园区电负荷的 20%。溴化锂机组将热功率转化为电功率的效率为 80%。

$$\text{s.t.}\begin{cases}P_{CHP}(t)+P_{PV}(t)+P_{ES}(t)+P_{DN}(t)=L_e(t)\\P_{CHP,H}(t)-P_{LiBr}(t)+P_{GB}(t)+P_{HS}(t)=L_h(t)\\0.8P_{LiBr}(t)+P_{AC}(t)+P_{CS}(t)=L_c(t)\\-P_{ES,HS,CS}^{in}\leqslant P_{ES,HS,CS}(t)\leqslant P_{ES,HS,CS}^{out}\\-\Delta P_{ES,HS,CS}^{in}\leqslant P_{ES,HS,CS}(t+1)-P_{ES,HS,CS}(t)\leqslant\Delta P_{ES,HS,CS}^{out}\\\sum_{t=1}^{24}P_{ES,HS,CS}(t)=0\\0.05\leqslant Soc_{ES,HS,CS}(t)\leqslant 0.95\\|P_{DN}(t)|\leqslant P_{Line}\\\sum\limits_{t=1}^{24}P_{DN}(t)\leqslant 0.2\times\sum\limits_{i=1}^{24}L_e(t)\end{cases} \tag{9-39}$$

式中，P_{CHP}，P_{PV}，P_{ES} 和 P_{DN} 分别为燃气轮机、光伏、电储能和配电网的输出功率。$P_{\mathrm{CHP,H}}$，P_{GB} 和 P_{HS} 分别为CCHP机组、燃气锅炉和储热的热功率。P_{LiBr}，P_{AC} 和 P_{CS} 分别为溴化锂、电制冷机组和蓄冷设备的冷功率。P^{in}，P^{out} 分别为储能的最大充放功率，ΔP^{in}，ΔP^{out} 分别为相应的储能充放爬坡功率，Soc 为各个储能装置的荷电状态。

9.3 合作博弈竞价模式

在实际电力系统中，随着参与者的数量与种类日趋增加，非合作博弈模型的纳什均衡虽然能使博弈中的参与者得到个体的最优策略，但对一个群体而言，并不意味着一定能得出最优的结果。当个人理性与团体理性发生冲突时，每个当局者都追求利于自己的最终结果，有可能导致对所有当局者都不利的局面，如最著名的囚徒困境。因此，研究合作博弈尤其是描述系统变化的动态合作博弈是未来研究的重要方向。合作博弈模型是博弈论的重要分支，合作博弈即存在有约束力的合作协议的博弈，其强调的是集体理性，注重公平与效率，解决包括联盟形成、确定联盟特征函数、联盟内成员利益分配等问题，能够恰当描述能源互联网中各元素间的决策地位、关系，多微电网作为参与者加入区域配电网电力市场，当各微电网形成大联盟时，整体利益达到最优。

9.3.1 合作博弈模型概述

合作博弈亦称为正和博弈，是指博弈双方的利益都有所增加，或者至少是一方的利益增加，而另一方的利益不受损害，因而整个社会的利益是有所增加的。

合作博弈采取的是一种合作的方式，或者说是一种妥协。其所以能够增进妥协双方的利益以及整个社会的利益，就是因为合作博弈能够产生一种合作剩余。这种剩余就是从这种关系和方式中产生出来的，且以此为限。至于合作剩余在博弈各方之间如何分配，取决于博弈各方的力量对比和技巧运用。因此，妥协必须经过博弈各方的讨价还价，达成共识，进行合作。在这里，合作剩余的分配既是妥协的结果，又是达成妥协的条件[42,43]。

合作博弈存在的两个基本条件是：① 对联盟来说，整体收益大于其每个成员单独经营时的收益之和。② 对联盟内部而言，应存在具有帕累托改进性质的分配规则，即每个成员都能获得不少于不加入联盟时所获的收益。联盟内部成员之间的信息是可以互相交换的，所达成的协议必须强制执行。这些与非合作的策略型博弈中的每个局中人独立决策、没有义务去执行某种共同协议等特点形成了鲜明的对比。除此之外，合作博弈研究的一个基本前提条件是可转移支付函数的存在，即按某种分配原则，可在联盟内部成员间重新配置资源、分配收益。这就必然包含了内部成员之间的利益调整和转移支付。

合作按照合作之后的收益变化可分为本质性的合作和非本质性的合作。如果合作后收益有所增加，则此合作博弈是本质性的，即存在有净增收益的联盟；如果合作后收益没有增加甚至下降，则为非本质性合作。另外，按参与博弈的局中人的多少，合作博弈可分为两人合作博弈和 n 人($n>2$)合作博弈。还可以根据局中人相互交流信息的程度、协议执行时的强制程度，以及多阶段博弈中联盟的规模、方式和内部分配等的不同把合作博弈分为若干类型加以研究。

合作博弈是由于合作收益的诱惑，相对减少了博弈行为方式和过程的研究，其内容是更多地集中于配置问题和解的概念、类型及特点，可用于回答个体与联盟的能力、公平分配方法及社会稳定模式等有趣的问题；非合作博弈则是由于个人收益与自己的策略选择有直接联系，因此就会理所当然地对行为过程和策略选择等博弈问题更加关注，主要研究信息结构、策略选择对时间的依赖性、支付风险等问题。因此合作博弈与非合作博弈的重要区别在于前者强调联盟内部的信息互通和存在有约束力的可执行契约。信息互通是形成合作的首要前提和基本条件，能够促使具有共同利益的单个局中人为了相同的目标而结成联盟。然而，联盟能否获得净收益以及如何在联盟内部分配净收益，需要有可强制执行的契约来保证。分配向量的存在是执行契约行为的理论描述。因此，人们在研讨合作博弈时，往往更注重强制执行的契约，这是合作博弈的本质特点。如果结盟成本可忽略不计，联盟内部分配可顺利实施的话，联盟在博弈环境中完全可作为与其他对手同样的单一局中人来看待。

参与博弈的局中人，为了各自的利益目标，都在努力寻找和实施能够获得更多利益的行为方式。如果联盟或合作更有利于目标的实现，部分局中人自然会以联盟为单位进行博弈，此时只需考虑如何在联盟内部分配这些比成员们单个博弈时所得之和还要多的“好处”。否则，局中人仍然会是单兵参战。因此，实际中的博弈问题，局中人常常面临着在合作与非合作之间的选择，这就是拟合作问题，例如经贸谈判，委托-代理关系中的激励相容问题，垄断竞争，国家政府、企业和个人的关系问题等。关键在于合作与非合作相互转化的条件(利益标准)、特点和均衡的实际情况。

一般合作联盟的利润分配方法有核仁法、shapley 值法和 Banzhaf-Owen 值分配等。核仁法核心思想是使参与者组成所有不同联盟的不满意度达到最小；shapley 值法则是将参与者对合作联盟的边际效益作为确定利益分配的唯一指标；Banzhaf-Owen 值法是指大联盟及优先联盟内部按照 Banzhaf 值进行利润分配。

基于 Shapley 值进行联盟成员的利益分配体现了各盟员对联盟总目标的贡献程度，避免了分配上的平均主义，比任何一种仅按资源投入价值、资源配置效率及将两者相结合的分配方式都更具合理性和公平性，也体现了各盟员相互博弈的过程。但 Shapley 值法的利益分配方案尚未考虑联盟成员的风险分担因素，实质上隐含着各盟员风险分担均等的假设，因此，对于联盟成员风险分担不等或风险分担存在较大差异的状况，需要根据风险分担大小对 Shapley 值法的利益分配方案作出适当的修正。

利用 Shapley 值法进行利益分配应具备的前提条件是：要求每个参与人对在不同联盟组合状态下的利益要有一个较为准确的预期；此外，还要对这种复杂的计算方式有一个清楚的了解。知识联盟的总产出有时可能是不确定的,不同联盟组合状态下的收益也可能是不确定的,这会在一定程度上影响 Shapley 值法的应用。对于总效用不确定的情况,为了获取一个比较合理的不同联盟组合状态下的效用值,可以采用 AHP 法、ANP 法、模糊数学等综合评价方法来估算各种联盟组合状态下的可能效用值,从而获得 shapley 值法所需要的数据,再进行具体利益分配上的计算。

9.3.2　基于合作博弈的多虚拟电厂交易方式

博弈论中合作博弈指的是博弈的参与者通过某种特定的约束协议结成联盟,从而获得更优的交易策略。在电力市场交易中,虚拟电厂通过某种协议将各个主体联合形成联盟,在其内部有多余电量的主体将余电优先出售给联盟内部缺电的主体,使缺电的主体以电网售电的价格交易到了电量;即产生了各主体的合作利润。在此模式下,虚拟电厂和大电网一起承担了风光出力不确定所造成的风险,最终各主体的惩罚支出应为虚拟电厂和电网共同的惩罚收益,如图 9-12 所示。

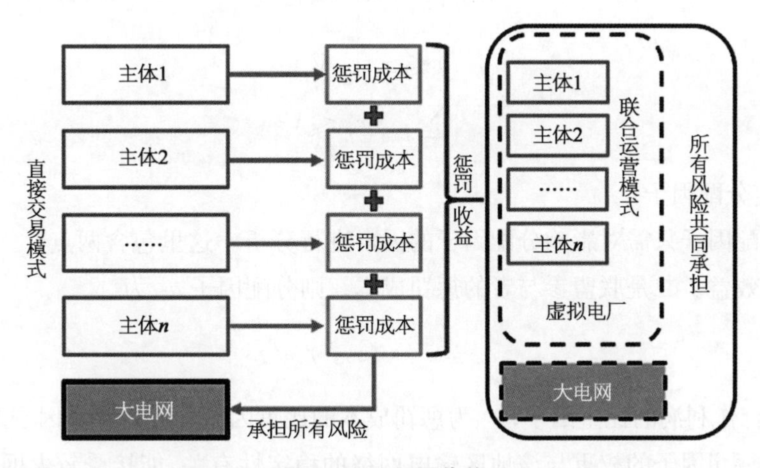

图 9-12　惩罚收益

假设一个虚拟电厂内有 n 个主体,则虚拟电厂的收益 $V(s)$、电网与虚拟电厂共同的惩罚收益 $F(S)$ 为

$$V(s)=\sum_{i=1}^{n}\sum_{k=1}^{24}U_i*[p_d(k)-p_i(k)] \tag{9-40}$$

$$U_i=\sum_{k=1}^{24}\min\left\{\sum_{i\in P_k}-Q_i(k),\sum_{j\in Q_k}Q_j(k)\right\} \tag{9-41}$$

$$F(S)=\sum_{i=1}^{n}\sum_{k=1}^{24}E_i(k) \tag{9-42}$$

式中,P_k,Q_k 分别为在 k 时刻所有多电虚拟电厂和缺电虚拟电厂的集合,U 是存在合作收益交易电量的总和。

合作联盟中总体利润确定后,就该考虑如何公平、公正地合理分配。合作联盟的利润分配必须满足合作博弈的核心理论。在本章模型中，联盟参与者利润分配的影响因素为各电厂承担不确定的风险大小和联盟合作利润的边际效益。简单的 shapley 分配虽然满足核心理论，但却只考虑合作的边际效益而未考虑合作所承担的风险大小。因此基于联盟利益分配影响因素，将纳什谈判模型应用于虚拟电厂合作博弈的利润分配中。在谈判模型中，采用 shapley 法和惩罚成本函数来共同确定虚拟电厂内各主体的利润分配因子。

1）纳什谈判模型

假设合作联盟中各主体的利益分配因子分别为 a_1，a_2，…，a_n。分配因子表示参与者各自对联盟总收益的利益分配比例。x_i 是联盟参与者的最终收益。则各个参与者的效用函数为

$$U_i=(x_i)^{\frac{a_i}{\sum_{i=1}^{n}a_i}} \tag{9-43}$$

各个参与者效用乘积最大化，即联盟效用最大化，其纳什均衡求解方程为

$$\max \prod_{i=1}^{n}(x_i)^{\frac{a_i}{\sum_{i=1}^{n}a_i}} \tag{9-44}$$

$$\text{s.t.}\begin{cases}0\leqslant x_i\leqslant V\\ \sum_{i=0}^{n}x_i\leqslant V\end{cases} \tag{9-45}$$

2）确定分配因子

计算分配因子只需对影响分配因子的因素进行分析。这里包含两点：一是联盟合作利润的边际效益。二是联盟参与者的惩罚成本。则分配因子 a_i 为

$$a_i=w_i*(\alpha_i,\ \gamma_i)^T \tag{9-46}$$

式中，α_i 为合作利润的比重因子；γ_i 为惩罚成本的比重因子；w_i 为比重因子的权重，是行向量。风险惩罚因子的权重与该地区输电网络的稳定性有关，能接受较大网络波动时权重就小；反之，权重则大。

采用 shapley 值法确定合作利润边际效益的比重因子。用 shapley 值可以初步得到合作利润的分配结果，将其结果进行处理，可反映联盟参与者在合作利润中的比重。

shapley 合作利润分配公式为

$$\varphi_i=\sum_{s\in s_i}w(|s|)*[v(s)-v(s-i)] \tag{9-47}$$

$$w(|s|)=\frac{(|s|-1)!\ (n-|s|)!}{n!} \tag{9-48}$$

式中，φ_i 表示虚拟电厂 i 的在多虚拟电厂中所分配的利润；s_i 表示所有含虚拟电厂 i 的多虚拟电厂的子集；$v(s)-v(s-i)$ 表示虚拟电厂 i 参与所带来的影响；$v(s)$ 是 s 对应的利润。则联盟参与者合作利润的比重因子为

$$\alpha_i = \frac{\varphi_i}{\sum_{i=1}^{n} \varphi_i} \tag{9-49}$$

承担风险的比重因子用风光惩罚成本大小来计算，每位参与者的惩罚成本就是除他以外的其他联盟参与者和大电网所承担风光不确定性的风险收益，则其式为

$$\gamma_i = \frac{\frac{1}{n} \sum_{l \in s_i} F_l}{\sum_{i=1}^{n+1} F_i} \tag{9-50}$$

式中，大电网的惩罚成本 $F_i = 0$；S_i 为除了 i 以外的参与者组成的联盟。

参考文献

[1] 李春芳.电力市场营销的价格策略研究.山东工业技术，2016(24)：185+211.

[2] 冯哲.电力营销供求规律与策略的分析与研究.天津：天津大学，2017.

[3] 崔换君，刘际成，郭凯，等.电力营销策略与供求规律刍议.现代营销(下旬刊)，2016(1)：57.

[4] 雷晓蒙，刘舫，周剑，等.欧盟国家统一电力市场化改革分析.电网技术，2014，38(2)：431-439.

[5] 马莉，范孟华，郭磊，等.国外电力市场最新发展动向及其启示.电力系统自动化，2014，38(13)：1-9.

[6] 姬恒飞.当今市场环境下的电价分析.企业导报，2015(23)：94+82.

[7] 彭华军.电力市场经济下的电价分析.现代经济信息，2014(20)：383-384.

[8] 白杨，李昂，夏清.新形势下电力市场营销模式与新型电价体系.电力系统保护与控制，2016，44(5)：10-16.

[9] 陈鹏.基于微电网的电力市场交易及其经济运行.北京：北京交通大学，2011.

[10] Zakariazadeh A, Jadid S. Smart microgrid energy and reserve scheduling with demand response using stochastic optimization. International Journal of Electrical Power Energy Systems, 2014, 66: 523-533.

[11] Li Chaofei, Yu Xinghuo, Yu Wenwu, et al. Efficient computation for sparse load shifting in demand side management. IEEE Transactions on Smart Grid, 2017, 8(1): 250-261.

[12] Gkatzikis L, Koutsopoulos I, Salonidis T. The role of aggregators in smart grid demand response markets. IEEE Journal on Selected Areas in Communications, 2013, 31(7): 1247-1257.

[13] Bie Zhaohong, Zhang Peng, Li Gengfeng, et al. Reliability evaluation of active distribution systems including microgrids. IEEE Transactions on Power Systems, 2012, 27(4): 2342-2350.

[14] 吴力波，孙可哿，陈亚龙.不完全竞争电力市场中可再生能源支持政策比较.中国人口·资源与环境，2015，25(10)：53-60.

[15] 王海宁.基于复杂系统多 Agent 建模的电力市场仿真技术研究.北京：中国电力科学研究院，2013.

[16] 艾芊，章健.基于多代理系统的微电网竞价优化策略.电网技术，2010，34(12)：46-51.

[17] 艾芊，刘思源，吴任博，范松丽.能源互联网中多代理系统研究现状与前景分析.高电压技术，2016，42(9)：2697-2706.

[18] 卢静，翟海青，冯双磊，王勃.光伏发电功率预测方法的探索.华东电力，2013，41(2)：380-384.

[19] Zwaenepoel B, Vandoorn T L, Laveyne J I, et al. Solar commercial virtual power plant day ahead trading//Pes General Meeting | Conference & Exposition. National Harbor, USA: IEEE, 2014: 1-5.

[20] Heredia F J, Rider M J, Corchero C. Optimal bidding strategies for thermal and generic programming units in the day-ahead electricity market. IEEE Transactions on Power Systems, 2010, 25(3): 1504-1518.

[21] Mashhour E, Moghaddas-Tafreshi S M. Bidding strategy of virtual power plant for participating in energy and spinning reserve markets—Part Ⅰ: problem formulation. IEEE Transactions on Power Systems, 2011, 26(2): 949-956.

[22] Mashhour E, Moghaddas T S. Bidding strategy of virtual power plant for participating in energy and spinning reserve markets—Part Ⅱ: numerical analysis. IEEE Transactions on Power Systems, 2011, 26(2): 957-964.

[23] Nezamabadi H, Nezamabadi P, Setayeshnazar M, et al. Participation of virtual power plants in energy market with optimal bidding based on Nash-SFE equilibrium strategy and considering interruptible load//Thermal Power Plants. Tehran, Iran: IEEE, 2011: 1-6.

[24] Bui V H, Hussain A, Kim H M. A multiagent-based hierarchical energy management strategy for multi-microgrids considering adjustable power and demand response. IEEE Transactions on Smart Grid, 2016.

[25] 方艳琼，甘霖，艾芊，等.基于主从博弈的虚拟电厂双层竞标策略.电力系统自动化，2017，41(14)：61-69.

[26] 谢识雨.经济博弈论(第三版).上海：复旦大学出版社，2007.

[27] 张唯迎.博弈论和信息经济学.上海：上海人民出版社，2009.

[28] 王锡凡，王秀丽，陈皓勇.电力市场基础.西安：西安交通大学出版社，2003.

[29] 赵敏，沈沉，刘锋，等.基于博弈论的多微电网系统交易模式研究.中国电机工程学报，2015，35(4)：848-857.

[30] Macleod S I. Competitive bidding as a control problem. IEEE Trans On Power Systems, 2005, 15(1): 88-89.

[31] 张忠会，赖飞屹，谢义苗.基于纳什均衡理论的电力市场三方博弈分析.电网技术，2016，40(12)：3671-3679.

[32] 赵岩，李博嵩，蒋传文.售电侧开放条件下我国需求侧资源参与电力市场的运营机制建议.电力建设，2016，37(3)：112-116.

[33] 孔祥瑞，李鹏，严正，等.售电侧放开环境下的电力市场压力测试分析.电网技术，2016，40(11)：3279-3286.

[34] Asmus P. Microgrids, Virtual power plants and our distributed energy future. The Electricity Journal, 2010, 23(10): 72-82.

[35] 姜海洋，谭忠富，胡庆辉，等.用户侧虚拟电厂对发电产业节能减排影响分析.中国电力，2010，43(6)：37-40.

[36] 牛文娟，李扬，王蓓蓓.考虑不确定性的需求响应虚拟电厂建模.中国电机工程学报，2014，34(22)：3630－3637.

[37] 康重庆，杜尔顺，张宁，等.可再生能源参与电力市场：综述与展望.南方电网技术，2016，10(3)：16－23＋2.

[38] 李丹，刘俊勇，刘友波，等.考虑风储参与的电力市场联动博弈分析.电网技术，2015，39(4)：1001－1008.

[39] 吴雄，王秀丽，刘世民，等.微电网能量管理系统研究综述.电力自动化设备，2014，34(10)：7－14.

[40] 艾芊，郝然.多能互补、集成优化能源系统关键技术及挑战.电力系统自动化，2018，42(4)：2－10，46.

[41] 曾嘉志，赵雄飞，李静，等.用电侧市场放开下的电力市场多主体博弈.电力系统自动化，2017，41(24)：129－136.

[42] 王丽霞.基于博弈论的发电公司报价策略研究.西安：西安理工大学，2008.

[43] 谭科.基于博弈实验的电力市场综合模拟与分析.广州：华南理工大学，2014.

第 10 章

未来微电网调控技术的展望

随着 5G、先进传感器和物联网等技术的发展，从理论到实际工程应用，未来微电网还将迎来更多的挑战。单个微电网可接纳分布式电源的能力有限，多互补以后微电网怎么向微网转变；冷热气等多种能源的接入，虚拟同步机的引入、直流化的虚实，直流化趋势以后，它怎么控制、怎么优化，怎么构建一个更加优质、高效、经济的系统；如何应用先进信息感知和处理技术提高系统的可靠性，在微电网构建可以促进微电网良性发展的交易市场，这都是为未来微电网需要深入研究的问题。

结合当前研究热点，本章抛砖引玉，提出两个未来微电网调控技术可能的发展方向，希望能给读者带来一些研究思路。

10.1 数据驱动和人工智能技术

当前，电力的大数据平台建设工作在如火如荼地进行，电力营销、生产、调度等各系统大数据平台真实地记录着各个口运营产生的遥测、遥信乃至操作票、视频等数据，部分平台甚至可以将不同口的数据(异源数据)汇集起来。将收集来的“数据原料”转换成有效的动力是实现“数据驱动”所面临的核心问题。

当前研究的经典解决方案是基于模型的，而模型则往往是确定性和低维度的。这就意味着特定模型往往无法消纳更多的数据和异源数据；如果恰恰选择了异常数据带入模型，则往往会导致错误的结论。目前主流的数据处理方法其本质仍然是模型驱动的：如 PCA[17] 的主要目的在于从海量数据中选出“优质”数据带入模型，而神经网络等智能算法则是通过基于大量样本的训练对模型参数进行辨识或修正[18]。

另一方面，数据将越来越容易获取，电网运行和设备监测产生的数据量将呈指数级增长[19]；亟须探求一种以数据为“原料”的驱动工具将数据资源转化为有效信息，以对微电网中的任务进行建模分析并分类，并通过人工智能学习和记忆实现多智能体系统的能力扩充，从而更加适应微电网的智能控制。建立一个人工多智能体系统用于微电网协调控制，确定微电网中个分布式发电的角色与责任，该系统有着极强的鲁棒性和事件处理能力，其自身通过网络互联和冲突消解机制有着极强的稳定性，各个智能体的自主性使其对不同的事件有并行处理的能力，而学习和记忆能力又使其对重复出现的事件能够作出快速响应。将基于应答机制的多智能体系统应用到微电网的能量管理中去，根据人工之恶能理论额搭建智能体的网络模型，通过智能体之间的通讯实现智能体之间的自主协作，最终形成一套集协调控制、优化调度及自主学习于一体的能量管理系统。

10.1.1　数据驱动在微电网中的应用

模型驱动和数据驱动是两种典型的态势感知技术，每个驱动方法各有应用场景，将两种模式交叉分析、相互印证，可最终实现对电网的认知。

模型驱动方面，以多源数据分析为基础，基于时间序列-神经网络算法，建立分布式电源长/短/超短期预测模型；通过关联分析、回归分析、神经网络数据挖掘和分析方法，识别影响刚性负荷和柔性负荷的敏感因素，挖掘柔性负荷参与系统调控潜力，建立长/短/超短期负荷预测模型，实现多时间尺度的多主体综合预测。

数据驱动方面，采用大数据分析方法，获取反映电力系统状态变化的高维指标；结合动态等值等机理建模方法和能量法，计算出表征电力系统变化的低维指标；两种指标进行对比、相互验证和融合，形成一种集两种方法优势的新型指标，用于表征能源互联网的态势演化（见图 10-1）。

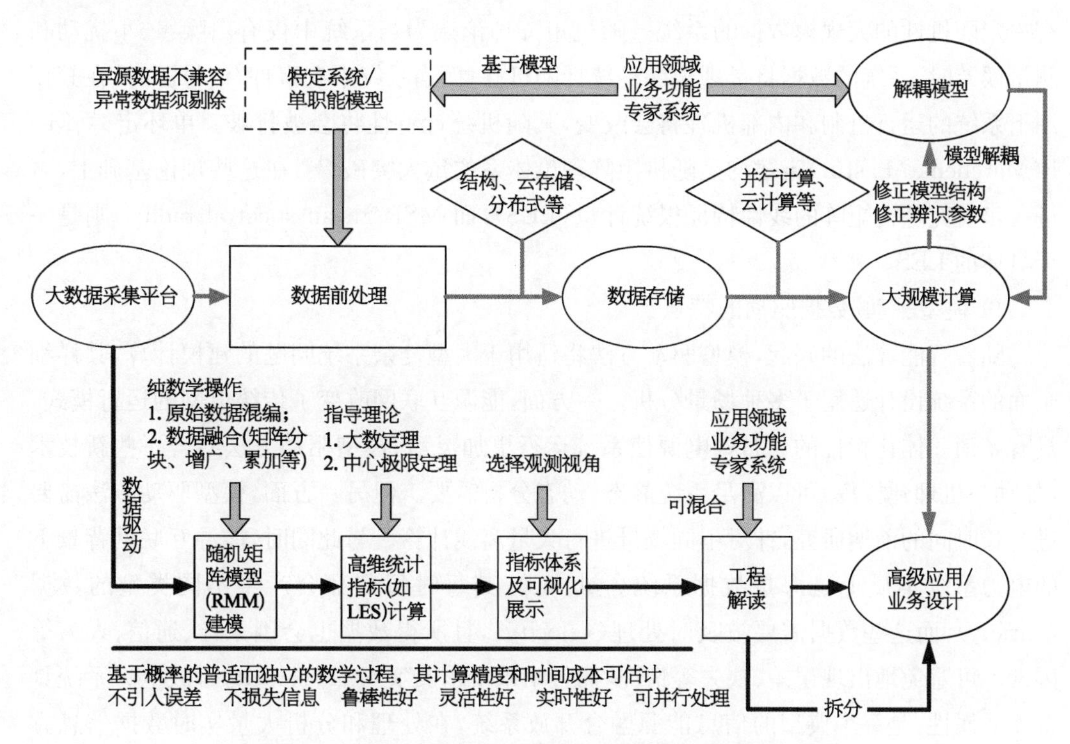

图 10-1　基于数据驱动与机理模型的能源互联网感知方法

模型驱动是基于优化理论和智能算法，通过确定问题的目标函数并设定相应约束条件，最终求得问题最优解或解集的方法。在电网状态感知领域，大体可以分成两部分内容：静态稳定性和动态稳定性分析。目前比较成熟的方法包括静态和暂态稳定域的计算以及相关安全裕度指标的提出。例如国内外学者对电力系统静态电压稳定性研究已经非常深入。传统的暂态可行域的计算主要包括基于李雅普诺夫稳定性理论的直接法、暂态能量函数法、混合法、轨迹分析法及基于轨迹灵敏度的分析方法等。反观大数据系统方面，由于大数据刚刚兴起，数学上目前尚无统一的明确定义，本书根据目前开展的工作进行如下定义。

在某个时间点 i，系统中的采样数据可以排列成一个 n 维的向量，即 $\boldsymbol{x}_i \in R^n$；系统在一段时间(如 t) 的观测即可得到一系列的数据，即可形成数据库 $\Omega \in R^{n \times t}$。 大数据则是这样一个系统：

(1) 该系统数据采样的时间 t 足够长。

(2) 可以对系统中任意一段时间 ($k=1, 2, \cdots, T$) 的采样数据定义函数 $f(\boldsymbol{x}_1, \boldsymbol{x}_2, \cdots, \boldsymbol{x}_T)$。

而本书中的数据驱动方案，将对大数据系统通过随机矩阵理论(RMT)建立随机矩阵模型 RMM。RMT 以矩阵为单位处理数据，可以处理独立同分布(IID)的数据，并不对数据的分布、特征等作出要求(如满足高斯分布，为 Hermitian 矩阵等)，仅要求数据足够大而并非无限，因此有非常强的适应性，适合处理大多数的工程问题，特别适合用于分析具有一定随机性的大规模数据的系统。随机矩阵理论认为当系统中仅有白噪声、小扰动和测量误差时，系统的数据将呈现出一种统计随机性；而当系统中有事件/信号源时，在其作用下系统的运行机制和内部机理将会改变，其随机统计特性将会被打破。单环定律、M-P(Marchenko-Pastur)定律均是随机矩阵理论体系的重大突破[21]，在这些理论基础上，可进一步研究随机矩阵的线性特征根统计量(LES)，而 MSR(mean spectral radius)则是一个具体的 LES。

1) 模型驱动/数据驱动的特点

随着智能算法的兴起，模型驱动方法将适用于大型复杂系统问题的建模计算，其详细全面的系统设计适用于多种场景分析。一方面，能源互联网改变了传统电网的运行模式，具有产消一体化特性的分布式电源使系统运行更加灵活，模型驱动方法结合一些新技术(如动态机理建模等)可以满足系统静态、动态分析需要。但另一方面，模型驱动方法需要进行长时间的前期研究，针对不同场景进行大量离线计算。与此同时，能源互联网背景下的电力系统本质上是海量数据系统(volume)，其每时每刻都会产生不同类型的数据(variety)，而这些数据需要被及时处理(velocity)，且所得数据也会因采样、通信、人为等因素不可避免地出现误差、缺失等情况，而且结果要求真实可靠(veracity)，故电力系统具备 4 V 属性，是一个典型的信息能源融合开放系统，在处理和分析大量实时数据信息方面，模型驱动方法还不够灵活。结合大数据相关理论，基于 RMT 建立 RRM 映射电网系统，以数据间的相关性描述整体系统的态势，形成一种全新的电网高维空间观测视角，为电力系统认知提供一种先进手段，是未来智能电网发展与建设的核心技术。故基于数据驱动的方法可以与模型驱动进行互补，印证。数据驱动具有的优势如下：

(1) 直接通过分析数据的相关性而非建立数学模型来描述态势，避免了由于电网拓扑结构复杂化、元件多元化、可再生能源和柔性负荷的可调性和不确定性而带来的难以建模或模型不精确的问题，极大地减少了硬件资源需求，提高了分析的可信度。

(2) 通过数据间高维的相关性而非因果关系来描述问题，对事件间的相关性作出定量的界定，直接锁定故障或事件源头，避免了由于系统不确定性、偶然性及多重复杂递推关系等带来的因果关系难以描述的问题。如分析夏天光强对电力系统的因果链可以采用"光强→太阳能发电→电力系统"；而另一方面，光强也会通过影响人的生活行为进而影响电力系统，如"光强→温度→空调负荷→电力系统"。故很难通过基于假设或简化的模型去描述一种物理参量对系统的影响，且即使可以描述，这种描述方式所隐含的误差也将随着因果链的传递而不断累积。

(3) 数据驱动以随机矩阵理论为主要分析工具。随机矩阵理论是研究大数据的一种普适理论体系。该理论体系是基于数据分析的，其应用范围不限于特定的网络结构或作用机理，具有较高的通用性。

(4) 基于随机矩阵的数据分析过程为独立的数学过程，可以在算法层面上与并行计算或分布式计算直接结合，解决维数灾难的问题，可以对上万节点的系统进行实时整体态势分析，极大地减少时间资源需求。

(5) 由于数据量大，系统将会有非常高的冗余度，数据驱动特别是基于非监督式的分析将有非常好的鲁棒性。基于非监督的系统分析不依赖于人工训练过程和个体样本选择，通过对全参数提取高维参数表征系统的运行态势，可以有效解决大数据系统中随数据增大而出现的噪声累积、虚假相关和偶然相关等传统统计方法极难解决和回避的问题，特别是在系统存在坏数据甚至核心区域数据丢失的情况下仍可以准确挖掘信息。

2) 模型驱动/数据驱动的态势感知

(1) 电力系统状态估计。

电力系统状态估计是指利用电力系统中的各种测量装置如 SCADA，PMU 等采集到系统信息，估计出电力系统的当前运行状态。准确可靠的状态估计是进行电力系统经济优化运行等高级应用的基础。图 10 - 2 为典型的状态估计流程。基于模型驱动的电力系

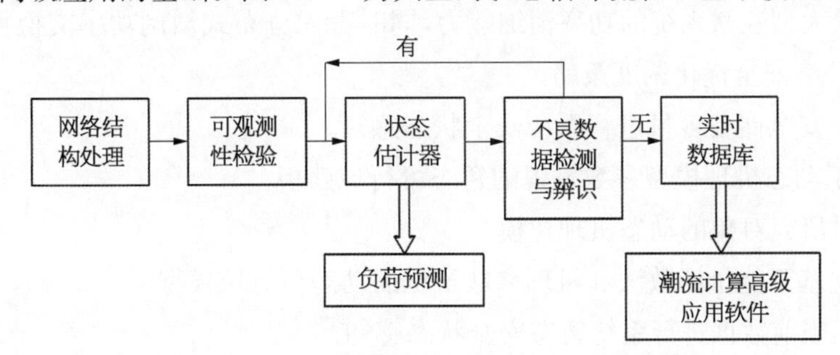

图 10 - 2　传统的电力系统状态估计功能流程

统状态估计一般包括模型假设、状态估计、检测和辨识。目前比较成熟的状态估计算法有加权最小二乘法(WLS)等。

在能源互联网背景下,分布式的能源产消者自由并网,使得系统运行状态更为复杂。本书通过离线运算构建静态和动态可行域模型,将采集到的实时数据代入模型,依据当前运行点在可行域中的相对位置实现系统状态的快速估计,图 10 - 3 为系统稳态运行点至各个静态电压安全域边界的 L1 范数距离随时间变化的情况。基于模型驱动方法实现状态感知的 3 种具体场景,研究内容和大体步骤如下:

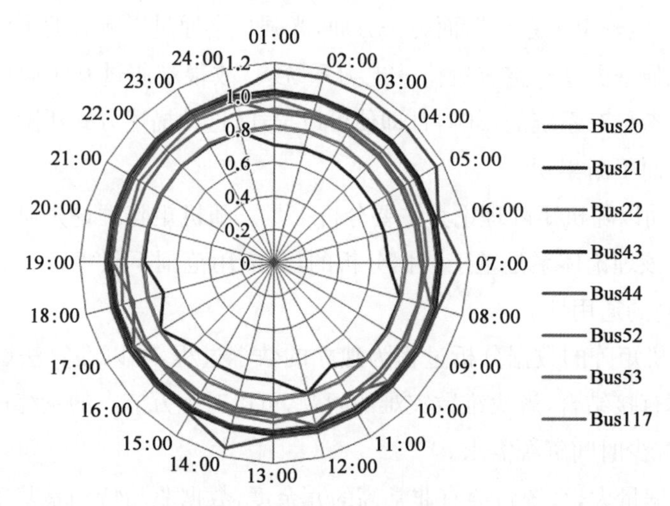

图 10 - 3　01:00 至 24:00 运行点到 SVSR 边界的 L1 范数距离

(A) 基于大型互联系统拓扑结构的静态可行域建模。

(a) 薄弱节点辨识。

(b) 基于薄弱节点功率注入或相角空间的静态可行域建模。

(c) 安全裕度指标建立。

(d) 实现系统安全运行状态感知。

(B) 含多微网的能源互联网功率交换可行域建模。

(a) 基于不确定因素预测的微电网运行态势感知。

(b) 感知微电网内部设备信息,确定微电网功率交换可行域。

(c) 衡量大型互联系统的功率消纳能力,同时考虑分布式微网功率交换可行域,制定能源互联网经济安全优化调度策略。

(d) 基于安全储备容量进行系统安全状态感知。

(C) 基于动态机理模型参数辨识的暂态可行域建模。

(a) 针对研究对象的动态机理建模。

(b) 建立基于能量函数法和机理参数辨识的动态可行域模型。

(c) 基于当前数据进行系统暂态安全状态感知。

相较于模型驱动的状态估计方法,数据驱动方法在对错误数据(异常、缺失)的处理上具有更好的鲁棒性。通过对电网中各个运行指标特别是统计指标LES的监控，获取电网运行的状态和趋势，对系统在线运行状况进行评估，从而认知电网，并给调度人员提供电网调度的决策支撑，提高供电质量和稳定性，预防潜在危机。关于数据驱动的状态感知方法，这里给出两个研究目标：① 对于一个具体的系统，设定指标阈值，确定系统运行的安全/稳定可行域。使得调度人员可根据系统当前运行点和边界的相对位置，即可获取系统安全/稳定裕度信息。② 将电力系统的大数据认知方法和传统经典认知方法(如轨迹法、能量法等)相结合、印证，实现系统自动预警等高级应用；同时，提供调度人员辅助信息，强化其对信息的感知与理解。

(2) 微电网异常检测。

微电网是事件触发型系统，但事件处于早期时，其特征非常微弱且具有不确定性。如果能将其特征放大并提取出来，及时获取扰动场景，识别事件类型、位置、诱因等，将可以进一步对电力系统进行精准认知(SA)，将微电网安全稳定控制提升到了一个新的水平。下面从模型驱动和数据驱动两个方面讨论如何实现异常检测。

(A) 判断系统是否存在异常。

依据模型驱动方法实现系统的状态感知，大体可以分为两步：① 依据微网系统暂态分析和稳态分析的相关原理，建立可行域；② 判断系统运行点在可行域内的相对位置信息，实现状态感知以及异常状态识别。

依据数据驱动方法实现系统的状态感知，包括以下步骤：通过对微网系统量测装置中采集的数据流进行分析，得到其LES，并进一步挖掘表征系统运行状态的指标。当事件(异常或故障)发生时，采集数据中的异常部分能够诱发这些信号指标大幅度的变化，从而起到警示作用。而LES则由采样收集到的数据直接驱动形成而非基于评判模型(往往需要假设、降维等)。

(B) 异常识别与分析，包括异常的类型、位置、诱因等情况。

模型驱动方面，针对系统的异常类型可以建立不同类型的可行域，例如线路热稳定域、静态电压安全域、电压稳定域、动态安全域等。通过判断系统运行点越过的域边界类型，从而判断系统的异常情况。数据驱动则通过相关性分析，找出事件的关联信息，包括位置、类型和诱因等，并从多方进行相互印证，实现电力系统认知。

(3) 构建微网系统运行状态指标体系。

完整的指标体系建模有利于全面感知系统的运行状态和运行趋势。基于模型驱动方法构建的指标集可以大致分为两类：静态指标集和动态指标集。静态指标集主要用于衡量电压安全、电压稳定、线路热稳定等安全裕度，这部分内容可以依据系统运行点距相应可行域边界的范数距离确定。动态指标集主要用于衡量系统的暂态稳定水平。依据传统暂态研究方法，如等面积法、李雅普诺夫能量函数法，这类方法在处理单机无穷大系统时，分析结果非常可靠，于是考虑使用动态等值机理建模方法，将待研究系统等值成单机或多机系统，获取能量法需要的系统参数，实现系统暂态稳定研究。

基于模型驱动方法获取的指标集往往有明确的物理意义，但对数据准确性要求很高，必要时需要进行系统降维简化。相反，基于数据驱动方法的指标集大多没有物理意义，仅仅都是统计量，但在处理错误数据（异常、缺失）方面有很好的鲁棒性。随着传感器、通信技术的发展，面向多时空跨度数据，基于数据驱动充分利用数据资源，利用纯数学步骤，不依赖采样过程和机理模型的这类方法，对大型互联电网有更好的表征力。于是模型驱动指标与数据驱动指标可以相辅相成，构建意义明确、覆盖全面的指标体系。

(4) 基于指标体系的系统状态感知。

基于模型驱动方法进行系统感知方面，通常使用常规的低维指标，衡量微网系统稳态的指标有电压安全裕度、电压稳定裕度、线路热稳定裕度等。衡量电力系统暂态的指标有暂态能量函数值等。

相比于低维源数据（如 V），基于数据驱动的高维线性特征值统计指标 LES（如 κ_{MSR}）在系统中具有更好的表现形态和鲁棒性。结合电网地理、分区信息将其按区可视化，可形成 Power Map 以观测系统态势。以信息的地理位置为基本二维信息，而第三维（或更多个高维）可对统计量进行观测。特别当 LES 与可视化结合时，即使发生事件核心区域的数据完全丢失时，仅用周边区域的数据进行分析并将得到的 LES 可视化，也可以得到真实的结果，即发现系统中存在事件并锁定事件区域，而基于插值的低维数据则显得乏力。

3) 基于模型驱动/数据驱动的微电网状态感知及异常检测方法

(1) 模型驱动方法。

首先通过研究节点功率注入对系统安全指标集的影响，确定系统中的薄弱节点。其次结合传统静态可行域模型，构建低维功率注入空间下的静态可行域。然后，利用超平面近似静态可行域边界面，在连续潮流的基础上，运行点迭代计算逼近系统可行域边界，由点及面从而刻画出完整的静态安全域。最后根据运行点距离大型互联系统可行域边界的相对位置，确定系统的安全态势，判断系统是否异常。关于可视化方面，可以依据薄弱节点功率注入实现系统降维。图 10－4 为三维空间下的可行域模型，$\xi_{d,i}$ 表示系统运行点到最近安全域边界超平面的距离。安全裕度的计算公式为

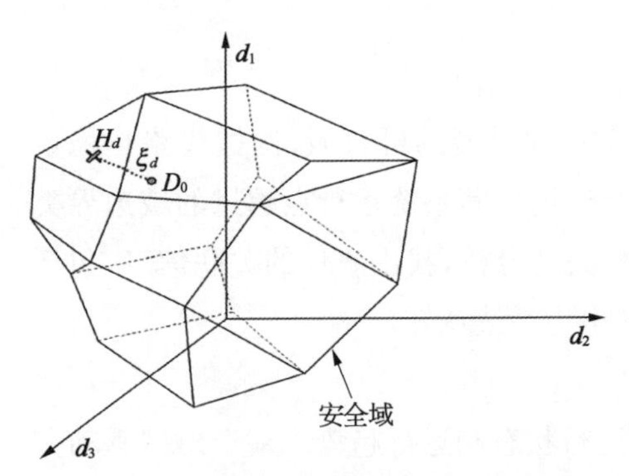

图 10－4　系统运行点到最近安全域边界面示意

$$\xi_{d,i}=\frac{|\eta_{d,i1}d_1^0+\cdots+\eta_{d,i,n_d}d_{n_d}^0-L_{d,i}|}{\|N_{d,i}\|}$$

式中，$D_0=[d_1^0, d_2^0, \cdots, d_{n_d}^0]$ 表示基于多维空间的系统运行点；$\|N_{d,i}\|$ 表示超平面系数。

（2）数据驱动方法。

实现事件发现的第一步是设计微电网应用大数据的基本架构，将微网映射为随机矩阵，可进行一定的前处理，如图 10－5 中所示的增广、分块等操作。电力系统是一个以安全稳定为第一要素的分布式互联实时系统，对真实性有非常高的要求，而部分功能如暂态分析等也对实时性提出很高的要求。通过采用移动窗口法（MSW），提出平均能量半径指标（MSR）等 LES 将电网通过实时数据与大数据理论、算法连接起来，形成大数据视角下的电力系统，建立电力系统的随机矩阵模型。研究大数据算法，特别是基于随机矩阵理论中可处理大规模一般性矩阵（仅要求矩阵行列 N、T 都足够大）的普适算法，如单环定律等在电力随机矩阵模型中的作用和表现。对比分布式大数据与传统的分布式 PCA、聚类、回归等方法，分析其可行性、优势和适用范围，形成电力系统算法库。当系统运行遇到特定的问题时，从数据库中调用相应的常规/大数据方法予以解决。进一步开发大数据与电力系统结合领域，开发可视化电力系统 Power Map；利用分区技术开发事件定位功能；利用增广矩阵技术开发事件原因锁定功能，进行相关性分析；通过对 LES 的观测实现两个系统间的延时定量（矩阵的同步、系统惯性常数、通信时间等原因造成）功能等。

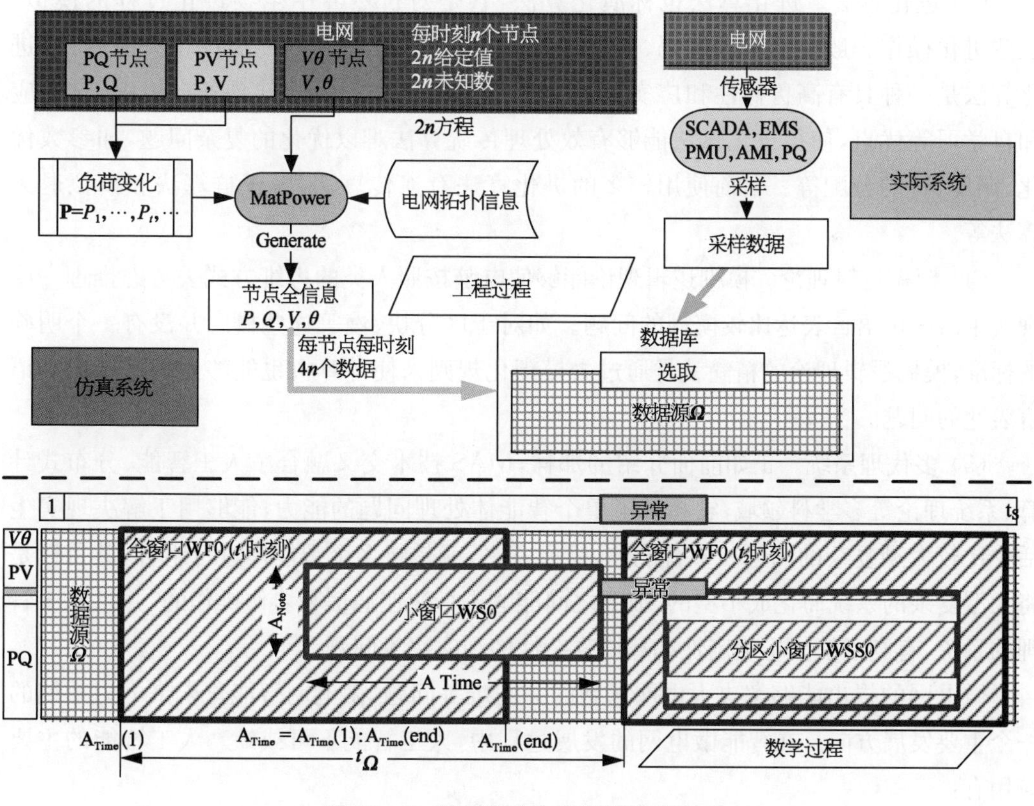

图 10－5　数据驱动方法实现异常检测

事件发现的基本实现方案为采用移动窗口法处理实时＋历史的采样数据，以数据类型为纵轴、时间为横轴形成自然矩阵，可以计算不同时空数据对应随机矩阵的特征值 λ_z

和 LES(如 κ_{MSR}),并将其结果与随机矩阵理论中的单环定律/M-P 定律作比较,以此发现所选断面窗口是否存在信号(非完全随机),即对应系统中是否存在事件。

10.1.2 人工智能在微电网中的应用

人工智能是一个交叉的综合学科。目前广泛应用于微电网中的人工智能技术有专家系统、人工神经网络、进化算法(遗传算法、粒子群算法和模拟退火算法等)、模糊逻辑理论和多智能体系统等[20]。这些技术在微电网的分布式发电预测、能量管理、监测预警等方面发挥着不可替代的作用。主要的 5 种人工智能技术为:

(1) 专家系统。专家系统是人工智能中最活跃和使用率相对较高的一种方法,也是最早人工智能的一个分支。它是一个智能计算机系统,系统内蕴含了大量领域内专家的知识和经验。这些知识和经验能够用来解决该领域的一些复杂问题。

(2) 人工神经网络。人工神经网络是人工智能中的一个重要分支,它是对人脑神经元进行抽象,建立简单的模型,并通过不同的连接方式形成网络,是一种非常有效的预测模型,是人工智能领域的研究热点。

(3) 进化算法。进化算法也称演化算法,它是对自然界中生物进化过程的模拟。这些进化操作一般包括基因编码、交叉编译、种群初始化等。与传统优化算法相比,进化算法是一种具有高鲁棒性和广实用性的全局优化算法。由于其具备自组织、自适应和自学习等优点,使得进化算法能够有效处理传统算法难以优化的复杂问题,如参数优化、调度、资源分配等。目前使用较多的进化算法有遗传算法、粒子群算法和模拟退火算法等。

(4) 模糊逻辑理论。模糊逻辑理论能够使电脑按照人类的思维方式去考虑推理一些现实生活中用语言表达比较模糊的问题。如对于区分快、慢等这些概念并没有一个明确的标准,模糊逻辑理论的精髓就是通过去模糊化规则来使计算机也能够处理这些模糊语言表达的问题。

(5) 多代理系统。正如前面介绍的那样,MAS 技术交叉融合了人工智能、分布式计算、系统理论等多学科领域,它超越了单个智能体处理问题的能力,能够用于解决现实生活中比较大型复杂的问题。多智能体,简而言之,就是将多个智能体进行组合,其目标是将大型复杂的系统简化成小型的、彼此之间能够进行快速通信和协作操作的,并且易于管理的系统,有利于解决不确定性和环境复杂性的现实决策问题。

微电网的提出能够解决大电网遇到的并网难等问题,微电网智能化未来电力系统的一个重要发展方向。在智能微电网的发展过程中,人工智能不可或缺。人工智能的主要应用有:

(1) 风险因素识别。微电网运行过程中存在众多风险因素,目前研究均是从某一个因素展开对新能源电力系统风险因素的研究,很少对这些因素进行系统分析。

(2) 预测。无论是分布式发电设备发电预测还是短期负荷预测,在微电网能量管理、微电网运行优化等方面都起到了至关重要的作用。人工智能技术中的神经网络和进化算法在预测方面都具有很高的效率和很好的可用性，所以，如何对这些算法进行改进、结合，以提出准确度更高的预测算法是未来微电网调控技术的重要研究方向之一。

(3) 智能调度优化。无论是微电网还是大电网，都必须满足供需平衡的约束条件，但同时还需兼顾经济利益、环境利益等方面的目标，这就形成了一个单目标或者多目标的优化问题。既然是优化，就必然离不开人工智能技术。

(4) 故障诊断。电网中 50%以上的故障都是由电力设备引起的，所以微电网中电力设备的故障诊断对于微电网的安全稳定高效运行至关重要。物联网技术能够监测到电力设备的各种运行数据，通过提取这些数据中的有用信息，能够准确地对电力设备的状态进行判定，其中就需要用到大数据技术和人工智能技术，这两者相辅相成，共同促进决策者作出合理准确的判断，降低微电网设备故障率。

(5) 风险动态评估。人工智能技术的应用能够使机器人代替人类去执行高空作业、带电作业等一些危险指数高的工作，甚至，通过深度学习算法等，微电网能够做到实时识别诊断网内风险，做到风险动态评估。

在众多的人工智能应用中，用智能传感器、控制和软件应用程序，将能源生产端、传输端、消费端的数以亿计的设备和系统连接起来，形成泛在电力互联网的“感知层”，是泛在电力物联网的关键。其实，我国的配电网和微电网均存在巨大挑战。例如，一个普通的配电小区有 200 多个配电设备，但这些设备都是看不见摸不着的亚终端。从全国来讲，我国有 480 万个充电桩都处于未连接、不可管的状态，数字化程度低。出现任何问题都需要逐个更换和人工维修，对电网工作影响很大。特别是当设备或技术需要升级换代的时候，成本高、效率低。云、网、边、端的协同方案，可以大幅改善人工维护的成本、故障率、平均停电时间等。

云：构建以人工智能为核心的微电网 AI 大脑为上述问题提供了解决方案，它同时融合了机器学习、图像识别、自然语言处理各类 AI 技术的综合性平台，在满足传统微网自动化系统、设备资产管理系统数据贯通、信息融合的基础上，还具有泛在互联、开放应用、协同自治、智能决策的特点。

网：通过互联网、移动通信网、卫星通信网等基础网络设施，完成来自感知层数据的接入和传输，通过网络联系感知层和平台层，形成泛在电力物联网的网络层，是微电网之间、微电网与配网的通信枢纽。

边：建立基本的人工智能中间件，研究调度、运检、营销等领域的知识图谱，能够用边缘计算就地解决问题。部署微电网智能管控终端，提升数据就地计算处理能力。

端：构建全景全域的全面数据感知，使基于数据的人工智能真实感知实际状态。据了解，国家电网全国遍及终端客户 5.4 亿只智能电表，数量巨大。微电网作为电网终端，未来数量也会急剧增加，对于微电网的状态感知和数据采集将是未来的重要工作。

10.2　微电网数字孪生与平行系统

10.2.1　微电网数字孪生

数字孪生的概念最早可以追溯到Grieves教授于2003年在美国密歇根大学的产品全生命周期管理(PLM)课程上提出的"镜像空间模型"[21]，其定义为包括实体产品、虚拟产品及两者之间连接的三维模型。数字孪生是充分利用物理模型、传感器更新、运行历史等数据，集成多学科、多物理量、多尺度、多概率的仿真过程，在虚拟空间中完成映射，从而反映相对应的实体装备的全生命周期过程。它是一种超越现实的概念，可以被视为一个或多个重要的、彼此依赖的装备系统的数字映射系统。

数字孪生理念自提出以来，在国内政产学研用各界引起广泛关注，掀起研究和建设热潮。数字孪生已成为各地政府推进智慧城市建设的主流模式选择，产业界也将其视为技术创新的风向标、发展的新机遇，数字孪生应用已在部分领域率先展开。微电网作为智慧城市的重要组成元素，结合泛在物联网建设，微电网系统数字孪生必然将成为未来微电网的重要发展方向之一。

泛在感知与智能设施管理平台，是终端设备与智能应用之间的纽带。是数字孪生微电网的基础性支撑平台，以全域物联感知和智能化设施接入为基础，以统筹建设运维服务为核心，以开放共享业务赋能为理念，服务于设备开发者、应用开发者、业务管理者、运维服务者等各参与者，向下接入设备，兼容适配各类协议接口，提供感知数据的接入和汇聚，支持多级分布式部署，推进信息基础设施集约化建设，实现设备统筹管理和协同联动；向上开放共享数据，为各类物联网应用赋能，支撑物联数据创新应用的培育。物联感知平台是数字孪生微电网与真实世界的连接入口，泛在感知粒度决定数字孪生微网的精细化程度。

在数据孪生中，所有可能影响到装备工作状态的异常，将被明确地进行考察、评估和监控。数据孪生正是从内嵌的综合健康管理系统集成了传感器数据、历史维护数据以及通过挖掘而产生的相关派生数据。通过对以上数据的整合，数据孪生可以持续地预测装备或系统的健康状况、剩余使用寿命以及任务执行成功的概率，也可以预见关键安全事件的系统响应，通过与实体的系统响应进行对比，揭示系统运行中存在的未知问题。数据孪生可通过激活自愈的机制或者建议更改任务参数来减轻损害或进行系统的降级，从而提高寿命和任务执行成功的概率。具体来说，数字孪生在微电网中的应用包含几个方面：

(1) 系统和设备数字建模。基于数据驱动设计满足技术规格的系统虚拟模型，精确地记录设备的各种物理参数，以可视化的方式展示出来，并通过一系列的验证手段来检验设计的精准程度。

(2) 模拟运行仿真。通过一系列可重复、可变参数、可加速的系统运行仿真，来验证微电网在不同外部环境下的性能和表现，实时运行中不断验证产品的适应性。也可以通过虚拟运行的方式来模拟在不同设备、不同参数、不同外部条件下的运行情况，实现对系统稳定、效率以及可能出现的生产瓶颈等问题的提前预判。

(3) 数字化调控。将调度运行阶段的各种指令和状态(如潮流、设备工况和电价信号)通过数字化的手段集成在一个紧密协作的运行过程中，并根据既定的规则，自动地完成在不同条件组合下的调度与控制，实现自动化的生产过程；同时记录生产过程中的各类数据，为后续的分析和优化提供依据。

(4) 关键指标监控和运行评估。通过采集真实调度和控制指令下的各种设备的实时运行数据，实现全部运行过程的可视化监控，并且通过经验或者机器学习建立关键设备参数、检验指标的监控策略，对出现违背运行约束的异常情况进行及时处理和调整，实现安全稳定并不断优化的微电网运行。

(5) 远程监控和预测性维修。通过读取智能微电网的传感器或者控制系统的各种实时参数，构建可视化的远程监控，并给予采集的历史数据，构建层次化的部件、子系统乃至整个设备的健康指标体系，并使用人工智能实现趋势预测；基于预测的结果，对建设策略以及设备健康的管理策略进行优化，降低和避免用户因为故障带来的损失。

(6) 优化客户用能套餐。对于具有不同用能特性的用能用户，用能套餐和参数设置的合理性以及在不同生产条件下的适应性，往往决定了用户的用能成本和需求响应效果。而微电网管控系统可以通过海量采集的数据，构建起针对不同应用能场景、不同运行过程的经验模型，帮助其客户优化用能套餐的参数配置，以降低用能用户的用能成本并提高微电网需求响应效率。

10.2.2　平 行 系 统

平行系统是指由某一个自然的现实系统和对应的一个或多个虚拟或理想的人工系统所组成的共同系统。通过在线学习、离线计算、虚实互动，使得人工系统成为可试验的“社会实验室”，以计算实验的方式为实际系统运行的可能情况提供“借鉴”、“预估”和“引导”，从而为系统管理运作提供高效、可靠、适用的科学决策和指导。

平行系统的核心是 ACP 方法，其框架如图 10 - 6 所示，主要由 3 部分组成：① 由实际系统的小数据驱动，借助知识表示与知识学习等[22]手段，针对实际系统中的各类元素和问题，基于多智能体方法构建可计算、可重构、可编程的软件定义的对象、流程、关系等[23,24]，进而将这些对象、关系、流程等组合成软件定义的人工系统(A)，利用人工系统对复杂系统问题进行建模。② 基于人工系统这一“计算实验室”，利用计算实验(C)，设计各类智能体的组合及交互规则，产生各类场景，运行产生完备的场景数据[25～27]，并借助机器学习、数据挖掘等手段，对数据进行分析，求得各类场景下的最优策略。③ 将人工系统与实际系统同时并举[28～31]，通过一定的方式进行虚实互动，以平行执行(P)引导和管理实际系统。从流程上而言,平行系统通过开源数据获取、人工系统建模、计算实验场景推演、实验解析与预测、管控决策优化与实施、虚实系统实时反馈、实施效果实时评估的闭环处理过程[32],实现从实际系统的"小数据"输入人工系统,基于博弈、对抗、演化等方式生成人工系统"大数据"[33,34],再通过学习与分析获取针对具体场景的"小知识",并通过虚实交互反馈逐步精细化针对当前场景的"精准知识"的过程。

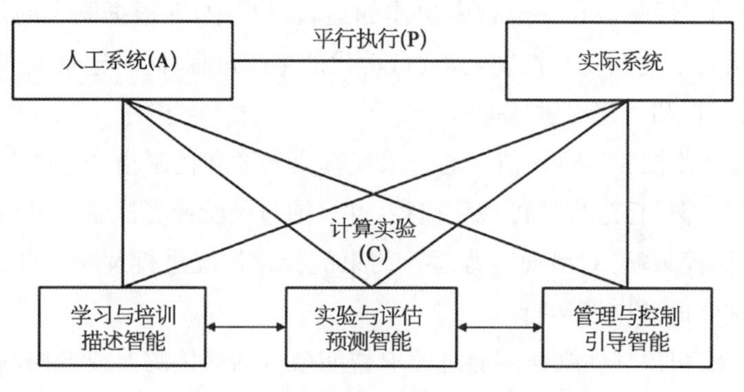

图 10-6　基于 ACP 的平行系统架构体系

微电网调控中的强化学习是一种通过主动寻求数据、主动学习进行优化决策的机器学习方法,它不需要标签数据,而是通过不断地与环境交互更新数据标签,对于在线系统优化是一种非常重要的方法,近年来受到了广泛的关注。但是,它的学习效率不高,需要与环境进行大量的交互反馈以更新模型,当面临复杂系统大数据处理时,过高的系统状态维数使算法收敛变得十分困难。为了进一步扩展强化学习的学习能力,提升其快速收敛能力,文献[35]提出了由数据处理和行动学习组成的平行学习理论框架。在数据处理阶段,基于对复杂环境的智能感知和数据采样构建软件定义的人工系统,以形成在线、有序的训练环境。在行动学习阶段,平行学习可以在人工系统环境中同时训练多个智能体,同时,与传统的强化学习不同,平行学习允许获取数据和完成行动采用不同的频次和发生顺序,并且基于相互竞争的对抗学习或迭代演进的对偶学习方法提高学习的效率,最后,基于对不同时序组合、不同迭代策略的智能体学习效果的评估,选择学习效率最高、效果最好的智能体进行决策。为解决深度强化学习方法存在的缺乏对新目标的泛化能力、数据匮乏、数据分布和联系不明显等[36]问题,文献[37]基于平行学习框架提出了平行增强学习的理论方法,通过将迁移学习、预测学习和深度学习与强化学习融合,用于处理数据获取和行动选择过程,同时表征获得的知识[38]。它通过人工系统与实际系统的结合学习系统的一般特征,同时降低对数据的依赖度;通过迁移学习将解决某一问题的知识转化并扩展,一定程度上解决缺乏泛化能力的问题;通过预测学习预测系统未来的状况,其生成的数据可以指导实际系统的学习,从而解决数据匮乏和数据分布不确定的问题。

参考文献

[1] 王伟亮,王丹,贾宏杰,等.能源互联网背景下的典型区域综合能源系统稳态分析研究综述.中国电

机工程学报，2016，36(12)：3292－3305.
［2］王业磊，赵俊华，文福拴，等.具有电转气功能的多能源系统的市场均衡分析.电力系统自动化，2015，39(21)：1－10.
［3］刘伟佳，文福拴，薛禹胜，等.电转气技术的成本特征与运营经济性分析.电力系统自动化，2016，40(24)：1－11.
［4］赵峰，张承慧，孙波，等.冷热电联供系统的三级协同整体优化设计方法.中国电机工程学报，2015，35(15)：3785－3793.
［5］艾芊，吴俊宏，章健.智能电网中清洁分布式能源的优化利用策略.高电压技术，2009(11)：2813－2819.
［6］宋蕙慧，于国星，曲延滨.Web of Cell 体系——适应未来智能电网发展的新理念.电力系统自动化，2017，15：001.
［7］姜子卿，郝然，艾芊.基于冷热电多能互补的工业园区互动机制研究.电力自动化设备，2017，37(6)：260－267.
［8］Li M，Mu H，Li N，et al. Optimal option of natural-gas district distributed energy systems for various buildings. Energy & Buildings，2014，75(11)：70－83.
［9］李更丰，别朝红，王睿豪，等.综合能源系统可靠性评估的研究现状及展望.高电压技术，2017，43(1)：114－121.
［10］Bie Z H，Zhang P，Li G F，et al. Reliability evaluation of active distribution systems including microgrids. IEEE Trans. on Power Systems，2012，27(4)：2342－2350.
［11］薛屹洵，郭庆来，孙宏斌，等.面向多能协同园区的能源综合利用率指标.电力自动化设备，2017，37(6)：117－123.
［12］Li G F，Bie Z H，Kou Y，et al. Reliability evaluation of integrated energy systems based on smart agent communication. Applied Energy，2016，167：397－406.
［13］童晓阳，王晓茹.乌克兰停电事件引起的网络攻击与电网信息安全防范思考.电力系统自动化，2016，40(7)：144－148.
［14］郭庆来，辛蜀骏，孙宏斌，等.电力系统信息物理融合建模与综合安全评估：驱动力与研究构想.中国电机工程学报，2016，36(6)：1481－1489.
［15］张晓兵.下一代网络安全解决方案.电信工程技术与标准化，2014，27(6)：59－61.
［16］Palaniappan S，Rabiah A，Mariana Y. A conceptual framework of info structure for information security risk assessment (ISRA). Journal of Information Security and Applications，2013，18：45－52.
［17］邹建林，安军，穆钢，等.基于轨迹灵敏度的电力系统暂态稳定性定量评估.电网技术，2014，3：694－699.
［18］黄晓鹏.基于能量函数与熵函数法的电力系统暂态稳定分析研究.哈尔滨：哈尔滨工业大学，2007.
［19］Xie L，Chen Y，Kumar P. Dimensionality reduction of synchro phasor data for early event detection：linearized analysis. IEEE Transactions on Power Systems，2014，29(6)：2784－2794.
［20］蔺帅帅.高新信息技术驱动下的微电网风险管控模型研究.北京：华北电力大学，2019.
［21］Grieves M W. Product lifecycle management：the new paradigm for enterprises. International

Journal of Product Development, 2005, 2(1-2): 71-84.
[22] 李力,林懿伦,曹东璞,等.平行学习——机器学习的一个新型理论框架.自动化学报,2017,43(1): 1-8.
[23] 王飞跃.情报 5.0: 平行时代的平行情报体系.情报学报,2015,34(6): 563-574.
[24] 吕宜生,欧彦,汤淑明,等.基于人工交通系统的路网交通运行状况评估的计算实验.吉林大学学报(工学版),2009,39(S2): 87-90.
[25] Wang F Y, Wang X, Li L X, et al. Steps toward parallel intelligence. IEEE/CAA Journal of Automatica Sinica, 2016, 3(4): 345-348.
[26] 刘烁,王帅,孟庆振,等.基于 ACP 行为动力学的犯罪主体行为平行建模分析.自动化学报,2018, 44(2): 251-261.
[27] Wang F Y. Parallel control and management for intelligent transportation systems: concepts, architectures, and applications. IEEE Transactions on Intelligent Transportation Systems, 2010, 11(3): 630-638.
[28] Wang F Y. Scanning the issue. IEEE Transactions on Intelligent Transportation Systems, 2015, 16(5): 2310-2317.
[29] 杨林瑶,韩双双,王晓,等.网络系统实验平台: 发展现状及展望.自动化学报,2019,45(9): 1637-1654.
[30] 王飞跃,张梅,孟祥冰,等.平行眼: 基于 ACP 的智能眼科诊疗.模式识别与人工智能,2018,31(6): 495-504.
[31] 王飞跃,张梅,孟祥冰,等.平行手术: 基于 ACP 的智能手术计算方法.模式识别与人工智能,2017, 30(11): 961-970.
[32] 袁勇,王飞跃.平行区块链: 概念、方法与内涵解析.自动化学报,2017,43(10): 1703-1712.
[33] Chen Y Y, Lv Y S, Wang F Y. Traffic flow imputation using parallel data and generative adversarial networks. IEEE Transactions on Intelligent Transportation Systems, 2019, DOI: 10. 1109/TITIS.2019.2910295.
[34] Chen Y Y, Lv Y S, Wang X, et al. Traffic flow prediction with parallel data. In: Proceedings of the 21st International Conference on Intelligent Transportation Systems (ITSC). Maui, USA: IEEE, 2018. 614-619.
[35] 杨林瑶,陈思远,王晓,等.数字孪生与平行系统: 发展现状,对比及展望.自动化学报,2019,45(11): 2001-2031.
[36] Li L, Lin Y L, Zheng N N, et al. Parallel learning: a perspective and a framework. IEEE/CAA Journal of Automatica Sinica, 2017, 4(3): 389-395.
[37] Liu T, Tian B, Ai Y F, et al. Parallel reinforcement learning: a framework and case study. IEEE/CAA Journal of Automatica Sinica, 2018, 5(4): 827-835.
[38] Liu T, Tian B, Ai Y F, et al. Parallel reinforcement learning-based energy efficiency improvement for a cyberphysical system. IEEE/CAA Journal of Automatica Sinica, DOI: 10. 1109/JAS. 2019.1911633.
[39] Nikmehr N, Ravadanegh S N. Optimal power dispatch of multi-microgrids at future smart

distribution grid. IEEE Transactions on Smart Grid, 2015, 6(4): 1648-1657.

[40] Nikmehr N, Ravadanegh S N. Reliability evaluation of multi-microgrids considering optimal operation of small scale energy zones under load-generation uncertainties. International Journal of Electrical Power & Energy Systems, 2016, 78: 80-87.

[41] Wang Zhaoyu, Chen Bokan, Wang Jianhui, et al. Decentralized energy management system for networked microgrids in grid-connected and islanded modes. IEEE Transactions on Smart Grid, 2016, 7(2): 1097-1105.

[42] Wang Zhaoyu, Chen Bokan, Wang Jianhui, et al. Coordinated energy management of networked microgrids in distribution systems. IEEE Transactions on Smart Grid, 2015, 6(1): 45-53.

[43] Wang Zhaoyu, Chen Bokan, Wang Jianhui, et al. Networked microgrids for self-healing power systems. IEEE Transactions on Smart Grid, 2016, 7(1): 310-319.

[44] Tian Peigen, Xiao Xi, Wang Kui. A hierarchical energy management system based on hierarchical optimization for microgrid community economic operation. IEEE Transactions on Smart Grid, 2016, 7(5): 2230-2241.

[45] Bui V H, Hussain A, Kim H M. A multiagent-based hierarchical energy management strategy for multi-microgrids considering adjustable power and demand response. IEEE Transactions on Smart Grid, 2016.

[46] 方艳琼,甘霖,艾芊,等.基于主从博弈的虚拟电厂双层竞标策略.电力系统自动化,2017,41(14): 61-69.

[47] 刘思源,艾芊,郑建平,等.多时间尺度的多虚拟电厂双层协调机制与运行策略.中国电机工程学报,2017.

[48] 吕泉,陈天佑,王海霞,等.含储热的电力系统电热综合调度模型.电力自动化设备,2014,34(5): 79-85.

[49] 刘荣辉,高阳,吴晓波,等.运营商的综合智能CRM体系研究——基于深圳移动的设计案例.工业工程与管理,2013,18(2): 117-121.

[50] 但斌,经有国,孙敏,等.在线大规模定制下面向异质客户的需求智能获取方法.计算机集成制造系统,2012,18(1): 15-24.

[51] Yang P, Tang G, Nehorai A. A game-theoretic approach for optimal time-of-use electricity pricing. IEEE Transactions on Power Systems, 2013, 28(2): 884-892.

[52] Zakariazadeh S Jadid, Siano P. Smart microgrid energy and reserve scheduling with demand response using stochastic optimization. International Journal of Electrical Power Energy Systems, 2014, 63: 523-533.

[53] Li X, Yu W, Yu G, et al. Efficient computation for sparse load shifting in demand side management. IEEE Transactions on Smart Grid, 2017, 8(1): 250-261.

[54] Gkatzikis L, Koutsopoulos I, Salonidis T. The role of aggregators in smart grid demand response markets. IEEE Journal on Selected Areas in Communications, 2013, 31(7): 1247-1257.

[55] 周永智,吴浩,李怡宁,等.基于MCS-PSO算法的邻近海岛多微网动态调度.电力系统自动化,2014,38(9): 204-210.

[56] Nikmehr N, Najafi Ravadanegh S. Optimal power dispatch of multi-microgrids at future smart distribution grids. IEEE Transactions on Smart Grid, 2015, 6(4): 1648 - 1657.

[57] Nikmehr N, Ravadanegh S N. Reliability evaluation of multi-microgrids considering optimal operation of small scale energy zones under load-generation uncertainties. International Journal of Electrical Power & Energy Systems, 2016, 78: 80 - 87.

[58] Tian P, Xiao X, Wang K, et al. A hierarchical energy management system based on hierarchical optimization for microgrid community economic operation. IEEE Transactions on Smart Grid, vol. 7, no. 5, pp. 2230 - 2241, Sept. 2016.

[59] Bui V H, Hussain A, Kim H M. A multiagent-based hierarchical energy management strategy for multi-microgrids considering adjustable power and demand response. IEEE Transactions on Smart Grid, 2016.

[60] Che L, Shahidehpour M, Alabdulwahab A, et al. Hierarchical coordination of a community microgrid with AC and DC microgrids. IEEE Transactions on Smart Grid, 2015, 6(6): 3042 - 3051.

[61] Wang D, Guan X, Wu J, et al. Integrated energy exchange scheduling for multi-microgrid system with electric vehicles. IEEE Transactions on Smart Grid, 2016, 7(4): 1762 - 1774.

[62] Wang Y, Mao S, Nelms R M. On hierarchical power scheduling for the microgrid and cooperative microgrids. IEEE Transactions on Industrial Informatics, 2015, 11(6): 1574 - 1584.

[63] Farzin H, Fotuhi-Firuzabad M, Moeini-Aghtaie M. Enhancing power system resilience through hierarchical outage management in multi-microgrids. IEEE Transactions on Smart Grid, 2016, 7(6): 2869 - 2879.

[64] 艾芊,郝然.多能互补,集成优化能源系统关键技术及挑战.电力系统自动化,2018,42(4): 2 - 10.

[65] 楼书氢,李青锋,许化强,等.国外微电网的研究概况及其在我国的应用前景.华中电力,2009,22(3): 56 - 59.

索　引

G

H

J

K

L

M

N

P

Q

R

S

T

W

X

Y

Z